U0150418

英国皇家海军战舰设计发展史

卷4 1923—1945

从“纳尔逊”级到“前卫”级

[英] 大卫·K. 布朗 著

张宇翔 译

江苏凤凰文艺出版社

JIANGSU PHOENIX LITERATURE AND ART PUBLISHING, LTD

图书在版编目（CIP）数据

英国皇家海军战舰设计发展史 . 卷四 , 1923–1945 : 从“纳尔逊”级到“前卫”级 / (英) 大卫 · K. 布朗 (David K. Brown) 著 ; 张宇翔译 . -- 南京 : 江苏凤凰文艺出版社 , 2019.12
书名原文 : Nelson to Vanguard: Warship Design and Development, 1923–1945
ISBN 978-7-5594-4277-2

Ⅰ . ①英… Ⅱ . ①大… ②张… Ⅲ . ①战舰 – 船舶设计 – 军事史 – 英国 – 1923–1945 Ⅳ . ① TJ8 ② E925.6

中国版本图书馆 CIP 数据核字 (2019) 第 268180 号

英国皇家海军战舰设计发展史 . 卷四，1923—1945：从“纳尔逊”级到“前卫”级

[英] 大卫 · K. 布朗 著　　张宇翔 译

责任编辑　王青
特约编辑　印静
装帧设计　周杰
出版发行　江苏凤凰文艺出版社
　　　　　南京市中央路 165 号，邮编：210009
网　　址　http://www.jswenyi.com
印　　刷　重庆共创印务有限公司
开　　本　787mm × 1092mm 1/16
印　　张　26
字　　数　495 千字
版　　次　2019 年 12 月第 1 版 2019 年 12 月第 1 次印刷
书　　号　ISBN 978-7-5594-4277-2
定　　价　179.80 元

目录

前言与致谢

本书上承《大舰队》[①]一书的主题，介绍自1921年《华盛顿条约》商讨期间至第二次世界大战结束时为止，英国战舰设计和建造的发展与演化过程。书中首要关注的是这一时期的海军船舶架构技术，并将对其加以详述，其次则是有关船用轮机方面的内容，至于其他专业方向如武器设计等方面，则只会在其对战舰设计产生影响时才加以探讨。由于很多作者已经对这一时期的大型战舰展开了详细的研究，因此笔者将重点描写那些小型舰船。

两次世界大战之间时期的战舰设计工作主要受三方面制约，即条约体系、预算限制与和平主义思潮。其中条约体系不仅限制了各舰种的大小，也限制了其数量。条约体系中最为重要的是1921年《华盛顿条约》，1930年《伦敦条约》和1936年《伦敦条约》。尽管1936年条约从未被英国议会正式批准，但20世纪30年代晚期皇家海军再武装时期[1]设计的各类战舰基本均遵循了该条约限制。应注意与此同时，其他列强则往往对该条约规定的限制视若无睹。

划拨用于建造战舰的经费一直不甚充裕，且在20世纪30年代初经济萧条

战争期间大部分时间内，英国战舰设计均在巴斯的“大泵房酒店”（The Grand Pump Room Hotel）完成。当时原水泵已经拆除。

① D K Brown, The Grand Fleet, Warship Design and Development 1906–1922 (London 1999).

时期进一步萎缩，不过经费的限制在以往相关作品中往往被夸大。尽管就本质而言，《华盛顿条约》及此后的若干军备限制条约均是政府限制海军开支的手段，但也应注意到未曾遭到类似限制的英国陆军和皇家空军在同期的遭遇更为凄惨。有鉴于此，有观点认为由于一系列条约使得列强事实上就各国舰队规模达成了国际共识，因此皇家海军反而因条约限制而受益。反观英国陆军和皇家空军则无法以类似文件作为争取经费的论据。

尽管条约对主要舰种的大小做出了限制，并由此限制了各舰种的战斗力，但对大部分武器而言，条约并未对其威力做出限制。斯坦利·古道尔（Stanley Goodall）在1936—1944年间任海军建造总监（Director of Naval Construction, DNC），他在1937年发表的一篇论文①中指明了这一点，本书即以该论文内容为框架。古道尔坦率的日记中自1932年起部分亦是本书的主要参考资料之一，并将大量以原注形式出现。②[2] 值得强调的是，获得这类从高层视角发表的清晰观点的机会极为有限。后文将附有一篇斯坦利爵士的简短传记。

在一定程度上，两次世界大战期间的英国海军思想仍集中于重演一场日德兰式的海战，在此场景下舰队航空兵的鱼雷轰炸机将首先负责拖延迟滞敌战列舰舰队，后者最终将被随后赶到的皇家海军主力以炮火歼灭。在其先后任海军审计长和第一海务大臣期间，查特菲尔德（Chatfield）海军上将均在海务大臣委员会中发挥着主导作用。他曾自述其工作优先级依次为“重建战列舰舰队，增加巡洋舰数量并满足70艘的数量下限，设法使舰队航空兵脱离空军部（Air Ministry）的掌控”。日德兰海战期间查特菲尔德曾任贝蒂（Beatty）的旗舰舰长，这段经历或许可以解释他成为重甲防护的坚定鼓吹者的原因，而对重甲防护的追求则又深刻地影响了英国战列舰和航空母舰的设计。此外，亨德森（Henderson）上将也在对推动多项技术进步方面发挥了重要的作用。③追溯往昔，这一时期的确堪称伟人辈出的时代，其代表包括丘吉尔、查特菲尔德、亨德森、奥斯温·默里（Oswyn Murray，时任海务大臣委员会常任秘书）以及古道尔。

与此同时，小型舰船的设计建造工作也并未被海军遗忘。不过对反潜战的历次审视均表明，通过在公海部署旧式驱逐舰，并在沿海海域部署少数轻护卫舰及拖网渔船即足以保护航运免遭德国潜艇的攻击。直至法国陷落之前，上述结论均可被反潜战实战经验证明。在经历了一系列失败之后，用于装载人员和轻型坦克的登陆艇原型终于于1939年开发成功。

在上一卷结尾部分，笔者曾提到诸多颇有前途的技术发展在1923年前后先后中止。两次世界大战期间，英国舰用轮机技术水平一直落后于美国海军，且双方差距愈加明显。与此同时，英国焊接技术的发展亦非常缓慢，至于纵向框架技术则迟至1937年才再次在驱逐舰上引入。尽管以当时的要求来看，第一次

① V Goodall, 'Uncontrolled Weapons and Warships of Limited Displacement', Trans INA (1937).

② 斯坦利·古道尔爵士的日记收藏于大英图书馆（British Library）。本书附录1列出了其各分册档案号。在此后引用时则将简记为Goodall，日期。日记中一些对个人的随性评论则被隐藏或删除。

③ 参见附录11。

世界大战后设计的第一代战舰配备了颇为强大的防空火力，但随着时间的推移这一优势逐渐丧失，这一点在火控相关技术上体现得最为明显。两次世界大战期间皇家海军投入大量精力就战列舰对高空水平轰炸和鱼雷的防护进行研究，但同时又认为小型舰只自身的机动性便足以应付上述威胁。此外，根据当时看来颇为可信的理由，俯冲轰炸机的威胁也被海军所忽视。

表0-1

海军建造总监①		总工程师	
姓名	任期	姓名	任期
尤斯塔斯·坦尼森·达因科特（Eustace Tennyson d'Eyncourt）	1912—1923年	乔治·古德温（George Goodwin）	1917—1922年
爱德华·贝里（Edward Berry）	1924—1930年	罗伯特·迪克逊（Robert Dixon）	1922—1928年
阿瑟·约翰斯（Arthur Johns）	1930—1936年	雷金纳德·斯凯尔顿（Reginald Skelton）	1928—1932年
斯坦利·古道尔	1936—1944年	哈罗德·布朗（Harold Brown）	1932—1936年
查尔斯·利利克拉普（Charles Lillicrap）	1944—1951年	乔治·普里斯（George Preece）	1936—1939年
全部受封		全部为轮机中将，爵士	

本书乃是笔者“英国皇家海军战舰设计发展史”丛书的第四卷，该丛书较早作品包括《铁甲舰之前》（Before the Ironclad）、《从“勇士”级到“无畏”级》（Warrior to Dreadnought）以及《大舰队》（The Grand Fleet）。对本书涵盖时间范围之后的英国战舰而言，笔者曾较深入地参与其设计工作。因此相对而言，笔者固然可以针对那一时期的战舰设计工作更深入地发表个人的相关回忆，但同时也很难对其进行客观的描述。尽管如此，由于战后第一代战舰设计体现着从战争中学习并汲取的经验，因此这一代舰只仍将被列入笔者的作品中。

致谢

笔者在此必须对约翰·坎贝尔（John Campbell）致以特别的谢意。直至1998年逝世前，他一直就武器方面相关问题对众多作者提供了极大的帮助。此外，乔治·摩尔（George Moore）亦允许笔者使用其对公共档案馆（PRO）及其他档案进行的研究成果。他还和莱恩·麦卡勒姆（Iain McCallum）一道阅读了本书的全部草稿，并提出了宝贵的建议。本书所涉舰船的设计工作参与者有很多依然健在，并对本书做出了重要贡献，他们包括劳伦斯（J C Lawrence）、麦克奈尔（E McNair）、沃斯珀（A J Vosper）和耶灵（F H Yearling）。笔者在为加入皇家海军造船部接受训练期间，曾在本书中所描述的多艘舰船上工作。约翰·罗伯茨（John Roberts）在绘图方面提供了最主要的帮助。笔者还需对利文撒尔（L

① 历任海军审计长依次为西里尔·富勒（Cyril T M Fuller）少将（任期为1923—1925年）、厄恩利·查特菲尔德（Ernle Chatfield）中将（任期为1925—1928年）、罗杰·巴克豪斯（Roger R C Backhouse）少将（任期为1928—1932年）、查尔斯·福布斯（Charles M Forbes）少将（任期为1932—1934年）、亨德森（R G H Henderson）中将（任期为1934—1939年）、布鲁斯·弗雷泽（Bruce A Fraser）少将（任期为1939—1942年）、韦克·沃克尔（Wake Walker）中将（任期为1942—1945年）。[3]

Leventhal）和伊恩 · 巴克斯顿（Ian Buxton）就允许笔者使用其研究成果致谢，相应内容分别参见本书第七章和第十一章。同以往一样，罗伯特·加德纳（Robert Gardiner）和其在查塔姆（Chatham）的团队出色地完成了工作。

与前作类似，笔者在为本书选择照片的过程中得到了海军照片俱乐部（Naval Photograph Club）和世界船舶学会（World Ship Society）干事的大力协助，两协会的现任干事分别为林德高（F Lindegaard）和奥斯本（R O Osborne）博士。在过去的半个世纪内，笔者经常参加两协会举办的照片出售会。不过，某些照片的原始出处已不可考，笔者在此就未经原作者允许而使用某些材料表示歉意。

笔者还希望对下列诸位致谢：J. D. 布朗（J D Brown）、查默斯（D W Chalmers）、科茨（J F Coates）、赫德森（G M Hudson）、贾曼（H R Jarman）、约翰斯顿（I Johnston）、兰伯特（A Lambert）、麦克布莱德（K McBride）、马什（C Marsh）、莫里斯（R O Morris）、奥斯本（R H Osborn）、佩恩（G Penn）、皮尤（P Pugh）、希尔斯（J Shears）、肖（T Shaw）、托德（R Todd）、蒂尔（G Till）和赖特（J W Wright）。

译注

1.大致始于1936年。

2.对于原文中引用该日记的场合，译文将以“古道尔在某年某月某日的日记中写道”这一方式进行表述。

3.沃克尔中将的姓名拼写似乎不准确，其全名为William Frederic Wake-Walker。除查特菲尔德之外，巴克豪斯和弗雷泽亦曾出任第一海务大臣一职。

译者序

大卫·布朗（David K Brown）先生于1928年出生于英国利兹。在转向写作之前，布朗先生曾是英国皇家海军造船部的一位资深战舰设计师。作为英国皇家造船部（RCNC）的一员，布朗先生在1988年退休前曾晋升至副总设计师职位。他于20世纪50年代初先后负责81型“部族”级护卫舰的初步设计工作、“城堡”级近海巡逻舰的全面设计工作。20世纪70年代晚期他曾担任初步设计主要负责人角色，在此期间皇家海军最终否定了更为强大的43型和44型驱逐舰设计方案。他还曾建议开发较廉价的航空母舰方案，这可能与日后的“海洋”号有一定关系。

1988年退休后，布朗先生转向写作，其题材以战舰设计为主。得益于长期的实际设计工作经验和对档案资料的熟悉，其作品不仅屡屡见诸相关专业期刊，广受海军爱好者欢迎，而且屡次再版。其作品中最受欢迎也最著名的，便是五卷本的“英国皇家海军战舰设计发展史”系列，即：

Before the Ironclad: Warship Design & Development 1815–1860;

Warrior to Dreadnought: Warship Development 1860–1905;

The Grand Fleet: Warship Design & Development 1906–1922;

Nelson to Vanguard: Warship Design & Development 1923–1945;

Rebuilding the Royal Navy: Warship Design Since 1945.

除此之外其著作还包括两卷本的Atlantic Escorts，单行本The Future British Surface Fleet, The Eclipse of the Big Gu，以及其参与编辑的三卷本的The Design and Construction of British Warships 1939—1945，限于篇幅，此处不再赘述。布朗先生于2008年4月在英国巴斯逝世。

本书为“英国皇家海军战舰设计发展史”系列的第四卷，其内容上接1922年《华盛顿条约》对海军各舰种限制带来的设计挑战，下至第二次世界大战结束前，所涵盖时间段大致为1922—1945年。这一时间段大致代表了皇家海军这一传统海上霸主最后的光辉时刻，和逐渐没落的无奈。

条约体系虽然使得英国免于卷入第一次世界大战后的又一轮大规模海军军

备竞赛，使得皇家海军在英国经济地位逐渐衰落的时代仍能继续保持世界第一强的地位，然而亦使得皇家海军只能以有限的资源面对愈加复杂的战略问题。随着美日在太平洋方面的矛盾日趋尖锐，以及英日同盟按《华盛顿条约》规定终结英国在 20 世纪 30 年代便已经面临的在欧洲和远东同时面对两个强大对手（即德日）的场景，除英国本土外，地中海尤其是东地中海和远东的平衡一直是这一阶段皇家海军悬而未决的战略问题。尽管英国成功地利用条约体系在很大程度上排除了德国海军对英国的最大威胁之一，但这并不能解决整体战略问题。同时，条约规定的海军假日、英国自身经济实力的下降以及 20 世纪 20 年代至 30 年代大萧条的影响亦使得英国造船业大受打击，大量相关工厂倒闭或合并。尽管公允而论，相比其他军种，皇家海军在经费上所受限制有限，但造船业所受影响颇为深远。在这一背景下，英国设计师一方面须绞尽脑汁在严苛的排水量限制下为实现战斗力最大化勉力而为，另一方面受限于英国某些相关工业技术水平（如锅炉、涡轮设计水平，火炮技术水平，焊接工艺水平）的日趋落后，他们在设计中又难以利用新技术带来的种种优势。此外，条约的规定也导致列强在某些舰种（如巡洋舰）上展开了一场小规模的军备竞赛，海军部不仅需要在上述舰种的数量与质量之间进行权衡，而且曾身不由己地卷入军备竞赛，建造并不完全适合英国需要的舰只。

与此同时，海战形式也在这 20 余年中发生了悄然但重要的变化。尽管在第二次世界大战之初战列舰还被视为海军主力，但战列舰本身面临着内外双重挑战。一方面，海军航空兵和航空母舰在技术和战术两方面的逐渐成熟大大提高了海军的火力投射能力，从而对战列舰的地位提出了极大的挑战；另一方面，巡洋舰大型化，袖珍战列舰和巡洋舰杀手的出现，使得战列巡洋舰以一种新的方式复兴。在技术和战术双重推进下，费舍尔在 20 世纪初对于战列舰和战列巡洋舰融合为同一舰种的设想最终在快速战列舰上成为现实，这自然也对战列舰设计提出了新的挑战。在第二次世界大战后期，战列舰在将海军核心的地位拱手让给航空母舰，自身则退化为航空母舰的重型掩护之后，新的战术地位又对战列舰的航速提出了更高的要求。与此同时，航空母舰和海军航空兵则逐渐成为海军的核心，航空母舰的设计也从第一次世界大战末期在迷茫中的探索日趋走向成熟。各国出于自身经验和需要，对航空母舰亦提出了不尽相同的设计需求。而海军航空兵的成熟又对舰队防空提出了愈加苛刻的要求。这不仅对火控系统和防空炮的性能提出了日趋苛刻的要求，而且逐渐增加了上述系统所需占据的排水量。在巡洋舰方面，由于条约体系对单舰排水量上限的限制，因此列强几乎均曾尝试在该限制范围内最大化单舰战斗力。而出于自身的战略战术需要，英国需要装备一些其他类型的巡洋舰。在第二次世界大战之初，面对德国潜艇“狼群”的威胁，英国在战前设计的探测方式和反制手段显得手足无措，新武器和新装备的引入势在必行。此外，雷达技术的成熟不仅大大增加了战舰的探测距离和作战手段，而且对海军战术造成了重大的影响，也对舰船设计带来了新的挑战。在对这一时期各舰种设计发展史的介绍中，作者布朗先生大量引用了时任海军建造总监的日记，读者可凭此更为深刻地切入英国海军部高层对战舰的思维。

本书根据 Seaforth Publishing 出版社 2012 版译出，其内容与此前版本可能有一些结构和内容上的调整。译者若干年前曾阅读过本书的较早版本，并在此后的写作和与同好的讨论中多次引用本书内容。即使如此，在此次翻译本书的过程中，作为译者仍感到收获颇丰。鉴于作者的技术背景，本书未必非常适合初入门的爱好者，如果对第二次世界大战前后英国海军战史有一定了解后再行阅读，那么或许会感觉更有收获。除本书正文外，原作者给出的主要参考书目及相应简评亦值得爱好者按图索骥。不过，由于本书写作时间较早，因此一些新近出版的作品未能收入参考书目中，如 Friedman 所著 British Cruisers: Two World Wars and After, The British Battleship: 1906–1946，David Hobbs 所著 British Aircraft Carriers: Design, Development and Service Histories 等。限于译者见识，难免挂一漏万。

囿于译者自身的学识和经验，错漏之处在所难免，对此应由译者完全负责。除译注外，本书内容仅代表原作者观点，不代表译者对其表示赞同。

皇家海军造船部
斯坦利·古道尔爵士

"我将传授热情。"

就本书所涵盖的时间范围而言，大部分时间内负责战舰设计的一直是斯坦利·弗农·古道尔（Stanley Vernon Goodall, 1883—1965）。这篇小传简单地记述了古道尔的职业经历。[①]他出生于1883年3月18日，曾在伊斯灵顿（Islington）的欧文斯学校（Owens School）就学，并希望加入海军成为一名轮机军官，但此后不久便于1901年7月转入皇家海军造船部。1907年从皇家海军学院（RN College）毕业时，他不仅学业成绩位列学院历史最高之列，而且在网球和橄榄球两项运动中也留下了堪称卓越的记录。[②]

毕业之后古道尔首先在德文波特造船厂（Devonport Dockyard）短期工作，之后很快转入位于海斯拉（Haslar）的船模试验水池（AEW，即海军部试验工厂），在埃德蒙德·傅汝德（Edmund Froude）领导下工作。1908年他与海伦（Helen）结婚，其妻是普利茅斯（Plymouth）的菲利普斯（C W Philips）之女。1911年古道尔转入海军部工作，负责开创性的"林仙"级（Arethusa）轻巡洋舰设计。日后在对美国造船学徒们进行的一次讲座中，他曾谈及了该级舰的设计工作，这一材料也成为对当时设计工作的最佳描述。

第一次世界大战爆发时，古道尔在皇家海军学院任讲师，这一职务颇受尊崇。然而战争把他带回了海军部，并带来了新的任命。日德兰海战之后，海军部组建团队，专门就海战中皇家海军所受损伤进行研究，古道尔即名列其中，然而他就此起草的报告并未获得海军部批准[1]。美国参战[2]后，古道尔奉命赴华盛顿就任海军武官助理一职。其间他不仅与美国海军战舰设计部门人员一同工作，而且充当英美两国设计师之间信息交流的枢纽。在此期间古道尔不仅获得了与美国海军高层会晤的机会，而且得以与时任海军建造总监的达因科特直接通信交流，这一系列经历都使得他获益匪浅。此后他曾撰写长篇报告记录对美国战舰的看法，并于1922年在《工程》（Engineering）期刊上对上述看法进行了总结。为表彰其在第一次世界大战期间的工作，英美两国政府分别向古道尔授予"大英帝国员佐勋章"（MBE）和"美国海军十字勋章"（US Navy Cross）。

返回英国之后，古道尔首先在阿特伍德（E L Attwood，另一位出色的设计师）

① 更详实的记录可参见康威出版社（Conway）的Warship Annual 1997-98，P52。

② 在第二次世界大战期间，尽管古道尔当时已经年近花甲，但他仍不时抽出时间来打网球。

与玛丽王太后[3]一同站在大泵房酒店门口台阶上的斯坦利·古道尔爵士（右侧），摄于1941年9月30日。此前排练期间，古道尔被排在迎接王太后队列的第三位，这让自认为是“海务大臣委员会首席技术顾问”的他感到非常愤怒，不过在仪式当天一切正常。

的领导下参与战后英国战列舰与战列巡洋舰的设计工作，这一系列工作的最终结果便是G3级战列巡洋舰。海军部于1921年下达了该级巨舰的订单，但后因《华盛顿条约》的签订而取消。在设计过程中，古道尔曾与海军建造总监[4]就该级舰的实际航速打赌。古道尔认为该级舰无一能达到其设计航速，这一轶事被记入该级舰的档案集，从中可窥见古道尔的幽默感。在马耳他造船厂（Malta Dockyard）短期任职后，古道尔返回海军部，这一阶段他不仅负责领导驱逐舰设计部门，而且负责组织各部门之间的音乐会。在任职期间，其助手曾起草一份冗长而乏味的文件，对此他表示自己只想知道事实，并留下一句名言：“我将传授热情。”（这一句可被视为其一生的座右铭。）受限于战后对成本的限制，古道尔先后提出的一系列极具创意的提案都未能实现。

古道尔先后于1930年和1932年晋升主造船师和副总监，并主要研究老旧舰只的现代化改装方案以及对防护方案的试验，还曾参与“英王乔治五世”级（King George V）的早期设计研究工作。在发表于海军造船学院期刊上的一篇论文中，古道尔曾指出尽管两次世界大战之间时期的战舰设计被条约体系所限制，但武器限制并未受限。1934年古道尔被授予“大英帝国官佐勋章”（OBE），不过在他看来就自己的职位而言，被授予这种勋章几乎是一种侮辱，因此曾试图拒绝接受授勋，但并未成功。

1936年古道尔升任海军建造总监，并先后于1937年和1938年获得“三等巴斯勋章”（CB）和“二等巴斯勋章”（KCB），从而大大消除了此前“大英帝国官佐勋章”带来的侮辱感。在海军建造总监一职上，古道尔对其就战舰设计所需承担的责任有着直观的认识：在建造图纸上签字批准这一行为代表着总监个人对设计的成败负有责任。上述责任感和健康因素似乎是导致古道尔逐渐失去幽默感的直接原因——一些部下曾以“严峻”一词形容第二次世界大战期间古道尔的工作态度，不过他的公正仍得到一致认可。①工作中他更偏好亲自在绘图板前解决问题，在其日记中曾屡次出现以这种方式工作的记录，并通常以“……做出决定”结尾。亦有线索显示他并不愿将工作委托他人，例如他甚至亲自处理向火灾警戒员提供毯子的相关事项！由此推测，他很可能宣称许多下属需要在他本人的关注下才能正常工作。在某次访问后他曾在日记中写道：“……现地无人积极主动地处理问题，这实在是太糟糕了。我只得亲自找出问题，让所有人忙起来。”

海军建造总监部门于1939年9月迁至巴斯办公。鉴于这一变动将导致与各部长和海军部海务大臣委员会成员的个人联系中断，古道尔曾对此表示反对。1942年10月随着古道尔率少数部下重返白厅[5]，这一担心得以解决。战争初期丘吉尔仍任海军大臣时，古道尔曾与其频繁见面，并对其颇为推崇——尽管丘吉尔的部分异想天开有时颇令人不快。在把控部门工作总方向的同时，古道尔还承担了一系列独立工作，其中包括对造船学院的学生的口试。

在第二次世界大战期间，英国共建造了971艘主要战舰，其类型上至战列舰，下至舰队扫雷舰。此外还建造了不计其数的登陆舰艇、岸防舰艇等辅助舰只。与此同时，英国政府还征购了约1700艘商船和拖网渔船，并对此进行改造以满足战争之需。最后，战争期间还有约300艘在美国建造的舰船加入皇家海军序列。尽管舰船修理工作并不由海军建造总监部门负责，但古道尔仍需负责保证修理工作保持一定的技术水平。

古道尔对退休一事的态度也值得一提。他在1943年4月18日写道：“60岁了。令我高兴的是，如今我终于自由了。我一直对自己承诺工作至60岁。”尽管如此，由于战争的关系，他同意继续任职。在与海军审计长及古道尔夫人先后商谈后，古道尔决定应趁利利克拉普（Lillicrap）年富力强之时让其接任海军建造总监一职，最终后者于1944年1月履新。此后古道尔继续担任审计长助理（战舰建造）一职，并将其视为“老年政治家”的角色，而将关键性的决定留给利利克拉普做出。

退休后古道尔的职业生涯依然堪称活跃。他曾先后出任虔诚造船公司（Worshipful Company of Shipwrights）[6]的总督察，海军造船学院（Institution of Naval Architects）副校长，并曾在英国焊接协会（British Welding Association）与船舶研究协会（Ship Research Associations）任职。1965年2月24日，古道尔在其位于旺兹沃思公地的家中去世。

① 战争期间古道尔的日记中多篇以“沉重的一天”甚至“非常沉重的一天”结尾。

译注

1.参见The Grand Fleet第十一章。

2.1917年3月6日。

3.玛丽王太后为当时英国国王乔治六世之母。

4.达因科特爵士。

5.英国的众多政府机构设于白厅街，因此这一地名通常被用来指代英国行政部门。此处似应指代海军部。

6.该公司是一家历史悠久的造船同业协会，其历史可追溯至1782年。尽管已经不再作为造船业的专门同业协会，但该公司仍与海事行业有着密切的关系。

引言

十年准则（The Ten Years Rule）

早在签订《华盛顿条约》前的 1919 年，时任财政大臣的温斯顿·丘吉尔就提出了国防开支的指导性原则，即假定未来十年内不会爆发战争。①由于当时列强（除日本外）均在刚刚结束的第一次世界大战中承受了沉重的人员损失和财政开支，因此这一后来被称为“十年准则”的指导原则在 1919 年颇为合理。1924—1925 年间海军部提出：根据这一原则，海军应在 1929 年做好战争准备，以此作为依据，提出一项内容大大扩充的造舰计划。然而这一尝试最终仅导致 1928 年英国政府正式确定“‘十年准则’的目标年每年自动延长”的政策。20 世纪 30 年代初日本吞并中国东北之后，英国政府于 1932 年 3 月放弃了这一自动延长政策。尽管在当时及日后广受批评，但“十年准则”或许仅仅反映了当时的现实，且似乎并未影响这一时期海军获得的预算。②[1]

① 引言部分主要参考 D K Brown, 'Naval Rearmament, 1930-41: The Royal Navy' in J Rohwer (ed), The Naval Arms Race (Stuttgart 1991)。

② G C Peden, British Rearmament and the Treasury 1932-39(Edinburgh 1979), pp6-8. 对本引言而言，该书内容是非常重要的背景资料。

③ 参见 D K Brown, The Grand Fleet, Ch12。

1921年《华盛顿条约》

根据该条约内容，皇家海军的战列舰总吨位与美国海军持平，同时较日本海军具有明显优势。然而亦需考虑到皇家海军战列舰舰龄较高，又在第一次世界大战期间因高速航行磨损较重，同时大体而言其主炮口径较小。有鉴于此，皇家海军获准建造两艘新战列舰，即“纳尔逊”号（Nelson）和“罗德尼”号（Rodney）。③两舰的设计排水量符合条约规定的 3.5 万吨上限标准，不过由于所

《华盛顿条约》允许皇家海军建造两艘新战列舰，以匹配美日两国的新建战列舰。图为第二次世界大战晚期的“纳尔逊”号（作者本人收藏）。

由于美国希望将巡洋舰的排水量限制在 1 万吨并将其主炮口径限制在 8 英寸（约合 203.2 毫米），而皇家海军希望保留“霍金斯”级（图为摄于 1942 年的“霍金斯”号），同时日本也计划建造类似舰只，因此列强在有关巡洋舰的限制上很快达成了一致（作者本人收藏）。

采用的各种减重措施过于成功，因此完工时两舰的实际标准排水量明显低于 3.5 万吨。在《华盛顿条约》框架下，皇家海军在数量上仍是世界第一大海军。

条约规定的巡洋舰排水量上限为 1 万吨，其主炮口径上限为 8 英寸（约合 203.2 毫米）。上述限制立即成为新巡洋舰设计的标准，条约制定者也因此在日后承担了“提高了巡洋舰大小和造价”的这一骂名。然而，这一指责在很大程度上难言公平。应该注意到，满足上述限制的巡洋舰不仅明显小于世纪之交的大型防护巡洋舰和装甲巡洋舰，也将小于基于战时“霍金斯”级（Hawkins）设计的正常后续舰只[2]。水面破袭舰仍被视为对航线的主要威胁，因此“郡”级（County）重巡洋舰的设计要求即包括对抗这一舰种（详见第四章）。

历次海军限制条约[3]均要求各签约国将己方新舰只的主要指标完整并准确地向其他签约国公布。所有签约国均不同程度地歪曲过条约条款。就皇家海军而言，唯一一次严重违背条约的例子便是“独角兽”号（Unicorn）航空母舰的设计建造。英国方面宣称该舰乃是一艘补给供应舰只，但实际完工时该舰完全符合一艘作战航空母舰的标准，并装备重武器和装甲机库。不过这一结果在很大程度上出于偶然：设计过程中一系列改动的重要性在当时并未被充分认识到。① “英王乔治五世”级战列舰最终获批的设计方案设计排水量为 3.55 万吨，但根据“纳尔逊”级的经验，当时曾估计该级舰建成时的实际排水量将低于设计标准。其他一些不那么恶劣的花招还包括以弹药不满载条件下的排水量作为标准排水量公报。

美国海军对条约规定的解释方式则自相矛盾。一方面，按照美国海军提供的数字，“列克星敦”号（Lexington）和“萨拉托加”号（Saratoga）的排水量高达 3.6 万吨，而其他海军估计两舰的排水量不超过 3.3 万吨。另一方面，美国海军内部有意见认为，《华盛顿条约》对排水量的定义仅限于 1922 年签约时存在的设备，因此如轻型高炮、雷达等新引入的装备不应被计入公报的“标准”排水量内！其他列强的作弊行为则更为明目张胆。②表 0–2 中的数字仅仅是管中窥豹。

① V 在被征询意见时，海军法务部门甚至声称若不把该舰归类为航空母舰，则可将其归类为战列舰！参见 D K Brown, 'HMS Unicorn: The Development of a Design' Warship 29 (London 1984)。

② 1936 年 11 月 30 日古道尔在日记中写道：“‘戈里齐亚’号（Gorizia）的标准排水量至少有 1.1 万吨。如果我国舰只的排水量限制也能上浮 10%，那么‘斐济’级（Fiji）和‘贝尔法斯特’级（Belfast）的性能会得到多大的改善啊。”次年 11 月 2 日的日记中还写道：“参观了德国的‘沙恩霍斯特’号（Scharnhorst）。我确信德国人肯定作弊了。”

表0-2 作弊[4]

舰船	国籍	公布排水量（吨）	实际排水量（吨）
“戈里齐亚”号*	意大利	10000	11712
“沙恩霍斯特”号	德国	26000**	32100
“希佩尔海军上将”级（Hipper）	德国	10000	14050
“最上”级	日本	8500	11200

*1938 年 6 月，“戈里齐亚”号在丹吉尔（Tangiers）[5] 附近海域发生碰撞事故，被迫就近在直布罗陀（Gibraltar）入坞进行修理。其真实排水量就此为英方所知。[6]
** 即使是这一官方数据也违背了《凡尔赛合约》中规定的德国海军舰艇排水量上限，即 1 万吨。[7]

常人往往不会意识到，排水量增加 10% 所带来的战斗力提升往往高于 10%。实际上，有很多种有利于提高单舰战斗力且无论舰只大小仅需装备 1~2 套的装备。例如，增加主炮数量未必需要相应地增加指挥仪或火控设备的数量以及相应操作人员，此外为实现相同航速，舰体较长的设计方案下每吨排水量所需功率也较低。

《华盛顿条约》签订后的1923年计划

1923 年海军部整合了一套“海军特别建造案”（Special Programme of Naval Construction），其主要目的是推进未来建造计划中较重要的一些项目，以减轻高失业率的影响。虽然内阁更替[8] 导致该方案“胎死腹中”，但从中可窥见在《华盛顿条约》签订后不久海军部对各事项评估的优先顺序。该方案①包括：

主力舰：1929 年前完成为“伊丽莎白女王”级（Queen Elizabeth）战列舰加装防雷突出部的工作；

航空母舰：待“暴怒”号（Furious）完工后，先后将“光荣”号（Glorious）和“勇敢”号（Courageous）改装为航空母舰（或在 1929 年前建造新航空母舰）。于 1928 年前后开工建造新航空母舰；

轻巡洋舰：1929 年前建成 8 艘装备 8 英寸（约合 203.2 毫米）主炮的“轻”巡洋舰。同时建成 10 艘排水量较小的巡洋舰；

驱逐舰：从 1927—1928 年起，每年开工建造 2 个驱逐舰队编制的驱逐舰，其中每个驱逐舰队包括 1 艘驱逐领舰和 8 艘驱逐舰；

供应舰只：对“桑德赫斯特”号（Sandhurst）和“格林威治”号（Greenwich）进行相应改装，以适应在外国海域服役。此外开工建造两艘新驱逐舰供应舰（此后缩减至 1 艘）。在 1924/1925 年前后开工建造 1 艘大型潜艇供应舰，并在 1929 年前建造两艘大型机动海军基地（Mobile Naval Base, MNB，可能改装而成）；

① 根据 ADM 1 8702/151 号档案整理，其原始档案为 PD 0813/23 和 01849/23，后两份文件之间存在细微差别。

为“伊丽莎白女王”级加装防雷突出部被海军部视为首要工作，但这一工程的完成颇费周折。

潜艇：自 1925—1926 年起，每年建造 7 艘远洋巡逻潜艇和 1 艘舰队或巡洋潜艇；

布雷舰：1929 年前开工建造 3 艘遥控布雷舰；

反潜舰只：自 1925—1926 年起，每年拨款 20 万英镑用于此类舰只；

海岸摩托艇：自 1924—1925 年起，每年建造 1 艘；

供应运输船：1929 年前完成两艘改装；

“三位一体”号（Triad）：1929 年前替换该舰。[9]

整个建造计划预计将在 8 年内耗资 6780 万英镑，有资料显示此后预算调整为在 5 年内耗资 2324.994 万英镑。[①]财政部同意海军可以开始相关设计工作，并可与各造船厂展开初步讨论，但并未就该计划批准或承诺批准任何资金。

工业

尽管按照《华盛顿条约》的规定，战后的英国舰队规模足够庞大，同时也在英国财政的承受范围以内，但舰队规模的缩减不可避免地对包括军用造船业在内的诸多工业部门造成了毁灭性的影响。时人曾经预计损失最重的将是军火公司以及装甲板制造商，但其影响直至 20 世纪 30 年代皇家海军再武装工程开始后才得到深刻认识。仅在从事相关行业最著名的公司中，便有阿姆斯特朗公司（Armstrongs）于 1927 年倒闭，后被维克斯公司（Vickers）并购；考文垂兵工厂（Coventry Ordnance Works）于 1925 年关停；比德莫尔造船厂（Beardmores）和帕尔莫斯造船与钢铁公司（Palmers）则先后于 1929 年和 1932 年步其后尘。

① ADM16767.

舰队防空兵在此期间发展缓慢。图为“暴怒”号和由 6 架飞机组成的一个中队，这也是当时的标准编制（作者本人收藏）。

规模较小的企业更是大量关停。为帮扶相关从业企业存活，由皇家造船厂承担的造船工作被大幅缩减。由此，彭布罗克造船厂（Pembroke）被关停，罗塞斯造船厂（Rosyth）被缩减至维护保养状态，而豪尔波兰造船厂（Haulbowline）则被移交给爱尔兰（Eire）。[①]计划建造的巡洋舰和驱逐舰数量也遭到削减。

1930年《伦敦条约》

受 1929 年 10 月爆发的华尔街金融危机影响，英国政府被迫进一步缩减开支。此前列强曾于 1927 年在日内瓦（Geneva）召开另一次大规模裁军会议，但并未就此达成一致，会谈也就此破裂。[②][10] 吸取这一教训，1930 年 1 月在伦敦召开新一次限制海军军备会议之前，英美两国政府预先进行了一系列非正式且友好的接触，1929 年英国首相拉姆齐 · 麦克唐纳（Ramsay MacDonald）访美之行即为其中之一。起初参加华盛顿会议的五国均参加了伦敦会议，但意法两国不久便宣告退出。在此次伦敦会议上，英国方面的立场是追求舰只数量。为了在较为现实的预期预算下得到足够数量的舰只，英国宁可进一步限制各舰种大小。[③]这一立场在英国对战列舰的态度上体现得最为明显。会议中英国极力推崇将战列舰的排水量限制在 2.5 万吨，同时将主炮口径限制在 12 英寸（约合 304.8 毫米）的提案。

最终未退出会议的三大列强就进一步裁军达成了一致。由此签订的《伦敦条约》对皇家海军的影响可参见附录 5 中的小结。15 艘的战列舰总数上限意味着皇家海军必须拆解“铁公爵”级（Iron Duke）和“虎”号战列巡洋舰。[④][11] 纯军事角度而言，上述舰只的价值甚至远不如“皇权”级（Royal Sovereigns）战列舰，

① 设在多佛尔（Dover）、斯卡帕（Scapa）和因弗戈登（Invergordon）的小型基地也被关停。

② 会议期间皇家海军和美国海军之间的关系非常紧张。

③ 受里奇蒙（Richmond）和阿克沃茨（Ackworth）观点影响，麦克唐纳首相甚至对 7000 吨排水量的燃煤战列舰设计青睐有加。

④ “铁公爵”号则仅接受了部分去武装化改造（拆除装甲，并削减舰载火炮），并作为训练舰继续服役。其姊妹舰中，“印度皇帝”号（Emperor of India）和“马尔伯勒”号（Malborough）则先被用于武器训练舰，然后被拆解。舰龄较长的“百夫长”号（Centurion）则以遥控靶船的身份继续服役。

1930 年《伦敦条约》的主要后果之一便是对“铁公爵”级战列舰实施拆解或去武装化改造。尽管该级舰承载了很多人的情怀，但其落后的性能使其在未来的战争中只能成为海军的拖累。“铁公爵”号在拆除侧装甲带和部分武器后以训练舰身份继续服役。尽管在第二次世界大战期间曾有对其实施现代化改装的提议，但彼时紧张的资源已经不容许皇家海军做这种浪费［赖特（Wright）和洛根(Logan)收藏］。

但作为一代名舰，它们代表了很多人的情感寄托。根据《伦敦条约》条款，禁止列强新建战列舰的期限从此前《华盛顿条约》中规定的 10 年延长至 1936 年 12 月 31 日。

1936年《伦敦条约》

在列强于 1935 年 12 月再次聚集伦敦举行新一轮限制海军军备会议之前，英国海军部内部、英国海军与英国外交部之间以及与美国海军之间都已经进行了长期的研讨。通过英国第一海务大臣与美国海军作战部长之间的会谈，两国海军重建了友好关系[12]。会谈中美方向英方保证在未来的限制海军军备会议中不会继续要求对皇家海军的巡洋舰数量做出限制。伦敦会议上英方仍极力兜售其进一步限制战列舰的方案，即将排水量上限定位为 2.5 万吨并将主炮口径上限定为 12 英寸（约合 304.8 毫米），但鉴于意法两国已经着手建造装备 15 英寸（约合 381 毫米）主炮的新战列舰[13]，且均已初具规模，因此英方方案获得列强同意的希望颇为渺茫。会议中途日本宣布退出，此外意大利亦未在条约上签字，尽管后者曾暗示可能在 1938 年前后签署条约。①最终其余列强就各主要舰种的单舰排水量上限达成了一致，而此前对舰只数目或总吨位的限制则被取消。战列舰的排水量上限为 3.5 万吨，其主炮口径不超过 14 英寸（约合 355.6 毫米，详见本书第一章）。②条约规定战列舰的排水量下限为 1.7 万吨，同时巡洋舰的排水量上限为 8000 吨，从而明确地废止了“袖珍战列舰”这一舰种。皇家海军对此颇为满意。此后通过一系列复杂的双边会谈，德国与苏联也接受了《伦敦条约》

① 最终仅美法两国批准了 1936 年《伦敦条约》。

② 列强还同意若日本不接受上述限制，则主炮口径上限可放宽至 16 英寸（约合 406.4 毫米）。若列强中任一国建造超过上述限制的战列舰，则 3.5 万吨排水量上限可相应提高或完全取消。

中对各舰种排水量和主炮的限制。[①]此外，此次会议还提出了一份禁止对商船展开无限制潜艇战的协议，共有超过 40 个国家在协议上签字（详见附录 6）。

山雨欲来与再武装

还在 20 世纪 30 年代初期便已经有种种迹象显示，新一轮国际冲突已经为期不远。以 1931 年 9 月爆发的“九一八”事变为起点，日本很快侵占了中国东北。次年初在上海的武装冲突进一步引发了中日之间的战争。1932 年在日内瓦就普遍裁军召开的国际会议破裂，显示列强并非都心向和平。此后纳粹党在德国执政以及意大利入侵阿比西亚（Abyssinia）可被视为接踵而至的不祥之兆，而最终的警示则是西班牙内战（1936—1939 年）中德国、意大利和苏联武装的积极参与。[②]

国防需求委员会（The Defence Requirements Committee）曾在 1933 年考察英国三军的“缺陷”，并计划在 1942 年将其全部弥补（后又将目标提前至 1937 年）。该委员会在其于 1934 年 2 月提交的报告中建议执行一项为期 5 年的军备重整计划，预计将耗资 9300 万英镑。就当时的标准而言，这一数字相当庞大。[③]然而，当届政府[14]囿于维持合理财政、恢复受紧急财政开支削减案影响的支出等竞选承诺，又鉴于大选在即[15]，因此对这一提议进行了意料之中的削减，最终获批的预算总额为 7700 万英镑 。即使如此，鉴于当时政局，这一数字已经颇令人意外。

不应忽视的是，当时陆军和皇家空军的情况较皇家海军更为窘迫。毕竟，当皇家海军仍占据着世界第一规模的宝座时，皇家空军的国际排名已经沦落到第五，陆军总人数仅 20.6 万人，非但不及第一次世界大战爆发前的人数 25.9 万，且几乎没有装备任何满足第一次世界大战战后水平的武器。[④]在叙述这一时期英国军备状况的时候，应注意到时任财政部常务秘书（Permanent Secretary to the Treasury）的沃伦·费舍尔（Warren Fisher）乃是鼓吹增加国防开支的旗手之一。一种广为流传的说法声称财政部乃是国防经费短缺的罪魁祸首，然而应注意财政部仅负责执行政府的既定政策，而历届内阁的部长们自然也乐于见到财政部因执行一些不受欢迎的政策而被千夫所指。鲍德温（Baldwin）在 1935 年 11 月的大选中获胜组阁，从而使得重整军备成为可能，不过此次重整规模较小，且并未大肆宣扬。1937 年 2 月通过的国防贷款案（Defence Loans bill）规定，在未来 5 年可为国防开支提供共计 4 亿英镑的贷款。而公众意识到威胁迫在眉睫的时间更晚：直至 1937 年的一次盖勒普投票调查，占据主流的意见仍是赞同绥靖政策。[⑤]

在大萧条和一系列限制海军军备条约的双重打击下，英国造船业和船用主机业损失惨重，此外受到波及的还有军火企业。1914 年与军火制造业有关的 12 家主要企业中，至 1933 年仅有 1 家尚能维持完整的生产能力，另有 4 家只能维持有限的产能。[⑥]各类武器中，双联装 5.25 英寸（约合 133.4 毫米）炮塔受此影

① S Roskill. Naval Policy between the Wars (London 1976), Vol I, Chapter X.
② 直至西班牙内战爆发，笔者的父母才允许笔者保有舰船模型。
③ 若折合今日物价标准，则当时 1 英镑约合现今 20~30 英镑。
④ Peden, British Rearmament, p7. 皇家空军的窘境则可参见 J James, The Paladins。
⑤ G A H Gordon, British Seapower and Procurement between the Wars (Basingstoke 1988), p171.
⑥ 出处同上一原注，参见第 79 页，数字援引自 CAB21/371 号档案。

响最重，部分“黛朵”级（Dido）完工时缺失一座炮塔，另有2艘仅装备4.5英寸（约合114.3毫米）主炮（详见本书第四章）。装甲板短缺也曾一度被认为是个难题，不过通过从捷克斯洛伐克采购满足建造航空母舰和“斐济”级巡洋舰所需的大量未硬化装甲板的方式，上述困难得以解决。1930年时英国尚有459座长度超过250英尺（约合76.2米）的船台，至1939年则仅剩266座，其中仅134座可用于建造舰船。①

尽管根据条约规定，列强不得在1937年前开工建造新战列舰，但英国仍就改建升级现有舰只展开了一定工作。通过加装防雷突出部，各舰对鱼雷的防御能力得以加强，其防空武器以及相应火控设备的性能也得到提升。尽管如此，1933年仍有研究指出，英国用于改造升级现有战列舰的开支仅300万英镑，而同期美国海军已经就同一项目支出了1600万英镑，并计划再为此支出1600万英镑，同时虽然缺乏准确数字，但日本方面为该项目的支出据估计已达900万英镑。②1934年3月，“厌战”号暂时退出现役接受彻底的改造，该工程为期3年，共耗资236.2万英镑（详见本书第九章）。第二次世界大战爆发前，另有3艘主力舰[16]暂时退出现役接受类似改造。

1936年海军部提出一项提案，旨在于1945年前完成对各舰防空能力的大规模加强，这一时间后来被提前至1938年。该提案共计划安装32座双联装4.5英寸（约合114.3毫米）炮架、138座双联装4英寸（约合101.6毫米）炮架和超过200座其他火炮，以及13套高射火控系统。上述清单中各武器的数字很快被增加，其开支也被添加至其他新项目中。该提案中所涉及的采购被分为两部分，分别用于舰队作战和贸易航线护航之用，前者于1936年4月获批，后者则在经历了一系列复杂的谈判之后，于18个月后获批。③第二部分获批时间较晚的原因似乎应更多地归结为制造能力限制而非财政因素。

① L Buxton, Warship Building and Repair During the Second World War, Research Monograph No.2, The British Shipbuilding History Project (Glasgow 1997).

② 应注意第五章所提及的美国造船业的成本约为英国的两倍。

③ Gordon, British Seapower and Procurement between the Wars, p211.

“龙”号（Dragon）B炮位安装了多管乒乓炮（Pom-pom）的原型设备，该设备共包括6根炮管（照片中该炮上覆有防水布）。延误该武器大规模生产大约是应由财政部负责的唯一延误[本·夏普（Ben Sharp）收藏]。

在设计建造“英王乔治五世”级的过程中，海军部获准提前6个月订购该级舰前两艘的主炮。在财政部的协助下，列入1937年造舰计划的3艘战列舰的主炮订单也得以通过技术性地违反相应规定的方式提前下达。在上述成功的刺激下，海军部在未获得财政部同意的情况下便为“斐济”级巡洋舰下达了总价1500万英镑的20座炮塔订单。财政部对此仅仅要求获得追溯的权力，而并未对海军部提出批评。

新标准

1937年4月，海军部海务大臣委员会开始考虑就国防需求委员会（Defence Requirement Committee）对英国战略的检讨意见进行相应的调整。[①]海军部建议应加强海军，使其有实力在必要时向远东地区派出一支舰队以抵抗（“cover”）日本舰队，同时又能在本土水域保有足够的实力，足以防止欧洲最强的舰队主宰关键海域。[17] 这一建议也得到了内阁各部长的原则性赞同。

同年5月海军部与财政部就一份有关“海军实力新标准”的文件进行了非正式讨论，财政部对实施该文件计划所需的预算颇为担忧——与海军常规支出相比，实施该计划将在7年内多支出1.04亿英镑。通过延长部分舰只服役年限可小幅减小上述支出，而若日本和德国能在新的《伦敦条约》上签字，则可进一步削减支出，不过上述变数并不涉及战列舰。内阁国防计划（政策）委员会对海军部的计划表示同情，但“新标准”计划在当时似乎并无获得正式同意的可能。尽管如此，该计划仍构成了第二次世界大战爆发前的最后一份海军预算，乃至战争之初几年海军预算的背景和基础。

表0-3 “新标准”规定的临时建造项目[②][18]

舰船	1936	1937	1938	1939	1940	1941	1942	1943	1944	1945
战列舰	2	3	2	3	2	2	2	1	1	—
舰队航空母舰	1	1	1	1	1	1	1	—	1	—
贸易航线护航航空母舰	1	1	1?	1	1	—	—	—	—	—
大型6英寸巡洋舰	2	5	5	5	5	5	4	4	2	—
8英寸巡洋舰	—	—	—	—	—	—	—	—	3	5
小型6英寸巡洋舰	5	2	2	2	2	1	2	2	—	—
快速布雷舰	—	1	—	—	—	—	—	1	—	—
驱逐舰（Tribal，即“部族”级）*	1	1	1	—	—	—	—	—	—	—
驱逐舰**	1	1	1	1	1	1	1	1	1	1
防空轻护卫舰	—	1	—	1	1	—	—	—	—	—
扫雷轻护卫舰	5	4	5	4	5	4	5	3	2	2
海岸轻护卫舰	1	2	2	2	2	2	2	—	—	—

① Roskill, Naval Policy between the Wars, Vol II, p327.
② ADM 205 80 per G Moore.

* 每个驱逐舰队辖 8 艘。
** 每个驱逐舰队辖 9 艘。

事后来看，这样一份建造计划几乎可以确定无法维持，尤其需考虑陆空两军同样有重整军备的需要这一背景。

从捷克斯洛伐克采购的装甲板

至 1936 年，重整武装计划所需装甲板数量大大超出英国自身供应能力一事已经颇为明显。[①]英国的三家生产商，即比德莫尔公司（Beardmore）、科尔维尔公司（Colville）和英国钢铁公司（English Steel）每年共可生产约 1.8 万吨装甲板，而 1938—1939 年的预期需求量则高达 4.4 万吨。1936 年中，英国政府批准由海军部出资对相关工厂实施扩建，以实现 4 万吨的产量，如此则会在近期出现约 1.5 万吨的供应缺口。

由于大量装甲板未能通过测试，装甲板短缺的情况在 1937 年恶化。在 1938 年 1 月举行的一系列（共计 15 次）会议中，内阁同意尝试从国外进口装甲板。[②]当时认为英国生产的表面硬化装甲板质量优于外国同类产品，因此仅需采购未硬化装甲板。英国曾先后和德国、美国、法国、瑞典以及捷克斯洛伐克进行接触，但仅有捷克斯洛伐克表示愿意提供帮助。

1938 年 3 月初海军审计长（亨德森）和奥弗德（Offord，时任海军建造总监下属的装甲部门领导）访问了位于维特克维策（Vitkovice）的斯柯达公司（Skoda）工厂。在经历若干辩论之后，财政部同意订购 1.2 万吨装甲板。此后英国还计划下达 2200 吨的后续订单。至第二次世界大战爆发，共有约 1 万吨装甲板运抵英国。[③]除用于构筑“光辉”号（Illustrious）和“胜利”号（Victorious）的飞行甲板以及“可畏”号（Formidable）的机库甲板外，这批装甲板还用于构造“特立尼达”号（Trinidada）和“肯尼亚”号（Kenya）的大部分甲板和舱壁装甲。不过，其他部件尤其是火炮的交付延误，使得装甲板生产上延误的后果并未如预想的那般严峻。[19]

预算起草及批准流程

英国的财政年从自然年每年的 4 月 1 日开始，各部门不仅须在当年内支出国会批准的当年预算额[④]，而且须依照国会批准的目的进行开销。若某项开支实际低于预算额，则其剩余款项未经国会同意不可用于抵销其他实际开支高于预算额的项目。为保证拨款按批准方式开支，海军部获得的全部拨款共被分为 17 项执行。

① D K Brown, Note on p9 of Warship International 1/98.
② 1939 年 1 月 4 日古道尔在日记中写道：“情况很糟糕。海军审计长如往常一样以运动员的姿态面对这一问题，但我认为我们应该更早地关心这一问题。”
③ 当时还仅仅是一位年轻制图员的伦恩·巴彻勒（Len Batchelor）负责于 1939 年 8 月底押送最后一批装甲板由铁路穿过德国回到英国。他曾向笔者描述德国铁路公司（German Rail）为完成相关合同付出了何等的努力。返回后他立刻被古道尔召去询问。海军建造总监亲自接触资历如此低的员工，这在当时几乎前所未闻。
④ 在笔者职业生涯的大部分时间内，本节所述流程仍被遵守。

规划预算乃是一项连续进行的过程。在本年度预算获批之后，各部门便就下一财政年的需求展开初步讨论。负责每项拨款的部门将就各自希望在下一年度获得的金额进行投标。很多类开支——如养老金——不会出现明显的变化。因此一旦政府决定加以削减，那么削减将主要体现在舰船的建造和储备物资上。由于通常难以就已经签订的合同进行缩减，因此主要受影响的将是各项新工作。

各部门的投标首先由海务大臣委员会下属的财政委员会加以审核，后者将剔除不切实际的过高预算。此后海务大臣委员会将召开全员会议，对财政委员会审核后的预算案加以讨论，并最终达成将被提交给财政部的“预算草案”。此后财政部与海军部的首脑将进行一系列冗长的正式和非正式交流，在对预算各项内容进行澄清的同时，也对数额进行调整——主要为削减——以适应政府整体执政方针。内阁将根据执政方针批准最终预算额。在整个过程中，财政部有能力扮演更主动的角色：根据佩登（Peden）所述，20 世纪 30 年代晚期财政部曾压制空军部的意见，坚持要求购进更多的战斗机。

伟人

20 世纪 30 年代的特殊之处体现在两方面。首先，担任关键职务的人员颇为稳定；其次，担任这些职务的人员均堪称栋梁。1917 年至 1936 年间海军部秘书一职一直由奥斯温·默里爵士出任。默里爵士不仅能力出众、广受爱戴，而且一直是海军有力的支持者。查特菲尔德少将曾于 1925—1928 年间出任海军审计长一职，后又于 1933—1938 年间担任第一海务大臣。其自传第二卷对政府顶层生活的描述弥足珍贵。[①] 1931—1936 年间任海军部长——即海军大臣——的则是博尔顿·艾尔 – 曼塞尔（Bolton Eyres–Mansell）爵士。尽管作为政治家爵士声名不彰，但他一直坚定地为海军而斗争。

政界和民间均将财政部视为内阁的权力核心所在，因而该部门也一直吸引着各路才俊。1931—1937 年间出任财政大臣的是内维尔·张伯伦（Neville Chamberlain），他不仅被公认为精力充沛，而且对细节的领悟能力堪称惊人。其助手包括财政部常务秘书沃伦·费舍尔爵士和先后担任财政部审计长和二秘的理查德·霍普金斯（Richard Hopkins）爵士。财政部专注于平衡预算和保持英镑汇率，但随着时间的推移也逐渐认识到增加国防开支的需要。该部负责根据政府确定的政策建立财政政策，因此理应对其他部门的预算案提出异议。即使这种异议出于正当理由，在其他部门尤其是军队看来也完全代表了反对态度。这种对财政政策难称友善的看法亦与查特菲尔德、古道尔以及其他很多人鼓吹的一种观点相关，即国防需要理应“高于政治需要”。然而，也不会有哪个政府敢于看到其支出中的最大一块完全脱离其控制。

① Admiral of the Fleet Lord Chatfield, It Might Happen Again (London 1947).

20 世纪 30 年代初期任英国首相的是拉姆齐 · 麦克唐纳，查特菲尔德认为这位首相总体而言同情海军立场，且愿意倾听海军意见。[①]在国防政策这一问题上，政府通常听取帝国防务委员会（Committee of Imperial Defence）的建议。1912 年至 1935 年期间该委员会秘书一直由拥有巨大影响力的莫里斯·汉基（Maurice Hankey）爵士担任。查特菲尔德常常将其与陆空两军同僚的关系描述得颇为美好，在他笔下三军代表往往能友好地达成共识。尽管如此，在较低的层次上，各军种围绕资金展开的斗争有时仍相当激烈。

表0-4　部分经济指标

年份	物价指数（以1866年指数为100）	工资指数（以1930年指数为100）	财政收入（亿英镑）
1923	129	100.0	36.64（1920年）
1924	139	101.5	
1925	136	102.2	39.80
1926	126	99.3	
1927	122	101.5	
1928	120	100.1	
1929	115	100.4	
1930	97	100.0	39.57
1931	83	98.2	
1932	80	96.3	
1933	79	95.3	
1934	82	96.4	
1935	84	98.0	41.09
1936	89	100.2	
1937	102	102.8	
1938	91	106.3	46.71
1939	94	—	

表 0–4 所示指标或可与 1912—1914 年间的指标相对照，当时的物价指数为 85。换言之，20 世纪 30 年代的英镑币值与第一次世界大战前大致相当。

表0-5　1923—1939年海军预算（百万英镑）

年份	预算额	年份	预算额
1923	58	1932	51
1924	56	1933	54
1925	61	1934	57
1926	58	1935	60

① 查特菲尔德认为麦克唐纳首相倾向于认为战列舰时代已经终结，或至少其角色可由里奇蒙和阿克沃茨所鼓吹的 7000 吨级的小型舰只替代（详见本书第一章）。

年份	预算额	年份	预算额
1927	58	1936	70
1928	57	1937	78
1929	56	1938	94
1930	52	1939	69
1931	52		

1911—1913年间海军预算总额在4500万~5200万之间浮动。去除通货膨胀影响后，可见20世纪30年代海军获得的预算总额大致与第一次世界大战爆发前的峰值相当，但应注意到与当时相比，20世纪30年代的国民生产总值几乎翻了一番。不过另一方面，海军支出的构成较早前也有了较大变化。

表0-6 1930—1939年间造船支出

年份	预算总额（百万英镑）	用于造船（百万英镑）
1930	51.7	5.3
1931	51.6	5.3
1932	50.5	6.8
1933	53.6	8.4
1934	56.6	10.2
1935	60.0	10.5
1936	70.0	13.9
1937	78.1	28.0
1938	93.7	34.8
1939	69.4	46.1

第一次世界大战爆发前的最后三年中，每年用于造船的开支约在2500万~3000万英镑之间。第二次世界大战爆发前，海军部的预算则主要用于其他用途，如军饷、退休金等。这一例子生动地说明，对总额巨大的预算而言，比例微小的变化便足以导致其各组成部分发生不成比例的变化。

图表0-1显示了1930—1939年间用于各主要舰种的造舰开支。在对舰队的任何舰种展开讨论之前，必须铭记任何政府都不会增加开支总额。事实上，即使

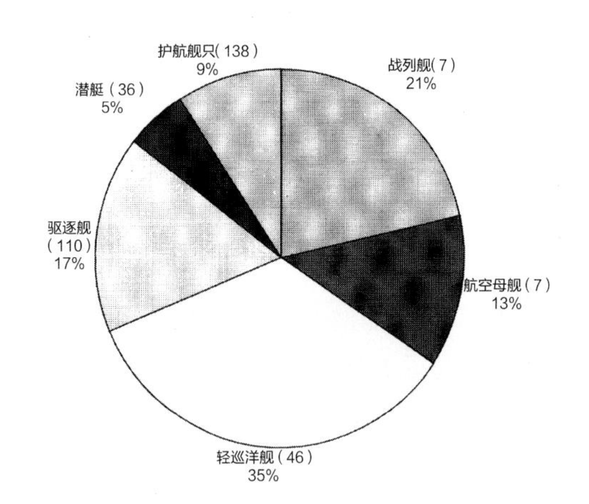

图表0-1：各舰种造舰开支比例。[20]

按批准的项目进行支出也困难重重。开支总额还受限于造船能力，尤其是造船台的数量和长度，以及可投入的熟练劳工数量。有证据显示劳工从造船业转移至规模不断扩张且工资较高的飞机制造业。

两次世界大战之间时期就攻击与防御进行的试验

在两次世界大战之间时期，皇家海军进行了数量可观的全尺寸实验，以满足测试与研究新武器以及相应的防护手段之需。此类试验一律秘密进行①，直至今日，其范围和价值往往仍未被透彻理解。试验中使用的武器并不局限于炮弹、炸弹、鱼雷。

早期炮弹试验

在本系列上一卷《大舰队》一书中，笔者曾对此类试验进行更详细的描述，因此此处仅进行简单总结。②1919年曾利用新式15英寸（约合381毫米）炮弹向模拟“胡德”号[23]防御系统的靶标射击。实验结果显示7英寸（约合177.8毫米）上部装甲带的弱点非常明显，但鉴于“胡德”号此时已经大大超重，因此很难就此弱点进行改进。1921年浅水重炮舰“厄瑞波斯”号（Erebus）[24]和“恐怖”号曾向原德国战列舰“巴登”号（Baden）[25]发射了31枚新式15英寸（约合381毫米）炮弹，试验过程中通过相应的调节，使得炮弹着靶速度与全装药状态下交战距离为1.55万码（约合1.42万米）以及2.18万码（1.99万米）时相当。在表现最好的一次击穿中，一枚装填舍立德炸药（Shellite）的被帽穿甲弹以较高的着靶速度击穿了350毫米厚的目标装甲板，着弹角度与目标法线的夹角为18.5°。被帽穿甲弹和被帽尖端普通弹两种弹种在试验中均能击穿厚装

① 1936年2月，斯特拉博尔吉（原文为Strabogli，和后面的Strablogi均似为Strabolgi的笔误）勋爵曾在议会上院提出质询，指出海军未曾就飞机使用航空炸弹攻击战列舰这一场景进行试验。在替海军大臣蒙塞尔（Monsell）[21]勋爵起草回复时，古道尔曾写到大众认为海军忽视此类试验一事事实上“乃是对那些保守秘密的军官的赞誉”。鉴于古道尔本人曾亲自参与下文所述的大部分试验，本节将大量援引他的相关笔记，并参考其他资料。针对斯特拉博尔吉的质询，古道尔准备的相关材料（参见British Library ADM 52792）共包含三个部分，分别为建议海军大臣采用的回复、仅供海军大臣本人参考的简单背景材料，以及古道尔本人的结论，最后一部分未提交海军大臣。2月12日古道尔在日记中不无懊恼地写道：“海军大臣昨日与斯特拉博尔吉会晤——我准备的材料似乎并未派上用场。”

② D K Brown, The Grand Fleet, pp170–1.

“恐怖”号（Terror）装备的15英寸（约合381毫米）主炮曾在第一次世界大战结束后用于若干次防护试验（世界船舶学会）。[22]

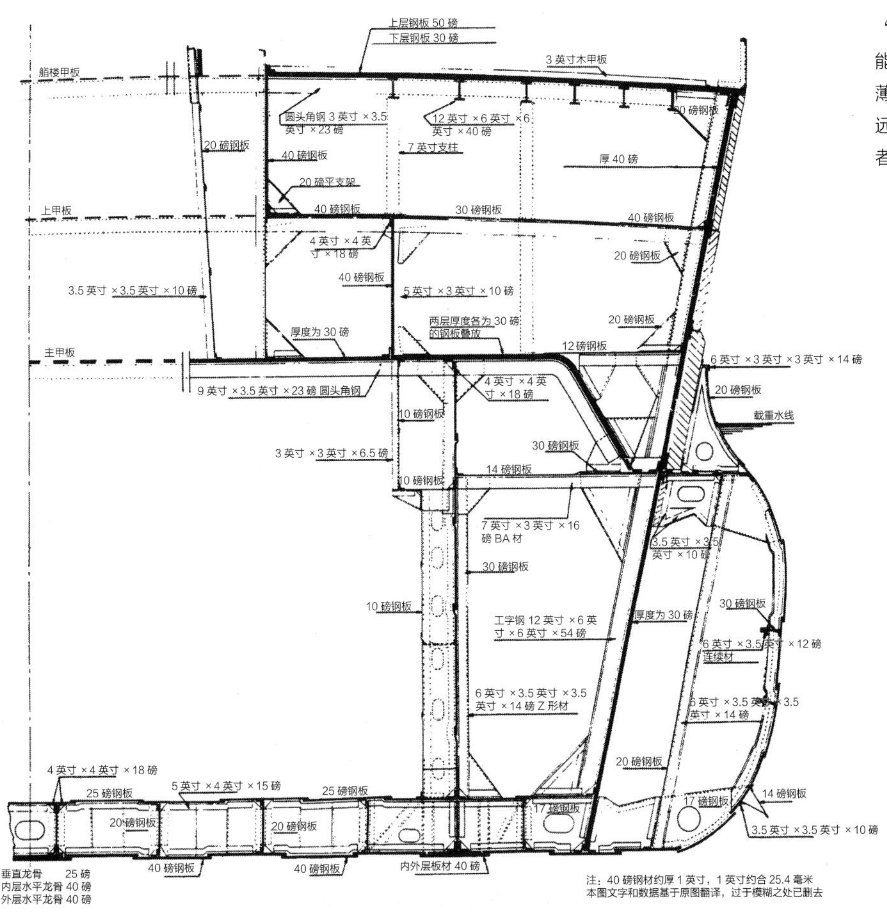

“胡德”号的甲板防护能力非常薄弱。若干层薄甲板的总体防护效果远逊于单层厚甲板（作者本人收藏）。

甲，并在完成击穿后可靠地继续飞行约 40 英尺（约合 12.2 米）然后爆炸。①

第一次世界大战前使用旧式被帽穿甲弹进行的试验显示，该弹种效果相对较差，爆炸往往在炮弹未完成击穿目标装甲时便已经发生。高装药量的高爆弹似乎是对舰船更大的威胁，因此在当时设计的防护系统中，大量的重量被用于构筑中等厚度装甲，以实现将高爆弹在舰体外侧引爆的目的。新式被帽穿甲弹的出色表现则意味着上述防护逻辑被彻底颠覆，设计师应为舰船要害区布置尽可能厚重的装甲，而其余部位则不设防——这就是所谓的“重点防护”体系。美国海军在“宾夕法尼亚”号（Pennsylvania）[26] 上首先采用了这一设计思路。

海军还利用从“巴登”号上拆除的部分装甲，在“壮丽”号（Superb）战列舰 [27] 上复制了新战列巡洋舰（即 G3 级）的防护设计。②在 1922 年 5 月的试验中，该设计成功地抵挡了在“交战距离”上发射的 15 英寸（约合 381 毫米）炮弹。尽管曾有观点担心装甲自身支撑结构的强度，但实验结果显示除少数范围较小的焊接断裂外，上述结构强度令人满意。1925 年 1 月海军又使用巡洋舰和战列舰对“君王”号（Monarch）[28] 战列舰进行试射。③该舰较薄的防护甲板

① 参见 W H Garzke and R O Dulin, Battleships-Allied Battleships in World War II (Annapolis 1980)。

② 14 英寸（约合 355.6 毫米）倾斜装甲带，7.25 英寸（约合 184.15 毫米）甲板装甲。

③ 此次试验详情以及生动的现场照片可参见 R A Burt, British Battleships of World War I (London 1986)。

被6英寸（约合152.4毫米）弹所产生的破片击穿，而其11英寸（约合279.4毫米）炮塔炮座装甲则被13.5英寸（约合342.9毫米）被帽穿甲弹[①]击穿，且炮弹在击穿后爆炸。海军还使用少数装填TNT炸药并配备特制容器的被帽尖端普通弹进行试验，该弹种在试验中造成了非常严重的爆炸效果。至此皇家海军终于配备了有效的炮弹。

炸弹试验

进行炸弹试验面临的首个困难便是以当时的瞄准设备水平，即使目标舰船保持静止状态，飞机也很难取得命中。不过，1920年在舒伯里内斯（Shoeburyness）进行的试验显示，可以使用火炮将炸弹射向代表舰只甲板的靶标。[②]1921年海军使用9.2英寸（约合233.7毫米）和13.5英寸（约合342.9毫米）火炮进行试验，前者用于发射435磅（约合197.3千克）炸弹，后者用于发射1500磅（约合680.4千克）和2000磅（约合907.2千克）穿甲弹。这一系列实验显示此类炸弹完全可能实现击穿。在进一步试验中，炸弹被置于“巴登”号上的适当位置引爆。注意该舰虽然舰龄较短，但其防护设计仍是旧式的。[③]

表0-7 1921年在“巴登”号上进行的炸弹试验

炸弹数量	炸弹重量	装药重量
4	520磅（235.9千克）	360磅（163.3千克）
1	1800磅（816.5千克）	960磅（435.4千克）
1	550磅（249.5千克）	180磅（81.6千克）

来自美国的报告显示大型炸弹的近失爆炸可能造成舰体水下结构严重受损。1922年海军动用重量在250磅（约合113.4千克）至2000磅（约合907.2千克）之间的炸弹，在紧靠“蛇发女妖”号（Gorgon）号岸防战列舰[30]的防雷突出部处引爆，但结果显示仅造成轻微破坏。次年海军又在“君王”号战列舰上搭建了一条长约60英尺（约合18.3米）的结构，用以模拟“纳尔逊”级战列舰的侧面防护系统。海军在距离该结构侧面7.5英尺（约合2.29米）、水线以下40英尺（约合12.2米）处引爆一块重2082磅（约合944.4千克）的TNT炸药[模拟4000磅（约合1814.4千克）炸弹的效果]。结果显示模拟“纳尔逊”级战列舰的结构很好地经受住了此次严峻考验。尽管结构中的主舱壁发生了程度可观的形变，但该舱壁仍能保持水密状态，同时“君王”号的炮塔亦未受影响。试验时“君王”号上共有8座锅炉处于生火状态，且其主机保持运转。试验结果显示动力系统中唯一的弱点发生在循环水进口处。1924—1925年间，皇家海军又进行了一系列模型试验，最终成功开发出更完善的设计方案。

① 该弹种装填舍立德炸药，其主要成分为立德炸药（Lyddite）与二硝基酚。该种炸药的稳定性明显优于纯立德炸药。
② 有证据显示从火炮发射时炸弹引信会受影响，从而无法正常工作。
③ “俾斯麦”号（Bismarck）[29]亦采用了同一防护设计方案！

“蛇发女妖”号的防雷突出部曾先后加装若干种防雷系统用于测试（世界船舶学会）。

1924年海军还利用“君王”号进行了进一步的轰炸试验。在这类试验中，海军出动DH9a型轰炸机[31]，以2~3机编队的方式实施轰炸，其中仅编队引导机装备轰炸瞄准具。“君王”号则处于下锚状态，天气晴好，轰炸条件理想。每个编队在实施正式轰炸前均进行过至少一次演练，其中引导机则利用9磅（约合4.08千克）炸弹进行2~3次瞄准轰炸演练。试验结果如表0-8。

表0-8 1924年对“君王”号进行的轰炸试验

炸弹重量及种类	壳体厚度	投掷数量	命中数量	落点距离目标10英尺以内数量	落点距离目标10~20英尺数量	落点距离目标25~50英尺数量	落点距离目标50英尺以外数量
550磅（249.5千克）重型壳体	0.75英寸（19.05毫米）	16	5	0	1	0	10
520磅（235.9千克）轻型壳体	0.1英寸（2.54毫米）	16	3	2	1	3	7
1650磅（748.4千克）反混凝土	0.3125英寸（7.9毫米）	14	0	0	1	0	13
250磅（113.4千克）重型	0.5英寸（12.7毫米）	11	3	0	1	0	7

所有用于试验的教练弹均未能击穿“君王”号的60磅（约合38.1毫米）装甲板并保持可正常爆发的状态。此后随着炸弹技术水平的进步，其穿深水平大大提高，以至于古道尔在1936年写到此类炸弹“乃是最为危险的攻击形式，对此类炸弹实施防护非常重要”。

在此后的一系列试验中，炸弹被布置于舰体内部引爆。此类试验的主要目的之一便是研究炸弹在烟囱中爆炸的效果，以及装甲格栅的防护效果。试验结果显示在烟囱中爆炸的炸弹可导致锅炉外壳和上风井开裂，进而导致锅炉舱压力下降以及短暂的回火现象，并可能引发起火。试验还说明装甲格栅的支撑结构亟待加强，且鉴于装备重型外壳的炸弹可能击穿单层格栅，最好应在上甲板

皇家海军第一艘遥控靶舰“阿伽门农”号（Agamemnon，上图），该舰此后被“百夫长”号（下图）所取代。皇家海军曾利用“阿伽门农”号进行一系列影响深远的试验，尤其是与早期俯冲轰炸有关的试验（作者本人收藏）。

和中甲板均加装该种格栅。

通用炸弹造成的破坏虽然通常较为严重，但其破坏范围较有限。破片造成的破坏通常仅限于以炸弹最大直径为中心，向外放射的一条窄带范围内。大部分炸弹破片面积均较小，但穿甲炸弹造成的破片相对较大，并可能击穿2层0.25英寸（约合6.35毫米）舱壁。炸弹爆炸效果的影响范围则较为复杂，大体而言其形状为以炸弹两端为顶点，顶角为45°的两个圆锥形，以及围绕炸弹中部的一条带状区域，但其具体形状可受周边结构的反射影响而改变。在受损区域内，所有通风风扇以及线槽、加热器、管道和电线均被摧毁，其直接原因或是破片，或是由于安装此类设备的舱壁被摧毁或严重变形而导致的撕裂。对传声管以及消防水管的破坏被视为后果最为严重的问题。

1924—1930年间皇家海军还利用布置在舒伯里内斯试验场的火炮射击过一系列炮弹，其种类下至50磅（约合22.7千克）通用炸弹，上至450磅（约合

204.1 千克）穿甲炸弹，靶标则为分别代表“伊丽莎白女王”级、“皇权”级和“胡德”号[32]甲板结构的模型。试验结果显示对重量一定的装甲而言，防护效果最佳的设计方式是将其全部用于单层甲板，此外提供舰体强度的上甲板厚度应足以抵御当时战斗机携带的通用炸弹（20 磅，约合 9.08 千克）。1930 年海军又使用 450 磅（约合 204.1 千克）穿甲炸弹和 250 磅（约合 113.4 千克）半穿甲弹对另一靶标进行试验，以获得为“巴勒姆”号（Barham）战列舰实施现代化改装所需的数据。根据试验结果，该舰装甲甲板厚度被设计为 4 英寸（约合 101.6 毫米）。

皇家海军的最后一艘前无畏舰“阿伽门农”号[33]则在 1923 年 4 月至 1926 年 12 月间被作为遥控靶船使用。该舰提供了弥足珍贵的实验数据，直至被更先进的“百夫长”号战列舰所取代。①尽管该舰的侧装甲被认为足以抵御练习弹的攻击，但该舰仍加装了若干 3 英寸（约合 76.2 毫米）低碳钢钢板，且主要分布在上甲板位置。海军还利用从“声望”号（Renown）上拆除的 6 英寸（约合 152.4 毫米）表面硬化装甲[34]，对该舰的上风井实施防护。该舰原有的炮塔被拆除，其在甲板上的开孔被 3 英寸（约合 76.2 毫米）低碳钢所覆盖。尽管额外加装了装甲，但该舰排水量仍然较轻，因此仍需装载 5000 吨鹅卵石作为压载，以保证其侧装甲带底部位于水线以下较深处。②该舰还被改为燃油，设计师曾希望此举可使得该舰实现 19.5 节的航速（这一估计似乎过于乐观，其最大航速或许不超过 16.5 节）。该舰可在遥控条件下连续航行 3 小时，为其动力系统部门 230 名船员提供的住舱布置于装甲下方。尽管其装甲上方亦设有居住空间，但显然易受损坏。在利用“百夫长”号进行的所有试验中，空投炸弹试验的次数颇为可观，且其结果确认在中高空实施轰炸时命中目标舰只颇为困难。③然而与此同时，1933 年 9 月以“百夫长”号为目标进行的俯冲轰炸试验中，48 枚炸弹中共有 19 枚取得命中。这一成功似乎对海军部的思维产生了显著影响。④不过迄今为止尚未发现此类试验及演练的完整记录。

根据条约规定，“马尔巴勒”号战列舰应于 1931 年拆解。古道尔遂利用该舰安排了一系列进一步测试。试验中观察到在 B 炮塔药库内引爆的炸药导致 A 炮塔药库舱壁严重扭曲变形，说明药库防护的问题仍未得到妥善解决。⑤此前经验显示应尽力防止柯达无烟药（Cordite）暴露在炸弹或炮弹的直接作用下，而且充足的通风条件不可或缺，在防护较弱的条件下后者重要性更加凸显。这一试验对“厌战”号以及此后数舰的现代化改装工作产生了重要影响。[35]1932 年进行的进一步试验不仅投掷了 250 磅（约合 113.4 千克）和 500 磅（约合 226.8 千克）教练弹，而且在舰体内部布置炸弹并实施引爆。布置的炸弹不仅包含上述两种教练弹，而且包括 450 磅（约合 204.1 千克）穿甲炸弹以及 1080 磅（约合 489.9 千克）高爆弹。从这一系列试验中得出的结论如下：为抵挡半穿甲弹须设

① 海军部原计划将“阿贾克斯”号（Ajax）改装为遥控靶船，但在最后一刻被“百夫长”号所取代。参见舰船档案集 449 号。

② 由阿特伍德和沃特金斯（K Watkins）设计。

③ 古道尔在 1935 年 7 月 3 日的日记中写道：“阅读空军部的轰炸实验纪要，从中看来‘百夫长’号的试验结果显示轰炸无实际价值。”

④ 这一试验亦反应在古道尔 1933 年 9 月 20 日的日记中：“根据对‘百夫长’号进行的轰炸试验的结果，海军建造总监希望安装在旧式战列舰上的所有型号乒乓炮均具备向正前方射击的能力。”

⑤ Burt, British Battleships of World War I.

置重型甲板，高爆弹的对舰效果较差，近失弹的破坏非常有限。①

“印度皇帝”号上的火炮试验，1931年6月

海军此后又将“印度皇帝”号用于火炮试验。②该舰于1931年6月8日依靠自身动力从朴次茅斯（Portsmouth）出发，后于奥沃斯礁（Owers Shoal）触礁搁浅。脱浅工作进行得很不顺利，最初试图将其浮起的尝试均告失败，最终海军决定就地进行射击实验。6月10日至11日间该舰共被12枚13.5英寸（约合342.9毫米）炮弹命中，向其射击的是姊妹舰“铁公爵”号，据称后者用于试验射击的主炮已经磨损老化。除最初4枚炮弹在1.2万码（约合1.1万米）距离上发射外，其余炮弹均在1.8万码（约合1.65万米）距离上发射。造成破坏最严重的一枚炮弹击中“印度皇帝”号装甲带下缘，在舰体上造成一个大小为2英尺 ×1英尺8英寸（约合0.61米 ×0.51米）的破孔，随后又先后击穿内层舰底和煤舱，最终在B锅炉舱内一台锅炉上方爆炸。根据试验结果，海军认为当时所有皇家海军舰只的装甲带深度均过浅，这一结论也影响了“英王乔治五世”级战列舰的设计。海军还就加深“纳尔逊”级战列舰装甲带起草了改装方案，但并未实施。

水下防护

1920年海军在查塔姆浮箱模型（Chatham Float）上加装了根据“胡德”号防雷突出部设计复制的结构（含内部填充的钢管），在此后的试验中该结构成功抵御了500磅（约合227千克）TNT炸药爆炸的破坏，仅在铆钉周围出现少量漏水。次年海军对防雷系统设计思路的兴趣转移至由若干道纵向舱壁构成防雷体系的思路，这一思路与美国海军所采用的防雷系统类似。两者之间的区别在于，美国设计中所有舱壁厚度相同，而在英国设计中内侧舱壁厚度较厚。根据两种方案建造的同比例缩放模型亦被安装在浮箱模型上进行测试，这一次海军使用20磅（约合9.08千克）炸药代表1000磅（约合454千克）炸药的实际效果（参见附录7）。试验结果显示英国设计的性能似乎更为优越，但鉴于美国方面通过类似试验得出的结论恰恰相反，因此亦有人对此结果表示怀疑。英方方面的测试结果显示，在装甲带外侧对爆炸造成的气体进行引导排放的措施颇为有效。③“纳尔逊”级战列舰水下防护系统的全尺寸复制品后来被安装在查塔姆浮箱模型上，并经受了1000磅（约合454千克）炸药爆炸的考验。④

鉴于上述试验的结果，皇家海军对其鱼雷防护能力颇为自负。在1932年1月的演练中，从“勇敢”号（Courageous）和“光荣”号（Glorious）[36]上起飞的布莱克本“飞镖”式（BlackburnDarts）鱼雷轰炸机[37]共向停泊在锚地中的舰

① 1932年4月4日古道尔在日记中写道：“空军少将道丁（Dowding）对于轻壳体炸弹（即高爆弹）对‘马尔巴勒’号造成的破坏之轻感到非常惊讶。”（古道尔与道丁的关系不甚融洽。）

② 本节内容主要取自约翰·坎贝尔的笔记，并以伯特（R A Burt）的相关资料补充。

③ 因此“纳尔逊”级设计了内部装甲带。

④ 该系统中厚舱壁厚度被设计为3英寸（约合76.2毫米），当时认为该系统可承受分量远大于1000磅（约合454千克）炸药的考验。

队投掷了 57 枚鱼雷并取得 17 次命中。根据演习规则，其中 11 次被判定为有效命中。上述有效命中的判定效果如下：

表0-9 1932年1月的鱼雷攻击演练[38]

舰船	中雷数目	航速下降比例	判定中雷后最大航速
“伊丽莎白女王”号	2	15%	20节
“决心”号（Resolution）	7	30%	14节
“拉米雷斯”号（Ramillies）	2	10%	18节
“皇家橡树”号（Royal Oak）	1	10%	18节
“德文郡”号（Devonshire）	1	10%	30节
“苏塞克斯”号（Sussex）	1	10%	30节
“麻鹬”号（Curlew）	3	100%	沉没

对任何一艘战列舰而言，身中 7 枚鱼雷而航速仅下降 30% 这一判定均堪称难以想象，遑论性能并不出色的“决心”号。1933 年 1 月的演练中，31 架鱼雷轰炸机对一个巡洋舰中队实施了攻击。尽管该巡洋舰中队当时正以 24 节航速编队航行并实施剧烈机动，但仍被命中 6 枚鱼雷。之后不久，32 架鱼雷轰炸机在对一支航速更低的舰队实施攻击时取得了 21 次命中。

早期试验还包括对深水炸弹对已投降潜艇的破坏效果进行的研究。①在“蛇发女妖”号和“君王”号上进行的试验则如前文所述。由于经费紧张，海军部只能使用模型进行试验。为此海军在朴次茅斯构筑了一个坚固的盒式结构（大小为 10 英尺 ×12 英尺，约合 3.05 米 ×3.66 米），其内部可构制为各种不同的舱壁组合。这一后来被称为“防雷突出模型”的装置一直使用到第二次世界大战时期，共被用于进行 130 次试验。另有 240 次试验在更为简单的模型上进行。

1929 年“罗伯茨”号（Roberts）浅水重炮舰[39]逃脱了被拆解的命运，转而被用作安装较大型防护系统模型（1/3 或 3/4 比例）的浮动平台。在利用该平台进行的试验中，所用最大炸药重量为 16.5 磅（约合 7.48 千克），可在模型试验中用于代表 1000 磅（约合 454 千克）炸药在全尺寸试验中的效果。至 1935 年该舰共完成了 11 次试验，且已经得出 12 英尺（约合 3.66 米）深（从防护系统外侧至耐压舱壁的距离）的防护系统便足以抵挡 1000 磅（约合 454 千克）炸药冲击②，而 9 英尺（约合 2.74 米）深的防护系统不足以抵挡 500 磅（约合 227 千克）炸药冲击的结论。空舱—注水舱—空舱的布置方式被认为防护效果最佳，且各层舱室的宽度应大致相同。

鉴于用于引导爆炸所产生气体排放方向的通气板未能正常工作，海军最终得出排气装置并不必需的结论。焊接技术引入后，此前沿铆接接缝产生漏水现

① 某位高级造船师曾告诉笔者，他曾参与过一次火炮对上浮状态潜艇进行射击的试验，其目的是测试炮弹对潜艇的破坏力。试验结果显示，口径在 4.7 英寸（约合 120 毫米）以下的火炮对潜艇几乎毫无作用，即使是该口径炮弹也常常被潜艇外壳弹开。笔者并没有找到相关报告。
② 笔者认为这难以置信。

象这一老问题最终得以解决。尽管如此，在设计和实施焊接时仍须多加小心。

1934 年“皇家方舟”号（Ark Royal）航空母舰[40]以及新战列舰的若干研究方案已经完成。①时任海军建造总监的阿瑟·约翰斯成功说服海务大臣委员会新建一艘大型测试平台，以供就针对各种攻击方式实施防护的效果进行试验，尽管该平台造价可能高达 16.5 万英镑。②该平台代号“乔布 74”（Job 74），长 72 英尺（约合 21.9 米），型深 50 英尺（约合 15.2 米），其宽度则取决于加装的防护系统深度。③平台的内部舱室按照战列舰和巡洋舰建造标准布置。在最初一系列试验中，该平台一侧加装了“三明治”结构的防护系统，另一侧则加装了根据达因科特设计修改而成的防雷突出部，使得平台整体宽度为 100 英尺（约合 30.5 米）。④“三明治”结构的外缘与耐压舱壁之间的距离为 20 英尺（约合 6.10 米），后者由两层 35 磅（约合 22.22 毫米）厚钢板铆接而成。该结构中最外侧为空舱，可供爆炸产生的气体自由扩散。中间层为注液舱，其中液体起初为水，后改为燃料。该层舱室不仅可使由爆炸导致的压力载荷扩散，而且可防止鱼雷以及破碎的舰体结构所造成的破片继续深入。在厚实的耐压舱壁外侧还有一层空舱。设计师曾估计在被鱼雷命中后耐压舱壁可能发生变形并导致漏水，因此在该舱壁内侧还设有一道水密舱，可用于安装不太重要的设施。

试验中海军先后在“乔布 74”号两侧各引爆一份 1000 磅（约合 454 千克）炸药，在两舷舰体外壳上各造成一个大小为 25 英尺 ×16 英尺（约合 7.62 米 ×4.88 米）的破孔。⑤在“三明治”结构防护系统中，中间的两道舱壁各有约 36 英尺（约合 11.0 米）长部分被摧毁，主防护舱壁⑥上有 18 英寸（约合 457.2 毫米）长的部分弯曲，但并未破裂。该舱壁的迅速弯曲在其内侧的油舱内导致了一个液压脉冲，并进而对最内侧舱壁造成一定破坏。⑦在另一侧，防雷突出部未能抵挡住爆炸的冲击，主舱壁在长 14 英尺（约合 4.27 米）深 28 英尺（约合 8.53 米）范围内破裂。在此后（1937 年 4 月）进行的一次试验中，由焊接而成厚 60 磅（约合 38.1 毫米）的耐压舱壁在焊缝处破裂。这一结构与安装在“皇家方舟”号上的相同。⑧

20 世纪 30 年代海军对 B 型炸弹的威胁颇为担忧。根据设计场景，该型炸弹将被投掷于目标舰船前方，并设有大型气室，以保证在入水后炸弹可上浮至目标底部爆炸。1927 年预计该种炸弹的重量约为 2000 磅（约合 907 千克），后削减为 1100 磅（约合 499 千克），又于 1933 年降至 250 磅（约合 113.4 千克）。该型炸弹于 1939 年正式列装，但从未在实战中使用。在试验中 B 型炸弹的破坏力颇为惊人，且海军没有找出有效的防御手段。“乔布 74”号设有 7 英尺（约合 2.14 米）深的双层舰底，但“未能起作用”。⑨即使是 250 磅（约合 113.4 千克）的 B 型炸弹（装药 127.5 磅，约合 57.8 千克）也足以导致炸点上方的

① D K Brown, 'Attack and Defence', Warship 24 (London1982).

② 空军部承担了部分支出。参见舰船档案 540 号。

③ 由奥弗德（D E Offord）和史密瑟斯（D W Smithers）设计。

④ 根据国防通知（D-Notice）[41]要求，所有宣传材料中均禁止提及“乔布 74”这一代号。

⑤ 考虑到炸药的分量，上述破孔似乎颇小。笔者个人对正常破孔大小的估计约为 36 英尺（约合 11.0 米）。破孔大小为 24 英尺（约合 7.32 米）的概率仅约 1/4。

⑥ 由两层 35 磅（约合 22.22 毫米）厚的钢板铆接而成。

⑦ 尽管上述全尺寸船段成功地抵挡住了 1000 磅（约合 454 千克）炸药爆炸的冲击，但应注意到“威尔士亲王”号（Prince of Wales）[42]上安装的类似防护系统未能抵挡 330 磅（约合 150 千克）战斗部的攻击。参见 Warship 1994 及本书第十章，尽管就两者差异进行的解释并不非常令人信服。

⑧ “皇家方舟”号被鱼雷命中并沉没后古道尔曾非常担忧，但在得知此后的调查显示该舰舱壁并未破裂（参见本书第十章）后大为宽心。他在 1935 年 11 月 1 日的日记中写道：“‘乔布 74’号似乎并未被所受破坏的范围危及，但焊接处看起来状况很糟。”

⑨ 参见古道尔 1936 年 2 月 25 日的日记。他在日记中接着写道：“水密舱的划分或许过于细密……亲自入坞观察‘乔布’的底部，看来实际问题似乎与传声舱壁未被内层舰底穿过有关。”同年 4 月 21 日的日记中还写道：“召开有关‘乔布 74’号的会议。沃森（Watson）提出了一个颇有价值的批评意见，尽管我认为他错了。”（古道尔通常被描述为独断专行，但从上述及少数其他段落看来，他也看重有依据的反对意见。）

舱室进水——如果炸点距离舱壁不足15英尺（约合4.57米），那么进水舱室数量将上升至2个。此前海军还曾尝试过三层舰底的防护效果，但同样并不成功。若双层舰底中的一半空间装载液体，则可提供一定的防护。

奥弗德（以及古道尔）对“胡德”号装备的水上鱼雷发射管导致的安全隐患非常担忧。为证明这一观点，某次试验中在“乔布74”号的中甲板上引爆了3具750磅（约合340.2千克）战斗部。此后在对“胡德”号沉没进行的调查中，奥弗德便根据此次试验结果声称罪魁祸首是该舰装备的鱼雷。他此后一直坚持上述观点。①

海军亦在“乔布74”号上进行了若干轰炸试验，其结果再次确认了命中小型目标的难度。②尽管如此，先后投掷的总重10000磅（约合4536千克）炸弹中，共有30枚达成命中。试验中“乔布74”号的厚装甲甲板（5英寸，约合127毫米）表现出色。③海军还曾利用该平台进行若干炮塔闪火试验，还曾在其6英寸（约合152.4毫米）和8英寸（约合203.2毫米）药库中引爆炸药。为研究机库起火，海军还曾在“乔布74”号的甲板上搭建机库。此外海军还利用该平台进行一系列与药库和弹库安全性有关的试验。

其他试验还包括利用旧式潜艇L19号[43]进行的冲击试验。1937年该艇被拆解，同年特制的测试船段“乔布81”号平台建成。1938年完成若干试验后，该平台最终被毁。海军遂又建造了“乔布9号”测试船段，并一直沿用至第二次世界大战结束后。该平台主要用于研究潜艇电池组的抗冲击课题。海军还曾测试过双重（磁性）鱼雷引信，并用装备该引信的鱼雷于1939年11月22日在怀特岛（Isle of Wight）附近海域击沉了驱逐舰“布鲁斯”号。④

① 参见20世纪80年代奥弗德给笔者的信。

② 古道尔在1935年2月20日的日记中写道：“在查塔姆。‘乔布74’号看起来很小。我甚至怀疑AM是否能取得命中。”[古道尔通常用AM指代空军，这或是空军部（Air Ministry）的缩写。] 同年6月24日的日记中则写道：“500磅（约合227千克）半穿甲弹是一款很棒的武器。”

③ 在第二次世界大战期间，“乔布74”号甚至被用于充当防空掩体——奥弗德曾写道：“受庇护者对其都颇有信心。”

④ 1932年7月1日古道尔在日记中写道：“鱼雷与水雷总监（DTM）带着供350磅（约合158.8千克）鱼雷战斗部的磁性引信设计方案离开。”

在对为18英寸（约合457.2毫米）鱼雷配备的双重（磁性）引信进行的一次试验中，“布鲁斯”号（Bruce）被击沉。从照片看来，引信在此次试验中工作正常，但由于其可靠性不佳，因此很快便被海军所放弃（作者本人收藏）。

化学战

在两次世界大战之间时期，海军对毒气攻击的威胁颇为重视。首次相关试验于1920年展开，试验对象为“拉米雷斯”号战列舰。试验显示该舰的开放式舰桥结构对毒气的防护能力最为薄弱，但难以对此进行改进。1922年和1924年海军又先后以“勇敢”号战列巡洋舰和“君王”号战列舰为目标进行了进一步试验，并取得类似结论。1923年海军收到了美国海军对此课题的研究报告副本，其结论与英方类似，即舰船，尤其是受创状况下的舰船无法实现对毒气的防护，因此就此课题而言，最好的防护手段是在条件许可时向乘员发放单人防毒面具以及用于防御芥子气的防护服。“纳尔逊”级和“英王乔治五世”级战列舰的舰桥设有空气过滤设备，但海军对其效果并无信心。化学战的重要性可在贝沃特（Bywater）所撰写的科幻小说《大战太平洋》（The Great Pacific War）中一窥，该书情节主要基于作者在白厅（Whitehall）[44]酒吧中所收集到的流言蜚语。这本于1925年出版的小说预言战争将于1931年爆发，其中包含了当时海军内部的大量观点。①

装甲

尽管两次世界大战之间英国舰用装甲的技术演化脉络迄今仍不够清晰，但可以确定的是自1935年起，英国钢铁公司、弗斯—布朗公司(Firth–Brown)和比德莫尔公司便先后制造了若干试验性装甲板。早期装甲板表面硬化部分深度占总厚度的20%~25%，不过后期产品上硬化部分的深度比例甚至可高达33%。②此外，海军还对合金成分以及热处理工艺颇为重视，以求让装甲板同时实现硬化的表面和坚韧的背面，并实现两种性能之间平滑的过渡。较厚的硬化表面可使炮弹即使有足够的速度实现击穿，也将在击穿过程中破裂，从而无法在击穿后正常爆炸。大部分试验中采用的靶标装甲板厚440磅（约合279.4毫米），炮弹则为13.5英寸（约合342.9毫米）被帽穿甲弹，但亦有部分厚达600磅（约合381毫米）的装甲板接受了测试。自1937年起，海军决定向产品性能高于指标的装甲板生产商支付奖金。

海军对这一系列测试的结果非常满意。与第一次世界大战期间的装甲板相比，“英王乔治五世”号战列舰以及此后各舰的装甲的防护能力提高了约25%。第二次世界大战结束后针对从“提尔皮茨”号（Tirpitz）战列舰[45]上拆除的装甲板进行的试验显示，德制装甲板性能也实现了类似的提升。与此相反，美国海军未能取得类似幅度的进步，与第一次世界大战期间的装备相比，其在第二次世界大战期间所采用的装甲板性能并未实现提升。③在认识到英国国产装甲板产能不足的问题之后，海军鉴于国产表面硬化装甲板出色的性能，决定仅从国外进口未硬化装甲板。

① H C Bywater, The Great Pacific War (London 1925). 书中诸多预言之一与巡洋舰设计有关，作者声称一级装备柴油主机的巡洋舰届时将问世。有观点认为山本五十六在制订作战计划时亦参考了贝沃特所预言的战争模式。

② 该数据来自斯科特（Scott），其他材料则显示15英寸（约合381毫米）装甲板表面硬化部分深度约为3.5英寸（约合88.9毫米）。鉴于碳含量由装甲板表面向深处逐步减少，因此上述两个数据的差别很可能由对“硬化表面部分”的定义不一导致。

③ 英美两国的试验结果均可证实上述结论。参见 Garzke and Dulin, Battleships–Allied Battleships in World War II, p231。该处引用了 J D Scott, Vickers–a History。

国会

前文所述试验还有一值得一提的后续。1936 年 11 月英国国会组织了一个小委员会，专门研究“主力舰在面对空袭时的弱点”这一课题。[①]彼时媒体常常鼓吹各种基于并不准确的信息得出的意见，甚至在国会内也有观点认为战列舰在空袭面前毫无还手之力，因此其角色可由成本较低的轰炸机取代。上述委员会最终完成的报告虽已解密，但其中涉及大量秘密报告，其内容或与本章所述诸项试验有关。在几乎所有问题上，海军部和空军部均保持一致观点。

上述报告中提及了大量试验，试验目的分别包括炸弹命中概率、炸弹穿甲能力以及炸弹爆炸后效。报告中还描述并参考了美国海军的试验结果，其结论为皇家海军在对付空袭方面经验更为丰富。报告还认为，尽管任何一种防护设计都难称完美，但新锐主力舰以及新近完成现代化改装的各舰的防护系统设计都颇为合理。注意水平轰炸、俯冲轰炸和鱼雷轰炸三种情形均在报告涵盖范围之列。[②]

海军部和空军部唯一的分歧便是对舰载防空火力效果的评价。尽管双方均承认仅少数飞机会被防空火力击落，但海军部坚持认为密集的防空火力将对机组成员产生相当的心理作用，从而达成可观的威慑效果，但这一观点并未被空军部所接受。[③]双方均同意建造、运行和维护一艘战列舰的开销大致与 43 架双引擎轰炸机相当。

针对航空兵的狂热支持者所鼓吹的“英国应停止建造战列舰”的观点，该报告的最终结论如下：“如果实际结果显示其理论正确，那么我们不过是浪费了大量资金；但如果其理论错误，那么将其付诸实施将意味着失去整个帝国。”

① 该委员会隶属帝国防务委员会，由托马斯·因斯基普（Thomas Inskip）爵士任主席。其最终完成的报告文件号为 Report Cmd 5301, 1936。

② 报告中并未提及 B 型炸弹，该弹种当时仍处于保密状态。

③ 在某次试验中，一架俗称“蜂后”（Queen Bees）的遥控靶机[46]曾以 85 英里（约合 136.8 千米）的时速，冒着舰队的防空火力绕舰队飞行一个小时，在此期间该机从未被击中！

译注

1.亦可参考The Royal Navy in Eastern Waters: Linchpin of Victory 1935–1942一书第二章的相关内容。

2.该级舰装备7.5英寸（约合190.5毫米）口径主炮，标准排水量为9750吨。华盛顿会议期间英方代表同意有关巡洋舰的上限理由之一便是为了保住“霍金斯”级。

3.即1922年《华盛顿条约》，1930年第一次《伦敦条约》和1936年第二次《伦敦条约》。

4.“戈里齐亚”号隶属“扎拉”级重巡洋舰，1930年下水。“沙恩霍斯特”级为德国海军战列舰，首舰于1936年10月下水。“希佩尔海军上将”级为德国海军重巡洋舰，首舰于1937年2月下水。“最上”级为日本海军巡洋舰，最初装备155毫米主炮，因此按条约规定划分为轻巡洋舰。该级舰从设计时即计划改装双联装200毫米主炮，换装后被重新划分为重巡洋舰。首舰于1934年3月下水。

5.北非港口，位于摩洛哥西北，直布罗陀海峡西侧入口南岸。

6.亦有说法称此事发生于1936年8月该舰从基尔经丹吉尔返回意大利途中。8月19日夜该舰从丹吉尔出发后，其前部航空煤油舱发生爆炸，导致该舰重创，被迫前往直布罗陀入坞修理。尽管英方在检查后断定其实际排水量高于此前官方声称的10000吨，但英方并未就意大利违反《华盛顿条约》相关规定提出正式抗议。不希望刺激意大利加剧地中海地区意法之间的军备竞赛或许是其原因之一。

7.该舰铺设龙骨的时间在《英德海军协定》签订之后（1935年6月18日签订）。根据该协定，德国海军各舰种各自总吨位均不应超过皇家海军相应舰种总吨位的35%，同时应遵守当时海军军备限制条约对各舰种单舰的限制。因此似乎难以认为“沙恩霍斯特”级的建造违反了《凡尔赛和约》。英国亦通过《英德海军协定》使得德国不会继续建造袖珍战列舰。

8.1923年5月安德鲁·博纳·劳因喉癌辞去首相一职，鲍德温继任组阁。

9.该舰为1909年下水的原皇家游艇。第一次世界大战期间皇家海军收购该舰，1920年1月1日该舰被划分为特别服务舰。

10.直接原因之一是对巡洋舰数目的争论。

11.“铁公爵”级各舰分别在1912年和1913年间下水，“虎”号于1913年下水。

12.时任第一海务大臣和海军作战部长的应分别为查特菲尔德上将和斯坦德利海军上将。

13.即意大利的“维内托”级战列舰和法国的“黎塞留”级战列舰。

14.麦克唐纳内阁，执政至1935年6月7日。

15.1935年11月14日举行。

16.分别为“伊丽莎白女王”号、“刚勇”号和“声望”号。

17.尽管并未指明，但此处显然并不针对法国，此时的假想敌为德国，意大利仍为潜在的对手。

18.6英寸约合152.4毫米，8英寸约合203.2毫米。按照1930年《伦敦条约》的规定，皇家海军已经用完装备8英寸（约合203.2毫米）主炮巡洋舰的配额，而1936年《伦敦条约》又限制了巡洋舰的主炮口径，所以此处并未在20世纪40年代早期规划该种巡洋舰。从驱逐舰以下条目，数字似乎应指编队数目，而非舰只数目。

19.“光辉”号、“胜利”号与“可畏”号均隶属“光辉”级舰队航空母舰，分别于1939年4月、8月和9月下水。“特立尼达”号与“肯尼亚”号均隶属“斐济”级轻巡洋舰，分别于1940年3月和1939年8月下水。

20.“光辉”号、“胜利”号与“可畏”号均隶属“光辉”级舰队航空母舰，分别于1939年4月、8月和9月下水。“特立尼达”号与“肯尼亚”号均隶属“斐济”级轻巡洋舰，分别于1940年3月和1939年8月下水。

21.蒙塞尔勋爵1931—1936年间任海军大臣。

22.隶属“厄瑞波斯”级浅水重炮舰，1916年5月下水。

23.隶属“海军上将”级战列巡洋舰，1916年8月下水。

24.隶属“厄瑞波斯”级浅水重炮舰，1916年6月下水。

25.隶属“巴伐利亚”级战列舰，1915年10月下水，根据停战条件，1919年1月该舰作为未完工的“马肯森”号战列舰的替代者，前往斯卡帕湾接受英国海军监管。该舰参与了同年6月21日德国海军在斯卡帕湾的自沉行动，但由于该舰开始自沉的时间最晚，因此皇家海军仍得以控制该舰搁浅，使其成为当日唯一一艘未能成功自沉的主力舰。同年7月该舰脱浅完成，被拖往因弗戈登接受检查，后来被用作靶船。

26.隶属“宾夕法尼亚”级战列舰，1915年3月下水。

27.隶属“柏勒洛丰”级战列舰，1907年11月下水。

28.隶属“铁公爵”级战列舰，1911年3月下水。

29.隶属“俾斯麦”级战列舰，1939年2月下水。

30.隶属“蛇发女妖”级战列舰，原为挪威在英国订购建造。第一次世界大战之初英国政府将其收购，该舰于

1914年6月下水，但直至1918年5月方才服役。

31.1918年首飞的轻型双翼轰炸机。

32.前两级舰首舰分别于1913年10月和1914年11月下水。

33.隶属“纳尔逊勋爵”级前无畏舰，1906年6月下水。

34.“声望”号隶属“声望”级战列巡洋舰，1916年3月下水。

35.“厌战”号隶属“伊丽莎白女王”级战列舰，1913年11月下水。

36.隶属“勇敢”级战列巡洋舰，分别于1916年2月和4月下水，此后又分别于1924—1928年和1924—1930年间改建为航空母舰。

37.1921年首飞。

38.“伊丽莎白女王”号隶属“伊丽莎白女王”级战列舰，于1913年下水；“决心”号、“拉米雷斯”号和“皇家橡树”号均隶属“皇权”级战列舰，分别于1915年1月、1916年6月和1914年11月下水；“德文郡”号和“苏塞克斯”号均隶属“郡”级重巡洋舰，分别于1927年10月和1928年2月下水。“麻鹬”号隶属C级轻巡洋舰，于1917年7月下水。

39.隶属M级浅水重炮舰，1915年4月下水。

40.隶属M级浅水重炮舰，1915年4月下水。

41.D Notice全称为Defence Notice，其内容一般为官方以国家安全需要为理由禁止媒体公布某一内容。

42.“威尔士亲王”号隶属“英王乔治五世”级战列舰，1939年5月下水。

43.隶属L级潜艇，1917年开工。

44.伦敦地名，很多政府部门位于该街。

45.隶属“俾斯麦”级战列舰，1939年4月下水。

46.由德哈维兰公司于20世纪30年代生产的DH.82式木制双翼机。

第一章
战列舰

在签订《华盛顿条约》之前，海军部已经就新的战列舰和战列巡洋舰设计进行了大量的研究，从中可以窥见20世纪20年代初期皇家海军对上述舰种的期望。对前述研究的描述见于本系列前一卷[1]及其他作品，此处仅引用其最终成果，即G3级战列巡洋舰和N3级战列舰的主要指标，并在表1–1中将其与其他设计进行比较。

《华盛顿条约》对各舰种的限制参见附录4，对战列舰而言，其限制可简述如下：排水量不超过3.5万吨，主炮口径不超过16英寸（约合406.4毫米）。1931年前不得开工建造新战列舰（除“纳尔逊”号和“罗德尼”号两舰之外）[2]。

1927年1月提交的首个战列舰设计方案可被视为“纳尔逊”级的2.8万吨排水量版，且主炮口径降为14英寸（约合355.6毫米）①。同年7月提交的第二个设计方案装备4座双联装炮塔，分别位于舰艏和舰艉。尽管这一布局意味着更长的要害区长度，从而导致排水量上升1200吨，但该设计仍更受欢迎。考虑到在舰体附近入水，并可能在装甲带下方击中舰体的炮弹，即所谓“潜水弹”的威胁，为实现对其更好的防护效果，前述两个设计方案的排水量此后均增加了500吨。值得注意的是，尽管限制舰体排水量的压力颇大，但两个设计方案均保留了厚重的甲板装甲。②

1931年海军参谋需求

根据《华盛顿条约》的规定，列强可从1931年起着手替换舰龄较长的战列舰，因此海军部于1928年起开始讨论对新战列舰的性能要求。③鉴于此前1927年日内瓦裁军会议上的讨论已经显示，其他列强绝无接受在3.5万吨基础上进一步降低战列舰排水量上限的可能，因此海军决定在这一排水量基础上同时考虑装备16英寸（约合406.4毫米）和14英寸（约合355.6毫米）主炮的设计方案。两种口径主炮均需要重新设计，并发射初速较低的重弹。④为此新设计的16英寸（约合406.4毫米）主炮炮塔应克服此前在“纳尔逊”级上发现的种种问题，而14英寸（约合355.6毫米）双联装主炮炮塔设计则只需在成熟的15英寸（约合381毫米）炮塔设计基础上稍作修改。

新战列舰的副炮应配备双联装6英寸（约合152.4毫米）炮塔，其防护水

① 亦有文件声称主炮口径为13.5英寸（约合342.9毫米）。实际上，尽管设计方案中主炮口径为14英寸（约合355.6毫米），但海军曾决定在日内瓦裁军会议上力求实现13.5英寸（约合342.9毫米）的主炮口径上限。[3]

② 可以颇有把握地猜测，这一决定应归功于时任审计长的查特菲尔德。

③ 有关该时期设计讨论的详细内容，读者可参见A Raven and J Roberts, British Battleships of World War II (London 1976), P 149。

④ 16英寸（约合406.4毫米）主炮炮弹重2250磅（约合1020.6千克），炮口初速为每秒2575英尺（约合784.9米）；14英寸（约合355.6毫米）主炮炮弹重1500磅（约合680.4千克），炮口初速为每秒2550英尺（约合770.24米）。

平应高于“纳尔逊”级的副炮，且彼此之间距离应进一步加大。防空炮则为新设计的 4.7 英寸（约合 120 毫米）火炮，可能以双联装甲板间（Between Deck, BD）炮架的方式安装 4 座。海军亦考虑了引入高平两用副炮的可能，但当时认为防空与反驱逐舰对火炮的要求无法共存。①新战列舰应与“奥伯龙”号（Oberon）潜艇类似[4]，装备 6 具舰艏鱼雷发射管，其口径可能为 21 英寸（约合 533.4 毫米），鱼雷战斗部重 1000 磅（约合 454 千克）。战列舰的防护应足以抵挡 16 英寸（约合 406.4 毫米）炮弹和 2000 磅（约合 907.2 千克）炸弹的攻击。航速应为 23 节。

草案设计，1928—1929

表 1–1 中 16A 号设计方案装备 4 座双联装 16 英寸（约合 406.4 毫米）炮塔，舰体两端各布置两座。该设计也是所有设计方案中唯一一个排水量为 3.5 万吨的设计方案。两个装备 14 英寸（约合 355.6 毫米）主炮的设计方案均装备 4 座双联装主炮炮塔，装甲带厚度为 11 英寸（约合 279.4 毫米）。②其中 14B 方案的航速为 23 节，而 14A 方案的主机功率更高，舰体也更长，因此其航速可能达 25 节。最初海军部曾希望将装备 14 英寸（约合 355.6 毫米）主炮的设计方案排水量控制在 2.8 万吨以内，但如表 1–1 所示，实际设计结果明显高于这一数字。

在此期间还先后提出过 11 个装备 12 英寸（约合 304.8 毫米）主炮的战列舰设计方案，但表 1–1 中仅将其中较受欢迎的 4 个方案列出。不过，其他方案未能通过审批的理由仍值得一提。其中两个航速为 27 节的设计方案被认为排水量过大（分别为 2.815 万吨和 2.775 万吨），明显超出预定的 2.5 万吨上限。所有装备三联装炮塔的设计方案均未通过审批，其中 2 个方案装备 3 座三联装炮塔，1 个方案装备 2 座三联装炮塔和 1 座双联装炮塔。另外 4 个方案均装备 4 座双联装炮塔。所有 11 个设计方案均装备 10 英寸（约合 254 毫米）倾斜装甲带，据称其对 12 英寸（约合 304.8 毫米）炮弹的防护能力优于“纳尔逊”级主装甲带对 16 英寸（约合 406.4 毫米）炮弹的防护能力。所有设计方案的排水量均高于预设的 2.5 万吨上限。尽管可以通过削减装甲厚度的方式满足排水量限制，但这一方案并不明智。海军建造总监还警告称随着设计深入，排水量可能进一步上升，因此将装备 12 英寸（约合 304.8 毫米）主炮的战列舰排水量估计为 2.7 万吨是更明智的做法。排水量更小、装备 10 英寸（约合 254 毫米）和 11 英寸（约合 279.4 毫米）主炮的设计方案则似乎纯属探索性研究，而且很快便被放弃。针对装备 12 英寸（约合 304.8 毫米）主炮和 10 英寸（约合 254 毫米）装甲带的新战列舰如何与装备 16 英寸（约合 406.4 毫米）主炮的旧式战列舰交战这一课题，海军内部似乎并未进行讨论。皇家海军似乎并不反对将战列舰主炮口径上限限制在 12 英寸（约合 304.8 毫米），但美日两国对此均无兴趣。

① 参见附录 8。
② 估计可抵挡 14 英寸（约合 355.6 毫米）炮弹的攻击。

表1-1 20世纪20年代战列舰设计方案

设计方案代号	长×宽×型深（英尺）	排水量（吨）	主炮数目及口径	主机功率（轴马力），航速（节）	装甲带厚度（英寸），倾角	甲板厚度（英寸）
1921年G3	850×106×32.5	48400	9门16英寸	16万匹，32节	14，18°	8-4
1921年N3	815×106×33	48000	9门18英寸	5万匹，23节	15，18°	8
1927年 a	600×100×33	28000	9门14英寸	4.5万匹，23.25节	12	6.75-4.5
1927年 b	630×100×33	29200	8门14英寸	4.5万匹，23.25节	12	6.75-4.5
1928年 16A	692×106×30	35000	8门16英寸	4.5万匹，23节	13	6.25-4.25
1928年 14A	660×104×27	30700	8门14英寸	6.05万匹，不详	11	6.25-4.25
1928年 14B	620×104×27.5	29070	8门14英寸	4.35万匹，23节	11	6.25-4.25
1928年 12B	610×100×26	25430	8门12英寸	4万匹，23节	10	6-4
1928年 12D	620×102×26	26800	8门12英寸	5.5万匹，25节	10	6-4
1928年 12G	612×102×26	26070	9门12英寸	4.8万匹，24节	10	6-4
1928年 12J	629×102×26	26700	9门12英寸	5.5万匹，25节	10	6-4
1928年 10A	620×96×25	21670	8门10英寸	5.4万匹，24节	8	5.5-3.5
1928年 10C	600×98×25	22000	8门10英寸	4.8万匹，24节	8	5.5-3.5
1928年 11A	600×98×26	23300	8门11英寸	4.8万匹，24节	9	4.75-3.75

注：表中长度指舰体艏艉垂线之间长度，排水量为标准排水量。甲板厚度存在 2 个数字时，前一个指药库上方甲板厚度，后一个指动力系统舱室上方甲板厚度。1 英尺 =0.3048 米，1 英寸 =25.4 毫米。

海军曾就如何实现针对“潜水弹”的防护这一课题进行过相当的研究。①当时认为在引信正常工作状态下，炮弹将在碰撞后继续飞行 30 英尺（约合 9.14 米）然后方会爆炸，且在碰撞发生后，炮弹继续飞行 25 英尺（约合 7.62 米）后即将转至舰体正横方向。针对这一威胁，海军部先后提出了 3 种装甲布置方案。A 方案与“纳尔逊”级的装甲布置类似，但利用较薄的装甲将装甲带覆盖范围进一步向下延伸。B 方案和 C 方案中装甲带均布置于舰体外部，其防雷系统中引入铰接翻版，用于引导鱼雷或水雷战斗部爆炸时产生的气体。这一导气设计不甚受欢迎，因此 1928—1929 年间所有设计方案均采用了 A 方案。②1930 年《伦敦条约》（参见附录 5）保留了《华盛顿条约》中对战列舰的限制，但将停止建造战列舰的时间延长至 1937 年。

值得注意的是，与 1928—1929 年的 12 英寸（约合 304.8 毫米）主炮战列舰设计方案相比，20 世纪 30 年代新的同口径主炮战列舰设计方案的排水量明显提高。③造成这一结果的主要原因是装甲重量的显著增加，导致舰体重量的相应增加。④所有新设计方案均以舷侧炮列的形式布置了 12 门单装 6 英寸（约合 152.4 毫米）副炮，并以双联装形式布置了 12 门 4.7 英寸（约合 120 毫米）防空炮（参见附录 8 有关中口径火炮的论述）。其中 N 和 P 两个设计方案颇受青睐，海军建

① 在日德兰海战中，“狮”号战列巡洋舰和“马来亚”号战列舰分别以该种方式中弹 5 次和 2 次。[5] 第一次世界大战结束后进行的大量试验中，靶船“阿伽门农”号和“百夫长”号曾多次承受该种方式攻击。

② 估计可抵挡 14 英寸（约合 355.6 毫米）炮弹的攻击。

③ 1934 年 2 月 2 日古道尔在日记中写道：“4 座双联装 12 英寸（约合 304.8 毫米）炮塔 + 出色的防护系统 =2.8 万吨排水量，若装备 10 门 12 英寸主炮，则即使是防护水平平庸的设计方案，其排水量也将达 2.9 万吨。”

④ 1933 年 9 月 15 日古道尔在日记中写道：“着手进行新战列舰设计；按以前对‘平衡’的定义，各方面性能平衡的设计排水量约为 2.4 万吨，但若采用厚重的防护，则将上升至 3.3 万吨。”

“罗德尼”号（上图，摄于1937年，由赖特和洛根收藏）和“纳尔逊”号（下图，摄于1945年）的照片展现了第二次世界大战期间舰载轻型防空火炮的迅猛增加。两舰均未曾接受适当的整修，至战争结束时已相当程度地磨损老化。

造总监还以其为基础，完成了完全取消6英寸（约合152.4毫米）副炮，并增加4.7英寸（约合120毫米）防空炮的变种设计方案（基于N方案的变种方案中装备28门防空炮，基于P方案的变种方案则装备24门）。两设计方案均在两舷各设有五联装21英寸（约合533.4毫米）鱼雷发射管。所有设计方案的航速均为23节。[①]此时法国已经建成2艘吨位类似的舰只，其主要性能也列入下表以供比较。注意法国战舰的主机重量很轻，且装备四联装炮塔。当时英国认为法、德、意三国或许会同意将战列舰排水量限制在2.8万吨，但实际上三国当时均已在计划建造装备15英寸（约合381毫米）主炮且排水量远高于此数的新战列舰。至于美日两国则全无赞成排水量更低的战列舰的可能，因此此后所有战列舰设计方案的排水量均为3.5万吨。

① 1933年7月27日古道尔在日记中写道：“审查他的新战列舰设计方案——如果该方案孕育成熟，那么我们无疑将成为全世界的笑柄。”同年11月28日他在日记中写道：“审查设计方案H——绞尽脑汁构思新战列舰的形式。他设计上的无知真是‘可怕’（Kolossal，德语）。”

表1-2 1934年装备12英寸（约合304.8毫米）主炮的战列舰设计方案

设计方案代号	长×宽×型深（英尺）	排水量（吨）	主炮数目及口径	主机功率（轴马力），航速（节）	装甲带厚度（英寸）	甲板厚度（英寸）
12N	570×102×29	28500	8门12英寸	4.5万匹，23节	12.5	3.5~5.5
12O	570×102×29	28130	9门12英寸	4.5万匹，23节	12.5	3.5~5.5
12P	590×103.5×28.5	28500	10门12英寸	4.5万匹，23.25节	12	3~5
12Q	590×103.5×28.5	28500	9门12英寸	4.5万匹，23.25节	12	3.5~5
“敦刻尔克”级（Dunkerque）[6]	685×102×28.5	26500	8门13英寸	11.25万匹，29.5节	9.75	5

注：1英尺=0.3048米，1英寸=25.4毫米。“敦刻尔克”级的所有参数均基于公制，已在表中注明。

1935年研究

最初的11个3.5万吨战列舰设计方案中，有3个设计方案装备16英寸（约合406.4毫米）主炮[①]，2个装备15英寸（约合381毫米）主炮[②]，其余6个则装备14英寸（约合355.6毫米）主炮[③]。所有设计方案均装备以甲板间炮架形式安装的10座双联装4.5英寸（约合114.3毫米）副炮，其防护系统中，装甲带厚度在12~14英寸（约合304.8~355.6毫米）之间，药库上方甲板装甲厚5~6英寸（约合127~152.4毫米），动力系统舱室上方甲板厚度则在3~5英寸（约合76.2~127毫米）之间。9个设计方案的设计航速在27~30节之间，仅有2个设计方案的设计航速为23节。其中航速最高的设计方案在一些早期文档中被称为战列巡洋舰。

上述设计方案之间的比较可参见海军部参谋们完成的一份冗长文件，此处仅摘要如下。[④]关键指标之一是不同炮弹和炸弹对甲板以及侧装甲带的击穿能力。与皇家海军所采用的定义相比，美国海军所采用的“免疫区”概念更清晰明了，但无疑两国海军的思路是相似的。

表1-3 穿甲弹以正碰形式击穿侧装甲的最大距离

装甲厚度	炮弹种类		
	14英寸（355.6毫米），1590磅（721.2千克）	15英寸（381毫米），1938磅（879.1千克）	16英寸（406.4毫米），2375磅（1077.3千克）
14英寸（355.6毫米）	1.37万码（1.25万米）	1.72万码（1.57万米）	2.0万码（1.83万米）
13英寸（330.2毫米）	1.58万码（1.44万米）	1.94万码（1.77万米）	2.2万码（2.01万米）
12英寸（304.8毫米）	1.80万码（1.65万米）	2.17万码（1.98万米）	2.45万码（2.24万米）
11英寸（279.4毫米）	2.05万码（1.87万米）	2.45万码（2.24万米）	2.8万码（2.56万米）
10英寸（254.0毫米）	2.37万码（2.17万米）	2.80万码（2.56万米）	3.2万码（2.3万米）

① 其中两个方案装备9门主炮，另有一个方案装备8门主炮。
② 均装备9门主炮。
③ 两个方案装备12门主炮，另外两个方案分别装备8门和10门主炮。
④ 完整内容可参见Raven and Roberts, British Battleships of World War II。

表1-4 穿甲弹击穿甲板装甲的最小距离

装甲厚度	炮弹种类		
	14英寸（355.6毫米）	15英寸（381毫米）	16英寸（406.8毫米）
6英寸（152.4毫米）	免疫	3.25万码（2.97万米）	3.1万码（2.83万米）
5英寸（127毫米）	3.2万码（2.93万米）	2.95万码（2.7万米）	—
4英寸（101.6毫米）	2.8万码（2.56万米）	2.6万码（2.38万米）	—
3英寸（76.2毫米）	2.4万码（2.19万米）	2.2万码（2.01万米）	—
2英寸（50.8毫米）	2万码（1.83万米）	1.8万码（1.65万米）	—

表1-5 炸弹击穿甲板装甲的最低高度

装甲厚度	炸弹种类			
	2000磅（907.2千克）穿甲弹	1500磅（680.4千克）穿甲弹	1000磅（453.6千克）穿甲弹	500磅（226.8千克）半穿甲弹
7英寸（177.8毫米）	9000英尺（2743.2米）	13000英尺（3962.4米）	免疫	免疫
6英寸（152.4毫米）	7000英尺（2133.6米）	10600英尺（3230.9米）	15000英尺（4572米）	免疫
5英寸（127.0毫米）	5000英尺（1524米）	7800英尺（2377.4米）	10500英尺（3200.4米）	免疫
4英寸（101.6毫米）	3000英尺（914.4米）	5000英尺（1524米）	7000英尺（2133.6米）	12000英尺（3657.6米）
3英寸（76.2毫米）	1000英尺（304.8米）	2500英尺（762米）	4000英尺（1219.2米）	7000英尺（2133.6米）
2英寸（50.8毫米）	—	—	2000英尺（609.6米）	3200英尺（975.4米）

奥弗德曾就甲板装甲设计评论称："就甲板抵御炸弹攻击能力的相关信息而言，我们所掌握的数据颇为完善，而就甲板抵御炮弹攻击能力这一课题，相关信息至少足够在不同设计之间进行比较……与此相反，有关侧装甲厚度的相关数据则远难称完善。"①他继而声称有证据显示就安装在舰船活动结构的装甲而言，其实际防护能力优于对接测试中的表现。此外，他还指出超厚［13 英寸（约合 330.2 毫米）以上］装甲板的制造工艺仍存在一定问题，导致防护能力可能并未随着装甲板厚度的增加而成比例地增强。海军部设定的"决定性交战距离"为 1.2 万 ~1.6 万码（约合 1.1 万 ~1.46 万米）。表 1-6 给出了第二次世界大战期间，英国主力舰开火距离中最远的几例，由此可见参谋们就决定性交战距离做出了正确的选择。②

表1-6 开火距离[8]

舰名	目标	日期	开火距离
"声望"号	"格奈森瑙"号（Gneisenau）	1940年4月9日	1.9万码，开火10分钟后取得命中

① D Offord, Head of Vulnerability section, DNC, 'Protection of New Battleships' (1 Jan 37, unreferenced). 该文件后来被移交给国家海事博物馆（National Maritime Museum）。注意奥弗德的上述观点与罗伯茨所引用的海军参谋观点恰恰相反。不过应注意奥弗德才是权威。

② 但也应注意到"伍尔夫将军"号（General Wolfe）浅水重炮舰曾于 1918 年在 3.6 万码（约合 3.3 万米）距离上射击[7]。

舰名	目标	日期	开火距离
“厌战”号	“凯撒”号（Cesare）	1940年7月9日	2.6万码，首轮齐射即取得命中
“威尔士亲王”号	“俾斯麦”号（Bismarck）	1941年5月24日	2.65万码，在约1.45万码距离上取得命中
“罗德尼”号	“俾斯麦”号	1941年5月27日	2.34万码，次轮齐射取得命中
“约克公爵”号	“沙恩霍斯特”号（Scharnhorst）	1943年12月26日	1.2万码，首轮齐射即取得命中（雷达火控）

通过上述一系列研究，皇家海军最终得出的结论是无法为航速30节、装备16英寸（约合406.4毫米）主炮的战列舰提供足够的防护。而14英寸（约合355.6毫米）主炮的穿深又稍显不足。装备15英寸（约合381毫米）主炮的战列舰则可能在决定性交战距离上承受一定的被击穿的危险，但该风险被认为可以承受。

若将设计航速降至27节，则可完成分别装备9门16英寸（约合406.4毫米）主炮、9门15英寸（约合381毫米）主炮或12门14英寸（约合355.6毫米）主炮且性能均衡的设计方案。由于装备16英寸（约合406.4毫米）主炮的设计方案防护稍弱，因此装备15英寸（约合381毫米）主炮的设计方案更受青睐。若进一步将设计航速降至23节，则完全可能设计出装备9门16英寸（约合406.4毫米）主炮且防护水平出色的战列舰。在此航速下，即使将主炮口径降至15英寸（约合381毫米）也无法增加主炮数目，因此后一方案并无优势。但若将主炮口径降至14英寸（约合355.6毫米），则可实现安装12门主炮，从而可能获得更高的命中次数。然而，得益于其出色的穿甲能力，16英寸（约合406.4毫米）主炮更受青睐。

参谋文件中引用了海军建造总监的观点，认为在装备了大量防空炮并配备舰载飞机及相应设施后，再采用“纳尔逊”式的设计方案并不能在排水量上实现相似的经济性。海军建造总监还认为在设计航速为27或30节的战列舰上，无法将动力系统舱室置于舰体后部。[①]参谋们强烈希望战列舰设计中能包含一座向后射击的炮塔，但并未明确表明更倾向于某个具体航速。

1935年9月20日海务大臣们一同讨论了上述参谋文件，并决定新设计方案应装备9门15英寸（约合381毫米）主炮，设计航速则应为29节。同年10月海军部得知若日本也同意接受同一限制，则美国有可能同意将战列舰主炮口径上限降为14英寸（约合355.6毫米）。由于希望能在1935年底前便下达最初两艘战列舰的主炮订单，因此海军部不得不尽快就主炮口径做出决定。10月10日各位海务大臣最终确定新设计应装备12门14英寸（约合355.6毫米）主炮，航速则定为28节（本书第九章中涉及有关现代化改装的内容）。[②]

① 考虑到G3级便是采用这种布局方式的实例，且其主机功率更高，笔者并不能理解这一观点，但也应注意G3级设计的排水量更大。

② ADM 205/23文档对这一系列决策以及达成最终决定的过程进行了精彩的描述。

针对海务大臣们的决定，设计部门的首个回应便是表 1–7 中的 L 号设计方案。鉴于海军部认为该设计主轴过长，设计部门又拿出了 N 号设计方案，其与 L 号设计方案的区别仅为其动力系统舱室位置后移 32 英尺（约合 9.75 米）。该设计方案仅设有 1 座烟囱，从而可增加敌方估测其相对航向的难度。上述设计方案于 1936 年 1 月接受海军部审阅，后者提出了下述意见供进一步讨论：尽管在标准状况下设计航速可达 28 节，但在满载燃料（4000 吨）并在防雷系统中注水（2000 吨）的情况下航速将降至 27 节。海军建造总监同意将 2000 吨燃料移至防护系统以取代注水。总工程师则提出可将主机功率提高 1 万匹轴马力作为"设计超载工作能力"，从而可在标准状况和重载状况分别实现 28.8 节和 27.5 节的航速，相应的代价则是动力系统重量增加 100 吨。

表1-7 "英王乔治五世"级的设计方案演进

设计方案代号	长×宽×型深（英尺）	排水量（吨）	火炮数目及口径	主机功率（轴马力），航速	装甲带厚度（英寸）	甲板厚度（英寸）
14L	700×104×28	35000	12门14英寸主炮，20门4.5英寸副炮	10万匹，28节	14	5~6
14O	—	35000	12门14英寸主炮，16门5.25英寸副炮	10万匹，28.5节	13~14	4.5~5.5
14P	700×103×28	35000	10门14英寸主炮，16门5.25英寸副炮	10万匹，28.5节	14~15	5~6

注：1 英尺 =0.3048 米，1 英寸 =25.4 毫米。

古道尔曾在日记（1936 年 3 月 13 日）中以颇长的篇幅记叙了查特菲尔德对上述设计研究方案的观点。

据我推测，审计长[10]现在认为他已经无法扭转查特菲尔德的观点，使其回到此前赞同 14O 号设计方案的立场上来。他以一种非常礼貌的态度看待查特菲尔德的立场，并声称在日德兰海战中目睹惨剧的经历对后者造成了相当程度的

"安森"号（Anson），摄于 1942 年试航。注意尽管海况为中浪，该舰状况仍颇为潮湿。由于要求 A 炮塔主炮具备以一定倾角向正前方射击的能力，因此导致艏楼甲板舷弧的幅度严重受限，从而限制了舰艏干舷高度［读者可自行与"前卫"号（Vanguard）战列舰抬升的艏楼甲板进行比较］（帝国战争博物馆，Imperial War Museum，A10153）。[9]

心理震撼。在我指出“玛丽女王”号（Queen Mary）[11] 以及其他几艘战舰均是因柯达无烟药起火进而导致殉爆沉没时，他答道：“是的，查特菲尔德和我一样清楚这一点。尽管如此，目击殉爆对他造成了深刻的影响，致使他认为在任何情况下自己都不应负责批准一个有可能殉爆的战舰设计方案，无论这种可能有多么小。”对造船师而言这真是一个悲剧……

不过古道尔本人对14O号设计方案亦有自己的意见：

海军建造总监派我带着14O号设计方案的草图去见审计长（第一海务大臣巴克豪斯亦在场）[12]。两人对该设计方案均颇为满意，但审计长还是追问了一句："重量方面如何？”经我解释，他总结道："换言之，这是作弊喽？”我肯定了这一说法。回报海军建造总监，后者颇为沮丧，同时称将亲自查看重量相关材料并解决这一问题……海军建造总监亲自来砍重量固然好，但到了关键时刻他怕是会抽身。

海军助理总参谋长（ACNS）则提出了一个改动幅度更大的意见，即将装甲甲板位置从中甲板提升至主甲板，并相应增加装甲带深度。彭杰利（Pengelly）①则指出了提高装甲甲板位置的优点：

若一枚500磅（约合226.8千克）半穿甲弹在战舰舷侧、装甲化的主甲板位置附近爆炸，则战舰不会被迫立即返回某一基地接受维修，但若中甲板中弹，则战舰必须立即返航。提升装甲甲板位置之后，不仅储备浮力以及在艏艉两端多处破孔的前提下战舰的稳定性可大幅增加，而且在上甲板被毁后，主甲板也能提供足够的强度使得战舰仍能经受恶劣天气的考验。此外，鉴于中甲板通常位于锅炉舱顶部，从而难以布置装甲，因此提升装甲甲板位置后也有利于设置从装甲下方逃生的通道。同时，将装甲甲板布置于主甲板高度也有利于对通信设备实施防护。

此外，鉴于主甲板下还设有两层结构甲板，因此无须像美国海军战列舰那样布置防破片甲板。较厚的上甲板便足以起到去炮弹被帽的作用。为将排水量限制在3.5万吨内，14O设计方案中不仅甲板装甲厚度被削减0.5英寸（约合12.7毫米），而且上部装甲带厚度也被削减了1英寸（约合25.4毫米）。副炮则被改为16门5.25英寸（约合133.4毫米）火炮——回顾看来，原先设计方案中采用的20门4.5英寸（约合114.3毫米）火炮的布置更为有效。由于削减装甲

① 时任战列舰设计部门领导。该部门也是海军建造总监下辖各部门的天字一号，其成员通常是设计师中的精英。

厚度的设想不受欢迎，因此在对一系列方案进行探讨后，海军部最终决定将主炮数目降为10门14英寸（约合355.6毫米）主炮。

彭杰利在工作笔记[①]中记录了有关双联装主炮应布置于何处的讨论，颇值得一提。从中可窥得设计过程中牵一发而动全身的效应：

Y炮塔　舰体后部重量下降，从而降低入坞时所受压力；
　　　　炮口风暴对舰载机和机库的伤害较小；
　　　　更容易布置弹库。
A炮塔　要害区位置前移，有利于改善Y炮塔布置；
　　　　舯垂应力较低；
　　　　有利于优化舰体前部线型。
B炮塔　要害区位置前移；
　　　　大幅减重；
　　　　炮口风暴对舰桥的影响较小。

最终减重的影响压倒了其他优势，双联装主炮也因此被布置在B炮塔。

四联装14英寸（约合355.6毫米）主炮炮架的设计工作始于1935年10月，彼时海军部刚刚为用于试验的主炮下达订单。次年5月海军部下达了4座四联装炮架和2座双联装炮架的订单。此后不久海军部便发现此前大大低估了相关制图工作的工作量，同时又缺乏足够的熟练劳动力进行建造。[②]第一座四联装炮架的完工较原计划延后了11个月，而第一座双联装炮架的完工则延后了6个月。

“英王乔治五世”级

至此，新战列舰的主要指标已经确定，设计工作可以进入下一阶段，即具体设计阶段。与战后设计工作流程相比，20世纪30年代后期的设计流程较为简单。1936年11月设计团队包括1名造船师、2名助理造船师、2名资深制图员和其他16名制图员，全部工作在几个月内即宣告完成。[③]1936年古道尔晋升海军建造总监后，彭杰利出任战列舰设计部门的领导，此人是一位性格坚韧、能力出色的造船师，颇得古道尔信任。[④]

防护

如前所述，设计方案的主导考量便是防护。通过对合金成分和热处理工艺的微调，表面硬化装甲的防护能力得以明显加强，其防穿能力较旧式装甲提升约25%。[⑤]尽管初期曾出现一些问题，导致产品未能实现设计性能，但相关问题

① 现存于国家海事博物馆。
② 古道尔在1936年3月23日的日记中写道：“我怕是得担心消化能力了。或许我们应该顺其自然，继续工作。”
③ 在此基础上，海军建造总监部门专家团队亦有贡献。该团队负责处理包括防护系统、厨房系统在内的若干系统的设计工作。此外还有专门的轮机团队和电力团队。
④ 1953年前后笔者与彭杰利结识时，他的性格已经柔和了许多，成了一位迷人的绅士。他在“英王乔治五世”级的工作笔记中记录了一段有趣的轶事。某日早上他的第一条记录是古道尔的到访——“我告诉海军建造总监他错了！”当天的最后一条记录则是胜利宣言——“说服建造总监承认他错了！”
⑤ 调整的具体内容尚未发现。德国方面在1930年前后也做出了类似的改进，但美制装甲的质量直至1939年才得以改善，而此时已经来不及在美国战列舰上安装性能更好的装甲。战后英美两国进行的试验结果也证明了上述论点，注意这一系列试验中也使用了从“提尔皮茨”号上拆除的装甲板。

“约克公爵”号、“贝里克”号（Berwick）号和“利物浦”号（Liverpool），1943年11月摄于罗塞斯（Rosyth）船坞。注意原先为安装弹射器预留的空缺已经被填补，而且防空火力也得到加强（帝国战争博物馆，A20162）。[13]

很快得以解决。

设计的主装甲带深度颇深，其覆盖范围从设计（标准）水线以下8.5英尺（约合2.59米）处一直延伸至主甲板高度，共计深23.5英尺（约合7.16米）。[①]装甲带共由三层装甲板构成，各层高度大致相当，每层装甲板与其上下相邻的装甲板以键连接方式相连，与左右相邻装甲板则以对接搭板实现连接。[②]较高两层装甲板在药库高度厚15英寸（约合381毫米），最低一层装甲板厚度则从15英寸（约合381毫米）逐渐变薄，其底部厚度为5.5英寸（约合139.7毫米）或4.5英寸（约合114.3毫米）。

在要害区内部，药库上方位置主甲板厚6英寸（约合152.4毫米），在动力系统舱室上方则厚5英寸（约合127毫米），甲板装甲均由非硬化装甲构成。[③]前部下甲板厚度从要害区范围内的5英寸（约合127毫米）逐渐降至前舱壁处的2.5英寸（约合63.5毫米）。后部下甲板厚度为4.5英寸（约合114.3毫米），其中转向机构上方部分厚5英寸（约合127毫米）。

防雷系统

防雷系统采用“三明治”结构，主耐压舱壁由两层30磅（约合19.1毫米）厚钢板铆接而成，布置在主耐压舱壁与船壳板之间的三层舱室分别为空舱、注液舱和空舱。其中外侧空舱意在消耗鱼雷/水雷战斗部爆炸之初造成的冲击，注液舱不仅应降低因船壳板破裂而生成的破片的飞行速度，而且将分散因爆炸导

① 尽管在比较不同舰只性能时很少使用装甲带深度这一指标，但实际上该指标颇为重要。

② 注意当装甲首次出现在“武士”号铁甲舰（1860年）上时，便是以键连接方式实现连接。这一方式此后不久便被放弃，其理由是当时认为在这种方式下，破坏可沿连接处蔓延至相邻装甲板。此外，当时也意识到在这种方式下更换受损装甲板颇为困难。

③ 古道尔1936年3月间的日记中曾几次提及新式5.5英寸（约合139.7毫米）甲板装甲的防护能力与6.25英寸（约合158.8毫米）旧式装甲相当。

致的载荷。[①]内侧空舱则可阻止在液体中传播的冲击波直接冲击主耐压舱壁。防雷系统内部舱壁厚 15 磅（约合 9.53 毫米）。即使如此，鉴于舱壁上的铆钉仍有撕裂并导致漏水的可能，因此舱壁内侧还设有舱室，用以限制此类漏水的影响范围。该系统的设计防护能力为抵挡 1000 磅（约合 453.6 千克）战斗部的攻击，并在“乔布 74”号平台上接受全尺寸试验（参见本书引言）。在日本航空兵对“威尔士亲王”号的攻击中，该系统表现未达设计指标[14]，本书将在第十章中对此加以探讨。[②]

武器

前文已经阐述了采用 14 英寸（约合 355.6 毫米）主炮并将其数目下降至 10 门的原因。考虑到当时的大环境，这一决定似乎不可避免。在 1.8 万码（约合 1.65 万米）距离，该火炮能击穿的装甲（英制或德制）厚度至少为 12 英寸（约合 304.8 毫米）——在对“俾斯麦”号的战斗中，后者不仅 B 炮塔正面装甲曾在远距离上被 1 枚 14 英寸（约合 355.6 毫米）或 16 英寸（约合 406.4 毫米）炮弹击穿，而且其司令塔（厚 14 英寸，约合 355.6 毫米）据称在上述两种炮弹面前也如瑞士奶酪一般被轻易击穿。该火炮的问题主要在于炮架可靠性不佳。虽然在与“俾斯麦”号交战时“威尔士亲王”号的炮塔故障或许可以后者刚刚完工为借口，但“英王乔治五世”号在与“俾斯麦”号交战中仅发射了 339 枚炮弹，反观射速更慢的“罗德尼”号则发射了 380 枚炮弹。[③]即使是在 1943 年底的北

① 起初该层舱室内设计注水，但为了在不增加舰体体积的前提下装载足够的燃料，海军建造总监最终决定在该层舱室中注重油。若需使用储藏其中的燃油，则空出空间将被海水取代。

② 古道尔在 1938 年 4 月 29 日的日记中写道：“托马斯·因斯基普爵士审阅了‘英王乔治五世’级的损伤模型，他似乎颇为满意，并建议让议员委员会成员也来看看。海军审计长表示没问题。”同年 6 月 10 日的日记中则写道：“帝国防务委员会的一个下属委员会前来参观了‘英王乔治五世’级的进水模型。比起加强防空能力，他们似乎对改善空对舰攻击能力更感兴趣。对一个孤悬海外的海军强国而言，这可不是正确的态度。”

③ 在与“俾斯麦”号的交战中，“威尔士亲王”号本可发射约 74 枚炮弹，但受故障影响实际仅发射 55 枚。

“约克公爵”号的前部 14 英寸（约合 355.6 毫米）主炮，1945 年摄于罗塞斯。选择 14 英寸（约合 355.6 毫米）口径主要是出于政治考虑，但从实战中对“俾斯麦”号造成的毁伤来看，这是一款威力足够强大的武器（帝国战争博物馆，A20166）。

角（North Cape）海战中[15]，“约克公爵”号实际射击的主炮炮弹数量也仅占理论可发射数量的68%。

造成炮架故障频出的主要原因之一是对装填性能的设计要求。按这一要求，将弹药输送至炮塔内这一作业不应受炮塔指向限制。这就要求设计能在舰体（弹药库）和炮塔之间独立运动的转运环。设计者在该环的设计过程中并未留出足够的活动范围以容忍舰体活动和变形，其中变形可由日照导致的上甲板弯曲或海浪影响导致，且两种原因导致的舰体扭曲幅度均可达数英寸。

古道尔曾就一些次要指标在1912年和1935年战列舰设计之间进行比较。

表1-8 各部分重量占标准排水量比例

指标	1912年设计	1935年设计
副炮	2%	5%
防雷系统	2.5%	5%
水平防护	5%	16%
总和	10%	25%

舰载机及相关设备不仅需要占据可观的空间，而且需使其免受炮口风暴的影响，因此颇难完成布置。①

① 1939年4月3日古道尔在日记中写道：“就在1939年战列舰设计上将舰载机布置于舰体后部的课题进行了讨论（这将导致舰体后稳定性很糟糕）。”

早期设计方案中装备6英寸（约合152.4毫米）火炮用于对付敌驱逐舰，同时装备4.7英寸（约合120毫米）防空炮。最终设计中采用的5.25英寸（约合133.4毫米）火炮是一款高平两用炮，但其80磅（约合36.3千克）的弹丸常常

正在吊装“海象”式（Walrus）水陆两用飞机的“威尔士亲王”号，摄于1941年。舰载机及相关设施不仅消耗了可观的重量和空间，而且出于避免炮口风暴严重影响的需要，其位置也限制了整个上甲板布置（海军照片俱乐部，The Naval Photograph Club）。[16]

被认为在攻击驱逐舰时杀伤力不足。①此外，该炮的回转速率、俯仰速率和射速均太低，无法构成有效的防空火力，同时其可靠性亦不佳。

稳定性

与“纳尔逊”级相比，“英王乔治五世”级要害区的长度和深度均显著增加，这也意味着尽管舰体完好状况下定倾中心高度降低，但舰体受损状况下该级舰仍可保持足够的稳定性。表 1–9 显示了完工时和 1944 年重载条件下的稳定性。

表1-9 稳定性比较

舰名/时间	排水量（吨）	定倾中心高度	最大扶正力臂	最大倾角	倾斜范围
设计方案	40990	8.51英尺（2.59米）	5.35英尺（1.63米）	37°	72.5°
“英王乔治五世”号/1940年	42245	8.14英尺（2.48米）	4.87英尺（1.48米）	35.5°	70.4°
“豪”号（Howe）[17]/1944年	44512	7.25英尺（2.21米）	3.98英尺（1.21米）	34°	65.5°
“纳尔逊”号	39245	9.4英尺（2.87米）	6英尺（1.83米）	38°	—

动力系统

本书第五章将详述英国舰用动力系统遭遇的种种问题，但此处仍需对此进行简述。第一次世界大战期间及其结束后不久的一段时间内，英国舰用主机技术水平曾取得相当的进步，从而使得对一些舰龄较长的战列舰实施现代化改造成为可能，但从 20 世纪 20 年代初起，技术水平便几乎停滞不前。

表1-10 动力系统重量

舰船	功重比
“伊丽莎白女王”级，建成时	86.1磅/匹轴马力（39.05千克/匹轴马力）
“胡德”号	65.9磅/匹轴马力（25.89千克/匹轴马力），细管径锅炉
“伊丽莎白女王”级，现代化改造后	43.9磅/匹轴马力（19.91千克/匹轴马力）
“英王乔治五世”级	37.3磅/匹轴马力（16.92千克/匹轴马力）

注：美国海军舰用动力系统不仅重量更轻，而且结构更为紧凑。但由于美国海军习惯将电力设备重量列入动力系统分类，而英国习惯将其列入舰体分类，因此无法对两国动力系统功重比进行比较。

因使用过时动力系统而付出的代价主要体现在续航能力上。海军参谋需求就续航能力提出的要求如下：“足够以 16 节航速航行 200 小时，其间保持蒸汽压力可实现 18 节航速，此外尚能全速航行 18 小时，且在保持蒸汽压力可实现全速条件下以 18 节航速航行 16 小时。”上述要求应在底污相当于出坞后六个月的水平下达到，此外还应保留 35% 的冗余以应付恶劣天气和操作不当的影响。按此要求，总续航能力大致相当于以 10 节航速持续航行 1.4 万海里。美国海军

① 如果此说成立，那么英国驱逐舰又为何装备弹丸更轻、口径更小的 4.5 英寸（约合 114.3 毫米）火炮呢?

1959年拆解过程中的“安森”号，照片中视角望向舰体后部。前景处的舱壁为前部锅炉舱和轮机舱之间的舱壁。其右侧（左舷侧）可见防雷系统舱壁（巴克斯顿博士收藏）。

采用的防污涂料性能颇为优越，从而可进一步提高其舰船续航能力。低速下消耗功率最多的是摩擦力。在温水水域，英制防污涂料摩擦力每天增加约0.5%，换言之即在出坞六个月后增加90%。而美制防污涂料的底污恶化速度仅约为上述速度的一半。最终，英国通过许可证生产的方式在朴次茅斯得到了美国同类产品的成分。

查特菲尔德（第一海务大臣）认为若该级舰仅在欧洲水域活动，则对其续航能力的要求可适当降低。①当时假设以10节航速航行时，试航条件下其燃料消耗率为每小时2.4吨，但服役后发现其实际消耗率为每小时6.4吨。导致上述差异的主要原因是其动力系统管道接头处不计其数的蒸汽泄漏点。②在携带3770吨燃油的情况下，该级舰的实际续航能力为以10节航速航行6000海里，或以20节航速航行5000海里（两者之间的微小差异显示了该级舰辅助设施的巨大燃油消耗量）。1942年美国海军“华盛顿”号（Washington）战列舰[18]曾与本土舰队一同作战，本土舰队总指挥官托维（Tovey）上将报告称在低航速下，该舰的燃料消耗量较“英王乔治五世”级低39%，并且在高航速下其燃油经济性同样优于后者。又得益于更大的载油量，因此“华盛顿”号的续航能力几乎是英国战列舰的两倍。

① 回溯看来，该级舰通风设施能力有限的缺陷或许正是因为设计时假设其仅在欧洲水域活动。

② Vice-Admiral Sir Louis Le Bailly, The Man around the Engine (Emsworth 1990), Ch 11.

增重

尽管根据原始设计计算，该级舰的（标准）排水量为 3.59 万吨，但当时设计团队根据“纳尔逊”级的经验，寄希望于实际建造过程中能实现类似的减重，从而在完工前将其排水量降至 3.5 万吨。[①]然而此后“英王乔治五世”级的重量一路攀升，至 1936 年 9 月准备设计图样以供海务大臣委员会批准时，计算排水量已达 36041 吨。古道尔亲自将这一数字改为 35500 吨。[②]尽管这一修改多少显得武断，但设计团队的确在努力实现修改后的数字：彭杰利的工作笔记中便包含有试图减重 213 吨的记录，其方式是将装甲厚度削减 5~10 磅（约合 3.2~6.4 毫米）。然而，纵使海军建造总监在 1936 年 8 月向各部门下发备忘录要求实现减重，但该级舰的重量仍在不断增加。事实上，当年 9 月的重量计算结果颇为准确。

① 考虑到“英王乔治五世”级在设计过程中便已经根据“纳尔逊”级的实际重量估算各部分重量，因此这一期望并不现实。
② 引用自 Raven and Roberts, p283。

表1-11 各分系统重量

类别	重量（吨）		
	设计图样	计算	建成时
舰体	12500	13750	13830
动力系统	2685	2687	2768
武器系统	6050	6144	6567
装甲	12700	13215	12413
设备	1050	1120	1149
总计	34985	36916	36727

航行中的“豪”号，摄于 1944 年，可见原先的弹射器位置已经改建加装额外的舱面舱室，且其防空火炮大大增加（感谢约翰·罗伯茨提供）。

表1-12 各分系统开支（根据皇家海军预算分项8口径，不含造船厂开销）

条目	开支（万英镑）
舰体和电力系统	205
主机和辅机	82.5
装甲	142.5
火炮	55
炮架及空气压缩机	151.4
弹药	80.5
舰载机（4架鱼雷轰炸侦察机）	3.4
鱼雷和炸弹	2.1
小艇	2.0
杂项	2.7
造船厂劳动开支和材料开支	2.5
总计	749.3

上述估计造价曾被某造船商作为投标承建“英王乔治五世”号和“威尔士亲王”号的依据（投标价为350万英镑，仅含舰体和动力系统），而实际造价比上述估测低约20%。①［参见本书第十一章中有关过高利润的内容，以及戈登（Gordon）关于投标的相关描述。］

首舰和二号舰（列入1936年造舰计划）于1937年1月1日开始铺设龙骨，当天也恰是条约规定的禁止建造期失效的第一天。此后海军部亦不情愿地同意，列入1937年造舰计划的3艘战列舰也应采用同一设计。这三艘此后也于1937年晚些时候开始铺设龙骨。

表1-13中的数字经笔者精心选择，用以表现各设计的设计意图，其中颇费一番周折。②大部分增重都发生在战争爆发后的建造过程中。美国战列舰通过精心设计船型，使得防雷突出部可在相当远的距离上保持最大深度。美国设计师还试图通过在外侧主轴上布置艉托支柱的方式，实现对内侧主轴的防护。③

① 该级舰二号舰按原计划应该被命名为“爱德华八世”号（Edward VIII），但后来国王亲自将其更名为“威尔士亲王”号（摩尔）。[19]

② 笔者在此感谢菲尔·西姆斯（Phil Sims）提供的有关美国海军排水量的评论，感谢安德鲁·史密斯（Andrew Smith）提供的法国和意大利战舰的相关数据。美国海军对《华盛顿条约》条文的阐述值得一提。在他们看来，1922年未发明的设备不应计入条约对排水量的限制。因此轻型防空炮、雷达等设备的重量并未被列入其战舰标准排水量中！

③ 然而这一设计也导致了相当严重的振动问题，美国海军花了颇长一段时间才解决这一问题。以笔者所见，这种设计的防护价值颇值得怀疑。

表1-13 战列舰之间的比较[20]

战舰	“英王乔治五世”级	“北卡罗来纳”级（North Carolina）	“南达科他”级（South Dakota）	“维内托”级（Littorio）	“俾斯麦”级（Bismarck）	“黎塞留”级（Richelieu）	“大和”级	“苏维埃联盟”级(Sovetsky Soyuz
标准排水量（吨）	35500	36600	38664	41167	41700	38199	62315	58220
重载排水量（吨）	42000	46700	44519	45272	46000	43992	69990	64120
主炮	10门14英寸（355.6毫米）	9门16英寸（406.4毫米）	9门16英寸(406.4毫米）	9门15英寸（381毫米）	8门15英寸（381毫米）	8门15英寸（381毫米）	9门18.1英寸（460毫米）	9门16英寸（406.4毫米）

战舰	“英王乔治五世”级	“北卡罗来纳”级（North Carolina）	“南达科他”级（South Dakota）	“维内托”级（Littorio）	“俾斯麦”级（Bismarck）	“黎塞留”级（Richelieu）	“大和”级	“苏维埃联盟”级（Sovetsky Soyuz
主装甲带厚度	15英寸（381毫米）	12英寸（304.8毫米）	12.25英寸（311.2毫米）	13.8英寸（350毫米）	12.5英寸（320毫米）	13.5英寸（340毫米）	16.1英寸（410毫米）	16.75英寸（425毫米）
甲板装甲厚度	5~6英寸（127~152.4毫米）	3.6~4.1英寸（91.4~104.1毫米）	5英寸（127毫米）	4~6英寸（100~150毫米）	3.2~4.7英寸（80~120毫米）	6~6.8英寸（150~170毫米）	7.9~9英寸（200~230毫米）	5.9英寸（150毫米）
防雷突出部宽度	13英尺（4.0米）	18.5英尺（5.6米）	18.5英尺（5.6米）	25英尺（7.6米）	18英尺（5.5米）	20英尺（6.1米）	17英尺（5.2米）	—
目标战斗部重量	1000磅（453.6千克）	700磅（317.5千克）	700磅（317.5千克）	1100磅（500千克）	550磅（250千克）	—	880磅（400千克）	—
航速（节）	28.5	27	28	30	30	31.5	27.5	28

由表1–13可见，皇家海军在设计战列舰时优先考虑防护，这也体现在所有排水量在3.5万吨限制范围附近的战列舰设计中，英国设计的主装甲带和甲板厚度最厚[①]，且其防雷系统也按抵挡1000磅（约合453.6千克）战斗部的指标设计并接受测试。其要害区深度也明显高于其他设计，但亦为此付出了高昂的代价。在英国设计理念中，航速的重要性并不很高，而火力的重要性似乎更低。然而，最近对“俾斯麦”号残骸的检查结果显示，14英寸（约合355.6毫米）炮的侵彻力至少足敷使用。

① 还应考虑到德制和英制装甲的性能较美制装甲高约25%。其他国家生产的装甲质量未知。

回顾——个人观点

由奥弗德撰写的一份内部文档声称，若需装备12门14英寸（约合355.6毫米）主炮，则侧装甲厚度需削减约2英寸（约合50.8毫米），甲板装甲厚度

“约克公爵”号，1945年摄于太平洋。注意该舰的双色涂装，以及加装的防空炮和雷达（感谢约翰·罗伯茨提供）。

需削减 0.5 英寸（约合 12.7 毫米）。在此条件下，14 英寸（约合 355.6 毫米）火炮击穿甲板装甲的最低距离将降低 1500 码（约合 1371.6 米），正碰条件下装甲带被击穿的最大距离则将缩小约 2500 码（约合 2286 米），在斜碰条件下缩小幅度稍低。如果政治因素允许，那么笔者的首选将是 9 门 16 英寸（约合 406.4 毫米）主炮方案，而将装备 12 门 14 英寸（约合 355.6 毫米）主炮的方案作为次一等的选择。笔者将会选择不布置任何副炮或舰载机（由此或许可加厚部分装甲）。

阿克沃茨的迷你战列舰方案

1937—1938 年间，阿克沃茨上校极力鼓吹燃煤或煤油混烧的迷你战列舰设计方案。据他称一艘这样的战列舰将装备 6 门 13.5 英寸（约合 342.9 毫米）主炮，排水量 1.198 万吨，航速 17 节。[①]他还宣传在其他舰种上亦采用燃煤或煤油混烧的方式。包括首相[21]在内的诸多政治家都被他所宣称的廉价舰队设想所吸引，受此影响海军建造总监不得不浪费大量时间进行驳斥。1938 年 4 月，阿克沃茨向海军造船学院（INA）宣读了一篇有关煤油混烧的论文。[②]古道尔和总工程师均在此后的讨论中给出了一系列真相。[③]20 世纪 70 年代初石油危机期间也曾有很多以煤为燃料的研究[④]，这或许是一个有趣的巧合。针对石油危机的影响，最廉价也最令人满意的回应便是在岸上的化工厂中将煤合成为油料，并使用传统的动力系统设计。

① B Ackworth, Britain in Danger(London 1937).

② B Ackworth, 'Alternative Firing of British Men-of-War', Trans INA(1938).

③ 古道尔在 1938 年 4 月 6 日的日记中写道："在海军造船学院和阿克沃茨对质，对我而言并非很愉快的经历。"这一时期的日记中还有若干处抱怨各大臣被阿克沃茨的观点所诱惑。

④ 此类研究之一甚至引发了一幅漫画，其中绘有一艘燃煤的 42 型驱逐舰。该舰装备 4 座高而窄的烟囱，甚至还装备撞角！

“狮”级

从技术上看，“狮”级的设计仅仅是稍微放大并改装 9 门 16 英寸（约合 406.4 毫米）主炮的“英王乔治五世”级设计方案，因此本无须详细讨论。在设计“英王乔治五世”级的过程中已经对与“狮”级相关的所有可选方案进行了考察。考虑到时间、经费和工业能力的限制，“英王乔治五世”级实际采用的设计已经是最佳方案。

“英王乔治五世”号，摄于 1946 年。注意此时该舰的防空火炮已经大大减少，以减少养护工作量（赖特和洛根收藏）。

在 1937 年 4 月提出的最初设计方案中，设计排水量仍满足 3.5 万吨限制，其防护系统与“英王乔治五世”级相同，装备两座三联装和一座双联装 16 英寸（约合 406.4 毫米）炮塔。鉴于该设计给出的排水量为 3.615 万吨，因此此后设计部门曾考虑过多种减重方案。[①]1938 年初海军部已经收到情报称日本新建的战列舰非常庞大，可能装备 18 英寸（约合 457.2 毫米）级别主炮。当年 3 月 31 日，英、美、法三国一致激活了提升排水量上限的调增条款。在美国的坚持下，新的战列舰排水量上限增至 4.5 万吨，尽管英国方面的意见是将其限制在 4 万吨。[②]在列强就新排水量上限达成一致之前，海军建造总监就已经准备了一系列设计研究案，其中最庞大的一个设计排水量达 4.85 万吨（重载排水量 5.5 万吨），装备 12 门 16 英寸（约合 406.4 毫米）主炮。[③]这一系列研究方案似乎足以确认 4 万吨级战列舰设计不仅可实现对资源的最优利用，而且不会引发严重的入坞问题，且其攻击和防御性能都足以对付任何可能的对手。

当年 6 月底，一个新的设计方案获得海军部批准，从而进入具体设计阶段。该设计的标准排水量为 4.075 万吨，设计团队同以往一样寄希望于建造过程中可实现减重。该设计装备 9 门新设计并发射重弹（2375 磅，约合 1077.3 千克）的 16 英寸（约合 406.4 毫米）主炮，16 门 5.25 英寸（约合 133.4 毫米）高平两用炮，其防护基本与“英王乔治五世”级相同，唯一区别是动力系统舱室位置的装甲带厚度增至 15 英寸（约合 381 毫米）。

列入 1938 年造舰计划的 2 艘战列舰于 1939 年中开始铺设龙骨，海军部还希望能在当年仲夏下达列入 1939 年造舰计划的 2 艘战列舰订单。1939 年 9 月 28 日海军部决定暂停两舰的建造工作，但首舰和二号舰主炮炮架的建造工作可继续进行。[④]时任第一海务大臣的庞德（Pound）[23] 频频希望能重启上述战列舰的建造工作，同时设计部门也完成了若干重新设计。[⑤]早在战争初期，设计方案排水量便已经增大至 5.65 万吨，其尺寸则增至 810 英尺（约合 246.9 米）长、115 英尺（约合 35.1 米）宽。[⑥]

① 参见 Raven & Roberts, British Battleships of World War II.

② 此后苏联、德国和意大利也签署了相关条约。

③ 1938 年 5 月 4 日古道尔在日记中写道：“RB[22]（第一海务大臣）希望建造装备 12 门 16 英寸（约合 406.4 毫米）主炮的战列舰，并认为美国可在 4.5 万吨排水量上实现这一目标。我则声明除非放弃在朴次茅斯和罗塞斯入坞的要求，否则无论设计航速为何，我们都不可能完成这样一艘战列舰。海军总参谋长则声称新的排水量上限仅为 4 万吨。此后作战计划处总监（D of P）声称美国方面的态度是要么坚持 3.5 吨上限，要么直接将上限提升至 4.5 吨——不接受任何中间数字。”

④ 该决定以及此后的若干决定可参见 ADM 205/23 号文件。

⑤ 1940 年 1 月 24 日古道尔在日记中写道：“对第一海务大臣（庞德）竟然希望建造更多的战列舰一事，我感到非常震惊；他甚至宁愿为此付出任何代价。”

⑥ 1942 年 2 月 16 日古道尔在日记中写道：“（在海斯拉）见到了将推进器置于前部的‘狮’号设计方案——我的第一反应是可怕。”

⑦ 参见日期为 1942 年 6 月 18 日的 ADM 229 26 文档。

表1-14 “狮”级和较大、较小型设计方案的比较，1942年[⑦]

	“狮”级，1938年设计方案	“狮”级，1942年设计方案	小型A设计方案	小型B设计方案	大型设计方案
水线长度	780英尺（237.7米）	810英尺（246.9米）	630英尺（192.0米）	740英尺（225.6米）	1000英尺（304.8米）
标准排水量	40000吨	48000吨	33000吨	37000吨	85000吨
重载排水量	46500吨	56500吨	39000吨	43500吨	97000吨
轴马力/航速	12万匹/30节	14万匹/29.5节	7.5万匹/25节	11万匹/28节	25万匹/31.5节
武器	9门16英寸（406.4毫米）主炮	9门16英寸（406.4毫米）主炮	6门16英寸（406.4毫米）主炮，三联装炮塔	6门16英寸（406.4毫米）主炮，双联装炮塔	9门16英寸（406.4毫米）主炮

	“狮”级，1938年设计方案	“狮”级，1942年设计方案	小型A设计方案	小型B设计方案	大型设计方案
	16门5.25英寸（133.4毫米）副炮	16门5.25英寸（133.4毫米）副炮	12门4.5英寸（114.3毫米）副炮	16门4.5英寸（114.3毫米）副炮	16门5.25英寸（133.4毫米）副炮
	6座8联装乒乓跑	8座8联装乒乓跑	16门40毫米防空炮	16门40毫米防空炮	8座8联装40毫米防空炮
	—	24门20毫米防空炮	24门20毫米防空炮	24门20毫米防空炮	24门20毫防空炮
侧装甲带厚度	15英寸（381毫米）	15英寸（381毫米）	15英寸（381毫米）	14英寸（355.6毫米）	18英寸（457.2毫米）
甲板装甲厚度	5~6英寸（127~152.4毫米）	5~6英寸（127~152.4毫米）	5~6英寸（127~152.4毫米）	5~6英寸（127~152.4毫米）	9英寸（228.6毫米）

在一份总结性文件中，古道尔指出，在面对水下攻击时，即使是排水量最大的设计方案也颇为脆弱。在他看来唯有航空母舰才是未来的海军主力。

在1942年9月14日参加副第一海务大臣（肯尼迪·皮维海军上将，C E Kennedy-Puvis）主持的一次会议后，古道尔在当天的日记中写道：“最终决定未来舰队的核心将是航空母舰。万岁！”不过这与官方记录的结论有出入[①]：“经讨论之后，与会人员决定最好不要将航空母舰称为‘舰队的核心’，但‘航空母舰不可或缺’却得到首肯。”[②]庞德的继任者坎宁安（Cunningham）[24]同样是一位战列舰鼓吹者。在1944年1月25日古道尔的退休午宴上，坎宁安声称：“……在20年内，航空母舰将不复存在。”古道尔则反驳称：“我认为战列舰已经完蛋。我们彼此观点之间的差距就如两极一样遥远。”[③]

① ADM 205/23.

② 此论述曾一度被用于支持将“前卫”号改建为航空母舰的决定。

③ 参见古道尔1944年1月25日的日记。此外同年2月2日的日记中还写道：“丘吉尔也全力支持战列舰。看来现在海军部内有一个战列舰支持团体。”

④ 早期提案往往将这些设想的舰只称为“战列巡洋舰”，其依据是其火力相对较弱。

“前卫”号

在“大型轻巡洋舰”“勇敢”号和“光荣”号改建为航空母舰之后，海军部将其原先装备的15英寸（约合381毫米）炮塔入库收藏。20世纪30年代晚期曾有一系列有关在现代化战列舰上利用上述炮塔的提案。[④]在1937年2月完成

“前卫”号，摄于1953年。其艏楼甲板较大的舷弧在照片中清晰可见。这一设计使得该舰较此前英国战列舰乃至美国海军“衣阿华”级战列舰（Iowa）都更为干燥（感谢约翰·罗伯茨提供）。[25]

摄于1946年的“前卫”号近景。注意该舰装备的大量6联装博福斯（Bofors）防空炮（赖特和洛根）。

的一项海军建造总监研究显示，完全可能利用上述炮塔设计一艘排水量在3.5万吨限制内的战列舰。尽管这一构想曾一度几近消亡，但1939年3月规划总监重新发掘了这一构想，并要求设计一艘排水量为4万吨、航速为30节的战列舰。总工程师希望复用为“狮”级设计的动力系统，当时该系统的设计几近完成，且该系统可实现29.25节的正常航速。“前卫”号的基本设计与“狮”级/“英王乔治五世”级大致相同，但吸取在战争中获得的经验教训进行了一定的改动。亦有若干提案建议利用从“皇权”级战列舰上拆除的主炮建造“前卫”号的姊妹舰，但显然当时没有足够的投入可供实现上述提案，因此其无一被深入研究。

1940年2月海军部决定在要害区前后水线部分加装防破片设施，并调高8座5.25英寸（约合133.4毫米）副炮炮塔的防护水平。在经历了一些其他改动后，1940年4月海军部决定将设计方案中的装甲带厚度削减1英寸（约合25.4毫米）。其防雷系统与“英王乔治五世”级相同，但在“威尔士亲王”号被击沉之后，其覆盖范围增高了一层甲板的高度。此后不久海军部又意识到原设计方案的轻型防空炮装备即6座8联装乒乓炮火力不足，此外还进行了若干改动。例如古道尔在1941年8月28日的日记中写道：“海军副总参谋长希望在‘前卫’号上加装舰载机。他妈的！”（这也是古道尔日记中罕见的粗口。）“前卫”号最终以各种形式装备了73门40毫米防空炮。

对老式炮塔实施改动并不容易。根据炮塔原先设计，药库位于弹库上方。为减小改动所需工作量，“前卫”号在下甲板布置了一个柯达无烟药输弹舱，其下方则是弹库，后者下方才是药库。原先分别安装在“勇敢”号和“光荣”号前部的两座旧炮塔成了“前卫”号的A炮塔和Y炮塔；另两座则需要进行更多的改动，从而加长其提弹道，使其可安装在 B 炮位和 X 炮位上。[①]炮塔正面装甲厚度增至 13 英寸（约合 330.2 毫米），其顶部装甲则改为 6 英寸（约合 152.4 毫米）非硬化装甲。防火设施也得到增强，以符合现代标准，主炮仰角则增至 30°。尽管该舰原计划使用增压发射药，但该种发射药并未实际下发。[②]此外各炮塔还加装了遥控电动回旋设备。

1942 年 7 月有提案建议将“前卫”号改建为航空母舰，这一提案与上文所述将航空母舰称为“舰队核心”的叫法无疑反映了同一种热忱。尽管海军建造总监确认相关改建可以实施，但海军部亦认识到实施改建将在导致海军损失一艘性能出色的战列舰的同时，仅能获得一艘平庸的航空母舰作为补偿，因此这一提案最终被放弃。原先设计方案中，“前卫”号的舰载机及相关设备布置与“英王乔治五世”级相同，但相关设备后来被取消，空出空间用于加强其防空火力。尽管此后又有加装机库的提案出现，但海军建造总监对此颇为不屑，因此该提案也被放弃。

“前卫”号设有方艉，该结构不仅可使航速提高 1/3 节，还有助于改善稳定性。1942 年 9 月海军部决定大幅增加其舷弧，从而使其远洋性能大大优于“英王乔治五世”级（以及“衣阿华”级）。战时的各种修改不可避免地意味着该舰完工时大幅超重——重载条件下排水量为 5.142 万吨，而按设计指标该条件下排水量应为 4.814 万吨。尽管这导致该舰稳定性恶化，但总体而言其稳定性仍能满足需要，不过其舰体所受应力水平还是导致了一丝忧虑。受此影响，此后任何增重都必须在给出相应减重方案之后方可被接受。该舰也是英国设计的第一艘设有自助餐厅的战舰。尽管自助餐厅最初并不受欢迎，但该理念很快成了未来的模板。[26]

个人观点

由于被认为使用了“二手”主炮，“前卫”号通常仅被看作二流战列舰。然而其实际性能远强于“英王乔治五世”级。与“衣阿华”级相比，“前卫”号发射的 15 英寸（约合 381 毫米）炮弹可以轻松地击穿前者性能较差的装甲，但同时前者使用的重型美制炮弹也可造成更大的损伤。如果双方交火，那么其结果在很大程度上取决于哪一方先取得命中。“前卫”号的最大射程为 3.65 万码（约合 3.34 万米），在更远距离上“衣阿华”级取得命中的概率也颇为渺茫。即使是面对大得多的“大和”级，笔者也看好“前卫”号有不小的概率获胜。

但它注定不会开工!

战争后期甚至战争结束后都曾有重新建造“狮”级的呼声。两艘“狮”级战列舰被列入 1945 年造舰计划，另有 2 艘则“已在规划”。[③]1944 年 11 月 22

① 尽管炮塔分别取自“勇敢”号和“光荣”号，但主炮炮管进行了更换。有关“前卫”号主炮及炮塔的复杂经历可参见由阿诺德·黑格（Arnold Hague）撰写、于 1999 年 9 月刊登在《海军新闻》（Navy News, P8）上的一封信。

② 使用该种发射药需要加固火炮及炮塔支撑结构，以承受更大的后座力。

③ 本节主要基于摩尔的研究成果，笔者获准使用其研究成果。

日后两艘的建造被取消，但早先两艘的建造仍在缓慢进行。此时该级舰的预计排水量为4.3万~5万吨，装备9门16英寸（约合406.4毫米）主炮、12门4.5英寸（约合114.3毫米）副炮以及10座六联装博福斯防空炮。鉴于此时高航速下的续航能力已经被视为必要，因此其续航能力目标为在25节航速下连续航行6000海里。该舰的设计作战角色包括为航空母舰护航以及实施对岸炮轰。有观点认为战舰对岸炮轰的实际效果通常远低于宣称水平（参见附录10）。

战争内阁内部对试图继续建造战列舰的计划亦有相当的反对意见。1.2万磅（约合5.44吨）炸弹击沉“提尔皮茨”号的战例被认为足以标志着战列舰时代的终结。①海军大臣[27]对此的回答依然是老调重弹，即飞机尤其是舰载机在恶劣天气下无法确保击沉战列舰，且战列舰自身也是航空母舰保护幕中的重要组成部分。但似乎也是历史上第一次，制导武器的出现使得天平向飞机倾斜。毕竟，虽然击沉“提尔皮茨”号的战例有利于空军，但未能在距离英国空军基地仅150海里范围内击沉“沙恩霍斯特”号和“格奈森瑙”号的战例是空军的污点。[28]

新任海军建造总监查尔斯·利利克拉普于1945年1月25日报到。一系列研究显示装备前述武器的战列舰舰体长度将在950~1000英尺（约合289.6~304.8米）之间，宽度约为120英尺（约合36.6米），其排水量则将在6.7万~7万吨之间。②该舰将装备15英寸（约合381毫米）装甲带，其药库上方甲板厚度则为6英寸（约合152.4毫米）。③为研究药库防护这一问题，设计部门着手展开了一些绘图作业。计算结果显示整个设计中用于防护的重量高达1.83万吨，利利克拉普认为必须对此加以削减。设计航速为26节，标准排水量状况下则为30.25节。利利克拉普曾在纪要中写道：“我无法抑制自己对该舰体积的担忧……即使是如此大的战舰也远非无懈可击。”

此后海军部还成立了一个小型委员会，专门就排水量约为4.4万吨的稍小型战列舰的设计指标要求进行研究。④该委员会以1944年5月海务大臣的一次会议纪要作为研究起点：“舰队实力的基础是战列舰……比对手更重的舷侧火力投射量仍是海战中具有决定意义的武器。”主炮被削减为6门16英寸（约合406.4毫米）主炮，以两座三联装炮塔的形式布置在舰体前部，主装甲带厚度则被削减为12.5英寸（约合317.5毫米），但6英寸（约合152.4毫米）甲板被保留［动力系统舱室上方则厚4英寸（约合101.6毫米）］。标准航速被设为29节。当时估计这样一艘战列舰的排水量

① CAB 66 60.
② 参见本书附录9有关船坞大小的内容。
③ 甚至曾有人向笔者透露，就装备12英寸（约合304.8毫米）厚甲板装甲进行过研究。
④ ADM 1 18659.

“前卫”号，摄于1948年9月8日。注意该舰的方艉，该舰也是唯一一艘采用该结构的战列舰。该结构可将战列舰最高航速提高1/3节，并可改善舰只稳定性，尤其是在舰体后部受损的情况下。与“衣阿华”级相比，该舰船型传统而优美，但为追求更为有效的防雷系统稍许牺牲了流体动力学性能（帝国战争博物馆，FL20866号）。

约为 4.5 万吨。直至此时仍有望建造最后一级 4 艘战列舰，其中两艘按此设计建造的战列舰被列入 1945 年造舰计划，其造价为每艘 1325 万英镑，但该计划从未被提交内阁。

传统观点常常认为战列舰消亡的原因是该舰种过于脆弱。鉴于取代战列舰地位的舰队航空母舰实际更为脆弱，因此这种观点并不正确。战列舰消亡的真正原因是其对敌造成杀伤的能力远低于航空母舰。

译注

1.即《大舰队》（The Grand Fleet）一书。

2.两舰均隶属“纳尔逊”级，分别于1925年9月和12月下水。

3.即1927年的日内瓦裁军会议。

4.隶属“奥丁”级，1926年9月下水。

5.“狮”号隶属“狮”级，1910年8月下水；“马来亚”号隶属“伊丽莎白女王”级，1915年3月下水。

6.“敦刻尔克”级快速战列舰首舰于1935年10月下水，其中“斯特拉斯堡”号的防护水平较“敦刻尔克”号稍强。

7.对陆上目标。

8.“约克公爵”号隶属“英王乔治五世”级战列舰，1940年2月下水；“俾斯麦”号隶属德国“俾斯麦”级战列舰，1939年2月下水；“沙恩霍斯特”号和“格奈森瑙”号均隶属德国“沙恩霍斯特”级战列舰，先后于1936年10月和12月下水；“凯撒”号隶属意大利“加富尔”级战列舰，1911年10月下水。

9.“安森”号战列舰隶属“英王乔治五世”级，1940年2月下水；“前卫”号隶属“前卫”级，1944年11月下水。

10.时任该职的是雷金纳德·亨德森。

11.“玛丽女王”号隶属“狮”级战列巡洋舰，1912年3月下水，在日德兰海战中殉爆沉没。

12.尽管原文未注明时间，但鉴于1936年古道尔即已出任海军建造总监，而巴克豪斯1938年方出任第一海务大臣，因此此处似有一定矛盾。

13.“贝里克”号隶属“郡”级重巡洋舰，1926年3月下水；“利物浦”号隶属“城”级轻巡洋舰，1937年3月下水。

14.1941年12月10日，该舰与“反击”号战列巡洋舰在马来亚以东海域被日本海军航空兵的轰炸机击沉。战斗中“威尔士亲王”号被4枚鱼雷命中，其中命中该舰的首枚鱼雷对其造成了致命影响。注意战斗中日本使用的91式空射鱼雷战斗部重量仅约323千克。

15.1943年12月26日，此战中以“约克公爵”号为核心的英国舰队击沉了“沙恩霍斯特”号。

16.“海象”式于1933年首飞，被广泛安装在第二次世界大战期间皇家海军舰船上。除承担侦查任务外，该机种还可承担搜救任务。

17.“豪”号隶属“英王乔治五世”级，1940年4月下水。

18.隶属“北卡罗来纳”级战列舰，1940年6月下水。

19.爱德华八世即温莎公爵，1936年底逊位，其弟继位，是为乔治六世。

20.“北卡罗来纳”级和“南达科他”级均为美国战列舰，首舰分别于1940年6月和1941年6月下水。“维内托”级为意大利战列舰，首舰1937年7月下水；“黎塞留”级为法国战列舰，首舰1939年1月下水；“大和”级为日本战列舰，1940年8月下水；“苏维埃联盟”级为苏联战列舰，1938年开工，但从未下水，遑论完工。

21.时任首相的是内维尔·张伯伦。

22.RB即包克豪斯，但此时他尚未出任第一海务大臣。

23.其任期为1939年6月12日至1943年10月15日。

24.此为一代名将安德鲁·坎宁安，任期为1943年10月至1946年5月。

25.“衣阿华”级战列舰首舰于1942年8月下水。

26.“胡德”号之前各部门水兵轮流当值对食物进行粗加工，然后送中央厨房统一加热；“胡德”号上中央厨房统一备餐，然后由各部门轮值水兵将食物拉回各部门住舱。

27.时任海军大臣的是亚历山大，其任期为1940—1945年间。

28.即1942年2月12日的“地狱犬—雷霆”行动，11日午夜两舰以及“欧根亲王”号和其他护航舰只一同在德国空军的掩护下从法国布雷斯特港出发，成功突破英吉利海峡返回德国本土。

第二章
舰队航空母舰

① J H B Chapman, 'The Development of the Aircraft Carrier', Trans RINA (1960).

对海军造船师而言，航空母舰的设计包含了战舰设计工作中最为困难的一些因素。在包括大部分传统战舰特点的舰体上，设计师必须布置运作和维护若干中队舰载机所需的种种设施。在陆上运作时，航空母舰的舰载机需要一座范围覆盖数平方英里的机场，其中包括空管、机库、维护保养车间、油库、弹药库、营房和食堂、运输设备，以及长达数千英尺（即数百米甚至近千米）的跑道。而在航空母舰上，上述设施均须压缩进一艘长约 800 英尺（约合 243.8 米）的舰船，且上述舰船的飞行甲板面积甚至不足 2 英亩（约合 8093.7 平方米）[查普曼（J H B Chapman），皇家海军造船部（RCNC）]。①

1919 年初，海军部便计划在皇家海军现有航空兵相关舰只中保留“暴怒”号、“百眼巨人”号（Argus）、“怀恨”号（Vindictive）、“奈内纳”号（Nairana）、“飞马座”号（Pegasus）和“皇家方舟”号（Ark Royal），并继续建成“鹰”号（Eagle）和“竞技神”号（Hermes）。但至当年年底，不仅“奈内纳”号被列入处置名单，而且除“飞马座”号以外的其他水上飞机母舰均被处置。此后海军部又决

正驶入罗塞斯 2 号船坞的“不挠”号（Indomitable）。注意该舰前部炮组的优良射界，但这一特性对飞行甲板构成了阻碍。背景中可见（从左向右）依次为巡洋舰“翡翠”号（Emerald）、一艘“皇权”级战列舰、一艘“城”级（Town）巡洋舰和“纽瓦克”号（Newark）（帝国战争博物馆，A23371 号）。[1]

定让“怀恨”号暂时退役，并搁置将其重新改建回巡洋舰的计划，而“暴怒”号同样暂时退役，并等待海军决定其命运。根据规划，未来的战列舰队将包括41艘主力舰，数量不低于11艘的航空母舰将负责为战列舰队提供支援。除航空母舰搭载的175架舰载机外，舰队各舰炮塔上还可搭载38架飞机。

至1920年7月，海军部对航空母舰采取了更为现实的态度。[①]在某次会议上曾做出一系列决定，这些决定对日后舰队航空兵至第二次世界大战时期的发展产生了深远的影响。根据在“鹰”号（Eagle）上进行的早期试验结果，当时海军部认为航空母舰可以以较快的速度放飞6架舰载机，此后则需要半小时时间完成下一小队6架飞机的整备工作。[②]海军部还决定接受仅可建造不超过5艘航空母舰这一经费上的限制，因此每艘航空母舰应搭载尽可能多的舰载机。当时为“暴怒”号准备的改造计划（详见后文）显示计划设有双层机库，并希望以此容纳约45架舰载机。5艘航空母舰的数字也成了皇家海军在华盛顿会议的谈判基础。[③]

鉴于双层机库设计将不可避免地导致飞行甲板位置远高于水面，因此当时对这一设计仍有疑虑。较高的飞行甲板位置意味着甲板上因舰体横摇而产生的惯性加速度更高。出于这一顾虑，海军部最终决定不在“鹰”号上采取双层机库改建方案。由于“暴怒”号比“鹰”号矮，因此海军部认为在该舰上采用双层机库改建方案或许可以接受。与建造一艘新航空母舰相比，改建“暴怒”号更为廉价——尽管改建舰只性能不如新建舰只。因此出于经济原因，“暴怒”号

① 关于第一次世界大战结束后政策变更的详细内容可参见N Friedman, British Carrier Aviation (London 1988)。

② 也正是根据这一结果，6机小队成了英国海军舰队航空兵的基本单位。一次仅会有6架舰载机起飞的决定也将影响航空母舰的设计。不妨与美国海军“列克星敦”号[2]航空母舰放飞的大规模攻击机群相比。

③ 有观点认为，为保证在任何时候都能有5艘航空母舰作战，应至少保留7艘航空母舰在役。

上图：第一次服役时的“鹰”号。该舰当时被用于试验，仅安装一座烟囱，且桅杆不全。当时对岛式上层建筑的可行性仍有疑虑，但以这一形态进行的试验其结果颇为成功（世界船舶学会收藏）。下图：摄于战争期间的“鹰”号。其外形与战前区别很小（帝国战争博物馆，A7586）。

的姊妹舰“勇敢”号和“光荣”号也将接受类似改造。

“暴怒”号

根据审计长的口头要求，该舰的改造设计工作从1920年7月5日正式开始，其负责人为纳贝斯(Narbeth)。尽管舰岛模型在“百眼巨人”号上的试验大获成功，但设计团队还是决定采用平甲板结构。在该舰上操作较大型飞机的顾虑亦对此决定有一定影响。与“百眼巨人”号相比，“暴怒”号庞大的主机功率意味着其废气排放量是前者的6倍，因此为“暴怒”号设计排气系统颇为困难。纳贝斯决定接受横摇时惯性加速度较高的缺点，在“暴怒”号上采用双层机库设计。这一决定随之引发了对机库高度的反复争论，最终设计团队决定将两层机库的高度均设为15英尺（约合4.57米），按此设计该舰的飞行甲板较水面高度仅比“百眼巨人”号高3英尺（约合0.91米），且两层机库均可使用全部两台升降机。尽管曾有在该舰上安装陀螺稳定仪的构想，但或许是鉴于“薇薇安”号驱逐舰的实验结果，该设备最终并未安装。升降机将舰载机从下层机库和上层机库提升至飞行甲板的时间分别约为40秒和30秒，其可提升的舰载机最大尺寸为翼展47英尺（约合14.33米）、机身长46英尺（约合14.02米）。①

改造完成后，“暴怒”号的排水量增加了756吨，但其定倾中心高度仅为3.0英尺（约合0.91米）（注意这一数字已是安装防雷突出部之后的结果）[3]，而非设计指标上的5英尺（约合1.52米）。对这样一艘战舰而言，这一定倾中心高度明显过低。事后推测可能是设计期间针对这一全新舰型的计算出现了一定误差。该舰的强力甲板为飞行甲板（也即上层机库顶部），改造后该舰型深加深，从而使得舰体所受应力水平甚至低于其巡洋舰原始设计中所被接受的水平。出于结构因素考虑，飞行甲板厚度为25磅（约合15.9毫米），足以抵挡当时战斗机所使用的20磅（约合9.07千克）炸弹的攻击。根据风洞测试结果，飞行甲板前端的投影和侧轮廓均为椭圆形。

该舰上层机库前端距离舰艏约200英尺（约合61.0米），其上设有面积较大的舱门，打开条件下，当时装备的小型战斗机②可直接从机库沿向舰艏倾斜的下层飞行甲板起飞。下层机库则与后甲板相通，后者可供起重机将水上飞机提升上舰。③起初该舰还装有配备纵向阻拦索的强化拦阻设施，以防舰载机从飞行甲板侧面落水。实际操作中很快发现该装置毫无用处——甚至颇为危险——因此于1927年被拆除。

该舰飞行甲板前端设有控制站，其左右舷部分分别用于空管和操舰。控制站中央还设有可伸缩的海图室，其上方则是导航位。控制站左右两舷部分之间通过设于飞行甲板下方的走道相连，走道还可通向海图室、通信处、无线电定

① 该升降机设计与安装在“竞技神”号上的相同。设于航空母舰上的升降机总会导致各种问题，其主要原因是舰体在航行时总会发生扭曲变形，从而影响升降机平台与其导轨的对齐。

② 1927年安装在该舰下层飞行甲板两侧的防空炮被拆除，以便使用大型飞机进行起飞试验。该试验结果颇为成功。进行此次试验时“暴怒”号的姊妹舰尚未完成改建。

③ 水上飞机主要在该舰停泊于港内时使用。这一场景下甲板风速不足，无法供舰载机完成常规的起降作业。

向设备以及情报处。1939年该舰的防空火力得到大幅加强，并加装一座小型舰岛用于安装防空炮指挥仪。注意该舰岛并不用于航行作业。

“暴怒”号，摄于第二次世界大战期间。注意该舰的小型舰岛仅供火控作业使用，导航作业仍在飞行甲板前端位置完成。下层飞行甲板已被取消，干舷高度也随之得以增加（作者本人收藏）。

“暴怒”号的改建工程于1929年9月完成，试航结果总体而言令人满意，显示当时装备的各种舰载机均能安全地在该舰上完成起降。不过散热和烟气仍引发了各种各样的问题，本书将在后文与“勇敢”号和“光荣”号的比较中对此加以阐述。

“勇敢”号和“光荣”号

早在第一次世界大战期间就出现过按“暴怒”号首次改建时的方式，在两舰前部加装起飞甲板的建议。对两舰改建计划的正式研究始于1921—1922年间，研究之初对两舰火炮装备进行过冗长的讨论。当时美国海军和日本海军最大的航空母舰均以炮塔形式装备8英寸（约合203.2毫米）火炮[4]，因此皇家海军亦考虑在两舰上安装该口径火炮。为此设计部门曾提出多种方案，其中火炮数量最多的一个方案共布置10门。鉴于火炮的支撑结构和提弹机构将占据机库内部空间，纳贝斯建议将烟囱改设于右舷，从而腾出一部分空间。最终海军部决定该舰仅装备防空炮，由此烟囱和一座用于导航的小型建筑得以幸存。①

为合理地排出废气，“暴怒”号在设计上不得不损失可储藏9架舰载机的空间。该舰的机库不仅面积较小，而且布局不利于操作。此外，整体而言该舰操控困难，且有约200吨重量位于舰体高处。靠近排气管处温度可达146华氏度（约合63.3摄氏度），其舰艉部分长期肮脏且高温，有时甚至令人无法忍受。

总体而言，上述三舰的改造仍尚称成功，且它们的问世也使得皇家海军得以尝试在海上使用航空兵。1933年三舰统一隶属亨德森少将时，这一作用尤为显著。②[5]

① 纳贝斯更习惯将两舰称为“烟囱航空母舰”而非认为其包含舰岛结构。参见原作者《大舰队》一书第八章中用于风洞试验的各种模型。

② 此前少将曾任“暴怒”号舰长，他也是很多相关技术方面的先驱。

“勇敢”号，图中可见该舰的双层飞行甲板结构。在战斗机尺寸还很小的时候，这一设计颇受欢迎，且舰载机可以很快起飞（作者本人收藏）。

表2-1 舰载机布置

	“暴怒”号	“光荣”号
载机数量	33	42
上层机库尺寸	520英尺×50英尺（158.5米×15.2米）	550英尺×50英尺（167.6米×15.2米）
下层机库尺寸	550英尺×30/50英尺*（158.5米×9.14/15.2米）	550英尺×50英尺（167.6米×15.2米）
主飞行甲板尺寸	576英尺×91.5英尺（175.6米×27.9米）	576英尺×91.5英尺（175.6米×27.9米）
航空燃料储量	20800加仑（94.56立方米）	35700加仑（162.3立方米）

* 各种办公室和车间对“暴怒”号下层机库的侵占情况尤为严重。

条约限制

前往参加华盛顿会议时，皇家海军对航空母舰方面的期望是能保留5艘该舰种，每舰排水量约为2.5万吨。美国海军虽然希望保留的数量更少，但是对单舰排水量的要求更高。最终达成的条约对双方而言均可称满意。两国海军获得的航空母舰排水量总额均为13.5万吨，且单舰排水量上限为2.7万吨，不过两艘改建中的航空母舰[6]排水量上限可提高至3.3万吨。尽管美国海军宣称“列克星敦”号和“萨拉托加”号的排水量为3.3万吨，但实际上美国海军亦以自相矛盾的方式援引条约条文，借口条约中准许主力舰在改造后增加3000吨排水量以加强防护，为两舰建成时实际排水量达3.6万吨辩护。单舰排水量在1万吨以下的航空

“光荣”号，图中可见风浪对其下层飞行甲板的破坏（作者本人收藏）。

母舰不被计入前述总额限额。鉴于《华盛顿条约》准许列强自 1931 年起新建战列舰，海军部决心在新战列舰建造计划吞噬全部资金之前利用现有资金建成若干新航空母舰，至于旧式航空母舰则被定性为“试验性”，随时可供拆解从而腾出排水量空间。

新设计

有关新航空母舰设计的首个设想于 1923 年 5 月展开。鉴于条约并未对单舰排水量在 1 万吨以下的航空母舰数量加以限制，因此新设计便以该种航空母舰为基础。实际设计工作由佩恩（Payne）负责，其上司即纳贝斯。新设计中后部飞行甲板仅供降落使用，该甲板前端下方设有一座“飞桥”结构。舰体前部设有弹射器，并可旋转至合适的相对风向。设计指标希望实现搭载 27 架战斗机（“竞技神”号为 21 架）和 27 节航速。该舰还将装备用于反驱逐舰的 5 门 5.5 英寸（约合 139.7 毫米）炮和 3 门 4 英寸（约合 101.6 毫米）防空炮。从指标来看，即使能实现上述设计指标，整个设计也几乎没有冗余，且其排水量很可能在具体设计阶段继续上升。设计方案中烟气被导向舰艉，但鉴于整个动力系统也尽量向舰体后部布置，导致排烟道的整体长度受限。上述种种缺陷导致该设计未获批准。1930 年类似设想再次出现，但同样被否决。

约一年之后，佩恩为澳大利亚海军完成了“信天翁”号（Albatross）水上飞机母舰的设计。该舰排水量为 4800 吨，可搭载 9 架水陆两用飞机，航速 21 节。1938 年根据将其改造为一艘带有舰岛结构的航空母舰的提案[7]，该舰被移交给皇家海军。1923 年佩恩还完成了两个较大型的航空母舰设计方案，其设计排水量分别为 1.65 万吨和 2.5 万吨。两个设计均设有位于舷侧的烟囱①，但操舰仍由位于飞行甲板前端的相关控制站实施，其布局与“暴怒”号类似。当时估计排烟设施可能导致总排水量上升 1000~2000 吨。排水量较大的设计方案以双联装炮塔的形式装备了 6 门 8 英寸（约合 203.2 毫米）火炮，该结构亦侵占了机库空间。

表2-2 新航空母舰设计方案

排水量（吨）	9800	16500	25000
舰载机数目	27	35	50（战斗机，机翼展开状态）
排水量与载机数之比	363	471	500

1923 年 11 月海务大臣委员会指示海军建造总监提交一份排水量为 1.65 万吨、装备 6 门 4.7 英寸（约合 120 毫米）防空炮的航空母舰设计方案。相应的设计草图和设计图样于同月 28 日获批。当时为缓解高失业率问题，海军部准备了

① Friedman, British Carrier Aviation, p93.

一份紧急造舰计划[8]，并希望在其中包含一艘按上述设计建造的航空母舰。然而由于政府更迭，上述计划告吹。尽管如此，设计工作并未就此中止。至1924年初，设计中的航空母舰加装了用于反驱逐舰的5.5英寸（约合139.7毫米）火炮，并根据模型试验结果①相应增加了主机功率，其设计排水量也相应攀升至1.72万吨。继1923年之后，海军部再次试图在1925—1926年造舰计划中包含一艘按该设计建造的航空母舰，但其努力再次遭遇挫折。该舰的建造先是被拖延至1929年，后由于财政形势进一步恶化又被推迟至1932年。然而由于设计中机库高度仅15英尺（约合4.57米），且飞行甲板较为狭窄，因此早在1924年该设计便逐渐过时。除上述缺点之外，海军部还希望能增加舰载机数量。此后“皇家方舟”号1934年设计方案或许可被视为前述设计的最终版。

除航空母舰设计本身之外，获取足够的舰载机并配齐相应人员也颇令海军部头疼。根据1929年的计算，5艘在役航空母舰共将搭载176架舰载机，此外还需为战列舰以及巡洋舰配备75架舰载机。然而当时海军一共只拥有141架飞机。海军部曾计划通过每年订购两个小队[9]的方式，于1938年弥补上这一缺口。然而受经济危机影响，海军部不仅未能下达1929年当年的新飞机订单，而且需全力争取次年新飞机订单获批。第二次战争爆发前，舰载机的造价大约为航空母舰的5%，至战争结束时则上升至10%。②每艘航空母舰上均搭载了过多型号的舰载机，并且每一型号对养护作业和备件的需求也各不相同。海军部曾指出1929年美国海军共拥有229架飞机，且至1938年这一数字将上升至400架，同时日本海军已经拥有118架飞机。雪上加霜的是，不仅飞机数量短缺，而且缺乏飞行员，其主要原因是皇家海军和皇家空军均不把在舰队航空兵服役的过程视为晋升高级军衔所必须的资历。③

更多条约

尽管1927年日内瓦裁军会议以流产告终，但作为与会准备工作的一部分，海军建造总监曾考虑过一份与“光荣”号类似、排水量为2.3万吨的航空母舰设计方案。按照他的观点，考虑到未来舰载机的发展，将排水量定为2.4万~2.5万吨更为合适。1929—1930年签订《伦敦条约》前后，海军部已经在考虑将航空母舰的排水量限定在2.5万吨，并可能将数量限制在4艘。1935年伦敦会议（1936年条约尚未获批）将单艘航空母舰的排水量上限缩紧至2.3万吨，但不再就总吨位做出任何限制。此时“皇家方舟”号设计排水量已经确定为2.2万吨。

飞行甲板相关设备④

第一次世界大战期间及此后若干年内，舰载机的着舰速度一直很低，在微

① 试验结果于1925年3月25日正式提交。
② P Pugh, The Cost of Sea power(London 1986), p202.
③ S Roskill, Naval Policy between the Wars(London 1976), Vol 2, p195.
④ D K Brown. 'Ship Assisted Landing and Take Off', Flight Deck1/86 (Yeovilton 1986). 该文远较此处详尽。

风条件下即使不使用刹车，飞机也能在着舰后很快停下，因此似无必要在航空母舰上加装拦阻设施。但实际上，过低的着舰速度可能导致轻型舰载机受气流影响在飞行甲板上发生偏移，甚至可能从甲板侧缘坠落。为防范后一问题的发生，早期英国航空母舰上曾配备纵向阻拦索。该装置通过与舰载机起落架上的弹簧作用，保证舰载机航向与飞行甲板中轴线平行。“暴怒”号和“竞技神”号的飞行甲板中部略低于两端，该段飞行甲板也配有相应的支撑结构，使得纵向阻拦索高出该段甲板。两舰飞行甲板前段向上的斜坡亦有助于舰载机减速至静止状态。该斜坡结构亦被用于“光荣”号和“勇敢”号两舰，但上述两舰未装备纵向阻拦索。

1920 年前后英国组织了一个舰载机相关设施联合技术委员会（Joint Technical Committee on Aircraft Arrangements），其成员包括飞行员、工程师和造船师，隶属皇家海军造船部的福布斯（W A D Forbes）任该委员会秘书。他设计了一款阻拦索原型设备，并在谷岛（Isle of Grain）进行了若干初步的功能测试。然而该设备被皇家空军断然拒绝，这让福布斯颇为不满。此后他将该设备专利以 2 万美元的价格售与美国海军，后者将其安装于“兰利”号（Langley）航空母舰上[10]。20 世纪 20 年代末，福布斯在一部新闻影片上发现其发明的改进型号已经安装在美制航空母舰上。他随即完成了一款全新的阻拦索设计，即马克 I 型阻拦索。该设备由朴次茅斯造船厂（Portsmouth Dockyard）制作完成，并在范堡罗（Farnborough）接受测试。福布斯拥有丰富的航空母舰工作经验。第一次世界大战期间他曾加入英国国防义勇军（Territorial Army）并以列兵军衔服役。1914 年负伤后他转入海军建造总监部门工作，此后又作为舰队舰载机指挥官（Admiral Commanding Aircraft）[时任该职的是菲利莫尔爵士（R Phillimore）] 的参谋在“暴怒”号上服役。

尽管马克 I 型以及此后福布斯与德赖斯代尔（Drysdale）合作设计的马克 II 型阻拦索均难称成功，但由麦克斯塔特—斯科特公司（McTaggart Scotts）的米切尔（C C Mitchell）设计的马克Ⅲ型阻拦索终获成功，并在此后第二次世界大战期间安装在所有英国航空母舰上。①随着拉伸幅度的加大，该阻拦索的减速度可从 0 逐步增至峰值 1.5 倍重力加速度，然后又逐渐缩小。1931 年该设备在“勇敢”号上进行试验，当时任航空母舰少将的亨德森正以该舰为旗舰，并在试验期间对该设备有深刻的印象。此后该设备又被安装在“皇家方舟”号上，并且证明有能力对重 8000 磅（约合 3.63 吨）、航速 60 节的舰载机实施拦阻。此后安装在“不挠”号上的阻拦索甚至可以对重 1.1 万磅（约合 4.99 吨）、航速 60 节的舰载机的实施拦阻。②设计阻拦索的难度往往被人所忽视。着舰过程中，着陆钩首先勾住阻拦索，从而导致后者受到冲击力，并从静止状态开始运动。随着阻拦索

① 米切尔此后还设计了蒸汽弹射器。

② 安装在“独角兽”号上的阻拦索可对重 2 万磅（约合 9.07 吨）的舰载机的实施拦阻，但由于其拉力过大，因此最初曾把一架“海火”式（Seafire）舰载战斗机[11]扯为两截！此后进行的改造修正了这一问题。

“竞技神”号，摄于第二次世界大战初期。注意该舰硕大的火控桅楼。该舰体积太小，无法成为一艘有作战效率的舰队航空母舰（作者本人收藏）。

逐渐被拉开，一系列滑轮与滑车逐渐开始运动，直至其开始高速运动，液压锤才开始工作。

对飞行甲板运转有着革命性意义的阻拦网则完全是美国发明。该设备可视为挂在立柱之间的一张高强度网。如果着舰过程中舰载机着陆钩未能正常挂上阻拦索，那么阻拦网将拦住舰载机并迫其停止，从而防止其撞入停放在飞行甲板前部的其他舰载机。首先装备该设备的英国航空母舰是“皇家方舟”号，该舰装备的阻拦网拉出距离为40英尺（约合12.2米）。在引入该设备初期，舰队航空兵通常以小规模机群活动，因此使用阻拦网的机会不多。这一情况直至1941年前后舰载机甲板系泊成为常态后才得以改变。尽管阻拦网会导致撞上其的舰载机损坏，但这种损坏一般尚在地勤人员维修能力范围以内，并且飞行员一般不会受伤。舰载机和武器各自的升降机则进一步加剧了飞行甲板作业的复杂程度。

加速装置①

即使不借助附属设备自行起飞，20世纪20年代的轻型舰载机的起飞距离通常也较短，因此对辅助起降设施的需求尚不存在。对皇家海军而言，由于条令规定的单次出击的机群规模较小，无须在飞行甲板上一次性排列大量舰载机，因此对该种设备的需求更小。弹射器最初于1934年安装在“勇敢”号和“光荣”号上，可将重7000磅（约合3.2吨）的舰载机加速至56节。②该设备包括一具压缩空气锤，通过缆线与滑轮工作。实际操作经验显示，当时的舰载机机体结构强度不足，无法在直接接触飞行甲板的条件下以这种方式弹射，因此改进设计方案中引入了滑车结构。“皇家方舟”号装备的弹射器结构与其类似，但可弹射重1.2万磅（约合5.4吨）的舰载机。

上述弹射器设计进一步演化的结果便是BH III型弹射器，至“庄严”级（Majestic）轻型舰队航空母舰[12]为止，其间所有英国航空母舰均装备该型弹射器，

① D K Brown, 'The British Shipboard Catapult', Warship 49 (London 1989).

② 弹射器包括用于托架舰载机的滑车结构，而使用加速器时舰载机机轮直接接触飞行甲板。

“皇家方舟”号，摄于战争爆发前不久。注意布置在该舰飞行甲板左右两侧的加速器，该设备可将1.2万磅（约合5.4吨）的舰载机加速至56节，从而完成起飞（作者本人收藏）。[18]

其最终改进型号可将重1.4万磅（约合6.4吨）的舰载机加速至60节。BH V型弹射器则先后安装于“庄严”号[13]、“皇家方舟”号[14]和“阿尔比昂”号（Albion）[15]上。尽管结构与早期型号类似，但其弹射能力得到进一步提升，可将重1.4万磅（约合6.4吨）的舰载机加速至85节。该型弹射器轨道长度为140英尺9英寸（约合42.9米），最大加速度为3.25倍重力加速度（平均为2.6倍重力加速度）。加速期间气锤、线缆、滑轮以及滑车首先与舰载机一起被加速，舰载机弹出后各部件再逐步减速至静止状态（最大减速度为11.25倍重力加速度）。在3座空气泵工作的情况下，1942年开工的“皇家方舟”号[16]每座弹射器可实现每40秒弹射一架舰载机，若仅有2座空气泵工作，则弹射间隔将提高至60秒。弹射器线缆的工作寿命约为900~1000次弹射，到达该寿命后便需更换，此项作业耗时约38小时，在此期间还可对气锤实施翻修以保证密封。朝鲜战争期间，“忒修斯”号（Theseus）[17]在两次连续8日作战期间各完成了400次舰载机起飞作业，并在此后不得不更换线缆。在操作熟练的前提下，更换线缆作业时间可缩短至24小时。

1931年初步设计方案

海军建造总监（约翰斯）与福布斯均强烈建议在飞行甲板上设置永久性停机位，因此他们构想的设计可能仅设有单层机库。然而 1931 年 4 月 15 日在海军审计长办公室举行的一次会议上，与会各方最终达成的共识是新航空母舰应设有一座舰岛，装备两层飞行甲板（与“光荣”号设计类似）以及双层机库，但不在飞行甲板上系泊舰载机。会议上确定的其他设计目标如下：

30 节的高航速，若能达到 32 节则更为理想。续航能力至少与“纳尔逊”级战列舰相当（10 节航速下连续航行 1 万海里）；

舰载机搭载能力为 60 架（后提高至 72 架体积更大的舰载机）；

仅装备防空炮，机库以下部位实现对 6 英寸（约合 152.4 毫米）炮弹和 500 磅（约合 226.8 千克）炸弹的防护，机库本身则仅需实现对 20 磅（约合 9.07 千克）炸弹的防护。防雷系统可抵挡 750 磅（约合 340.2 千克）战斗部的攻击；

排水量不超过 2.2 万吨；海军部当时认为这一数字将在新条约中成为新的排水量上限。

满足 32 节航速要求并设有双层飞行甲板的设计方案排水量约为 2.3 万吨，明显高于指标要求。海军建造总监建议通过将一半舰载机系泊在飞行甲板的方式，将排水量降低 1500 吨，同时提出将航速降低 2 节可将排水量降低 1200 吨。他还指出拦阻设备的引入将显著降低完成一次着舰作业所需的时间，因此使得过高航速的重要性有所下降。单层且全长度飞行甲板设计方案因此出炉，且加装了第三座升降机以加快将舰载机收入机库的速度。尽管这一设计亦将导致机库长度增加，但舰体的长度可因此缩短。新设计方案中舰体宽度增加——这一改动大大限制了可容纳该设计的船坞数量——最终这个 30 节航速版本设计方案的重载排水量反而上升 445 吨，达 2.76 万吨（标准排水量为 2.2 万吨），此条件下其航速为 29.75 节。受此结果鼓舞，海军部大力鼓吹将航空母舰排水量上限改为 2.2 万吨，但这一努力终成徒劳。

“皇家方舟”号

尽管海军部希望在 1933 年造舰计划中包含新建一艘航空母舰，但经济危机的现实使得这一构想化为泡影。由福布斯牵头，设计工作由于 1933 年年中开始继续进行。由于海军部仍希望在日后的国际会议上实现 2.2 万吨排水量上限，因此新航空母舰设计的目标排水量仍为 2.2 万吨。最初设计指标要求实现 900 英尺（约合 274.3 米）长的飞行甲板，但设计团队很快发现这一要求无法满足[①]，飞行

① 当时能容纳舰体长度达 900 英尺（约合 274.3 米）的船坞数量非常有限。此外，该长度下舰体的机动性亦不容乐观。笔者个人还很怀疑是否能将舰体长度达 900 英尺（约合 274.3 米）的航空母舰的排水量控制在 2.2 万吨以内。

甲板长度遂降至 800 英尺（约合 243.8 米）。[1]最初希望设计双层机库以实现容纳 72 架舰载机的目标。整个设计部门的规模堪称寒酸，直至“皇家方舟”号的具体作业开始,整个设计团队的人数才上升至 20 人,而此前一直仅保持 5 人的规模。

对新设计中火炮的性质和位置的争论延续了很长时间。最初设计方案仅计划装备 16 门尚在设计中的新式 5.1 英寸（约合 129.5 毫米）火炮，但鉴于试射显示该炮发射的 108 磅（约合 49.0 千克）整装弹过重，因此该方案首先被放弃。下一个入选的则是 4.7 英寸（约合 120 毫米）火炮，但当时尚无该口径的现代化防空炮型号可用，因此该炮亦落选。最终中选的是新式 4.5 英寸（约合 114.3 毫米）火炮。早期设计方案中火炮被安装在下层机库甲板高度，但鉴于此处空间非常有限因此并不理想。最终，该炮被以双联装方式安装在上层走道甲板位置。这一布局使得火炮可在飞行甲板上未停放舰载机时实现向对侧射击，但为此付出的重量代价为 150 吨。[2]在雷达以及无线电归航信标问世之前，单座舰载机几乎总是在航空母舰目视范围内活动，以防飞行员因工作负担过重无法完成导航返回作业。利用双座舰载机充当若干架单座舰载机领航机的尝试并不成功，因此这一时期英国舰载战斗机机组成员人数均为 2 人,这不可避免地影响了其性能。

“皇家方舟”号的弹药库、航空汽油舱和动力系统舱室部分设计防护能力为抵御 6 英寸（约合 152.4 毫米）炮弹和 500 磅（约合 226.8 千克）炸弹的攻击。防护体系包括 4.5 英寸（约合 114.3 毫米）装甲带和厚 3.5 英寸（约合 88.9 毫米）的下层机库甲板。飞行甲板由 D 质钢板构成，其中舯部部分厚 30 磅（约合 19.1 毫米），两端部分厚 25 磅（约合 15.9 毫米），设计时设计人员曾认为上述厚度足以抵挡 20 磅（约合 9.07 千克）炸弹的攻击。[3]该舰的防雷系统设计防护能力为抵御 750 磅（约合 340.2 千克）战斗部的攻击，并曾在“乔布 74”号（参见本书引言部分）的一侧接受过试验检验。该系统为三明治结构，其中内侧空舱宽 2 英尺 6 英寸（约合 0.76 米），注液舱宽 7 英尺 6 英寸（约合 2.29 米），外层空舱宽 3 英尺（约合 0.91 米）。主舱壁由单层 60 磅（约合 38.1 毫米）D 质钢板焊接而成。[4]初步测试结果似乎令人满意，但在此后的测试中，焊接而成的耐压舱壁沿焊缝弱点出现开裂。[5]

设计“皇家方舟”号时，新一代单翼高性能舰载机已经呼之欲出。新的舰载机尺寸较大，但尚不明确其机翼是否可以折叠。容纳未来舰载机的需要引发了针对机库高度的长期争论，但最终各方同意提高原先 16 英尺（约合 4.88 米，净空高度）设计高度的代价太高,因此只能维持不变。两层机库的宽度均为 60 英尺(约合 18.3 米),其中上层机库长 568 英尺（约合 173.1 米）,下层机库长 452 英尺（约合 137.8 米），机库总面积为 6.096 万平方英尺（约合 5663.4 平方米）[“光荣”号机库面积为 5.317 万平方英尺（约合 4939.7 平方米）]。对机库面积进行重新评估

① 1934 年 3 月出炉的一份冗长报告就在海斯拉进行的模型试验结果中进行了阐述，其中显示得益于其更为均衡的舰型设计，新设计方案的操控性将优于“光荣”号。为估计风力影响，根据新设计方案水上部分建造的模型曾以倒扣的状态，在船模试验池中被以不同的偏航角拖曳。幅度较大的切底形设计、面积较大的（单具）船舵以及从中央推进器流经船舵的水流均对改善操控性有所贡献。对各种船舵模型的试验贯穿了整个 1934 年。

② 由于阻拦网并未安装完成，可能导致舰载机冲向舷外乒乓炮平台，因此最初有两座炮塔并未安装。

③ 1935 年 10 月海军部对一排水量较小且设有装甲机库的设计方案进行研究，但并未批准该设计方案。

④ 对 D 质钢实施焊接操作颇为困难（参见本书附录 1），因此在如此厚的钢板上使用焊接工艺颇令人惊讶。

⑤ 参见古道尔 1937 年 4 月 19 日的日记。考虑到该舰的建造进度，此时已经来不及对其进行改建，因此该舰沉没后古道尔颇为忧虑，直至此后调查结果显示该舰沉没与此处弱点关系不大。

完工时的“皇家方舟”号，注意此时该舰的烟囱高度较矮。由于担心被未能正常降落的舰载机撞击，此时舯部的多管乒乓炮尚未安装。该炮需待阻拦网安装就位之后才会就位（作者本人收藏）。

的结果显示，机库最多可容纳60架舰载机，但在此条件下会因过于拥挤而不便正常工作，因此通常舰载机停放数量为48~52架。第二次世界大战期间该舰实际最大机库停放数量为54架。上下层机库内分别设有4道和3道防火墙。

随着舰载机空速的提高，其燃油消耗率也随之提高。“皇家方舟”号的总航空汽油储量为10万加仑（约合454.6立方米）——即使如此，对其原定72架的舰载机搭载数量而言仍显不足。①此前各艘英制航空母舰上，航空汽油消耗后空出的空间将被水填充，但在“皇家方舟”上设计团队首次引入了气压传输系统以减小燃油被污染的可能。航空汽油被储存在圆柱形油槽内，油槽不仅与舰体结构隔离，而且配有防护罩。1941年该舰被鱼雷命中后[19]尽管遭到了显著的冲荡，但既未发生航空汽油泄露，又未发生起火。该舰共设有3座升降机，每座的尺寸均为45英尺×22英尺（约合13.7米×6.7米）。②每座升降机均设有两层平台，且升降高度为一层机库。该设计的初衷是为了加快舰载机转运速度，但在实际操作中，将一架舰载机从下层机库提升至飞行甲板共需进行3次操作。③

与此前建造的大型舰只相比，焊接工艺在“皇家方舟”号上的运用范围要广泛得多（参见本书第四章对焊接技术的总体描述）。④该舰的建造商卡默尔莱尔德造船厂（Cammell Laird）也是当时唯一对焊接工艺显示出兴趣的主要造船厂，该厂曾于1920年完全利用焊接工艺建造过小型商船“富嘉”号（Fullagar，注册吨位为398吨）。“皇家方舟”号舰体结构中约65%的部分采用焊接工艺建造，所涉及部分包括舱壁、甲板、下层机库以上部位船壳板，以及舰体前部100英尺（约合30.5米）部分。上层机库甲板采用横向排布方式铺设，在与深桁材相接处以搭接板相连，深桁材彼此之间距离则为8~12英尺（约合2.44~3.66米）。加强件和横梁则大多由T型材构成。

在建造过程中，造船厂在船台前方构筑了一个焊接车间（其中包括一所焊接学校）。除150名在舰上工作的焊工之外，还有50名焊工在其他位置执行相关工作。车间配有一座用于提升焊件的10吨起重机，其中用于承载焊件的货架高5英尺（约合1.52米），可容纳焊工在其下方作业。整个建造工程共消耗7

① 包括2座容量为2.5万加仑（约合113.7立方米）的油槽和16座容量各为3125加仑（约合14.2立方米）的油槽。

② 有说法认为升降机的尺寸受飞行甲板所受应力限制。鉴于该舰船型型深较深，足以保证飞行甲板所受应力较低，因此这一说法的可信度不高。该舰飞行甲板在舯拱和舯垂条件下的设计应力水平分别为每平方英寸7.6吨（约合117.4兆帕）和5.6吨（约合86.5兆帕）。对如此庞大的一艘舰船而言，这一应力水平可谓很低。

③ 笔者个人怀疑其实际初衷是利用下层机库执行养护作业，同时利用上层机库完成日常操作。

④ 参见S V Goodall, 'HMS Ark Royal', Trans INA (1939)。该论文大部分似乎是由福布斯起草。1939年3月4日古道尔在日记中写道：“利利克拉普阅读了有关‘皇家方舟’号的论文，并评论‘不！’我亲自修改了最终版本。”同月29日他还在日记中写道：“我的论文及相关讨论反响良好。‘皇家方舟’号的舰长鲍尔（Power）很出色。”

第二次世界大战期间的“皇家方舟”号，拍摄于地中海。照片中可见该舰的烟囱高度升高。该舰一直未装备雷达，因此其舰载机通常通过“谢菲尔德”号（Sheffield）轻巡洋舰装备的雷达以及两舰之间的信号旗接受指引（帝国战争博物馆，A2298）。[20]

百万英尺（约合2130千米）——计260吨——焊条。焊接工艺的主要缺陷在于变形，该舰的建造合同中即规定了可接受的变形概率为1/96。尽管建造过程中并未出现严重的位移，但钢板在船肋之间发生弓弯的现象并不鲜见。设计建造该舰期间对采用焊接工艺的得失评估如下：与传统铆接工艺相比，采用焊接工艺的造价更高，但可节省约500吨重量。“皇家方舟”号的设计草图和设计图样于1934年6月21日正式获得海军部批准，但后者同时要求将其排水量从2.28万吨降至2.2万吨。这一要求在纸面上不难实现——仅需降低对外公布数字中炸弹和其他武器的重量即可满足。

有关该舰续航能力的争论颇多，且往往各有根据。总体而言，参与争论各方均承认与传统主力舰相比，执行飞行任务所需的燃料更多。为拟合实际需要，各方提出了多种公式，最终确定的数字是其续航能力相当于以16节航速连续航行1.12万海里，大大低于其他方面与之类似的美制航空母舰。鉴于该舰的主机功率较高（10.3万匹轴马力），被认为难以用2根主轴承担，而4根主轴又过于沉重，因此该舰装有3根主轴。在1938年5月的试航中，该舰以10.3055万匹轴马力主机功率在2.2381万吨排水量条件下实现了31.7节航速，这一结果与此前估计的结果类似，后者具体为以10.2万匹轴马力，在2.2万吨排水量条件下实现30.75节航速。换言之，该舰可以在实际功率为主机装机功率75%的条件下即实现其设计航速。这一结果具备重大意义——较低的主机功率仅要求布置2根主轴，从而不仅可以大大简化排风井的设计，而且可加宽防雷系统宽度。①

“皇家方舟”号或许可被视为一款经受实践考验的成功设计，且拥有以其为基础发展出性能更佳的新一代航空母舰设计的潜力。然而在该舰设计完成后，英国航空母舰设计思路即将出现一次重大的改变。美国海军“约克城”级航空母舰[22]和“皇家方舟”号之间的比较或许具有一定的代表性（注意后者排水量

① 在设计CVA01三主轴方案过程中，笔者曾有幸亲自审查“皇家方舟”号设计资料中与主机功率相关的估算。[21]在笔者看来，估算过程中不存在明显错误，但应注意到舰体与中线主轴之间的互动关系曾是——甚至仍是——难以准确评估的课题。此外，采用焊接工艺建造的舰体前部较为光滑，亦有助于减少阻力。

约高 10%）。表 2–3 仅列出了一些最重要的数据。

表2-3　“约克城”级与“皇家方舟”号之间的比较

	“约克城”级	“皇家方舟”号
标准排水量（吨）	19900	22000
舰载机搭载数量	63架	54架（实际服役期间最大数量）
飞行甲板长度	781英尺（238.05米）	720英尺（219.46米）
舰体及相关装置重量（吨）	14451	13651
航空燃料储量	186860美制加仑（707.3立方米）	120090美制加仑（454.6立方米）

从表 2–3 的数字中可窥见开放机库（美式）和封闭机库（英式）两种设计方案各自的优劣。在封闭机库设计下，舰体型深（至强力甲板）较深，因此舰体重量较轻。在对“马耳他”级（Malta）航空母舰设计方案进行研究时（详见后文），两种设计方案的区别与上述两种航空母舰的区别一致——封闭机库设计方案的排水量据估计相对轻 1000 吨。为此付出的代价则是舰载机搭载数量，这将进而影响单次攻击中放飞大量舰载机的能力。

自 1917 年“班米克利”号（Ben–my–Chree）沉没后[23]，皇家海军就非常注重防范与航空燃料有关的火灾。第二次世界大战期间，英制航空母舰上从未发生大规模火灾，足以证明海军为防火而采取的一切努力卓有成效，但为此在燃油储量方面付出了高昂的代价，这在日后太平洋地区作战时颇令人烦恼。

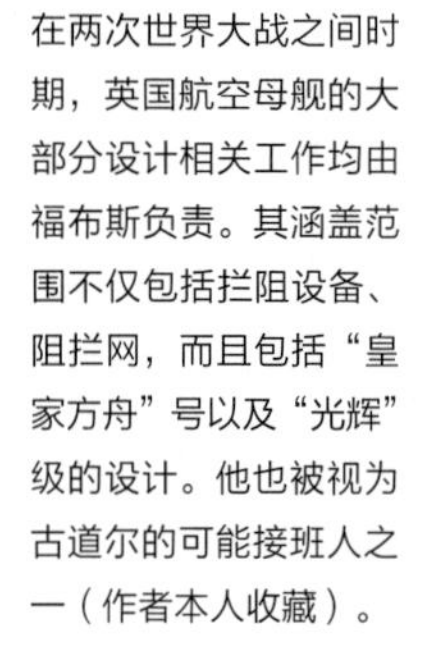

在两次世界大战之间时期，英国航空母舰的大部分设计相关工作均由福布斯负责。其涵盖范围不仅包括拦阻设备、阻拦网，而且包括“皇家方舟”号以及“光辉”级的设计。他也被视为古道尔的可能接班人之一（作者本人收藏）。

装甲航空母舰——“光辉”级

所有皇家海军航空母舰在设计时均对机库以及停放其中的舰载机的安全颇为注重。在早期航空母舰上，安全性通过设计与舰体其他部位隔离的封闭机库实现，而且机库仅可通过气闸室出入，其中还设有若干道防火墙将机库分为若干部分。1935—1936 年期间，一系列因素的共同作用使得改进防护水平不仅必要，且成为可能。随着高速飞机尤其是高速陆基飞机的出现，留给航空母舰的预警时间（在雷达安装上舰之前）大大缩短，而同时期单座战斗机的活动范围仍限制在航空母舰目视范围以内。时任海军审计长的亨德森在担任航空母舰少将时，就曾亲自指导俯冲轰炸试验，该试验直接导致对布莱克本“贼鸥”式（Blackburn Skua）战斗轰炸机[24]的设计要求。①

① 值得铭记的是，该机型以 1940 年击沉“柯尼斯堡”号（Königsberg）[25]轻巡洋舰的战绩，开创了俯冲轰炸机击沉大型战舰的历史。

"可畏"号。照片中该舰状态与其完工时类似（帝国战争博物馆，A11660 号）。

舰队防空火力的低效在对低速遥控靶机的射击中已经暴露无遗。而与此同时利好消息则是随着条约体系对航空母舰排水量总吨位限制的取消，以及政府流露出同意稍许增加国防开支的意愿，使得皇家海军无须继续追求在单舰上填塞尽量多的舰载机这一目标。至 1935 年皇家海军对航空母舰的规划已经变更为 8 艘舰队航空母舰、5 艘用于护航的小型航空母舰和 1 艘训练航空母舰。此外，鉴于查特菲尔德鼓吹装甲的坚定立场已经为人所熟知（参见本书第一章），因此亨德森完全可以确保第一海务大臣对加强防护水平的支持。

起初，用于护航的小型航空母舰的设计工作优先级更高。设计团队准备了一系列设计方案，其中部分方案设有装甲机库。所有相关设计方案均被视为过于昂贵，因此皇家海军对航空母舰的规划随之改为大型和小型舰队航空母舰。1936 年 1 月间亨德森向时任航空母舰设计部门领导的福布斯下达指示，要求机库应能抵挡 500 磅（约合 226.8 千克）炸弹和 6 英寸（约合 152.4 毫米）炮弹的攻击。[①]鉴于海军建造总监约翰斯当时抱病，亨德森遂与福布斯直接对接开展工作。两人本就是好友，且常常一起出行，并在每周五下午定期举行正式会议［某次福布斯因故缺席，由其助手斯蒂文斯（Stevens）代为出席。这就造成了一个极为罕见的局面——海军审计长与资历如此之浅的员工直接商谈工作］。[②]在考虑了多种方案之后，双方最终决定将甲板厚度定为 3 英寸（约合 76.2 毫米），即足以阻挡俯冲轰炸机投掷的 500 磅（约合 226.8 千克）炸弹，或水平轰炸机从 7000 英尺（约合 2133.6 米）以上高度投掷的同种炸弹的标准。侧面厚度则设为 4.5 英寸（约合 114.3 毫米），足以抵挡从 7000 码（约合 6401 米）以上距离上射来的 6 英寸（约合 152.4 毫米）炮弹［注意甲板无法抵御射击距离在 2.3 万码（约合 2.1 万米）以上、以高抛弹道射来的炮弹］。

机库舱壁厚 4.5 英寸（约合 114.3 毫米），其上设有舱门，可供将舰载机运

① 福布斯个人的描述（根据记忆复述）可参见 D K Brown, A Century of Naval Construction (London 1983)。

② 根据笔者与斯蒂文斯的交流整理，后者对其上司的评论总结为："福布斯非常杰出。"这与福布斯对其助手的评价相呼应："斯蒂文斯和舍温（C E Sherwin）先后给予我完美的协助。"［参见 Naval Review (July 1965), p298。］

“不挠”号最初被计划作为“光辉”级4号舰建造。该舰的机库侧面装甲厚度被削减至1.5英寸（约合38.1毫米），从而使得该装甲深度可增加14英尺（约合4.27米），相当于上层机库高度。该舰下层机库长度仅为上层机库一半，且仅可通往后部升降机。该舰的额定载机数为48架（作者本人收藏）。

往升降机。升降机共有两座，分别设于机库两端（机库舱壁继续延伸至舰体侧面，延伸部分厚2.5英寸（约合63.5毫米）。鉴于升降机位于装甲盒之外，因此在设计时即确保其可在周边结构变形条件下继续工作。[①]由于包括了1500吨装甲，而当时的结构理论并不丰富，且没有电脑辅助，因此飞行甲板的结构设计颇为困难。无论为满足条约限制抑或是保证稳定性，经济地规划重量都非常重要。最终装甲本身亦被纳入结构的一部分。[②]主甲板横梁深6英尺（约合1.83米），但即便如此，福布斯仍引用了一名结构方面权威人士的观点，后者认为他将使用2倍上述深度的材料。结构设计的成功可被视为工程史上的一项伟大壮举，其中亦体现出福布斯的助手舍温和斯蒂文斯的巨大贡献。为建造装甲甲板而采购装甲板曾遭到了一些困难，因此“光辉”级前三艘所使用的装甲板大部分产自捷克斯洛伐克。[③]

为布置装甲，新航空母舰设计付出了高昂的代价。“光辉”号仅能搭载33架舰载机[④]，与“皇家方舟”号名义上高达60架的载机数量形成了鲜明对比。[⑤]此外，干舷高度从60英尺（约合18.3米）下降至38英尺（约合11.6米），且取消了第二座机库。[⑥]设计草图于1936年6月完成，并提交亨德森以供后者提供早期评论。鉴于当时尚没有正式的海军参谋需求，亦无计划要求设计小型航空母舰，因此这一决定颇为大胆。这一次，亨德森和福布斯之间的合作关系以极高的速度取得了伟大的成就。[⑦]此后进展非常顺利，设计方案仅接受了些许修改便于7月21日获得批准。两艘按该设计建造的航空母舰被纳入1936年造舰

① 从“光辉”号遭到轰炸[26]后的表现来看，这一设计有效。

② 这使得该舰的设计应力水平颇低，大致为每平方英寸4吨，约合61.8兆帕。

③ D K Brown, Note in Warship International 1/98, p9. 本书引言部分对此进行了概括。

④ 1945年通过甲板系泊的方式将载机数量提升至54架。尽管如此，由于航空燃料储量并未随之增加，因此该舰需要频繁接受补给。

⑤ 有观点认为将“皇家方舟”号的名义载机量从72架降至60架的原因之一即是为了缩小与“光辉”级的差距。1938年12月13日古道尔在日记中写道：“将‘皇家方舟’号的载机量从72架更改为60架，可使得要求2.2万吨排水量显得合理。”

⑥ 有一部电影胶片完美地记录了海浪拍打在“光辉”号飞行甲板上的情景。

⑦ 1937年4月27日古道尔在日记中写道：“告知副海军建造总监我一直在关注福布斯接我的班。”（以及此后其他几处类似记录。）

计划，同年12月具体设计方案获批。第二次世界大战期间，“光辉”号曾在一次轰炸中被命中7次，所有炸弹可能均为500千克级别，但该舰不仅没有沉没，而且此后恢复战斗。①[27]

两艘按类似设计方案建造的航空母舰被纳入1937年造舰计划，但其中第二艘“不挠”号的设计接受了修改，其舰体型深加深14英尺（约合4.27米），从而可以设置“一座半”机库。该舰的上层机库为全尺寸，但其净空高度仅14英尺（约合4.27米）；下层机库长度仅有上层的一半，但其净空高度为15英尺（约合4.88米）。该舰的机库侧面装甲厚度被削减至1.5英寸（约合38.1毫米），由此节约的重量将被用于满足加装机库所需。该舰的武器弹药储量和航空燃料储量需相应各自增加50%，这在设计上自然导致了一些问题。为多携带2.5万加仑（约合113.7立方米，约合89吨）航空燃油②，该舰牺牲了350吨舰用燃油储量，由此可见英国为实现对航空汽油的安全储藏，在燃油储量上付出了多大的代价。③（下一章中护航航空母舰部分，将对英美两国对储藏航空汽油的观点进行比较）。

在这一期间，即1935—1938年间，海军部研究了一系列排水量小得多的航空母舰设计方案。④在这一系列方案中，排水量最小者仅为1.1万吨，可搭载12架舰载机，设有仅布置轻装甲的飞行甲板和8门4.5英寸（约合114.3毫米）火炮，其航速为28节，造价约为250万英镑。与“光辉”号400万英镑的造价相比，可见小型航空母舰设计的性价比极低。不过上述设计方案亦可能是对那些仍以旧式观点看待航空母舰的人群的回应，这些人仍将航空母舰及其舰载机的战斗定位限制在搜索并引导己方战列舰队完成猎杀的范围内。至1945年航空母舰搭载的人数已经大幅上升——古道尔在1945年7月10日的日记中写道：“‘光辉’号的舰长称在这艘设计搭载1300人的战舰上，现在有2200人正颇为愉快地生活！”

1938年航空母舰——“怨仇”号（Implacable）

对1938年航空母舰的最初设想仅仅是仍在2.3万吨条约排水量限制范围内，

① 参见1983年10月30日皮埃尔·赫维克斯（Pierre Hervieux）致笔者的信。

② 在1944年8月对马来亚巴东（Padang）执行的单次空袭中，一次即消耗1.2万加仑（约合54.6立方米）航空汽油（Naval Staff History, Vol IV p217）。

③ J D Brown, Aircraft Carriers (WW II Fact File) (London 1977).

④ Friedman, British Carrier Aviation, p142.

“不倦”号（Indefatigable）是一艘排水量较大，且设有双层机库的航空母舰。由于其机库高度仅为14英尺（约合4.27米），因此其无法搭载“海盗”式（Corsair）战斗机（作者本人收藏）。[28]

实现与“光辉”级类似但航速稍高的航空母舰，当时认为该舰所需的主机功率，即14万~15.2万匹轴马力输出功率对三推进器布局而言过高，因此需采用四推进器方案，由此导致动力系统舱室总长加长，要害区的长度也随之加长。为弥补上述增重而必须的减重主要通过削减装甲实现。将机库甲板厚度削减至100磅（约合63.5毫米），机库两端舱壁厚度削减至80磅（约合50.8毫米）。

海军部还决定该舰的载机能力应提升至48架“青花鱼”式（Albacores）轰炸机[29]，该机型仅高13英尺（约合3.96米）。①恰是针对这一高度，该舰设计草图中上层机库高度仅14英尺（约合4.27米），下层机库则为16英尺（约合4.88米）。机库侧面厚度原先仅为60磅（约合38.1毫米），后于1939年4月批准增加至80磅（约合50.8毫米），同时将其下层机库高度削减至14英尺（约合4.27米）用于补偿。②此后进一步的改动则主要在建造过程中实施，包括飞行甲板后部抬升，前部升降机尺寸增大至45英尺×33英尺（约合13.7米×10.1米）以容纳“海火”式战斗机，修改舰艏造型并加装柴油发电机。这一系列改动都使得该舰的完工时间一再拖延。在太平洋作战期间,“怨仇”号共搭载48架“海火”式战斗机、12架“萤火虫”式（Firefly）战斗机和21架“复仇者”式（Avengers）鱼雷轰炸机[30]。该舰共可携带9.465万加仑（约合430.3立方米）航空燃料，仅可供每架舰载机完成5次出击。③

海军原计划在1940年补充造舰计划中增加一艘“怨仇”级航空母舰，并在1941年春下达订单。海军部希望能增强飞行甲板的防护能力，并提高舰载机搭载数量（至54架）以及航空燃油储量，同时增加飞行甲板宽度，但此外基本不对“怨仇”号设计方案进行改动，且需保持令人满意的稳定性。尽管加强飞行甲板防护能力的可能性为0，但海军建造总监仍发现，有可能在缩短下层机库长度以空出空间容纳更多机组人员和地勤团队的前提下，将载机总数提升至52架。一系列重要设计改变点确定之后，设计工作于1941年3月展开。随着设计工作的深入，新航空母舰设计显然愈加偏离“怨仇”级的设计方案，因此下达订单的申请被驳回。1941年8月，海军部又展开了一系列新设计研究，包括：

（a）在“怨仇”级设计方案的基础上将飞行甲板厚度增至4英寸（约合101.6毫米），排水量为2.35万吨；

（b）体积更大的航空母舰，装备4英寸（约合101.6毫米）飞行甲板和长度较长的双层机库，排水量为2.7万吨；

（c）装备3英寸（约合76.2毫米）飞行甲板和大型双层机库，排水量为2.5万吨。

海军部此后意识到，上述各方案中考虑装备的飞行甲板厚度均已无法抵挡

① 按原计划，该机型可同时充当俯冲轰炸机和鱼雷轰炸机。

② 但根据种种线索判断，该舰完工时机库侧面厚度仍为60磅（约合38.1毫米）。

③ J D Brown, Aircraft Carriers. 本章大量引用了该书内容。

“怨仇”号，1945 年摄于悉尼。注意停放在甲板上机翼处于展开状态的“海火”式战斗机（帝国战争博物馆，A30361 号）。

当时的 500 磅（约合 226.8 千克）炸弹的攻击，因此第四个研究方向（d），即装备 1.5 英寸（约合 38.1 毫米）飞行甲板和 6 英寸（约合 152.4 毫米）下层机库甲板的构想出炉，该构想中飞行甲板仅用于引爆炸弹。最终研究方向（b）被选中，作为进一步设计的基础，由此新的航空母舰设计工作于 1941 年 10 月展开，这也意味着“光辉”级及其改型的发展路线就此终结。

“皇家方舟”级（1940年造舰计划）

为容纳随舰载机搭载数目增加而增加的人员，下层机库长度需由 208 英尺（约合 63.4 米）缩减至 150 英尺（约合 45.7 米）。如此一来即使把机库高度缩减至 13 英尺 6 英寸（约合 4.11 米），也绝无可能将舰载机搭载数目提升至 66 架。其他提及的改变还包括将前部升降机尺寸扩大至 45 英尺 ×33 英尺（约合 13.7 米 ×10.1 米）以供提升机翼未折叠的舰载机，以及将飞行甲板宽度增加 10 英尺（约合 3.05 米）。在大多数设计方案中，飞行甲板厚度均为 4 英寸（约合 101.6 毫米）。至 1941 年 9 月，研究团队偏好最大排水量——2.7 万吨——并装备 4 英寸（约合 101.6 毫米）飞行甲板方案的信念已经愈发坚定。同年 11 月 28 日海军部批准以“怨仇”级设计方案改进型为基础的设计工作继续深入，但又于两天后撤回了这一批准。

此后新下发的海军参谋需求意味着需要设计一艘排水量明显提升的航空母舰。整个动力系统将划分为间隔较远的两个单元，因此尤其需要精心设计排风道路线。每个单元均由两座锅炉舱、一座轮机舱和一座齿轮舱构成。舰体宽度将被增加，以容纳足以抵御1000磅（约合453.6千克）触发战斗部的防雷系统，并设有100磅（约合63.5毫米）厚耐压舱壁，且内部划分非常紧凑。

为实现迅速转向，且在受损后仍保有转向能力，设计团队就船舵数量及其布置进行了长期的讨论。然而在设计过程中，对转向能力的要求一直不够明确：到底是追求较小的转向半径，还是转向过程中速度损失最小化，抑或是尽快偏离原航向的能力？每种要求并不互相等价，且其解决办法各不相同。很多人偏爱双舵方案，但古道尔对此颇为担忧，在其日记中亦有颇多处显示了这一点。[①]双舵设计曾被认为可能导致若干不利影响，包括可能引发振动现象、增加阻力、在转向时大幅加剧航速降低幅度。但另一方面，双舵设计的确有利于提高初始瞬时转向速度。船舵受损是导致“俾斯麦”号最终沉没的主要原因之一，因此设计团队亦考察了为“皇家方舟”号设置舰艏舵的可能性。[②]如果装备舰艏舵，且舰体艏艉均设为主舵，那么舰艏舵可在舰艉舵卡死时实现一定程度的转向能力，但如舰艏舵较小，那么其完全无法抵消舰艉舵卡死的影响。该装置遂很快被移除。出于进一步限制损伤影响范围的目的，推进器之间的纵向距离被拉大，为此方艉部分被加大至高于最优设计。

1942年下半年，联合技术委员会对未来海军飞机的大小和性能进行了审查。预期飞机重量将从1.1万磅（约合4.99吨）提升至3万磅（约合13.6吨），其外形尺寸也将相应增加，更为重要的是，对机库净空高度的要求也将提升至17英尺6英寸（约合5.33米），这一数字当时已经成为美国海军标准。飞机的自主起飞滑跑距离估计为500英尺（约合152.4米）。鉴于舰载机失速速度被预计为75节，因此航空母舰的加速器应具备将重量大大增加的舰载机加速至这一速度的能力，而拦阻设施也应能承受舰载机以这一速度实施的冲击。舰载机机翼折叠后宽度预计将为13英尺6英寸（约合4.11米），从而可在机库内并排停放4架。

新的机库高度要求舰体型深相应增加6英尺（约合1.83米），这进而意味着舰体宽度需增加4英尺（约合1.22米）。[③]标准排水量将攀升至3.25万吨。最终海军部下达了4艘按该设计建造的航空母舰的订单，其中“皇家方舟”号被列入1940年补充造舰计划，“鲁莽”号（Audacious，后更名为“鹰”号）和“鹰”号被列入1942年造舰计划，“非洲”号（Africa）被列入1943年计划——最后两艘的建造在第二次世界大战结束后被取消。吸取战时经验，对原定设计的改动也在持续进行。要求升降机面积更大的同时，对其强度的要求也更高，而前部升降机的位置也需要加以移动。为实现18架舰载机同时在机库内暖机的要求，机库的通风设施得到加强[④]，炸弹升降机面积增大，4.5英寸（约合114.3毫米）火炮的火控设施升级，且原先用于安装乒乓炮的炮位改装博福斯防空炮。名义舰载机搭载数目为18架战斗机和42架鱼雷轰炸侦察机（TBR）（包括甲板系泊在内，各

① 例如1942年8月10日的日记：“为‘皇家方舟’号设计双船舵？我仍无法做出决定……”同月17日：“海斯拉的试验并未导致任何清晰结论，但无论如何，单舵方案的结果并不够好，无法形成有力的反对意见。决定采用双舵方案，但要求高恩［Gawn，时任海斯拉海军部实验工厂（AEW）主管］进行更多的试验。”9月9日：“海斯拉方面就双舵方案进行的试验报告送到，无优势。”读者需注意鉴于双舵设计中，双舵互相连接，因此一旦其中之一卡住，另一舵亦无法转动，因此其抗损伤能力并不优于单舵设计。

② 古道尔曾在1943年3月26日的日记中写道：“在霍西湖（Horsea）对安装舰艏舵的‘皇家方舟’号模型进行的转向试验，其结果只能用‘不理想’来形容。舵面积太小了。所有人一致同意我们需要更好的设施进行机动性试验。”［位于海斯拉面积为400英尺×200英尺（约合121.9米×61.0米）的机动性试验水池于1960年由菲利普亲王[31]宣布开始运行。］

③ 这就意味着无法由斯旺·亨特公司（Swan Hunters）承建。

④ 从而抵消了开放式机库的优点之一，详见后文。

“鹰”号，摄于该舰完工时（世界船舶学会收藏）。

40 架[32]）。航空燃料储量从 10.3 万加仑（约合 468.2 立方米）提高至 11.5 万加仑（约合 522.8 立方米），但即使如此也仅够约两天作战之用。一系列更多的修改则发生于战后。武器弹药储藏则是另一大问题。1944 年“皇家方舟”号计划搭载 40 架鱼雷轰炸侦察机，为此需携带 80 枚 1600 磅（约合 725.7 千克）穿甲炸弹、80 枚 1000 磅（约合 453.6 千克）中型外壳 / 通用炸弹、320 枚 500 磅（约合 226.8 千克）半穿甲弹、160 枚 500 磅（约合 226.8 千克）中型外壳炸弹、160 枚 250 磅（约合 113.4 千克）B 型炸弹以及 160 枚深水炸弹。上述弹药共重 250 吨。

“马耳他”级

联合技术委员会所预见的舰载机尺寸大大增大，这自然引发了对更大的航空母舰的思考。①未来造舰委员会（Future Building Committee）于 1942 年 11 月就对这种航空母舰可能的性能要求进行了讨论，并对航速、防护、机库高度、住宿条件、加强机库侧面防护能力以及从舰载火炮因素出发改进飞行甲板布置等方面改善进行了考虑。上述任何一方面改善都将导致航空母舰的增大。

最初对改进的讨论集中在航速方面。委员会成员认识到尽管高于 30 节的航速重要性有限，但在热带海域切实实现 30 节航速，以及具备从巡航速度迅速加速至 30 节航速的能力确有必要。海军建造总监希望通过基于“皇家方舟”号设计方案，但长度大大加长的设计方案满足这一要求。开放机库与封闭机库之争从一开始就出现在委员会内部。海军建造总监认为封闭机库设计效率更高，这一立场在福布斯访美之后愈加坚定：“福布斯访美归来，认为我们选择封闭机库完全正确，且装甲应布置在飞行甲板位置。不过我们也需在紧靠飞行甲板下方位置布置住舱，且安装尺寸更大的升降机（3 座）。同时确信双层机库设计将成为必需。无论是对舰体尺寸还是对舰载机尺寸，我们都应该往较大的方向考虑。”②

始于 1943 年 2 月的最初设计研究涵盖了一系列可选项组合。③最初设想中

① I A Sturton, 'Malta', Warship International 3/71.
② 古道尔，1942 年 12 月 12 日日记。
③ 笔者在此只能大致总结，详细描述请参见弗里德曼（Friedman）的作品。

的航空母舰长约850~900英尺（约合259.1~274.3米，水线长度），重载排水量最高达5.4万吨，双层或单层机库设计均在考虑范围内。然而不久之后850英尺（约合259.1米）版本便被抛弃，尽管考虑当时英国的船台性能，仅有3座船台和少数船坞（详见本书附录9）可容纳舰长更长的设计，因此采用更大舰体长度的决定曾引发一定争议。设计团队还考察了4根或5根主轴的动力系统设计方案。[①]设计团队曾计划在将飞行甲板装甲厚度设为4英寸（约合101.6毫米）的同时，将下甲板厚度设为5英寸（约合127毫米）。两个由此发展而来的设计方案于1943年7月17日提交，其中B方案包括单座封闭机库，C方案则设有双层机库。重载排水量为5.5万吨的C方案于同年10月8日获批。为方便比较，设计团队还准备了一份开放机库设计方案，该方案中飞行甲板不设置装甲，机库甲板厚4英寸（约合101.6毫米），其下方甲板厚6英寸（约合152.4毫米）。该设计的重载排水量为6.106万吨。

尽管设计方案尚未确定，海军部仍于1943年7月下达了3艘航空母舰的订单。此时此前主张采用开放机库设计的部门似乎已被支持封闭机库设计的观点说服。舰载机群将共包括108架舰载机，战斗机和鱼雷轰炸侦察机两个机种各占50%。这意味着该舰额定乘员人数将达3300人，且将持续上升。出于对设计中庞大舰体尺寸的担忧，设计团队又准备了一份可容纳于德文波特（Devonport）10号船坞的设计方案，但其性能毫无吸引力。所有设计方案的应力均较高，约为每平方英寸9.5吨（约合146.7兆帕），作为对比，“皇家方舟”号的应力水平仅为每平方英寸6.5吨（约合100.4兆帕）。[②]

C设计方案经过进一步细化，至1944年4月已经可供提交批准。此时第五海务大臣博伊德（Boyd）又重新提出了采用开放机库的话题。5月19日海务大臣委员会决定新航空母舰应采用开放机库设计，鉴于基于封闭机库的设计方案已经颇为成熟，这一决定让海军建造总监（利利克拉普）颇为烦恼：“我必须说明，以我的观点，除非某些作战需求特别重要，否则封闭机库设计的优势非常大。”[③]这一基本设计方案的改变将导致舰只完工延期约8个月。在对如何利用甲板系泊进行具体研究的过程中，利利克拉普指出航空母舰每5分钟可放飞15架舰载机；此外通过使用后部升降机，舰载机可及时被提升上飞行甲板以完成起飞前所必须的暖机。海军建造总监还考察了装备舷侧升降机的封闭机库设计方案，以及将上层机库后段设计为开放，以供10架舰载机在此暖机的设计方案。采用开放机库设计的X号设计案于8月提交，该方案中飞行甲板不设装甲，但在其要害区上方设有6英寸（约合152.4毫米）甲板。防雷系统的设计目标为抵御2000磅（约合907.2千克）战斗部的攻击，但全尺寸船段在试验中甚至未能经受住1000磅（约合453.6千克）炸药的考验。该设计设有舷侧升降机和中线

① 5根主轴设计方案的滥觞可追溯至巴克尼尔（Bucknill）有关“威尔士亲王”号沉没的报告。报告认为中线主轴可受到一定程度的保护。古道尔在1943年7月14日的日记中写道：“新航空母舰设计；我声明除非海斯拉试验结果显示不利，否则我将采取提高舰艉（转向机库布置于水线以上部位）、双舵、5推进器、长切底的设计方案。”

② 参见本书附录12。根据当时使用的某些标准，在较长舰体上采用较高的名义应力水平是合理的。

③ ADM 229 34，海军建造总监1944年4月26日会议纪要。

升降机各 2 座，其重载排水量达 6 万吨，这自然引发了按此设计建造的航空母舰是否能进入朴次茅斯或普利茅斯港的担忧。海军部曾指示海军建造总监考察设计尺寸较小的方案，即将水线长度缩减至 850 英尺（约合 259.1）甚至 750 英尺（约合 228.6 米）的方案。从这一研究中得出的明显结论之一，便是更大的舰只上平均每吨排水量（或每磅造价）所能对应的舰载机搭载数量也更高。尽管如此，海务大臣委员会仍认为长 900 英尺（约合 274.3 米）的舰体过于庞大，因此决定采用一个妥协性的方案，即长度为 850 英尺（约合 259.1 米）的 X1 号设计方案。

对该方案应设置何种水平的防护引发了长期的讨论。X 号设计方案设有 6 英寸（约合 152.4 毫米）主甲板和 3 英寸（约合 76.2 毫米）装甲带。尽管来自外部、要求加厚装甲甲板厚度、并将其提升至机库甲板高度的压力颇为可观，但即使完全放弃侧装甲，海军建造总监也仅能将主甲板厚度提高至 6.9 英寸（约合 175.3 毫米）。此后海军参谋们转而要求该舰的弹药库和炸弹舱能抵挡 3000 磅（约合 1360.8 千克）火箭助推武器的攻击。海军建造总监回应称这意味着甲板和侧装甲带均装备 13 英寸（约合 330.2 毫米）表面硬化装甲或 15 英寸（约合 381 毫米）未硬化装甲。最终确定的装甲布置如下：甲板厚度为 4 英寸（约合 101.6 毫米），主要集中在机库甲板位置；舷侧较低位置设有由 4 英寸（约合 101.6 毫米）表面硬化装甲构成的装甲带，此外在水线以下位置、耐压舱壁上还设有一条装甲，用以实现针对潜水火箭的防护。防雷系统据信能抵挡 1200 磅（约合 544.3 千克）TNT 炸药的攻击（防雷系统内部依次为注液舱—注液舱—空舱—耐压舱壁—围堰）。动力系统由输出功率为 20 万匹轴马力的主机和 4 根主轴构成，标准排水量条件下可实现 33.5 节航速，载重排水量条件下可实现 32 节。

表2-4 X1号、X号设计方案和美国海军CV41号航空母舰[33]设计方案的比较

设计代号	X1	X	CV41
飞行甲板长度	888英尺（270.7米）	938英尺（285.9米）	932英尺（284.1米）
重载排水量（吨）	56800	60000	59950
载油量（吨）	7600	8800	10210
续航距离/航速	6000海里/20节	6000海里/24节	—
额定乘员数	3300	3300	3500
载机数，鱼雷轰炸侦察机/战斗机	40/40架或27/54架	45/45架或36/60架	—
航空汽油储量	180000加仑（818.3立方米）	190000加仑（863.8立方米）	277000加仑（1259.3立方米）

还需注意，英制航空母舰携带的小艇数量远高于美制航空母舰。

开放与封闭机库之比

开放式与封闭式机库设计均有各自重要的优缺点，这或许可以解释英国曾就采用哪种设计进行长期争论，但又未造成参与各方彼此敌视的原因。封闭机库或许更适合小规模攻击波的作战方式，而开机库更适合大规模攻击波。英国方面不仅希望保护舰载机免遭风吹雨打，而且希望保护舰载机免遭敌方攻击，这不仅导致了封闭机库的采用，而且导致了装甲机库的引入（参见本书附录 12）。

强度和重量

任何船舶均可被视为一根中空的梁材，在波浪中其重量由分布并不均匀的浮力承担（参见本书附录 12）。在封闭机库设计中，飞行甲板是该纵梁的上缘，而在开放机库设计中，作为该纵梁上缘的则是机库甲板。一般而言，若承担载荷一定，则较深的梁材不仅重量较轻，而且结构强度较高，同时不同深度梁材之间的差异可能也相当明显。[①]例如，“皇家方舟”号（1934 年设计）的舰体重量为 14951 吨。[②]古道尔曾声称若将“竞技神”号设计为开放机库，则其排水量将上升约 1000 吨。

封闭机库设计下舰体所受应力也较低。

表2-5 采用开放机库与封闭机库舰只所受应力

“皇家方舟”号				“光辉”级			
舯拱		舯垂		舯拱		舯垂	
甲板	龙骨	甲板	龙骨	甲板	龙骨	甲板	龙骨
7.6吨/平方英寸（117.4兆帕）	4.0吨/平方英寸（61.8兆帕）	5.6吨/平方英寸（86.5兆帕）	3.8吨/平方英寸（58.7兆帕）	5.1吨/平方英寸（78.8兆帕）	4.1吨/平方英寸（63.3兆帕）	3.0吨/平方英寸（46.3兆帕）	4.0吨/平方英寸（61.8兆帕）

尽管上述应力水平较低，但仍应避免在舰体结构主体——例如甲板和侧面——上设置较大的开口，这一点将在布置升降机时加以考量。应注意在开放机库设计下，中线升降机也将打断机库甲板——即强力甲板的连续性。得益于焊接工艺和材料上的领先，美国海军可接受的应力水平明显高于英国同行。在开放机库设计中，飞行甲板及其支撑结构实际构成了位于舰体之上的上层建筑。为保证该结构在舰体扭曲时不发生形变，须将其划分成若干较短的甲板段，并以伸缩缝相连。[③]尽管如此，伸缩缝根部仍将不可避免地出现应力集中现象，并很可能进而导致局部开裂。

两种设计都难免舰岛结构导致的重量不对称问题。在封闭机库设计下，这一问题通常通过将机库整体移向左舷部的方式尝试解决，但由于机库右舷部分由此多出的空间通常也因被用于其他用途被填满，从而仍将导致右舷过重，因

① 可参见舰体型深较深的“郡”级重巡洋舰设计，详见本书第四章。
② 鉴于对“舰体”一词的定义不尽相同，因此舰体重量的数据或许无法直接比较。尽管如此，从中仍足以看出封闭机库设计下舰体重量要轻得多。
③ “埃塞克斯”级（Essex）[34]航空母舰上共设有 3 道伸缩缝。

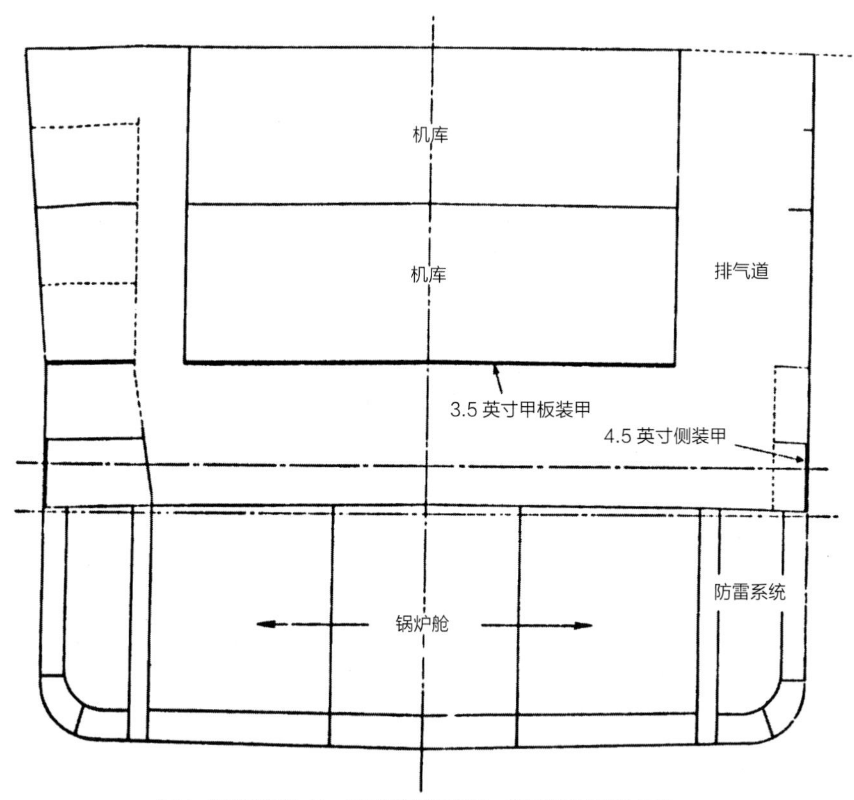

（A）“皇家方舟”号，双层封闭机库设计，装甲位于主舰体结构

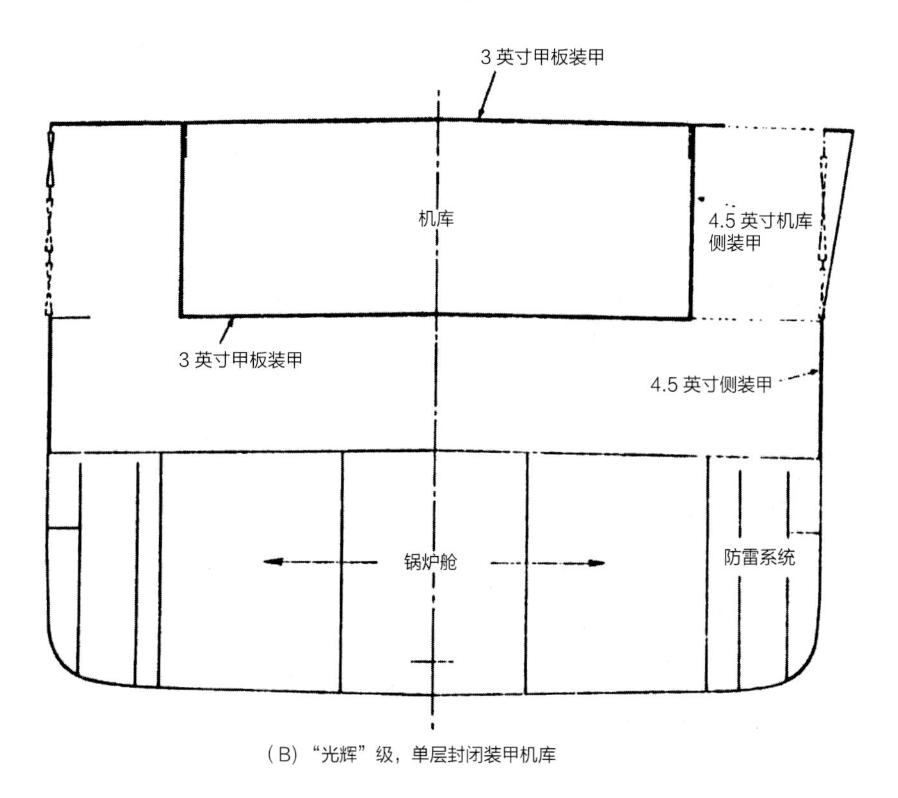

（B）“光辉”级，单层封闭装甲机库

航空母舰——机库部分截面图比较（作者本人收藏）。

此这种尝试往往不成功。在这两种设计方式下，最终的解决方案或许都是采用永久性压舱物，对燃料使用加以限制，甚至采用不对称的防雷突出部设计。

在恶劣天气下，“埃塞克斯”级的开放式舰艏曾因风浪而遭到破坏，但这一现象并不意味着开放机库设计必将遭受同样的问题，这可由该级舰在第二次世界大战结束后接受现代化改造，以及在“马耳他”级最终设计方案中得以证明。不时有观点提出在巨浪下机库侧面的开口或许会导致进水，但此类故障记录几乎不存在。

防火

“班米克利”号沉没时伴有的火灾产生了深远的影响，皇家海军因此一直重视机库内的火灾隐患（亦可参见航空汽油储藏）。封闭机库结构通过气闸与舰体其他部分分隔，当升降机处于上升状态时，机库可实现相当程度的气密，在此条件下机库内氧气含量即不足以产生大规模起火。由此封闭机库天然可构成完美的封锁区，而这一点在开放机库设计下颇难实现，后者仅能依靠设于舷侧的卷帘门争取实现密封。机库内被防火卷帘（通常为3道）分割为若干段，从而可将意外起火限制在某一小区域内。若敌方武器在机库内爆炸，则防火卷帘几乎一定会被爆炸所产生的冲击波摧毁，且出入口也会引入空气，从而导致上述防火措施的功效低于预期。尽管如此，起火蔓延至舰体其他部分的机会也很低。

在开放机库设计下，起火的蔓延不会遭到类似的限制。由于通往舰体下部的通道开口设于机库甲板，因此燃烧的航空汽油泄漏入下方舱室①以及人员困于火场下方②的战例并不鲜见[35]。另一方面，开放机库在热带水域的通风表现非常理想——与此相反，在寒冷天气下，封闭机库则较为温暖！由于汽油蒸汽在开放式机库内聚集的概率较低，因此为舰载机加注燃料很可能较为安全。

空间

开放机库可一直延伸至舰体侧面，因此可提供更大的机库面积。与此同时更大的机库宽度也使得停放不同尺寸和外形的舰载机更为容易。英国方面对此问题的回应则是双层机库，该方案尽管可以提供较大的机库面积，但机库宽度仍较窄，且引入了将舰载机从下层机库提升至飞行甲板的新问题。此外，双层机库设计下，舰体型深过深也是困扰设计人员的问题之一，在要求增加机库净空高度时尤为如此。③较高舰体导致的横摇加速度总是令人担忧，而风力影响又导致航空母舰操舰困难。两种设计方式下均可采用甲板系泊，但由于该种方式将导致舰载机因天气原因而损坏，因此第二次世界大战爆发前皇家海军并不愿意采用这一方式。④

① 如1945年1月21日“提康德罗加”号（Ticonderoga）的经历。
② 理应设计通向走廊甚至飞行甲板的竖井。
③ 在此情况下扭曲且拥挤的排气道设计几乎不可避免。
④ 弗里德曼曾提出，皇家海军或许将通过甲板系泊增加舰载机搭载数量视为一种隐形红利。笔者个人倾向于怀疑这种解释，毕竟这与有限的航空燃料储量不符。

操作方面考量

舰载机引擎可在开放式机库内启动，从而可将较大规模的攻击机群迅速提升至飞行甲板。随着浸没式加热器加入舰载机的燃油系统，舰载机得以实现在封闭机库内实施暖机，这一优势的重要性也有所下降。在设计“马耳他”级时，上述优势曾被作为采用开放机库设计的压倒性考量。另一方面，封闭机库的强度使得主要火炮可安装于舰体高处，从而获得更好的射界。然而，安装火炮炮架导致对飞行甲板的侵占亦被视为英制航空母舰的主要问题之一。

升降机

如前文所述，从结构角度考虑应尽量避免在承受载荷的结构上切出较大开口。因此英制航空母舰上升降机尺寸通常较小，这自然也进一步恶化了将舰载机快速运上飞行甲板的问题。在战时航空母舰装备轴向飞行甲板的前提下，舷侧升降机无疑具备巨大的优势，但在封闭机库设计下，安装舷侧升降机几乎不可能。①[36] 在封闭机库设计下，机库侧面和舰体侧面共同构成船体梁网络并承担剪切力。此外，为双层机库设计的升降器将不可避免地面临工作周期较长的问题。

防护

封闭机库与开放机库之争在很大程度上与有关装甲机库的争论互相独立。封闭机库既可实现装甲化（“光辉”级），又可非装甲化（“皇家方舟”号，1934年设计）。开放机库也可安装装甲甲板，尽管其支撑结构将会颇为沉重——例如“中途岛”级（Midway）和“马耳他”级——但其侧面无法装甲化。即使最小分量的武器也可轻易击穿开放的机库侧面。附录 13 即列举了装备装甲机库的战损记录，但该记录并未构成支持装甲机库的有力证据。在第二次世界大战期间，皇家海军航空母舰共被神风特攻机命中 8 次，其中造成严重破坏的唯一一次命中发生在“光辉”号上，当时炸弹[37]在非常靠近舷侧的海水中爆炸，因此其后果与机库防护设计无关。除此之外，仅有一次发生在装甲飞行甲板上[38]的命中被舰队认为体现了防护系统的宝贵价值；其他若干次命中飞行甲板的攻击则均属于擦碰性质，因此被认为即使未装甲化的飞行甲板结构也足以抵挡攻击。与装甲提供的防护相比，搭载更多舰载战斗机所提供的防护更为有效。在机库面积相同的前提下，双层机库所需的装甲大约只有单层机库的一半。特别值得指出的是，升降机井乃是装甲飞行甲板上最大的弱点。另一方面，即使是最轻微的攻击——如机枪扫射、破片和轻型炸弹——也足以威胁开放机库设计中开放的侧面。

① 第二次世界大战后，“竞技神”号和“皇家方舟”号上均曾加装舷侧升降机（仅供上层机库使用）。这从工程角度讲堪称了不起的成就，但加装的结构颇为沉重，开口尺寸则较小。在斜角飞行甲板引入之后，上述舷侧升降机被拆除。

① ADM 229 30，1943 年7月14日。

② 有大量为人熟知的传言称，曾有用6艘皇家海军装甲航空母舰交换6艘“埃塞克斯”级航空母舰的严肃计划。

战后

第二次世界大战结束后，各国海军均要求航空母舰能抵挡核弹冲击波和放射灰尘沉降，封闭机库设计由此成为主流，但这一结果并不适合反推在此前封闭机库才是正确的选择。无论如何，在面对最新式的武器如大型火箭弹时，对飞行甲板或机库侧面均难以实现有效的防护。实践中还发现对一艘装备封闭装甲机库的航空母舰实施现代化改造的代价十分高昂（“胜利”号），近乎没有实践价值，但现代化改造显然不在设计阶段的考量之内。“竞技神”号接受了相当数量的改动，说明对封闭但未装甲化机库实施现代化改造是可能的，但其代价明显高于开放式机库。

优点总结

开放机库：通风良好，方便舰载机暖机，可实现大规模攻击波和舷侧升降机，可搭载舰载机数量较多。

封闭机库：结构强度较高，舰体重量较轻。防火安全性优势明显，便于布置装甲，舰载机不仅免遭天气影响，而且可免遭一定程度下敌方攻击的破坏。

在两者之间做出抉择并不容易，需综合考量不同方面因素的权重。早在1943年7月，古道尔便将各种因素总结为4个方面：舰载机操作、舰体大小和强度、防护水平以及火灾隐患。在他看来，开放机库设计在舰载机操作方面具有一定优势，但封闭机库在强度和防护方面的优势更为明显。在火灾隐患方面两者则旗鼓相当。[①]总体而言，他更偏好封闭机库设计。笔者则认为，考虑各自计划进行的战争这一背景，皇家海军和美国海军的决定均属正确。对皇家海军而言，海战将在狭窄水域中进行，且面临岸基飞机的威胁；美国海军则预计将在广阔的太平洋上与日本舰队交战。[②]笔者本人为20世纪30年代末皇家海军做出的选择是基于“皇家方舟”号设计的改进方案，在改善升降机的同时简化排风道的布置。

译注

1.“不挠”号隶属“光辉”级舰队航空母舰，1940年3月下水；“翡翠”号隶属E级巡洋舰，1920年5月下水。“纽瓦克”号原为美国驱逐舰。

2.“列克星敦”号隶属“列克星敦”级，1925年10月下水。

3.一般而言，安装防雷突出部有助于改善稳定性，提升定倾中心高度。

4.即美国“列克星敦”级和日本“赤城”号及“加贺”号航空母舰，前者装备两座双联装8英寸（约合203.2毫米）炮塔，后者同时装备双联装200毫米炮塔和同口径炮廓炮，共计10门。

5.即日后的海军审计长，任期为1934—1939年。

6.即“列克星敦”级。

7.未实施。

8.即本书引言部分提及的“海军特别建造案”。

9.每小队6机。

10.美国海军第一艘航空母舰，由煤船改装而成。1922年改装完成。

11.“海火”式舰载战斗机于1942年首飞，其基础是闻名遐迩的“喷火”式战斗机，第二次世界大战期间在英国航空母舰上广泛服役。

12.首舰于1943年4月开始铺设龙骨，同级舰中最早下水者于1944年9月下水。

13.隶属“庄严”级轻型舰队航空母舰，1945年下水。

14.隶属“鲁莽”级舰队航空母舰，1950年下水。

15.隶属“竞技神”级/“半人马座”级轻型舰队航空母舰，1947年5月下水。

16.即隶属“鲁莽”级的“皇家方舟”号。

17.隶属“巨人”级轻型舰队航空母舰，1944年5月下水。

18.该舰隶属“皇家方舟”级。

19.该舰于1941年11月13日在地中海被德国潜艇U-81所发射的鱼雷命中，次日沉没。

20.隶属“城”级轻巡洋舰，1936年7月下水。

21.CVA01为20世纪60年代的皇家海军新航空母舰计划代号，计划取代“胜利”号和“皇家方舟”号。1966年该计划被取消。

22.首舰于1936年4月下水。

23.该舰原为蒸汽机船，1915年改装为水上飞机母舰后前往达达尼尔海峡。当年8月该船搭载的一架水上飞机实施了世界上首次空投鱼雷攻击。1917年1月该船停泊在卡斯特洛里佐岛（Castelorizo，亦作Kastelorizo，隶属希腊，距离土耳其南部海岸仅约1海里）锚地时，被土耳其火炮击沉。当时该舰储存的航空燃油被引燃，在该船沉没前发生了剧烈的燃烧。

24.布莱克本“贼鸥”式战斗轰炸机，于1937年首飞。第二次世界大战之初皇家海军的主力机型之一，不仅作为航空母舰舰载机，而且部署在岸上基地。实战中该机型同时扮演战斗机和俯冲轰炸机角色。

25.“柯尼斯堡”号隶属德国海军“柯尼斯堡”级轻巡洋舰，1927年3月下水。1940年德国入侵挪威期间，该舰于4月10日被“贼鸥”式战斗轰炸机以俯冲方式投掷的炸弹击沉。

26.此处应指1941年1月该舰所遭受的若干次攻击之一。在一系列攻击之后该舰的后部升降机被毁。这也是战争中德国空军首次在地中海海域攻击皇家海军战舰。

27.同样应指1941年1月13日至19日期间该舰遭受的一系列攻击。

28.“不倦”号隶属“怨仇”级航空母舰，于1942年12月下水。“海盗”式为美制舰载战斗机，于1940年5月首飞，第二次世界大战中英美两国海军及美国海军陆战队曾广泛使用该机型。

29.费尔雷“青花鱼”式双翼鱼雷轰炸机，于1938年12月首飞，可担任侦察、水平轰炸、俯冲轰炸和鱼雷轰炸等多重任务。尽管其定位为“剑鱼”式鱼雷轰炸机的替代品，但实际上该机型反较“剑鱼”式更早退役。

30.费尔雷“萤火虫”式双座舰载战斗机，于1941年12月首飞；格鲁曼“复仇者”式鱼雷轰炸机，于1941年8月首飞，为第二次世界大战期间美国海军主力舰载鱼雷轰炸机。有关“怨仇”号在太平洋战场的经历，可参见译者所译的《英国太平洋舰队》一书。

31.即现任英国国王伊丽莎白二世女王之夫。

32.原文如此，似为“各14架”之笔误。

33.即“中途岛”级，首舰于1945年3月下水。

34.“埃塞克斯”级为第二次世界大战期间美国海军的主力舰队航空母舰，共建成24艘，首舰于1942年7月下水。

35.“提康德罗加”号隶属“埃塞克斯”级航空母舰，于1944年2月下水。1945年1月21日空袭台湾以及先岛群岛日军基地期间，该舰于午后不久被日本神风攻击机击中，遭重创，被迫后撤至乌利希环礁接受修理，直至4月20日才修理完成。

36.此处“竞技神”号隶属“竞技神”级/“半人马座”级轻型舰队航空母舰，原名“象”号，1953年12月下水，1987年出售印度并更名为“维拉特”号，2017年3月退役。

37.为1000千克炸弹。

38.即冲绳战役期间，“胜利”号于1945年5月9日下午16时45分之后所遭命中。当时这一波神风特攻机先后对该舰展开攻击，并连续取得至少两次命中。此处即第一次命中。

第三章
小型和廉价航空母舰

至 1940 年年中前后，战争实践已经清晰地显示在面对岸基轰炸机实施的坚定攻击面前，舰队装备的火炮能实现的保护作用非常有限。舰队需要战斗机来应对这种威胁。然而此时舰队中最好的两艘航空母舰已经沉没[1]。为实现搭载战斗机，海军部最初的想法是尝试由战列舰以混合舰种的形式自行搭载战斗机，这或许是出于对 1918 年大部分战列舰和部分巡洋舰搭载战斗机的回忆。①

1940 年 10 月，航空器材总监建议在“英王乔治五世”级战列舰上加装 10 架战斗机。②研究显示这一建议非常难以实现。与此同时，海军建造总监奉命就以战列舰和巡洋舰为基础、与航空母舰混合的舰种展开一系列研究。③研究结果显示全部方案均无太大潜力。古道尔曾就完全由混合舰种组成的中队与传统的由战列舰、航空母舰组成的混合舰队进行比较，从中可看出混合舰种这一构想的荒谬性：

表3-1 混合舰种与多舰种合成舰队的比较

构成	总吨位（万吨）	主炮数目	舰载机数目
5艘混合舰	22.5	30门15英寸（381毫米）主炮	70
3艘“狮”级战列舰、3艘“不挠”级航空母舰	20	27门16英寸（406.4毫米）主炮	144

古道尔以下述问句作为比较的结论：“上述两支舰队，你更愿意指挥哪一支？”④

混合舰种的主要缺陷包括但不限于：主炮炮口风暴对舰载机的影响；计划执行炮战的战舰上机库只能设计得长且高，且防护能力较低。⑤有关混合舰种的研究就此告终。

看似更具潜力的方案之一是所谓的“飞机击毁舰”（Aircraft Destroyer）⑥。该方案共有 4 个主要变种，其典型参数如下：排水量 1.055 万吨，可搭载 12 架战斗机，航速 31~32 节。该舰应装备可击退单艘驱逐舰的火炮，并装备鱼雷，可在夜间或恶劣天气下对排水量更大的敌舰实施攻击。然而无论是海军建造总监抑还是海军参谋均对该方案的任一变种缺乏兴趣。这一思路进而衍生出对战斗机航空母舰的进一步研究。最初设计团队考虑过三种可能：对邮轮例如“温

① D K Brown, The Grand Fleet, Ch 8.
② N Friedman, British Carrier Aviation, pp218 et seq. 亦可参见 R D Layman and S McLaughlin, The Hybrid Warship (London 1991)；该书第 113 页的草图即包括上述建议以及其他方案的内容。
③ N Friedman, British Carrier Aviation. 古道尔 1941 年 2 月 2 日在日记中写道：“为参照‘大胆’号（Audacity）[2] 的思路设计巡洋舰而殚精竭虑。利利克拉普的观点摧毁了我全部的热情。”
④ ADM 1 11051 DNC submission of 16 July 1941.
⑤ 为搭载的少量舰载机配备地勤工作相关的全套车间无疑是一种浪费。这也是日后放弃搭载“鹞”式（Harrier）战斗机的小型航空母舰方案的主要原因。
⑥ 该舰种并非是某些观点所认为的搭载舰载机的驱逐舰，而是飞机击毁舰——更准确地说，即战斗机航空母舰。

彻斯特城堡”号（Winchester Castle）实施改装，对“霍金斯”级巡洋舰实施改装，建造新航空母舰。研究结果很快清晰显示任何改装方案的效率均不会很高，新航空母舰的设计工作就此展开。在舰船发展史上，类似始于对疯狂设想（本例中为混合舰种）的追求，并最终导致务实有效结果的例子屡见不鲜，尽管结果的表现形式不尽相同。

“巨人”级（Colossus）轻型舰队航空母舰

相关海军参谋们于1941年12月26日就新航空母舰的设计要求草案达成一致，该草案遂于4天后由海军审计长转交海军建造总监。1942年1月14日，海军建造总监麾下、由米切尔（A Mitchell）领导的航空母舰设计部门提交了相应的设计草案，其主要参数如下：飞行甲板长600英尺（约合182.9米），机库净空高度为14英尺6英寸（约合4.42米），可容纳15架舰载机；装备两座升降机，其尺寸均为45英尺 ×34英尺（约合13.7米 ×10.4米）①，可提升重达1.5万磅（约合6.8吨）的舰载机；航速为25节，并装备2座双联装4英寸（约合101.6毫米）火炮、4座4管乒乓炮和8门厄利孔（Oerlikon）防空炮[3]。建造工期预计为21个月。该方案被非正式地称为“伍尔沃斯航空母舰”（Woolworth Carrier）。

海军部大体接受了这一方案，但亦要求进行一系列更改。其中最重要的改动是将飞行甲板加长20英尺（约合6.10米），从而可供“台风”式（Typhoon）战斗机②实现划跑起飞[5]。鉴于海军建造总监部门工作负担过重，设计工作转由维克斯公司进行，后者对商船和战舰设计均有丰富经验。③该公司的海军造船总工莱德肖（J S Redshaw）即将完成的设计不仅简单而且高效，堪称皇家海军历史上最为出色的战舰设计之一。

维克斯公司提交的首个设计草案于1942年1月23日接受审查，该草案包括了海军部最初的设计修改要求，其预计建造时间也延长至24个月。海军部此后又提出了进一步修改要求，其中最重要的两项分别是将机库高度增至16英尺6英寸（约合5.03米）和将航空燃油储量增至10万加仑（约合454.6立方米）。

① 足以容纳当时皇家空军大部分机翼未折叠状态下的战斗机。

② 鉴于“佩剑”（Saber）引擎可靠性不佳，在海上操作“台风”式战斗机这一想法本身便足以令人生畏。

③ 根据海军建造总监部门的研究结果得出的详细设计要求于1942年1月7日提交维克斯公司。该设计要求记录于ADM 229/25号档案，其中将该设计称为“战斗机支援舰只”。

同级舰中，“可敬”号（Venerable）的建造速度最快（25个月）。该舰由卡默尔莱尔德造船厂承建（帝国战争博物馆，A27089）。[4]

"凯旋"号(Triumph)，摄于1946年。该舰由哈兰和沃尔夫造船厂建造（作者本人收藏）。[7]

最终版设计草案于2月提交海务大臣委员会审查，该设计的预计建造时间进一步增至27个月，预计造价为180万英镑。第一海务大臣坚持建造时间应压缩至21个月以内，为此不惜删除所有不重要的部件，但最终获批的建造时间为24个月。在此之后对设计方案的改动仍在继续进行，考虑到该舰的构思时间，这一点并不让人感到意外。①1942年底，海军部又决定延长飞行甲板后部，这意味着取消4英寸（约合101.6毫米）火炮及其火控设备。第一海务大臣一直希望将建造时间压缩在24个月以内，而造船厂和副审计长均提出了简化设计意见。②不过很明显舰体本身和动力系统是制约建造时间的关键因素，对这部分而言缩短建造时间很难实现。

最初3艘按该设计建造的航空母舰的订单于1942年3月下达（此后又追加1艘），同年8月又追加9艘。当年9月对造舰能力的再审查显示，有可能在哈兰和沃尔夫造船厂（Harland and Wolf）再建造2艘，同时在德文波特造船厂建造1艘，从而将总建造数提升至16艘。维克斯公司负责设计工作，并向其他承建商提供建造所需信息。部分绘图工作被外包给其他承建商，并由维克斯公司负责审批。各承建商有权修改结构图纸，以便适应各自的建造流程，但应在维持结构强度的同时不显著增加排水量。"可敬"号（卡默尔莱尔德造船厂承建）建造速度最快，在25个月内即告完工，但该级舰的通常建造时间大致为27个月。平均造价则为20万英镑［"海洋"号（Ocean）的船坞内工程即需要20772个工作人月］[6]。

动力系统和分舱设计

"巨人"级轻型舰队航空母舰的动力系统设计主要基于"斐济"级轻巡洋舰动力系统设施的一半进行。1942年初为"柏勒罗丰"号（Bellerophon）[8]准备的动力系统订单已经下达，这一套动力系统后来被安装在最初两艘"巨人"级之上。③实际动力系统设计颇具原创性，整个动力系统被分为两个彼此相隔较远的

① 1942年1月23日古道尔在日记中写道："尽管我反复提出声明，增加任何改动都意味着更多的工作量，并将导致该舰完成时间延后，但所有人都在增加（伍尔沃斯航空母舰设计）修改意见。"

② Friedman, British Carrier Aviation, pp223-5.

③ 即"巨人"号和"埃德加"号（Edgar）。[9]

单元，每个单元内包含两座锅炉和一座涡轮主机。[①]航空燃油被储藏于两个各长24英尺（约合7.32米）的舱室内，且两舱室位于两个动力系统单元之间，因此单枚鱼雷命中几乎不可能导致两个动力单元均停止运转。[②]该级舰未设置防雷系统，但设有大量横向舱壁。[③]据称该级舰可在4个主水密舱进水的情况下仍保持漂浮状态。动力系统舱室、弹药库炸弹舱以及主航空燃料舱两侧均设有舷侧舱室，其中堆满空筒，用以在该级舰受伤后保持浮力和稳定性。这种防护方式非常有效（参见本书第十章有关武装商船巡洋舰在被鱼雷命中后的表现）。除为携带的32枚鱼雷战斗部设计的防盾外，该级舰不另设装甲。舷侧空筒舱的内侧舱壁可对破片实现一定程度的防护能力。

“巨人”号完工时的参数：

排水量：重载排水量1.804万吨，标准排水量1.319万吨；

尺寸：长650英尺（约合198.1米，水线长度），宽80英尺（约合24.4米，水线宽度），以飞行甲板下平台计算宽度则为112英尺6英寸（约合34.3米），平均深度23英尺5英寸（约合7.14米）；

主机功率：4万匹轴马力，重载、舰底干净、温和水温条件下航速25节；

武器：1945年晚期各舰各不相同，通常为6座4管乒乓炮、17座单装博福斯高炮；

储油量：3190吨，20节航速下续航能力为8500海里。

舰载机相关设计

飞行甲板长690英尺（约合210.3米），舰岛位置宽75英尺（约合22.9米），舰艏部分收窄至45英尺（约合13.7米）。该级舰装备2座升降机，其尺寸均为45英尺×34英尺(约合13.7米×10.4米),其工作载荷为1.5万磅(约合6.8吨)，升降周期为36秒。[④]机库尺寸为342英尺×52英尺（约合104.2米×15.8米），净空高度为17英尺6英寸（约合5.33米）。机库内设有4道防火卷帘门，并配有喷雾系统。该级舰装备一具BH III型弹射器,可弹射重达2万磅（约合9.1吨）的舰载机。最初该级舰计划装备8道阻拦索以及4套马克8型操作机构，不过在试航后又加装了2道阻拦索。每道阻拦索可承受航速为60节、重量为1.5万磅（约合6.1吨）的舰载机的冲击。此外该级舰还装备2座阻拦网，各可承受航速为60节、重量为1.5万磅（约合6.1吨）的舰载机的冲击。

该级舰的额定舰载机搭载数量曾被修改多次，与之相伴的则是额定乘员人数的增加和居住性的恶化。设计额定乘员为1054人，但至“巨人”号完工时这一数字已经攀升至1336人。先后抵达太平洋战场的4艘该级舰[10]各搭载21架“海

① 锅炉采用强制通风，因此涡轮机亦以高压运转。
② 古道尔曾指出两个推进器是弱点所在，但他仍认为与任何巡洋舰相比，该级舰的推进器更不易遭受破坏。
③ 笔者曾于1950年亲自为“海洋”号设计新的损管标记系统。
④ 作为实现经济化的措施之一，升降机的操作机构被简化为1套，而非以往的2套。

盗”式战斗机和 18 架“梭鱼”式（Barracuda）鱼雷轰炸机[11]，这一数字与“光辉”级航空母舰相去不远，后者尽管排水量大得多，但其载机能力仅为 54 架[12]。航空燃料储量为 8 万加仑（约合 363.7 立方米）[对比“光辉”级的相应数字为 5 万加仑（约合 227.3 立方米）]，且分散储藏于 3 组油槽中。携带弹药包括 36 枚 2000 磅（约合 907.2 千克）炸弹、216 枚 500 磅（约合 226.8 千克）半穿甲弹、72 枚 500 磅（约合 226.8 千克）中型外壳炸弹、216 枚 100 磅（约合 45.4 千克）反潜炸弹、32 枚鱼雷和 150 万发舰载机枪炮弹药。

该级舰的稳定性较为理想。“巨人”号 1944 年 11 月的倾斜试验结果如下：

表3-2

	重载	轻载
定倾中心高度	8.6英尺（2.62米）	4.9英尺（1.49米）
最大扶正力臂	5.65	2.84，机库通海
最大扶正力臂发生时舰体倾斜角度	36.5°	36°

该级舰应力水平较低，飞行甲板亦即强力甲板（舯拱状态—拉力）最大应力为每平方英寸 7.5 吨（约合 113.9 兆帕）。舰体结构基本按照商船风格建造，不过较劳氏质量认证组织（Lloyd）所规定的标准稍轻。这导致有流言称战争结束后该级舰将被改建为邮轮，但此说并无根据——其动力系统布置和相应的分舱便足以使得相关改造工作无法实现。该级舰主要以低碳钢建造，以当时的冶金工艺，该材料对温度较为敏感，在低温下易变脆。这一缺点在寒冷天气下的试航期间［如 1948—1949 年间的“铁锈行动”（Operation Rusty）］表现得极为明显。当时“复仇”号（Vengeance）飞行甲板出现严重裂缝，且逐渐向两侧蔓延，几乎横贯该舰整个飞行甲板[13]。

试航结果显示除过于拥挤之外，该级舰几乎没有其他问题。舰岛部分振动现象颇为明显，这一问题通过局部加固得以缓解。①该级舰性能非常出色，在此后很多年内构成了皇家海军的骨干。尤其值得一提的是，朝鲜战争期间大部分该级舰都曾在西海岸海域代表皇家海军作战。在此期间“海洋”号曾创下该级舰的一项纪录：单日其舰载机完成 123 次出击。当日其搭载的“海怒”式战斗机（Sea Fury）和“萤火虫”式战斗机[14]的降落间隔分别为 18.6 秒和 20.2 秒。其他轻型舰队航空母舰的成绩与此相仿。②本书前一章已经描述了“忒修斯”号更换加速器缆线的能力。尽管该级舰设计时计划的使用寿命较短，但至少其中一艘甚至有幸经历了千禧年！[15]共有 6 艘航空母舰作为“巨人”级建成，另有 2 艘被改建为维护航空母舰，最后 6 艘则被重新划为“庄严”级（Majestic）。

① 很久之后的研究显示，这一振动的根源乃是后部升降机附近区域强度不足导致的扭转振动。

② J Winton, Air Power at Sea (London 1987); J R P Lansdown, With the Carriers in Korea (Worcester 1992).

“庄严”级

早在建造初期，最后6艘“巨人”级航空母舰便为满足中央厨房体制而接受了设计变更。1945年9月设计方案接受了进一步变更，由此6艘航空母舰被重新划为“庄严”级。设计改动主要与运作更重的舰载机有关，新的舰载机重量可达2万磅（约合9.1吨）。改动共分两阶段完成。第一阶段各舰的飞行甲板和机库甲板得到加固，同时弹射器亦被升级，但各舰动力系统保持原样。此外，原先装备的乒乓炮被博福斯高炮所取代，雷达和无线电设备亦得到升级，还加装了性能更佳的海上补给装置。第二阶段则包括安装新升降机［尺寸为50英尺×34英尺（约合15.2米×10.4米）］、新阻拦设备［可承受在75/80节航速下重2万磅（约合9.1吨）的舰载机的冲击］，并加装了第三道阻拦网。

尽管最终有5艘“庄严”级完工[16]，但这5艘航空母舰均未在皇家海军中服役，而是不同程度地在各自治领服役。其中“可怕”号（Terrible）①建成后被出售给澳大利亚，并被更名为“悉尼”号（Sydney）[17]，“壮丽”号（Magnificent）则被租借给加拿大[18]，上述两舰的改造大致与上节所述相同。“庄严”号、“强力”号（Powerful）和“大力神”号（Hercules）则接受了更大幅度的改造，加装了蒸汽弹射器[19]。其他各艘在皇家海军中服役的“巨人”级航空母舰则在1949—1951年间接受了类似改造。改造使得各舰有能力在一定甲板风条件下运作2万磅（约合9.1吨）舰载机。②

“竞技神”级[21]——1943年造舰计划

海军部原计划在1943年造舰计划中列入8艘在“庄严”级基础上稍做改进的航空母舰。然而1942年底，联合技术委员会就未来舰载机提出了一系列建议③，其中与航空母舰设计相关且最为重要的建议是舰载机重量可达3万磅（约合13.6吨），其失速速度可达75节（这将决定加速器和拦阻设备的性能）。④鉴于“庄严”级绝无改造以适应上述要求的可能，为此必须提出一款全新的设计方案。新设计的尺寸无疑将更大，且为获得足够的甲板风，其航速也需更高。海军部认为与早先的轻型舰队航空母舰设计相比，这种造价更昂贵的设计应具备更强的防护能力，这种能力不仅应体现在防空火力上，而且应体现上被动防护体系上，从而将导致造价进一步增加。

设计团队根据粗略要求提出了第一版设计草案，1943年6月设计标注的主要指标如下：

排水量：标准排水量1.8万吨、载重排水量2.38万吨；

尺寸：水线长685英尺（约合208.8米），水线宽90英尺（约合27.4米），

① 该舰也是在皇家造船厂建造的唯一一艘航空母舰。

② 该级舰可运作“塘鹅”式（Gannet）、“吸血鬼”式（Vampire）和“毒液”式（Venom）舰载机。[20]详情可参见Friedman, British Carrier Aviation, p229。

③ I bid, p245.

④ 注意战前舰载机重量仅为1.1万磅（约合5吨）。

型深 24 英尺 8 英寸（约合 7.52 米）;

主机功率：7.6 万匹轴马力，重载、舰底干净、温和水温条件下航速 29 节，最恶劣情况下作战航速 25 节；

武装:4 座双联装 4.5 英寸（约合 114.3 毫米）火炮、2 座 6 管博福斯防空炮、10 座双联装博福斯防空炮、7 座四联装厄利孔防空炮、4 座双联装厄利孔防空炮;

载油量：400 吨，20 节航速下续航能力为 6000 海里。

最初额定载机数为 24 架，与列入 1942 年造舰计划的航空母舰相同[22]，但舰载机本身的尺寸增大，单机全重由 2.4 万磅（约合 10.9 吨）提高至 3 万磅（约合 13.6 吨）。飞行甲板长 732 英尺 9 英寸（约合 223.3 米），宽 90 英尺（约合 27.4 米）[最窄处 84 英尺（约合 25.6 米）]。装备两座尺寸均为 54 英尺 ×44 英尺（约合 16.5 米 ×13.4 米）的升降机，提升能力均为 3.5 万磅（约合 15.9 吨）。计划装备 12 道阻拦索（马克 II 型），各阻拦索的拉出距离为 162 英尺（约合 49.4 米）。建成时各舰均配备 4 座阻拦网，其中两座用于阻拦喷气式舰载机，另两座用于阻拦螺旋桨舰载机。最初各舰仅配备 1 具 BH5 型加速器，后增至 2 具。航空汽油储量为 8 万加仑（约合 363.7 立方米）。其炸弹舱储量可供组织 9 次 26 机攻击波，其中各机挂载 2 枚 1000 磅（约合 453.6 千克）或 4 枚 500 磅（约合 226.8 千克）炸弹。此外该级舰还可携带 32 枚 18 英寸（约合 457.2 毫米）鱼雷、2000 枚 3 英寸（约合 76.2 毫米）火箭弹和 31.6 万枚 20 毫米机炮炮弹。炸弹升降机的提升能力为 4000 磅（约合 1.8 吨），设计指标预期可在 40 分钟内完成 16 架舰载机的挂载作业。

该级舰的舰体结构可视为商船标准与军舰标准的结合，前者的代表若为由圆头角钢构成的横向船肋，后者的代表则为由 DW 钢构成的飞行甲板、纵向防护舱壁、位于动力系统舱室上方的中甲板以及位于航空燃油舱上方的下甲板等。①其余结构则由低碳钢构成。防护舱壁厚 1 英寸（约合 25.4 毫米），弹药库和炸弹舱上方则设有 80 磅（约合 50.8 毫米）未硬化装甲。该级舰内部分舱较为细密，据称即使是在舰体舯部 6 个主水密舱或艏艉部分 5 个主水密舱进水的情况下也能保持漂浮状态。②该级舰配备 2 套动力系统单元，其输出功率相当于“皇家方舟”级[24]的一半，每个单元包括 1 座安装两具锅炉的锅炉舱、1 座轮机舱和 1 座齿轮舱。

海军大臣认为上述设计过于复杂，不仅将导致其造价高昂，而且将导致其无法在对日战争结束前完成。他因而决定将此事提交内阁讨论。③[25] 与此同时，海军审计长指示设计工作继续进行，并于 1943 年 7 月 12 日下达了 8 艘按上述设计建造的航空母舰的订单。④

战争结束时，其中 4 艘的建造被取消，其他 4 艘[26]则以非常缓慢的速度继

① 1943 年 6 月 26 日古道尔在日记中写道：“轻型舰队航空母舰结构设计部门的表现很差。主要问题是制图员的水准低下，这在该部门尤为突出。”

② 设计团队认为，该级舰抵御水下攻击的能力甚至高于“皇家方舟”号航空母舰[23]。马岛战争期间，跟随特混舰队一同出发的造船中校曾评价“竞技神”号称：“就像一座该死的钢铁堡垒。”

③ 预计建造时间为 31 个月，但对日战争预计将在 1946 年底前结束。亚历山大（A V Alexander）的观点参见 ADM 205/32。

④ 古道尔于 1944 年 1 月 21 日在造舰图纸上签字。这也是他以海军建造总监身份签署的最后一份造舰图纸，第一份则是一艘用于在中国服役的炮舰。当天也是他担任海军建造总监的最后一天。

“舷墙”号（Bulwark）服役生涯末期曾被作为直升机航空母舰使用（约摄于1979年）。该舰于1984年被拆解（作者本人收藏）。[27]

续建造。1947年该级舰的设计经历了一次大规模改动，此处仅简要总结如下。其额定载机数量增加至24架轰炸机和16架战斗机，升降机宽度增至44英尺（约合13.4米），加装了第二具加速器，并增加了40毫米和20毫米防空炮数量。动力系统重量增加80吨，由此导致该级舰的排水量增加560吨，不过这部分增重大部分被原先设计预留的350吨冗余吸收。鉴于额定乘员人数从1400人增至1823人，为便于安置乘员，原先设计中装备的4.5英寸（约合114.3毫米）火炮及其火控系统被删除。3艘航空母舰大致按上述改动后的设计完工，不过其绵长的建造时间使得设计人员有时间追加进一步改动。例如为乘员设计住舱床位，以取代传统的吊床。①第四艘即“竞技神”号［原“象”号（Elephant）］[28]则接受了更为激进的改造计划，其中包括加装斜角甲板和一座舷侧升降机。②[29]尽管建造过程中接受了大规模改造，但该级舰的稳定性和强度均非常良好。

舰载机养护舰

意大利入侵阿比西尼亚期间（1935—1936年），皇家海军学习了大量在航空母舰上密集运作舰载机的经验教训。当时估计在一个月的航空作战中，20%的舰载机将因迫降或损坏而至无法修理的程度，10%的舰载机需进行大修。在一艘作战航空母舰上，修理甚至大规模保养作业都无法在不影响正常航空作战的前提下完成。有鉴于此，皇家海军决定建造专门的养护舰只。该舰种的设计发展历程漫长且艰辛，笔者在此处仅能简要总结如下。③

一艘舰载机维护舰应能服务3艘各搭载33架舰载机的“光辉”级航空母舰。该舰载机维护舰，即日后的“独角兽”号（Unicorn）可搭载48架机翼处于折叠状态的舰载机，以及8架机翼处于展开状态、接受养护作业的舰载机。该舰将配备较强的火力和装甲飞行甲板，但航速仅为13.5节。在考虑了若干设计选择之后，航速最终被提升至24节。至此，“独角兽”号愈来愈类似一艘真正的航

① 笔者曾以学徒身份参与绘图工作，然而由于设计变更，这一工作化为徒劳。

② 与在“皇家方舟”号上的观察类似，舷侧升降机在技术上非常成功，但其相应布置并不完全适合封闭机库结构。

③ D K Brown, 'HMS Unicorn: The Development of a Design 1937–39', Warship 29 (January 1984).

两艘“巨人”级航空母舰被改建为养护舰只。图为“先锋”号（作者本人收藏）。

空母舰，而英国已经消耗或规划了其全部航空母舰排水量额度。为规避条约限制，海军法务部甚至建议将其归类为战列舰！最终海军部将其公布为辅助舰只，只是其外形恰好类似于航空母舰。第二次世界大战爆发后该舰被重新划归为航空母舰，并于萨莱诺（Salerno）登陆战期间一度以该身份服役[30]。但在此身份下，该舰的住舱不足，难以容纳所有飞行员成为一突出问题。①第二次世界大战其他时间以及朝鲜战争期间，该舰以其设计角色服役且成绩斐然。②

事后看来，对该舰种的原始设计要求或许过高，导致最终完成的“独角兽”号不仅造价高昂，且建造时间颇长。但也应注意到，该舰的火力和防护水平实际仅和同时代的潜艇或驱逐舰供应舰相当。有趣的是该舰并未被作为1942年轻型舰队航空母舰（即“巨人”级）设计方案的起点。

在为太平洋战场规划舰队后勤船队期间（Fleet Train），海军部意识到需要追加两艘同类舰只，且需尽快建成服役。为此海军建造总监部门准备了一份新设计方案③，其主要指标如下：排水量1.7万吨，全长685英尺（约合208.8米），宽92英尺（约合28米），型深16英尺6英寸（约合5.03米）。此后的研究显示新设计方案无法及时完成，因此海军部决定对两艘“巨人”级轻型舰队航空母舰实施改装。两舰将执行大规模保养、机身维修和性能测试等任务，同时由于已有其他船舶被改造以专门执行引擎和其他零件的相关养护作业，因此两舰仅需对上述部件执行小规模的养护作业。鉴于并未计划执行舰载机起降作业，因此所有舰载机相关设备均被删除，其舰载火炮也被大量删减，以容纳大量车间和库房。“先锋”号（Pioneer）抵达太平洋之后尚能赶上执行两个月的作战任务，其表现似乎令人满意，但“英仙座”号未能及时抵达战场。[31]

“最佳”是否是“足够好”的大敌？

本章第一部分所描述的航空母舰主要代表了皇家海军的一种尝试方向，即

① 参见古道尔1942年8月21日的日记。
② 朝鲜战争期间该舰曾利用其装备的4英寸（约合101.6毫米）火炮实施对岸轰击任务。这可能是历史上航空母舰执行此类任务的唯一记录。
③ 图纸收录于ADM 116 5151。

以低廉得多的造价和更快的建造速度，实现和舰队航空母舰大致近似的性能。乍看之下，从最初“伍尔沃斯航空母舰”的简单设计方案，发展至实际建造设计周密程度明显加强的“巨人”级和“庄严”级，直至周密程度又大大加强的“竞技神”级，似乎显示了原始设计目的的失控。

然而在仔细回顾之后便会发现，后人很难对在“巨人”级设计上做出的任何改动进行非难，且该级舰的实际建造时间也并未明显高于可能过于乐观的原始预期。“庄严”级接受的改动幅度较小，且主要关于改善生活条件方面，毕竟即使在战时早期批次各舰[32]就已经暴露出生活条件差的缺点。1943 年设计中尺寸、航速和造价的大幅增加则可视为受舰载机尺寸增加影响因而无法避免导致的结果，尤其需考虑到当时皇家海军对美制舰载机的依赖程度。[33]

“巨人”级所搭载的舰载机群规模仅略小于“光辉”级，但其航空燃油储量明显高于后者。为此做出的牺牲主要体现在缺乏重型防空炮、无装甲且无防雷系统方面。由于该级舰从未遭到攻击，更遑论被击中，因此无法评价削减防护能力的影响。在遭到鱼雷攻击时，轻型舰队航空母舰更细密的分舱设计理应表现良好。而其封闭机库设计也应实现一定的防护，尽管其未设装甲。

护航航空母舰

有关携带飞机并可执行船队护航任务的舰种的提议，最初出现于 1926 年海军部向空军部提出的建议中。该思路似乎试图利用弹射器放出水上飞机，然后通过起重机将其从海中回收。该思路并未被进一步展开研究，也未为此准备设计方案。1932 年海军建造总监（约翰斯）曾受命考虑由商船改建小型航空母舰的设计方案，但由于人手不足，因此设计工作直至 1934 年才正式展开。设计团队提出了一系列设计方案，其排水量在 14000~20000 长吨（约合 14224 万~20320 万吨）之间，航速在 15~20 节之间。舰体前部设一具弹射器，配备单座机库和单部升降机。降落甲板长度在 285~300 英尺（约合 86.9~91.4 米）之间，宽度则在 65~80 英尺（约合 19.8~24.4 米）之间。当时估计改造工作约耗时 9~12 个月。直至较晚时候设计团队才认识到，在舰桥结构和烟囱之后布置降落甲板的方案实际并不可行，由此设计思路转向以柴油机为主机的设计方案，采用该种主机或许可将废气管布置向舰体一侧，甚至组合导向舰体后部。①

1935 年初，海军参谋就由邮轮改建为航空母舰的方案提出了大致要求，当年 2 月海军建造总监即完成了两个设计研究样本，其中之一基于排水量为 2 万吨的“温彻斯特城堡”号，另一个则基于排水量为 1.25 万吨的“怀帕瓦”号（Waipawa）。尽管后者被认为过小，但 1937 年仍有 5 艘邮轮（包括“温彻斯特城堡”号在内）被认为适合接受改建。第二次世界大战爆发前相关研究未再深入，

① D K Brown, 'The Development of the British Escort Carrier', Warship 25 (January 1983).

其主要原因是海军部发现为当时已经订购的舰队航空母舰配齐舰载机便已困难重重。至1940年对执行船队护航保护任务的航空母舰的需求已经颇为急迫，由此海军部提出了一系列适合该任务的需求。

表3-3 商道保护航空母舰

	A	B	C
最高航速（节）	20	18	16.5
机库可容纳舰载机数量/甲板系泊数量	16/9	12/3	4/6
升降机数量	2	1	1
飞行甲板长度	550英尺（167.6米）	500英尺（152.4米）	450英尺（137.2米）
阻拦索数量	6	6	4~5
阻拦网数量	2	2	1
航空汽油储量	7.5万加仑（341.0立方米）	5万加仑（227.3立方米）	3.3万加仑（150.0立方米）

“鲁莽”号

第一艘改建而成的护航航空母舰比此后任何一艘都小，其性能也最差。1941年1月2日，被俘德国商船“汉诺威”号被划归布莱斯造船厂（Blyth Shipbuilding）接受改建。[34]1月17日马蒂亚斯（Mathias）向船厂提供了先期改造计划，其最终版本于3月7日敲定。改建工作于同年6月26日完成，该舰亦被更名为“鲁莽”号，此后该舰经历了为期10天的试航和1个月的海试。①

该舰原有的桅杆、烟囱和上层建筑被全部切除，并在剩余结构上方构筑了长435英尺（约合132.6米）、宽60英尺（约合18.3米）的飞行甲板，该甲板上安装了3道伸缩缝（参见本书附录12）。该舰既不设机库，又没有上层建筑，仅安装2道阻拦索、1道安全绳和1座阻拦网。其飞行甲板上系泊6架“欧洲燕”式（Martlet）战斗机［即“野猫”式（Wildcat）战斗机］[35]。“鲁莽”号参与了4次船团护航任务，直至1941年12月21日被鱼雷击沉[36]。该舰的表现被认为非常成功，海军部由此计划不仅在英国以类似的方式改建更多的护航航空母舰，并且计划在美国改建6艘。

① 古道尔对“鲁莽”号［该舰一度被命名为“鲁莽帝国”号（Empire Audacity）］抱有极大的兴趣，并于当年4月25日参观了该舰。他注意到改建工程进展很快。古道尔希望大量复制该种改建方案，并曾考虑以类似的方式对巡洋舰实施改造。

“鲁莽”号乃是由俘获的德国商船“汉诺威”号（Hannover）经简单改造而成。尽管该舰服役时间很短，但足以显示极大的潜力（世界船舶学会收藏）。

① 舰船档案集 667。
② Friedman, British Carrier Aviation, p185.

“活动”号（Activity）和其他英制护航航空母舰

设计部门考虑过其他改建方案，其中包括依照战前改建“温彻斯特城堡”号的计划改建5艘护航航空母舰，然而一时间海军部无法筹措到合适的邮轮。最终在敦提（Dundee）建造的“忒勒马科斯”号（Telemachus）冷藏货轮被选中作为改建对象，并被称为“‘鲁莽’号改进型”。改建工作在10个月内按照1940年C标准完成，完工后该舰更名为“活动”号，改建过程中吸取了“鲁莽”号的若干经验，与此同时设计需求亦一再追加。最初的要求是在飞行甲板上系泊6架舰载机，另在甲板下的车间机库内收纳1架机翼展开状态的舰载机。① 机库内容纳数量要求首先增至容纳4架分解状态的“剑鱼”式（Swordfish）鱼雷轰炸机[37]，最后则增至容纳6架机翼折叠状态的“剑鱼”式鱼雷轰炸机，尽管该舰的额定载机量为3架“剑鱼”式鱼雷轰炸机和7架“野猫”式战斗机。

1941年晚期曾出现根据新设计方案建造护航航空母舰的提议。②新方案的设计航速为18节，装备两根由柴油机驱动的主轴。机库内可容纳6架机翼折叠状态的舰载机和6架机翼展开状态的战斗机，配备1座尺寸为45英尺×33英尺（约合13.7米×10.1米）的升降机，飞行甲板尺寸则为550英尺×75英尺（约合167.6米×22.9米）。该设计将配备较强的火炮，并对弹药库、航空汽油舱和动力系统舱室加以防护，且应有在3个主水密舱进水的情况下仍保持舰体正直漂浮的能力。然而，当时显然并无空余造舰能力可供建造这种舰只。

“活动”号最初被称为“鲁莽”号改进型，但其实际改建工程要复杂得多。从照片中可窥见在如此狭小的飞行甲板上完成降落是何等的困难（作者本人收藏）。

“比勒陀利亚城堡”号乃是最大的一艘英制护航航空母舰。该舰被用于执行训练任务。照片中该舰处于抛锚状态，一架“青花鱼”式鱼雷轰炸机正从该舰上弹射起飞（作者本人收藏）。

海军部仍在试图获取邮轮以供改建护航航空母舰。最终曾被改建为辅助巡洋舰的“比勒陀利亚城堡”号（Pretoria Castle）远洋邮轮被选中。该轮大致按照B标准在约12个月内完成改建。完工后[38]该舰成为最大的一艘英制护航航空母舰，其机库可容纳15架舰载机。该舰后来被用于执行飞行训练和试验任务。另有3艘定期货轮在其建造初期便被海军部征用，并在约2年内完成改建。①各舰的飞行甲板即为强力甲板，但机库一直延伸至舰体侧面，且机库甲板下方设有通道，上述特点不同于其他航空母舰。机库内可容纳15架舰载机。各舰性能稍有不同，但下文将给出的“坎帕尼亚”号的数据大致为其典型水平，主要区别在于另外两艘的航速较“坎帕尼亚”号低2节。②

上述三舰大体均以铆接工艺建造，因此较以焊接工艺建造的舰只更适合在北冰洋海域活动。当时的设计师们尚未透彻理解低温下的脆性断裂现象，但相信铆接缝可以阻止裂缝进一步延展——这一观点大致正确，但并非总是如此。据称与皇家海军中的美制护航航空母舰相比，三舰的降落事故发生频率更低。

皇家海军中的美制护航航空母舰

有关美国设计建造的护航航空母舰，笔者在此仅打算简单涉及，以便与英制护航航空母舰进行比较。③1941年英国政府要求美国按照“鲁莽”号的改进方案建造6艘护航航空母舰。然而此时美国海军已经开始着手建造自己的护航航空母舰，因此双方此后决定，为皇家海军建造的护航航空母舰也将按照与“长岛”级（Long Island）类似的设计建造[39]。首舰为“弓箭手”号（Archer）[40]，该舰以C3型货轮船体为基础。此后3艘则吸取了英美两国海军的经验。④[41]“弓箭手”号不设舰岛结构，其商船式的船桥向飞行甲板两侧突出。后续三舰则各装有一座小型舰岛。“弓箭手”号飞行甲板长438英尺（约合133.5米），后续三舰飞行甲板长度最初仅为410英尺（约合125.0米），后延长至442英尺（约合134.7米），

① 即“奈内纳”号、“文德克斯”号（Vindex）以及更大也更快的“坎帕尼亚”号（Campania）。

② D K Brown (ed), Design and Construction of British Warships(London 1995), Voll, pp87–8.

③ 参见 Friedman, British Carrier Aviation，以及同一作者的 US Aircraft Carriers (Annapolis 1983)。另可参见 DK Brown, Design and Construction。读者若想有较为全面的认识，则至少需阅读上述全部参考资料。

④ 第五艘护航航空母舰“控诉者”号（Charger）被美国海军保留，用于训练英国飞行员。第六艘“追踪者”号（Tracker）则按不同的改建方案建造。

皇家海军中的第一艘美制航空母舰“弓箭手”号。该舰多台柴油引擎在实际操作中可靠性欠佳，该舰亦于 1943 年退出现役（作者本人收藏）。

各可搭载 9 架鱼雷轰炸侦察机和 6 架战斗机。

“弓箭手”号装备 2 具苏尔寿（Sulzer）公司生产的柴油引擎，并通过齿轮组驱动单根主轴。该系统可靠性很差，因此该舰于 1943 年 8 月退出现役接受改建，并于 1945 年 3 月更名为货轮“拉根帝国”号（Empire Lagan）参与航运。其他 3 舰则装备多克斯福德公司（Doxford）出产的柴油机，其可靠性稍好。按照该级舰的设计标准，其应具备在 2 座水密舱进水的情况下仍可保持漂浮状态的能力，但其实际稳定性不佳。为改善稳定性，各舰各加载了约 1000 吨压舱物（此后压舱物重量再次增加）。

1942 年 11 月 15 日“复仇者”号（Avenger）[42] 在被鱼雷命中后爆炸。随后展开的调查显示鱼雷造成的弹片飞入紧靠着舷侧的炸弹舱，并引爆了储存在其中的炸弹和深水炸弹。为弥补这一弱点，尚存各舰上均加装了纵向舱壁，以确保炸弹舱内存储的弹药距离舷侧至少 10~15 英尺（约合 3.05~4.57 米）；美国海军也做出了相应改动。“猛冲者”号（Dasher）[43] 于 1943 年 3 月 27 日在发生航空汽油爆炸事故后沉没。英美两国就此事故的根源互相指责。美国海军指责皇家海军的操作流程过于粗疏，皇家海军则指责美国海军关于航空汽油的储藏和操作设计质量低下。从公允的角度来说，双方的论点可能均属正确。皇家海军极为重视航空汽油储存设施设计的安全性，这使得操作人员违反操作条例的情况偶有发生，例如不严格遵守禁烟要求亦未造成严重后果，从而使得操作人员

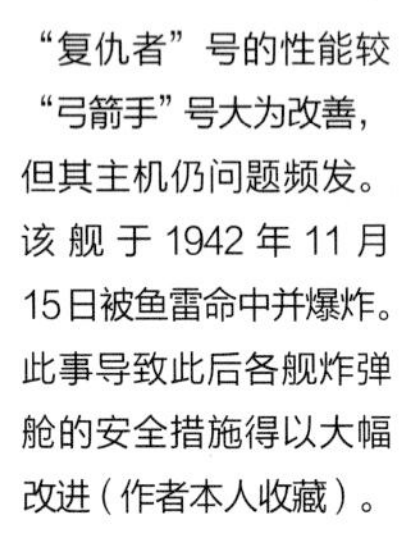

“复仇者”号的性能较“弓箭手”号大为改善，但其主机仍问题频发。该舰于 1942 年 11 月 15 日被鱼雷命中并爆炸。此事导致此后各舰炸弹舱的安全措施得以大幅改进（作者本人收藏）。

“骚扰者”号隶属“追踪者”级，该级舰或许可被视为第一级性能完善的美国护航航空母舰（作者本人收藏）。

习惯于此。在皇家海军服役的各护航航空母舰上，航空汽油的储量此后被急剧缩减——“弓箭手”号的储量从 8.75 万加仑（约合 397.8 立方米）降至 3.6 万加仑（约合 163.7 立方米），其他各舰上则从 7.5 万加仑（约合 341.0 立方米）降至 3.6 万加仑（约合 163.7 立方米）。①

“追踪者”号则基于装备蒸汽涡轮主机的 C3 型货轮建造，其航速比使用柴油机的护航航空母舰高 2 节。此外在磨合期完成后，蒸汽涡轮的可靠性也更高。该舰构成了此后英美两国海军中一系列护航航空母舰的基础，其中 11 艘同型舰在皇家海军中服役，另有 31 艘在美国海军中服役。该级舰的内部分舱更为科学，共有 9 道舱壁延伸至主甲板高度，此外还有 2 道舱壁延伸至下甲板。尽管额定舰载机搭载数目不变，但该级舰的机库长度更长，且配备两座升降机。②

该级舰的后继者是 24 艘设计与之类似，但性能有所改善的“打击者”级（Smiter）护航航空母舰[44]。该级舰与“坎帕尼亚”号的比较可参见表 3–4，后者堪称英制护航航空母舰的巅峰之作。

① 尽管美国海军并不认同上述改变势在必行，但此后美国海军所辖的各护航航空母舰亦削减了航空汽油储量，尽管其幅度较小。

② 第一批 15 艘该级舰均装备美制 H2 型弹射器，该型弹射器无法用于弹射英制舰载机。

“坎帕尼亚”号堪称最好的英制护航航空母舰（见表 3–4）。该舰一直服役至 1955 年，此前曾作为公开展览舰船，并曾支援英国原子弹试验（作者本人收藏）。

表3-4 护航航空母舰

	“坎帕尼亚”号	“打击者”级
重载排水量（吨）	15970	15160
主机功率，航速	13250匹轴马力，18节	8500匹轴马力，18节
飞行甲板尺寸	515英尺×70.5英尺（157.0米×21.5米）	450英尺×80英尺（137.2米×24.4米）
升降机数目及尺寸	1座，45英尺×34英尺（13.7米×10.4米）	2座，42英尺×34英尺（12.8米×10.4米）
弹射器数量	1具C2型	1具H4型
机库尺寸	长198英尺（60.4米），宽73.5英尺（22.4米），高17.5英尺（5.33米）	长260英尺（79.2米），宽62英尺（18.9米），高18英尺（5.49米）
阻拦索数量	4	9
额定舰载机数量	15	18
航空汽油储量	52000加仑（236.4立方米）	43200加仑（196.4立方米）
定倾中心高度	4.95英尺（1.51米）	3.7英尺（1.13米）
最大扶正力臂及发生时倾角	5.62，46.5°	？，48°

就性能而言，这些美制护航航空母舰堪称出色，但其造价亦非常高昂。至今只有少数护航航空母舰的造价可以追溯，例如“活动”号为85万英镑，“坎帕尼亚”号为152万英镑，而美国海军中性能远为优越的“科芒斯曼特湾”号（Commencement Bay）[45]造价为110万英镑。

为适应己方操作流程、改进其安全性及使其有能力承担如支援登陆作战之类的其他任务，皇家海军要求对美制护航航空母舰实施一系列改造。改造内容包括加长飞行甲板，在飞行甲板后端加装圆滑的下倾结构，加大机库面积以及改善相应设施和飞行甲板的照明条件，加装压舱物，修改（减小）航空汽油储量，加设炸弹舱以及防护舱壁，并改善机库通风设施。

受此影响，护航航空母舰需要颇长时间才能加入皇家海军服役，其间约需6~12周用于修正缺陷、2周用于航行、7周用于在英国本土实施改造，以及5~6周用于适航训练。美国海军对此非常不满。为解决这一问题，英方最终决定在加拿大温哥华（Vancouver）设立一处专门设施，负责在6周内完成修正缺陷和实施改造。该设施可同时对3艘护航航空母舰展开工作。

此后部分护航航空母舰曾接受进一步改造以适应特殊的作战角色——例如基本护航航空母舰、向直布罗陀输送战斗机的载舰和两栖突击航空母舰，而其余未经改造的各舰则被作为飞机运输舰使用。①1944年间，继盟军赢得大西洋护航战胜利之后，用于执行不同类型作战任务的护航航空母舰数量如下：

船团护航——64艘；

① Friedman, British Carrier Aviation, p188.

隶属“埃米尔”级（Ameer）[亦称“统治者”级（Ruler）]的“埃及总督”号（Khedive），该级舰性能在此前一级基础上进一步改善（作者本人收藏）。[47]

运输——42 艘；

支援登陆作战——23 艘；

反潜战——17 艘；

打击敌方航运——70 艘；

布雷——9 艘；

猎杀偷渡船——1 艘。

护航航空母舰共独自击沉 10 艘潜艇，并和其他舰种合作击沉 6 艘。由于直至大西洋护航战的主要战斗结束后护航航空母舰才大量进入现役，因此上述战果主要在摩尔曼斯克（Murmansk）航线所经海域取得。除两个战果之外，其余战果均由“剑鱼”式获得。与传统印象相反，该机型不仅结构脆弱，而且比“复仇者”式鱼雷轰炸机更易出现故障。该机型出现故障次数共占其起降总次数的 3.9%。“剑鱼”式鱼雷轰炸机不仅航速较慢，而且无法在低风速下实现满载，同时由于其座舱开放，因此其机组成员在飞行不久之后便会迅速疲劳。[46] 通常情况下，每艘护航航空母舰单日可完成约 16 次起降，单日最高纪录为 27 次起降。参与作战期间，在约 23% 的作战日中，天气限制了护航航空母舰的运作。

商船航空母舰（MAC ships, Merchant Aircraft Carriers）

1942 年初，海军部即考虑过在商船上加装飞行甲板等设施“以实施自卫”。最初计划用于改造的船只航速为 14~15 节，计划加装长 490 英尺（约合 149.4 米）的飞行甲板。但海军部很快便认识到无法获取能满足上述性能要求的船只，因此对改造目标的要求降低为航速 11 节，计划加装长 390 英尺（约合 118.9 米）、宽 62 英尺（约合 18.9 米）的飞行甲板，另构筑足以容纳 4 架“剑鱼”式鱼雷轰炸机的机库。本书在此仅能对此类舰只进行非常简略的描述。改造设计方案由商船维修审计长（Controller of Merchant Ship Repairs）起草，并听取了海军部基于“鲁莽”号的经验。[①]

6艘在建中的运粮船首先接受改造，各舰的新舰名均为“麦XX帝国”形式。[②]首艘商船航空母舰于1942年6月下达订单，并于1943年3月移交。该舰的机库长142英尺（约合43.3米），装备一座尺寸为42英尺×20英尺（约合12.8米×6.1米）的升降机。该舰装备4道阻拦索，但未装备阻拦网。此后海军部决定对9艘建成油轮和4艘在建油轮实施改造。改造工程耗时约6个月，对在建油轮而言则是将其完工时间延长3个月。由油轮改建的商船航空母舰不设机库，但以甲板系泊的方式搭载6架“剑鱼”式鱼雷轰炸机。至商船航空母舰服役时，盟军已经取得大西洋护航战的胜利。因此仅有一个包括商船航空母舰的船团曾遭到攻击，且该舰种未曾击沉德国潜艇。在战争剩余时间内，商船航空母舰共参与217个船团的护航，并完成4174次起降。

尽管飞行甲板及其支撑结构不可避免地导致了一定的稳定性问题，但由运粮船、新建油轮和建成油轮改建而来的各舰分别可保持4英尺（约合1.22米）、3英尺（约合0.91米）和2英尺（约合0.61米）的定倾中心高度。由油轮改装的各舰上，飞行甲板共分为4段，并以伸缩缝连接，该类商船航空母舰亦曾遭遇若干结构问题。由运粮船改建的各舰装备一块完整且经过纵向加强的飞行甲板。为使得各舰保留在通常泊位装载和卸载的能力，伸出舷侧的结构在设计时被严格限制。各舰上的商船船员和海军人员分别按各自的正常标准住宿（以及领取薪酬），但似乎未曾因此发生矛盾。

① J Lenaghan, 'Merchant Aircraft Carrier Ships', Trans INA (London1947), p96.（另参见Design and Construction of British Warships。）

② 其中一艘根据“鲁莽”号舰长的名字，被命名为“麦肯德里克帝国”号（Empire MacKendrick）。在某种程度上，“鲁莽”号可被视为此类商船航空母舰的原型。

“马科尔帝国”号（Empire Macoll）乃是由油轮改建而成（作者本人收藏）。

译注

1.即“光荣”号和“勇敢”号，前者于1940年6月8日挪威战役期间被“沙恩霍斯特”号和“格奈森瑙”号击沉，后者于1939年9月13日被U-29号潜艇击沉。
2.“大胆”号即本章后文所提及的护航航空母舰。
3.口径为20毫米。
4.该舰隶属“巨人”级轻型舰队航空母舰，1943年12月下水， 1948年4月出售给荷兰，后又于1968年10月转售给阿根廷，并曾参与马岛战争。
5.霍克“台风”式战斗轰炸机，1940年2月首飞，原计划取代“飓风”式战斗机成为新一代截击机，但最终该机型成为第二次世界大战期间皇家空军最好的对地攻击机和远程战斗机之一。
6.1944年7月下水。
7.隶属“巨人”级轻型舰队航空母舰，1944年11月下水。
8.隶属“虎”级轻巡洋舰，但最初乃是作为“牛头人”级轻巡洋舰的一艘订购，1945年12月下水。
9.分别于1943年9月和1944年3月下水，前者于1946年租借给法国，后者后来更名为“英仙座”号。
10.即“巨人”号、“光荣”号、“可敬”号和“复仇”号，编为第11航空母舰中队。由于日本突然投降，而该中队抵达澳大利亚又较晚，因此并未实际参与对日作战，但参与了此后的受降。
11.费尔雷“梭鱼”式鱼雷轰炸机，1940年12月首飞，第二次世界大战后期皇家海军主力舰载鱼雷轰炸机之一，其主要缺陷是作战半径较低，且发动机功率不足。该机型亦可承担俯冲轰炸任务，但其俯冲角度较小。
12.该数字含甲板系泊。
13.隶属“巨人”级轻型舰队航空母舰，1944年2月下水，后于1952年租借给澳大利亚，又于1956年12月出售给巴西。1948年11月该舰为在北极海域运作接受相应改造，1949年2月5日至1949年3月8日作为“铁锈行动”的一部分，该舰在北极海域进行试验性巡航。此次巡航的目的在于测试舰船、舰载机和人员在极寒天气下的工作表现。
14.霍克“海怒”式战斗机，1945年2月首飞。该机型是皇家海军使用的最后一种螺旋桨战斗机，主要在第二次世界大战结束后初期服役。
15.“复仇”号于2004年在印度被拆解，此外“可敬”号于1999年在印度被拆解。
16.“利维坦”号未完工。
17.1944年9月下水，1947年被出售给澳大利亚。
18.1944年11月下水，1945年被批准租借给加拿大，1948年3月正式服役。
19.“庄严”号于1945年2月下水，1947年被澳大利亚收购，1955年10月服役，并更名为“墨尔本”号；“强力”号于1945年2月下水，1952年被加拿大收购，1957年1月服役并更名为“圣文德”号；“大力神”号于1945年9月下水，1957年1月被印度收购，1961年3月服役并更名为“维克兰特”号。除蒸汽弹射器外，上述三舰还改装了斜角甲板。
20.费尔雷“塘鹅”式反潜机，1949年9月首飞，该机型改型亦可承担电子战甚至早期预警平台任务；哈维兰“吸血鬼”式战斗机，1943年9月首飞，皇家海军使用的型号为“海吸血鬼”型，该机型亦是皇家海军装备的第一种喷气式战斗机；哈维兰“毒液”式战斗轰炸机，1951年4月首飞，该机型主要基于“吸血鬼”式发展而来，可充任全天候截击机。
21.该级舰亦被称为“半人马座”级。
22.即“巨人”级。
23.此处“皇家方舟”号指代不甚明确，但鉴于列入1934年造舰计划的“皇家方舟”号有明显弱点，此处似乎指列入1940年造舰计划的“皇家方舟”级。
24.列入1940年造舰计划的“皇家方舟”级。
25.即海军大臣。
26.即“半人马座”号、“阿尔比昂”号、“舷墙”号和“竞技神”号。
27.隶属“竞技神”级/“半人马座”级轻型舰队航空母舰，1948年下水。
28.原“竞技神”号于1945年取消建造并拆解。
29.列入1940年造舰计划的“皇家方舟”级，参见本书第二章。
30.1943年7月盟军占领西西里之后，于9月在意大利西南部萨莱诺附近发动的登陆战，但进展不甚顺利。盟军在海空兵支援下稳固住滩头阵地，但在德意部队的顽抗下一度难以向纵深发展，直至德军完成态势整理撤往“古斯塔夫”防线。

31.“先锋”号于1944年5月下水，1945年2月建成；“英仙座”号于1944年3月下水，1945年10月建成。
32.即“巨人”级早期各舰。
33.主要为“复仇者”式轰炸机和“海盗”式战斗机。
34.“汉诺威”号于1939年3月下水，第二次世界大战爆发时该轮试图前往库拉索岛申请避难。当地隶属荷属安的列斯殖民地，位于拉丁美洲。1940年3月，该轮船长试图以偷渡方式突破英国封锁线返回德国，但在当月7日至8日夜间被皇家海军发现。该轮船长不顾后者的停船命令，试图闯入多米尼加海域，在遭到拦截后下令自沉并在船上纵火，但最终被英方登船队所挫败，后者控制住该轮后将其驶往牙买加。
35.格鲁曼“野猫”式战斗机，于1937年首飞，太平洋战争初期美国海军主力舰载战斗机。在1940年底引入美国海军之前，该机型即于1939年底出口英法，当时该出口型的主要区别是换装了发动机和瞄具。在皇家海军中服役的该机型最初被称为“欧洲燕”，但第二次世界大战末期皇家海军亦遵循美国海军习惯，将其改称为“野猫”。
36.由德国潜艇U-751号发射。
37.费尔雷“剑鱼”式鱼雷轰炸机，于1934年4月首飞，皇家海军第二次世界大战初期主力舰载鱼雷轰炸机，其性能当时已略显过时。该机型因空袭塔兰托和围歼“俾斯麦”号两战中的表现而闻名于世。
38.完工后该舰未更名。
39.“长岛”级护航航空母舰是美国设计建造的第一级护航航空母舰，首舰于1940年1月下水。该级舰共2艘，除首舰外，即为英国建造的“弓箭手”号。
40.1939年12月下水，1941年11月完成改建。
41.除下文提到的“复仇者”号和 “猛冲者”号外，还有一艘为1940年12月下水的“欺诈者”号。该舰于1942年5月加入皇家海军，后又于1945年4月重归美国海军后经过改装，又租借给法国海军，并更名为“迪克斯梅德”号。“控诉者”号以C3型客货两用轮为基础改建，1941年3月下水，同年10月服役；“追踪者”号后隶属“攻击者”级护航航空母舰，1942年3月下水，1943年1月建成服役。该级舰从开工之时起即按照护航航空母舰建造。
42.该舰于1940年11月下水，以C3型客货两用轮为基础改建，1942年3月加入皇家海军。
43.该舰于1941年3月下水，以C3型客货两用轮为基础改建，1942年7月加入皇家海军。
44.亦称“统治者”级，可分为前后两批。亦有统计该级舰共25艘。“打击者”号于1943年9月下水，1944年1月加入皇家海军服役。同型舰在美国海军中被称为“博格”级。
45.自“长岛”级护航航空母舰之后，美国海军先后开发了“博格”级、“桑加蒙”级和“卡萨布兰卡”级护航航空母舰，其中最后一级构成了美国海军中护航航空母舰主力。该舰种在美国海军中的最终演化型即为“科芒斯曼特湾”级，其首舰于1944年5月下水。该级舰中最先建成的若干艘曾参与了太平洋战争末期的战斗。
46.正常情况下，“剑鱼”式鱼雷轰炸机的机组由3人组成，即飞行员、观测员和无线电操作员兼后机枪射手。有时为扩大航程，观测员位置会被取消用于改装副油箱。
47.“埃及总督”号于1943年1月下水，于同年8月加入皇家海军服役；“埃米尔”号于1942年10月下水，次年7月加入皇家海军服役。

第四章
巡洋舰

第一次世界大战结束时，皇家海军共拥有约 50 艘现代化巡洋舰（包括 9 艘在建巡洋舰）。①除 5 艘舰[1]外，其余各舰均较小，且装备 6 英寸（约合 152.4 毫米）火炮。这些巡洋舰非常适合在北海或地中海作战，但缺乏足够的续航能力执行远洋护航任务。战争结束后，海军部成功地争取到将在建舰只大部分完成的决定，但也无望获得资金建造新设计的巡洋舰。由此 5 艘“霍金斯”级巡洋舰便成了皇家海军中仅有的大型巡洋舰。②[2] 该级舰排水量为 9750 吨，装备 7.5 英寸（约合 190.5 毫米）主炮。华盛顿会议期间列强在就巡洋舰限制进行讨论时，该级舰构成了达成最终限制条款的主要因素。当时已知日本已经下达了 4 艘大型巡洋舰的订单，并计划至少再订购 4 艘。海军参谋声称皇家海军需要 8 艘类似巡洋舰承担舰队任务，另需 9 艘用于对付日本对英国商道的任何破袭行动。

鉴于美国方面已经在研究与“霍金斯”级大致相当，但装备 8 英寸（约合 203.2 毫米）主炮的舰只，而日本则已经开工建造装备 200 毫米主炮的“古鹰”级重巡洋舰[3]，且其建成排水量仅稍低于“霍金斯”级，因此列强很快就巡洋舰排水量应不高于 1 万吨、主炮口径不高于 8 英寸（约合 203.2 毫米）的限制条件达成一致。③《华盛顿条约》并未就巡洋舰数量或其总吨位做出限制。一直有观点认为条约鼓励了巡洋舰体积的增大，但实际上仔细考察历史即可发现，当时

① A Raven and J Roberts, British Cruisers of World War Two(London 1980), p103.

② 其中还包括拆解部分火炮并改建为航空母舰的“怀恨”号（Vindictive），以及 1922 年失事的“罗利”号（Raleigh）。

③ 皇家海军或许更希望将主炮口径上限降低至 7.5 英寸（约合 190.5 毫米），但鉴于本就需要设计新型号火炮，因此口径的变动最终还是被轻易接受。

“霍金斯”级巡洋舰中仅“埃芬厄姆”号（Effingham）曾接受现代化改造。该舰原装备的 7.5 英寸（约合 190.5 毫米）火炮被拆除，改装 6 英寸（约合 152.4 毫米）火炮，且计划装备 4 座双联装 4 英寸（约合 101.6 毫米）火炮（在这幅摄于 1938 年的照片中尚未安装）。正是“霍金斯”级激发了条约体系中对巡洋舰施加的 1 万吨排水量和 8 英寸（约合 203.2 毫米）主炮的限制（作者本人收藏）。

列强已经在考虑建造类似的巡洋舰，且各种规划中的巡洋舰排水量尚不如20世纪初装备9.2英寸（约合233.7毫米）的一等巡洋舰。

70艘巡洋舰需求

1923年海军部计划处撰写的一篇文档给出了皇家海军对巡洋舰的需求。[①]该文档开头即提及，第一次世界大战期间皇家海军共拥有101艘巡洋舰，且全部满负荷运转，而至1923年这一数字已经下降至23艘。鉴于日本成为未来最可能的对手，大英帝国的战略地缘态势就远不如第一次世界大战期间理想。当时英国本土就堵在德国通往大洋的通路上。英国巡洋舰不仅需承担保护己方商道的任务，而且应充任主力战列舰队的侦察线。日本共拥有25艘巡洋舰，并可灵活选择其运用方式：若日本决定接受主力舰决战，则可将巡洋舰配属己方主力舰队配合作战；若日本决定使用巡洋舰对敌商道实施破袭，则作为攻击者，日本可自由选择在其全部巡洋舰均可出动时发起战斗。

由此，皇家海军对巡洋舰数量的要求是与战列舰队数量相当，并留出25%的冗余以抵消整修等活动的影响，由此计划合计需31艘。“更为详尽的调查显示”（尽管该调查报告未被发现）还需39艘巡洋舰执行商道保护任务，另外还需要若干由商船改装的辅助巡洋舰。[②]这39艘巡洋舰的舰龄应少于15年，但若高于该年限者总数目不多于10艘则该报告认为仍可接受。文档还提及现有巡洋舰中26艘建于第一次世界大战期间，仅按在北海海域作战要求设计，因此其续航能力无法满足护航任务的要求。

海军部计划处在文档中建议在1929年前开工建造8艘排水量为1万吨的巡洋舰，并建造10艘排水量较小的巡洋舰。这些新巡洋舰将构成1923年海军部提出的“新特别建造案”的一部分，通过提出新建舰只计划，缓解当时失业率过高的问题。然而该提案随政府更迭而告吹（参见本书引言部分）。鉴于其他列强均将建造排水量达1万吨上限的巡洋舰，因此皇家海军也需类似舰只充实其侦察线。上述对70艘巡洋舰实力的简单论证此后被海军奉为“圣经”，直至1937年被“新标准”规划所取代。后者假定皇家海军在欧战作战的同时，也将在远东地区作战[4]。该规划预计需投入100艘巡洋舰。

8英寸（约合203.2毫米）主炮巡洋舰

对英国而言，设计新巡洋舰的第一步工作是设计全新的8英寸（约合203.2毫米）火炮及其炮架。单装、双联装和三联装炮架均曾被纳入考虑范围，但鉴于采用单装炮架将导致在舰体上无法搭载足够数量的主炮，而皇家海军自身也缺乏使用三联装炮架的经验，导致该设计因被认为过于复杂而被放弃，因此最

① ADM 8702/151，原为OP 01849/23，日期为1923年12月22日。
② 另有文档提出了需要50艘（后增至56艘）辅助巡洋舰。

终中选的是一种设计非常先进的双联装炮座方案[5]。起初海军部希望该设计下每门主炮的射速均可达每分钟 12 发，且其最大仰角应至少达 65° 以充任远距离防空火力。①然而预计主炮射速很快便被降至每炮每分钟 5 发，即使这一要求在实际运作中也难以可靠地实现。②[6] 鉴于新巡洋舰计划将装备 4 门 4 英寸（约合 101.6 毫米）防空炮和两座 8 联装乒乓炮，因此以 20 世纪 20 年代的标准看，该设计的防空火力颇为出色。③

① 这一要求颇为奇怪。对远距离防空火力而言，65° 仰角并非必须——参见本书附录 16。

② 1945 年“诺福克”号（Norfolk）似曾在挪威附近海域以其装备的马克 II 型炮座在一段时间内实现每炮每分钟弄 5 发的纪录。

③ 不过仍缺乏有效的对空火控系统。

在设计思路中，航速的重要性次于密集防空火力，因此 1923 年 8 月 1 日提交的第一批设计研究稿中，全部 5 个设计方案在标准排水量下的航速均为 33 节。然而海军部认为所有设计方案的防护均不足。即使其中装甲最厚的 D 方案，也仅仅对药库和弹库实施了防护［侧面装甲为 4 英寸（约合 101.6 毫米），其顶部甲板和两端均厚 3 英寸（约合 76.2 毫米）］。最终在提出了另外 3 个设计研究稿之后，设计团队决定将其主机功率 10 万匹轴马力降至 7.5 万匹，最高航速则将相应降低 2 节。此后总工程师发现可在不增加所需重量或空间的前提下，将主机功率提高至 8 万匹轴马力。加之对舰体船型的细心优化，使得最终设计航速仅下降 1.5 节。上述改动省出的重量，使得对动力系统舱室施加防护以抵挡破片和弹片成为可能。这一防护由 1 英寸（约合 25.4 毫米）侧面装甲、1.5 英寸（约合 38.1 毫米）甲板装甲构成（装甲重量合计 1025 吨）。新设计装备较窄的防雷突出部（宽 5.25 英尺，约合 1.6 米），即使对同时代的鱼雷战斗部而言也几乎无防护价值，更遑论当时列强研究中的鱼雷。

设计过程中火炮系统问题层出不穷。例如 8 英寸（约合 203.2 毫米）炮塔便出现严重超重的问题。

建成完工时的“贝里克”号［隶属“肯特”级（Kent）］，其烟囱高度较低。该级舰的设计吸收了第一次世界大战期间的实战经验，因此可能是早期条约巡洋舰中的佼佼者（世界船舶学会收藏）。[7]

表4-1　8英寸（约合203.2毫米）炮塔重量（吨）[8]

	原始估计	建成重量	超重
马克I型，装备“肯特”级	155	205	50
马克I型，装备“伦敦”级（London）	159.5	210	50.5
马克II型[①]，装备“多塞特郡”级（Dorsetshire）	168.8	220.3	51.5

此外直至第一批“郡”级巡洋舰完工，设计人员才发现其装备的马克V型鱼雷[9]强度不足，无法承受从该级舰27英尺（约合8.23米）上甲板高度入水时的冲击力，因此必须对其进行改进。该级舰建成时多管乒乓炮尚未生产，因此建成时各舰仅装备4门单装乒乓炮。

达因科特曾提出一种独创的减重方式。如提高舰体型深，即增加从龙骨至上甲板的距离，航行时舰体所受的弯曲载荷便可由较轻的舰体结构承担。[②]由于该思路将导致其他部分重量增加，因此无法将型深过多增加。尽管如此，利利克拉普仍然采用了较深的型深，从而导致该级舰的干舷高度颇高，使得其在航行时颇为干燥，因此在大浪条件下该级舰也可保持航速。与此同时，较高的甲板间距离也使得该级舰住舱甲板通风条件良好。[③]利利克拉普还注意到较深的型深不仅使得舰体内有足够的空间容纳纵向框架结构所需的深梁，而且有空间容纳大型通风井。达因科特建议接受每平方英寸10吨甚至11吨（约合151.9~167.1兆帕）的应力水平。幸运的是利利克拉普并未采用如此极端的标准。5艘“肯特”级巡洋舰[10]被纳入1924年造舰计划，另2艘[11]则被作为澳大利亚海军的舰只订购。

该级舰的建造过程中为实现减重绞尽脑汁。造船厂工头甚至有权拒绝安装任何他们认为超重的设备，而40吨的减重甚至通过使用头型较小的铆钉实现！种种苦心最终收到了实效，各舰完工时的实际排水量均明显低于1万吨上限，从而为未来的升级提供了空间。海军部一直希望能挤出重量以供安装弹射器，该设备于该级舰在20世纪30年代接受改造时加装。除主炮问题外，各舰遭遇的磨合问题很少。最初完成的几艘“肯特”级在试航时显示其烟囱高度过矮，因此此后烟囱高度升高15英尺（约合4.57米）[隶属澳大利亚的两舰则增高18英尺（约合5.49米）]。此外试航时还出现过振动问题，该问题很快便通过小幅度加强得以解决。[④]4艘大体类似的巡洋舰被纳入1925年预算，并被划为“伦敦”级[12]。该级舰直接取消了较浅的防雷突出部，加上进一步改善舰体线条的作用，设计团队曾希望该级舰的航速可提高0.75节。[⑤]列入1926年造舰计划的两艘“诺福克”级设计大致与“伦敦”级相同，两者之间最大的区别为前者采用了马克II型炮塔。

① 马克II型炮塔简化了装填机构，其最大仰角也降至50°。设计人员希望以此提高炮塔可靠性并降低总重。然而实际上“轻量化”的马克II型实际重量反而高于马克I型，这一现象似乎符合某种自然定律。

② 利利克拉普的工作笔记收藏于国家海事博物馆。1922年11月2日他在笔记中写道：“海军建造总监不希望被以前的任何设计经验限制。增加舰体型深/长度以实现减重。”

③ 利利克拉普似乎假设舰体重量与L^2B成正比（其中L与B分别代表吃水深度与型深），但从工作笔记来看这一点并不明确。

④ 其他列强的大部分舰只亦遭遇振动问题，这显示列强为实现减重均采用了较轻的舰体结构。应注意较轻的舰体重量并不一定意味着会发生振动问题，但会使得出现该问题的可能性增加，尤其是在20世纪20年代可供设计师使用的结构设计方法还较为原始的前提下。

⑤ 笔者个人对这种小型防雷突出部是否可对航速产生影响颇为怀疑。试航结果似乎也显示三批“郡”级巡洋舰之间的航速差距不大。

预算不足的问题使得建造较小但可建造数量更多的巡洋舰的构想颇具吸引力，因此1925年8月海军建造总监[13]提交了3份排水量约为8200吨的设计方案，供海军部讨论。3个设计方案均装备6门8英寸（约合203.2毫米）主炮，分布于3座双联装马克II型炮架上。①该种巡洋舰计划用于保护己方商道，但亦可能与舰队一同作战，因此其最低航速被设为32节。海军部选中的设计方案中，动力系统舱室侧面设有一道3英寸（约合76.2毫米）装甲带。减重主要通过降低舰体重量实现，其中自舯部向后舰体型深被降低一层甲板高度。②海军部希望在B炮塔顶部加装一具飞机弹射器，但此后认识到此举不仅将妨碍炮塔平衡，而且将影响炮塔回旋。为容纳弹射器，首舰“约克”号（York）[14]装备了很高的舰桥结构，以免与弹射器互相影响。该舰也是第一艘搭载新型且沉重的重型指挥仪火控塔（Director Control Tower, DCT）[此前仅出于实验目的在“奋进”号（Enterprise）[15]上安装过该设备]的巡洋舰。鉴于该结构重量较重，且位于较高处，因此需对该级舰的宽度进行显著的增加。“约克”号被纳入1926年预算。

海军部原计划在1927年造舰计划中纳入2艘“约克”级巡洋舰，但最终只能下达1艘的订单[即“埃克塞特”号（Exeter）][16]。在外观上该舰与“约克”号区别明显。“约克”号原计划采用与“肯特”级类似的3烟囱布局，但其前两座烟囱围壳后来被合并，以保证舰桥免受烟气影响。1928年在高级军官技术路线总监（Director of the Senior Officers Technical Course）领导下进行的若干研究显示，垂直烟囱因能极大地加剧敌舰估计我舰相对航向的难度，因此非常受军官们的欢迎。与此同时，对“肯特”级舰桥多风现象的诸多抱怨也使得设计团队为“埃克塞特”号重新设计了舰桥结构，该结构高度较低，且侧向延伸结构数量很少。此后所有皇家海军巡洋舰的舰桥设计风格均可追溯到“埃克塞特”号。舰桥上的罗经平台上方加装了防弹天花板。该舰还装备了马克II*型炮塔，为此额外付出了增重90吨的代价。值得注意的是尽管两艘“约克”级巡洋舰排水量较小，但为实现与此前排水量更大的“郡”级巡洋舰相同的航速，两舰所需的

① 为适应较低的干舷高度，设计人员对艉炮塔炮座进行了稍许改动。

② 由此导致的艏楼甲板中断进而导致应力在舯部集中。在此后几级巡洋舰上这一弱点将导致严重的断裂问题。

“约克”号可被视为皇家海军建造较小也较廉价巡洋舰的尝试，该舰仍装备8英寸（约合203.2毫米）主炮。由于海军部最初计划在该舰B炮塔上加装弹射器，因此该舰装备了较高的舰桥结构——在顶晶公司（Dinky）出品的模型玩具上包含了弹射器！（作者本人收藏）

“埃克塞特”号。该舰最初被作为“约克”号的姊妹舰，但设计团队对其设计方案进行了改动，其舰桥高度较矮，结构也较为简单，其烟囱垂直，以期增加敌舰判断其航向的难度。该舰与“约克”号均设有3座烟囱，其中前两座围壳合并，以试图降低烟气对舰桥的影响（帝国战争博物馆，A3882号）。

主机功率与前辈相同。这主要是由于“约克”级的舰体长度较短。

1927年海军部曾考虑装备5座双联装炮塔，且除弹药库之外其他部位几乎不设防护的构想。该构想最终被放弃，其主要原因不仅是鉴于其防护过于薄弱，而且由于第五座炮塔难于布置，并可能导致严重的炮口风暴问题。在另一设计构想，即所谓的X号设计方案中，后部锅炉舱和轮机舱设有5.75英寸（约合146.05毫米）防护，其前部动力系统舱室则设有1~2英寸（约合25.4~50.8毫米）装甲防护。[①]1928年4月设计部门又提出了Y号设计方案，该方案中整个动力系统舱室都被施加较强的防护，为此付出的代价则是主机输出功率降至6万匹轴马力，航速降至30节。当时海军部内似乎对包括Y号设计方案在内的两个方案之优劣进行过颇多评论，与Y号设计方案竞争的方案则稍许削弱了侧面防护，用于对炮塔围井施加1英寸（约合25.4毫米）装甲防护。此外，设计方案中的舰桥亦被改为与“埃克塞特”号类似的结构，并设置了两座垂直的烟囱。按此设计方案规划的两艘巡洋舰即为“萨里”号（Surrey）和“诺森伯兰”号（Nothumberland），但受经济危机的影响，两舰的建造于1930年1月被取消。此后在当年晚些时候列强签署《伦敦条约》之后，英国亦就此放弃建造装备8英寸（约合203.2毫米）主炮的巡洋舰。

评价

“肯特”级设计的功过可从如下方面进行评价。首先为后继英制8英寸（约合203.2毫米）主炮巡洋舰相对该级舰进行的改动，其次为与外国同时期类似大小舰只的比较，虽然应注意“诺福克”级的订单早在“肯特”级出海试航前就已经下达。“约克”级和“萨里”级的出现显示了防护的重要性逐渐提高。[②]笔者曾专门撰文，对两次世界大战之间建造的巡洋舰防护能力进行普遍性的讨论[③]，且将在本章后文中加以总结。此外，尽管一直居于少数，但持更偏重高航速观点的群体人数一直不容忽视。

由于若干国家在建造巡洋舰过程中存在作弊行为，导致其巡洋舰的最终建成排水量超过1万吨上限，因此与其他列强巡洋舰进行比较也并非易事。笔者

① I A Sturton, 'HMS Surrey and Northumberland', Warship International 3/77, p245.
② 后人常常会将这一趋势归结于查特菲尔德的影响，他曾先后担任海军审计长和第一海务大臣。
③ D K Brown, 'Second World War Cruisers: Was Armour Really Necessary', Warship 1992, p121.

有必要强调，即使排水量仅增加 1000 吨，在防护与航速之间实现平衡的难度也将显著降低。英制巡洋舰的主炮可在较短时间内实现每炮每分钟 5 发的射速，而其他列强的巡洋舰仅能实现每炮每分钟 2 发的射速。此外，英制指挥仪火控系统的性能在当时可能较其他列强的同类产品更为先进，但在实施校射时，射速的上限大概也仅为每炮每分钟 2 发。还应注意，法国和意大利两国海军习惯在试航时让主机处于严重过载的状态，从而得以记录很高的航速，而这一情况在实际服役期间是无法实现的。

最初的两艘美制同类巡洋舰，即“彭萨科拉”级（Pensacola）[17] 的表现难称成功。其过低的干舷高度使得其非常潮湿，且其横摇幅度很大。①其炮塔设计也不够理想：内部布置过于拥挤，同炮塔内的主炮安装在同一摇架上 [18]。此外其常用设施也显不足。后续两批巡洋舰 [19] 仅稍有改善，但 1931 年开工的“新奥尔良”级（New Orleans）[20] 实现了性能的飞跃。该级舰装备的动力系统颇为先进，使得其可以装备 5 英寸（约合 127 毫米）装甲带和装甲化的炮塔［正面装甲厚 6 英寸（约合 152.4 毫米），顶部厚 2.25 英寸（约合 57.15 毫米）］。以“新奥尔良”级为标志，美国海军在巡洋舰设计上取得了决定性的领先优势，并从此保持至今。

以笔者个人观点，“肯特”级无疑堪称早期 8 英寸（约合 203.2 毫米）主炮巡洋舰中的最强者。毕竟，其他列强的实战经验均不如皇家海军丰富。遗憾的是，由于动力系统设计水平逐渐过时，以及更广泛层面上英国工业实力的逐渐落后，“肯特”级曾享有的领先优势并未能被皇家海军保持下去。

战前改装

通过第二次世界大战爆发前各艘装备 8 英寸（约合 203.2 毫米）主炮巡洋舰所经历的改动，可窥见海军参谋们对巡洋舰的观点经历了怎样的改变。鉴于各舰的排水量均低于 1 万吨上限，因此海军部计划为各舰实施有限的增重。20 世纪 30 年代早期各舰均加装了一座弹射器和舰载机。作为原始设计的一部分，各舰在 8 联装乒乓炮投产后便逐步加装了该种武器。1933—1934 年间，海军部曾考虑过大规模改善 5 艘“肯特”级巡洋舰的性能。各舰不仅完工时低于 1 万吨排水量上限的幅度不尽相同，而且服役以来排水量增加的幅度各不相当。②因此，海军部为各舰考虑的改建方案也不尽相同。③主要增加的装备包括覆盖动力系统舱室的装甲带。厚 5.5 英寸（约合 139.7 毫米）的装甲带可对从 1 万码（约合 9.1 千米）以上距离射来的 8 英寸（约合 203.2 毫米）炮弹实现一定的防护，对从 1.5 万码（约合 13.7 千米）以上距离射来的 8 英寸（约合 203.2 毫米）炮弹实现免疫。对 6 英寸（约合 152.4 毫米）炮弹的免疫距离则为 5000 码（约合 4.6 千米）。若装甲带厚度削减至 4.5 英寸（约合 114.3 毫米），则无法对 8 英寸（约合 203.2 毫米）

① 通过加装较大面积的舭龙骨得以解决。
② 签署条约的列强曾非正式地同意巡洋舰排水量可发生不高于 300 吨的增加。
③ 对改建内容的详细描述可参见 Raven and Roberts, British Cruisers, p244。

炮弹实现免疫，但仍可抵挡从 8000 码（约合 7.3 千米）以上距离射来的 6 英寸（约合 152.4 毫米）炮弹。

经过一系列讨论之后，海军审计长给出了如下的改建优先级排序：（a）装甲；（b）舰载机设备；（c）防空火力。尽管如此，鉴于加装 5.5 英寸（约合 139.7 毫米）装甲带将意味着无法加装舰载机设备，因此海军部最终同意仅加装 4.5 英寸（约合 114.3 毫米）装甲带。各舰实际接受的改动内容各不相同，但大致而言包括加装 288 吨装甲、120 吨舰载机相关设备和 34 吨防空炮及其火控系统（共计 442 吨）。[①]各舰改建工程的实际开支大致在每艘 16.1 万 ~21.5 万英镑之间。[②]读者在此可再次注意到改建计划中对防护的重视。有关“伦敦”级改建计划的讨论始于 1936 年，并由此延续了两年。这一次海军部寻求实施更为根本的改造方案，因此提出所有的改建方案或包括改装新的动力系统，或对原有动力系统实施改造，以实现动力系统单元化设计。[③]最终海军部同意的改建方案包括加装 3.5 英寸（约合 88.9 毫米）非硬化装甲带，且将上层建筑结构改为与“斐济”级类似的式样。

自完工之日起直至 1937 年，“伦敦”号接受了一系列小规模加装改造。即使如此，1937 年 2 月的倾斜试验所显示的该舰排水量已达 1.0203 万吨而非 0.975 万吨的结果仍颇令人惊讶。根据这一结果，按 1939 年 1 月计划的改建方案实施现代化改造后该舰预计排水量将达 1.0687 万吨，而 1941 年 2 月改造完成后其实际排水量高达 1.1015 万吨（重载条件下为 1.4578 万吨）。对该舰较轻的舰体而言，负荷如此显著地增加必将导致问题。至 1941 年 5 月海军部已经收到报告称该舰出现铆钉漏水，且其上甲板出现裂缝。上述问题在锅炉舱上风井附近尤为突出。[④]该舰于 1941 年 10 月至 1942 年 2 月入坞接受修理，其间在上甲板位置共追加了 63 吨加强件。然而这一维修方案的思路本身即不正确：加强上甲板将导致舰体的中性轴位置抬升，从而导致舰底部分所受应力增加。[⑤]因此此后该舰舰底出现漏水现象，并进而导致的锅炉给水污染便让人毫不意外。为解决这一新问题，该舰于 1942 年 12 月至 1943 年 5 月再次入坞接受进一步加

① 防空火力的改善包括加装两具防空控制系统（HACS），用 4 座双联装 4 英寸（约合 101.6 毫米）防空火炮取代原有的 4 门单装 4 英寸（约合 101.6 毫米）防空火炮（部分舰只则仅进行了介于两者之间的改装，即仅将 2 门单装防空火炮替换为 2 座双联装火炮，而保留另外 2 门单装火炮）。

② 其中装甲耗资 7.2 万英镑，舰载机及其相关设备耗资 5.4 万英镑，防空系统耗资约 4.3 万英镑。

③ 有关各改建方案的具体内容可参见 Raven and Roberts, British Cruisers, p256。

④ 1941 年 9 月 15 日古道尔在日记中写道：“利利克拉普将对‘伦敦’号的结构强度展开调查，并对其他出现问题的巡洋舰进行分析。”

⑤ 中性轴指一根假想的轴线，梁或舰体可被视为沿该轴弯曲。详见本书附录 12。

“坎伯兰”号（Cumberland），摄于 1942 年，此时该舰的艉部已被切除一部分，其艉甲板位置相应下降。这一改动乃是对加装装甲进行相应补偿的措施之一（作者本人收藏）。[21]

强。此次修理完成后，该舰的状态足以与其他舰龄较老、长期辛苦服役的舰只相当。[1]其他各艘“伦敦”级和“多塞特郡”级重巡洋舰并未接受大规模现代化改造，但各舰的防空火力均有所增强，并加装了一座防空控制系统设备。

早期小型6英寸（约合152.4毫米）主炮巡洋舰设计

早在签订《华盛顿条约》之前，海军部就已经在考虑设计建造小型巡洋舰，但并未就此进行任何设计研究。至 1925 年 2 月就小型巡洋舰的设计要求终于确定，该种巡洋舰排水量在 7500~8000 吨之间，装备 4 座双联装 6 英寸（约合 152.4 毫米）炮塔。最初对续航能力的要求为以 12 节航速航行 5500 海里，由于被认为不足敷需要，因此这一要求此后上升至 7000 海里，排水量也相应上升至 8500 吨。在与“奋进”号相同的 10 万匹轴马力主机输出功率下，新设计巡洋舰的航速将为 34.5 节。

作为与此设计相关的一部分，海军建造总监要求对皇家海军传统动力系统设计思路进行反思。[2]1925 年进行的重审导致海务大臣委员会决定不在大型巡洋舰上冒任何动力系统设计方面的风险。海军建造总监对此决定的评论则不乏嘲讽：由此为实现减重，他自己便需对设想中舰只的结构设计进行冒险了。在小型巡洋舰上对动力系统实施减重的重要性与日俱增，若英制动力系统重于其他列强的相应设备，则皇家海军的战舰将不免陷入航速较慢或其作战实力稍逊的窘境。根据海军建造总监的推算，意大利“雇佣兵队长”级（Condottieri）轻巡洋舰[22]的动力系统重量为 1400 吨，其输出功率为 9.5 万匹轴马力，从而其功重比约为每吨 68 匹轴马力。反观英国新建各舰的动力系统重量为 1325 吨，但输出功率仅为 6 万匹轴马力，因此功重比仅约为每吨 45.3 匹轴马力。由此海军建造总监坚持要求设计更大的锅炉和更轻的动力系统（详见本书第五章）。

1929 年 1 月海军建造总监部门准备了 5 份相应的设计方案，提交供轻巡洋舰会议（Light Cruiser Conference）讨论。所有设计方案的排水量均为 6000 吨。选择这一排水量的原因是为了保证在“风力 4~5 级海况”下仍能保持 27 节航速。[3]各设计的火炮装备各不相同，例如 5 门 6 英寸（约合 152.4 毫米）主炮或 6 座配备开放式防盾的 5.5 英寸（约合 139.7 毫米）火炮，或 3~4 座双联装 6 英寸（约合 152.4 毫米）炮塔。“奋进”号对双联装 6 英寸（约合 152.4 毫米）炮塔的试验报告对该设备评价良好，因此以开放式炮座方式安装主炮的构想首先被放弃。[4]对新巡洋舰防护能力的要求则为能抵挡从 1 万码（约合 9.1 千米）以外 1.6 万码（约合 14.6 千米）以内距离上射来的 6 英寸（约合 152.4 毫米）炮弹，并能抵挡从 7000 码（约合 6.4 千米）以上距离射来的 4.7 英寸（约合 120 毫米）炮弹［甲板则免疫任何距离上发射的 4.7 英寸（约合 120 毫米）炮弹］。这便要求设置 3

① N G Holt and F E Clemitson, 'Notes on the Behaviour of H M Ships during the War', Trans INA(1949). Discussion by RJ Daniel, p101. 提及的巡洋舰上出现的结构问题数量颇引人注目。

② 本节主要基于曾提交给国家海事博物馆的一份手稿。

③ 至今仍不明确所谓“风力 4~5 级海况”的含义。风力通常仅与风速有关，其与浪高只有间接关系。1929 年“海况”这一概念尚未被广泛运用，但上述用法或许也是该概念早期使用的例子之一。5 级海况通常指浪高可达 12 英尺（约合 3.66 米），在此海况下典型的 6000 吨级巡洋舰应仅能维持 27 节上下航速。航行时能保持的航速取决于船体长度、吃水深度和干舷高度，与排水量仅有间接关系。详见本书附录 19。

④ 根据当时的观点，除造价低廉之外，开放式炮座还具有若干其他优点。该设计可在短期内实现较高的射速，可靠性更佳，目标投影也更小。与此同时，炮塔结构所需的炮组成员人数较少，且能受到较好的保护。至于其较低的射速则足以适应指挥仪统一指挥射击和校射要求，因此也不是那么重要。

英寸（约合 76.2 毫米）非硬化侧装甲，以及 2 英寸（约合 50.8 毫米）甲板装甲。

在使用人力装填炮架的前提下，5.5 英寸（约合 139.7 毫米）火炮具备诸多优势，但在有动力驱动的炮塔内，6 英寸（约合 152.4 毫米）火炮发射的较重弹丸优势明显，因此最终装备 4 座双联装炮塔的方案中选。在续航能力为以 16 节航速航行 6500 海里的前提下，设计排水量为 6500 吨。设计草图和设计图样于 1929 年 6 月 3 日获批，该方案装备 4 座双联装 6 英寸（约合 152.4 毫米）炮塔，排水量为 6500 吨。

“利安德”号（Leander）①23

在该级舰具体设计发展过程中，设计团队对其进行了数量可观的改动，其中最为重要的一项是改善动力系统舱室的分舱设计。原始设计草图中将两座锅炉舱布置于两座轮机舱之前，由此两具外侧主轴各可承担 2 万匹轴马力，而内侧主轴各可承担 1 万匹轴马力。上述方案被变更为 3 座各安装 2 座锅炉的锅炉舱和 2 座轮机舱，且设有独立的齿轮舱。新布置下动力系统舱室共占据 179 英尺（约合 54.6 米）舰体长度，而按原有设计布局仅占据 160 英尺（约合 48.8 米）。鉴于需为通往舱壁两侧的设备设计相应的通道，因此加设舱壁的代价总是颇为可观。增加动力系统舱室面积亦导致轮机舱额定人员数目增加，而鉴于舰体总长度仅增加 12 英尺（约合 3.66 米），因此增加的人员只能挤在更小的空间内。与“郡”级重巡洋舰相比，该级舰的居住条件较差，即使与战时建造的那些拥挤舰只相比，该级舰的居住条件也无任何优势。锅炉舱被集中布置，以便将烟囱围壳合并，从而仅需设置一个单独的烟囱，进而增加敌舰估计我舰相对航向的难度。烟囱和舰桥外形都进行了流线化处理，以图减少飘落舰桥的烟气量，这一尝试获得了成功。[24]

为维持航速，主机输出功率被提升至 6.3 万匹轴马力，从而导致排水量上升至 7000 吨。“郡”级重巡洋舰的经验显示，锅炉内压强可从每平方英寸 250 磅（约合 1.72 兆帕）提高至 300 磅（约合 2.07 兆帕），从而可将主机输出功率进一步提高至 7.2 万匹轴马力，进而将航速提升至 32.5 节。在海斯拉对带球形艏的船型进行的模型试验结果显示，截面积为舰体舯部截面积 4% 的球形艏可将阻力降低 1.75%，从而当航速在 25~32 节之间时可将航速提高 0.125 节。②后续试验结果显示在最高航速下球形艏可将阻力减小 1%~2.25%，而在 25 节航速下将导致阻力增加 3.25%~3.75%。

对舰载机相关设备、动力系统和装甲的改动使得设计计算排水量增至 7154 吨，尽管如此，这一数字仍于 1931 年 6 月获批。在建造过程中，计算排水量再度上升 300 吨，但海军建造总监认为这一增长将大致通过大量使用焊接工艺建

① K McBride, ' "Eight Six-inch Guns in Pairs". The Leander and Sydney Class Cruisers', Warship 1997-1998, p167.

② 根据海军建造总监史记载，加装球形艏的方案获得批准，但显然此后的模型试验结果并不如此次理想，因此球形艏并未被安装。（Raven and Roberts, British Cruisers, p206.）不过，1931 年在德文波特造船厂暂停建造时所使用的舰体型线图显示设有球形艏。笔者个人并不认为该舰安装了球形艏，但支持任一观点的证据都不够充分。

"利安德"号，摄于1942年在新西兰皇家海军服役期间。该舰仍保留单杆桅结构，且无装备雷达的迹象（笔者本人收藏）。

造而抵消。"利安德"号建成时实际排水量为7289吨，较批准的排水量高出135吨。①与"郡"级重巡洋舰200万英镑的造价相比，造价160万英镑的"利安德"号并不特别便宜。

本书引言部分已经对1930年《伦敦条约》加以讨论。对皇家海军巡洋舰而言，新条约意味着装备8英寸（约合203.2毫米）主炮的巡洋舰的建造就此终结[25]，而装备6英寸（约合152.4毫米）主炮的巡洋舰的总排水量则被限制在19.22万吨。这使得与"利安德"号类似的巡洋舰设计非常具有吸引力，由此海军部下达了4艘类似巡洋舰的订单，其中3艘被列入1930年造舰计划，另1艘被纳入1931年造舰计划。②为改善舰只稳定性，新巡洋舰的舰体宽度在水线位置加宽1英尺（约合0.30米），在甲板位置则保持不变。③新巡洋舰的装甲布局也较"利安德"号稍有改变，但正如海军建造总监所预言的那样，利用使用焊接工艺建造"利安德"号过程中所获得的经验，后继舰只可通过该工艺实现更大幅度的减重。由此后续3舰[26]建成时排水量在7030~7070吨之间，最后一艘同级舰"阿贾克斯"号（Ajax）[27]则仅为6840吨。

平时服役期间，该级舰并未表现出什么问题。艏楼甲板终点之后部分的上甲板较为潮湿，且"利安德"号上存放于此处的小艇曾被风浪破坏——为解决这一问题，艏楼甲板向后延长，且小艇存放位置被提高。④该级舰上亦曾出现常见的铆钉漏水问题，由此导致了若干加强工作。封闭式舰桥设计在服役期间不受欢迎：关闭窗户会导致视线受阻，而开启窗户又会引进大风。第二次世界大战期间该级舰承受了严重的损伤，但仍能返回己方港口。

"安菲翁"级（Amphion）[29]

海军部决定在1931年造舰计划中的第二艘巡洋舰上使用单元化的动力系统

① 该舰的排水量计算或以"埃克塞特"号巡洋舰为基础，而有观点认为，在使用缩放法估算排水量时，用排水量较大的舰只等比缩小进行估算的方式误差更大。
② 海军建造总监史明确将"利安德"级与"利安德"号本身区分开。
③ 这一方案的确可以改善初始稳定性（定倾中心高度），但当舰体倾角较大时却无济于事。
④ 1950年笔者曾在隶属"黛朵"级（Dido）[28]防空巡洋舰的"欧尔亚拉斯"号（Euryalus）上服役。笔者至今仍对该舰上甲板的潮湿程度记忆犹新。

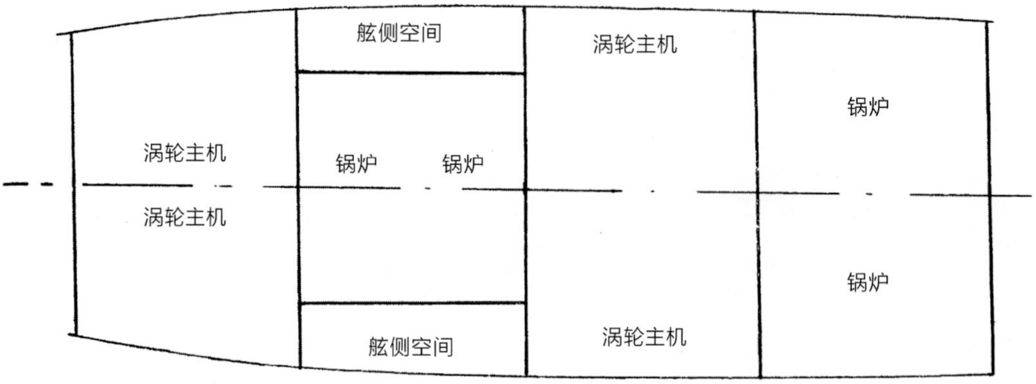

动力系统舱室布局和舰只倾覆之间的关系

从“安菲翁”级开始，英制巡洋舰的动力系统舱室布局中，前部锅炉舱内两具锅炉为并排布置，其后则是驱动两具外侧主轴的涡轮机。后部锅炉舱内，锅炉则沿舰体中线前后布置，从而在其外侧留下了舷侧空间。后部轮机舱则驱动两具内侧主轴。

单单一个舷侧空间进水仅会导致较小的侧倾。然而一旦鱼雷命中这一区域就很可能导致两座轮机舱、后部锅炉舱和一侧舷侧空间均进水。在此情况下舰只稳定性将极大降低，且其他舷侧舱室的浮力不对称将可能进而导致舰只倾覆——且非常快速地倾覆。

设计，即交替布置锅炉舱、轮机舱、锅炉舱、轮机舱。每座锅炉舱都能向任一轮机舱供给蒸汽，因此即使有两个动力系统舱室进水，巡洋舰仍有很高的概率保持动力。实现这一安全性更高的设计自然不是无代价的：动力系统舱室的长度将再度增加 9 英尺（约合 2.74 米），达 188 英尺（约合 57.3 米），由此侧装甲需延伸至上甲板高度部分的长度也增至 141 英尺（约合 43.0 米），而非此前各舰上的 84 英尺（约合 25.6 米）。新设计的舰体长度增加 8 英尺（约合 2.44 米），但显然新巡洋舰上的拥挤程度将甚于“利安德”级，而由于单元化动力系统设计需要更多的操作人员，因此使拥挤状况雪上加霜。最初额定乘员人数为 650 人，但设计人员认为仅能找出容纳 600 人的空间。尽管并不清楚设计团队解决这一问题的方式，但该级舰建成时的额定乘员人数已经下降至 570 人。新动力系统设计中仅装备 4 座锅炉而非此前的 6 座，且每具主轴所承担的功率相等。

该级舰所采用的动力系统舱室布局方式后来被用在了建成的英国巡洋舰上。尽管该设计极大地增强了舰只承受伤害的能力，但设计中遗留的一个严重错误也极大地影响了其价值。为方便外侧主轴从后部锅炉舱外侧通过，该锅炉舱内位于舰体舯部的两座锅炉被设计为前后布置。这导致在锅炉舱两侧留下了两个舷侧空间。计算显示单个舷侧空间进水引发的舰体侧倾幅度非常有限。但如果巡洋舰该部位被鱼雷命中，那么 2~3 个主水密舱将出现进水，从而极大地降低舰船稳定性。在此情况下其他舷侧舱室所受浮力不对称的状况将导致非常严重的侧倾，并可能进而导致舰只倾覆。

舰队巡洋舰

作为舰队巡洋舰，第一次世界大战期间建造的战时巡洋舰表现颇令人满意。该种巡洋舰的设计作战任务为引导己方驱逐舰，并追踪敌舰队。鉴于其表现之成功，直至 1929 年之前海军部并无将其替换的打算。当年在此后引发的关于“利安德”号设计方案的讨论中，有参与者提出该种设计对执行舰队作战任务而言过于庞大，舰队实际需要的巡洋舰排水量应更小。与此同时，《伦敦条约》对巡洋舰总吨位的限制亦使得小型巡洋舰颇具吸引力，此外海军部认为小型巡洋舰将更为廉价。

表4-2 1929年舰队巡洋舰设计研究

设计方案	A	B	C	D	E
排水量（吨）	6800	6000	5600	4200	3000
主炮	4座双联装6英寸（152.4毫米）炮	4座双联装6英寸（152.4毫米）炮	3座双联装6英寸（152.4毫米）炮	5门6英寸（152.4毫米）炮	6门5.5英寸（139.7毫米）炮
航速（节）	31.5	33	33	36	38

在所有设计方案中，仅有A方案对动力系统舱室施加了防护，而E方案甚至未对弹药库施加防护。此后设计团队又准备了两个排水量约为4800吨的设计方案，这两个方案均装备3座双联装6英寸（约合152.4毫米）炮塔，并在弹药库和动力系统舱室侧面配有3英寸（约合76.2毫米）装甲。其设计风格大致与“利安德”号相同，即仅设一座烟囱，3座锅炉舱布置在一起。此后设计过程中进行的一系列小规模添加导致其排水量上升至5000吨，设计图样最终于1931年3月获批。

受经济危机影响，当时海军部无法立即下达订单。在由此导致的等候期内，海军建造总监开始考虑采用单元化动力系统设计方案。这一改动将导致排水量上升至5500吨。考虑到条约对巡洋舰总吨位的限制，以及实施这一改动将导致造价提升至142.8万英镑的预期，这一改动自然不受欢迎。在对各种衍生设计方案进行讨论之后，海军部最终还是决定采用5500吨设计方案，但通过对动力系统实施减重将排水量降至5450吨。根据1930年《伦敦条约》，皇家海军剩余的巡洋舰排水量配额还可用来建造5艘该型巡洋舰（即“林仙”级）和9艘“利安德”级。①

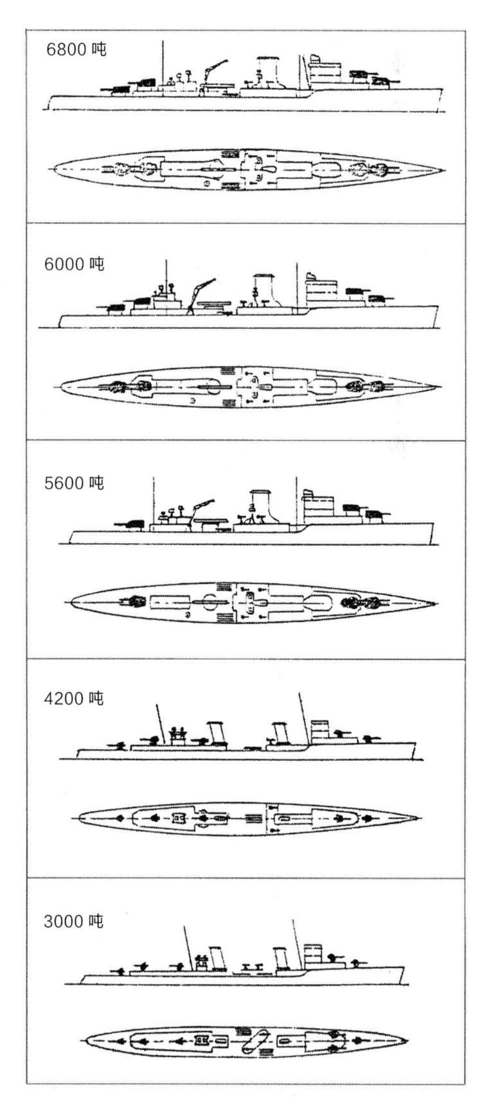

对舰队巡洋舰的设计研究（1929年）最终导致了“林仙”级（Arethusa）[31]的问世。

焊接工艺

自“利安德”号开始，焊接工艺的运用范围逐步扩大。卡默尔莱尔德造船厂是私营造船厂中在这一技术领域的佼佼者，该造船厂在建造“阿基里斯”号（Achilles）[32]的过

① 1935年2月20日古道尔在日记中写道：“在‘林仙’号上甲板上走了一圈——对一艘仅安装6门6英寸（约合152.4毫米）主炮的战舰而言，它似乎太大了。”次年8月12日日记中还写道：“‘佩内洛普’号（Penelope）[30]上什么都不缺，唯独缺少火炮和装甲。”

第二次世界大战中期状态的“林仙”号；该舰已经加装三脚桅、对空预警雷达和火控指挥雷达，并装备了大量20毫米厄利孔防空炮（作者本人收藏）。

程中在所有主舱壁上均采用了焊接工艺，而查塔姆造船厂在建造“林仙”号的过程中则对以下部分实施了焊接加工：船壳板、前部80英尺（约合24.4米）强力甲板、所有内部甲板及上层建筑、双层舰底内侧框架结构、舱壁以及很多细节构造。在涉及焊接工艺的一篇论文中，舍温曾提到变形是实施焊接工艺时遭遇的主要问题，但这一问题可以得到解决。①在对焊接工艺进行的讨论中，时任巡洋舰设计部门领导的利利克拉普曾指出两个重要观点。首先，尽管有对D质钢成功实施焊接的先例（参见本书附录15），但焊接失效的问题仍比比皆是，这导致对D质钢实施焊接的信心不足。其次，采用焊接工艺下的每吨结构的造价与采用铆接工艺相同（1931年），但鉴于采用焊接工艺构成的结构重量更轻，因此总造价也更为低廉（参见Seagull第七章）。

较大型巡洋舰

鉴于其他列强，尤其是日本，已经开始建造装备大量6英寸（约合152.4毫米）火炮的巡洋舰，海军部建造大量小型巡洋舰的计划就此告吹。日本海军宣称装备15门6英寸（约合152.4毫米）主炮的“最上”级排水量仅为8500吨，这自然引发了轰动。实际上，该级舰的真实设计排水量为9500吨，由此计算试航排水量应为11169吨，但其实际建成时排水量达12962吨（试航状态）。在解决了此后发现的一系列问题之后，其排水量直接攀升至14112吨（试航状态）。②

受横空出世的“最上”级影响，其他列强均对下列问题付诸了相当的注意力：在与装备8英寸（约合203.2毫米）主炮巡洋舰的对抗中，装备6英寸（约合152.4毫米）主炮的大型巡洋舰究竟有多大价值。6英寸（约合152.4毫米）主炮的射速无疑更快，可达每分钟6~8发③，而8英寸（约合203.2毫米）主炮的射

① C E Sherwin, 'Electric Welding in Cruiser Construction', Trans INA (1936), p247. 舍温曾告知笔者该论文主要基于其前任西姆斯（A J Sims）所留下的笔记，并征得了后者的同意。

② E Lacroix and L Wells, Japanese Cruisers of the Pacific War (London 1997).

③ 不过在远距离射击需要进行校射时，射速可能降至每分钟4发。

速只有每分钟 2 发（皇家海军炮塔或可取得每分钟 5 发的射速），但其炮弹射程更远、穿甲能力更强，且一旦命中造成的杀伤力更大。关键的问题便在于在 2 万 ~2.8 万码（约合 18.3~25.6 千米）交战距离上，低射速的 8 英寸（约合 203.2 毫米）主炮是否可能对装备 6 英寸（约合 152.4 毫米）主炮的巡洋舰造成致命伤害。注意上述距离分别为 6 英寸（约合 152.4 毫米）和 8 英寸（约合 203.2 毫米）主炮的最大有效射程。在这一比较中，大部分列强海军似乎均偏好装备 6 英寸（约合 152.4 毫米）主炮的巡洋舰，唯有日本的看法相反，后者计划将其装备 6 英寸（约合 152.4 毫米）主炮的大型巡洋舰改装 8 英寸（约合 203.2 毫米）主炮。美国海军的解决方案则是同时大量建造两种巡洋舰，并为两种火炮均配备较其他列强同类弹药重得多的炮弹。①第二次世界大战的实战经验明确显示，当目标距离在 2 万码（约合 18.3 千米）以上且在不断机动时，获得命中的概率微乎其微，从而说明装备 6 英寸（约合 152.4 毫米）主炮是更正确的选择。② [33]

1933 年海军建造总监提交了 4 份设计研究方案，尽管所有方案均基于“安菲翁”级设计，但均装备 4 座三联装 6 英寸（约合 152.4 毫米）炮塔、3 座双联装 4 英寸（约合 101.6 毫米）炮塔和 5 英寸（约合 127 毫米）侧装甲。各方案的设计航速在 30~32 节之间，排水量则在 7800~8835 吨之间。其中排水量最大的方案中选这一结果多少有些出人意料，且该方案的排水量随着此后设计的深入进一步增加。装甲带长度被增长，但其厚度被削减为 4.5 英寸（约合 114.3 毫米），武器方面则加装了第四座双联装 4 英寸（约合 101.6 毫米）炮塔和 2 座多管乒乓炮。海军部和设计团队就新设计中舰载机相关布置展开了相当长时间的辩论，最终海军部批准安装一具横贯甲板的重型弹射器，并在前部烟囱两侧各设置一座机库。审计长亨德森决定采用倾斜的烟囱，表面上看这一决定意在防止烟气飘上舰桥，但实际或仅仅出于审美考量。③自 E 级巡洋舰以来，所有英国巡洋舰均在舰体前部设有舰体棱缘，意在避免海水涌上甲板。但无疑并非所有人都赞成这一做法，这在“伯明翰”号（Birmingham）[34] 采用传统的舰艏外飘方式建造一事中得到证明。尽管未曾就不同的舰艏外形进行正式比较，但一名年轻的造船师劳伦斯（J C Lawrence）曾搭乘“伯明翰”号前往开普敦（Capetown），并在途中观察该舰的表现。④尽管在其报告中劳伦斯对该舰的表现评价不低，但审计长仍决定在该舰上改建舰体棱缘。不过，第二次世界大战的爆发导致这一工程实际并未实施。⑤“伯明翰”号的舰长则声称海试中该舰的舰艏未体现出任何优势。⑥此后该舰于 1939 年 1 月在香港和马尼拉（Manila）之间海域遭遇恶劣天气，据该舰舰长称，在此次经历中该舰舰艏非常有效地阻止了涌浪。⑦

在最初 5 艘“城”级巡洋舰 [35] 开工后，海军部获得了一些额外资金，因此

① 美国海军使用的 8 英寸（约合 203.2 毫米）炮弹重量从 260 磅（约合 117.9 千克）增至 335 磅（约合 152.0 千克），6 英寸（约合 152.4 毫米）炮弹重量则从 105 磅（约合 47.6 千克）增至 130 磅（约合 59.0 千克）。

② D K Brown, 'The Cruiser', in R Gardiner (ed), The Eclipse of the Big Gun (London 1992), p64. 尤其应注意马塔潘角海战（Matapan）和科曼多斯岛海战（Komandorskis）的例子。

③ 该级舰档案级中收录的一小篇文档内包括烟囱的草图，图纸边附有亨德森的评论，称应按此建造。依笔者观点，这一改动的结果是造就了有史以来最为美观的战舰之一，并对日后于 1980 年取消建造的 43 型驱逐舰设计风格造成了强烈的影响。参见 D K Brown, A Century of Naval Construction, p269。

④ 以下根据劳伦斯与笔者的交流整理。

⑤ 舰体棱缘的价值取决于舰体长度、干舷高度、航速与海浪波长、浪高之间的关系，因此很难将其一般化。以笔者观点，对从“城堡”级（Castle）近海巡逻舰（Offshore Patrol Vessel, OPV）（笔者曾亲自设计该级舰）至巡洋舰大小的舰船而言，舰体棱缘均有一定价值。

⑥ ADM 229 22，1939 年 7 月 22 日。

⑦ 据笔者观点，这一结果在意料之中。舰体棱缘在中浪条件下最为有效，一旦海浪高过甲板线，舰体棱缘的价值就将消失。

隶属“城”级轻巡洋舰的“伯明翰”号。该舰是这一时期英国建造的唯一一艘在舰艏部分不设舰体棱缘的巡洋舰。对舰体棱缘的价值，设计人员的观点仍不统一（笔者本人的观点可参见“城堡”级近海巡逻舰）（帝国战争博物馆，A12924号）。

此后建造的3艘巡洋舰[36]不仅在舰体后部加装了1座指挥仪火控塔，且加装了另外3部防空控制系统。此外，第一批“城”级巡洋舰上的1.25英寸（约合31.8毫米）甲板在第二批该级舰上被2英寸（约合50.8毫米）甲板所取代。为维持32节航速不变，后3艘“城”级巡洋舰的主机功率也被增加。

弹射器①

第一次世界大战结束时，大舰队内除航空母舰之外各舰共携带103架舰载机。这些舰载机被安置在简单的起飞平台上，后者通常设于某一炮塔顶部。②这一布置方式将影响火炮射界，有时甚至会迫使舰只顶风航行，因此随着舰载机尺寸增大、航速增加，其价值也越来越有限。1916年，海军部就动力弹射器性能提出了要求，并在1917年对两种不同弹射器进行了测试，其中一种设于岸上，另一种则安装在自行驳船“投石者”号（Slinger）上。

1922年海军部就弹射器性能提出了新的要求，其目标为将重7000磅（约合3.2吨）的舰载机以45节的速度弹射，且弹射过程中最大加速度不超过2倍重力加速度。凯里公司（Carey）制造的弹射器设有压缩空气锤，并通过缆线与滑轮驱动滑车。该弹射器于1925年安装于“怀恨”号上，其表现令人非常满意，并因此以类似方式安装于“决心”号（Resolution）战列舰[37]和M2号潜艇上。RAE公司制造的弹射器则使用伸缩套管结构，并先后安装于“巴勒姆”号（Barham）、“皇权”号（Royal Sovereign）和“决心”号战列舰上。[38]③“胡德”号（Hood）战列巡洋舰较低的艉甲板上亦曾加装一具弹射器[40]，古道尔对此评论称（1932年4月4日）：“‘胡德’号的弹射器完全是个名副其实的失败。必须加快关于在舯部安装弹射器的研究。”

在建造了其他若干试验性弹射器之后，福布斯依照与凯里公司产品类似的设计思路，完成了上层建筑延伸式弹射器的设计，该弹射器后来被安装在多艘舰只之上。此后问世的则是由总工程师部门设计的滑块弹射器。在此有必要提

① 有关舰载弹射器的详细描述见D K Brown, 'The British Shipboard Catapult', Warship 49 (London 1989)。

② D K Brown, The Grand Fleet, p122.

③ 古道尔曾在1933年11月22日的日记中提及在“巴勒姆”号上进行的弹射器试验：“我相信弹射器不过是用于显示海军航空思维的玩具而已。鉴于除非载舰返回港口，否则舰载机一旦起飞便不会返回母舰，因此该设备全无实战价值。”当时认为舰载机在起飞后应在海上降落，并通过吊装返回母舰，但后一操作显然只能在天气平静时实施。海军部亦曾在“皇家方舟”号[39]上尝试过海因式（Hein）着陆垫设备，但似乎未获成功。

在两次世界大战之间时期，老旧水上飞机母舰“皇家方舟”号（后更名为“飞马座”号）曾被用于一系列弹射器试验（赖特与洛根收藏）。

及水上飞机母舰“皇家方舟”号（后更名为“飞马座”号）的贡献。海军部共利用该舰对15座弹射器进行了试验，且往往使用若干机型对弹射器进行试验。

至20世纪30年代中期，皇家海军的战列舰和巡洋舰均配备了类似的舰载机相关设施，即在横贯甲板的弹射器前方设置两座机库。弹射器本身为双动式，即可向任一舷侧实施弹射。这一时期在巡洋舰上，舰载机相关设备已经占据露天甲板约20%的面积。[①]这些舰载机曾被海军赋予相当的重要性。它们将被用于搜索敌舰和实施校射。[②]各舰上曾安装的弹射器中，推力最强者可将重1.2万磅（约合5.4吨）的舰载机以70节速度弹射，但在操作时需格外小心，以免伤害相对脆弱的机身和机组成员。弹射器最大加速度不应超过平均加速度的1.25倍，且在最初10英尺（约合3.05米，0.4秒时间内）距离内，速度累积过程应较为平滑，且加速度在达到峰值之后，应以稳定的方式持续减弱，直至舰载机抵达弹射器行程终点。例如为在96英尺（约合29.3米）距离内将舰载机加速至66节的弹射速度，平均加速度将约为2倍重力加速度，其间最大加速度应不超过2.5倍重力加速度。1942—1943年间，随着在役航空母舰数量的增加以及将相关空间转用于其他用途的需要，各舰装备的弹射器被逐步拆除。[41]

有限排水量下的舰船设计

在本书战列舰章节下，笔者曾引用古道尔的一篇论文。作者在文中对1920年至1935年间巡洋舰某些方面设施的增长进行了描述。[③]防空武器的重量占标准排水量的比例已经从不足1%升至约3%，甲板防护结构的重量则从约2%升至10%，与此同时舰载机及其相关设备占据露天甲板面积的比例从几乎为0飙升至20%。这一系列增长都必须在条约限定的舰体尺寸内实现。

① S V Goodall, 'Uncontrolled Weapons and Warships of Limited Displacement', Trans INA (1937).
② 参见 G A Rotherham, 'It's Really Quite Safe' (Belleville, Ont. 1985)。
③ S V Goodall, 'Uncontrolled Weapons and Warships of Limited Displacement', Trans INA (1937), p1.

“爱丁堡”号（Edinburgh）和“贝尔法斯特”号（Belfast）[42]

与美日两国海军装备15门6英寸（约合152.4毫米）主炮的巡洋舰[43]相比，“南安普顿”号（Southampton）[44]仅装备12门同级别口径主炮。尽管由于其他两国巡洋舰上均有一座炮塔射界受限[45]，因此英国巡洋舰与其在火力上的差距并不如表面上那么大。有鉴于此，海军部希望在“城”级轻巡洋舰的基础上加以改善，以匹敌上述美日舰只。为此新巡洋舰计划装备4座四联装6英寸（约合152.4毫米）炮塔。但鉴于实际工作显示设计四联装炮塔颇为困难，因此海军部决定纳入1936年造舰计划的两舰应继续装备4座三联装炮塔，这使得其舰长稍短于原先规划，且甲板装甲厚度可增至2英寸（约合50.8毫米）。

新设计中动力系统舱室位置整体后移，此举或是为了使得烟气远离舰桥，但导致4英寸（约合101.6毫米）副炮的弹药供应颇为困难，且严重妨碍了其外观美感。①[46]最终设计方案获取并获得海务大臣委员会批准的官方记事表保存至今，从中可见第二次世界大战爆发前该过程是何等简单。②当时海军建造总监因病告假，因此会议纪要由布莱恩特（F Bryant）代签。该纪要内容仅占半张大页纸，其中一些文字颇引人注意，例如文件声称其他部门的意见“已被征询”，而非明确的“同意”字样。纪要结尾部分称将在6天内向各供应商发送招标文件，而这一实践尚在设计方案获得批准之前。纪要后附有3页设计描述以及图例表。海务大臣委员会的批准在不到一个月后即下达，其内容仅有一句话。

新设计中艏楼甲板在舯部中断，同时侧装甲带和甲板装甲亦在距离艏楼中断点几英尺处下降一层甲板。由此在结构上形成了双重非连续性，从而导致结构上的一大弱点。“贝尔法斯特”在触雷[47]后便在该处发生甲板断裂（详见本书第十章），而此时“爱丁堡”号同一部位已经出现裂缝，这一现象与其他几艘较早建成的“南安普顿”级轻巡洋舰的故障类似，注意后者出现上述故障时舰体结构仅承受了正常海况条件下的载荷。③为解决上述问题，艏楼甲板被稍许延长，并加装了加强件。

① 得益于其舰体大小，共可安装6座双联装4英寸（约合101.6毫米）舰炮。

② MFO 658/36，该档案被移交国家海事博物馆。

③ 古道尔日记中有多处载有对该设计的批评意见。例如1940年3月13日：“向海军大臣介绍了‘爱丁堡’号所遇到的麻烦，迄今为止他一直对我很和气。”最后一次则出现在1941年1月28日，利利克拉普谈及“爱丁堡”号，“……这些‘南安普顿’级巡洋舰真是堆摇摇晃晃的产品”（亦可参见本书附录12）。

“爱丁堡”号可视为“城”级轻巡洋舰的衍生品。该级舰的艏楼结构于舯部中断，而其装甲下降一层高度的位置亦位于艏楼结构终点附近，由此导致了该级舰的共同弱点。照片中该舰的艏楼已被延长以缓解这一问题（帝国战争博物馆，A6160）。

舰队巡洋舰

1934 年海务大臣委员会仍无法确定对舰队巡洋舰的设计要求。在考虑了海军建造总监提出的一系列提案（如表 4-3）之后，委员会列出了希望该种巡洋舰具备的特性：

排水量足够小，从而可以实现合理的建造数量；

排水量足够大，足以跟随舰队在不同海况下一同航行；

火力最大化；

一定的航速和可操控性；

较小的侧投影轮廓。

表4-3 1934年舰队巡洋舰设计

	P	Q	R	S	T	U	V
排水量（吨）	4500	5000	4500	4500	5500	3500	1830
航速（节）	30.75	33	33	33	33	38	36.25
主炮装备	6门6英寸（152.4毫米）	6门6英寸（152.4毫米）	6门6英寸（152.4毫米）	3门6英寸（152.4毫米）	2座3联装6英寸（152.4毫米）	5门6英寸（152.4毫米）	10门4.7英寸（120毫米）
防空火炮	4门4英寸（101.6毫米）	4门4英寸（101.6毫米）	2门4英寸（101.6毫米）	2门4英寸（101.6毫米）	2座4联装乒乓炮	无	无
装甲带厚度	4英寸（101.6毫米）	4英寸（101.6毫米）	3英寸（76.2毫米）	4英寸（101.6毫米）	4英寸（101.6毫米）	无	无

其中 V 号设计方案此后发展为“部族”级[48]驱逐舰设计（详见本书第五章），但有关将该设计发展为满足巡洋舰作战角色的提案则被放弃。以巡洋舰性能而论，上表中所有设计方案均不令人满意。此后海军部和设计团队逐渐认识到，同时装备 6 英寸（约合 152.4 毫米）主炮和 4 英寸（约合 101.6 毫米）防空炮的方案在重量和空间两方面均属奢侈，经济的做法则是采用一种高平两用火炮。鉴于 5.25 英寸（约合 133.4 毫米）火炮已被选为“英王乔治五世”级的副炮，因此该火炮也被选为新巡洋舰的主炮。海军部认为该炮所发射的炮弹乃是可对驱逐舰实现有效杀伤的最小弹丸。①当时海军部希望该炮射速可达到每分钟 12 枚，但实践证明这一期望过于乐观。服役期间该炮的名义射速为每分钟 10 枚，但每分钟 8 枚更符合实际的数字，且即使在这一射速下该炮也故障频频。除此之外，该火炮的回旋和俯仰动作速度过慢，无法实现有效的防空火力。最初的 4 个设计研究方案均装备 10 门 5.25 英寸（约合 133.4 毫米）火炮和 2 座 4 联装乒乓炮，且航速均为 32 节。各设计方案的装甲布置略有区别，但大多由 3 英寸（约合 76.2 毫米）装甲带和 1 英寸（约合 25.4 毫米）甲板构成［弹药库上方位置甲板厚度则为 2 或 3 英寸（约合 50.8 或 76.2 毫米）］。B 方案和 Q 方案的动力系统

① 这就再次引出了老问题：为何在驱逐舰上安装口径更小的火炮？

按单元化设计（与“安菲翁”级相同），并设有两座烟囱，而A方案和P方案则将锅炉舱（分别设有2座和3座）全部布置于2座轮机舱前方位置，且仅设有1座烟囱。[①]A方案和B方案的烟囱垂直，其他方案中烟囱倾斜。

P方案最终演化为“黛朵”级设计方案，该级舰装备10门5.25英寸（约合133.4毫米）火炮，排水量5450吨。[②]尽管该设计的理念堪称卓越，但其实际表现因一连串的问题而大打折扣。首先其主炮的表现一直不尽如人意，其次在这种较小的巡洋舰上，因后锅炉舱区域浮力不对称而引发的侧倾乃至倾覆危险更为严重。[③][49]除此之外，该级舰设计上还有若干其他结构问题，其中最为突出的问题发生在A炮塔附近区域。一旦该炮塔的滚道发生变形，该炮塔就会被卡住无法旋转。[④]由于5.25英寸（约合133.4毫米）炮塔优先供给战列舰，因此“黛朵”号和“菲比”号（Phoebe）[50]建成时在Q炮塔炮位上均仅装备1门用于发射照明弹的4英寸（约合101.6毫米）炮，“圣文德”号则在X炮塔炮位上装备了该火炮。“锡拉”号（Scylla）和“卡律布狄斯”号则装备了为改装旧式D级巡洋舰而订购的双联装4.5英寸（约合114.3毫米）炮塔[51]，这使得两舰就防空舰只而言性能更强，但亦使其水面炮战能力并不明显优于大型驱逐舰。大体而言该级舰在服役期间较受欢迎。自“郡”级巡洋舰之后，海军对大部分新巡洋舰的评价均为几乎没有振动现象，“除了常有的出现在舰体后部的问题之外”。[⑤]

8000吨级巡洋舰

新的1936年《伦敦条约》于1937年7月26日正式生效。自日本退出条约体系之后，英美两国便一致同意去除条约中对于巡洋舰总吨位的限制，但巡洋舰的单舰排水量上限被降至8000吨。在这一排水量限制下，海军部希望能设计出既能执行舰队作战任务，又能执行护航任务的巡洋舰。1936年中期提出的最初3个设计研究方案均装备3座三联装6英寸（约合152.4毫米）炮塔，航速在30~32.5节之间，其侧装甲厚度则在3~4.5英寸（约合76.2~114.3毫米）之间。其中两个设计方案装备4座双联装4英寸（约合101.6毫米）防空炮和2座多管乒乓炮，剩余一个方案则以删除舰载机相关设备为代价加装了2座双联装4英寸（约合101.6毫米）炮塔。

海务大臣委员会希望能加强火力，由此海军建造总监部门又提出了两个设计研究方案，其中一个装备了10门6英寸（约合152.4毫米）主炮，另一个则利用规划中的四联装炮塔安装了12门同口径主炮。此后海军部又考察了装备新式5.25英寸（约合133.4毫米）主炮的可能，就此方向海军建造总监部门提出7个装备7座双联装炮塔的方案和1个装备8座该种炮塔的方案。起初海军部更倾向于装备5.25英寸（约合133.4毫米）主炮的设计方案，但考虑到新巡洋舰无法避免与敌方

① ADM 138 555.

② 古道尔在1937年2月2日的日记中写道：“审查了‘黛朵’号的图纸，杰克曼（Jackman）干得好。”

③ 在第二次世界大战期间，后锅炉舱附近位置曾被鱼雷命中的各舰中，“圣文德”号（Bonaventure）、“水仙”号（Naiad）、“赫耳弥俄涅”号（Hermione）和“卡律布狄斯”号（Charybdis）在被命中之后迅速倾覆。被制导炸弹命中同一区域的“斯巴达”号（Spartan）也遭遇了类似命运。唯有“克利奥帕特拉”号（Cleopatra）幸存下来，这应归功于该舰出色的损管水平。

④ 1940年3月27日古道尔在日记中写道：“完成‘黛朵’级结构设计；在艏楼断点附近区域进行了小规模改动，该改动将在建造完成度不太高的舰上实施。”同年7月6日则写道：“发现‘水仙’号A炮塔的问题。”同年8月16日写道：“‘黛朵’级应装备4座双联装5.25英寸（约合133.4毫米）炮塔，并在A炮塔附近区域设置双层甲板。”同年9月10日写道：“除‘圣文德’号之外，所有‘黛朵’级的火炮炮架都有问题。”（1950年笔者在“欧尔亚拉斯”号上服役期间，该舰的A炮塔因其滚道故障而永久性的无法运作）。此外1941年3月9日还写道：“‘黛朵’号钢板出现裂缝……在承力结构件上开凿的方形通风孔的数量更他妈的多了。”（古道尔几乎不说粗话，此处说明他已经非常愤怒。）同年3月12日他还写道：“纵梁上的直角通风孔快把我逼疯了。”

⑤ 1950年加入“欧尔亚拉斯”号服役之后，笔者被分配使用最靠近舰艉的住舱。舰上军官对此的解释是“如此你可亲身体验振动问题！”舰体后部振动的现象直至1960年前后引入五叶式推进器之后才得以缓解。

“黛朵”号装备全部5座5.25英寸（约合133.4毫米）炮塔的照片，拍摄时该舰除加装雷达外，几乎没有经历战时改装（帝国战争博物馆，A23709）。

“锡拉”号。鉴于5.25英寸（约合133.4毫米）炮塔供不应求，因此该舰及其姊妹舰“卡律布狄斯”号均装备了4座双联装4.5英寸（约合114.3毫米）炮塔，该炮塔原为改装老旧的D级巡洋舰而订购（作者本人收藏）。

装备8英寸（约合203.2毫米）主炮巡洋舰交战的可能，最终中选的方案仍装备6英寸（约合152.4毫米）主炮。毕竟，装备该口径主炮的巡洋舰在与前述敌方巡洋舰交战时尚有一搏之力，但若装备5.25英寸（约合133.4毫米）主炮则毫无胜算。

设计工作基于装备4座三联装6英寸（约合152.4毫米）炮塔、4座双联装4英寸（约合101.6毫米）炮塔和3.5英寸（约合88.9毫米）装甲带的K31号设计研究方案展开。①该方案的变种最终形成了“斐济”级巡洋舰的设计方案。“斐济”级的装甲带厚度被削减至3.25英寸（约合82.55毫米），主机输出功率则提升至8万匹轴马力，从而可实现32.25节航速。舰载机配置则从3架“海象”式水陆两用飞机改为2架更大的“海獭”式（Sea Otter）水陆两用飞机[52]，这意味着该级舰需装备更大型的弹射器，其重量较早先型号高32吨。②至1937年6月设计图示排水量已达8170吨，但设计团队一如既往地希望可通过一系列减重措施，尤其是进一步扩大焊接工艺使用范围的措施将其排水量降至8000吨。③然而，随着战争的脚步逐渐逼近，设计排水量也一再增加，至1939年预计排水量已达8268吨，此外在加装鱼雷发射管之后排水量还将增加32吨。④

海军部于当年12月下达了列入1937年造舰计划的5艘巡洋舰的订单，并于1939年3月又下达了4艘类似巡洋舰的订单，后者被列入1938年造舰计划。就纳入1939年造舰计划的巡洋舰应采取何种设计，海军部内部曾有过长期辩

① 1936年10月1日古道尔在日记中写道：“肯尼特（Kennett）负责8000吨、12门6英寸（约合152.4毫米）主炮的巡洋舰设计。他虽然完成了这一设计，但其结果还是太保守了。”

② 1937年3月4日古道尔在日记中写道：“8000吨级巡洋舰进展顺利。约翰斯干得漂亮。”

③ 1937年5月8日古道尔在日记中写道：“约翰来我的办公室，承认他低估了‘斐济’级的定倾中心高度。我于是亲自审查了这一问题，将舰宽加大8英寸，同时将上甲板长度缩短1英尺6英寸（具体数字则交由他自己决定）。约翰略显沮丧（我仍认为他是个不错的设计师，并尝试鼓舞他的情绪）。”

④ 1939年7月10日古道尔在日记中写道：“利利克拉普声称‘斐济’号重量太高，其定倾中心高度将明显低于预期。尽管从目前看来设计中的舰只仍足够安全，但此后我们必须坚决抵制任何增重。”

论。其间支持K34号设计方案的呼声颇为可观，该方案仅装备9门6英寸（约合152.4毫米）主炮，但装甲更厚［如有可能，希望达4.5英寸（约合114.3毫米）］。有观点认为德法两国海军装备的同口径主炮炮口初速更高，因此穿甲能力也更强。对此观点古道尔亲自撰写了一篇有力的备忘录加以反驳。文中他不仅驳斥了“斐济”级防护能力不足的观点，而且声称即使有关外国火炮的情报准确，那也可以探讨“斐济”级的火力是否较弱。他个人强烈支持“斐济”级重火力的设计方案而非防护更加厚重的K34号设计方案，且提出在皇家海军各巡洋舰中，“斐济”级的设计防护能力仅次于“贝尔法斯特”级。最终海军部决定，不值得为增加装甲而牺牲25%的火力。然而，最终纳入1938年和1939年造舰计划中的3艘巡洋舰实际为加强防空火力而仅装备了9门6英寸（约合152.4毫米）火炮，并被归为“乌干达”级（Uganda）[53]。此后又有3艘类似舰只被列入1941年预算，并被归为“敏捷”级（Swiftsure）[54]，其主要改动为舰体宽度加宽1英尺（约合0.3米）。在纳入1941年补充造舰计划和1942年预算（参见本书附录14）的5艘“虎”级（Tiger）[55]上，舰体宽度进一步加宽1英尺（约合0.30米）。

总体而言，“斐济”级及其衍生设计可被视为“南安普顿”级的缩小版，但其长吊篮设计的6英寸（约合152.4毫米）炮塔使操作人员数目得以减少。尽管如此，该级舰仍颇为拥挤，且在接受了战时改造之后其拥挤情况更是大幅恶化。该级舰的设计额定乘员人数为710人（旗舰则为738人），但在战争期间这一数字很快攀升至900人以上。该级舰的动力系统舱室总长度稍短，且不设独立的柴油发电机舱，加之其上层建筑较大，这些改动均有利于改善住宿条件。其他改善生活条件的措施还包括加设洗衣房、附带洗碗机的配餐室、供军士长使用的吸烟室、加装坐垫的食堂长椅、舷侧衬砌、为舷侧住舱加设的加热储物柜。盥洗设施的改进甚至体现在每个洗涤槽都配有独立的冷热水龙头！通过将原先分别供轮机舱技工、武器技工和电力技工[56]使用的车间合并，设计人员得以增加供军士长和军士使用的洗涤间面积。每间军官住舱内都设有盥洗池，并配有冷热水。冷冻室和冷藏室的容积均较此前设计的若干级大约50%。即使如此，在63年后笔者已经很难想象在得到上述“改善”之前舰上生活是何等艰苦。

除“冒险”号（Adventure）[57]外，该级舰是皇家海军中第一级装备方艉的巡洋舰，该结构不仅使其最高航速稍有增加，而且使得舰体后部可用空间更大。① 该级舰的正式提交纪要中有如下文字：“……在该舰艉造型设计下，海浪形状会快速发生改变，导致在一定航速下或许会出现难以保持稳定转速的情况。”②古道尔习惯每年对其工作进行两次批判性回顾。他对“斐济”级的评论首次（1940年）为“‘斐济’级的表现优于我的预期”，次年则为“‘斐济’级的表现非常出色”。

① 可能方艉结构通过减小纵倾幅度，有助于改善舰体后部的流体阻力。然而在将电脑引入设计工作之前，对此类问题进行计算几乎是不可能的。

② 古道尔曾在别处承认在方艉这一问题上，他曾过于保守。

“特立尼达”号（Trinidad，“斐济”级）。该舰的装甲大部分由捷克斯洛伐克生产。该舰曾不幸地被自己所发射的鱼雷击中，此后在摩尔曼斯克接受维修，但在维修完成后在空袭中沉没（帝国战争博物馆，A7683号）。[58]

快速布雷舰

海军部曾在1938年和1939年造舰计划中分别订购3艘和1艘“阿布迪尔”级（Abdiel）快速布雷舰[59]，并于1941年又订购2艘在该级舰设计基础上稍做改进的布雷舰[60]。按设计设想，该级布雷舰在标准状况下应能携带100枚马克XIV或XV型水雷[61]，并应能在付出一定航速代价的前提下多携带50枚水雷。在标准状况下（排水量2640吨）其航速应为40.2节。海军部希望该级舰在重载条件下亦可实现35.2节的航速。①该级舰的设计风格大致与驱逐舰类似，设有两个各装有两座锅炉的锅炉舱、一个轮机舱和一个齿轮舱，主机输出功率为7.2万匹轴马力。

在设计过程中，设计排水量一路攀升。试航时“马恩岛人”号曾于阿兰岛（Arran）附近海域，在3450吨排水量状况下，以7.3万匹轴马力主机输出功率实现36.5节航速。同级其他各舰的成绩亦与此类似，且完全符合最初估计。试航时各舰舰底清洁，且动力系统处于最佳工作状态，因此实际服役时该级舰几乎没有可能超过这一航速。②在此后流产的19型护卫舰的设计过程中，设计团队因试图实现43节的试航航速而对“阿布迪尔”级的试航数据和模型试验结果进行了极为详细的重审——幸亏该设计被取消了。完好状况下，“阿布迪尔”级的

高速航行中的“马恩岛人”号（Manxman），约摄于1945年。该级舰的最高航速远低于流言传说，最高亦仅稍高于36节。

① 上述场景当然是人为设置的情况。所谓“标准”状况指不携带燃油，在此条件下自然不可能有速度。
② 令人惊讶的是，仍有人荒谬地宣称该级舰能取得高得多的航速。

装载鱼雷中的“马恩岛人”号［加雷斯·豪（Gareth Howe）收藏］。

稳定性尚佳，但一旦舰体进水，其布雷甲板上巨大的开口便会导致严重的危险——与滚装船类似。为弥补这一缺陷，最后下水的两舰加装了活动围堰，以供在必要时分隔布雷甲板。该级舰结构所受应力颇高，因此在作为高速货船使用时（该级舰经常执行这一任务），其载货量被严格限制在仅能在水雷甲板装载200吨。[①]较晚的“阿波罗”号造价为80.7万英镑，该数字不含火炮和弹药。

战争爆发前的巡洋舰

海军部就建造巡洋舰制定的政策大致明智，且政策的改变均可适应世界局势的变化。海军部最初集中建造用于执行护航任务的大型巡洋舰，这一决定无疑正确，但此后在第二次世界大战期间建造的大量小型巡洋舰更说明早期这一决定的正确性。与此类似，转而建造小型巡洋舰的决定固然受《伦敦条约》条文的影响，但这些条文亦是皇家海军为获得更多数量而极力推动的。

总体而言，为满足上述政策而设计的巡洋舰性能良好。有观点认为在《华盛顿条约》签订后列强建造的第一批巡洋舰中，“肯特”级堪称其中的佼佼者。“利安德”级及其后继各级则是小型巡洋舰的出色范例。讽刺的是，尽管上述舰只被认为是能对武装商船形成压倒性优势的最小舰只，但位列期间的“悉尼”号（Sydney）却反被一艘破袭舰击沉。[62] 尽管受5.25英寸（约合133.4毫米）炮塔性能不佳且可靠性不高的问题拖累，但“黛朵”级的设计理念仍值得尊敬。

上述各舰上，动力系统每单位重量输出功率[63] 这一指标一直持续上升，这主要与蒸汽压强从最初的每平方英寸250磅（约合1.7兆帕）提升至“斐济”级和“黛朵”级的每平方英寸400磅（约合2.8兆帕）有关，但由于单元设计布局导致的额外重量影响，因此功重比实际增加幅度不如蒸汽压力增加的幅度高。

表4-4 战前巡洋舰主机动力系统

	主机功率	动力系统重量	功重比
“肯特”级	8万匹轴马力	1830吨	每吨43.7匹轴马力
“埃克塞特”级	8万匹轴马力	1750吨	每吨45.7匹轴马力
“利安德”级	7.2万匹轴马力	1504吨	每吨47.8匹轴马力

① 1942年9月8日古道尔在日记中写道：“……‘威尔士人’号将在其水雷甲板装载汽油。我告知他应电话通知轮机长实施相应改造，以避免违反运输汽油的相关规定。”

	主机功率	动力系统重量	功重比
“安菲翁”级	7.2万匹轴马力	1310吨	每吨55.0匹轴马力
“林仙”级	6.4万匹轴马力	1221吨	每吨52.4匹轴马力
“南安普顿”级	7.5万匹轴马力	1492吨	每吨50.3匹轴马力
“贝尔法斯特”级	8万匹轴马力	1498吨	每吨53.4匹轴马力
“斐济”级	8万匹轴马力	1440吨	每吨55.6匹轴马力
“黛朵”级	6.2万匹轴马力	1146吨	每吨54.1匹轴马力

笔者在此亦给出美国巡洋舰的动力系统功重比以供比较。最早的“盐湖城”级（Salt Lake City）[64]为每吨60.6匹轴马力，“克利夫兰”级（Cleveland）[65]为每吨54.1匹轴马力，“巴尔的摩”级（Baltimore）[66]则为每吨59.6匹轴马力。鉴于两国海军设计部门对各重量组的定义并不相同，因此不应对上述数字对比做出过度解读，不过了解美制动力系统仍不无裨益（参见本书附录17）。通过提高动力系统部分功重比节省的大部分重量被用于提高防护，唯有“斐济”级稍稍违背了这一趋势。

纵观上述巡洋舰在第二次世界大战期间的表现，包括承受伤害的能力在内，总体而言尽管各舰性能均可称出色，但各级设计上仍有过多的细节错误。结构设计上的错误尤为突出，并以结构不连续性和过多的锐角最为常见。[①]舷侧舱室不对称进水的确是一个缺点，不过尽管在引入电脑辅助设计之前这一问题较难发现，但仍本应在设计过程中被认识到。

战时改造[②]

战争中得到的第一个教训便是必须为暴露的人员提供针对破片的防护手段，这自然将导致在舰体高处增重，但并不需要额外空间。战时的一系列加装，如天线、轻型防空火炮、为副炮加设的挡浪板以及改装更重的指挥仪，都可被视为舰体高处的重量增加，为保持稳定性，很多巡洋舰只得通过削减主炮[68]的方

隶属“黛朵”级改进型的“保皇党人”号（Royalist）[67]，装备4座双联装5.25英寸（约合133.4毫米）炮塔、较矮的舰桥和垂直烟囱（赖特和洛根收藏）。

① 参见本书附录12。自1913年起，皇家海军学院（RN College）的讲义即有专门章节涉及不连续性和锐角问题。20世纪30年代的讲义总体而言较为简单，但在有关艏楼断点和锐角开口的问题上非常明确。出现此类问题毫无借口。

② 本部分内容对大部分舰种亦适用。

式进行补偿。

雷达上舰引发的影响更为复杂。首先雷达天线的引入常常导致需要改装三脚桅甚至桁格桅。其次加装雷达也意味着需要增加相应的操作人员，并导致住舱更加拥挤。对雷达图像进行解读的需要则不仅导致战情部门（Action Information Organisation, AIO）所需舱室面积出现可观的扩大，亦进一步增加了各舰的额定乘员人数，同时侵占了住舱甲板空间。由于雷达的保密等级极高，因此也无法对所有人解释其重要性（对如今的某些非常机密的装备，类似问题同样存在）。由此在加装雷达时常常导致不知情人士的疑虑甚至不满——甚至古道尔本人也曾在日记中吐露对雷达的疑心（1942 年 6 月 29 日）：“‘亚尔古水手’号（Argonaut）装满了各种小玩意儿。我只能希望这些 RDF（雷达）确有实战价值。”①[69]

拥挤的战情部门舱室需要安装空调降温，这自然导致了用电量的提高。为此各舰升级了各自的涡轮发电机，并在可能时加装柴油发电机。后者在舰只受伤失去蒸汽动力时发挥了极大的作用。海军部一有机会便加装近距离防空炮，这不仅导致该种火炮数量显著增加，而且相应操作人员的增加也使得各舰的拥挤状况进一步恶化。

直至 1943 年海军部认识到巡洋舰搭载的舰载机已经不再有作战价值，缓解各舰排水量增加状况的首道曙光方才出现。弹射器本身相当沉重，将其拆除有助于改善各舰超重的状况，同时空出的机库也被改建为办公室和住舱。然而仅仅拆除弹射器并不能实现足够的补偿，战争后期大部分巡洋舰都拆除了一个炮塔。

居住性

尽管第二次世界大战爆发前，设计人员就已经考虑舰体的通风设计，以及隔热等相关课题，但在极端气候例如北冰洋或热带气候下，巡洋舰的居住条件仍堪称难以忍受。②实践中海军注意到港口温度远低于外海。例如港口的气温可低至零下 20 华氏度（折合零下 30 摄氏度），而在海上气温很难降至 10 华氏度（折合零下 12 摄氏度）以下。改善居住条件的目标是保证在室外温度低至 10 华氏度（折合零下 12 摄氏度）时仍能将舰上生活空间内的温度保持在 60 华氏度（折合 15.5

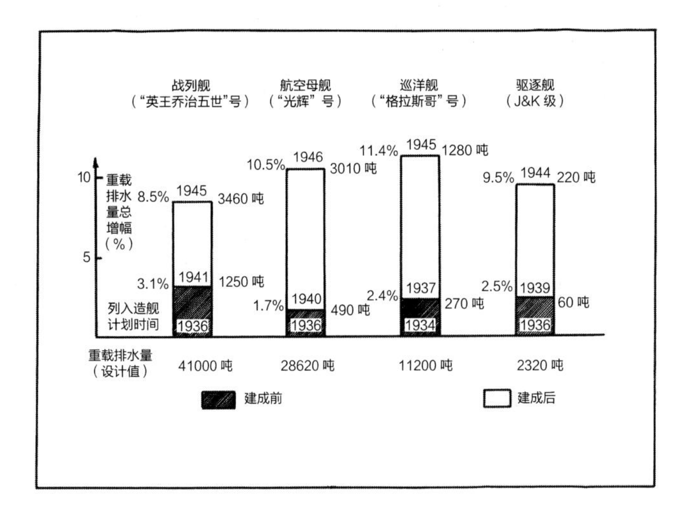

图表 4-1：典型舰只的排水量增幅。[70]

① 写下这篇日记的两周前，分管武器的海军助理总参谋长（ACNS(W)）参观了“亚尔古水手”号并亲自登上了该舰桅杆上的孔口栏板，归来时便精疲力尽如“一滩烂泥”。古道尔曾写道：“此后我就被指责应对舰只的沉没负责。”然而古道尔自己参观该舰时并未遭遇任何困难，尽管他远年长于分管武器的海军助理总参谋长。

② A J Sims, 'The Habitability of Naval Ships under Wartime Conditions', Trans INA (1945) 及相关讨论。

摄氏度），其具体手段则为蒸汽加热器，此外还加装电暖气，供各舰在港内停泊期间使用。与此相应的，各舰也加装了更为有效的隔热设施。①按上述标准实施的改进工作耗时颇久方才完成，较小型的舰只受天气影响最重。

“北极化”改造②

冰会导致各种各样的问题。炮座、火控指挥仪、旋转天线等设备均可能因结冰而卡死，为防止这一问题必须加装加热器。此外，也需保持舰上成员温暖，即使其工位或住处位于并不十分暴露的上甲板。流冰对水线处钢板造成的破坏一直令人烦恼，这一威胁对结构较轻的驱逐舰而言尤为严峻。冰层积累不仅将威胁舰只稳定性，而且常常只能通过人力铲除。③为在北冰洋海域服役，舰只更需加强加热和隔热手段。

热带

热带的问题则是气温过高。干球和湿球条件下，预期海上室外温度分别可达 88 华氏度（约合 31 摄氏度）和 80 华氏度（约合 27 摄氏度）。港内的环境更为恶劣，但可通过遮阳棚、舷侧屏风等手段加以缓解。1923—1924 年间由战列巡洋舰“胡德”号、“反击”号（Repulse）[71] 和 5 艘 D 级巡洋舰 [72] 组成的特别中队曾进行环球巡游 [73]，此次巡游的主要课题之一即为研究居住环境问题。④1938 年海军部召集部分国内顶尖专家，组建了一个通风研究委员会，并由安德鲁·坎宁安任主席。不幸的是在该委员会提议得以实施之前，第二次世界大战即已爆发。

1942—1944 年间任东方舰队（Eastern Fleet）造船师的彭杰利曾表示设计标准足以应付热带环境，但由于大量系统安装质量不佳或疏于维护，导致未能实现设计表现。例如风扇安装方向错误的例子便并不鲜见。第二次世界大战期间加装的各种设备不仅增加了热负荷，而且增加了舰上乘员人数，同时缩小了可用的居住空间。⑤此外，各舰官兵并未就如何最大限度地发挥舰上各种设备的性能专门接受训练。通风井内用于在北冰洋海域保暖的衬垫在热带表现不佳。

表4-5 不同舱室完成换气所需时间（分钟）

舱室	时间
住舱、浴室、厕所	5
无线电室等	2~3
厨房	0.5
面包房	2
主机舱、洗衣间	1

平时海军通常避免在极端条件下执勤，这一点完全可以理解。前往北冰洋

① 通常以喷射石棉的方式实现，在此后数年中该种材料将夺去很多人（包括笔者本人的若干好友在内）的生命。为防止隔热层中出现冷凝现象，石棉外通常涂上一层特制的水泥。

② 完整的改造被称为“北极化”改造，且仅在可能在薄冰海域执行任务的舰船上实施。较不完备的改造则被称为“冬季化”改造，主要对在寒冷但并未达到极寒标准海域执行任务的舰船实施。

③ 据信一艘隶属皇家海军的捕鲸艇便因积冰太多而损失。

④ 针对上一页原注②所引论文，时任该中队随队造船师的桑德斯（W G Sanders）的探讨刊登于同一期第 65 页。

⑤ 第二次世界大战时期，电子设备均通过热阴极电子管实现，其发热量远高于现代电子设备。

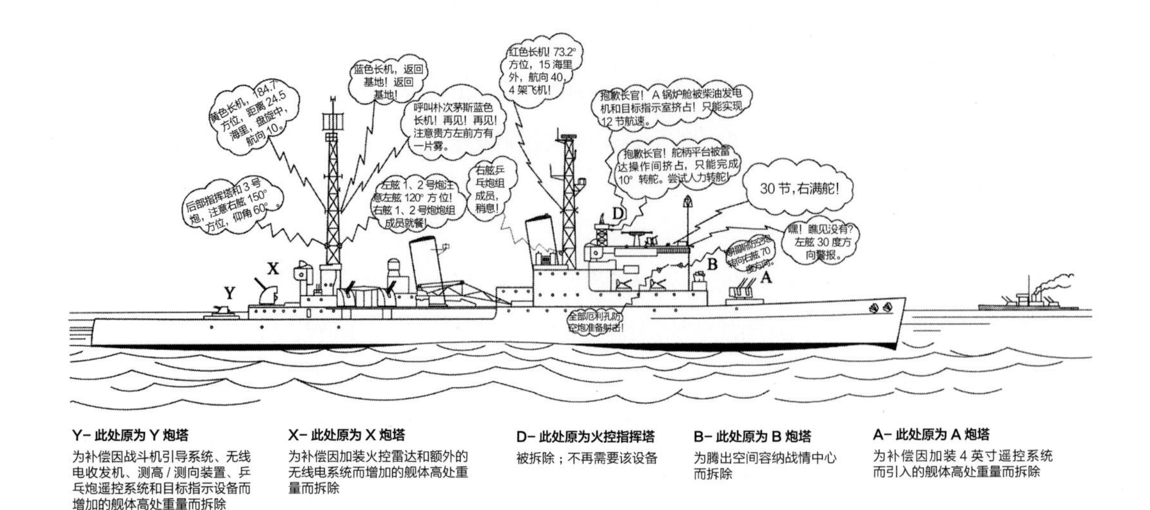

当时的这幅卡通画以轻松的语调表述了巡洋舰重量的增加以及相应的补偿措施（约翰·罗伯茨重绘）。

海域的次数很少，而且即使前往亦不可能在冬季进行。东方舰队则在夏季最炎热的时期前往北方避暑。经历过极热天气的舰只则敞开一切舱口舷窗，并且直至准备作战前都不会关闭。

对于上述改动，有两个问题有必要提出：在战争爆发前是否已经预见到须实施改动？如果确已预见到，那么最终导致改动未能在战前实施的原因究竟是经费限制还是条约限制？对雷达而言这一问题较为简单——第二次世界大战爆发前雷达尚未问世，因此当时无法预见到各舰需加装雷达。战情部门的情况与此类似（以及相关舱室的空调问题）。海军部对近距离防空炮的需求显然有所预见，正是为此才引入了多管乒乓炮这一武器，但该武器不仅数量不足，而且其炮口初速太低。在相当程度上，对更多火炮的追求乃是对 20 世纪 30 年代晚期飞机性能突飞猛进的回应。

破片对暴露在外人员的杀伤力本应在战前历次实验中便体现得非常明显，且即使在条约规定的排水量范围内，也应能设置一定的防护措施。平时训练不仅通常会避免在极端温度下进行，而且会尽量避免在恶劣天气下进行。更为贴近实战环境的演练本可显示对加热器、更好的通风能力以及加强绝缘的需要，不过 1938 年委员会的成立的确体现出海军部对此有一定的认识。

舰艏推进器

总结若干因进水而沉没的巡洋舰的教训，以及“俾斯麦”号因被鱼雷命中舰体后部而无法动弹的战例，动力系统舱室、推进器、主轴和舵的脆弱性引起了海军部的重视。古道尔指示巡洋舰设计部门对下列课题展开研究：①

缩小动力系统舱室面积；

① ADM 229 27，1942 年 3 月 29 日纪要。

将动力系统舱室分隔布置；[1]

舰艏推进器（古道尔建议将1/4的主机功率供给两具舰艏推进器）。

设计部门对舰艏推进器和舰艏舵均展开了船模试验。[2]其中舰艏推进器主要针对在“狮”级战列舰、1艘巡洋舰和筹划中的“马耳他”级航空母舰上使用而测试。参与测试的巡洋舰模型对应的舰体长度为630英尺（约合192米），排水量为1.23万吨。主机向两个舰艏推进器分别输出1万匹轴马力，同时向两个舰艉推进器分别输送3万匹轴马力功率。该设计的全速预计为31.25节，而如果将4个推进器全部布置于舰艉，且向每个推进器输出2万匹轴马力功率，则可实现32.75节航速。早在船模试验之前古道尔即已写下如下预测：“不必为航速降低而感到惊讶。我早已做好对参谋们说下面这番话的准备——‘如果你们愿意牺牲1~2节航速，那的确可以采取这种设计’。”

在舰艉推进器锁定和顺桨的情况下，仅依靠舰艏推进器仅可分别实现10.5节和17.25节航速。设置舰艏推进器后，推进系数为0.54，而若设置4具传统推进器，则推进系数可提高至0.66。舰艏推进器的确有一些优点，但效率显然不在其中！

① 参见本书第十章中对动力系统布局的讨论。

② 1942年2月12日[74]古道尔在日记中写道：“（在海斯拉）见到了将推进器置于前部的‘狮’号设计方案——我的第一反应是可怕。”

③ G Moore, 'From Fiji to Devonshire-a Difficult Journey', Warship, 123 & 124 WSS 1995-96.

1939—1945年巡洋舰设计

在此只能对期间提出的大量巡洋舰设计方案进行概述。[3]下文内容仅足以总结出在此期间对巡洋舰作战角色的观点变迁，以及设计方案与可用资源之间的矛盾。

1939年重巡洋舰设计

第二次世界大战爆发之后，海军审计长随即要求海军建造总监提出装备8英寸（约合203.2毫米）主炮的重巡洋舰设计草样。海军建造总监首先提出6个设计研究方案，此后又追加了1个方案。新巡洋舰的航速应高于情报对“希佩尔”级的估计，最终33.5节被定为设计标准。最具吸引力的一个设计研究案装

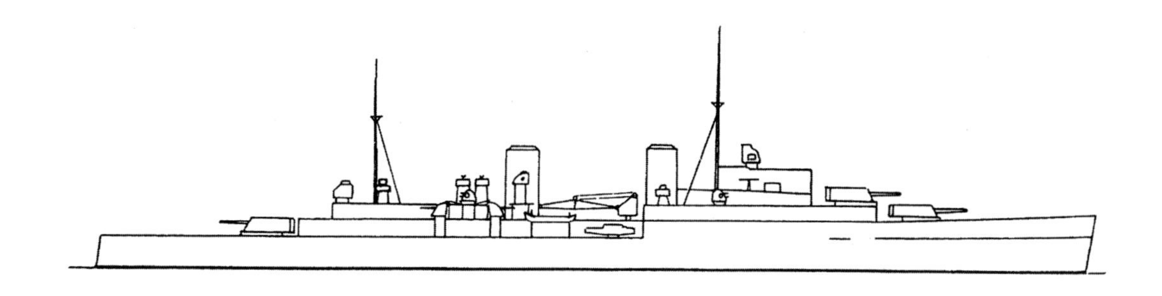

K34号设计方案是1939年提出的一种“斐济”级的设计方案。与“斐济”级相比，该方案装甲更厚，但少安装一座炮塔。在经过长期辩论之后，火炮最终胜出（由Len Grockford为摩尔绘制）。

备3座三联装8英寸（约合203.2毫米）炮塔、8座8联装乒乓炮、6英寸（约合152.4毫米）装甲带和3英寸（约合76.2毫米）甲板装甲。其建造周期预计为1年。之后时任海军大臣的丘吉尔[75]要求提交一款装备12门9.2英寸（约合233.7毫米）主炮的巡洋舰设计方案。①根据该要求设计的巡洋舰排水量将高达2.2万吨，其造价估计将达550万英镑，建造时间则将长达4年。当时预期“前卫”号将于1944年春建成，而装备9.2英寸（约合233.7毫米）主炮的巡洋舰将于1945年初完成[装备8英寸（约合203.2毫米）主炮的巡洋舰则将于1944年中建成]。参谋人员几乎一致认为与三艘大型巡洋舰相比，建造两艘“前卫”级更为划算，装备9.2英寸（约合233.7毫米）主炮的巡洋舰方案就此终结。下列数据给出了该种巡洋舰某一变种设计下装甲可实现的防护能力，值得读者一读。

7英寸（约合177.8毫米）装甲带可有效抵挡从1.08万码（约合9.9千米）距离上发射的8英寸（约合203.2毫米）炮弹（正碰条件）；

3.5英寸（约合88.9毫米）甲板可有效抵挡发射距离不高于2.9万码（约合26.5千米）的8英寸（约合203.2毫米）炮弹[若装甲厚度降至2.75英寸（约合69.9毫米），则距离上限降至2.5万码（约合22.3千米）]。

表4-6

炸弹重量	3.5英寸（88.9毫米）甲板能抵挡的最大投掷高度	2.75英寸（70.0毫米）甲板能抵挡的最大投掷高度
250磅（113.4千克）	任何高度	8500英尺（2590.8米）
500磅（226.8千克）	9500英尺（2895.6米）	6000英尺（1828.8米）
1000磅（453.6千克）	5500英尺（1676.4米）	3500英尺（1066.8米）

1940年重巡洋舰设计

当年海军部对重巡洋舰仍有兴趣，因此要求海军建造总监准备新的重巡洋舰设计方案，新设计应装备9门8英寸（约合203.2毫米）主炮，排水量在1.2万~1.5万吨之间。其中排水量较大的设计方案中，舰体内部分舱更为细密合理，其造价约为450万英镑，而排水量较小的设计案预期造价则为350万英镑。两个方案的预期建造时间均为4年。海军部决定应于1940年11月下达5艘排水量为1.5万吨、装备8英寸（约合203.2毫米）主炮的巡洋舰的订单，并预计在1943年12月至1944年1月之间建成，总造价预期为2250万英镑。②作为补偿，隶属“狮”级战列舰的“征服者”号（Conqueror）和“鲁莽”号（Temeraire）的建造将被取消。

1941年间，海军部花费了相当时间对有关巡洋舰的政策进行重审。在此期

① 这远非丘吉尔以海军大臣或首相身份要求海军建造总监部门提出设计方案然后又拒绝划拨相应资源进行建造的孤例。当时设计部门已经开始着手设计新的三联装8英寸（约合203.2毫米）炮架，但并未就9.2英寸（约合233.7毫米）火炮或其炮架进行过任何工作。

② ADM 1/11344文档则显示预期建造数量曾从1941年的4艘一直暴增至合计60艘同型舰，即使稍作让步的规划也包括20艘排水量为1.5万吨的巡洋舰、40艘新设计的轻巡洋舰和40艘介于两者之间的巡洋舰！

间海军部亦收集了各舰队指挥官的意见。尽管这些意见不尽一致，但大多数指挥官均希望加强甲板装甲和航速。此外，加大雷达指示 8 英寸（约合 203.2 毫米）炮弹落点的最大距离亦很重要。本土舰队指挥官[76]希望能获得更多的巡洋舰，但其他大多数指挥官则认为需要排水量更大的巡洋舰。对巡洋舰的火力与其排水量不相称的抱怨一如既往。海军计划总监试图将重审结果总结为如下需求：20 艘重巡洋舰［各装备 9 门 8 英寸（约合 203.2 毫米）主炮］、40 艘中型巡洋舰［各装备 6 门 8 英寸（约合 203.2 毫米）主炮或 9 门 6 英寸（约合 152.4 毫米）主炮］、40 艘轻巡洋舰［装备 6 英寸（约合 152.4 毫米）主炮和 5.25 英寸（约合 133.4 毫米）主炮］。

防空巡洋舰

都城域加斯公司（Metropolitan Vickers）当时正在为苏联建造 8 套驱逐舰动力系统，1940 年 4 月海军部曾认为或可利用其建造 2 艘巡洋舰。同年 6 月海军部决定不征用上述动力系统，但利用 L 级驱逐舰或快速布雷舰的动力系统建造巡洋舰的计划仍继续进行了一个月。

鱼雷巡洋舰

1940 年 2 月底丘吉尔提出一个以鱼雷为主武器的巡洋舰的设想。该种巡洋舰设有较低的干舷，设一定装甲防护的舰体①，在舰艏设置 6 根鱼雷发射管，装备 18 枚鱼雷。该舰还将装备一座 4 联装乒乓炮，其航速约为 35 节。计划为其配备的动力系统输出功率为 12 万匹轴马力，需占据 400 英尺（约合 121.9 米）舰体全长中的 260 英尺（约合 79.2 米）部分，且需为轮机部门庞大的额定人数配置相应的生活空间。②设计结果显示这样一艘巡洋舰的排水量将为 4900 吨。该设想此后很快便销声匿迹。

1941年重巡洋舰设计

至 1941 年，装备 8 英寸（约合 203.2 毫米）主炮的巡洋舰在海军部内仍有相当的拥护者，其主要理由之一是对当时的雷达而言，能观测到弹着点水花的最小口径火炮即为 8 英寸（约合 203.2 毫米）。海军部希望能在当年秋开工建造 4 艘单价为 350 万英镑的重巡洋舰（对比“斐济”级的单价为 275 万英镑）。新巡洋舰的舰体将基于“南安普顿”级的设计，并装备 9 门 8 英寸（约合 203.2 毫米）主炮和 16 门 4 英寸（约合 101.6 毫米）火炮［海军部更偏爱 4.5 英寸（约合 114.3 毫米）火炮］。③至当年 10 月，设计标准排水量已达 1.693 万吨，其建造优先级也逐渐降低。尽管如此，次月海军部仍下达了供一艘巡洋舰使用的炮

① 舰体侧面装甲厚 1 英寸（约合 25.4 毫米），水平防御由 2 英寸（约合 50.8 毫米）厚的龟背甲板提供。
② 该舰的住宿水平将参照“潜艇标准”。
③ 鉴于当时该级舰舰体的弱点已被发现，因此选择“南安普顿”级为设计基础颇令人惊讶。

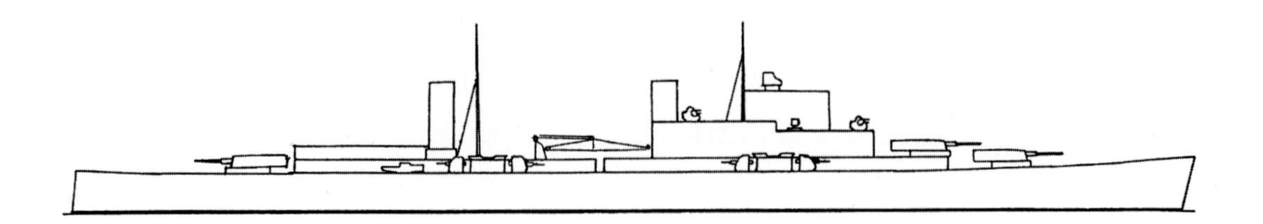

1941年装备8英寸（约合203.2毫米）主炮的巡洋舰设计方案。这一变种设计的排水量为1.65万吨（标准排水量），装备9门8英寸（约合203.2毫米）主炮和16门4英寸（约合101.6毫米）火炮，航速为32.25节（由格洛克福德为摩尔绘制）。

架的订单。12月时设计排水量已经升至1.75万吨，其造型则与“英王乔治五世”级类似。同时海军部亦在研究较小型的重巡洋舰设计方案，该设计仅装备4门（约合203.2毫米）主炮和8门4英寸（约合101.6毫米）火炮，但即使是这一火力减半的设计，其排水量也达1.14万吨，因此很快被海军部放弃。火炮的订单后来于1942年7月被取消，由此标志着重巡洋舰设计的终结，尽管直至1943年6月海务大臣们才最终决定不再建造任何介于战列舰和小型巡洋舰之间的舰种。

1944年轻巡洋舰设计

1942年9月海军部内就未来巡洋舰的特征进行了反复讨论。[①]海军部认识到现有设计已经全部过时，这主要显示在如下方面：主炮性能不满足实战需要（仰角过低）、近距离防空炮不足、续航能力远不能满足需要。（读者应注意各部门的意见总在变化，因此为将文字限制在合理的长度，下文将对其进行一定的简化。）巡洋舰的作战角色被定位为航空母舰的防空护卫，以及恶劣天气下的水面侦查。

海军部亦曾对5.25英寸（约合133.4毫米）火炮和6英寸（约合152.4毫米）火炮在下述不同巡洋舰设计方案下的作战能力进行详细考察：（a）装备8门5.25英寸（约合133.4毫米）高平两用炮;（b）装备9门不具备防空能力的6英寸（约合152.4毫米）火炮；（c）装备12门不具备防空能力的6英寸（约合152.4毫米）火炮。[②]装备6英寸（约合152.4毫米）主炮的巡洋舰还将装备6座双联装4.5英寸（约合114.3毫米）炮塔。6英寸（约合152.4毫米）火炮显然在穿甲能力方面具有明显优势，对3英寸（约合76.2毫米）侧装甲而言，6英寸（约合152.4毫米）火炮和5.25英寸（约合133.4毫米）火炮的最大击穿距离分别为1.25万码（约合11.4千米）和0.95万码（约合8.7千米）。此外，当射击距离不低于2.2万码（约合20.1千米）时，6英寸（约合152.4毫米）火炮可击穿2英寸（约合50.8毫米）甲板，而5.25英寸（约合133.4毫米）火炮在任何距离上均无法击穿该厚度甲板。尽管5.25英寸（约合133.4毫米）火炮出色的弹道性能使两种火炮的有效射程大致相当，但由于6英寸（约合152.4毫米）炮弹落水时能激起更大的水花，因此更易于目视观察落点，不过对使用雷达观察落点而言，两种火炮几

① ADM 116/5150 Future Building Committee-Cruiser Policy.

② ADM 116/5151 Comparison of 5.25in and Improved Belfast Cruiser of 26 Jan 1944. 此外1942年11月30日古道尔在日记中写道：“未来计划委员会。巡洋舰应装备6英寸（约合152.4毫米）火炮或者5.25英寸（约合133.4毫米）火炮。‘百慕大’号（Bermuda）[77]被认为排水量过大，但美国海军装备15门6英寸（约合152.4毫米）火炮的巡洋舰被认为刚好。”

乎没有区别。新式 5.25 英寸（约合 133.4 毫米）火炮可实现每分钟 12 发的射速，而 6 英寸（约合 152.4 毫米）火炮仅能实现每分钟 5 发。两种口径炮弹的装药量分别为 3.25 磅（约合 1.47 千克）和 3.75 磅（约合 1.70 千克）。[①]研究结果认为在火控水平相当的前提下，上述三种巡洋舰设计下取得命中次数的相对比例如下：(a) 1.9；(b) 1.0；(c) 1.3。进而得出的结论是 5.25 英寸（约合 133.4 毫米）火炮在低仰角射击条件下具有明显优势，同时 8 门该口径火炮的防空能力与 12 门 4.5 英寸（约合 114.3 毫米）火炮相当。由此装备 5.25 英寸（约合 133.4 毫米）火炮明显优于装备当时现有的任何 6 英寸（约合 152.4 毫米）火炮。

战术与参谋作业总监（Directorof Tacticaland Staff Duties, DTSD）认为对巡洋舰而言 28 节航速便足以满足需要，而由于实现这一航速所需的主机输出功率仅为实现 32 节航速所需的一半，因此采用 28 节航速不仅有助于改善分舱设计，而且可降低舰只排水量和造价。续航能力被定为以 18 节航速航行 6000 海里。尽管无须搭载舰载机，但海军部最终并不十分乐意地决定装备鱼雷。海军部希望该种巡洋舰能在被 2 枚鱼雷命中后仍保持漂浮状态。

1942 年 11 月海军部又对巡洋舰进行了进一步讨论，并对一个装备 3 座新式双联装 5.25 英寸（约合 133.4 毫米）炮塔的设计方案表示好感。然而海军部最终认定在 1943 年下达巡洋舰订单将延缓驱逐舰和航空母舰的建造速度，而当时对后两舰种的需求更为迫切。[②]1943 年 3 月设计部门提交了另一些设计方案，海军部当时决定以其中装备 4 座双联装炮塔、8 座双联装“巴斯特”式博福斯防空炮[78]、12 座双联装厄利孔防空炮和 2 座 4 联装鱼雷发射管的方案作为进一步设计的基础。[③]航速减为 28 节，从而将所需主机输出功率减半，而续航能力增至以 18 节航速航行 7700 海里。[④]对其防护的要求为在中距离上抵挡 5.25~5.9 英寸（约合 133.4~150 毫米）炮弹的攻击，并可抵挡从 2500 英尺（约合 762 米）高度投掷的 500 磅（约合 226.8 千克）炸弹。其水下防御体系应由一系列厚实的横向舱壁构成，该舱壁应完整地延伸至尽可能高的高度。其后部轮机舱和锅炉舱内均将设有一道中线舱壁。5 艘按该设计建造的巡洋舰曾被列入 1944 年造舰计划，但由于新任第一海务大臣坎宁安更希望为巡洋舰装备 6 英寸（约合 152.4 毫米）主炮，因此装备 5.25 英寸（约合 133.4 毫米）火炮的巡洋舰设计就此完结。

尽管大部分参谋人员均接受了对小型巡洋舰的设计要求，但仍有相当数量的军官坚信亦需要较大型的巡洋舰。1943 年 3 月曾出现两篇文档，其中一篇支持大型巡洋舰的文档由战术与参谋作业总监和海军计划总监提出，另一篇反对该舰种的文档则出自先进武器战术总监（DAWT）和作战需求顾问（CAOR）之手。[⑤]4 月，分管武器的海军助理总参谋长［AC（WP）］试图对双方的矛盾观点进行总结。为实现足够的防护能力，较小型巡洋舰的航速或被迫限制在 28 节，因此在某些

① 1944 年档案估测破坏力与装药重量成正比；近期研究则认为破坏力与装药量平方根成正比。
② ADM 116/5150.
③ 该舰将携带新式 21 英寸（约合 533.4 毫米）鱼雷，其雷体更长。
④ 图标见 ADM 167/118。值得注意的是海军参谋们出于降低烟气对指挥仪干扰的考虑，希望仅设置 1 座烟囱，但海军建造总监和总工程师均对此表示反对。古道尔曾在日记中写道：“装备 8 门 5.25 英寸（约合 133.4 毫米）主炮的巡洋舰设计获胜。其较低的航速将引发争议。”
⑤ ADM 116/5150。两篇文档均显示参谋人员对历史知识的掌握是何等不牢靠。

场合下该舰种无法与航空母舰编队航行。同时，该舰种也可能在恶劣天气下遭遇敌方大型巡洋舰，不过对此场景有观点以普拉特河口（River Plate）之战[79]为例，认为两艘小型巡洋舰有能力对付一艘大型巡洋舰。不过，当时并不认为大型巡洋舰承受伤害的能力将明显高于小型巡洋舰。

“海王星”号（Neptune）

此后设计工作便就装备6英寸（约合152.4毫米）主炮的巡洋舰展开，新设计被称为“‘贝尔法斯特’级改进型”，但其实质与“贝尔法斯特”级迥然不同。海军部中意的设计方案装备4座马克XXIV型6英寸（约合152.4毫米）三联装炮架（射速为每分钟10~12发；最大仰角最初为60°，后增至80°）、12门4.5英寸（约合114.3毫米）副炮、20门40毫米和28门20毫米防空炮，以及16根鱼雷发射管。设计航速为32.5节，续航能力为以20航速航行6500海里。设计工作于1946年3月中止。“海王星”号设计方案于同年被“牛头怪”号（Minotaur）设计所取代。①该方案装备5座双联装6英寸（约合152.4毫米）高平两用主炮和8座双联装3英寸（约合76.2毫米）70倍径火炮，排水量为1.507万吨。该设计也是皇家海军完成的最后一款真正的巡洋舰设计。

① 设计图样收录于ADM 167/127文档，该文档中还包括一艘装备4座炮塔的设计方案。

译注

1.即“霍金斯”级的5艘。

2.“怀恨”号原名“卡文迪许”号，1918年1月下水，1923年该舰被改建回巡洋舰；“罗利”号于1919年8月下水，1922年8月8日在浓雾中于纽芬兰附近海域搁浅，所有脱浅尝试均告失败。1926年在拆解了所有可利用的部件后，该舰被炸毁。

3.满载排水量为9540吨，装备6门200毫米主炮，首舰“古鹰”号于1925年2月下水。

4.“新标准”假定英国在欧洲需对德作战，在远东则对日作战。第二次世界大战期间在此基础上还需在没有法国协助的情况下对意大利作战则在当时预料之外。

5.尽管美国海军很早便引入了三联装8英寸（约合203.2毫米）炮塔，但其性能亦有明显缺陷。

6.隶属“郡”级重巡洋舰第三批，1928年12月下水。此处似指1945年5月4日的“审判”行动，此战中该舰作为旗舰，支援皇家海军舰队航空兵攻击位于挪威的德国海军基地。这也是第二次世界大战期间欧洲战场上的最后一次空袭。

7.“肯特”级为“郡”级第一批，其中“肯特”号与“贝里克”号均于1926年3月下水。

8.“伦敦”级和“多塞特郡”级分别为“郡”级的第二批和第三批。

9.21英寸（约合533.4毫米）马克V型鱼雷，于1918年被引入皇家海军。

10.分别为“贝里克”号、“坎伯兰”号、“萨福克”号、“肯特”号和“康沃尔”号。

11.分别为“澳大利亚”号和“堪培拉”号。

12.即“伦敦”号、“德文郡”号、“苏萨克斯”号和“什罗浦郡”号。

13.时任该职的是威廉·贝里，其任期为1924—1930年。

14.隶属“约克”级，1928年2月下水。

15.“奋进”号隶属E级轻巡洋舰，1919年12月下水。

16.1929年7月下水，该舰后来在爪哇海战中被重创，最终于1942年3月1日试图带伤逃脱的途中被击沉。

17.即“彭萨科拉”号和“盐湖城”号，两舰分别于1929年4月和1929年1月下水。

18.即无法独立实施俯仰。

19.即“北安普顿”级和“波特兰”级。

20.首舰于1933年4月下水。该级舰曾在1942年下半年美日在南太平洋的绞杀中扮演重要角色。

21.“坎伯兰”号隶属“郡”级巡洋舰第一批，即“肯特”级，1924年10月下水。

22.意大利轻巡洋舰。与“郡”级类似，该级轻巡洋舰共分为5批，前后批次之间亦有继承发展关系。首舰“袭萨诺”号于1930年4月下水。

23.1930年9月下水。

24.若舰桥或烟囱外形不够规则，则风在吹过上述结构后将出现回流现象，导致烟气被引向舰桥。

25.1930年《伦敦条约》对巡洋舰的总排水量亦做出限制，此时皇家海军可用于该种巡洋舰的排水量配额已经用完。

26.分别为“猎户座”号、“海王星”号和“阿基里斯”号。

27.1933年2月下水。

28.“黛朵”级防空巡洋舰为第二次世界大战期间皇家海军主力舰队巡洋舰/防空巡洋舰，其中“黛朵”号于1939年7月下水，同级舰中最早下水者下水时间为1939年3月；“欧尔亚拉斯”号于1939年6月下水。

29.首舰于1933年6月下水。

30.“佩内洛普”号隶属“林仙”级，1935年10月下水。

31.首舰于1934年3月下水。同级舰中在中国知名度最高的即日后的“重庆”号。

32.隶属“利安德”级，1932年9月下水。

33.马塔潘角海战于1939年3月28日至29日间展开。此战以意大利方面3艘重巡洋舰、2艘驱逐舰被击沉，英方全胜告终。28日一早，双方巡洋舰首先遭遇并展开战斗。双方在2万米以上距离展开对射，但在此后约3个小时的追击与反追击中均未能获得命中。科曼多斯岛海战于1943年3月27日展开。此战中美日双方均投入重巡洋舰，但均未能获得决定性战果，尽管期间美方“盐湖城”号重巡洋舰曾一度停车。双方在约1.8万米距离上展开对射，最终“盐湖城”号被命中若干次，但其发射的800余枚炮弹未取得任何命中。

34.隶属“城”级轻巡洋舰第一批，1936年9月下水。

35.即“纽卡斯尔”号、“南安普顿”号、“谢菲尔德”号、“格拉斯哥”号和“伯明翰”号。

36.即“利物浦”号、“曼彻斯特”号和“格洛斯特”号。

37.隶属“皇权”级战列舰，1915年1月下水。

38.“巴勒姆”号隶属“伊丽莎白女王”级，1914年12月下水；“皇权”号隶属“皇权”级，1915年4月下水。

39.此处的“皇家方舟”号和第133页图中的“皇家方舟”号均应指1914年下水的水上飞机母舰。

40.“胡德”号隶属“海军上将”级战列巡洋舰，1918年下水。该舰是皇家海军建造完成的最后一艘战列巡洋舰，在两次世界大战期间曾被认为是皇家海军的象征。弹射器为“胡德”号于1929年5月至1931年3月的大规模改建期间安装，但1932年即被拆除。

41.安全性亦是导致这一结果的原因之一。在舰船上储藏易燃的航空汽油颇为危险，例如在1942年2月底的爪哇海战中便出现过舰载机中弹起火的战例。尽管弹射器被拆除，但机库结构通常被保留并改用于仓库。在部分舰船例如“声望”号战列巡洋舰上，原有机库亦曾被改装为电影院。

42.两舰均隶属“城”级轻巡洋舰第三批，且均于1939年3月下水。

43.即日本海军“最上”级、“利根”级以及美国海军“布鲁克林”级，其中日本巡洋舰主炮口径为155毫米。

44.隶属“城”级轻巡洋舰第一批，1936年3月下水。

45.舷侧火力不受影响。

46.得益于尺寸增大，新设计可装备6座双联装4英寸（约合101.6毫米）炮塔。

47.1939年11月21日上午近11时该舰触发磁性水雷。

48.为1937年间陆续下水的“部族”级。

49.“圣文德”号于1939年4月下水，1941年3月31日被意大利潜艇“琥珀”号击沉；“水仙”号于1939年2月下水，1942年3月被德国U-565号潜艇击沉；“赫耳弥俄涅”号于1939年5月下水，1942年6月被德国U-205号潜艇击沉；“卡律布狄斯”号于1940年9月下水，1943年10月23日在七岛海战中被德国鱼雷艇击沉；“斯巴达”号于1942年8月下水，1944年1月29日安齐奥登陆战期间，该舰被德国空军飞机所发射的制导炸弹击沉；“克利奥帕特拉”号于1940年3月下水，1943年7月16日该舰被意大利潜艇“但多洛”号所发射的鱼雷命中，但经奋力抢救，最终抵达马耳他接受临时维修。除“斯巴达”号隶属“黛朵”级第二批之外，其他各舰均属于该级第一批。

50.“菲比”号于1939年3月下水。

51.D级巡洋舰在改装该种炮塔和相应火控设备后被作为防空巡洋舰使用。

52.秀波马林“海獭”式水陆两用飞机，1938年9月首飞，可视为在“海象”式的基础上加长了航程。皇家海军主要利用该机型执行巡逻和海空搜救任务。

53.即“锡兰”号、“纽芬兰”号和“乌干达”号，其中“乌干达”号下水时间最早，为1941年8月。

54.即“牛头怪”号、“敏捷”号和“壮丽”号，首舰于1943年2月下水。

55.该级舰全部或被取消建造，或经历设计改动。

56.上述人员并非正式军人，其作息时间亦与军人稍有区别。

57.布雷巡洋舰，1924年10月下水。该舰也是第一次世界大战结束后英国设计的第一艘巡洋舰，因此曾在该舰上进行多种尝试。

58.该舰于1941年3月下水。1942年3月为PQ13船团护航期间，该舰在击伤德国Z26号驱逐舰之后发射鱼雷实施攻击，但其中一具鱼雷的陀螺机构故障，导致鱼雷航迹画了一个圈，最终击中“特立尼达”号自身，并造成32人阵亡。该舰此后被拖曳脱离战斗。抵达摩尔曼斯克并接受临时维修后，该舰于1942年5月13日在4艘驱逐舰的护航下出发返回本土。返程途中该舰于14日遭遇20余架德国轰炸机的攻击。尽管该舰航速仅为20节，但仍成功规避了大部分炸弹，然而唯一一次命中即造成了致命损伤。炸弹命中该舰此前被鱼雷命中部位附近，引起大火。最终该舰于15日被己方驱逐舰所发射的鱼雷击沉。

59.先后为“阿布迪尔”号、“拉托那”号、“马恩岛人”号和“威尔士人”号。首舰于1940年4月下水。

60.即“阿里阿德涅”号和“阿波罗”号。

61.马克XIV型水雷于1920年设计，其战斗部重量为320磅（约合145.1千克）或500磅（约合226.8千克），配有突出雷体的触角；马克XV型水雷为漂浮式接触水雷，其战斗部重量为320磅（约合145.1千克）或500磅（约合226.8千克），设有11个触角，因其所受浮力颇大因而在潮流中亦颇具作战价值。

62.该舰隶属“安菲翁”级，1934年9月下水，原名“费顿”号。1941年11月19日下午，该舰在澳大利亚西海岸海域拦截了伪装成荷兰商船“马六甲”号的德国辅助巡洋舰“鸬鹚”号。由于无法正确回应“悉尼”号的呼号，因此后者突然开火，海战由此展开。海战中“悉尼”号不仅舰桥和指挥仪火控塔受损，舰载机起火，且被对手所发射的鱼雷击中舰体前部。最终“悉尼”号主动脱离战斗，但最终于当晚沉没；“鸬鹚”号亦失去动力，被迫于午夜时分自沉。

63.即功重比。

64.亦称“彭萨科拉”级重巡洋舰，该级舰仅含“彭萨科拉”号和“盐湖城”号两艘，分别于1929年3月和1月下水。该级舰是《华盛顿条约》签订后美国海军建造的第一级巡洋舰。

65.该级舰为第二次世界大战期间美国海军建造的数量最多的一级轻巡洋舰，自1942年下半年逐渐大量进入美国海军服役之后成为太平洋战争剩余时间内美国海军的主力轻巡洋舰。首舰于1941年11月下水。

66.该级舰为美国海军设计的第一级不再受条约约束的重巡洋舰，但其设计仍明显受条约型巡洋舰的影响。首舰于1942年7月下水。

67.该舰于1942年5月下水。

68.通常为拆除X炮塔。

69.英国最初将雷达称为无线电测向器，即Radio Direction Finder；“亚尔古水手”号隶属“黛朵”级，1941年9月下水。

70.“格拉斯哥”号隶属“城”级轻巡洋舰第一批，1936年6月下水。

71.隶属“声望”级战列巡洋舰，1916年1月下水。

72.分别为“德里”号、“达娜厄”号、“无恐”号、“龙”号和“但尼丁”号。

73.编队于1927年11月27日从德文波特出发，途经南非、桑给巴尔、锡兰、马来亚、澳大利亚、新西兰、斐济、夏威夷、加拿大和美国西海岸、巴拿马、牙买加、美加东海岸，于1924年9月返回德文波特。

74.本书第59页原注⑥中为2月16日。

75.任期为1939年9月3日（英国对德宣战当天）至1940年5月10日。

76.托维上将，任期为1940年11月至1943年5月。

77.“百慕大”号隶属“斐济”级第一批，1941年9月下水；下文所指美制巡洋舰为“布鲁克林”级。

78.该型火炮名为Buster，为Bofors Universal Stabilized Tachymetric Electric Radar的缩写，即通用稳定并配备视距雷达的博福斯防空炮。该种双联装炮架为第二次世界大战期间英国对具备独立作战能力的近距离防空炮的又一尝试，但由于其重量高达20吨，远超双联装炮座所能接受的水平，因此该设想最终被取消。

79.1939年12月13日，皇家海军“埃克塞特”号重巡洋舰和“阿基里斯”号以及“阿贾克斯”号轻巡洋舰在乌拉圭普拉克河口海域对德国海军“斯比伯爵”号袖珍战列舰实施了截击。海战中“埃克塞特”号被重伤，两艘轻巡洋舰轻伤，但“斯比伯爵”号亦伤痕累累，退入乌拉圭蒙得维的亚。在得知皇家海军已经派出战列巡洋舰“声望”号赶来实施追杀的错误流言之后，“斯比伯爵”号舰长下令自沉。然而，2对1的交战是否可能成功，不仅取决于火力的对比，而且取决于火控系统的运用。

第五章
驱逐舰

由汉纳福德于1915—1916年间设计的V级驱逐领舰，以及此后问世的V级和W级驱逐舰，确定了整个20世纪20年代和30年代初期多国海军驱逐舰的设计风格。[1]这些驱逐舰装备就当时而言颇为先进的齿轮减速涡轮动力系统、4门火炮［4英寸（约合101.6毫米）口径］，后期各舰装备4.7英寸（约合120毫米）口径火炮[2]、4根鱼雷发射管（后增至6根），并设有较高的艏楼，其舰桥位置比较靠后。就其大小而言，它们是当时世界上最好的海船。

① D K Brown, The Grand Fleet, Ch8.

② 马克Ⅰ型4.7英寸（约合120毫米）炮，后装，炮弹重50磅（约合22.7千克），配有较短的防盾。

“亚马逊”号（Amazon）和“埋伏”号（Ambuscade）

鉴于已有很多艘出色的V级和W级驱逐舰在役，因此第一次世界大战结束后皇家海军并无建造新驱逐舰的需要。不过根据霍普金斯绘制的草图，托尼克罗夫特公司（Thornycroft）和雅罗公司（Yarrow）于1924年各自设计建造了一艘驱逐舰。霍普金斯时任海军建造总监下属驱逐舰设计部门领导。这两艘驱逐舰或可视为V级和W级驱逐舰的第二批次，配备与其姊妹舰类似的武装，但采用过热锅炉输出压强略微升高的蒸汽。与彻底采用性能更佳材料建造的其他动力系统部分配合，两舰的主机输出功率较姊妹舰实现了可观的增长，从而在试航中实现了约37节航速。“埋伏”号装备两具大型锅炉和一具小型锅炉，而非

尽管按相同设计要求设计，但由雅罗公司建造的“埋伏”号排水量明显轻于由托尼克罗夫特公司建造的“亚马逊”号。两舰的排水量分别为1173吨和1352吨。两舰在试航中均能实现37节航速（作者本人收藏）。

通常采用的三座同尺寸锅炉设计。在承受较高应力的部分，两舰使用新引入的D质钢建造（详见附录15）。

两舰刚刚加入舰队时颇受好评，但仍被认为其过高的排水量（1173~1352吨）[①]不仅导致其造价更高，而且导致其在夜间实施鱼雷攻击时更易被发现——类似抱怨曾在历史上反复出现。两舰上引入的新式——且体积更大——指挥仪需要更大的舰桥方能安置，从而增加了驱逐舰侧面投影面积。尽管第一次世界大战后期，在英国水域服役的美国海军驱逐舰已经展示了诸项可改善下甲板生活环境的设施，但在这两艘试验性驱逐舰上并未对此进行改进。甚至1927年在舰上安装冰箱的决定都被批评为不必要。

驱逐舰角色定位和A~I级驱逐舰[②]

1926年7月海军审计长召集会议，专门就计划将列入1927年预算建造的一级驱逐舰的性能要求进行探讨。与会各方同意设计要求应强调实施鱼雷攻击的能力，这一要求将在此后主导英国驱逐舰的设计，直至第二次世界大战期间。尤为重要的是该要求自然导致了对较小侧面投影的追求。考虑到直至日德兰海战期间，历史上由舰船发射鱼雷进行的攻击一直鲜有成功的先例，因此这一要求颇为古怪。不过亦可解读为对鱼雷威胁的恐惧对海军战术产生了明显的影响。[③]与此相关，1937年5月的一次演习结果本应导致对鱼雷攻击实战价值的进一步质疑。此次演习中4艘驱逐舰向模拟敌战列线的4舰发动夜间攻击，每艘驱逐舰均在600~1000码（约合548.6~914.4米）距离上发射了8枚鱼雷。各舰共对目标中的领舰实现了15次命中，但战列线中排第二的目标舰仅被命中1次，另外两舰则完全未被命中。命中分布如此不均匀的现实说明协同攻击在当时尚不现实，须待可靠的无线电话甚至可能须待雷达引入海军之后才可以实施。

A级至G级驱逐舰（建于1929—1935年间）均装备两座四联装鱼雷发射管[④]。五联装鱼雷发射管于1936年首次在I级驱逐舰上被引入。至20世纪30年代后期，大部分驱逐舰均使用21英寸（约合533.4毫米）马克IX型鱼雷，该型鱼雷不仅性能可靠，而且航速和威力［战斗部最初为727磅（约合329.8千克）TNT炸药，后增至810磅（约合367.4千克）爆雷用高性能炸药（Torpex）］[2]与其他大部分海军的同类鱼雷相当[3]，仅落后于日本海军，后者所装备的鱼雷的先进程度当时还不为外人所知。[⑤][4]仰角为30°的新式4.7英寸（约合120毫米）马克IX型射速炮首先在A级驱逐舰上被引入（见下文）。为提高弹药库安全性，该炮采用分装式弹药，但此前型号使用的50磅（约合22.6千克）炮弹仍被保留。1926年的讨论引发了对续航能力的一个临时性要求，即以16节航速航行2000海里，以及以主机额定功率2/3的输出功率连续航行24小时。但鉴于这一要求

① 与此前设计建造的其他舰只一样，雅罗公司在“亚马逊”号上追求了轻量化设计。托尼克罗夫特公司建造的舰船排水量明显较大，但性能亦更强。[1]

② J English, Amazon to Ivanhoe(Kendal 1993). 该书不仅给出了各级舰的历史，而且详细描述了未能实际建造的替代设计方案。

③ D K Brown, 'Torpedoes at Jutland', Warship World Vol 512. 日俄战争的实践亦证明鱼雷的效用非常有限。

④ 甚至有建议在B级驱逐舰上，将Y炮位改建为第三座四联装鱼雷发射管。

⑤ 皇家海军亦曾对磁性引信进行试验并获得成功，且此后双重引信（触发和磁性二合一引信）问世，但只能装备在18英寸（约合457.2毫米）鱼雷上。由于可靠性不佳，因此该种引信后来被撤出现役。

战时驱逐舰最好的特点均结合在分别于 1928 年和 1929 年订购的 A 级和 B 级驱逐舰上，如照片中的“博阿迪西亚”号（Boadicea）（赖特和洛根收藏）。

将导致驱逐舰尺寸大幅增大，因此尽管第一次世界大战中，皇家海军经历的很多问题都与驱逐舰续航能力不足有关，但对续航能力的要求仍被修改为以 16 节航速航行 1600 海里，即可以满功率航行 12 小时。[5]

1927 年声呐设备仍在开发过程中，因此 A 级驱逐舰仅在设计时考虑了日后装备声呐的需要，并留出了相应空间，但并未实际装备声呐。该级舰装备两座深水炸弹投掷器和 4 座投放槽，但仅携带 8 枚深水炸弹——这亦与第一次世界大战的教训不符。各舰还装备了驱逐舰用双速扫雷具。在居住性方面亦引入一定改进措施，例如设置冷藏舱，在住舱内设置加热器，改善洗涤场所条件并设计燃油厨房——加装上述设备的代价为 33 吨重量、4 万英镑造价和 0.25 节航速。各舰还加装了一座供在港期间照明使用的 30 千瓦柴油发电机。①根据设计要求，该级舰在满载条件下应能实现 31 节航速（试航时曾取得约 35 节航速）。还应注意到尽管《华盛顿条约》对驱逐舰的大小和数量并未做出限制，但 1930 年《伦敦条约》将其排水量限制在 1500 吨（列强各自的驱逐舰中，15% 可被归类为驱逐领舰，该舰种排水量上限可升至 1850 吨），且皇家海军驱逐舰总吨位应不超过 15 万吨。1936 年条约尽管未获国会正式批准，但取消了对驱逐舰单舰排水量和总吨位的限制。驱逐舰的设计寿命为 16 年，并使用镀锌板延缓

① 据称有意见反对安装该发电机，其理由为一旦改善照明条件，水兵们就会待在住舱甲板读书，并可能读到煽动性文字！

“迅速”号（Express）为 A~I 级驱逐舰中的一艘，该舰拆除了 A 炮位和 Y 炮位的火炮，并接受改装，从而可布设 60 枚水雷。注意捕鲸艇被移至艏楼，其后桅被改为三角桅（另参见第十章）（赖特和洛根收藏）。

皇家海军中一个驱逐舰队通常由8艘驱逐舰和1艘较大的驱逐领舰组成。大部分驱逐领舰装备5门4.7英寸（约合120毫米）火炮，例如照片中的“英格尔菲尔德”号（Inglefield）（赖特和洛根收藏）。

舰体被腐蚀的速度。此外考虑到16年间各舰排水量的增长，设计稳定性时亦留出了相应冗余。①[6]

古道尔曾任驱逐舰设计部门领导，他曾希望设计仅装备两座锅炉和一座烟囱的小型驱逐舰。他还曾建议设计“流线型”舰桥，这或许是作为对“埋伏”号全速航行时风阻过高这一意见的回应，但更可能是为了改善外观。

“部族”级

至1934年，海务大臣委员会已经认识到由于标准火炮装备火力不足，因此英国驱逐舰难以与装备6门127毫米主炮的日本驱逐舰抗衡。为此海军部计划设计一级V级驱逐领舰，并在最初希望能装备10门4.7英寸（约合120毫米）火炮。该设想与日后1934年提出的舰队侦察舰设想（详见本书第四章）[7]有一定关联。除武装外，“部族”级设计在绝大多数方面均可被视为A~I级驱逐舰设计的放大版，两者的动力系统设计类似，但“部族”级的主机输出功率提高至4.4万匹轴马力，因此尽管该级舰排水量更高，但其航速反而高出1节。②“部族”级驱逐舰的结构亦与A~I级类似。在设计发展过程中，“部族”级的火力被降至8门4.7英寸（约合120毫米）主炮，同时轻型防空火炮增至1座四联装乒乓炮和2座四联机枪，这也是当时皇家海军最好的防空武器。其鱼雷装备则被缩减至1座四联装鱼雷发射管，这不可避免地招来了批评。双联装4.7英寸（约合120毫米）炮架设有液压回旋和俯仰系统，但其最大仰角仍被限制在40°。该炮架设计堪称精良，在良好天气下每炮每分钟射速几乎与单装炮架版本相当，而在使用电动弹药装填系统的情况下，双联装炮架在大风浪天气下的射速明显高于单装炮架版本。双联装炮架的重量为28吨，考虑到全靠人力操作的单装炮

① 最初单舰的涂装重量为17.5吨。舰体外表面将频繁接受反复喷涂，由此成为造成排水量增加的主要因素之一。在对“利安德”级护卫舰进行现代化改装的过程中，共去除了多达80层涂料，其重量高达45吨。

② “部族”级驱逐舰的最高试航航速甚至超过了著名的“阿布迪尔”级布雷舰。

“索马里人”号（Somali），隶属较大的“部族”级驱逐舰。照片摄于该舰建成时。该舰于1942年在冰岛附近海域被鱼雷击沉（作者本人收藏）。

架重10~11吨，前者的优势颇为明显。

在第二次世界大战期间，“部族”级驱逐舰战功赫赫。但由于火力强大，该级舰也常常被用于危险的战斗中，因此其损失也颇为惨重。16艘隶属英国皇家海军的“部族”级驱逐舰（不计隶属加拿大皇家海军和澳大利亚皇家海军的各舰）有3/4被击沉[8]。该级舰单价约为34万英镑，稍早的I级则约为24万英镑，从而形成了鲜明的对比——3艘“部族”级与4艘I级造价相当。不考虑各舰作战记录，很难断定3艘“部族”级的战斗力强于4艘I级。[①] 1936年《伦敦条约》同时取消了对单艘驱逐舰和驱逐舰总排水量的限制，受此变化以及建造过程中添加的各种设备的影响，“部族”级的排水量上升至约1950吨。如后所述，“部族”级常常在过载条件下航行，且由于其吃水深度相对较浅，因此砰击情况尤为严重，并进而导致锅炉给水槽漏水。这一问题尽管后果严重，但易于解决。

① J Lyon, 'The British 'Tribals', in Antony Preston (ed), Super Destroyers (London 1978).

“标枪”级（Javelin，1936年计划）

“部族”级的问世引发了认为其排水量过高的老生常谈，其他意见还包括需要加强鱼雷发射管数量和防空火力。由此引发了关于如何满足上述目标的辩论。这一系列辩论不仅经年累月，而且带有明显的情绪化色彩。尽管搭配新式马克

“鞑靼人”号（Tartar），摄于第二次世界大战结束后。原位于X炮位的双联装4.7英寸（约合120毫米）炮塔被一座双联装4英寸（约合101.6毫米）高射炮所取代，同时其轻型防空火力亦得到加强，此外该舰还改用了桁格桅——看起来仍颇为美观（作者本人收藏）。

XI 型 4.7 英寸（约合 120 毫米）火炮、发射 62 磅（约合 28.1 千克）炮弹的单装高平两用炮架颇受欢迎，但该种炮架无法及时问世。海军部亦曾考虑装备双联装 4 英寸（约合 101.6 毫米）炮架，但鉴于其在低仰角平射条件下战斗力不足，且炮弹较小，因此也被放弃。最终“标枪”级装备 3 座与“部族”级相同的双联装 4.7 英寸（约合 120 毫米）炮塔、1 座四联装乒乓炮和 10 根鱼雷发射管。

使用双锅炉设计的提案亦引发了长期争论。为此曾专门撰写一篇文档，总结此前相关讨论，其溯源甚至达 1928 年。[①]海军建造总监列出了使用双锅炉设计舰只的优势如下：

缩减了动力系统总重、所占空间、造舰及操作人员；

如果主机舱以及与其相邻的锅炉舱发生漏水，那么船体进水部分总长度也将缩短，舰只安全性亦因此得以提高；

上甲板及下甲板上位于舰桥下方的空间可以空出，从而缓解设于上述位置的信号部门、声呐部门以及住舱的拥挤情况；

与大小相近、战斗力相当但装备 3 具锅炉的驱逐舰相比，装备 2 具锅炉的驱逐舰体积较小且造价较低；换言之，若一艘装备 2 具锅炉的驱逐舰大小与装备 3 具锅炉的驱逐舰相当，则前者将拥有明显的战斗力优势。

总工程师虽然赞同海军建造总监所列出的优势，但亦给出了一系列劣势：

仅使用 2 具锅炉实际意味着全部锅炉均受影响；

平时展开锅炉日常清理工作将更为困难。通常在运作 21 天后，每座锅炉需关闭 7 天进行清理作业，而派遣一艘仅能使用 1 具锅炉的舰只出海显然不够安全；

巡航航速下燃料经济性较低；

一旦受损就将损失一半动力。

讨论中海军总参谋长助理曾提出一个重要观点，即为达成航速中最高的 20% 部分，需要消耗主机总功率的 50%。一艘装备 2 具锅炉的驱逐舰依靠其中 1 具即可实现 24~25 节航速；而一艘装备 3 具锅炉的驱逐舰依靠其中 1 具或 2 具分别可实现 18 节或 26~27 节航速。海军部亦征求了各舰队总指挥官的意见（1929 年），最终认为总体而言采用双锅炉设计的优势很大，且可以容忍该设计可能的种种问题。为提供驱逐舰在港时其所需的电力，还需加装一具大型柴油发电机。

1936 年总工程师提出尽管前述反对意见仍然成立，但仍愿意在且仅在一个驱逐舰队上尝试使用双锅炉设计。事实上，最终的决定是 J 级和 K 级驱逐舰均将采

① ADM 2298.

“泽西”号（Jersey）也是一艘美丽的驱逐舰。注意位于该舰主烟囱后的厨房烟筒，该结构曾引来古道尔的愤恨。后期各舰上该结构被设于主烟囱内部［参见本书第十二章中的“朱诺”号（Juno）］（赖特和洛根收藏）。

用双锅炉设计。在JD3文档中包括一张图纸，显示了装备2座烟囱、3具锅炉的“标枪”级设计方案。1938年装备3具锅炉的“伊莫金”号（Imogen）和“伊卡洛斯”号（Icarus）以与装备双锅炉各舰相同的工作方式进行了试航。期间为模拟双锅炉设计的工作条件，两舰的两座锅炉被增压至更高的压强。20世纪30年代锅炉清理的平均间隔为500小时，注意在第一次世界大战期间750小时间隔更为常见。有提案建议在“伊莫金”号和“伊卡洛斯”号尝试1000小时间隔。蒙巴顿勋爵（Lord Mountbatten）[9]曾施加影响[①]，使得海军部最终采用了双锅炉设计。[②]

在该级舰设计的细节上，科尔斯（Coles）采用了较为保守的方式。鉴于双锅炉设计的新颖性，这一决定颇为明智。不幸的是，由于建造方面的考量，因此细节设计在此后的战时“紧急”级（Emergency）驱逐舰上未能得到修改。

表5-1

	舯拱状态	舯垂状态
排水量	2244吨	2190吨
最大挠矩	3.6万吨英尺（107.53兆牛米）	3.11万吨英尺（92.9兆牛米）
上甲板所受应力	8.23吨/平方英寸（125.0兆帕）	6.01吨/平方英寸（91.3兆帕）
龙骨所受应力	6.28吨/平方英寸（95.4兆帕）	6.34吨/平方英寸（96.3兆帕）

表5-1所示应力水平仅比此前各级驱逐舰稍低，但承担应力的舰体结构布置更为合理，这一点在承受挤压时尤为明显，注意挤压可能导致屈曲失效。

如后文所述，各造船厂对采用纵向框架结构均持强烈的抵触立场，这亦反映在较高的投标价格上：单舰投标价格约为39万英镑。这或许是日后导致较强垄断出现的原因之一。表5-2显示了由丹尼公司（Denny）建造驱逐舰的利润一路上扬。[③]

① 据经佩恩得到的私人信件。
② 1939年3月10日古道尔在日记中写道：“搭乘‘泽西’号出海。虽然该舰表现良好，‘但我认为它不应如此’（原文如此）。它真是一个小美人儿，但被厨房烟筒所玷污。我希望能对此加以修正。没有出现振动问题这一点给我留下了深刻的印象，我还认为仅设置一座烟囱使其看起来比较小。转向时该舰的侧倾幅度很小。”同年6月1日他还在日记中写道：“‘朱诺’号的厨房烟筒被置于主烟囱内，很大的进步！”
③ H B Peebles, Warship Building on the Clyde (Edinburgh 1987).

表5-2 由丹尼公司建造的驱逐舰

舰级	造价（两艘）	间接费用和利润比例
E级	495433英镑	7.9%
H级	508616英镑	14.2%
“部族”级	718340英镑	20.9%
J级和K级	802598英镑	31.5%（！）

“闪电”级（Lighting，1937年计划）

列入1937年造舰计划的驱逐舰仍被视为舰队驱逐舰，因此也需装备较强的火炮，并为其配备防风雨的炮架。在经过一番辩论后，海军部还决定为该舰配备较强的鱼雷武装。最初计划在该级舰上大幅提高航速，直至40节标准，但考虑到由此带来的高昂造价，这一要求终被放弃。从技术角度而言，该级舰设计与“标枪”级类似，但舰宽更宽，以平衡更高的武器系统重量。

该级舰最终引入了马克XI型4.7英寸（约合120毫米）火炮，且该型火炮安装在马克XX型防风雨双联装炮架上。该炮架最大仰角仅为50°，不仅不足以称为一款真正的防空炮架，而且对实现快速回旋和俯仰动作而言火炮重量也偏重。该炮使用的炮弹同样重62磅（约合28.1千克），并由设置于炮塔中线的动力提弹设备供弹。[①]炮架的重量增至38吨，从而引发了一些排水量颇大的设计研究方案。[②]就当时水平而言，最终设计方案仍是一艘较大的驱逐舰，其满载排水量达2661吨——航速较“标枪”级快1节，装备6门新式火炮和8根鱼雷发射管。该级舰造价从“标枪”号的39万英镑提高至“闪电”号的46万英镑。新式炮架生产上的延误导致4艘L级驱逐舰完工时装备4座双联装4英寸（约合101.6毫米）火炮作为防空武器。[③]

① 炮弹的设计更为现代化，尖部更长，达5~10倍口径。
② L70号设计方案重载排水量达3265吨，其航速为40节，造价为90.5万英镑。参见E J March, British Destroyers (London1966), p360。
③ 这也导致了一个问题：4英寸（约合101.6毫米）火炮在以大仰角射击时对甲板的冲击高于以较小仰角射击的4.7英寸（约合120毫米）火炮。

由于双联装马克XX型4.7英寸（约合120毫米）炮架的生产进度延误，因此包括照片中的“军团”号（Legion）在内，共有4艘L级驱逐舰完工时装备4座双联装4英寸（约合101.6毫米）防空炮塔（作者本人收藏）。

过渡驱逐舰，O级和P级

1938 年 8 月，第一海务大臣表达了对一款过渡型驱逐舰的兴趣，这种驱逐舰应介于 I 级和近期若干级较大型驱逐舰之间。对此海军部内展开了较长期的讨论，参与者大致同意对一艘没有装备稳定仪的驱逐舰而言，全部装备防空火炮并不合适，且当时尚不存在一款真正意义上的高平两用武器。大部分早期建议案的造价均颇为昂贵，但最终一款装备 4 门单装 4.7 英寸（约合 120 毫米）马克 XI 型火炮［炮弹重 62 磅（约合 28.1 千克）］、主机功率为 3.8 万匹轴马力的中等大小设计方案被海军部所接受。[①]随着战争的脚步日益临近，海军部意识到发射 62 磅（约合 28.1 千克）炮弹的单装炮设计方案仍不存在，因此最终采用的还是发射 50 磅（约合 22.7 千克）炮弹的旧式单装炮。该级舰的动力系统与“标枪”级完全相同，从而节约了时间和经费。该级舰的造价约为 41 万英镑。[②]海军部于 1939 年 9 月 3 日下达了第一个紧急驱逐舰队订单，并于一个月后下达了第二个紧急驱逐舰队订单。[③]

至 1940 年底，海军部认识到航空兵对驱逐舰的威胁远大于此前的估计，因此考虑增强驱逐舰的防空火力。鉴于无法获得双联装 4 英寸（约合 101.6 毫米）炮架，因此最终海军部于 1941 年 2 月批准建造 8 艘装备 5 门单装 4 英寸（约合 101.6 毫米）防空炮的驱逐舰。[④]做出上述决定所基于的数据似乎并无说服力。在第二次世界大战的第一年，敌航空兵对驱逐舰造成的损失情况如表 5–3 所示。

① 曾有提案建议称，鉴于很多人无法在航行条件下提起 62 磅（约合 28.1 千克）炮弹，因此在该级舰上服役的官兵须经过精心挑选。
② 参见本书第十一章中对造价的讨论。
③ 尽管 O 级和 P 级驱逐舰分别是第一和第二个紧急驱逐舰队，但通常被统称为“过渡”级（Intermediate）。Q 级和此后若干级驱逐舰则常常被称为“紧急”级，并构成了第 3 至第 14 紧急驱逐舰队。
④ 在进行了若干次重命名之后，这些驱逐舰被称为 P 级驱逐舰。

表5-3 对驱逐舰的空袭

攻击方式	次数	击沉数目（艘）	重创数目（艘）	轻伤数目（艘）
高空轰炸	50	2	2	7
俯冲轰炸	89	9	16	20

“突击”号（Onslaught），摄于 1942 年。此时该舰仍非常接近其设计状态，仅加装了早期雷达（作者本人收藏）。

4 英寸（约合 101.6 毫米）防空炮对俯冲轰炸机的效果不佳，因此加装性能良好的近距离防空武器应更为有效。1941 年 3 月海军决定将 4 艘 O 级驱逐舰改造为布雷舰，其主炮改为 4 门 4 英寸（约合 101.6 毫米）火炮。仅有 4 艘 O 级驱逐舰按原设计装备了 4 门 4.7 英寸（约合 120 毫米）火炮。

Q级和之后的“紧急”级驱逐舰（第3至第14紧急驱逐舰队）

第二次世界大战爆发后不久，海军部便意识到潜艇攻击的威胁将迫使舰队采用更高的巡航速度。鉴于常用巡航速度将从 15 节提升至 20 节，大部分驱逐舰将因此非常短缺燃油。为解决这一问题，海军部很快决定在“标枪”级的舰体上装备“过渡”级驱逐舰的武装，从而可额外携带 125 吨燃油，进而将其续航能力提高 25%。在这一批驱逐舰上并未引入新的舰体技术，动力系统也未受改动。武器和电子设备的改变则颇为频繁。下文将总结这些改动。[①]

舰体改动

各级驱逐舰均设有方艉，在全速和 20 节航速下，该结构可将阻力分别降低 3%（航速可提高 0.25 节）和 1.5%（续航能力提高 70 海里）。尽管就严重进水情况下的舰体纵倾幅度这一指标而言，其计算在没有电脑辅助下完全无法完成，但设计人员仍几乎可以确定方艉可极大地增强舰体承受此种伤害的能力。各舰亦加装了较深的 V 形舭龙骨，此外从 S 级开始，各舰的舰艏外形均改为与“部族”级类似。[②]

“标枪”级的结构设计较为保守，因此尽管其结构较重，但其强度亦颇高。某些早期舰只上曾出现前部钢板开裂的现象，在后继各级舰上，这一问题通过实施加固，并将无线电频率生成电路（RFW Tank）布置在远离舷侧的方式得

① 改动的详细内容可参见 Design and Construction, p133-5 和 March, British Destroyers, p390。
② 这一改动是否会导致任何区别颇令人怀疑。

“袭击者”号（Raider）隶属第 3 紧急驱逐舰队。该舰装备 4 门 4.7 英寸（约合 120 毫米）火炮以及可实现 40° 仰角的炮架。这张拍摄于第二次世界大战末期的照片显示该舰装备了大量博福斯防空炮（世界船舶学会收藏）。

以解决。[1]怀特（J S White）的考兹（Cowes）造船厂在轰炸中遭到严重破坏，重建后该造船厂可采用全焊接建造工艺以预制件装配的形式造舰。以此方式建成的第一艘战舰便是“对抗”号（Contest）。[2]军官室位于舰体前部，军官和水兵的住舱则分别位于舰体前后。C级驱逐舰（不含火炮）的平均造价为62.7万英镑。

动力系统

尽管主机没有接受任何改变［压强为每平方英寸300磅（约合2.07兆帕），温度为650华氏度（约合343摄氏度）］，但辅机接受了一系列改动。除两具155千瓦蒸汽发电机之外，各舰还加装了3具50千瓦柴油发电机。此外，除抽水能力为40吨的蒸汽泵外，各舰还加装了2具抽水能力各为20吨的电泵，另外还曾搭载2具抽水能力各为70吨的移动水泵。电线走线位置更低，连接舵机齿轮的液压传动操舵装置不仅管道布置位置降低，且加装了备份设施。

武装

包括前2个紧急驱逐舰队在内，原计划为这些“紧急”级驱逐舰装备的武器包括4门4.7英寸（约合120毫米）火炮，其炮架可实现40°仰角。从第5紧急驱逐舰队开始，各舰采用了新的炮架，从而可见火炮仰角被提高至55°。新炮架还加装了弹簧推弹杆。[3]单装炮架重量由此增至13.3吨，而V级和W级装备的单装炮架仅重7.9吨。从第10紧急驱逐舰队开始，各舰在相同炮架上改装了4.5英寸（约合114.3毫米）火炮。[4]第12至第14驱逐舰队所装备的炮架增加了电动遥控设施，可由马克VI型指挥仪统一指挥。为平衡重量，这些驱逐舰拆除了一座鱼雷发射管。[5]

各舰的近距离防空火炮装备存在细微差别，具体情况取决于当时能获得何种火炮。从第5紧急驱逐舰队开始，乒乓炮被双联装博福斯防空炮所取代，另外从第4紧急驱逐舰队开始，各舰均装备了4座双联装厄利孔防空炮。[6]大多数驱逐舰均装备可一次投掷10枚深水炸弹的设备。随着雷达天线重量的逐渐增加，各舰均出现振动状况，为此又引入了重4.5吨的桁格桅。

海军建造总监历史声称上述改变“乃是根据各舰建造进度的不同加以实施”。第3至第14驱逐舰队共包括96艘驱逐舰。在从出海作战的早期各舰上收到满意的反馈后，贝赞特（Bessant，驱逐舰设计部门领导）评价称：“……我们都知道我们可以干得更好，且就战争结束阶段而言，仅仅维持我们目前的节奏还远远不够。”

① 海军部保存着尺寸很大的各舰图纸，图上各舰钢板的接缝或框架结构均被标出。20世纪50年代验证新结构设计方式的可行性时，这些图纸发挥了难以估量的作用。

② 1943年5月14日古道尔在日记中写道：“怀特的焊接驱逐舰将较晚完工。利利克拉普夫人将主持‘对抗’号的下水仪式。”1944年5月29日他在日记中写道：“约翰·托尼克罗夫特爵士打来电话，对焊接工艺抱怨了一通。”古道尔对此的回应是：“如果你坚持采用铆接工艺或铆接焊接各占50%的混合工艺，那么我认为托尼克罗夫特公司作为轻型快速船只建造商的日子已经完了。”

③ 这种推弹杆原为维克斯公司针对4.5英寸（约合114.3毫米）单装防空炮开发。尽管该装置最初为海军开发，但实际却被陆军采用。至此该装置终于回归海军使用。

④ “野蛮”号（Savage）在前部安装了双联装4.5英寸（约合114.3毫米）甲板间炮架的原型设计。为保持一致性，其舰体后部仅装备1门4.5英寸（约合114.3毫米）火炮。

⑤ 若笔者对“侠义”号（Chivalrous）驱逐舰的记忆无误，则在开火的第一分钟内，该炮架可实现每炮18发的射速。

⑥ 在太平洋战场服役的大部分驱逐舰上，厄利孔防空炮均被单装博福斯防空炮所取代。

“战役”级（Battle，1942年计划）

早在1941年初，空袭尤其是俯冲轰炸这一方式对驱逐舰的威胁就已明显大于战前预期，因此海军部计划建造装备“全防空炮”武装的驱逐舰。海军建造总监和海军军械总监曾对此进行长期讨论，双方最终青睐于一种基于“部族”级设计，装备3座双联装4.7英寸（约合120毫米）低仰角火炮［发射50磅（约合22.7千克）炮弹］、1座双联装4英寸（约合101.6毫米）炮（最大仰角为80°）并配备强大轻型防空火力的设计方案。在海军部其他高级官员中，采用发射62磅（约合28.1千克）重弹的4.7英寸（约合120毫米）火炮的方案固然颇受欢迎，但装备4座双联装4英寸（约合101.6毫米）火炮的方案亦不乏支持者。[①]大致而言，参与讨论各方均同意新驱逐舰应具备以4门大口径火炮实施前向射击的能力，轻型防空火炮则应以“四角”方式布置。不顾海军建造总监的警告，参与讨论各方中似乎很少有人意识到满足上述要求的驱逐舰将会有多大。[②]采用甲板间炮架的提议似乎出自海军建造总监，最初提议为在这种炮架上安装4.7英寸（约合120毫米）炮管［发射50磅（约合22.7千克）炮弹］。此外，古道尔还坚持应在新驱逐舰上安装稳定仪。在他提出的诸项设计方案中，方案C在舰桥前方装备了2座双联装博福斯防空炮，另外2座则设于舰体后部。该设计还配有与“黑天鹅”级（Black Swan）轻护卫舰类似的长艏楼。预计造价为89万英镑。[③]该设计方案最终引出了1941年7月提出的海军参谋要求，其中要求在舰体前部安装2座4.7英寸（约合120毫米）双联装甲板间炮架（参见后文武器章节）。

近距离防空武器则为4座安装在三轴“海斯梅尔”式（Hazemeyer）自稳定炮架上的双联博福斯防空炮。该炮架基于安装在荷兰布雷舰“威廉·范德扎恩”号（Willem van de Zaan）上的原型设计改进而来。[10]此外还装备4门厄利孔防空炮和1门专用于发射照明弹的4英寸（约合101.6毫米）火炮。设计团队原计划在该级舰上加装丹尼公司开发的减摇鳍，但最终决定将安装该设备所需的空间转用于布置容纳60吨燃油的油槽，且仅“坎伯当”号（Camperdown）和“菲尼斯特雷”号（Finisterre）安装了减摇鳍。[④]该级舰的鱼雷装备亦引发了争论。海军总参谋长助理认为该级舰过大，不适合实施鱼雷攻击，且评论称由驱逐舰实施的鱼雷攻击鲜有成功战例。不过最终该级舰还是配备了2座四联装鱼雷发射管以及较强的深水炸弹武装。

该级舰的动力系统设计主要基于L级，但其蒸汽压强从每平方英寸300磅（约合2.07兆帕）提升至400磅（约合2.76兆帕），主机输出功率则相应提升至5万匹轴马力。动力系统布局上，依次为2座锅炉舱、1座轮机舱和1座齿轮舱。舰体结构设计与“紧急”级驱逐舰类似。该级舰亦设有方艉，在最高航速下该结构可将阻力降低4%~5%，20节航速下则可降低约6%。设计团队曾一度考虑

① ADM 138 662。对相关讨论的总结收录于TSD 575/41。
② 1941年8月18日古道尔在日记中写道：“……想法的数量几乎与出席将官一样多。”（某次会议上共有7名将官出席。）
③ 1941年11月18日古道尔在日记中写道：“与贝赞特讨论了高射驱逐舰的舰体。除增加干舷高度外，似无其他手段改善上浪问题。”
④ 1942年4月16日古道尔在日记中写道：“对于取消在1942年驱逐舰上安装减摇鳍的决定，我并不是很高兴。”

加装球形艏，但发现这一改动无法带来任何收益。在这一级风格颇为新颖的驱逐舰上采用如此传统的舰体和动力系统设计看似颇为奇怪，但应考虑到当时驱逐舰设计部门工作负担过重，无暇考虑相应的新颖设计［根据笔者与沃斯珀（A J Vosper）的交流］。

“战役”级驱逐舰曾受到很多高级军官的批评，其中甚至包括坎宁安上将。[1]主要反对意见是该级舰过大，但应注意到为容纳其武装，“战役”级的排水量实际已经是下限——后续驱逐舰的排水量甚至更高！已经升任首相的丘吉尔也对该级舰的排水量表示了关注。1942 年 9 月 2 日海军大臣亚历山大对此进行了回复，并指出舰队驱逐舰需要装备炮弹重量与对手的 5 英寸（约合 127 毫米）火炮相当的火炮，例如发射 55 磅（约合 24.9 千克）炮弹的 4.5 英寸（约合 114.3 毫米）火炮。[2]实战经验显示这些火炮应具备完备的防空射击能力，也意味着其仰角需达 80° 。考虑到在此基础上还需添加强大的近距离防空火力，以及为实现高航速所需的主机功率，“战役”级驱逐舰实际上已经是满足未来要求的最小的舰队驱逐舰。实际上，该级舰的排水量低于同期美国、日本和德国驱逐舰的排水量。服役期间该级舰广受欢迎，但其装备的 4.5 英寸（约合 114.3 毫米）火炮约每分钟 12 发的射速明显偏低，此外“海斯梅尔”式炮架需要大量养护工作，且可靠性不佳。在第 3 驱逐舰队，该炮架被装备视距仪稳定炮架（STAAG）的双联博福斯防空炮所取代。后者虽然性能更佳，但其可靠性同样不高。4 英寸（约合 101.6 毫米）火炮则被两单装博福斯防空炮所取代。马克 VI 型指挥仪不仅投产较晚，而且较设计超重约 4.5 吨。

1942 年 10 月召开的一次未来造舰委员会会议上，古道尔就英美两国驱逐舰实践进行了比较。[3]美国海军 DD445 级［“弗莱彻”级（Fletcher）］通过使用高压锅炉和双级减速齿轮，实现了在重量和空间尤其是储油空间上的双重节约。性能相当的英国驱逐舰排水量将比该级舰重约 700 吨。总工程师正在向与美国海军类似的方向努力，但并不希望在战争期间引入这一改动。他认为美国设计承担了一定稳定性和防火方面的风险，而这是英国方面所不愿承担的。[4]美制驱

“桑特”号（Saintes）隶属 1942 年“战役”级驱逐舰。由于“海斯梅尔”式双联装博福斯防空炮炮架稳定性不佳，加之视距仪稳定防空炮以及马克 5 型双联装 5 英寸（约合 127 毫米）火炮的投产，因此很多同级舰完工时并未安装任何双联装博福斯防空炮（作者本人收藏）。

① Viscount Cunningham, A Sailor's Odyssey (London 1951), p660.“这些‘战役’级驱逐舰几乎满足了我最坏的预期……我们的驱逐舰必须重回大小合理并充分配备武器的路子上去。”
② PREM 3 322.2.
③ ADM 116 5150，原为 FB（42）会议，1942 年 10 月 5 日召开。
④ 笔者并不确定这一观点是否正确。就 1945 年 12 月在台风中损失的三艘美国驱逐舰而言，它们几乎是经历了那场台风的所有美国舰只中稳定性最差的。即便如此，其扶正力臂曲线也优于很多老式英制驱逐舰。

逐舰的干舷高度较低，且不配备减摇鳍，其油槽则位于上甲板。至于其结构强度和艉炮位置“则不是海军建造总监愿意推荐的方式”。

1943年计划和“战役”级后期型

最初海军部计划将列入1943年造舰计划的26艘驱逐舰按照与列入1942年计划者相同的设计建造，但此后列入1943年计划的各舰设计接受了若干改动。各舰均加装美制马克37型指挥仪以及计算机和英制275雷达。第3和第4驱逐舰队各舰上，“战役”级早期型装备的4英寸（约合101.6毫米）火炮被1门单装4.5英寸（约合114.3毫米）火炮所取代，其他主炮则改装双联装4.5英寸（约合114.3毫米）上甲板炮架，其射速可达每分钟20发。近距离武器包括装备马克II型视距仪稳定炮架的双联装博福斯防空炮。由于炮架重量增加，因此最初16艘驱逐舰仅计划装备2座该种炮架，后续各舰计划在增加舰宽之后加装第三座。除8艘外，列入1943年造舰计划的各舰在第二次世界大战结束后被取消建造，但有2艘按后期设计方案、装备上甲板炮架的驱逐舰在澳大利亚建成。该级舰艉甲板上加装了一门“鱿鱼”式（Squid）反潜迫击炮[11]。

海军部内部曾于1943年8月18日由海军审计长主持的一次会议上，就列入1943年计划的最后5艘驱逐舰以及列入1944年造舰计划的驱逐舰设计可进行何种设计改动，进行过颇值得后人研究的讨论。[①]总工程师声称节热器将导致排水量增加25吨，同时将主机经济性提高7%。如果在“武器”级驱逐舰上进行的锅炉试验结果令人满意，他将相应地重新设计动力系统，从而在不增加重量的前提下将经济性提高12%。单元化动力系统设计不仅将导致舰体长度增加3.5英尺（约合1.07米），而且将导致排水量上升20吨，以及额定乘员人数增加6人。与会者中基本支持新驱逐舰设计应具备以4门主炮向前射击的能力，同时安装2座双联装上甲板炮架的设计方案被认为优于装备甲板间炮架并装备5门主炮的设计方案。与会人员当时认为后续各舰将装备3座双联装上甲板炮架以及单元化的动力系统。

① ADM 229 30.

隶属1943年“战役”级驱逐舰的“敦刻尔克”号（Dunkirk）。注意该舰装备了美制马克37型指挥仪，烟囱后方安装了4.5英寸（约合114.3毫米）单装炮，舰体后部安装了两座装备视距仪稳定炮架的双联装博福斯防空炮（作者本人收藏）。

“武器”级（Weapon），1943年

由于“战役”级驱逐舰较大，此前用于建造驱逐舰的部分船台无法承建该级舰，因此海军部决定建造一级“过渡”型驱逐舰，从而实现对这部分船台资源的利用。该型驱逐舰的标准排水量被限制在1800~1900吨之间，考虑为其配备的武器方案包括：

4门4.5英寸（约合114.3毫米）单装炮，最大仰角55°；
3座双联装4英寸（约合101.6毫米）炮，最大仰角80°；
3门4.5英寸（约合114.3毫米）单装炮，最大仰角80°。

但很快，设计团队便意识到对这种吨位的驱逐舰而言，唯一适合的火炮便是双联装4英寸（约合101.6毫米）火炮。由此基本武器被定为3座双联装4英寸（约合101.6毫米）炮、2座装备视距仪稳定炮架的双联博福斯防空炮、2座四联装（后改为五联装）鱼雷发射管、2座双联装厄利孔防空炮和15枚深水炸弹（可供5次齐射所需）。诸多其他替代方案则包括增加深水炸弹、反潜迫击炮或轻型防空炮的数量。

设计团队决定新驱逐舰的动力系统应实现单元化设计，交替布置锅炉舱和轮机舱。[①]两个动力系统单元之间被一座长10英尺（约合3.05米）的油槽和布置于后部锅炉舱前方、长2英尺的围堰所分隔。各单元可交错连接，由此任一锅炉均可驱动任一涡轮机。两座锅炉均由福斯特惠勒公司（Foster-Wheeler）生产，其工作温度为750华氏度（约合398.9摄氏度）。锅炉输出压强为每平方英寸400磅（约合2.76兆帕）的蒸汽，驱动则是由帕森斯公司生产的单级减速涡轮。据称采用单元化设计将导致排水量上升65吨，但20节下燃油消耗率比“紧急”级低20%。[②]

上甲板长度非常紧张。早期图纸显示原计划设置一座三角桅和两座常规烟

① 1941年10月17日，美国海军“卡尼”号（Kearny）驱逐舰前部生火舱被鱼雷命中，该舰最终幸存。这一战例对此后决定在“武器”级驱逐舰上采用单元化动力系统设计造成了很大影响。

② 采用单元化设计亦可能导致额定乘员人数上升。

隶属“武器”级的“蝎”号（Scorpion）。注意沃斯珀采用了将桅杆设于烟囱上方的设计，该设计可缩短上甲板长度。该舰在X炮位安装了一门反潜迫击炮（作者本人收藏）。

囱。三角桅此后被桁格桅所取代，而造船师沃斯珀创造性地提出将前烟囱布置于较宽的桁格桅内部这一方案。[①]风洞试验结果显示这一设计可有效地减轻烟气对舰桥的干扰。

海军部于 1943 年 6 月批准了设计方案，并以此下达了 19 艘驱逐舰的订单，预计造价为 71 万英镑。第二次世界大战结束时，除 4 艘之外其他各舰的建造均被取消。这 4 艘驱逐舰完工于第二次世界大战结束之后，完工时各舰装备 2 座双联装 4 英寸（约合 101.6 毫米）主炮和 2 座“鱿鱼”式反潜迫击炮［“蝎”号装备一具“林波”式（Limbo）反潜迫击炮］。[②][12] “腰刀”号（Broadsword）还加装了用于对防空炮实施火控的“飞机 5”型（Flyplane 5）预测器。该设备不仅是热阴极电子管技术史上的一座丰碑，而且在当时其性能非常出色。

设计部门还于 1944 年提出了“武器”级的改进型，即 G 级驱逐舰设计。该级舰的舰体长度与“武器”级相同，但其宽度增加 18 英寸（约合 0.457 米），并采用相同的动力系统设计。主炮为两座双联装 4.5 英寸（约合 114.3 毫米）上甲板炮架，并计划安装 3 座双联装博福斯防空炮。据称该级舰将会非常拥挤，因此第二次世界大战结束时全部 8 艘该级舰均被取消建造一事让很多人颇感解脱。

“大胆”（Daring）级

在“战役”级驱逐舰因过大而饱受批评的同时，海军参谋们则在构思着排水量更大的驱逐舰。[③]第一个设计研究方案的重载排水量为 4800 吨，舰体长度为 420 英尺（约合 128.0 米）。在采用了一系列减重措施之后，海军建造总监提出了重载和轻载排水量分别为 3360 吨和 2594 吨的设计方案。海军部于 1945 年 2 月 9 日批准了设计方案，并据此下达了 16 艘驱逐舰的订单，不过第二次世界大战结束之后，其中 8 艘的建造被取消，另外 8 艘的建造则以非常缓慢的进度继续进行。[④]该级舰装备 3 座双联装 4.5 英寸（约合 114.3 毫米）上甲板炮架、3 座双联装博福斯防空炮、2 座五联装鱼雷发射管，此后又追加了 1 具“鱿鱼”式反潜迫击炮。

“大胆”级是第一级按照全焊接工艺、预制件组装建造方式设计的驱逐舰。[⑤]但由于缺乏经验，因此该级舰的焊接水平总体较差，且海军建造总监部门下属的射线探伤团队曾发现存在很多裂缝和严重夹渣缺陷。[⑥]该级舰在非重要结构，例如小型舱壁、上层建筑甲板和不受炮口风暴影响的舰体侧面上大量使用铝作为建材。艏楼甲板中断处设有一个坚固的盒式结构，用以承担从艏楼甲板传递至上甲板的载荷。[⑦]在建造主轴支架时通过采用焊接预制件而非锻件，可将建造时间缩短约 50%，造价节约近 40%，尽管该部件的重量稍有增加。在较大的舰船上采用预制的舰艉框架亦可在建造时间和造价两方面实现类似幅度的缩减，

① 根据 1999 年 10 月 25 日笔者与沃斯珀的电话交流。想出这一方案后他首先与其上级贝赞特进行讨论，具体设计在讨论中逐渐成形。对新颖设计方案而言，这一方式并不鲜见。

② 由怀特造船厂建造的各舰采用全焊接工艺建造，其余各舰则采用焊接铆接混合工艺建造。

③ 1943 年 8 月 9 日古道尔在日记中写道：“海军参谋们是主要的限制。在认定‘战役’级排水量过大之后，他们提出的新设计需求实际注定将导致大得多的设计方案。海军审计长考虑装备 2 座双联 4.5 英寸（约合 114.3 毫米）炮架，火力系统实验室总监（DFSL）则声称需装备 3 座。我只能瞧瞧在 2750 吨排水量下我能干些啥。”此后在 8 月 16 日的日记中还写到海军建造总监“并不打算建造一艘排水量为 2750 吨的驱逐舰”。

④ 1947 年估计该级舰单舰造价为 145 万英镑。受建造延期和通货膨胀的影响，其最终单舰造价为 228 万英镑。

⑤ 3 艘该级舰的纵桁、横梁和纵梁采用铆接工艺建造。

⑥ 1943 年 10 月 12 日古道尔在日记中写道：“我不打算在新的‘战役’级上采用与美国海军相同的应力标准。必须待焊接工艺在我们的造船厂中成为统一工艺之后才可采取。”（事实上，“战役”级的应力水平仅稍高于“标枪”级。）海军建造总监部门下属的非破坏性测试组在很多年内一直保持着技术领先。很多年后当工业界的技术水平终于赶上之后，笔者不得不非常痛心地将该测试组解散。

⑦ 该结构非常沉重，同样重量下完全可将艏楼甲板一直延长至 X 炮位。

一艘不确定具体舰名的“大胆”级，摄于1954年。即使是如此大的一艘驱逐舰也难免海水漫上其艏楼甲板（作者本人收藏）。

且重量可减轻约20%。[1]

该级舰动力系统采用单元化设计，其技术水平明显高于此前各级驱逐舰。为获得相应经验，设计团队考虑了多种锅炉和涡轮机混合的设计方案。总工程师较为青睐福斯特惠勒公司的设计方案，但4艘该级舰采用了巴布科克及威尔科克斯公司（Babcockand Wilcox）生产的锅炉。两者工作温度均为850华氏度（约合454.4摄氏度），输出蒸汽压强为每平方英寸650磅（约合4.5兆帕）。[2]大多数该级舰装备帕森斯船用蒸汽涡轮公司（Pametrada）制造的涡轮机，不过有2艘装备亚罗—英国电力公司生产的涡轮，另有1艘装备约翰·布朗公司（John Brown）的产品。所有涡轮机的输出功率均为5.4万匹轴马力，通过双级减速齿轮驱动两根主轴。[3]该级舰续航能力为在携带590吨燃油时，可以20节航速航行4440海里（平均每吨燃油可供航行7.5海里），作为对比，较小的“战役”级携带700吨燃油时可航行4400海里（平均每吨燃油可供航行6.2海里）。[4]与此前诸级驱逐舰相比，“大胆”级的推进效率高约10%，这应归功于焊接舰体更为光滑的表面。通过使用双舵，该级舰全速航行时转向半径仅为525英尺（约合160米）[“战役”级则为665英尺（约合202.7米）]。

4艘“大胆”级采用了交流电力系统，当时希望相比传统的直流电力系统，交流电力系统能实现重量和空间上的节约。不过由于英国工业界缺乏相应经验，因此海军部的希望未能全部实现。传动的覆铅电缆大部分被编包电缆所取代。在图纸上，每个舱室均以1英寸/1英尺（约合1 ： 12）的比例尺绘制平面图，并将所有设备的具体位置绘出，此举取代以往由船坞工人自由决定安装位置的传统。

最终皇家海军拥有了一级现代化驱逐舰，其新颖之处包括纵向框架结构、焊接舰体、高效而紧凑的动力系统、交流电力以及有效的高平两用火炮。与美

① Sir S V Goodall, 'Some Recent Technical Developments in Naval Construction', Trans NECI (1944), 13th Andrew Laing Lecture.

② 在设计某个阶段，总工程师曾提出将燃油储量削减50吨的方案，为此动力系统重量将增加25吨。

③ Vice-Admiral Sir Louis Ie Bailly, From Fisher to the Falklands (London 1991), pp74-5.

④ 全速航行时耗油量为每小时16吨，10节航速下为每小时1.5吨。

国海军相比，这些“创新”引入的时间落后了10年。

武器

本书附录8对中口径火炮进行了一般性的论述。此处仅考虑专用于驱逐舰的火炮。驱逐舰主炮装备大多为人力操作这一要求所限。这倒并非是出于保守，而是考虑到动力操作系统将导致炮架重量和造价的显著增加，以及战斗中炮架可能因失去动力而无法运转，其中后一顾虑可能更为重要。对完全由人力操作的火炮而言，只要炮组成员中还有人能将炮弹装入炮闩，便可以继续射击。然而，人力操作的要求亦使得任何炮弹的重量均不得超过50~60磅（约合22.7~27.2千克）。[①]海军部曾建造两门试验性的5.1英寸（约合129.5毫米）火炮[②]，其中1门被用于岸上试验，另一门则被安装在“肯彭费尔特”号（Kempenfelt）上用于出海试验，其结果显示该炮使用的70磅（约合31.8千克）炮弹过重［整装弹全重108磅（约合49.0千克）］。

即使将炮弹重量限制在50磅（约合22.7千克），为保证在低仰角情况下仍能由人力轻松完成装填，炮耳高度也被限制在约55英尺（约合1.40米）高度，这也将安装于A~D级驱逐舰上的CP马克XIV型炮架的仰角限制在30°。安装在后继的E~G级驱逐舰上的马克XVII型炮架通过将炮耳高度提升4.5英寸（约合114.3毫米），并将炮架置于同深度的凹坑中的方式，将其最大仰角提高至40°。该凹坑上设有翻板，在以低仰角射击时可以关闭，从而将炮耳高度恢复至55英尺。这一改动并不是很成功。此后安装在H级和I级（以及此后的Q级和R级）上的马克XVIII型炮架上，配重块的位置移至炮管上方，从而可在不加装凹坑的前提下实现40°仰角。在认识到至少应有一门主炮能实现更高仰角的需要之后，可实现60°仰角的马克XIII型炮架曾被安装于“麦基”号（Mackay）和“斗牛犬”号（Bulldog）上进行试验，但由于该炮架炮耳高度为68英寸（约合1.73米），因此在低仰角情况下其表现不尽如人意。后座行程则导致了另一个

① 这一认识确定的时间较晚——小型巡洋舰曾装备发射100磅（约合45.4千克）炮弹的6英寸（约合152.4毫米）炮。同种火炮也曾在驱逐舰上尝试安装，但其结果堪称失败，并于不久后被拆除。

② 后人或会奇怪为何不尝试安装于X1号潜艇上的5.2英寸（约合132.1毫米）火炮，单以火炮而论其设计颇为成功。

摄于第二次世界大战结束之后不久的“瞭望手”号（Lookout），此时该舰装备3座双联装4.7英寸（约合120毫米）马克ＸＸ型炮塔，火炮则为发射62磅（约合28.1千克）炮弹的马克ＸＩ型——这仅仅是过多的不同型号中口径火炮中的一种（作者本人收藏）。

问题。后座行程越短，火炮射击时对舰体结构的冲击力也就越大。因此驱逐舰上安装的火炮通常后座行程较长。例如4.7英寸（约合120毫米）马克XIX型炮架的后座行程为26.5英寸（约合673.1毫米），而安装在大型舰船上的4.5英寸（约合114.3毫米）马克II型炮架的后座行程为18英寸（约合457.2毫米）。

英制驱逐舰常常因安装4.7英寸（约合120毫米）火炮而非其他列强海军常用的5英寸（约合127毫米）火炮而饱受批评。然而应注意到英制火炮所使用的50磅（约合22.7千克）炮弹并未明显轻于其他列强所使用的炮弹。本书附录16解释了两次大战之间时期的防空作战理论。简要说来，当时认为对轰炸机而言，可以快速实施机动的驱逐舰是不可能命中的目标。因此驱逐舰自身无须防范空袭，但其火炮仍可用于加强主力舰的远距离防空火力。对这一作战角色而言，30° ~40° 仰角已经足够使用。

“战役”级驱逐舰的主炮设计经过颇值得一提。[1]设计工作开始不久海军部便决定应为该级舰装备2座双联装甲板间炮架，且2座炮架均应位于舰体前部，其最大仰角则应为80° ~85° 。但就具体火炮口径，海军部内则进行了长期辩论。最初呼声最高的是发射62磅（约合28.1千克）炮弹的4.7英寸（约合120毫米）火炮。[2]然而由于该炮弹使用范围有限，无法在全球范围内实施补给，因此发射50磅（约合22.7千克）炮弹的4.7英寸（约合120毫米）火炮曾一度成为热门，最终海军部的选择是最大仰角为80° 的4.5英寸（约合114.3毫米）火炮，其弹药为弹头重55磅（约合24.9千克）的分装弹。

这种4.5英寸（约合114.3毫米）炮弹实际要重于大部分4.7英寸（约合120毫米）炮弹，其弹道特性亦优于后者。海军部认为这些优势足以压过储存新式炮弹将带来的后勤问题。海军部还设计过作为大型舰只防空火炮的4.5英寸(约合114.3毫米）火炮，该种火炮发射85磅（约合38.6千克）整装弹，这也是当时认为可由人力操作的最重弹药。根据在隶属“黛朵”级的巡洋舰“锡拉”号和“卡

“野蛮”号装备双联装4.5英寸（约合114.3毫米）马克IV炮塔原型设计，该炮塔最大仰角为80° 。该舰后部安装的单装炮为一门4.5英寸（约合114.3毫米）火炮，其炮架由4.7英寸（约合120毫米）火炮炮架改装而来，最大仰角为55°（作者本人收藏）。

① Capt (E) G C de Jersey, 'The Development of Destroyer Main Armament 1941–1945', Journal of Naval Engineering(Oct 1953).

② 海军部曾研究利用4.5英寸（约合114.3毫米）马克II型甲板间炮架安装发射62磅（约合28.1千克）炮弹的4.7英寸(约合120毫米）火炮，该研究被称为“4.6英寸混血儿”。然而火炮的设计后座行程较长，超出炮架本身为后座行程预留的范围。

律布狄斯”号上的经验，在恶劣天气下这种炮弹即使在5000吨级巡洋舰上也显得过于沉重，而“战役”级则使用分装弹。

海军部决定在“野蛮”号（Savage，预计1943年4月完工）前部安装新炮架的先导设计方案，并在其舰体后部安装两门4.5英寸（约合114.3毫米）单装炮。1941年10月木制模型首先在巴罗工厂（Barrow）建成。在经历了若干次考察之后，海军部批准建造新炮塔。幸运的是当时巴罗工厂正在为“光辉”号航空母舰建造后备炮架，该厂遂对其加以改装，以安装在“野蛮”号上。在此期间该厂曾遭遇很多设计问题，但均未造成严重后果，且安装在“野蛮”号上的原型设计在实际操作中表现良好。由此新的双联装炮架被投入批量生产，用于装备“战役”级。其单装版本则用于装备Z级和C级驱逐舰。

由于射速太低，且回旋和俯仰动作速度较慢，因此“战役”级驱逐舰装备的炮架一直被视为过渡方案。1942年晚期，海军部提出了若干假设性要求，并在纽卡斯尔建造了详尽的模型。新炮架使用整装弹和动力装填系统。鉴于原先炮架射速（每分钟12发）过低，因此新要求中对射速的规定为每分钟18发。这一要求实际导致新炮架仍必须采用分装弹，并需由人力将弹药从提弹机转移至输弹槽。为实现迅速切换弹种的要求，每炮均配置了两座提弹机，此外，海军部还要求为“马耳他”级航空母舰设计的马克VII型炮架应尽可能地与用于驱逐舰的马克VI型炮架通用零件。

新炮架的输弹架不仅面积较大，而且呈圆形。就此海军建造总监抱怨称，单为支撑炮架本身就需加装大量的悬臂肋，而这将消耗可观的重量。[①]火炮本身也接受了可观的改动。电动遥控系统的作用接受了重新评估，由此发现对横摇中的舰体而言，大仰角状态下快速横向校正的数值颇为可观。新炮架每座功耗为117马力，而安装在“战役”级上的炮架仅为80马力。这一比较也是在4艘“大胆”级驱逐舰上引入交流电力系统的主要考量之一——当时认为交流电动机重量更轻，且更可靠。海军部最初于1945年3月在里兹代尔（Ridsdale）进行试射，其结果令人较为满意。由此1座炮架原型设计被安装于“桑特”号B炮位。

① 这些框架结构的重量被计入舰体组的重量之中。简单就“载荷”这一指标进行比较则会忽略其他重量组的大部分重量仅用于支撑武器系统这一事实。

“桑特”号，摄于1947年。该舰B炮位装备4.5英寸马克VI型炮架原型设计。该炮架射速明显高于马克IV型炮架，并将被安装于此后的“战役”级驱逐舰（以及隶属澳大利亚皇家海军的“战役”级）上（作者本人收藏）。

马克 VI 型 4.5 英寸（约合 114.3 毫米）炮架最终被证明是一款相当成功的设计，并在此后被用于装备若干级战后舰船。

早期若干级驱逐舰装备 2 座单装乒乓炮作为近距离防空武器①，D 级驱逐舰则装备 1 门单装 12 磅火炮(口径约为 76.2 毫米),但该炮不久便被乒乓炮所取代。稍后几级驱逐舰则装备四联装 0.5 英寸（约合 12.7 毫米）机枪，该武器在当时被认为是最有效的防空武器。

舰体设计

在稳定性、耐波性、舰体强度以及海军造船学的其他方面，V 级和 W 级驱逐舰的性能均远优于早期各级。A~I 级驱逐舰的舰体性能则与这两级相当或稍强,且直至第二次世界大战爆发时为止一直被认为令人满意。然而事后回顾看来，当时本可能认识到这些驱逐舰在一系列技术方面已经落后于时代。

稳定性②

对未受损伤的舰只而言，平时几乎无法发现其出现稳定性问题的迹象。从第二次世界大战爆发时开始，各舰均加装了很多装备，如防空炮、桅顶瞭望位、防破片装甲以及稍晚加装的雷达。这些设备不仅在多年以来大量积累的涂装基础上进一步可观地增加了各舰的排水量，而且其位置一般较高。至 1941 年，一艘典型战前驱逐舰的排水量增幅已达约 150 吨。通过缩减烟囱和桅杆高度，并拆除一半鱼雷发射管，舰体高处的重量得到了一定程度的缩减。值得注意的是鱼雷装备不仅曾被海军部视为驱逐舰存在的理由，而且曾经常被称为驱逐舰的“主武器”。舰龄最长的一些驱逐舰加装了永久性压载物，而大多数战前驱逐舰均奉命在所携燃油不足 40 吨时向空油槽内注水。第二次世界大战期间从未有一艘英国驱逐舰因遭遇恶劣天气而倾覆，且根据现存记录，几乎也没有任何一艘在恶劣天气下遭遇危险（见表 5–4）。

表5-4 重量增加和稳定性下降

舰级	1936年		1940—1941年	
	轻载排水量（吨）	定倾中心高度	轻载排水量（吨）	定倾中心高度
“富尔克努”号（Faulknor）	1442	2.5英尺（0.762米）	1558	2.17英尺（0.661米）
“邓肯”号（Duncan）[13]	1403	2.48英尺（0.756米）	1553	2.2英尺（0.671米）
F级	1356	2.48英尺（0.756米）	1522	2.18英尺（0.664米）

① 当时似曾考虑装备四联装乒乓炮，但该型火炮当时产量不足。

② D K Brown, 'Stability of RN Destroyers during World War II', Warship Technology 10 (London1989).

后期曾对舰只受损后的稳定性加以考虑，但这一问题意义有限。设计的目的是确保舰只在轮机舱以及相邻锅炉舱进水的情况下仍能保持以垂直状态漂浮。这一要求本身并不高，但鉴于驱逐舰受损后倾覆的实例很少，因此可认为这一要求足够严格。在37艘被单枚鱼雷命中并沉没的驱逐舰中，仅有6艘倾覆，其余各舰中有22艘断为两截，7艘以舰艏或舰艉向下的姿态沉没，另有1艘整体沉没。

航速和舰体船型

舰体船型通常为了高航速设计而进行优化，且并不会为此进行权衡。从这一角度衡量，各舰采用的船型设计的确堪称出色。曾在海斯拉船模试验池（海军试验工厂，AEW）接受过测试的诸多船型中，仅就最高航速而言，“埋伏”号的设计迄今仍堪称佼佼者。现代设计师或许会引入方艉设计，并引入襟翼或尖底结构，但若将最高航速作为唯一目标，则不会再引入任何其他改动。不过，用于定义浮力纵向分布的棱形系数尽管对最高航速几乎没有影响，但在18节左右航速下（对驱逐舰而言）对舰体所受阻力仍有明显影响，并将进而影响油耗。因此为提高最高航速，可能在续航能力方面付出高昂代价（约为15%），而这一点不会在试航中反映出来。

表5-5 典型船型特征值（“灰狗”号，Greyhound）

圆形M参数——舰体长度/（排水体积）$^{1/3}$	8.04
C_P——浸入水体积/（舰体长度×舯部截面积）	0.67
LCB——从舰艏起算浮力纵向中心位置	舰体长度×0.52
B/T——指数舰体宽度/吃水深度	3.32
I_C——半进流角	12.2°
舯部系数Cx——舯部截面积/（舰体宽度×吃水深度）	0.854

各级舰所用推进器从根部至尖部桨距恒定，其截面半径恒定，正面（承压面，向后）为直线，背面（向前！）则构成圆之一弧。这种推进器造价低廉，且在当时航速下效率颇高，因此直至空化噪声的影响逐渐显著之后才被放弃。高航速下所有推进器均会发生空腔化效应，即水体在低压区域“沸腾”。由此产生的气泡破裂时将产生极高的压强［例如每平方英寸100吨（约合1520兆帕）］，并在推进器的铜质表面凿出凹坑。在完成6小时满功率试航后，凹坑深度通常可达0.125英寸（约合3.18毫米）。20世纪30年代翼型理论逐渐被引入船用推进器设计，但当时翼型理论自身亦不够丰满，且试验用推进器较标准推进器受伤更重。①所有推进器均设有三片桨叶，其顶端与舰体之间距离很短，两者共同导

① “花环”号（Garland）的推进器由锰青铜公司（Manganese Bronze）制造。在连续航行6小时后其表面最大冲蚀深度为1.375英寸（约合34.9毫米）；“狮鹫”号（Griffin）的推进器由斯通斯公司（Stones）制造，6小时冲蚀深度为0.875英寸（约合22.2毫米）。

致舰体振动不可避免，甚至曾导致 Y 炮位难以实施回旋动作。[①]

表5-6 推进器参数：A级驱逐舰

直径	9英尺6英寸（2.90米）
桨距	13英尺（3.96米）
展开面积	53平方英尺（4.92平方米）
全速航行时转速	每分钟350转

耐波性

对耐波性的一般性讨论可参见本书附录 19，此处仅就与驱逐舰有关的特性加以阐述。总体而言，在北大西洋海域，就舰体长度与 V~I 级相似的驱逐舰而言，受各种形式舰体运动的影响，其每年出海作战时间较正常情况下降约 15%。上述下降中仅有部分由乘员晕船导致。最近在驱逐舰上对某型现代化电动炮架进行的试验显示，尽管在平静海况下其命中率可达 40%，但一旦因舰体运动导致炮架的垂直速度增至每秒钟 10 英尺（约合 3.05 米），命中率就将骤降至 10%。

由于舰桥与舰艏之间的距离加大，因此舰桥部分的运动幅度明显下降。本书所提及的驱逐舰其舰桥位置大致相同，唯有“部族”级的舰桥位置更为靠后，这也导致该级舰的舰长们往往会以更高的航速航行，从而导致舰只舰底受损，进而导致锅炉给水槽漏水。对于舰艏部分的干舷高度，设计师通常秉持下述准则，即等于舰体长度（以英尺为单位）平方根的 1.1 倍。绝大多级驱逐舰设计均满足这一准则，唯有“部族”级的干舷高度低于此准则，而该级舰也颇为潮湿。在各级驱逐舰上，航行时位于艏楼甲板后方的较矮的上甲板经常被巨浪横扫，导致很多官兵失踪或受伤。直至战争临近结束，各舰才在鱼雷发射管上方加装了走道。[②]总体而言，与其他列强的驱逐舰相比，英制驱逐舰的干舷高度和潮湿程度表现仅次于美国海军。

潮湿程度不仅与干舷高度和纵摆幅度相关，且两者对潮湿程度的影响也常常被混淆。例如常常有观点认为德国“纳尔维克”级（Narvik, Z23）驱逐舰因加装了沉重的双联装 150 毫米炮塔导致其纵摆幅度加剧，进而导致其颇为潮湿。劳埃德博士（Dr Lloyd）则指出[③]，对大型舰只而言，该炮塔的重量对纵摆幅度的影响颇为有限。在 5 级海况下，加装炮塔仅会导致平均（显著）纵摆幅度从 2.60° 增至 2.62° 。然而，加装炮塔导致其干舷高度从 6 米下降至 5.78 米，这将导致单波海浪涌上甲板的概率从 0.76% 增至 1.2%。水兵们会注意到潮湿程度上的区别，并错误地将其归罪于纵摆幅度增大。

第二次世界大战结束后，原隶属德国海军的“纳尔维克”级驱逐舰 Z38 曾以“绝品”号（Nonsuch）的身份在皇家海军中短期服役，其舰长事后的观点颇

① 出自爱丁堡公爵（HRH The Duke of Edinburgh），相关讨论见于 NEC 100, page D1-4。[14]

② 根据笔者在“侠义”号上服役的经验，走道尽管颇为安全，但依然很潮湿。

③ D K Brown and A R J M Lloyd, 'Seakeeping and added weight', Warship 1993.

值得研究[①]；总体而言，在8级狂风下以21节航速顶浪航行时，该舰未显示任何吱嘎作响的迹象。[②]得益于其出色的舰艏船型，在顶浪航行时只有在极高的航速下方需为防止舰体受损而放缓航速，但亦需注意到在该舰艏设计下，无法腾出空间容纳声呐设备。防溅条和设于甲板边缘的舰锚收纳均能有效地防止水沫涌入舰体。[③]舰长对“绝品”号的最终评价是，就其在皇家海军服役期间的174人的额定乘员而言，其居住条件颇为拥挤，然而应注意该舰在第二次世界大战期间（作为Z38号）的额定乘员人数高达364人！

表5-7就皇家海军和其他列强驱逐舰的干舷高度进行了比较，并与舰体长度平方根的1.1倍这一经验法则进行对比。

表5-7 干舷高度比例和舰桥与舰艏之间距离归一化指标（即占舰体全长比例）

舰级	舰体长度	干舷高度	舰体长度平方根的1.1倍	舰桥位置
V级和W级	300英尺（91.44米）	18.8英尺（5.73米）	17.3英尺（5.27米）	0.29
I级	320英尺（97.54米）	16.8英尺（5.12米）	17.9英尺（5.46米）	0.29
“部族”级	364.7英尺（111.16米）	18.2英尺（5.55米）	19.1英尺（5.82米）	0.34
“标枪”级	348英尺（106.07米）	19.7英尺（6.00米）	18.6英尺（5.67米）	0.29
“吹雪”级[15]	378英尺（115.21米）	20.8英尺（6.34米）	19.4英尺（5.91米）	0.23
Z23级（装备150毫米主炮）	400英尺（121.92米）	21.5英尺（6.55米）	22.0英尺（6.71米）	0.24
“弗莱彻”级	376英尺（114.60米）	19.5英尺（5.94米）	19.4英尺（5.91米）	0.28
“凯旋”级（Le Triomphant）	420英尺（128.02米）	22.9英尺（6.98米）	20.5英尺（6.25米）	0.25

砰击现象可导致舰船或其设备损坏，尤其是潜艇探测器（声呐）导流罩。对舰体船型大致相似的舰只，例如本章讨论的驱逐舰而言，在给定海况下，砰击发生的概率主要与航速和吃水深度有关。有限的近期资料显示，对A级至“部族”级为止的驱逐舰而言，在6级海况［浪高约16.5英尺（约合5.03米）］下航速达16节即会发生砰击现象，这与当时的记载相符，J级和L级驱逐舰吃水深度较低，因此同等条件而言，在同一海况下两者分别在航速达19节和20节时方会出现砰击现象。这一成绩已经优于大部分其他列强的驱逐舰，尤其是吃水深度颇浅的日本驱逐舰。这亦是导致日本驱逐舰频频出现舰艏脱落现象的原因之一。在这一方面，美制驱逐舰的性能仍优于英制驱逐舰。

鉴于横摇将导致人员及其负荷获得横向加速度，从而表现为受横向惯性力影响，因此横摇运动主要对装填火炮及深水炸弹投掷器等人力作业产生影响。直至20世纪30年代末期，舭龙骨仍是能有效减弱横摇幅度的唯一方法。尽管如此，以今日标准衡量，当时英国驱逐舰装备的18英寸（约合457.2毫米）深

① 1948年10月27日信件，现收藏于国家海事博物馆。

② 如此风力——风速约每小时35英里，约合56.3千米——在维持较长时间后将造成约5米的浪高。若仅维持较短时间且海域较为封闭，则浪高将较低。

③ 根据该舰长的报告，15型护卫舰“火箭”号（Rocket）亦安装了防溅条，但其效果并不明显。

标准舭龙骨深度仍显不足。应注意这一深度已是当时单块钢板足以维持强度的最大深度。根据现有资料，外国驱逐舰中舭龙骨深度与上述深度有明显区别的便是荷兰海军的“艾萨克·斯维尔斯”级（Isaac Sweers），该级舰的舭龙骨由两块钢板构成，深 36 英寸（约合 914.4 毫米）。有相当数量的证据显示，横摇可显著降低舰船战斗力，而该种现象本身可通过简单且廉价的方式实现改善。然而海军内似乎有一种近似受虐的倾向，认为水兵们足够坚韧。与此同时，由于平时未能在恶劣海况下进行训练，因此如下错误假设一直被坚信不疑——训练精良、斗志昂扬的水兵可不受横摇运动的影响。

各级驱逐舰均仅装备单舵，且其面积均约占驱逐舰水下部分侧面积的 1/45。满舵（35°）条件下，各级舰在全速和低速下的转弯半径分别约为 500 码（约合 457.2 米）和 200 码（约合 182.9 米）。若将舵角适当降低（至 30°），则全速下转弯半径可缩减至约 400 码（约合 365.8 米）。①高航速、大舵角条件下，流经舵面的水流并不稳定，因此该条件下舰只表现也难以预测，尤其是转向时的舰体倾角这一参数。转向半径这一参数对执行深水炸弹攻击而言尤为重要，使用双舵设计可显著降低转弯半径，但当时并无此要求。早前驱逐舰不受空袭威胁这一假设基于驱逐舰本身的灵活性，但一直以来无人试图进一步改善其灵活性。

强度

V 级驱逐舰采用高强度钢建造，舰体为横向框架结构，并以铆接工艺加工。整体结构不仅建造简单、造价低廉，而且重量较轻。在两次世界大战期间以及之间时段，英制驱逐舰从未出现严重的结构问题，这在一定程度上说明了其传统结构设计的成功之处。尽管如此，由裂缝导致的渗水现象仍时有发生。强度更高的 D 质钢（详见本书附录 15）在于 1924 年建造的试验性驱逐舰上首次引入，并被用于构筑舰体的主体结构。该种钢材在造船厂环境下难于焊接。采用 D 质钢尽管可实现幅度较小的减重——例如在“狩猎”级（Hunt）驱护舰上可实现13吨的减重，但其代价颇为可观。若采用低碳钢并采用全焊接工艺建造舰体，则或许可同时实现重量更轻、造价更低、强度更高的目标。

英国方面在引入焊接工艺上持保守态度亦并非全无理由。德日两国海军在早期均有过因对不适当材料采用焊接工艺而导致的严重结构问题，例如日本海军“初雪”号和“夕雾”号驱逐舰曾在风暴中发生舰艏脱落现象，而德国若干舰只在受损后发生舰艉断裂，其中最为著名的便是“俾斯麦”号战列舰。第二次世界大战之后，美国海军所有驱逐舰上均采用了焊接工艺，迄今为止似未出现任何事故，这在很大程度上显示了美国机械工业的先进程度。此外美国或许开发出了可用于焊接的高强度钢。

① A P Cole, 'Destroyer turning circles', Trans INA (1938). 该文对 I 级驱逐舰 126 次转向圈进行了分析。注意蒙巴顿伯爵和古道尔对该文亦有贡献。

纵向框架结构可将舰体承受纵弯曲影响的能力显著提高。[①]这对于抵挡发生于舰底下方的爆炸具有重要意义，沉底水雷便是导致此类爆炸的典型来源之一。此外，纵向框架结构的重量也稍轻于横向框架结构。1910年根据丹尼公司的建议，皇家海军首先在“热情”号（Ardent）驱逐舰上采用了纵向框架结构。[②]当时丹尼采用该种结构造舰似乎未遭遇任何重大问题，其造价也和同级姊妹舰大致相当。第一次世界大战于“热情”号建成不久后爆发，至大战结束时，“热情”号自身的性能已经过时。然而，皇家海军此后一段时间内未再就纵向框架结构进行进一步尝试，其原因至今不明。

在纳入1936年造舰计划的“标枪”级上，时任驱逐舰设计部门领导的科尔（A P Cole）再次引入了纵向框架结构。此举遭到了各造船商的激烈反对，其主要理由是一旦采用该结构，造舰过程中组装舰体的难度就将大大增加，[③]克莱德河诸造船厂甚至派出一个代表团晋见海军审计长，希望能将科尔解职。然而审计长和海军建造总监均表示了对科尔的坚定支持，且由J级驱逐舰开始，所有驱逐舰均采用纵向框架结构建造。在“标枪”级的结构设计上，科尔的处理方式颇为小心[④]，仅较此前横向框架设计稍有改进。[⑤]“标枪”级龙骨每侧各设有11道纵骨，甲板每侧则各设5道，每道纵骨均由槽钢铆接而成。各造船厂为该级舰给出的投标价格颇高，但这一价格可能代表着过高的利润，而非施工难度。自铺设龙骨至下水，各舰建造时间仅稍长于此前各级驱逐舰，但一旦工艺成熟，重复使用同一设计建造的N级驱逐舰的建造时间就会明显缩短。K级驱逐舰的舰体前部曾发生过钢板面积过大，无法抵御砰击载荷的故障。[⑥]漏水主要发生在艏楼甲板上的单排铆接接缝处，这对其下方住舱甲板的官兵而言自然颇为苦恼。后果更为严重的则是发生在锅炉后备给水槽处的漏水。双排铆接或焊接工艺可解决上述漏水问题。

从结构设计角度而言，海军造船师们通常对下述状况下的舰体载荷进行计算，并作为名义载荷[⑦]，即当波长等于舰体自身长度，且浪高相当于波长1/20时，针对浪峰位于舯部（舯拱）和舰体两端（舯垂）的情况进行应力计算。上述场景虽然是人为设定，但仍具备比较意义。此时驱逐舰的上甲板最大应力水平大致仅稍高于每平方英寸8吨（约合121.5兆帕），且应力呈张力。尽管按今日标准，这一应力水平颇高，但已经低于其他列强所接受的水平。例如法国海军在某几级驱逐舰上甚至接受了每平方英寸10吨（约合152兆帕）的应力水平。如此高的应力水平以及应力集中于艏楼甲板断点处的结构缺陷，是导致1940年12月“骚动”号（Branlebas）在达特茅斯（Dartmouth）附近海域断为两截的罪魁祸首，当时天气为疾风，风力约7级。荷兰驱逐舰“艾萨克·斯维尔斯”号的上甲板应力可达每平方英寸11吨（约合167.1兆帕），龙骨部分则可达每平方英

① 在第二次世界大战结束后进行的爆炸试验中，剪切屈曲尽管在采用横向框架建造的舰只上频繁出现，但并未导致断裂[详见本书第十章，以及“阿尔武埃拉”号（Albuera）驱逐舰的例子]。

② D K Brown, The Grand Fleet, pp70–1.

③ 即使古道尔本人也曾在1938年3月11日的日记中写道：“……对J级驱逐舰的框架结构略感不安。看来新设计将导致实际操作上的巨大改变。”

④ 不幸的是，第二次世界大战期间建造的“紧急”级驱逐舰也采用了相同的结构设计方案。因此纵向框架的全部优势直至全部采用焊接工艺建造的“战役”级驱逐舰才得以完全显现。

⑤ 部分证据显示，在被单枚鱼雷命中后，采用纵向框架结构的舰只舰体折断的概率更低。然而由于样本数量太少，因此这一点无法确认（参见本书第十章）。

⑥ 参见古道尔1940年3月1日和4月5日的日记，以及在“金斯顿”号（Kingston）上服役的考尔德科特子爵（Viscount Caldecote）的私人信件。

⑦ 根据兰金（Rankine）提出的理论，以及爱德华·里德（Edward Reed）和威廉·怀特（William White）由此提出的计算方法进行计算，详见D K Brown, Warrior to Dreadnought, Appendix 6。

寸 8.2 吨（约合 124.6 兆帕），分别呈张力和压力。

表5-8 驱逐舰舰体强度——以H级为例

	舯拱	舯垂
排水量	1828吨	1424吨，重载条件下为1864吨
龙骨所受应力	每平方英寸6.23吨（94.6兆帕）压力	每平方英寸6.1吨（92.7兆帕）张力
甲板所受应力	每平方英寸8.33吨（126.5兆帕）张力	每平方英寸5.47吨（83.1兆帕）压力
挠矩	21.9吨英尺（65.4千牛米）	21.9吨英尺（65.4千牛米）
剪切力	5.0吨（49千牛）	5.34吨（52.3千牛）

舰体横截面型深一旦发生突变，该处应力水平就将急剧增加，因此艏楼甲板在舰体舯部中止这一设计尽管为英国和大多数列强的驱逐舰所采用，但其实是结构设计上的缺陷——迄今为止，在驱逐舰于战斗中沉没的战例中，舰体折断仍是最为常见的原因。在第二次世界大战结束后进行的试验中，原德国驱逐舰 Z38 号（在皇家海军服役期间被更名为“绝品”号）曾被有意暴露于水下爆炸之中。设计人员原期待该舰先进的全焊接纵向框架结构舰体及双层舰底设计能经受住这一考验，但试验中该舰恰恰沿结构设计上的弱点，即艏楼甲板中断处折断。美国海军驱逐舰亦采用纵向框架结构建造，且较晚几级为平甲板设计——艏楼甲板上不存在断点。

“适应战斗性能”（Battleworthiness）——承受战斗损伤的能力

第二次世界大战爆发时，皇家海军中共有 136 艘驱逐舰服役，而在战争的第一年中即有 124 艘沉没或受伤。在此后的两年中，每年沉没或受伤的驱逐舰数量仅稍低于同年在役数量。即使是在战争的最后三年中，驱逐舰在 12 个月遭受战伤的概率也高达约 1/3。

炸弹和鱼雷是导致驱逐舰受伤甚至沉没的主要原因。战前相关研究结果曾显示，对高速机动中的驱逐舰而言，以高空水平轰炸方式获得命中的概率非常渺茫，但当时未能意识到俯冲轰炸方式对驱逐舰的威胁。

表5-9 驱逐舰受伤或沉没原因统计

武器	沉没数量	重创数量	轻伤数量
炮弹	13	40	74
炸弹	44	81	118
水雷	18	35	4

武器	沉没数量	重创数量	轻伤数量
鱼雷	52	15	2
总计	127	171	198

驱逐舰设计上的两个特定问题在此值得一提，即应力集中于艏楼甲板中断处导致很多驱逐舰舰体折断，以及动力系统舱室总长度超过舰体长度的一半——这意味着失去动力的概率很高。

表5-10 舰体折断

武器	沉没数量	舰体折断数量	舰体折断比例
炸弹	44	15	32%
水雷	18	11	61%
鱼雷	52	25	48%
合计	114	50	44%

美国海军驱逐舰舰体折断的比例很高，所有遭遇水下损伤的驱逐舰中，70%最终舰体折断，但这或许是出于偶然——亦有可能是由于日式鱼雷战斗部威力强大。但对护卫舰和轻护卫舰等名义载荷较低、舰体结构深度较深、艏楼甲板不在舯部附近中断的舰只而言，其舰体发生折断的概率就较低（参见本书第七章）。

自 V 级起至 D 级为止，英国驱逐舰均装备 3 具锅炉，并分布于两座锅炉舱内，其中较短的锅炉舱与轮机舱相邻（仅“邓肯”号例外）。从 E 级驱逐舰开始，各舰均设有 3 座彼此独立的锅炉舱，这一设计尽管降低了舰只沉没的概率，但对舰只遭单次命中后失去动力的概率几乎没有影响。美国海军于 1937 年采用了“单元化”的动力系统布局方案，即交替布置锅炉舱—轮机舱—锅炉舱—轮机舱，从而使得驱逐舰遭单次命中后仍保有 1 座锅炉舱和 1 座轮机舱可正常工作的概率明显增加。1930 年皇家海军内部曾有提案，建议在驱逐领舰“埃克斯茅斯”号（Exmouth）上设计 3 座锅炉舱和 2 座轮机舱，但由于该方案不仅将导致舰体长度增加 10 英尺（约合 3.05 米），而且将导致造价增加 1.5 万英镑、额定乘员人数增加 6 人，因此该提案被否决。[①]前文已经对采取两具锅炉设计的经过加以讨论。至少 5 艘驱逐舰因失去动力被友军击沉或在拖曳中沉没。若采用单元化动力系统设计，则不仅上述舰只，其他一些舰只也可能得以幸存。

还应注意到对一艘遭遇重创的舰只而言，实战中可能燃起大火，或在行将倾覆时舰体发生断裂，因此将沉没原因归结于单一因素往往毫无意义。不过前一场景实际上对统计的影响有限。第二次世界大战期间共有 496 艘（次）驱逐

① 考虑币值变化，造价的变化与第二次世界大战后在“部族”级护卫舰或“城堡”级近海巡逻舰上增加一道舱壁的代价相当，但在这两级舰艇上，舱壁均被加装。

舰被命中，其中共发生 24 次大规模起火、36 次小规模起火。大规模起火中 16 次与燃油有关。旧式驱逐舰的尺寸大约为现代化护卫舰的一半，且舰体结构较轻，因此其轻易且迅速的沉没并不令人惊讶。在 44 个可以确定细节经过的战沉战例中，28 次在受伤后 10 分钟内沉没。

小型舰只沉没速度较快。42 次沉没经过时间已知的战例可按表 5–11 分类。

表5-11　沉没所耗时间

低于10分钟	28次
10~20分钟	12次
20~30分钟	1次
30~60分钟	1次

动力系统

过热蒸汽首先在 1924 年建造的试验性驱逐舰上被引入，这一技术不仅提高了燃料经济性，并可在一定程度上实现对空间和重量的节约。两舰上还引入一些其他不那么明显的改进，其内容主要与涡轮叶片以及齿轮材料有关，此外对锅炉送风实施了预热。A 级驱逐舰的动力系统大体与这两艘试验性驱逐舰相似，即蒸汽压强为每平方英寸 300 磅（约合 2.07 兆帕），温度为 625 华氏度（约合 329.4 摄氏度），唯有“冥河”号（Acheron）装备的试验性动力系统输出蒸汽压强为每平方英寸 500 磅（约合 3.45 兆帕），温度为 700 华氏度（约合 371.1 摄氏度）。该舰的燃油消耗率为每小时每匹轴马力 0.608 磅（约合 0.276 千克），其姊妹舰则为每小时每匹轴马力 0.81 磅（约合 0.367 千克），但该舰涡轮所采用的冲动级轮机叶片设计导致了振动问题[①]，这一问题在该舰脱离由其姊妹舰组成的驱逐舰队，奔赴地中海服役前并未解决。尽管该舰的锅炉和冷凝器并未出现故障，但皇家海军此后并未继续采用同种设计。

两次世界大战之间，岸基蒸汽动力技术取得了诸多进步，对此皇家海军并未视而不见，并先后采购了 5 具试验性锅炉进行测试。据称所有锅炉的表现均存在问题，因此并未继续对其中任何 1 具的技术进行深入研究。1928 年雅罗公司声称双锅炉设计不仅可节约 20 吨重量，而且可将动力系统舱室长度缩短 10 英尺（约合 3.05 米），同时可使驱逐舰多携带约 100 吨燃油。该建议遭遇了重重反对，其中最主要的是若安装 3 具锅炉，则驱逐舰可在 2 具生火 1 具关火养护的情况下仍保持 26~27 节航速。

在此有必要结合所谓“皇家海军动力系统的可靠性优于其他列强”的这一常见观点，对养护问题展开考察。的确，第二次世界大战期间皇家海军各舰并

① 在当时帕森斯公司设计建造的涡轮机上显然并不鲜见。

未遭遇严重的动力系统故障，但以蒸汽泄漏为主的小故障不计其数，而这又被用来证明装备第三具锅炉的必要性。由于禁止在锅炉给水中使用添加剂，因此英制锅炉需要频繁进行清理作业①，而清理工作占据了整个工作时间的约 25%。英制锅炉每工作 750 小时便需进行清理，而美制锅炉的清理作业间隔为 2000 小时。有观点认为这一设置良好地契合了平时的休假安排，因此影响有限，但这无疑是一种循环论证，且在战时将导致可用性严重不足的问题。英美两国锅炉清理作业间隔的差距几乎完全可以归结于美国海军在锅炉给水中采用了某种可保持锅炉洁净的化学添加剂。尽管类似添加剂已经为英国发电厂所采用，但其在海军中的使用仍被总工程师部门禁止，仅在美制舰艇上例外。不过自从在“胜利”号航空母舰上进行非官方试验之后，英国太平洋舰队便有意违令使用了该种添加剂。②勒巴依（Le Bailley）中将[16]曾指出两次世界大战之间时期的海务大臣委员会缺乏对轮机部门的理解，且对轮机军官颇有诋毁。船用主机工业在同一时期严重衰退，且技术水平日渐过时——据称帕森斯公司实际依靠其工人出色的工艺水平来弥补落后设计的影响。

英制驱逐舰装备的老式动力系统导致各舰续航能力较差，在舰体专为高速航行而优化且仅施加老式防污涂料的驱逐舰上影响尤为明显。此外，英制动力系统不仅较为沉重，而且与大部分其他列强所采用的动力系统相比，其占据的空间大得多。德国动力系统设计在工作温度和蒸气压强两方面均较为极端，且问题多多。这些以泄漏为主的问题在战争期间从未被解决，且由于其布局过于

① Le Bailly, Fisher to the Falklands.

② 对此决定负责的军官曾受到将以违令为理由接受军事法庭审判的威胁，但最终该军官获得了晋升。le Bailly, Fisher to the Falklands, pp71-3.

战时海军部标准锅炉和安装在“大胆”级上的一具由巴布科克和维尔克斯公司生产的锅炉。

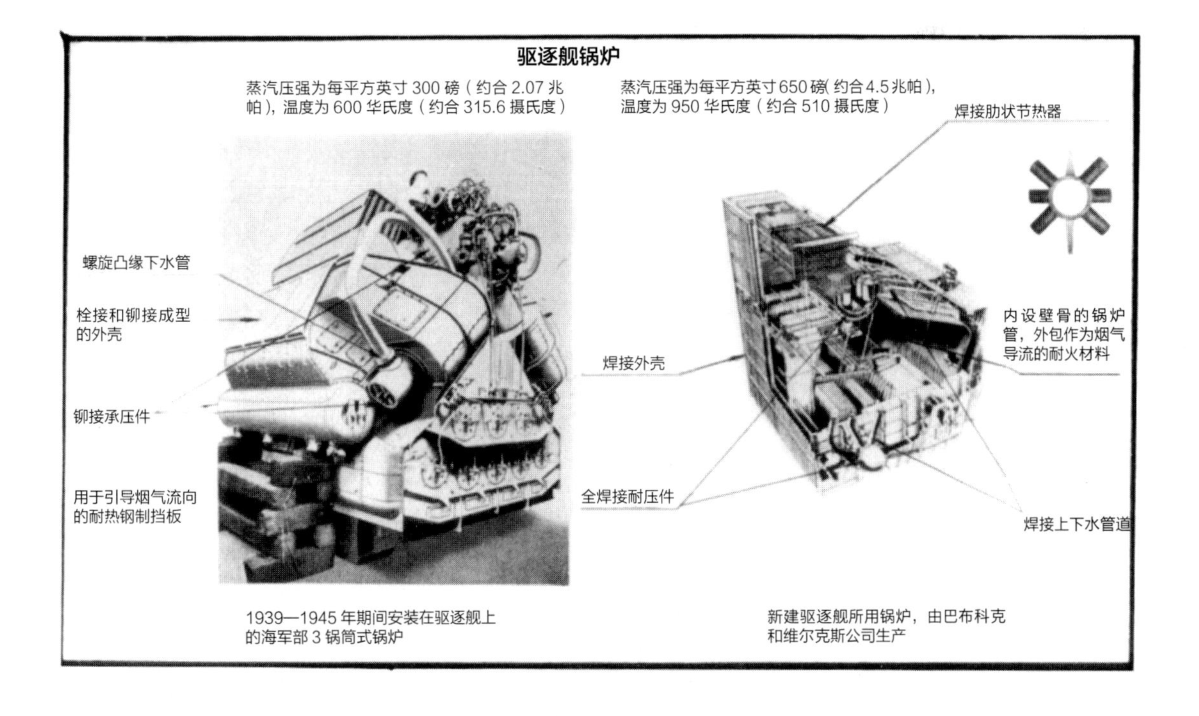

拥挤，导致几乎无法对动力系统实施养护。法国动力系统设计同样颇为拥挤。以“穆加多尔”号（Mogador）驱逐舰为例，该舰主机输出功率与轮机舱底板面积之比为每平方英尺（约合 0.093 平方米）0.67 匹轴马力，而“标枪”级这一指标仅为 0.45 匹轴马力。读者可参阅本书附录 17 了解美国驱逐舰的动力系统设计。

勒巴依还提及了其他若干看似颇为微不足道，但实际导致严重后果的缺陷。[①]例如用于将燃料喷入炉膛的喷嘴设计曾根据产自海湾地区的油料进行优化，而在第二次世界大战期间转用加勒比海域出产的油料之后，便很难避免浓烟的生成。蒸汽管道接头处使用的密封材料质量很差，导致各舰上蒸汽泄漏点的数量甚至超过租借自美国海军的老式“平甲板驱逐舰”。

美制驱逐舰造价

由于当地物价和税收优惠各不相同，因此很难对不同国家类似舰种的造价进行公允的比较。尽管对造价的定义可能略有区别，但在考虑一切可能的补偿后，美国舰船的造价依然颇为高昂。[②]表 5-12 的数据出自《简氏年鉴》1939 年版。

表5-12[17]

舰级	造价（美元）
“法拉格特”级（Farragut）	340万~375万
“马汉”级（Mahan）	340万~375万
“波特”级（Porter）	400万
“萨默斯”级（Somers）	500万
“格瑞德利”级（Gridley）	340万~375万
“西姆斯”级（Sims）	550万

与英制驱逐舰造价相比，美制驱逐舰的造价的确颇为高昂。不过，“法拉格特”级的技术水平并不是非常先进[③]，且在先进得多的动力系统引入之后，美制驱逐舰的造价亦未出现陡然增长。少数几艘驱逐舰的工作量可查，例如“马汉”号为 15 万人工日，“本森”号（Benson）为 16.5 万人工日，“弗莱彻”号（Fletcher）为 1.85 万人工日。英制 M 级驱逐舰的工作量为 4991 个人工月，“狩猎”级驱护舰则为 2944 个人工月。

居住性[④]

传统英制驱逐舰上的主要问题之一是通往舰体后部住舱区的通道缺乏遮盖，注意居住在该处的主要为军官。在较晚建造的驱逐舰上，官兵住舱均被分隔布

① Ie Bailly, From Fisher to the Falklands.
② 1933 年 9 月 27 日古道尔在日记中写道：“英国验船协会（British Corporation）的马里纳（Mariner）访美归来并给我打了电话。他表示即使考虑当地较高的生活成本，美国造舰报价依然是高的可怕。”
③ 比较时使用 10 美元折合 1 英镑的汇率而非 3.4 美元折合 1 英镑的官方汇率或许更为准确。
④ 本书第七章“护航舰只”对相关内容的阐述更为详细。

置于舰体前后部分。在后期型“紧急”级驱逐舰上，设于鱼雷发射管上方的走道使得通道本身较为安全，尽管这一设计并未改善潮湿问题。在舰体另一端，前部住舱位于舰体运动幅度较大的部分，同时漏水和单排铆接缝也使得该处居住条件较为恶劣。疲劳、浑身潮湿且寒冷的官兵显然无法有效地投入工作。任何人都会对美制驱逐舰上用于改善居住条件的各种体贴手段印象深刻，相关设施包括洗衣机、冰激凌机、充分的照明设施和通风设施。美国海军工程师学会（American Society of Naval Engineers, ASNE）和美国海军造船师与船用轮机师学会（Society of Naval Architects and Marine Engineers）均有一系列论文对此加以详细阐述，类似改进从未在其他海军中出现［参见本书第七章，“殖民地”级（Colony）—“河流”级（River）之比较］。[①]

稳定性和恶劣天气

第二次世界大战期间，共先后有约 370 艘驱逐舰在皇家海军中服役，这些驱逐舰可大致分类如下：[②]

第一次世界大战残存驱逐舰	80 艘
原美国海军“城”级驱逐舰	50 艘
两次世界大战之间时期建造的 A~I 级	90 艘
“部族”级及其后继驱逐舰	150 艘

尽管舰船在战争中曾遭遇在北冰洋海域结冰等种种问题，且很多舰上官兵经验不足，但全部 370 艘中无一因遭遇恶劣天气而沉没。这一成绩非比寻常：1934—1944 年间列强海军中共有 9 艘驱逐舰因天气影响而沉没。[③]

具体到以上皇家海军中的各类驱逐舰上，“部族”级及其后继驱逐舰问题不大，但较早各舰曾引发与日俱增的担忧。如前所述，至 1940 年 6 月，由于在舰体较高处增加的种种设备，较早各舰的舰体高处重量均显著增加。因此海军部特意对这些驱逐舰下达指示，命令一旦油槽燃料余量低于某一特定值，便需灌入海水作为压载。至 1941 年 6 月各驱逐舰的定倾中心高度均下降约 10%。驱逐舰设计部门的斯坦斯菲尔德（Stansfield）和科尔联名向海军建造总监提交了一份文档，希望后者批准采取一系列简单的限制标准。[④]两人建议轻载条件下定倾中心高度应不低于 1.25 英尺（约合 0.38 米），同时在此条件下的最大扶正力臂应不低于 0.7 英尺（约合 0.21 米）。选择上述数字作为标准的原因是为了在电脑发明前简化计算过程。对不满足上述标准的驱逐舰，则利用专门的计算尺计算压舱物重量。[⑤]在 6 月 22 日举行的一次会议上，古道尔接受了文档中

① 甚至曾有颇为正式的提案，建议从通过租借法案得到的美制舰只上拆除此类设施，其理由是此类设施将削弱水兵们艰苦奋斗的精神！

② D K Brown, 'Stability of RN Destroyers during World War II', p107.

③ Amgiraglio di Squadra G Polltriand D K Brown, 'The loss of the destroyer Lanciere 23 March 1942', WARSHIP 1994.

④ 两人甚至在文档中加入一些简单选项，供古道尔在选项后的是 / 否方框内勾选。古道尔通常被视为独裁者，但似乎乐于批准由其信任的部下提出的动议。

⑤ 在将电脑引入舰船设计之前，为降低设计人员工作量，通常在简化条件下对上述指标进行估算。参见 D K Brown, 'Stability of RN Destroyers during World War II'。然而有证据显示海军部的相关指示曾被忽略。在向油槽注水后，清理工作的工作量颇大。1944 年 12 月 18 日因遭遇台风而沉没的美国驱逐舰似乎也符合上述标准，然而并未阻止其沉没。

的主要观点，并强调他宁可在强度方面冒险，也不愿在稳定性上妥协。同时，与保持受损状态下稳定性依然能满足要求相比，加装武器更为重要，毕竟后者可防止舰只受损。[①]1943 年相关设计人员曾考虑放松前述标准，但这一想法被否决。对受损状态下的稳定性而言，唯一的标准是在轮机舱及相邻锅炉舱进水时定倾中心高度仍为正。鉴于 37 艘被单枚鱼雷击沉的驱逐舰中，仅有 6 艘倾覆，因此上述标准似乎足敷使用。

当然，设计人员亦可将稳定性标准提高以保证安全性，但为此将在其他方面付出高昂的代价。对恶劣天气下皇家海军舰艇表现的若干研究显示，其安全冗余实际非常有限，如格雷顿（Gretton）对“邓肯”号的分析所示。[②]3 艘美国驱逐舰于 1944 年 12 月在台风中沉没的战例则显示，用于稳定性计算的传统方式所基于的若干假设大致成立。[③]海军部此后对安全指标进行了重新规定，新指标构成了大部分北约国家海军所使用的战后标准的基础。[④]应注意格雷顿所描述的“邓肯”号当时的稳定性水平远低于 3 艘在台风中沉没的美国驱逐舰 1944 年 12 月的水平。[⑤]

表5-13　因恶劣天气而沉没的驱逐舰简表

舰名	国籍	时间	沉没方式
“友鹤”号*	日本	1934年3月16日18	倾覆
“骚动”号	法国	1940年12月14日	舰体折断
“枪骑兵”号（Lanciere）	意大利	1942年3月23日	失去动力沉没
“东南风”号（Scirocco）	意大利	1942年3月23日	具体原因不明
“毁灭”号（Sokrushitelnyi）**	苏联	1942年11月22日	力竭，失去动力，此后舰体折断
“沃灵顿”号（Warrington）	美国	1944年9月13日	失去动力沉没
“赫尔”号（Hull）	美国	1944年12月18日	倾覆
“莫纳亨”号（Monaghan）	美国	1944年12月18日	倾覆
“斯潘瑟”号（Spence）	美国	1944年12月18日	倾覆

*E Lacroix and L Wells, Japanese Cruisers of the Pacific War (London 1997), p719.
**P Kemp, Convoy (London 1993), p114.

海军造船师们将耐波性和适航性区分开来。前者用于描述舰船的纵摆、起伏、横摇等动作，后者尽管也包括耐波性的内容，但亦考虑舱口、舱门和进气道的完善性。最后，读者还必须认识到皇家海军官兵上下（含预备役人员）精湛的航海技术的影响。

“狩猎”级

鉴于该级舰的设计工作不仅可作为当时设计实践的代表，而且可用于澄清

① 1941 年 6 月 22 日古道尔在日记中写道：“……现有结构强度和稳定性裕度尽管不为我所喜，但部分位于舰体高处的重量对赢得战争至关重要，为此我不得不接受现有裕度。”
② Sir Peter Gretton, Convoy Escort Commander (London 1964).
③ D K Brown, 'The Great Pacific Typhoon', The Naval Architect(Sept 1985); Capt C R Calhoun, Typhoon, the other Enemy(Annapolis 1981).
④ T H Sarchin and L L Goldberg, 'Stability and Buoyancy Criteria for US Navy Surface Ships', Trans SNAME (1962).
⑤ 参见沃顿（E W K Walton）就稳定性问题的来信，刊登于 Warship Technology No. 12 (1990), p46。沃顿曾在“邓肯”号上任轮机上尉。

英国舰船设计所犯的最大错误究竟错在何处，因此有必要对该级舰的设计稍加详述。①1938 年海军参谋们②认识到海军需要一种小型且足够廉价、可大量建造的护航舰船。这种舰船的航速应远高于“黑天鹅”级（Black Swan）轻护卫舰。③时任驱逐舰设计部门领导的科尔则指出，这样一种舰艇不仅造价不会低廉，而且其主炮炮架的供应会非常艰难，此外从设计草案获批至第一艘该种舰艇建成出海，其间约将花费 30 个月的时间。

1938 年 9 月设计部门同时就两个设计研究方案展开工作，其中一个设计方案的航速为 25 节，另一个则为 30 节，后者所需的主机输出功率为前者的 2 倍。两个设计方案均装备 2 座双联装 4 英寸（约合 101.6 毫米）炮架和 2 座四联装 0.5 英寸（约合 12.7 毫米）机枪，此外 30 节航速方案还装备 1 具四联装鱼雷发射管。两个设计方案都将“强度高且适航性好”，此外还将装备丹尼公司设计的减摇鳍，以使其成为稳定的火炮射击平台。上述要求构成了设计上的第一个主要两难困境：重火力需要较好的稳定性（即较高的定倾中心高度），而减摇鳍在横摇周期较长的条件下效果最为明显，这一条件意味着较低的定倾中心高度。横摇周期与稳定性之间关系非常紧密，最终设计人员将定倾中心高度定为 2 英尺（约合 0.61 米），相应的横摇周期约为 7~8 秒。

9 月 28 日举行的会议上，第一海务大臣[20]决定采用航速较高的设计方案，但要求装备 3 座双联装 4 英寸（约合 101.6 毫米）炮架，且不装备鱼雷发射管。由此设计工作进入详细设计阶段。所采用的舰体船型基于此前舰船的船型，从而设计人员可根据后者的功率—航速曲线进行缩放。这一阶段设计人员再次关注了横摇问题，并发现可在改善稳定性的同时保持 8 秒的横摇周期。④此外设计人员重新计算了设计重量，并估算了各重量组的重心高度。上述计算完成后，海军建造总监古道尔亲自对设计方案进行了审查。⑤他的第一反应是设计中的舰船太大了，但最终被说服，同意有必要将舰体长度定为 272 英尺（约合 82.9 米）。预计造价则为 39 万英镑。他要求设计团队就不同设计选择对舰体长度和造价的影响进行评估。

表5-14

设计改动	对排水量影响	对造价影响
航速降低2节	减少25吨	减少0.6万英镑
火炮减为4门4英寸（约合101.6毫米）	减少90吨	减少4万英镑
续航能力由3000海里提升至4000海里	增加200吨	增加5万英镑

对“狩猎”级最常见的批评意见是其续航能力不足，但根据表 5–14 的数据，

① 本节内容构成了笔者至今（1999 年）仍负责主讲的某讲座的基础内容。该讲座听众为伦敦大学学院（University College, London）战舰设计班的研究生学员，其目的在于警告他们出错的可能性。“人类会出错，但你需要一台电脑才能把一切搞砸。”

② Viscount Cunningham. A Sailor's Odyssey, pp194. 坎宁安上将于 1938 年 8 月至 9 月间任海军副总参谋长一职[19]，其间他基于第一次世界大战期间的 S 级驱逐舰设计，提出一款小型驱逐舰设计方案。

③ 在条约体系下，该种舰只的定位略显暧昧。《华盛顿条约》规定航速超过 30 节的舰艇即可划为驱逐舰，而 1930 年《伦敦条约》又规定皇家海军驱逐舰总吨位为 15 万吨。不过，1936 年《伦敦条约》又解除了这一总吨位限制，尽管该条约未获英国国会批准。该型舰被宣称为“快速护航舰”，且直至第二次世界大战爆发才被称为驱逐舰。

④ 依据下述公式进行估计：横摇周期 $=2\pi\sqrt{(k^2/gGM)}$，其中 k 为横摇动作的回转半径，GM 为定倾中心高度。

⑤ 当年 11 月 10 日古道尔在日记中写道：“浏览了护航舰设计，太大了，向 XX（具体人不详）提出意见提要。”11 月 18 日又写道：“改变了昨日的决定，将舰体长度增加 7 英尺（约合 2.13 米）以实现冗余。”

隶属“狩猎”级马克I型的“菲尼”号(Fernie)。照片中该舰状态和完工时相同(作者本人收藏)。

改善续航能力的代价非常高昂。设计发展过程中引入一系列改动，并导致排水量和造价持续上升。例如深水炸弹搭载量应再增加30枚，加装声呐，增加弹药储量和额定乘员人数。尽管在其他方面极力实现节约，但造价仍高达40万英镑。

设计团队还完成了舰体线型设计，并将其送往海斯拉的海军部试验工厂接受测试。先后共有7具模型接受了测试，最终对所需主机功率实现了可观的削减，从而实现了对燃料消耗量的削减。

表5-15 根据模型测试结果对主机功率的削减

航速	标准排水量下主机功率削减	重载排水量下主机功率削减
20节	6%	9%
全速	2%	5%

上述结果尽管难称亮眼，但依然足够出色，尤其考虑到前期设计中就已经对原始线型进行了精心设计。无怪乎设计师贝赞特在其工作笔记中骄傲地写道："优于任何驱逐舰的舰体船型。"在获得航速与主机功率的准确数据之后，设计推进器并优化续航能力便成为可能。设计团队还计算了波浪下舰体所受应力水平，其结果尚可接受。[①]

至1939年1月，海军部已经考虑以1座四联装乒乓炮取代原先计划装备的四联机枪。此举不仅将导致造价升高2万英镑，而且将导致定倾中心高度降低4英寸（约合101.6毫米）、舰体所受应力水平上升以及人均居住面积从23平方英尺（约合2.14平方米）降至21平方英尺（约合1.95平方米）。[②]

① 最高应力水平发生在舯拱状态下的甲板，为每平方英寸6.25吨（约合94.9兆帕）；其他部位的应力水平大致在4.5吨上下（约合68.4兆帕）。
② 有人声称吊床可以压缩！

对此古道尔要求对航速、续航能力与武器之间的权衡进行研究。设计人员发现若将所有武器取消并将由此空出的重量转用于安装输出功率更高的动力系统，则该舰航速可提高至 38.8 节（标准排水量下），而若转用于增加载油量，则续航能力可从 2500 海里提高至 6080 海里。若将最高航速削减至 20 节，并将由此节约的动力系统重量转用于安装更多的火炮，则共可装备 13 门 4 英寸（约合 101.6 毫米）火炮。虽然并非计划将这一系列研究付诸现实，但从中可得出下述等式：

1 座双联装 4 英寸（约合 101.6 毫米）火炮 =2/3 节航速 =340 海里续航能力（20 节航速下）

舰体重量则根据早期各级驱逐舰，尤其是“部族”级驱逐舰的数字等比缩小计算，使用的如下公式由贝赞特提出：

$$(\Delta^{0.35} \cdot L \cdot B^{0.35} \cdot T^{0.35}) / (82.5 \cdot D^{0.175} \cdot f^{0.175})$$

在引入电脑之前，设计师常常利用某些复杂的经验公式以避免进行重复计算。如今，设计师可以利用一道简单公式进行多次迭代，其结果几乎瞬间可得。还需注意上式中包括可接受应力水平“f”，因此可根据该公式在利用低碳钢和高强度钢构筑的设计之间进行比较。为验证结果准确性，贝赞特又以“狩猎”级的数据为基础，利用上述公式放大求得“标枪”级的相应数据，其结果与后者的实际数据符合度颇高。[①]

1939 年 2 月 8 日，设计团队在提交造舰图纸以待海务大臣委员会批准的同时将图纸发往 5 家造船商。造船商不仅反馈称总工程师估计的 270 吨动力系统总重可能比实际低约 20 吨，他们还希望将估计舰体重量从 450 吨提高至 475 吨。由于海军建造总监本人得出的估计为 487 吨，因此后一意见颇值得玩味。尽管如此，由于轧钢厂曾被要求在标准厚度下实施冷轧作业，因此似乎可确定实际重量应低于估计重量[②]，最终双方同意的数据为 460 吨。与此相比，双方在舰体造价上的矛盾更令人担忧。平均投标价为 13.8 万英镑，而设计人员的估计造价仅为 10 万英镑。1939 年 1 月进行的一次长时间会议[③]上，造船商将提高造价[④]的原因归结于一系列因素的共同影响，其中包括动力系统舱室长度较短、安装减摇鳍、L 级驱逐舰的实际造价较高、安装备便弹药储存设备，以及自建造 L 级驱逐舰以来因飞机制造业扩张导致的工资上涨。

造船商还提出一个值得注意的观点，即在小型舰艇上“单位重量造价的上

① 鉴于“标枪”级采用纵向框架结构建造，因此这一结果看似略令人惊讶，但前文已经提及，该级舰设计并未发挥该种建造方式的全部优势。
② 由于在根据先前几级驱逐舰的测量重量进行缩放时已经考虑了轧制公差，因此这一结论颇值得怀疑。或许设计人员在计算过程中使用的是估计重量。
③ 其间古道尔禁止与会人员在他主持的会议上吸烟，这一点颇为反常。不过若会议拖延至 6 点以后，则古道尔不仅允许吸烟，而且将供应雪莉酒。
④ 参见本书第十一章。造价提高的主要原因是超额利润。

隶属“狩猎”级马克Ⅰ型的“加迪斯托克”号（Cattistock）。注意该舰为执行东部沿海护航任务在锚眼位置装备的乒乓炮（作者本人收藏）。

涨速度大致为排水量下降速度的一半”。造船商还声称全部使用低碳钢建造并取消镀锌层仅可节省约3000英镑造价，但在海军部的要求下，最终各造船商同意使用D质钢进行建造并保留镀锌层，且不增加报价。采用D质钢可使舰体重量下降13吨。通过在其他方面节约造价，投标总价下降至39.7万英镑。

在具体重量计算完成之前，海军部就下达了该级舰的订单。计算重量的过程在当时和现在一样冗长复杂。设计人员需对图纸上的一切设施进行测量，并记录其重量和中心高度，最后将各设施重量叠加，并由此得出总重量和舰体重心位置。在此过程中很容易出现错误和遗漏，因此计算过程往往由两人独立完成。通常其中1人为助理造船师，另1人为资深绘图员。两人的结果仅会在计算完成后进行比较。受制于皇家海军执行再武装计划期间的工作负担，对“狩猎”号进行计算的两人均为高级绘图员。

计算结果不仅令人惊讶，而且与预计相去甚远。通过计算得出的重心高度比贝赞特所估计的低约10英寸（约合254毫米）。[①]即使如此，该级舰的重量也已经提高，由此必须增加舰体宽度。鉴于约翰·布朗造船厂的放样间已经开始放样工作，因此这一改动并不受欢迎。2月9日举行的一次会议上，古道尔最初同意将舰体宽度增加6英寸（约合152.4毫米），但次日即决定改为增加9英寸（约合228.6毫米）。舰体宽度的增加不仅导致舰体重量增加5吨，而且使油槽容积增大，进而使得燃油携带量增加7吨，但也导致重载条件下航速下降0.25节。贝赞特仍需完成部分与甲板和舱壁强度有关的细节计算，但上述计算很快便被完成，此后他便前往新部门任职。

贝赞特重返驱逐舰设计部门时恰赶上2月4日对“亚瑟斯顿”号（Atherstone）进行倾斜试验。早在进行试验之前相关人员便发现细节计算存在一处严重错误，因此助理总监[②]与贝赞特一道参加了倾斜试验。其结果的确是灾难性的（见表5-16）。[③]

① 缩放计算本身颇为精确，若由笔者主持，则笔者将对此结果进行一次大规模调查。
② 几乎无人所知。
③ 古道尔在其1940年2月7日的日记中写道：“科尔带着‘阿瑟斯敦’号的倾斜试验结果来找我，结果显示定倾中心高度比此前计算低了足足1英尺（约合0.305米），计算过程中发生了严重错误。本应采用一些更激进的方案。”

表5-16

	重载		轻载	
	排水量	定倾中心高度	排水量	定倾中心高度
原始计算结果	1243吨	2.3英尺（0.70米）	934吨	2.16英尺（0.66米）
修正计算结果	1316吨	1.22英尺（0.37米）	992吨	0.95英尺（0.29米）
倾斜试验结果	1314吨	1.16英尺（0.35米）	995吨	0.74英尺（0.23米）

贝赞特由此展开调查，试图找出哪里出错，最终于1年后发现细节计算过程中的一处错误，此外还发现各舰在建造过程中增重60~70吨。以最终测试所得数字为标准，贝赞特的最初估计更为接近。

对第一批20艘"狩猎"级（后增至23艘）而言，为改善稳定性需拆除1座双联装4英寸（约合101.6毫米）炮塔，降低上层建筑高度并加装50吨压载。[①]除稳定性问题外，重感冒也让古道尔颇为头疼。[②]其后各舰的舰体宽度增至31英尺6英寸(约合9.6米)。[③]包括"格斯兰德"号(Goathland)和"海顿"号(Haydon)在内,部分舰只在船台上被暂时封存以便增加舰体宽度,而"伯克利"号(Berkely)和"汉布尔顿"号（Hambledon）建成时装备两具四联装机枪而非乒乓炮。

部门内流传称错误根源为误将上甲板与龙骨距离当做7英尺（约合2.13米）而非实际的17英尺（约合5.18米）。尽管并无证据证明，但鉴于这一数字与实际距离相符，因此或许的确是真相。人在压力之下常常犯错，这也是习惯分配两人"独立"进行计算的原因。不过在"狩猎"号的计算上，其中一人显然照抄了另一人的计算结果。电脑的引入固然使得计算错误本身几乎可以避免，但将17输入为7的错误仍可能存在！[④]不过由同一部门设计且武装相同的"黑天鹅"级轻护卫舰，其舰体宽度比"狩猎"级宽10英尺（约合3.05米）。尽管两者的设计风格相去甚远，但两者舰体宽度的区别和非常强大的火力配置本应引起设计人员的怀疑。表5-17就"狩猎"级的重量（细节计算结果）与第一次世界大战时期海军部设计的R级驱逐舰进行了比较，注意两者大小大致相当。

表5-17 海军部R级驱逐舰与"狩猎"级的比较

	海军部R级驱逐舰		"狩猎"级	
	重量	占比	重量	占比
舰体	408吨	46%	470吨	51%
设备	48吨	6%	60吨	7%
武器	40吨	4%	88吨	10%

① 2月8日古道尔在日记中写道："……冷静下来考虑快速护航舰的问题……认为科尔的报告过于悲观。"

② 2月9日古道尔在日记中写道："给海军审计长打电话，后者让我待在床上休息。我爱他。"(审计长为弗雷泽)"我仍认为可以建造这批护航舰。其舰体重量似乎过高，动力系统和弹药的重量也增长不少。"

③ 2月10日古道尔在日记中写道："科尔和帕蒂森（Pattison）带来了'狩猎'级的改动方案，该方案对原设计的改动过于荒谬，让人无法接受。"次日（周日）设计团队"……带着'狩猎'级的改进方案和扶正力臂曲线来饭店找我。修改了方案并同意他们保证在明日中午完成的行动"。古道尔于次日向审计长解释了上述方案，并获得后者同意。

④ 最近曾发生一次类似的错误，不过这一次由于错误幅度过大，因此被轻易发现。

	海军部R级驱逐舰		“狩猎”级	
	重量	占比	重量	占比
动力系统	395吨	44%	285吨	31%
减摇鳍	—	—	15吨	2%
总计	891吨	—	918吨	—

“狩猎”级的武器系统总重超过R级驱逐舰的两倍，且位于舰体高处；相应地，其动力系统舱室重量较轻，但位于舰体低处。“狩猎”级中心较高这一点本应一目了然。

“狩猎”2型

另外36艘“狩猎”级被列入1939年紧急战争计划。这36艘中有3艘按“狩猎”级1型建造，其他各舰的舰体宽度则增至31英尺6英寸（约合9.6米），其舰桥亦较矮，且位置更为靠后，此外其烟囱高度亦较短。鉴于该批“狩猎”级恢复了稳定性，因此可按原计划装备6门4英寸（约合101.6毫米）火炮、1座四联装乒乓炮和2座厄利孔防空炮。重载排水量上升至1430吨，该状态下航速则降至25.75节。

“狩猎”3型

在就1940年造舰计划进行讨论时，海军认为下一批“狩猎”级应装备鱼雷发射管。最终海军部决定新一批“狩猎”级的舰体和动力系统应尽可能与2型保持相同，同时拆除1座双联装4英寸（约合101.6毫米）火炮，改装一具双联装21英寸（约合533.4毫米）鱼雷发射管。共有28艘“狩猎”级驱逐舰按该设计方案建造。

实际发现使用减摇鳍的机会很低，因此2型和3型“狩猎”级驱逐舰中分别有4艘和13艘未装备或拆除了减摇鳍，由此空出的空间则用于加载燃油，从而将其续航能力提高22%。如前所述，此时控制理论的水平还非常原始，而减摇鳍的表现令人失望，反导致舰体横摇运动不平稳，由此造成在“狩猎”级上对防空炮实施火控比在其他未装备稳定设备的舰只上更为困难。[①]该批“狩猎”级的舰桥问题多多。较矮的烟囱高度使得顺浪航行时烟气可飘散至舰桥，这一问题通过在烟囱上加装反射器和限流器得以缓解。完工时该批“狩猎”级舰桥位置的风很大。古道尔曾于1942年3月11日搭乘“威尔顿”号（Wilton）返回斯卡帕湾，并注意到“舰桥风大，必须通知科尔”（后者时任驱逐舰设计部门领导）。此后3月23日该舰加装了临时设施以期有所改善。“狩猎”级3型单舰造

① 1942年7月31日古道尔在日记中写道：“丹尼·布朗公司（Denny Brown）出产的稳定器不受欢迎。维护与保养均较为困难，且事实上我们也没有就其特性对相关人员进行训练。”

价 35.2 万英镑。所有 3 批“狩猎”级在海军中均颇受欢迎，并被认为值回造价。

“狩猎” 4型

约翰·托尼克罗夫特爵士（Sir John Thornycroft）曾于 1938 年 10 月向海军建造总监（亨德森）提交一款小型驱逐舰设计方案，该方案当时因多种理由被否决。[①] 1940 年 3 月托尼克罗夫特再次进行尝试。在经历了相关讨论和一系列进一步研究之后，一种设计方案于 1940 年 5 月被海军部接受，并据此下达了两艘驱逐舰的订单。[②]其主要优点包括长艏楼设计、较大倾角下较好的稳定性、舰体前后之间设有安全且舒适的通道。其独创的舰桥布局和烟囱设计均试图使得舰桥免受大风和烟气的影响——其结果似堪称成功。在参考批评意见后，设计人员亦对原始设计方案进行了一系列细节改动，例如为改善艏楼干燥程度，加设了舰体棱缘。新设计方案计划装备 6 门 4 英寸（约合 101.6 毫米）火炮和 3 具鱼雷发射管。设计排水量亦从“狩猎”3 型的 1430 吨上升至 1561 吨（托尼克罗夫特的估计为 1480 吨）。细节设计工作耗时远高于预期。该设计在服役期间广受欢迎，但亦出现了一系列结构问题。

尽管该款设计的现实功绩颇为出色，但为仅仅 2 艘驱逐舰花费如此重大的设计工作量仍难称值得。还应注意到两舰造价颇为昂贵，而“狩猎”级的特点之一即为廉价。此外其最重要的特点即长艏楼设计并未被海军部继续采用，即使在“战役”级上也是如此。托尼克罗夫特此后又提出了一款装甲化的“狩猎”级设计方案（重载排水量为 2440 吨），其中 500 吨重量用于防护所需。这包括为动力系统舱室设置的 2.5 英寸（约合 63.5 毫米）甲板。这一方案并未通过海军的审查。有提案建议在 1941 年造舰计划中继续建造 30 艘“狩猎”级，但海军参谋们倾向于建造舰队驱逐舰。

评论——从出色到过时

V 级和 W 级驱逐舰堪称世界领先的驱逐舰。持续的小规模改进一直延续到

① J English, The Hunts (Kendal 1987).

② 1940 年 7 月 31 日古道尔在日记中写道：“巴纳比［Barnaby，时任托尼克罗夫特公司海军造船总师，纳撒尼尔爵士（Sir Nathaniel）[21] 之孙］打来电话。告知他不要在国家物理实验室（NPL）对我们的‘狩猎’级进行船模试验。他和我打了个 2 英镑 6 先令的赌，认为他们的船型比我们的差。为保持艏楼干燥，他设计了一个奇怪的船型。如果我们建造过于昂贵的舰船，无疑要被哄下台。”

“布里森登”号（Brissenden），隶属由托尼克罗夫特公司设计的“狩猎”级马克 IV 型。该舰尽管性能出色，但亦非常昂贵（作者本人收藏）。

I级驱逐舰，此时后者水平已经明显落后于同时代其他国家设计。两次世界大战期间的英国驱逐舰根据在北海或地中海参与舰队作战的要求设计。这导致强化其鱼雷装备、减小其侧面投影（低干舷）、小尺寸和续航能力较差等特点。鉴于曾认为战列舰队可依靠自身装备的防空火炮自卫，而轰炸机又难以命中驱逐舰，因此驱逐舰上的防空武器在当时并未被视为具备极高的重要性（至少直至“部族”级仍是如此）。然而，第二次世界大战实践很快证明上述假设几乎全部错误，参战的英制驱逐舰纷纷被巡航能力、防空和反潜武器，以及承受伤害能力的不足等问题困扰。通过拆除一半鱼雷装备，使得各舰加强防空能力成为可能，然而鱼雷本应是英制驱逐舰的存在目的。

鉴于V级和W级驱逐舰非常适合执行短距离舰队作战任务，因此第一次世界大战后，设计人员自然根据其总体设计进行新驱逐舰设计。尽管实践早已证明，渐进式的设计道路，即每一级均在前一级的基础上稍作改动的方式的确可以避免引发严重问题，但如果依靠这一方式的时间过长，那么必将导致设计水平平庸化甚至更糟糕的结果。[①]固然，由于英国工业水平本身的落后和萧条，未能采用现代化动力系统设计、纵向框架结构、焊接工艺等错误仅能部分归罪于设计人员本身。设计人员曾付出相当努力试图开发一款高平两用火炮，但如前所述，对人力操作的炮架而言这一目标几乎绝无可能实现。美国海军采用的5英寸（约合127毫米）38倍径火炮可实现85°仰角和每分钟20发的射速，同时其回旋和俯仰动作的速度也很快。从该型火炮上即可看出高平两用炮可能达到的技术水平。令人难以置信的是，在美国海军仅采用单一口径火炮的同时，皇家海军则同时拥有4种，即1种4英寸（约合101.6毫米）、2种区别很大的4.7英寸（约合120毫米）和1种5.25英寸（约合133.4毫米）主要型号火炮。无疑这将导致炮架生产供应成为瓶颈。美国海军还开发出了堪称最成功的驱逐舰火控系统，即马克37型视距仪系统。尽管英国陆军也曾成功开发视距仪系统，但海军早在1928年便放弃了类似系统。查特菲尔德此后将此决定称为两次世界大战之间最糟的决定之一，尽管皮尤（Pugh）曾证明即使尽早引入该系统，在第二次世界大战条件下防空系统的提高也相当有限（参见本书附录16）。

在第二次世界大战前，英国研究海军的作者们通常将皇家海军驱逐舰——特别是其缺点——与日本、法国、德国和意大利驱逐舰进行比较。几乎没有人意识到美国海军驱逐舰几乎在任何方面都占据优势，但其造价亦显得非常高昂。第二次世界大战期间英制驱逐舰表现出色，强于很多在战前曾广受吹捧的外国驱逐舰设计。和以往一样，质量与数量之争在驱逐舰设计上也难以避免；昂贵的单舰造价必然意味着舰艇总数较少。然而，对很多先进技术而言，采用的价格并不昂贵，如采用焊接工艺，舰艇造价反而会更为低廉。

① 鉴于建造时间约为18个月，因此造船师在其3年任期内应参加其前任设计的最后一级舰，以及他自己设计的前两级舰的试航。

译注

1.疑似为原作者笔误，“亚马逊”号为托尼克罗夫特公司建造。

2.其主要成分为42%的环三亚甲基三硝胺（即黑索金炸药）、40%的TNT炸药和18%的铝粉。其威力较TNT高约50%。

3.最大射程为6.75海里。

4.英国设计的这种双重引信可感受目标舰体的磁场变化，从而在鱼雷从目标下方穿过时引爆鱼雷。然而该种引信仅用于装备空投鱼雷，且其表现难称成功。尽管未能完成类似类型引信的设计，但日本鱼雷航速和射程方面的性能均远高于同时期欧美鱼雷。直至1943年缴获完好的日本93式鱼雷之前，盟军从未认识到该种鱼雷的最大射程可达22海里。

5.受驱逐舰续航能力影响，第一次世界大战期间皇家海军大舰队的出海巡逻时间总被限制在3天左右。

6.此处的“利安德”级护卫舰为20世纪60年代下水的皇家海军护卫舰。尽管涂料有助于保持舰体美观和延缓腐蚀，但某些军官亦会出于保持水兵忙碌而要求反复涂装，甚至不管底层锈迹是否已经被磨除。

7.即第四章中1934年舰队巡洋舰设计方案中的V方案。

8.8艘隶属加拿大，3艘隶属澳大利亚。

9.1934—1936年初蒙巴顿勋爵首次担任舰长时指挥的便是一艘驱逐舰。1936年6月勋爵担任英王爱德华八世的海军侍从官。

10.海斯梅尔为在荷兰建立的西门子子公司之一，用以规避《凡尔赛和约》的规定。该公司为博福斯防空炮开发的自稳定炮架性能出色。德国入侵荷兰后，荷兰舰船搭载该型炮架实物前往英国，由此该型炮架及其改型在英国海陆两军中得到了广泛应用。

11.三联装深水炸弹投掷器。

12.“林波”式反潜迫击炮为“鱿鱼”式的后继型号，也是英国设计的最后一款向前发射深水炸弹的反潜武器。

13.“富尔克努”号和“邓肯”号分别为F级和D级驱逐领舰。

14.此处即指现任英王伊丽莎白二世之夫菲利普亲王。

15.“吹雪”级、Z23级、“凯旋”级分别隶属日本、德国和法国海军。

16.路易斯·勒巴依中将，轮机军官出身，曾先后以军官候补生和轮机上尉身份在“胡德”号战列巡洋舰上服役，并参加了日本投降仪式，后转任情报方面工作。

17.根据表中由上至下顺序，各级舰下水时间分别为1934—1935年、1935—1936年、1935—1936年、1937—1938年、1936—1938年、1938—1939年。

18.“友鹤”号为鱼雷艇，标准排水量仅544吨。另外倾覆时间似乎应为3月12日。原文部分似有笔误，但此处保留原文。

19.在此任上坎宁安起草了一份与日本开战后皇家海军向远东方向增援的草案。

20.巴克豪斯上将。

21.纳撒尼尔爵士在1872—1885年间任皇家海军造船总师。

第六章
潜艇

第一次世界大战结束后不久，英国的潜艇政策似颇令人困惑。[①]一方面，很多人希望通过国际协议的方式彻底将潜艇定为非法，尽管在巴黎和会期间任何希望达成此类协议的尝试均宣告失败。对其中期望使潜艇彻底失效的人士而言，退一步的方案则是各国达成共识，对潜艇战施加严格的法规，从而使得潜艇实际无法实施对商船的攻击。另一方面，鉴于日本已经成为英国潜在的敌人，而一旦与日本在中国海海域开战，皇家海军在当地的实力又很可能弱于对手，因此皇家海军亦可能乐于拥有一支强大的潜艇舰队。考虑到这些彼此矛盾的需求，在战争结束后不久海军部订购的少量舰只中竟然包括一艘潜艇 X1 号一事无疑颇令人惊讶。[②]

本章分为两部分，第一部分将逐级介绍这一时期英国潜艇的发展历程，第二部分将就某些课题展开讨论。

第一部分：潜艇

远洋巡逻潜艇

1922 年 5 月海军部曾举行一次会议，考虑未来潜艇的设计提案。根据会议结果，海军部决定就远洋巡逻潜艇设计展开工作，其结果便是纳入 1923—1924 年造舰计划，并于 1927 年 8 月建成的“奥伯龙”号。与 L 级潜艇相比，该舰最大的改变是大幅增加的续航能力（8 节航速下可持续航行 1.14 万海里）和增至 500 英尺(约合 152.4 米)的最大下潜深度。[③]尽管设计要求和基本设计的确合理，且该设计也在后继若干级潜艇上重复采用，但“奥伯龙”号自身则是一个错误。该艇的水面设计航速为 15 节，但其实际可实现的最高航速仅为 13.74 节。下潜状态下该舰水下航速仅为 7 节，而设计指标为 9 节。造成航速不达标的主要问题似乎是在舰体外部装备了过多的设备，且其中大量设备其设计本身或安装匹配水平颇糟糕。[④]表面粗糙程度尤其是污底的影响在当时或许未得到全面认识，这一现象直至日后利用“奥林巴斯”号(Olympus)进行的一系列试验才得到改观。

① Henrv, 'British Submarine Policy 1918-1939', Technical Change and British Naval Polity 1860-1939 (Sevenoaks 1977), p80. 下文将该论文简称为“亨利论文”。
② D K Brown, The Grand Fleet, pp185-6.
③ D K Brown (ed), The Design and Construction of British Warships 1939-1945 Vol II (London 1996), p14。下文将该书简称为“英国舰船”。测试下潜深度为 200 英尺（约合 61.0 米）。参见后文有关下潜深度的注释。
④ A N Harrison, The Development of HM Submarines from Holland No1 to Porpoise (BR 3043) (Bath1977), p14. 下文将该书简称为“哈里森书”。

表6-1 “奥林巴斯”号进行的试验

出坞时间	航速	制动马力	转速
6天	17.5节	5800匹	每分钟396转
72天	16.2节	6108匹	每分钟390转
275天	14.6节	6239匹	每分钟381转

维克斯公司此后在为澳大利亚建造的两艘潜艇上修改了“奥伯龙”号的设计，将其艇体长度加长 4 英尺 6 英寸（约合 1.37 米），并降低了位于艇体外部各种设施的阻力。“奥伯龙”号装备两具由海军部（AEL）设计，并在查塔姆建成的柴油机，每具可输出 1350 匹制动马力功率（此后升至 1475 匹制动马力）。维克斯公司此后重新设计了该款柴油机，增大了其缸径与活塞行程，从而将其功率提升至 1500 匹制动马力。得益于更高的主机功率和改善的艇体外形，由该公司建造的两艘潜艇取得了稍高于 15 节的水面航速，据称其水下航速为 8.5 节。[1]

1923 年海军部在 H32 号潜艇上安装了一具试验性声呐，并利用该艇进行试验。“奥伯龙”号也装备了一具同型声呐。性能大为改善的型号则被安装在“奥丁”级（Odin）上。该型声呐原计划作为主动声呐，用于在下潜状态下攻击敌潜艇。然而在主动模式下工作的声呐无疑将暴露潜艇自身的位置，因此实际该声呐常常以被动模式工作，仅实现监听功能。在此模式下其表现之佳出人意料。这些潜艇的另一潜藏优势为装备低频无线电接收装置。实际操作中发现，潜艇潜伏在日本海海域 50 英尺（约合 15.2 米）深度时仍可接收到“橄榄球”无线电（Rugby Radio，波长 1500 米）的信号。[2]

① 直至第二次世界大战结束后很久，测量水下航速一直颇为困难。

② A Mars, British Submarines at War (London 1971), Ch 3. 在该书的结尾部分，玛斯（Mars）描述了一个颇为实际的假想，即一支日本侵略部队在台湾附近海域被英国 O 级、P 级和 R 级潜艇摧毁。

隶属 O 级潜艇第二批的“奥斯瓦德”号（Oswald）。凭借更优良的设计、更圆滑的附件匹配和更高的主机功率，该批潜艇的航速较高。O 级潜艇可被视为 L 级潜艇的升级版，并吸取了第一次世界大战期间的全部经验教训，因此就其所处时代而言，其设计堪称出色（世界船舶学会收藏）。

此后的 6 艘“奥丁”级（纳入 1925—1926 年造舰计划）、6 艘“帕提亚人”级（Parthian，纳入 1927 年造舰计划）和 4 艘“彩虹”级（Rainbow，纳入 1928 年造舰计划）大致与“奥伯龙”号类似。各艇装备额定功率为 4400 匹制动马力的 8 气缸主机，其水面航速为 17.5 节（各艇水面航速稍有差异）。下潜深度仍保持在 500 英尺（约合 152.4 米），但测试深度增至 300 英尺（约合 91.4 米）。“角鸮”号（Otus）曾下潜至 360 英尺（约合 109.7 米）深度，上浮后其艇体出现一定程度的变形。由此各艇后部艇体均被加强。所有潜艇均将大部分燃油储藏在设于艇体外部的油舱中，其中 O 级和 P 级的油舱采用铆接工艺组合，并曾发生因油舱泄漏而在海面留下油迹的事件。R 级潜艇则在建造时便采用焊接工艺组合油舱，而此前各艇后来亦改用焊接油舱。①

该批潜艇亦在舰艏鱼雷发射管上引入动力装填技术，由此在完成第一轮鱼雷齐射之后，仅需 7 分钟即可实施第二轮齐射。②总体而言，一旦原始问题得以改正，其设计便堪称颇为成功。这可从海军部此后根据该设计重复下达订单的潜艇级数窥见。③至第二次世界大战爆发前，该批潜艇已经老化，且据称燃油泄漏问题仍未解决。部分潜艇曾作为货运潜艇，被用于向马耳他运输物资。

舰队潜艇

根据第一次世界大战结束后利用蒸汽动力的 K 级潜艇进行的若干演习，潜艇少将［Rear-Admiral (Submarines)，RA(S)］深信在未来的战场上，可与舰队配合作战的高速潜艇将占有一席之地。这一观点似乎在潜艇部队内得到了广泛但非一致性的支持。一个装备柴油引擎的潜艇设计方案于 1929 年 6 月完成并于同月获批，该设计同时具备远洋巡逻潜艇和舰队潜艇的特点。④该设计装备 2 具可增压工作的 10 气缸引擎，其风机则由辅机驱动。据称其设计航速为 21 节，引擎在增压状态下工作时航速可增至 21.75 节。设计过程中，设计人员为降低设于舰体外部的各种设施造成的阻力付出了相当的努力，这些努力获得了回报。试航时实际航速超过了设计数据，“泰晤士河”号取得了 22.6 节的成绩，仅比 K26 号低不到 1 节。设计水下航速为 10 节，试航航速亦较这一数字稍高出 0.6 节。

这一成绩绝非毫无代价。“泰晤士河”号的造价高达 50 万英镑，在经济危机年代这一造价自然不受欢迎。其标准排水量亦达 1830 吨，自 1930 年《伦敦条约》对潜艇总吨位做出限制后，这一高排水量亦令人烦恼。为削减重量，耐压艇壳的厚度已经从 O 级的 35 磅（约合 22.2 毫米）缩减至“泰晤士河”号的 25 磅（约合 15.9 毫米），下潜深度也相应从 500 英尺（约合 152.4 米）降至 300 英尺（约合 91.4 米）。潜艇艇长们似乎同意无下潜至 300 英尺以上深度的需要。⑤

① 据称改用焊接油舱并未完全阻止油迹的产生。耐压艇壳本身以铆接工艺组合，因此燃油仍可从艇壳上的铆钉漏出。该结构可能也是当时皇家海军历史上最大的焊接预制件。

② Mars, British Submarines at War,Ch3.

③ 有观点声称该批潜艇的水下机动性很差［例如 E Bagnaso, Submarines of World War Two (London 1977)］。这一观点似乎不能成立。上一注释中所提及的玛斯（Mars）便似乎对“雷古勒斯”号（Regulus）的操纵性颇为满意。当时曾有观点坚信大型潜艇无法做出机动动作。习惯于核潜艇和战略核潜艇的这一代显然不会赞同这一观点。

④ 即依次纳入 1929 年、1931 年、1932 年造舰计划的“泰晤士河”号（Thames）、“塞汶河”号（Severn）和“克莱德河”号（Clyde）。

⑤ 舰船档案集 483 号。

"泰晤士河"号可被视为对舰队潜艇的一种尝试，该艇利用了当时最好的柴油引擎。为削减重量，该艇的下潜深度被削减(作者本人收藏)。

艇艉鱼雷发射管则被取消。建成时该艇的稳定性颇差，尤其是处于上浮状态时（参见S级潜艇）。幸运的是，根据海军部对潜艇火炮政策的改变，原先装备的4.7英寸（约合120毫米）火炮被4英寸（约合101.6毫米）火炮所取代，从而将位于高处的重量削减7吨。此外，燃油比重的变化也导致位于艇体高处的重量下降8吨。

海军部曾计划建造20艘舰队潜艇，但这一雄心被其高昂的造价和条约规定的上限所限制。此外，下一代战列舰的航速将接近30节的趋势已经日渐明显，而这一航速对20世纪30年代的潜艇而言完全不可能实现。总体而言，这些舰队潜艇实现了最初对其的期待。

古道尔时任助理总监，并满怀接替阿瑟·约翰斯爵士继任海军建造总监的雄心。在认识到自己几乎没有潜艇设计经验之后，古道尔主动向约翰斯请缨，要求负责潜艇设计。后者（约翰斯是一名经验非常丰富的潜艇设计师）同意了这一请求。"海军建造总监就潜艇给我上了一堂正式的小讲座，其内容与稳定性及相关注意点有关。与水面舰艇不同，生活在潜艇上的官兵无时无刻不面临着危险。他（即约翰斯）声称在一次事故之后他曾在两三天内完全无法入睡，一直在思索事故的原因是否是自己当初遗漏了什么。"①不久古道尔自己就有足够的理由感到担忧。3月1日他注意到"塞汶河"号在深潜时艇体后部发生漏水，且艇体艉部椭圆形舱段内，一根用于支撑上下两端的立柱弯曲。"海军建造总监对长8英尺（约合2.44米）、直径3英寸（约合76.2毫米）的立柱颇感焦躁。他告诉我需注意这些细节。"②对如此长而细的一根立柱而言，其抗屈曲强度几乎可以忽略不计，且绝无加以考虑的必要。几天之后古道尔又试图查明为何在先前的同级艇上未出现类似的立柱弯曲现象，结果他却惊恐地发现在其他潜艇上该立柱甚至未能贯穿艇壳，而是止于一处较轻的平台，从而使得该结构完全无用！

① 1935年2月4日古道尔日记。
② 1935年3月1日古道尔日记。

稍小型潜艇：“剑鱼”号和“鲨鱼”号（Shark）

1929 年，潜艇少将要求海军建造总监部门设计一款尺寸稍小的潜艇，计划将其用于深度较浅且较为封闭的海域——尤其提到了波罗的海。经过一番讨论，主要设计要求被确定如下：续航能力可满足以不低于 9 节的航速完成往返各自不低于 600 海里的单程航程，并可在抵达目标海域后活动 8 天。艇艏应装备至少 4 具鱼雷发射管，若有可能则增至 6 具，此外还需装备工作距离达 500~600 海里的无线电设备，其水面航速应不低于 12 节。海军建造总监准备了两个设计方案供潜艇少将参详，其中一个方案的标准排水量为 600 吨，另一个则为 760 吨。潜艇少将最终选择了排水量较低的设计方案作为进一步设计演化的基础。

“剑鱼”号和“鲨鱼”号被纳入 1929 年造舰计划（次年造舰计划中又纳入两艘），其设计参数如下：排水量 640 吨、装备 6 具艇艏鱼雷发射管、水面航速 14.2 节、续航能力为在 8 节航速下连续航行 5750 海里。在这一尺寸上希望达成的目标过多，导致其尺寸在建造期间持续增长。原先为指挥塔设计的铜质外壳非常沉重，从重量角度看这一问题尤为突出。[①]其他设备据称不仅复杂，而且可靠性不佳。稳定性亦不充分：下潜状态下浮心与中心之间的距离仅为 4.9 英寸（约合 124.5 毫米），而定倾中心高度则仅为 2.9 英寸（约合 73.7 毫米）。[②]一系列因素又使得这一问题雪上加霜。在正常上浮状态下，该级艇将出现 3° 的永久性侧倾，而一旦稳定性进一步降低，这一永久性侧倾的幅度就将进一步加大。这一侧倾又导致在吹除压载水上浮时空气占据较高处的压载水舱，而一旦舰桥及其围壳部分排水速度不够快，就将导致侧倾幅度加剧，从而将海水留在艇体高处。同时，补偿水柜内自由液面面积也很大。即使是在良好的海况下，潜艇上浮时出现 20° 侧倾的情况也已非鲜见，而在横浪条件下上浮须严格避免。为改善这一问题，在舰桥和围壳上开凿了额外的排水孔，实践发现快速上浮有助于改善问题。在“剑鱼”级各艇中，最初建造的两艘所装备的 3 英寸（约合 76.2 毫米）火炮设于收缩炮架上，但此后发现暴露在艇体外的火炮仅会导致阻力轻微增加。此后拆除收缩炮架又削减了 6 吨位于艇体高处的重量。

尽管设计本身并不令人满意，但其设计概念颇受欢迎。为此进行的重新设计则导致了“鲨鱼”级潜艇的问世。尽管早先“剑鱼”级的恶名被不公正地加诸“鲨鱼”级上，但自 1931 年造舰计划起至 1935 年，海军部仍先后订购了 8 艘该级艇。在新的“鲨鱼”级设计中，各种设施被大幅简化，其艇体长度增加 6 英尺（约合 1.83 米），排水量增加 30 吨。这些改进后的潜艇表现得颇为成功，但在 1935 年海军部决定集中力量于 T 级和 U 级潜艇。鉴于“鲨鱼”级在第二次世界大战最初几个月内的表现是如此成功，因此从 1940 年起海军部又建造了多艘该级艇的同型艇。

① 为防止干扰磁罗经，需使用铜构筑外壳。

② 1935 年 3 月 12 日古道尔在日记中写道：“搭乘‘剑鱼’号出海，并在下潜状态下转向。出乎我预料的是该艇如此脆弱——它直接浮出了水面。我必须对此加以考察。”

“鼠海豚”号为一艘布雷潜艇，其设计基于以M3号潜艇进行的试验。该照片并未显示其偏右舷的潜望镜（作者本人收藏）。

“灰海豚”号的设计与“鼠海豚”号差异很大，其设有近乎圆形的耐压艇壳，且燃油存储于潜艇内部（作者本人收藏）。

隶属早期S级潜艇的“鲟鱼”号（Sturgeon）。注意为火炮设计的外罩，但实际证明这一结构并不是必需的（作者本人收藏）。

“海星”号与“鲟鱼”号颇为相似，但其火炮不设外罩，且其指挥塔高度较低。上述改动均有利于改善稳定性（作者本人收藏）。

布雷潜艇

1927年隶属M级潜艇的M3号被改装为布雷潜艇，其加长的艇壳内共可携带100枚水雷。试验结果显示改装设计大体合理，但用于移动水雷的滑车设备需消耗的养护工作量过大，且艇壳注水速度较慢，导致其下潜所需时间增加。此外，艇体的纵向浮力分布不合理。一艘布雷潜艇原型设计被列入1930年造舰计划，这便是1931年开工铺设龙骨，并于1933年3月建成的“鼠海豚”号（Porpoise）。

“鼠海豚”号的设计以“帕提亚人”号为基础，且两者设计非常相似，但为了给需装载的50枚水雷及其相关设备（54吨）腾出重量空间，下潜深度被缩减至300英尺(约合91.4米),航速也因采用低功率主机而下降。设计航速为15节，但在试航中“鼠海豚”号跑出了16.2节航速。

在1933—1936年造舰计划中,海军部又先后列入5艘“灰海豚”级(Grampus)布雷潜艇。外形上该级艇与“鼠海豚”号颇为相似,但两者设计其实截然不同。“灰海豚”级的鞍形压载水箱延伸至绕过艇体底部，从而实际在除围壳以外部分构成了双层艇壳。耐压艇壳从龙骨两侧以圆弧形向上延伸2~3英尺(约合0.61~0.91米)，直至与外层艇壳内的油舱顶部相连，后者以耐压艇壳标准构建，用于储藏油类燃料。“鼠海豚”号的燃油全部储存在位于艇体外部的油舱中。尽管实践证明该艇平时从未发生燃油泄漏，但海军部仍担心在深水炸弹攻击下油舱会发生破裂，因此更希望采用内部储油结构。这一改变导致主压载水舱容量增加100吨，从而改善了稳定性。设计人员对快速注水这一目标尤为注意，因此“灰海豚”级1分14秒（采用快速下潜水舱，即Q舱）的下潜速度对如此庞大的一艘潜艇而言堪称非常出色。该级艇设计颇为成功，其布雷最小距离为120英尺（约合36.6米）。

此后设计部门还曾提出若干个布雷潜艇设计方案，但无一投入建造。曾有4艘被纳入1939年造舰计划[①]，其设计与“灰海豚”级大体相同，但设有圆形的耐压艇壳并装备与T级潜艇相同的主机（可能为苏尔寿公司产品）。设计团队强调称，在设计过程中已经吸取了此前通过深水炸弹攻击试验得出的经验教训,这一系列试验则是利用“乔布81”号进行。最终该级布雷潜艇的建造被取消。此后海军建造总监部门还以S级潜艇为基础，设计了一艘用于在浅海海域活动的小型布雷潜艇，但该潜艇的建造同样被取消。1941年1月，海军部向斯科茨公司（Scotts）下达了3艘改进型“灰海豚”级潜艇订单，但由于此后发现需要更多的巡逻潜艇，因此该订单亦被取消。此时沉底水雷已可通过鱼雷发射管布设，且水雷和鱼雷可按照2：1的比例替换，因此对专门的布雷潜艇的需求大大降低。

T级

本级潜艇的需求由一系列因素的共同作用确定。首先,1930年《伦敦条约》规定了英美日三国的潜艇总吨位均为5.27万吨，且单艘潜艇的排水量不得超过2000吨。同时，经济危机的爆发亦使得海军难以建造足够的潜艇实现总吨位上限。[②]再次，声呐的成功研制，以及其他国家也将完成类似设备的预期亦有重要影响，这一事件导致较小尺寸——排水量约1100吨——的潜艇被认为更有优势，当时推测该种潜艇被声呐发现的概率更低。最后，考虑到敌方可能采取反潜战

① 设计图样收录于ADM 1 2419。
② 参见亨利论文，第98页。

策略，潜艇可能仅能在远距离上实施攻击，且为避免暴露潜望镜位置，攻击可能仅依靠通过声呐所得信息。这意味着需要大量艇艏鱼雷发射管实施齐射，方能以类似“霰弹枪”射击的方式取得一次命中。因此，艇艏鱼雷发射管数量不应低于 8 具。

上述概念最终导致了“特里同”级（Triton，又称 T 级）潜艇的问世。该级潜艇排水量为 1090 吨，设有 6 具内置艇艏鱼雷发射管[①]，此外不仅在艇艏设有两具外置鱼雷发射管，而且在舯部安装了另外两具外置鱼雷发射管。后两具鱼雷发射管轴线斜置，从而可实现向前射击。如此一来该艇单次艇艏方向齐射可发射惊人的 10 枚鱼雷。该艇还装备 1 门 4 英寸（约合 101.6 毫米）火炮。至第二次世界大战爆发时，共有 15 艘 T 级潜艇已经建成或在建造中（分别列入 1935—1938 年造舰计划）。与 S 级潜艇相比，T 级潜艇较大的尺寸使得其在续航能力上优势明显。大部分早期和后期 T 级潜艇均装备 2 具维克斯公司生产的 6 气缸引擎，由国有造船厂建造的 T 级潜艇则装备由查塔姆建造的海军部（AEL）引擎。[②]引擎总功率仅为 2500 匹制动马力，因此 T 级潜艇的设计航速仅为 15.25 节（试航成绩为 16.2 节）。[③]

该级艇的下潜深度为 300 英尺（约合 91.4 米）。在列入 1938 年（及此后）造舰计划的 3 艘潜艇上，由 Z 型材铆接而成的船肋被由 T 型材铆接而成的船肋所取代。这 3 艘潜艇还在压载水舱内设有竖井，用以在每舷侧携带 6 枚水雷。在“领主”号（Tetrach）上进行的试验显示，这一改动将导致水面航速下降 1.5 节，因此该设备从艇上被拆除，且另外 2 艇直接未安装竖井。早期 T 级艇造价约为 30 万英镑，此后受战时通货膨胀以及增加设备的影响，造价升至 46 万英镑。

U级

至 1936 年，第一次世界大战期间设计建造的 H 级潜艇已经接近其设计使

① 对类似尺寸的潜艇而言，根本无法将 6 具鱼雷发射管塞入圆形艇壳，因此其前端只能呈椭圆形（和早期潜艇类似）。然而在采用椭圆形艇艏后，似无理由不在艇体后部采用类似造型。

② 斯科茨公司曾建造 3 艘装备 MAN 柴油引擎的 T 级潜艇，该引擎以许可证方式制造，但其可靠性很差。卡默尔莱尔德造船厂则建造了 2 艘装备苏尔寿引擎的 T 级潜艇，这 2 艘潜艇在服役之初颇受好评，但一段时间后便出现故障。

③ 玛斯曾抱怨该级艇航速较低，但在这一排水量下这一性能已经无法改进。

隶属早期型 T 级潜艇的“特里同”号，摄于 1939 年。注意位于其舯部、向前射击的外置鱼雷发射管。该级艇的艇艏齐射火力达到了惊人的 10 根鱼雷发射管[维卡里（Vicary）收藏]。

隶属早期型 U 级潜艇的“厄休拉”号（Ursula），摄于 1939 年 1 月。艇艏外置鱼雷发射管不仅导致了很大的阻力，而且导致了较大的艏波。在后续 T 级艇上，该设备遂被取消（作者本人收藏）。

用寿命年限，因此海军需要一种与之类似的潜艇，以取代 H 级潜艇执行训练任务。最初设计研究方案中并未装备任何武器，但最终海军部决定新潜艇应装备 4 具内置鱼雷发射管（及供重装填的鱼雷）和 2 具外置鱼雷发射管。若取消 2 枚备用鱼雷，则可再加装 1 门 12 磅（口径约为 76.2 毫米）火炮。该型潜艇被列入 1936 年造舰计划。

该级潜艇为单层艇壳设计，其压载水舱位于艇体内部。该设计的缺点在于，一旦通海阀开启，压载水舱内的平面舱壁就将直接承受海水水压或深水炸弹爆炸引发的冲击波。该级潜艇的设计下潜深度为 200 英尺（约合 61.0 米）。

该级潜艇的肥型艏及外置鱼雷发射管导致了较大的艏波，从而不仅导致有浪环境下航速降低，而且导致下潜状态下潜艇难于操控。因此在第二次世界大战期间建造的姊妹艇上，外置鱼雷发射管被取消。设计该级潜艇时，静音运行的重要性已经被皇家海军所认识到，因此设计人员采用了一系列措施降低潜艇噪声。直至“团结”号（Unity）为止，潜艇推进器均按照水面航行要求进行优化。“团结”号的推进器则首次按照水下航行要求进行优化，当时曾希望此举有助于降低推进器噪声。[①]

第二次世界大战爆发时的潜艇

1939 年皇家海军共拥有 3 级性能令人满意但日趋老化的潜艇设计，即排水量最大的 T 级潜艇、中等排水量的 S 级潜艇和排水量很小的 U 级潜艇。大部分在战争中建造的潜艇均隶属 3 种设计之一。[②]在海军建造总监史中记载有一段揭露性质的章节，称鉴于潜艇的优先级很低，因此负责其设计、建造和维护的员工人数一直被控制在最低数量，“由此 1939 年 9 月战争开始时，英国潜艇舰队主要由性能过时的型号构成”。[③]该段落作者当时可能关注了两个要点，即适合焊接的钢材和艇壳结构设计水平，后者可能尤指船肋设计。德国在这方面取得了显著的进步（笔者将在本章后半部分对这两点进行详细阐述）。第二次世界大

① 如我们在第二次世界大战结束后发现的那样，设计一款安静推进器颇为困难。笔者本人怀疑这一改动对噪声是否有任何影响。

② 上述 3 级潜艇的成功应归功于威廉姆森（L C Williamson）和潘普林（G W Pamplin）。

③ 参见“英国舰船”一书，p19。

“塔巴尔”号，摄于1946年。注意该舰装备的外置鱼雷发射管，其中2具位于艇艏，另外3具则向后方发射。笔者曾于1951年初在该艇上服役，当时该艇已经加装通气管，且是当时潜艇炮术比赛冠军（赖特和洛根收藏）。

战初期海军对潜艇的需要非常迫切，因此由引入新设计而引发的延误完全不可为海军部所接受。直至皇家海军重返太平洋之后，设计新型潜艇的重要性才得以凸显。1939年6月“西蒂斯”号（Thetis）在试航过程中沉没一事堪称潜艇设计上的一次严重挫折。事故中遇难的99人中除2名造船师外，还包括卡默尔莱尔德造船厂潜艇团队的多人。[1]经验丰富的设计师和造船工人的损失将导致重大问题。

战时改动

海军建造总监史对S级、T级和U级潜艇的一般性改动和各级特殊改动均进行了较详细的描述，本书仅将对其进行简述。[2]首先需要提及一条往往被人所忽视的通则，即在潜艇上任何位置增重都会导致其重心抬升。这是由于在下潜状态下，潜艇重量必须等于其所受浮力，因此任何增重均需通过减小相应重量的压载实现。鉴于压载位于艇体底部，因此其缩小自然意味着重心提高。更为复杂的是潜艇所受浮力取决于潜艇所处海域的海水密度。第二次世界大战爆发前的潜艇设计假定潜艇将在不同海水密度的水域作战，甚至可能在淡水水域作战（参见后文有关密度的章节）。[3]通过改变特制补偿水柜中的压载水储量，潜艇可以适应浮力的改变。战争期间，海军曾接受了某些导致重量增加但不改变永久性压载的措施，不过这意味着潜艇可运作的海水密度范围缩小。[4]

① 贝利（Baillie）曾领导自“泰晤士河”号起的大多数潜艇设计，希尔（Hill）是一名经验丰富的监工。为帮助卡默尔莱尔德造船厂展开工作，海军部向其派遣了造船师和绘图员。

② 参见“英国舰船”一书，p19。

③ 在T级潜艇的设计过程中，海军部接受了若将其燃油携带量削减26吨，则该级潜艇仅能在波罗的海或黑海运作这一条件。

④ 这可能导致在大河河口附近海域活动时出现问题，注意这种情况下海水几乎相当于淡水。

一般性改动

火炮。S级和T级潜艇在指挥塔末端加装了一门20毫米厄利孔防空炮。

“杰出”号（Splendid）隶属1940年建造的S级潜艇。照片摄于1942年8月（作者本人收藏）。

雷达。自1941年起，各潜艇加装286W式雷达，其波长为1.5米。此后则安装混合型267QW式雷达，同时装备1.5米和3厘米天线以及相应桅杆，两种雷达共用一个显示屏。[①]

声呐。所有潜艇均在压载龙骨前端部分安装一具129型声呐，但安装在该位置的声呐无法向上或向后实施探测。1943年138型声呐被安装于后部艇壳，尽管将该设备挤进轮机舱非常困难。

居住性。部分S级和T级潜艇装备的除湿器除湿能力不足，因此大部分同级潜艇（及部分U级潜艇）均装备了完整的空调设备。[②]这一改动非常成功。停泊在热带港口期间，潜艇成员常常选择在设有空调设备的潜艇上睡觉，而非在潜艇供应舰上。[③]此外还为潜艇开发了一种空气净化装置，并在战争结束前不久安装在“极北之地”号（Thule）上。通过改建补偿水柜或加装新水柜，部分S级和T级潜艇的淡水容量得以增加。新设备例如雷达的安装自然侵占了乘员居住空间，同时增加了乘员人数。对此问题唯一的缓解措施是在鱼雷舱内加装可拆卸铺位。

燃油。S级和T级潜艇中部分潜艇将主压载水舱改建为油舱。此举乃是一种增加续航能力的应急措施。通过这种方式，两级潜艇的续航能力分别提高16%和40%。

降噪。约从1937年开始，设计人员就降低由潜艇动力系统引发并导入海水中的噪声付出了可观的努力。首个措施为安装简单且灵活的底座，该底座为三明治结构，由钢材和橡胶构成。1944年初，海军研究实验室（Admiralty Research Laboratory, ARL）将这一措施标准化，值得一提的是该底座也提供了部分隔离振动的能力。第二次世界大战期间可靠性较高的挠性管尚未问世。所有潜艇均在戈伊尔湖（Loch Goil）接受噪声范围检查，该检查可定位各艇上噪声较高的机构，以供实施后续改进。A级潜艇在设计时即考虑了控制噪声，其目标噪声水平为其机械部分声响在500码（约合457.2米）距离外即不可闻。在S级和T级上则尽力实现同样标准。即使是在第二次世界大战期间，英制潜艇也可能最为安静。

电池。早在第二次世界大战初期，海军部便发现在遭到深水炸弹攻击时，电池受损的概率非常高。此后在利用测试舱段“乔布9”号进行一系列实验后，海军部决定在电池组下方加装橡胶垫，并在每个电池块周围加装橡胶护套。较晚型号的电池容器更为坚固，因此不需要额外安装护套。

舰桥。若干艘1940年建造的S级和T级潜艇装备了半封闭的“驾驶室”型舰桥。该设计在服役期间不受欢迎，因此1942年2月海军部决定应将其改建为开放式舰桥，并改进挡风板设计。

① 1951年初笔者在“塔巴尔”号（Tabard）上服役期间，我们发现由于当时没有任何雷达探测设备在这一过时频率工作，因此这种波长为1.5米的设备非常有用。

② 据称曾有一艘潜艇在报告了温度、湿度读数后被告知，根据上报的数据，艇上环境完全无法供人类生存。

③ A J Sims, 'The Habitability of Naval Vessels under Wartime Conditions', Trans INA (1945), p50. 根据战时空气处理能力，潜艇保持下潜状态的最长时间大约为30小时。笔者在“塔巴尔”号服役期间曾经历连续32小时的下潜状态，感觉很糟糕。

建于第二次世界大战期间的S级、T级和U级潜艇

如前所述，1940 年海军部决定应建造更多的 S 级潜艇，因此 1940 年和 1941 年造舰计划中共列入 33 艘 S 级潜艇。这批潜艇的船肋采用焊接工艺建造，外壳则采用铆接工艺加工，其下潜深度为 300 英尺（约合 91.4 米）。[①]在该批潜艇最初 6 艘建成后，其余各艇均在艇体后部加装 1 具外置鱼雷发射管。1942 年和 1943 年造舰计划又追加了 17 艘潜艇。其中最初 2 艘与 1941 年计划中以铆接工艺建造的潜艇类似，装备 1 门 3 英寸（约合 76.2 毫米）火炮和一具艇艉鱼雷发射管。[②]后继各艇均采用全焊接工艺加工，下潜深度增至 350 英尺（约合 106.7 米）。为腾出重量，以便装备 1 门 4 英寸（约合 101.6 毫米）火炮，艇艉鱼雷发射管被取消。根据在“乔布 81”号测试舱段上进行的试验，两批潜艇不仅均加装性能大为改善的防震设施，而且引入部分降噪设施。各艇造价约为 31.8 万英镑。

除 16 艘 T 级潜艇被纳入战时造舰计划和 1940 年造舰计划外，还有 22 艘被列入 1941 年和 1942 年造舰计划。这两批 T 级潜艇的主要改动是舯部的外置鱼雷发射管被改为向后发射，并在艇艉加装了 1 具外置鱼雷发射管，从而使得艇艏和艇艉齐射的火力分别变为 8 枚和 3 枚鱼雷。[③]原始设计中位于艇艏的外置鱼雷发射管不仅导致艏部外形非常扁平，而且导致水面航行状态下会出现较大幅度的艏波，同时在下潜状态下也会影响潜艇保持深度。因此在战争期间建造的各艇上，上述鱼雷发射管位置后移 7 英尺（约合 2.13 米），以便优化艇艏外形[④]。最后 12 艘 T 级潜艇的艇壳采用 30 磅（约厚 19.1 毫米）S 质钢板构筑，由全焊接工艺构成。这使得其安全下潜深度增至 350 英尺（约合 106.7 米）。[⑤]

海军部还在 1940 年、1941 年和 1942 年造舰计划中共列入 71 艘基于“水女神”号（Undine）设计的潜艇。为改善艇艏线型，原始设计中位于艇艏的外置鱼雷发射管在这批潜艇上被取消。上述变动导致其艇艏外形和艇体长度与此前的 U 级潜艇不同，具体差异则取决于实施改动时的建造进度。在这批潜艇中，较早建成的几艘装备 1 门 12 磅火炮（口径约合 76.2 毫米），后续各艇则改装 3 英寸

① 该批潜艇的最后 2 艘艇壳钢板较厚，且采用焊接工艺加工，其下潜深度相应增至 350 英尺（约合 106.7 米）。
② 第三艘的艇壳则全部使用焊接工艺加工，但其武器装备与早先各艇相同。
③ 另有 7 艘尚存的早期型 T 级潜艇也按此配置接受了改建。
④ 两艘早期型 T 级潜艇则索性拆除了位于艏部的外置鱼雷发射管。
⑤ 第一艘按上述方式建成的 T 级潜艇在经受了气压试验后，曾下潜至 400 英尺（约合 121.9 米）深度。

隶属 V 级潜艇的“狡猾”号（Vulpine）。该艇装有一具假通气管，该设备被用于反潜训练（帝国战争博物馆，A25976）。

（约合 76.2 毫米）火炮（17 磅）。从“冒险者”号（Venturer）开始的各艇则接受了幅度更大的改动，其艇艏外形被进一步优化，同时为改善流向推进器的水流，艇艉线型也被修改。部分较早完工的该批潜艇曾出现推进器发出异响的故障，当时认为其根源在于流向推进器的水流紊乱。[①]后续批次潜艇艇壳由 25 磅（约合 15.9 毫米）钢板构成，并采用全焊接工艺建造，其下潜深度也提高至 300 英尺（约合 91.4 米）。

① 导致推进器异响的原因非常复杂。大体说来，旋涡交替地从推进器桨叶正反两面的后缘流出。如果旋涡流出的频率恰与推进器桨叶的自然频率相同，便会发生谐振，从而产生清晰可闻的声音，且可传播至很远的距离。除改变艇艉线型外，其他改进措施还包括削薄推进器后缘厚度，并降低制造公差。笔者认为，相比改变艇体外形，改动推进器桨叶更有可能根治这一问题。

战时设计——A级

1941 年曾有一系列新潜艇的设计提案，其中大部分都着眼于快速建造。然而，海军部认为从新设计方案中能获得的任何收益，都无法弥补因更换潜艇设计方案而损失的时间。至 1942 年 10 月，战况已经清晰地显示需要一种可以在太平洋海域活动的较大型潜艇。当月海军部便就此敲定了海军参谋需求。主要需要改进的性能指标包括水面航速、续航能力、居住性和下潜深度。海军参谋需求规定安全下潜深度为 500 英尺（约合 152.4 米），当时认为实现这一要求只有通过将包裹整个艇体的耐压艇壳均设计为圆形。这意味着仅能在艇艏安装 4 具内置鱼雷发射管以及 2 具外置鱼雷发射管。艇艉则可安装 2 具内置鱼雷发射管和 2 具外置鱼雷发射管。

尽管此前各级潜艇的较晚批次均采用全焊接工艺建造，但受原始设计限制，各级艇均无法发挥焊接工艺的全部优势。A 级潜艇则从一开始就采用焊接工艺设计，这不仅使其下潜深度大大提高，而且使得其建造更为简单。该级潜艇计划装备海军部标准设计或维克斯公司设计的 8 气缸增压柴油引擎，总功率 4300 匹制动马力，设计航速为 19 节（试航成绩为 18.5 节）。该种引擎基于 T 级潜艇的主机设计，但总工程师曾于 1942 年 11 月警告称改动引擎设计将导致整个项目延期，除非在规划时就特别注意此点。正常续航能力为以 10 节航速连续航行 1.22 万海里，但若使用 4 号油槽内的 48 吨额外燃油，则续航能力可上升至 1.52 万海里。设计时还专门预留了空间，以便在需要时可较为方便地加装通气管。

设计部门建造了 A 级潜艇大部分结构的全尺寸模型，且各造船厂均将根据

“安菲翁”号（Amphion），摄于 1954 年。注意该艇为改善耐波性而升高的艇艏（赖特和洛根收藏）。

同一图纸展开工作。海军部还起草了一个详细的计划，希望能尽可能多地将分包商引入建造过程。就预制件分割方式，查塔姆造船厂和维克斯公司展开了友好竞争——第二次世界大战结束后，这两家造船商都前往德国参观，并满意地发现各自的分割方式均比德国 XXI 型潜艇更为先进。建造 A 级潜艇所需的工时明显低于 T 级潜艇，这也体现在其稍低的 45 万英镑造价上。

首艘完工的 A 级潜艇“安菲翁”号曾下潜至 600 英尺（约合 182.9 米）深度，不仅未发现任何问题，而且整体而言其设计表现令人满意。[①]不过，日后该级潜艇上还是出现了两个颇令人烦恼的问题，鉴于从技术上看这两个问题有一定的价值，因此本书将对其加以阐述。首先，当航速高于 2.5 节时，该级艇的潜望镜会发生剧烈的振动。[②]解决方案是安装较高的潜望镜支柱，并加强其支撑结构。其次，在两个方面上，该级艇的耐波性较差。一方面，其艇艏过低，且需要安装浮力水舱。[③]另一方面，A 级潜艇的横摇运动亦让人非常不适，这可归结于一系列因素的共同影响。这一现象直至在卡默尔莱尔德造船厂建成的首艘 A 级潜艇［“滋事”号（Affray）］在恶劣天气下试航时才显露出来，主持此次试航的是泰伯（H Tabb）。当时该艇的横摇幅度可达 30°，并可以该倾角保持侧倾状态长达半分钟。这一问题颇值得关注，下文将给出一些细节分析。[④]

A 级潜艇的定倾中心高度和 T 级潜艇非常接近，设计人员曾希望该级潜艇在较大倾角下的稳定性（即扶正力臂曲线）与 T 级潜艇类似。由于工作负担过重,因此设计人员未再详细计算 A 级潜艇的扶正力臂曲线。在发现横摇问题之后，助理造船师耶灵受命计算这些曲线。当时还没有电脑，因此所有工作均只能辛苦地依靠机械积分仪完成。由于计算时需考虑大量受浮力的部件，以及不承受浮力的自由液面空间，因此其过程颇为烦琐。一般而言，潜艇的扶正力臂曲线应在 40°~50° 侧倾条件下取得最大值，且稳性消失角大于 90°。然而 A 级潜艇的扶正力臂在 20° 侧倾时即达到最大值，同时其稳性消失角仅约 40°。鉴于 A 级潜艇的设计要求包括较高的水面航速、较矮的侧面投影、低浮力状况下较高的定倾中心高度，因此其舯部一段艇段实际上非常类似深没入水下的水面舰艇。当潜艇发生侧倾时，压载水舱尖锐的顶角很快没入水下，导致稳定性降低。在两具鞍形压载水舱顶部形成的深槽不仅限制了水的自由流动，而且导致稳定性进一步降低。为降低重心，设计师交换了外置油舱和压载水舱的位置，且将左右舷油舱彼此隔离。一旦完成这些幅度不大但颇为重要的改动，该级潜艇的性能便堪称出色。

A 级潜艇一个颇受欢迎的特点是秽物柜的引入。此前各级潜艇上，每次使用艇上厕所后都需冲水，将秽物排入一具压力桶，该桶此后则被压缩空气吹入海中。这一设计将导致两种危险：首先，压缩空气造成的气泡可能泄漏潜艇位

① 设计团队最初为威廉姆森（助理海军建造总监）和潘普林，后继者则是西姆斯（A J Sims，造船师）和斯塔克斯（J F Starks），再继者是牛顿（R N Newton，造船师）和耶灵（F H J Yearling，助理造船师）。1944 年牛顿出任潜艇将官（Flag Officer of Submarine，FOSM）下属的造船中校，当年年底他和斯塔克斯交换了职位。牛顿和耶灵主持了“安菲翁”号的试航，当时天气颇为平静，试航中没有出现任何问题。

② 从水动力学角度而言，造成这一问题的原因是旋涡流，与前述推进器异响类似。

③ 从中可窥见第一次世界大战时期的 T 级和 K 级潜艇的影子。设计师应该读读设计史！

④ 本节主要根据 1999 年 6 月 12 日耶灵致笔者的信改写。笔者为解释其中一些术语添加了一些文字，并删除了一两段内容。

“政客”号(Statesman)经过流线化改装后，可充当高速靶舰。流线化改装将水下阻力降低55%，在提高了电动机功率之后，高速靶舰可实现 12.5 节的水下航速（作者本人收藏）。

置（因此上厕所前总要获得许可）；其次，一旦出现误操作，这一套复杂的阀门和杠杆系统便可能导致厕所使用者“被自己的排泄物喷一身”。[①]

高速靶舰

1944 年初，海军部接到报告称流线型的德制潜艇可实现 16 节的水下航速。出于训练反潜部队学会如何应付这一新威胁的需要，海军部对一款能高速航行的潜艇靶舰的需求便颇为迫切。当时“撒拉弗”号（Seraph）正在德文波特接受整修，海军部遂决定对该艇实施改装。该艇的艇壳首先被清理，其火炮和外置鱼雷发射管均被拆除，然后加装了一具较小的流线型舰桥（拆除一具潜望镜和雷达桅杆），并封闭鱼雷发射管开口。围壳上的排水口数量被大幅缩减——由这些排水口导致的阻力高得出奇——且剩余排水口也被重新构型。此举将导致其下潜时间大大增加。这一系列改动将该艇水下阻力降低 55%。在其电动机功率提高 13% 的同时，该艇还改装了容量更大的电池，此外还加装了 T 级潜艇的长桨距推进器。1944 年 9 月由斯塔克主持的试航中，该艇在潜望镜深度取得了 12.5 节航速（主机功率 1647 匹制动马力），而其未接受改装的姊妹艇只能实现 8.8 节的水下航速（1460 匹制动马力）。“撒拉弗”号的操控性能与标准潜艇相当，甚至更优。

A级改进型、B级和试验性潜艇

3 艘“A 级改进型”潜艇被列入 1944 年预算，另有 1 艘试验性潜艇被纳入 1945 年预算，但很难说这些潜艇将按何种形式建成——事实上海军部很可能并未做出最终决定。[②] A 级改进型的原始提案为将 A 级潜艇流线型化，装备最先进的设备，并优化其水下性能。改进型潜艇可能装备性能有所改善的通气管，设有更大的控制舱，并增加用于装填鱼雷的空间。根据上述要点进行的设计工作确已展开，但根据 1945 年 1 月的一篇文档和当年 7 月的一次会议结果，潜艇

① 由于不同造船商对厕所系统的设计不同，因此发生这种现象的概率大大增加。熟悉一艘 T 级潜艇的厕所操作并不意味着在另一艘姊妹艇上也能实现安全操作。

② 本注释主要根据 ADM 1 19027 档案中收录的两个会议记录，其中第一个会议于 1945 年 11 月 21 日召开，由副建造总监主持，第二个会议则于 1946 年 3 月 13 日召开，由海军审计长（摩尔）主持。

少将曾要求实施更为激进的改动。[①]海军建造总监随后提交了一个新的设计草案，该草案设有新创的通气管布局和容量更大的电池组。[②]海军建造总监倾向于采取电池容量大幅提高的传统潜艇设计，希望能在排水量约 1800 吨的潜艇上实现 13~14 节的水下航速。所有相关人员一致倾向于使用双主轴而非单主轴布局。为提高推进效率，艇艉鱼雷发射管必须取消。根据这一方案的设计工作几乎可以立即展开，且可为空气净化设备设计提供宝贵的经验。[③]

然而根据该方案展开的设计工作刚进行不久，潜艇少将便又要求设计一款用于水下推进的高功率动力系统。此时日本投降的消息传来，设计人员从而有机会重新思考设计方案。大多数人倾向于采用沃特式涡轮机，该种涡轮机已在德国 XVII 型潜艇上使用，并以浓缩过氧化氢（High Test Peroxide, HTP）为氧化剂。[④]作为氧化剂，浓缩过氧化氢的引入不仅使得动力系统不再依赖大气工作，而且使潜艇可在下潜状态下以高航速实现可观时长的持续航行。海军建造总监准备了一份后来被称为 B1 的设计方案，该方案中每具主轴可传递 6000 匹轴马力功率。在 1770 吨排水量下，若将艇体表面部件控制在最低程度，则该设计可实现以 21 节航速持续航行 6 小时。值得注意的是，该种引擎的功率将随着深度加深迅速下降，其原因是其废气——二氧化碳——排放时需克服海水压力。例如，两具输出功率各为 7500 匹轴马力的引擎在浅水深下共可实现 1.25 万匹轴马力输出功率，但在 330 英尺（约合 100.6 米）深度下仅可输出 9300 匹轴马力。总工程师希望通过开发废气压缩机或洗涤器降低上述功率损耗。

可能的项目日程如下：

完成绘图并确定性能	1946 年晚期
铺设龙骨	1947 年初
除沃特引擎外其他部分完工	1948 年初

① ADM 1 18604，1945 年 1 月 19 日。

② 总造船师为潘普林，后继者为西姆斯、造船师斯塔克斯、助理造船师耶灵。

③ 很多人认为安装在核潜艇上的空气净化设备是比核反应堆更为伟大的工程成就。

④ 德国方面将浓缩过氧化氢称为 Ingolin，Aurol 或 T-Stoff。

"探险者"号（Explorer），摄于 1957 年。该艇及其姊妹艇的设计目的是用于训练反潜部队对航速很高的目标实施猎杀。试航中这批潜艇取得了 27 节的水下航速，其水上护航船只甚至无法跟上（作者本人收藏）。

包括沃特引擎在内全部完工	1950 年初

由于柴—电驱动设计可缓解涡轮离合问题，降低水下噪声，且使得动力系统安装更为灵活，因此总工程师更希望采用这一设计。然而在目标设计功率下，当时可选的直流电动机不仅颇为沉重，而且体积很大，因此柴—电驱动设计在当时尚无法被接受。给定续航能力下，水下线型良好的潜艇在使用通气管航行时，其燃油消耗量比老式潜艇在水面航行时高约 50%（忽略按反潜 Z 字航线航行的影响）。对老式潜艇而言，水面续航能力大约为使用通气管在水下航行时的 4 倍。单纯为水下航行性能设计的艇体所受阻力应低于针对使用通气管航行完成的设计，但前者的续航能力可能仅为后者或水上航行条件的一小部分，其原因是纯水下航行不仅需要携带燃料，而且需携带氧化剂。

关于浓缩过氧化氢的生产亦引发了很大争议。潜艇将官认为对一支由 10 艘潜艇构成的战时潜艇队而言，假设每艘潜艇的主机功率为 1.2 万匹轴马力，并携带 150 吨浓缩过氧化氢，则该潜艇队将消耗约 1.2 万吨每吨造价为 120 英镑的浓缩过氧化氢。这一消耗量几乎相当于巴特劳特贝格（Bad Lauterberg）的两个浓缩过氧化氢工厂产量的 2 倍！海军部希望将这两座德国工厂搬迁至英国，并增建两座工厂。实际上，皇家海军和火箭［“蓝钢”导弹（Blue Steel）、“黑骑士”火箭（Black Knight）、“权杖”火箭发动机（Sceptre）等］[1] 对浓缩过氧化氢的需求由梅斯—拉波特公司（Messrs Laporte）设在华盛顿的工厂满足。不仅容纳浓缩过氧化氢的容器问题多多，而且运输和储藏该种氧化剂同样引发了大量问题。

此后对 1945 年试验性潜艇还进行过再一次讨论。与会人员倾向于采用与 B 级潜艇类似的设计方案，即装备两具输出功率各为 6000 匹轴马力的引擎。在取消一切军用设施的前提下，该主机可驱动较小型的潜艇实现 25 节航速。①其他方案则包括复制两具“流星”号（Meteorite，原德国海军 U1407 号）装备的引擎，并可能用其驱动单根主轴。该种引擎每具输出功率为 2500 匹轴马力。另一备选方案则是采用德国 XVIII 型潜艇装备 X 型引擎，其输出功率为 7500 匹轴马力。当时曾预计“流星”号可于 1946 年底修复，并认为其安全概率为 75%！预计该潜艇航速将在 17.5 节至 19 节之间。此外还计划改建一艘 S 级潜艇，并实现 16 节航速。

从“流星”号汲取的经验催生了试验性潜艇“探险者”号和“湖中剑”号（Excalibur，776 吨，两根主轴，采用以浓缩过氧化氢为氧化剂的涡轮机，主机输出功率为 1.5 万匹轴马力），其航速达 27 节。②两艘潜艇先后于 1956 年和 1958 年建成，此后曾一度成为世界上航速最快的潜艇。凭借这一身份，它们在研发针对快速潜艇的相应战术中发挥了巨大作用，即将服役的核潜艇即为此种快速潜艇之一。

① 似乎此后海军部决定这样一艘潜艇应装备两具鱼雷发射管。该潜艇可能装备容量稍小的电池，但不配备充电设备。

② 两艘潜艇昵称分别为“爆炸者”（Exploder）和“刺激者”（Exciter）。

据称B级潜艇的图纸于1951年绘制完成，且海军已经就建造该型潜艇下达了部分材料的订单。不过当时“鼠海豚”级[2]的设计工作正在进行中，且后者更受青睐。[①]

第二部分：部分技术课题

下潜深度和耐压艇壳强度[②]

潜艇问世初期，“下潜深度”这一术语的含义颇为宽泛，在不同人笔下可能含义截然不同。对潜艇而言，有三种含义不同但均有重要意义的数据，尽管各数据的具体名称可能略有变化。

作战深度。这一术语指潜艇可安全执行正常作战任务的最大深度。鉴于设计计算或建造过程中存在误差，且在机动过程中可能因疏忽导致超出正常工作状态，因此在考虑深度时应留有一定冗余。本术语所指深度即包括上述冗余。

测试深度。每一艘新建成的潜艇均会进行试验性下潜，其深度通常为作战深度。为建立其乘员对潜艇安全性的信心，很多艇长都会选择将下潜深度增加10%。[③]

崩塌深度。该深度为设计师计算出的耐压艇壳将因水压影响而崩塌的深度。1930年前后，英国似乎习惯于将作战深度定为崩塌深度的一半（大多数列强海军也按此处理）。注意“奥伯龙”号的“下潜深度”“作战深度”和“测试深度”

① 笔者在此感谢乔治·摩尔对这些潜艇所做的研究，以及耶灵和麦克尼尔小姐（E MacNair）对相关潜艇及独创性动力系统设计工作的回忆。

② 更详尽的分析可参见 D K Brown, 'Submarine Pressure Hull Design and Diving Depth Between the Wars', Warship International 3/87, p279。该文主要参考查普曼于1929年设计“剑鱼”号期间撰写的一份详细研究。查普曼日后亦曾出任海军建造总监一职。他的工作笔记现存于国家海事博物馆。其对该项设计的总结收录于舰船档案集483号。

③ 鉴于这一习惯广为人知，因此在设置作战深度时即已考虑这10%的影响。

一艘经历了深水炸弹试验的X级袖珍潜艇。潜艇船肋之间凹陷的钢板与下潜深度超过安全下潜深度后的现象类似（作者本人收藏）。

分别被记为 500 英尺（约合 152.4 米）、300 英尺（约合 91.4 米）和 200 英尺（约合 61.0 米）。可能 500 英尺（约合 152.4 米）即为预计崩塌深度。

耐压艇壳失效的方式可分为三种模式。其一是整个舱室均发生屈曲，这种方式下最初现象为船肋松动，其二是船肋之间的钢板在节点处大量出现屈曲现象，最后是钢板在船肋之间部位弯曲。第二次世界大战爆发前，设计师已经大致了解这 3 种模式，但尚没有较为准确的步骤就前两种模式进行计算。

位于船肋之间的钢板强度可利用一道简单等式进行计算，其精度之高颇出人意料。该公式原用于计算圆柱形锅炉所受应力：

应力 =（压强 × 壳体半径）/ 钢板厚度

设计人员通常利用曾无意间下潜至较深深度的某一潜艇的详细数据，再利用上述公式进行比较性计算 [例如曾下潜至 300 英尺（约合 91.4 米）的 L2 号潜艇的数据便经常被引用]。该公式的确假设截面为原型，但就本章中提及的所有潜艇而论，所有早于 A 级潜艇者其两端截面均呈椭圆形。船肋的尺寸通常基于设计师个人经验决定，且出于安全起见，框架往往过于沉重。[①]德国海军 U570 号潜艇被俘获后，古道尔亲自参观了该潜艇，并在日记中提到：“为什么为如此厚重的耐压艇壳配置相对单薄的船肋？”[②]事实上，基于对岸基压力容器所做的研究，德国设计师已经改善了船肋的计算方式。[③]尽管该种计算方式后来被公开，但英国方面接触到这一材料的时间过晚，因此无法将其运用在 S 级、T 级和 U 级潜艇的设计上。

表 6–2 给出了根据前述公式计算出的“公式深度”、服役期间使用的作战深度和记录显示的最大下潜深度。第二次世界大战结束时，包括一艘未完工的 A 级潜艇在内，若干艘潜艇曾被下沉至其结构崩塌为止，相应深度数据也被列入表中。

表6–2 “公式深度”

舰级	作战深度	“公式深度”	最大深度	试验，深度和艇名
L级	150英尺（45.7米）	520英尺（158.5米）	300英尺（91.4米）	—
O级、P级和R级	300英尺（91.4米）	880英尺（268.2米）	400英尺（121.9米）	—
“克莱德”号（Clyde）	200英尺（61.0米）	550英尺（167.6米）	300英尺（91.4米）（部分变形）	—
“鼠海豚”号	200英尺（61.0米）	598英尺（182.3米）	—	—
T级	300英尺（91.4米）	626英尺（190.8米）	400英尺（121.9米）	—
U级	200英尺（61.0米）	500英尺（152.4米）	400英尺（121.9米）	—

① 沉重的船肋的确有助于保证即使出现因预制件误差而引发的“非圆性”，也不会引发安全问题。对椭圆形的两端舱段而言，重型船肋的使用不可避免。

② 古道尔 1941 年 10 月 11 日的日记。

③ 德国的早期研究针对内部压力更高的容器，因此并不完全适用于外部承压的舱段。不过，这种计算的确构成了第二次世界大战结束后新计算方式的基础。该方式首先由美国的温登堡（Windenberg）和特里林（Trilling）提出，此后英国的肯德里克（Kendrick）亦提出类似方式。

舰级	作战深度	"公式深度"	最大深度	试验，深度和艇名
S级	200英尺（61.0米）	407英尺（124.1米）	—	—
1940年批次S级	300英尺（91.4米）	534英尺（162.8米）	540英尺（164.6米）	527~537英尺（160.6~163.7米），"坚忍"号（Stoic）
1942年批次S级	350英尺（106.7米）	700英尺（213.4米）	—	647英尺（197.2米），"至高"号（Supreme）
V级	300英尺（91.4米）	616英尺（187.8米）	380英尺（115.8米）	576英尺（175.6米），"瓦恩"号（Varne）
A级	500英尺（152.4米）	840英尺（256.0米）	—	877英尺（267.3米），"阿卡特斯"号（Achates）

注意较早建造的潜艇所达到的深度远低于"公式深度"。这一方面是由于其艇体截面形状，另一方面也可能是由于船肋强度不足。深下潜深度的优势不仅体现在坐沉于深海海底的能力，而且使得潜艇可以隐藏在某一密度的海水层下从而降低被声呐发现的危险。此外，较深的深度也意味着深水炸弹抵达该深度的时间更长，从而降低了深水炸弹在潜艇附近爆炸的概率。①第二次世界大战爆发前，高强度耐压艇壳的优势被认为体现在其抵抗爆炸影响的能力上。事实上，潜艇很少实施深潜。

下潜时间

鉴于潜艇大部分时间仍在水面航行，且仅在实施攻击或逃避侦测时下潜，因此从上浮状态下潜至潜望镜深度的时间颇为重要。自"奥伯龙"号起，各潜艇均设有速潜水舱，即Q水舱。即使是在水面巡航的平衡状态下，该水舱也保持注满水状态。该水舱的存在使得潜艇重量增加。而在潜艇下潜时，该水舱中的压载水被吹除，使潜艇恢复下潜平衡状态。由于从Q水舱中吹除压载水常常会产生气泡，因此亦有意见反对使用该水舱。然而，只要下潜速度足够快，任何因吹除Q水舱而产生的气泡均将与潜艇下潜时产生的扰流混合。

第二次世界大战期间，潜艇在水面航行时通常保持低浮力状态，并在1分钟以内下潜至潜望镜深度。表6-3中所列数字至少与其他列强的成绩相当，甚至可能更好。②

表6-3 从满浮力状态下潜至潜望镜深度所需时间

舰级	时间
"奥丁"级	1分00秒
"帕提亚人"级	1分06秒
"彩虹"级	1分19秒
"泰晤士河"级	1分34秒
"海星"级	1分06秒

① 标准深水炸弹的下沉速度约为每秒10英尺（约合3.05米）。
② 在美国海军及其他部分海军中，离开舰桥的最后一人将负责按响汽笛，示意即将下潜。而在皇家海军中，该汽笛由第一个离开舰桥的人启动。

舰级	时间
“鼠海豚”级	1分16秒不携带水雷
	1分12秒携带50枚水雷

密度

潜艇所受浮力取决于其所处海域的海水密度。淡水密度最低，海水密度则随含盐量增加而增长。从“奥丁”级起，海军部决定所有潜艇均应能在比重介于 1.00 至 1.03 之间的水中下潜。对“奥丁”号而言，不同密度导致的浮力差达 53 吨，这一差异只能通过潜艇内部的压载水进行补偿。第二次世界大战期间增加的重量导致“奥丁”号能实施下潜的海水比重范围先后缩小至 1.005~1.03、1.01~1.03，最终仅剩 1.015~1.03。

鱼雷

英国潜艇几乎一直使用马克 VIII 型鱼雷及其少量改型作战。[3] 该鱼雷使用压缩空气和加热器，在 45.5 节的最高航速下射程为 5000 码（约合 4.57 千米）。其战斗部最初为 722 磅（约合 327.5 千克）TNT 炸药，在晚期型号上则增至 805 磅（约合 365.1 千克）爆雷用高性能炸药。该型鱼雷结构简单、可靠性高，但无法设置偏角。这意味着潜艇必须转向鱼雷预设航向进行发射。

第二次世界大战期间，英国潜艇共发射了 5121 枚马克 VIII 型鱼雷，共取得 1040 次确定命中和 95 次可能命中，成功率约为 22.2%。①早期的磁性引信（双重引信）并未被安装在潜射鱼雷上，但从 1943 年晚期开始，各潜艇共发射了约 250 枚配备 CCR 磁性引信的鱼雷，成功率约为 35.7%。马克 VIII 型鱼雷 1930 年前后进入现役，一直服役至 20 世纪 80 年代中期，并曾在马岛战争期间击沉阿根廷巡洋舰“贝尔格拉诺将军”号（General Belgrano）[4]。

由于各潜艇携带鱼雷数量有限，因此潜艇常常利用火炮对付小型目标。常用战术为潜艇在目标后方不远处上浮，然后试图首发即击毁敌船艉炮。这也是第二次世界大战后潜艇炮术竞赛的基础场景（笔者在“塔巴尔”号上服役期间，该艇曾获得此项竞赛的冠军）。该竞赛为计时竞赛，裁判在潜艇处于潜望镜深度时发出“开始”命令并开始计时，直至首枚炮弹击穿靶标时结束计时。各潜艇常用的花招是预测裁判发令时间，据此提前吹除压载水并利用水平舵保持潜艇下潜状态。一旦裁判发令，艇长立即将水平舵转向上浮位置，由于已经因吹除压载水变轻，因此潜艇可迅速浮出水面。两个非常强壮的潜艇兵将在潜艇出水前的一刹那打开火炮舱盖——据估计由此涌入的海水可能高达 1.5 吨！如果判断

① 美国海军共发射 14748 枚鱼雷，击沉 1314 艘船舰——命中率 9%。此外，由于其目标中大量为低速船只，且常常在很近距离上射击，因此德国海军的命中率要高得多。

正确，那么潜艇将在目标后方 300 码（约合 274.3 米）左右位置浮出水面，然后实现首发命中。

比较

本节将与第一次世界大战期间的英国潜艇以及同时期其他列强的潜艇进行比较。第二次世界大战时期的潜艇仍可被视为水面舰艇，且仅在逃避或实施某些攻击时下潜。因此其大部分时间均处于上浮状态航行并为其电池组充电，且频繁在上浮状态下利用火炮或鱼雷实施攻击。即使德国海军 XXI 型潜艇也考虑了水面性能并装备了防空炮。但直至雷达大规模引入之前，夜间发现上浮状态潜艇低矮侧影的机会依然很低。因此第二次世界大战时期潜艇的总体性能与其前辈并无太大差距。

表6-4 英国潜艇

	L级	S级
时间	1916年	1942年
排水量	891吨	814吨
艇长	231英尺（70.4米）	217英尺（66.1米）
水面航速	17节	14.75节
水下航速	10.5节	9节
火炮	1门4英寸（约合101.6毫米）火炮	1门4英寸（约合101.6毫米）火炮
鱼雷发射管数量	6具	6具
鱼雷发射管直径	18英寸（457.2毫米）	21英寸（533.4毫米）
乘员人数	35人	48人
作战范围	3800海里/10节	不详

令人惊讶的是，德国潜艇也显示了类似的总体相似性：

表6-5 德国潜艇

	U161号	U69号
时间	1918年	1939年
排水量	820吨	749吨
艇长	239英尺（72.8米）	223英尺（68米）
水面航速	16.8节	17节
水下航速	8.6节	7.6节
火炮	1门4.1英寸（104毫米）火炮	1门3.5英寸（88.9毫米）火炮

	U161号	U69号
鱼雷发射管数量	6具	5具
鱼雷发射管直径	19.7英寸（500.4毫米）	21英寸（533.4毫米）
乘员人数	39人	44人
作战范围	8500海里/10节	8500海里/8节

表 6–4 和表 6–5 中差异最大的数据是乘员人数，这显示第二次世界大战期间的潜艇加装了更为复杂的装备，如无线电和声呐（雷达尚未被广泛装备）。

将“撒拉弗”号匆忙改建为一艘高速靶舰一事，显示了英制潜艇具备在必要时极大提升水下性能的潜力。为此付出的代价包括牺牲水面性能、缺乏火炮、较慢的下潜速度以及较长的下潜时间，这些代价被认为不可接受。古道尔在 1941 年将德国潜艇与英国潜艇进行比较。[①]他表示德国潜艇通过使用寿命较短也较轻的电池组、保持主机以较高负载状态运转以及大量使用焊接工艺等方式实现了减重。英制柴油机不仅较为沉重，而且可能性较差，德国潜艇兵则必须忍耐较差的居住性。第二次世界大战结束后，在对投降的德国潜艇进行调查和试航之后，斯塔克斯对其较低的储备浮力、较差的居住条件、可靠性不佳的水平舵设备和危险的电池通风设计提出了批评，[②]这一切都与设计时即估计使用寿命较短的判断相符。

由于面对在太平洋海域作战的问题，因此美国海军更强调潜艇的高水面航速和高续航能力，这也导致其潜艇较大。后期型号的美国潜艇装备较强大的火炮火力，并可在夜间进行水面交火。通过与铁路工业的合作，美国开发出结构紧凑、动力强劲、可靠性高（解决一些磨合问题之后）且维护方便的柴油机。这些柴油机的出现使得美国海军潜艇在水面航速方面获得了约 3 节的优势。美国设计师还很重视改善潜艇居住性问题，并在潜艇上装备用于生产淡水的蒸馏器，其居住性是其他海军潜艇完全无法企及的。从 20 世纪 30 年代中期开始，空调的引入使得用于满足洗衣所需的淡水日产量增加约 100 加仑（约合 0.38 立方米）！[③]

① 参见古道尔 1941 年 6 月 23 日的日记。

② J F Starks, 'German U Boat Design and Production', Trans INA (1948), p248. 作为一名经验丰富的潜艇造船师，斯塔克斯曾在潜艇司令部服役。

③ 日本并未认识到改善居住性的必要，后人或可猜测疲劳或许是导致其潜艇表现较差的原因之一。

译注

1.“蓝钢”为英国开发的一款防区外导弹，该导弹为空射，使用火箭助推，可装备核弹头，于20世纪60年代服役；“黑骑士”弹道导弹为20世纪50年代英国火箭计划的一部分，用于验证再进入设计。“权杖”火箭发动机为20世纪50年代哈维兰发动机公司设计建造的一种发动机，计划用于装备皇家空军的高速截击机。

2.此处的“鼠海豚”级为20世纪60年代在皇家海军中服役的一级柴油潜艇。

3.直径为21英寸，约合533.4毫米。

4.该舰隶属美国海军“布鲁克林”级轻巡洋舰，原为CL-46“凤凰城”号，1938年3月下水，1951年出售给阿根廷海军。

第七章 护航舰只

早期轻护卫舰

至20世纪20年代晚期，第一次世界大战期间建造的“花”级轻护卫舰和“狩猎”级扫雷艇不仅日渐显示出老化迹象，而且日趋难以承受工作负荷。海军部希望其后继者可以执行双重任务，即在平时承担殖民地警察任务，而在战时则充当扫雷艇。[①]海军部原计划为其配备2门4英寸（约合101.6毫米）高仰角火炮，但出于节约造价的考虑，其中1门被更换为现成的低仰角炮。声呐设备则在有可用存货时安装。当时海军部曾希望建造一艘以柴油为燃料（但未找到合适的柴油引擎）的舰船，并认为必须设置1座以上的推进器，且将吃水深度控制在8英尺6英寸（约合2.59米）以内。其舰桥位置应尽可能地靠后，以防在舰艏位置爆炸的水雷对其造成破坏。[②]首个设计方案被认为尺寸过大，且过于昂贵。

表7-1

主机类型	柴油机	涡轮机	往复式引擎
排水量（吨）	1330	1190	1475

另一款较为廉价的设计中，设计航速从18节降至16节，且仅装备一门火炮。设计排水量为945吨。按此设计方案建造的两艘“布里奇沃特”级（Bridgewater）轻护卫舰被纳入1927年预算中订购。在详细设计和建造阶段，曾为节省造价而削减的设备又被安装回位，例如原设计中第二门火炮曾被设计为可与扫雷绞盘互换，但实际建成时两设备均安装就位。额定乘员人数从76人增至96人，所携物资、淡水等也相应增长。

该级舰设计有较短的艏楼和较低的干舷，并设有开放的遮蔽甲板，该结构一直延伸至舰体后部。建成后测量显示该级舰超重，在较大倾角下由于重心上升而干舷高度降低，其稳定性甚至为可观的负数。为弥补这一缺陷，设计人员不得不封闭遮蔽甲板舷侧的开口，从而构成长艏楼结构，并加装压载物。[③]经此改造之后，该级舰在轻载和重载条件下的最大扶正力臂分别为1.1英尺（约合0.335米）和2.35英尺（约合0.716米），几乎仅达标。完成改造后，该级舰在服役期间颇受欢迎。该级舰设有深16英寸（约合406.4毫米）的舭龙骨，就当

① A Hague, Sloops 1926-1946 World Ship Society (Kendal 1993). 该书是本章最常用的参考资料。

② 舰船档案集440号。

③ D K Brown, 'Sir Rowland Baker' Warship 1995, p152. 该文中引用了贝克对轻护卫舰的观点。贝克的原信收藏于国家海事博物馆，归档于皇家海军造船部（RCNC）百年纪念收藏下。

“布里奇沃特”号，第一次世界大战结束后英国建造的第一艘轻护卫舰。建造过程中设计人员批准了其重量增长，导致建成时其稳定性不足。作为挽救措施的一部分，艏楼甲板下方的舷侧开口被封闭，此后该设计性能便颇令人满意(感谢约翰·罗伯茨提供)。

“肖勒姆”号(Shoreham)与“布里奇沃特”级非常类似，并解决了后者原有的一切问题(作者本人收藏)。

“威灵顿”号(Wellington)，图中可见早期轻护卫舰装备的扫雷具。

时标准而言足敷使用。该级舰每季度进行一次扫雷演练，且在必须时其反潜设备随时可用。此后 3 年中，每年均有 4 艘大致相似的轻护卫舰被海军订购，此外还有 1 艘为印度皇家海军陆战队订购。

“格里姆斯比”级（Grimsby）的问世改变了护航舰只战时的主要作战角色。与“布里奇沃特”级相比，该级舰的火力更强。设计之初海军部再次希望能装备 2 座 4 英寸（约合 101.6 毫米）高仰角火炮，但鉴于该种火炮依然稀缺，因此仅有“弗利特伍德”号（Fleetwood）按此配置建成，而大部分同级舰装备 2 门 4.7 英寸（约合 120 毫米）低仰角火炮和 1 门 3 英寸（约合 76.2 毫米）防空炮。[1] 1931 年至 1934 年间，海军部以每年 2 艘的速度订购该级舰，此外还为印度建造过 1 艘同级舰。另有 4 艘类似舰只在澳大利亚建造。

过渡船只

“比腾”级（Bittern）的首舰被重新命名为“女巫”号（Enchantress），并充当海军部快艇。该舰仅保留了 1 门 4.7 英寸（约合 120 毫米）火炮。但继承“比腾”号名称的次舰完工时装备 3 座双联装 4 英寸（约合 101.6 毫米）高仰角火炮。[2] 至此该型舰艇的作战角色已经被明确定为执行护航任务，因此未配备扫雷设备。海军部另外专门建造了一级稍小的扫雷艇。“比腾”级的设计非常成功，并成为此后第二次世界大战期间诸级轻护卫舰的设计原型。[3] 丹尼·布朗公司生产的减摇鳍首次引入皇家海军便是安装在“比腾”级上，此事应主要归功于古道尔的坚持。[4] 该级舰的后继者为 3 艘装备 4 座双联装 4 英寸（约合 101.6 毫米）火炮的“白鹭”级（Egret），再次则是“黑天鹅”级。后文将对后者进行详细描述。

舰队扫雷艇

自 1931 年起，在建造轻护卫舰的同时，海军部还建造了 19 艘专门的“翡翠鸟”

“比腾”号，第一艘装备强大防空火力的新一代轻护卫舰。为辅助防空炮火控作业，该舰装备丹尼式减摇鳍原型设计（作者本人收藏）。

① 该级舰大多被用于执行辅助任务，例如递送公文或进行调查。在此情况下其武装被削减甚至全部拆除。

② “鹳”号（Stork）以不配备任何武器的调查船身份完工，但在第二次世界大战期间装备了 3 座双联装 4 英寸（约合 101.6 毫米）火炮。海军部还为印度建造了 4 艘“比腾”级改进型轻护卫舰。

③ 贝克将该级舰设计归功于谢泼德（V G Shepheard）和金（I King），两人后来分别升至海军建造总监和造船厂总监，其中前者还将被册封为维克特爵士（Sir Victor）。

④ 古道尔在 1938 年 6 月 1 日的日记中写道：“（对于澳大利亚联络官）我曾认为他们建造未加装稳定器的轻护卫舰无疑是在浪费金钱。”同年 7 月 7 日的日记中则载有：“蒙巴顿打来电话。我问皇室成员是否熟悉水手作业。陛下希望安装稳定器。”

"翡翠鸟"号，该艇为一级专用扫雷艇的首舰，其造价明显低于排水量较大的轻护卫舰［铂金斯收藏（Perkins）］。

级（Halcyon）扫雷艇。然而该级扫雷艇尺寸太大，因此不仅性能不尽如人意，而且造价过高。[①]"翡翠鸟"级平均造价为10万英镑,"格里姆斯比"级和"比腾"级则分别为16万英镑和22.4万英镑。"翡翠鸟"级的设计风格与早期轻护卫舰类似，第二次世界大战期间该级艇也的确主要执行护航任务。前5艘"翡翠鸟"级扫雷艇装备3气缸复式引擎，并配备由凸轮驱动的提升阀，另有2艘装备传统的三胀式蒸汽机，其余各艘则装备配有减速齿轮的涡轮机。该级艇的武器为2座单装4英寸（约合101.6毫米）火炮，最初仅为低仰角型号，后更换为高仰角型号。之后其中1门被拆除。承担护航任务期间，各艇装备1门4英寸（约合101.6毫米）高仰角火炮、4门20毫米火炮和40枚深水炸弹，并装备雷达和磁性扫雷具。

"海鸥"号（Seagull）——皇家海军中的第一艘焊接舰船

"海鸥"号通常被列为"翡翠鸟"级的一艘，但其舰体设计与后者截然不同。该艇由贝克于1936年设计，他将其按全焊接工艺设计，采用了纵向框架结构并设计了平滑的焊接船壳。[②]由于当时工业界对焊接工艺大体持反对态度，因此"海鸥"号由德文波特造船厂承建，该造船厂同时以铆接工艺建造同级艇"勒达"号（Leda），从而可对两种工艺系统的造价和价值进行对比。[③]

参与建造的焊工人数平均为20人，最高时为41人。建造"海鸥"号时不仅特意对焊工进行了筛选和训练，而且更加重视对监工的筛选训练。此外，建造过程中对每名焊工的表现均进行了详细记录。为最大限度地以俯焊姿势实施焊接操作，该舰的舰底部分特意以底朝天的方式预制。受限于船台旁吊杆的起吊能力，焊接件的最大重量被控制在2.5吨，但即使如此，就20世纪30年代的技术水平而言，焊接件尺寸也被认为颇大。

早在开工建造时起，设计人员便认识到因焊接金属冷却收缩而导致的变形

① 其中2艘扫雷艇被建为调查船，并在第二次世界大战期间被改造回扫雷艇。另有2艘则经受了更为彻底的改装，并在战争期间仍以调查船的身份服役。

② 即使10年后第二次世界大战结束时，该设计方案也被认为颇为先进。

③ 本章节主要参考A Nicholls, 'The All-welded Hull Construction of HMS Seagull', Trans INA (1939), p242。尼克尔斯（Nicholls）时任德文波特造船厂经理。另可参见贝克［即罗兰（Rowland）爵士］的信件。

将是建造过程中的主要困难,并对此颇为小心地加以应对。对 30 英尺（约合 9.14 米）长的舱壁而言，设计人员留有 1.5 英寸（约合 38.1 毫米）冗余以消化变形。这些措施取得了成功。舰体结构完工下水时（排水量为 313 吨），其舰体长度仅比设计长度短 0.25 英寸（约合 6.35 毫米），此外其龙骨前端出现 1.75 英寸（约合 44.5 毫米）上翘。

表7-2

	“海鸥”号	“勒达”号
从开工到下水耗时（周）	37	30
结构部分重量（吨）	311	345*
直接人力成本（英镑）	13998	14248
平均每吨造价（英镑）	45	41

* “勒达”号的舱壁采用焊接工艺建造，从而削弱了“海鸥”号的优势。

即使是在第一艘采用焊接工艺建造的“海鸥”号上，该工艺的优势也体现得非常明显。此外还应注意到，在汲取了“海鸥”号的经验之后，未来使用焊接工艺的舰船可实现更为显著的减重。焊接结构的诸多优势之中，尤为突出的是在试水和相应矫正经费方面实现了幅度高达 45% 的节约。“海鸥”号的首任艇长对该艇未出现轻微漏水现象赞誉有加，而这一问题在以铆接工艺建造的舰船上一直悬而未决。更为重要的是，得益于光滑的舰体表面和浅约 3 英寸（约合 76.2 毫米）的吃水深度，“海鸥”号的航速不仅较采用铆接工艺建造的同级艇稍快，而且其经济性更好。此外，该舰也较为安静，且其振动幅度低于同级艇。服役期间“海鸥”号主要在北冰洋海域活动，且未出现任何故障——这一点和其他列强以焊接工艺建造的首艘舰艇截然不同。

舰队扫雷艇——“班格尔”级（Bangor）和“阿尔及利亚”级（Algerine）

“翡翠鸟”级显然可视为早期轻护卫舰的后裔,且适于在本节中讨论。尽管“班格尔”级的设计不同于“翡翠鸟”级,但“阿尔及利亚”级可视为由后者演化而来。“班格尔”级的设计师罗兰·贝克爵士曾亲笔记叙过该级艇的由来。[①]一份针对“格里姆斯比”级的海军参谋评估意见显示,该级舰实在过大,且即便是“翡翠鸟”级对扫雷艇而言也过大了。海军需要的是一款与第一次世界大战时期的“狩猎”级类似的扫雷艇,该扫雷艇或安装柴油引擎,并配备扫雷索。贝克根据“翡翠鸟”级的设计方案进行等比缩小，不过舰只大小取决于其乘员人数。[②]由于难以找到合适的柴油引擎，因此仅有 4 艘和 10 艘分别在英国本土和加拿大建

① D K Brown, A Century of Naval Construction, p 172 曾引用了贝克的信件原文。另可参见古道尔 1939 年 3 月 20 日的日记：“审阅了扫雷艇图纸，并口述了意见。伍拉德（Woolard）更倾向于让贝克脱离其监督。”（贝克本人将此解读为恰当的授权！）

② 等比缩小的结果往往令人不满意。

"黑潭"号(Blackpool)乃是少数完全按照贝克的原始设计方案建造，并装备柴油机的"班格尔"级扫雷艇之一。对扫雷索作业而言，该级扫雷艇设计极为出色。但因第二次世界大战期间添加的种种设备，该级艇变得过于拥挤（作者本人收藏）。

造。[1]海军另外订购了4艘设计方案类似的扫雷艇，但这4艘装备蒸汽涡轮主机，且艇长较原始设计长12英尺（约合3.66米）。海军部很快便发现涡轮机的供应也颇为紧张，因此设计人员又准备了两个采用不同种类往复式引擎的设计变种方案，且艇长再次增加6英尺（约合1.83米）。[2]装备柴油引擎的各艇核定乘员人数为41人，其他各艇则为45人。但在实际服役期间，两者的额定乘员人数均发生大幅增长。该级扫雷艇共建造109艘，除45艘在英国本土建造外，其余分别在加拿大、印度和香港建造。

若该级扫雷艇仅按其设计目标使用，则其设计可被视为巨大的成功。但随着不断加装扫雷具、声呐、雷达和深水炸弹，各扫雷艇均不同程度过载，且无疑过于拥挤——乘员人数曾高达87人。建造时装备柴油引擎的各艇干舷高度为15.3英尺（约合4.66米），高于根据经验法则得出的14英尺（约合4.27米）标准，但这批扫雷艇仍被描述为较为潮湿。[3]潮湿可能是由设计时即有意设置的艏倾导致，该设计的意图是保证若引爆触发水雷，则爆炸一定发生于艇体艏部。[4]"班格尔"级常常被不理解其设计作战角色者批评。这些批评意见曾导致洛尼茨（Lobnitz）造船厂提出了自己的扫雷艇设计方案，但此时"阿尔及利亚"级扫雷艇的设计方案已经完成。洛尼茨造船厂由此在致古道尔的一封信中就该设计方案进行了批评。贝克几乎驳斥了洛尼茨造船厂的所有批评意见（但采用了其中部分有益建议），古道尔遂在1943年7月30日以坚定的口吻对造船厂进行了回复。

罗兰·贝克（后受封）在加拿大服役期间曾获准将衔。他曾设计了"海鸥"号、"班格尔"级、"阿尔及利亚"级扫雷艇和一系列登陆舰艇。此后他又成功领导了核潜艇和20世纪60年代的"北极星"弹道导弹计划。

① 1938年10月25日古道尔在日记中写道："与贝克就列入1939年造舰计划的小型扫雷艇进行了讨论。他对柴油引擎问题颇感困扰，且未从总工程师处得到什么帮助。"

② 当装备不同引擎的同级扫雷艇以扫雷艇队编制协同行动时，引擎的差异导致保持阵型颇为困　难。P Lund and H Ludlam, Out Sweeps! (London 1978), pp 115 (paper back edition).

③ 即舰体长度平方根的1.1倍（均以英尺为单位）。

④ "阿尔及利亚"级亦设计有艏倾。第二次世界大战后，部分该级扫雷艇被用于执行护渔任务，并为此拆除了设于艇体后部且颇为沉重的扫雷绞盘，这导致这些扫雷艇艏倾幅度过大，几乎无法转向。

上：隶属澳大利亚皇家海军的“杰拉尔顿”号（Geraldton）。该型扫雷艇由澳大利亚独立设计建造。尽管其外形与“班格尔”级颇为相似，但两者是完全独立的设计（作者本人收藏）。

右：“锡厄姆”号（Seaham）为一艘装备三胀式蒸汽机的“班格尔”级扫雷艇。照片中可见该艇装备了用于拖曳“蛋箱”式（eggcrate）扫雷具的设备。该扫雷具为一种用于扫除水压水雷的早期扫雷具，但其设计并不成功（维卡里收藏）。

隶属澳大利亚的“巴瑟斯特”级（Bathurst）扫雷艇外形与“班格尔”级有一定相似之处，因此常有观点认为前者由后者演化而来。然而，无论是贝克本人的资料还是澳大利亚方面的材料均清晰显示，两者是完全独立的设计。[①]由于希望其主机可由火车引擎建造商提供，因此设计时即有意控制主机大小，导致澳大利亚扫雷艇航速较慢。皇家海军曾订购 20 艘“巴瑟斯特”级扫雷艇，但后来将其租借给澳大利亚皇家海军。与纯为扫雷艇的“班格尔”级相比，“巴瑟斯特”级更适合归类为反潜—扫雷两用艇。还应提及的是，“巴瑟斯特”级曾取得护航战史上最为骄人的战绩之一。当时为荷兰油轮“昂迪纳”号（Ondina）护航并隶属印度海军的“孟加拉”号（Bengal）以一敌二，击退了两艘日本辅助巡洋舰，并击沉了其中的“报国丸”号。[②][1]

① A Payne, 'Bathurst class minesweepers', Naval Historical Review (June 1980), p19, Garden Island, NSW.

② Capt S W Roskill, The War at Sea (London 1956), Vol II, p271, and Peter Elphick, Life Line(London 1999), pp152-6.

隶属“阿尔及利亚”级的“野兔”号（Hare），摄于第二次世界大战结束后。注意此时该舰的火炮已经被包裹起来（作者本人收藏）。

至1940年9月，海军部已经意识到“班格尔”级舰体太小，无法搭载用于扫除感应水雷的复杂扫雷具。由此贝克又设计了“阿尔及利亚”级扫雷艇，其尺寸与“翡翠鸟”级相仿，但艇体长度稍短、宽度稍宽且航速稍低。古道尔在1940年11月27日撰写的一份笔记中对某些批评意见进行了反驳。[1]在扫雷艇中，该级艇艇体长度仅次于“翡翠鸟”级，后者在海湾地区服役时曾设有贵宾舱。较大的艇体长度意味着较浅的吃水深度和较差的耐波性。古道尔还就曾随口做出的一句评论进行道歉并承认当时在相关技术方面过于保守，当时他曾对方艉的作用提出质疑。按设计要求，该级艇不仅应具备在5级海况条件下扫除各类水雷的能力，而且应具备反潜能力。

按最初设计方案，该级艇应装备涡轮主机，但稍晚批次装备往复式引擎，更晚期由洛尼茨造船厂承建的各艇则装备该厂设计的高速往复式引擎。该级艇造价约为21万英镑。艇体结构部分按战舰标准建造。尽管设计中已经对其结构进行简化，但其制造难度仍高于炮舰。先后共有107艘该级扫雷艇建成并隶属皇家海军，其中在英国本土和加拿大各建造了51艘和56艘。另有12艘为加拿大皇家海军建造（此外尚有9艘后来被取消建造）。

“阿尔及利亚”级的性能与美国建造的“凯瑟琳”级（Catherine）非常类似，尽管两者外观差异较大。共有22艘“凯瑟琳”级曾在皇家海军中服役。[2]该级扫雷艇装备柴—电推进系统，产生的电力可用于扫除磁性水雷，且得益于其更大的主机输出功率，该级艇航速达18节，而“阿尔及利亚”级仅为16节。两级扫雷艇在服役期间均广受欢迎，但20世纪50年代早期的远洋扫雷艇设计在很大程度上基于“阿尔及利亚”级。

① ADM 229 34.
② 最初订单为32艘在美国建造的扫雷艇，其复杂演变过程可参见H T Lenton, British and Empire Warships of the Second World War(London 1998), p265。

“野鸭”号（Mallard）；尽管最初被归类为海岸轻护卫舰，但此后被重新归类为炮舰。该舰种造价颇高，因此无法大量建造（作者本人收藏）。

海岸轻护卫舰

1930 年皇家海军对自身反潜战能力进行了一次大规模审查。[①]当时预见潜艇在海上构成的威胁较为有限，并认为依靠按每年 2~3 艘速度建造的轻护卫舰和即将加装声呐的老式护卫舰，便足以构成足够数量的反潜舰只用于对抗这种威胁。然而，反潜防御在沿海海域依旧存在弱点，因此设计了一级海岸轻护卫舰（后重新分类为炮舰）。该级海岸轻护卫舰外形优美，价格昂贵，因此无法大量建造。

最初 6 艘海岸轻护卫舰构成了“翠鸟”级（Kingfisher）。鉴于“布里奇沃特”级的教训，设计时对其重量估计较为悲观，因此完工时该级舰的实际吃水深度较预计深度浅 1 英尺（约合 0.305 米），导致其不适于作为声呐平台。[②]此后 3 艘海岸轻护卫舰构成了“剪水鹱”级（Shearwater），该级舰设计不仅加强了舰体结构，而且对舰体船型进行了修改。

炮舰

根据 1930 年对反潜战能力的审查结果，有建议认为海军部需要获取更多拖网渔船在东海岸执行护航任务。海军部为此收购了部分民船并对其进行了试验性改装（参见本书第八章）。尽管此类改装民船被认为颇具价值，但海军部仍认识到需要性能更好的舰船。海军部亦曾考虑对捕鲸船实施改造，但现有捕鲸船的内部分舱设计被认为不足以满足需要。此后史密斯船厂（Smith Dock）的威廉·里德（William Reed）提出以该船厂的“南方骄傲”号（Southern Pride）捕鲸船为蓝本的放大版设计或许可满足海军部需要。相应设计工作在沃森（A W Watson）的指导下由史密斯船厂负责，该设计方案的性能应优于拖网渔船，被划为海岸护航舰只。[③]1939 年 7 月至 8 月，海军部共下达了 60 艘按该设计方案建造的舰只的订单，此后又进行了追加。共有 151 艘该型舰只在英国造船厂内建造，另有 107 艘在加拿大建造。[④]

① S Roskill, Naval Policy between the Wars (London 1976), Vol II, p165.
② D K Brown, 'Sir Rowland Baker' Warship 1995.
③ 沃森时任负责护航舰船设计的助理总监——第一次世界大战期间他负责 P 型艇设计。
④ 1939 年 3 月 25 日古道尔在日记中写道：“我表示反对‘海雀’号（Guillemot）设计，但支持基于捕鲸船的设计。”

两次世界大战之间时期的反潜战

从大量海军部文档中，可清晰发现海军部将水面破袭舰只视为对商船最大的威胁，其次则是飞机，且至少对东海岸航运而言后者的威胁与日俱增。但另一方面，海军部又认为在第一次世界大战期间，在未装备声呐的前提下即已击退了潜艇的威胁。因此在如今拥有声呐这一奇妙设备后，潜艇更应不再成为威胁。频繁进行的各种演练也似乎支持这一观点。[①]这类演练大多在波特兰附近海域进行，当地水深较浅，因此无法充分显示确定目标潜艇深度的困难。此外该海域洋流较强，也使得出现不同海水密度层的概率较低。每次演练均会使用若干艘反潜舰船对单艘潜艇实施猎杀，但从未考虑过潜艇实施水面攻击的可能，尽管这一攻击方式在1918年经常为德国潜艇所运用，尤其是在邓尼茨曾服役的地中海海域。同时，海军部又低估了德国潜艇的性能。即使古道尔本人也不例外。在1936年收到一份声称德国每年可建造87艘潜艇的情报后，他曾表示："不用担心，这些无非是性能很糟糕的玩意儿。"[②]此时他所指的是I型潜艇，但即便如此他也应该认识到，性能有所改善的后继型号即将出现（参见本书第六章对两次世界大战期间潜艇性能的比较）。

早在1921年海军部就已经意识到，一旦再次发生航运绞杀战，便同样需要大量护航舰只。[③]1937年2月海军部组建了一个航运防卫建议委员会（Shipping Defence Advisory Committee），从此开启了有关防御性武器、训练和船团组织的研究工作。[④]至1938年船团组织方案已经就绪，一旦无限制潜艇战再次爆发就可随时投入使用。第二次世界大战爆发前海军部诚然低估了潜艇的威胁，但无疑并未忽视此种威胁。

战争：1939—1940年

尽管海军部或曾对其反潜能力颇为自满，但早在法国沦陷前，反潜战的经过就足以显示现实并不如海军部预期的那样美好。[⑤]至1940年3月被转用于支援挪威战役之前，德国潜艇击沉的商船总吨位已达85.4719万吨，自身损失为17艘潜艇，战绩吨位与损失吨位之比为16.6，与1918年的数据相去不远。这一阶段德国潜艇的攻击能力还受限于可靠性较差的鱼雷、新型潜艇的磨合问题以及较缓慢的整修过程。此时德国的战略目标尚不明确。从其作战方式看，似尚不打算执行无限制潜艇战，但各艇长的狂热和无法遵守公海商船劫掠规则（Prize Rules）的现实，又使得执行无限制潜艇战似乎在所难免。[⑥][2]战争刚刚爆发时德国共有57艘潜艇在役，其中39艘可用于执行作战任务。这一数字太低，无法实施狼群战术。尽管德国方面已经展开了庞大的造舰计划，但仍需一段时间后新建潜艇才可出海作战。

① G D Franklin, 'Asdic's Capabilities in the 1930s, Mariner's Mirror Vol 84 No 2 (May 1998), p204. 这篇论文的意义非常重大，它一方面有力地破除了大量关于海军部对反潜战缺乏兴趣的传言，另一方面显示至少海军部高层并未真正理解反潜问题。

② 见于1936年3月11日的日记。

③ S Roskill, Naval Policy between the Wars, Vol I, p294.

④ S Roskill, Naval Policy between the Wars, Vol II, p336.

⑤ 本章剩余大部分内容主要基于笔者于1993年在利物浦参加的一次学术会议期间宣读的一篇论文。笔者在此对会议组织者航海研究学会（Society of Nautical Research）及出版商莱昂内尔·利文撒尔（Lionel Leventhal）致以由衷的谢意，感谢他们允许笔者在此使用该论文材料。D K Brown, 'Atlantic Escorts 1939-1945', The Battle of the Atlantic 1939-1945 (London 1994), p452.

⑥ J P M Showell, U Boat Command and the Battle of the Atlantic (London,1989).

“基斯特纳”号(Kistna)，隶属 “黑天鹅” 级，为典型的战时轻护卫舰。

自 1940 年 8 月后，德国潜艇开始利用法国基地实施绞杀战，这使得各潜艇在作战海域停留的时间增加了 25%。[①]然而，由于需要将更多的潜艇投入训练新招募的潜艇乘员的工作中，因此停留时间增加的优势并未完全发挥。总体而言，胜负的天平已经逐渐倒向有利于潜艇的方面，而皇家海军方面亦未坐井观天，且总结出如下缺陷：

可有效执行反潜护航任务的舰只数量不足；

无论是针对深潜状态抑或上浮状态的潜艇，英方所装备的武器和探测器性能均有所欠缺；

续航能力不足；

航速不足；

耐波性能较差。

除此之外，海军还需加强对各船乘员以及各护航群下属各舰的训练。本书虽然并不涉及训练方面的内容，但事实证明训练乃是赢得大西洋之战的关键因素之一。[②]

探测器和武器

探测器种类及其各种武器的性能对一系列舰只的设计要求及其特性有着重大影响。[③]早期 121~128 型声呐在一般状况下的探测距离为 1300 码（约合 1.19 千米），理想状况下则可达 2500 码（约合 2.29 千米）。这一较短的探测距离意味着需要大量护航舰只方能实现对船团周界的保护。随着 1942 年声呐技术水平的飞跃，大型船团的优势终于被海军部认识到，这便是船团周界线长度与构成船

① 事后发现，法国工人整修潜艇的速度甚至快于德国工人！

② W Glover, 'Manning and Training the Allied navies', The Battle of the Atlantic 1939-1945(London 1994), pp 188 and J Goldrick, 'Work Up', The Battle of the Atlantic 1939-1945 (London1994), p220.

③ 笔者此处仅能对武器和探测器进行非常简单地描述。完善的描述可参见 W Hackmann, 'Seek and Strike'(London 1984)。

团的船只数量的平方根成正比，而前者又与护航舰只数目成正比。

最初仅有目视这一种探测手段可发现处于上浮状态的潜艇。即使在早期雷达引入之后，目视仍是探测上浮状态潜艇的最佳手段。这一现象直至 1942 年底才得以改观。自 1941 年初起，雷达逐渐被引入护航战，首先被引入的是 286 型雷达，该型雷达配有固定的天线，可探测舰艏前方两舷各约 50° 范围内的目标。据称该型雷达可在约 6000 码（约合 5.49 千米）的距离上发现处于上浮状态的潜艇。[①]第一种毫米波雷达即 271 型雷达于 1941 年 3 月被引入护航战，首艘装备该型雷达的是“兰花”号（Orchis）炮舰。至当年年底，共有 15 具该型雷达投入护航战。对护航舰只而言，早期雷达或对其在采用 Z 字反潜航向航行时保持阵型有很大作用。1941 年初引入的无线电话也极大地便利了护航群指挥官展开工作，亦使得群体作战的效率明显提高。

迫使敌潜艇下潜本身即可视为一项重要成就，这意味着将敌潜艇的速度从水面航行状态下的 17 节左右下降至通常仅为 3~4 节的水下航速（水下最大航速固然为 9 节，但在此航速下潜艇电池组将在 1 小时左右耗尽电能）。若一艘护航舰只可暂时脱队，则该舰可在此后几小时内保持与目标潜艇的接触，直至后者耗尽空气储备或电池电量。

1939 年水面舰艇仅可使用一种武器对处于下潜状态的敌潜艇展开攻击，即自 1917 年以来几乎没有接受改进的深水炸弹。1939 年皇家海军使用的马克 VII 型深水炸弹装备 290 磅（约合 131.5 千克）阿马托炸药（Amatol），据信其致命杀伤半径为 30 英尺（约合 9.14 米）。然而在实战中，针对潜艇坚实的焊接艇壳，致命杀伤半径更可能仅为 20 英尺（约合 6.10 米），但或许在 40 英尺（约合 12.2 米）范围内，该炸弹即足以造成可迫使目标潜艇上浮的破坏。[②]早期声呐和深水炸弹的组合并不非常有效；在战争最初 6 个月中，皇家海军共实施了 4000 次攻击，仅取得 33 次击沉战绩。

有两个问题与此相关。首先，受限于声呐设备产生的声波束形状，一旦攻

① 考虑到性能远为出色的 271 型雷达仅能探测 5000 码（约合 4.57 千米）距离以内的潜艇，因此前述 286 型雷达的数据可信度不高。

② 在全速航行时，潜艇仅需 3 秒即可通过深水炸弹的致命杀伤半径。

“炎热”号（Torrid）曾于 20 世纪 30 年代被用于前向射击反潜武器试验。该舰 A 炮位的投掷器可将棒状炸弹发射至 800 码（约合 731.5 米）开外。由于不明原因，该投掷器被海军部放弃（作者本人收藏）。

建成时的“铁线莲”号（Clematis），此时该舰仍按照“花”级炮舰原始设计装备。注意该舰艏楼较短，从而意味着进入舰桥或从厨房取出食物需穿过开放式的井围甲板（作者本人收藏）。

击舰只靠近目标，便可能失去与目标的接触。被攻击潜艇可乘此机会改变航速、航向或下潜深度且不为攻击方所察觉。其次，马克 VII 型深水炸弹的下沉速度为每秒钟 7~10 英尺（约合 2.13~3.05 米），这意味着需留出较长的提前量时间。1940 年晚期“加重型”马克 VII 型深水炸弹问世，该型深水炸弹的下沉速度约为每秒 16 英尺（约合 4.88 米），其装备的迈纳尔炸药（Minol）致命杀伤半径为 26 英尺（约合 7.92 米）。在以十联发形式实施攻击时，该型深水炸弹的作战效率明显优于早期型号。1942 年 12 月，装有 2000 磅（约合 907.6 千克）炸药的“一吨”型深水炸弹进入现役，该型炸弹由鱼雷发射管射击，其下沉速度为每秒 21 英尺（约合 6.4 米），据称其杀伤力与一次十联发的马克 VII 型相当。1943 年进一步改进以适用于早期声呐的 Q 附件形式出现，装备该附件后，声呐可保持与目标接触的最短距离得以大大缩短。144 型声呐于 1943 年进入现役，其探测能力远高于早期型号，并被列为保密设备。该型号的诸多特性通过翻新的方式在早期型号上实现。

真正有效的反潜武器则是前向投掷武器，该武器的特性意味着其载具可在目标潜艇位于声呐声波束范围内时实施射击。20 世纪 30 年代早期，皇家海军曾以“炎热”号为平台对类似武器进行测试，但又于 1934 年放弃了这一构想。[①]“刺猬”式（Hedgehog）发射器是首个进入现役的前向投掷发射器，该发射器可发射 24 枚装备触发引信的 65 磅（约合 29.5 千克）炸弹，射出后各炸弹构成一直

① 当时测试的发射器发射 3.5 英寸（约合 88.9 毫米）棒状炸弹，其射程约为 800 码（约合 731.5 米）。

径约 40 码（约合 36.6 米）的圆形，其中心约位于载舰前方 200 码（约合 182.9 米）处。炸弹装药重量这一问题曾引发长期而激烈的争论。其发明者认为 5 磅（约合 2.27 千克）炸药足敷使用，但最终海军建造总监的意见占了上风，装药重量由此增至 30 磅（约合 13.6 千克）——实战显示即使是这一装药重量也仅仅勉强够用。“刺猬”式发射器起初表现并不成功，主要缺陷在于其安装和养护。由于几乎没有舰只获得操作手册，因此这一结果并不出人意料。由于装备触发引信，因此一旦炸弹未能直接命中目标潜艇，就不会造成清晰的“砰”声，这一点曾招致批评。但最终“刺猬”式发射器成为一款成功的武器。

“鱿鱼”式为发射深水炸弹的 3 管迫击炮，射程为 275 码（约合 251.5 米）其发射的炸弹装药为 200 磅（约合 90.7 千克）迈纳尔炸药。发射后 3 枚深水炸弹构成一边长为 40 码（约合 36.6 米）的三角形，并以每秒 44 英尺（约合 13.4 米）的速度下沉，最大下沉深度为 900 英尺（约合 274.3 米）。若载舰装备 2 具“鱿鱼”式反潜迫击炮，则两具迫击炮的深水炸弹起爆定深之间的差异将被设为 60 英尺（约合 18.3 米）。“湖泊”级（Loch）护卫舰和部分驱逐舰装备两座反潜迫击炮，而“城堡”级（Castle）炮舰仅装备一座。作为一个完整的反潜系统，“鱿鱼”式反潜迫击炮在设计时即与 147 型声呐整合，后者具备真正的测深能力，并可自动装定深水炸弹起爆深度直至发射前一刻为止。在第二次世界大战的最后两年中，单枚深水炸弹和“刺猬”式发射器的攻击成功概率分别为 6% 和 25%~30%，而单座和双座“鱿鱼”式反潜迫击炮的成功概率分别为 25% 和 40%。①

由于炮弹常常被潜艇圆形的耐压艇壳弹开，因此实战中击沉一艘处于上浮状态潜艇非常困难。冲撞获得成功的概率更高，至 1943 年 5 月共有约 24 艘潜艇被直接撞沉。不过，实施冲撞后护航舰只自身亦会遭受损伤，且一般需要入坞接受为期 7~8 周的维修，因此自从浅定深深水炸弹进入现役后，冲撞便不再为海军所鼓励。战争结束时专用于攻击上浮状态潜艇的特种弹进入现役，其代号为“鲨鱼”。该炮弹重 96 磅（约合 43.5 千克），由 4 英寸（约合 101.6 毫米）火炮发射。

舰船

在大西洋之战中，盟军方面的目标是将货物安全运抵目的地；击沉德国潜艇则仅是实现这一目标的方式之一。迫使潜艇下潜，直至船团脱离其攻击范围亦是一种行之有效的战术。这种战术的采用和早期型号声呐探测距离不足的弱点，是导致海军部重视护航舰只数量的主要原因。当时唯一可用并可大量建造的护航舰只设计方案即为“花”级炮舰。尽管该级舰原先被设计为海岸护航舰，但海军部不得不将其用于执行远洋护航任务。该级舰适航性好，在任何天气下

① 哈克曼（Hackman）曾给出成功率的详细统计，布朗亦重复了这一数据。

“吉法德”号（Giffard）隶属“花”级改进型——注意该舰幅度增加的舷弧和舰艏倾角，以及更高的舰桥。该舰在阿伯丁（Aberdeen）建造，原名“醉鱼草”号（Buddleia），后转交加拿大皇家海军并更名为“吉法德”号（作者本人收藏）。

均较为安全，但在恶劣天气下其战斗力会显著下降（参见本书附录 19）。

“花”级炮舰各舰建造时间差异颇大。其中史密斯船厂（设计单位）的平均建造时间最短，为 6.5 个月。平均建造时间最长的造船厂记录则为 19 个月。轰炸不仅是影响由同一造船厂承建的各舰建造时间差异的主要因素，而且对不同造船厂的建造时间差异亦有影响。值得注意的是，较晚批次的“花”级平均建造时间反比较早批次更长，这一点恰与通常的学习曲线效应相反，这实际体现了轰炸、劳动力短缺和战争疲劳的影响。

“双螺旋桨炮舰”，亦即日后的“河流”级护卫舰的设计工作于 1940 年晚期展开，该级舰于 1942 年中加入现役。其舰体结构较“花”级进行了小规模优化，但依然仅符合民用标准。大部分该级舰装备两具往复式引擎，其设计与“花”

“泰伊河”号（Towy）乃是由史密斯船厂建造的一艘典型的“河流”级护卫舰。注意该舰 A 炮位装备“刺猬”式发射器，B 炮位则装备 1 门 4 英寸（约合 101.6 毫米）火炮。

级装备的单具同类引擎类似。该级舰装备的声呐亦与“花”级类似，其反潜武器起初仅为深水炸弹，且携带量提高至150枚。“刺猬”式发射器问世后亦被用于装备“河流”级。

1942年，海军部又启动了以“湖泊”级护卫舰和“城堡”级炮舰为主的庞大建造计划，各舰均装备由“鱿鱼”式反潜迫击炮和147型声呐构成的武器系统。[①]“湖泊”级护卫舰被视为更符合需要的舰只，但尺寸更小的舰只可利用因长度限制而无法承建护卫舰的船台建造。根据原始建造计划，至1944年底共将有120~145艘“湖泊”级和70~80艘“城堡”级在役。在根据船台长度分配舰体并由此得出的详细计划中，“湖泊”级和“城堡”级的数量分别被定为133艘和69艘。1942年12月，海军部为此下达了226套动力系统的订单。得益于经过海斯拉海军部试验工厂优化过的舰体船型设计，“城堡”级尽管与尺寸更小的“花”级装备相同的动力系统，但前者的航速高出0.5节。[②]

“城堡”级依然按照传统造船法建造，但“湖泊”级“采用美国方式”，即由预制件组装的方式建造。该级舰首舰“法达湖”号（Loch Fada）由约翰·布朗公司建造[③]，并根据该舰绘制了各种图纸，使结构件建造商——主要来自建桥商——得以制造单件重量达2.5吨的焊接预制件。[④]实践发现采用预制件组装的方式建造后，舰体建造时间大幅缩短，但所需工时反而增加。古道尔曾写道（1943年1月4日的日记）：“……（造船商）并不希望建桥商加入进来。我略感失望。看起来造船商们反对采用预制件的坚定态度似乎正在逐步占据上风。”

为便于没有相关造船经验或设备不足的承建商完成造船任务，设计方案被尽量简化。例如，舰体船型设计中，在水线位置尽量少采用曲线形，同时船肋线和舷弧线均由3段直线构成。大部分结构件建造厂均未设有弯材平台，且只能执行冷弯作业。造船协会（Shipbuilding Corporation）在格拉斯哥组建了一个绘图办公室，并由苏格兰造舰主管（Warship Production Superintendent, WPS）领导，其中约一半绘图员来自结构件建造厂。该办公室绘制的图纸数量大约为同时期

① 参见古道尔1943年5月6日的日记。他出席了海务大臣委员会批准“湖泊”级设计的会议，并对其间海军大臣亚历山大就武器方面的建议大感震惊，后者当时提出将“鱿鱼”式反潜迫击炮替换为1门4英寸（约合101.6毫米）火炮。

② 古道尔在1942年9月3日的日记中写道：“在史密斯船厂。告知里德应为新设计的单螺旋桨炮舰设置较宽的舰宽，并设计性能良好的舭龙骨而非矩形龙骨。”基于“花”级炮舰的一种变种设计方案曾在海斯拉接受测试，为简化建造工作量，该设计的舰体设计为直线型。16节航速下，该线程所受阻力增加约14.5%，10节航速下则增加6.5%。其他直线型船型所受阻力增幅较低，可能正是这种“花”级船型存在改进空间。

③ 1943年6月8日开始铺设龙骨，1944年3月29日建成。

④ 1943年6月9日古道尔在日记中写道：“审计长提到了正在克莱德班克（Clydebank）建造的护卫舰。他同意该舰应作为原型设计建造，与克莱德班克承担更多工作的方式相比，这意味着该舰建造速度将明显放缓。”

“莫尔湖”号（Loch More）。拍摄该照片时笔者恰在该舰上服役。“湖泊”级堪称第二次世界大战期间最为可怕的潜艇杀手，直至20世纪50年代仍不显过时（作者本人收藏）。

一座造船厂所用数量的 4 倍。亨利·罗伯公司（Henry Robb）负责放线并准备全部模具。据估计如果按传统方式建造，那么“湖泊”级的造价将提升约 50%。

共有 13 家造船厂负责“湖泊”级的组装工作，其中 5 座专门承担舾装工作。参与“湖泊”级建造的结构件建造厂数量相当可观，笔者在此仅能以不够详尽的表 7–3 加以总结。

表7-3

部件	参与厂家数目
龙骨	8
纵向船壳	1
腹肋板	2
船体板	5
纵桁和舷弧	4
下甲板	6
上甲板	7

表 7–3 省略了约 50 个部件，其分包承建商自然也未被列入表中。此外，还有 6 家造船厂负责提供完整的舰桥结构和上层建筑。

尽管建造计划中的大部分问题都被正确定位，但仅有少数得到解决。由于建造过程中依靠电力实施的工作较以往大幅增加，因此与较早建造的同类舰船相比，“湖泊”级的建造工作所需的电气装配工人数可能要多出 400 人，但实际仅有少数电气装配工人加入建造工作，大部分此工种工人均被陆军占用。[①]装机功率可很好地指示舰只复杂程度，从而反映其造价。

表7-4 装机功率

舰级	造价（万英镑）	装机功率（千瓦）
“花”级	9	15（后追加15）
“河流”级	24	180
“城堡”级	19	105
“湖泊”级	30	180
“黑天鹅”级	36	190~360

根据地域的不同，海军部在不同地点建立了集中舾装厂。例如在邓米尔（Dalmuir）建立的舾装厂统一负责为在克莱德河建造的“湖泊”级进行舾装，在东北沿岸建造的同级舰则在亨顿造船厂（Hendon Dock）接受舾装，但这些集中

① 战时宣传曾大肆鼓动妇女前往造船厂工作。然而实际上，仅有少数妇女被宣传所吸引并加入造船工作，而且这些妇女的工作价值受限于工会的反对。

“卡利斯布鲁克城堡”号（Carisbrooke Castle）。该级舰利用因长度不足而无法承建“湖泊”级的船台建造，堪称颇为聪明的设计。尽管其尺寸大于“花”级炮舰且装备相同的动力系统，但得益于其更优越的舰体船型，其航速反而高于“花”级。该船型在海斯拉设计定型(世界船舶学会收藏)。

舾装厂实际工作进度无法跟上各造船厂交付舰体的速度，导致这一结果的主要原因是缺乏熟练劳动力。至 1945 年，各造船厂都塞满了舾装工作延期的“湖泊”级半成品。但鉴于此时大西洋之战已经基本结束,因此上述延误的后果并不严重。

尽管很难就英美两国建造的护航舰只进行比较，但总体而言，美国方面的建造时间要远远短于英国同行，尽管前者消耗的工时数明显高于后者，且前者造价更高。[①]

表7-5 护航舰只造价和建造所需时间

	“河流”级	“殖民地”级	“船长”级（Captain）
最快建造时间	7个月05天	5个月	1个月23天
消耗工时数	35万~40万工时	—	60万~70万工时
造价	24万英镑	56万英镑	—

美制护航舰只，“船长”级和“殖民地”级

“船长”级（美国海军将其划归为驱护舰）设计源自美国海军造船局（BuShip）自 1939 年以来的一系列小型驱逐舰设计方案，其设计目标即为快速建造和廉价。[②]当皇家海军于 1941 提出需要 100 艘装备高平两用炮的舰只时，这些构思逐渐具体化。由于 38 倍径 5 英寸（约合 127 毫米）火炮供应缺口较大，因此这批驱护舰改装 3 门 50 倍径 3 英寸（约合 76.2 毫米）火炮，尽管该炮发射的炮弹几乎无法击穿潜艇的耐压艇壳。皇家海军要求设计中的护航舰只装备 112 枚深水炸弹、8 具深水炸弹投掷器和 1 具“刺猬”式发射器，此后深水炸弹的数量要求上升至 180 枚。此外还要求设有英国式较高且开放的舰桥。

由于引擎供货问题，第一级护航舰只［美国海军将其称为“埃瓦茨”级（Evarts）］安装了 4 具功率为 1500 匹制动马力的柴油机，并通过直流发电机和

① I L Buxton, Warship Building and Repair During the Second World War (Glasgow 1998). 注意类似的比例也适用于商船。自由轮的单价约为 45 万英镑，约消耗 50 万 ~65 万工时，而与之类似的英制帝国货轮造价仅为 18 万英镑，消耗工时数为 35 万。

② N Friedman, US Destroyers(Annapolis 1982), Ch 7.

电动机驱动两根主轴，其航速为 21 节（柴油—电力系统）。第二级［美国海军将其称为“巴克利”级（Buckley）］则装备涡轮发电机动力系统，航速为 24 节（涡轮—电力系统）。[1]该级舰装备双舵，其转向半径较单舵设计减小 25%。两级“船长”级均为平甲板设计，且设有明显的舷弧以减轻舰只潮湿程度。其稳性过高，导致其横摇幅度很大（参见本书耐波性相关附录）。“船长”级自 1943 年 1 季度加入皇家海军，因此错过了大西洋之战中最激烈的部分，但仍获得很多战绩。“殖民地”级驱护舰则由美国海事委员会（US Maritime Commission）在“河流”级护卫舰的基础上改造而成。[2]该级舰装备 3 门单装 3 英寸（约合 76.2 毫米）火炮，其主机为金斯纳公司（Skinner）生产的“单向流”往复式引擎。该引擎据称效率更高，但在实际使用中可靠性不佳。

10 艘原隶属美国海岸警备队的小艇通常被认为稳定性很差。不过，曾在“格勒斯顿”号（Gorleston）上任轮机长的莱赛尔先生（R F Linsell，皇家海军预备役少校，已退休）曾在一封信中提出不同看法。[3]关于该批小艇稳定性的描述基于海岸警备队于 1941 年 2 月进行的一次倾斜试验结果，此次试验显示在轻载条件下其定倾中心高度为负。据此皇家海军规定服役期间其剩余燃油量不得低于 50%。1942 年 8 月“格勒斯顿”号在伊明赫姆（Immingham）接受整修期间加装了一具“刺猬”式发射器。此后进行的倾斜试验显示该舰的稳定性颇佳，于是莱赛尔先生回头检查了海岸警备队的数据，并发现其中一处计算错误。因此该级小艇的稳定性其实很好，但分舱设计很差。

1943 年就英美联合设计的设计提案进行过讨论。[4]该方案似乎从 1943 年 5 月启动，但同年 8 月即宣告终结。[5]该设计的主要特性包括：坚固的单船体、良好的耐波性、24 节航速，以及以 15 节航速航行 6000 海里的续航能力（考虑污底的影响，留有 12.5% 的冗余）。该设计为在北冰洋和热带海域服役配备了相应

① B H Franklin, The Buckley Class Destroyer Escorts (London 1999).
② 1944 年 1 月 12 日古道尔在日记中写道：“审查了海事委员会护卫舰的图纸。告知建造副总监应确认首批抵达的该级舰是否经过仔细审查。”
③ 此信是针对笔者在 Atlantic Escorts 一书中所写章节的回应。
④ ADM 1 13479，1943 年 6 月 24 日。
⑤ 1943 年 4 月 5 日古道尔在日记中写道：“麦克格罗盖尔（McGloghrie）提到开始将英美两国护航舰只标准化的工作。”

“鲁珀特”号（Rupert）使用蒸汽动力，隶属美制“船长”级（世界船舶学会收藏）。

设备，其额定乘员人数为 9 名军官和 180 名水兵。军官住舱位于舰桥下方，水兵住舱则分布于舰艏和舰艉位置。武器装备包括配备火控指挥仪的 2 门单装 5 英寸（约合 127 毫米）火炮，2 座双联装 40 毫米防空炮，5~6 门厄利孔防空炮，1 座三联装 21 英寸（约合 533.4 毫米）鱼雷发射管，2 具深水炸弹存放架，每舷 4 座深水炸弹投掷器，100 枚深水炸弹，可供“刺猬”式发射器和“鱿鱼”式反潜迫击炮分别实施 10 次和 20 次重装填。当时希望上述要求可在 1700 吨排水量下实现。

船用主机

大萧条期间不仅大量造船厂倒闭，相关工业同样损失惨重，甚至有过之而无不及。有能力承建船用涡轮机及其齿轮设备的船用引擎公司已经忙于应付大型战舰的需求，因此采用往复式蒸汽机作为护航舰只主机似乎不可避免。[①]考虑到负责操作护航舰只的人员主要以预备役人员为主，当时认为这些人的素质不足以操作较先进的动力系统，但这一认识在事后看来或许是个错误。事实上，这些人仅需经过 6 个星期的训练，便足以操作“船长”级装备的先进动力系统。

即使对往复式引擎的生产而言，可用的资源尤其是人力资源依然非常有限。参与船用主机建造的工人人数虽然从 1939 年的 5.8 万人上升至 1942 年 3 月的 8.5 万人，但增长的主要是缺乏经验的新手。1939 年 9 月至 1945 年 12 月间，共生产了 942 套往复式引擎，其总功率为 180.07 万指示马力。

可用性

在整个第二次世界大战期间，平均而言任何时候都有约 22% 的护航舰只无法执行作战任务。最恶劣的记录发生于 1940 年下半年，当时在敦刻尔克大撤退后大量护航舰只亟待维修，同时受风暴影响，冬季的情况比夏季更为恶劣。某几级护航舰只的问题可能已被认识到。早期炮舰建成时其曲轴匹配情况不佳，进而导致轴承断裂的现象出现的时间远早于设计预期。较老式的英国驱逐舰尽管并无什么痼疾，但仍发生因老化导致的铆钉孔漏水现象。这一问题不仅恶化了乘员的生活条件，而且可能污染燃料和锅炉给水。原隶属美国海军的“城”级驱逐舰同样问题多多。首先其冷凝器管板强度不足，且按设计各管位置不平行，这导致其冷凝器频频出现故障且无法根治。其次，受铸铁外壳腐蚀以及铆钉孔漏水的影响，该级舰的轴承也频出问题。最后，该级舰舰桥的强度不足，难以承受恶劣海况的冲击。

无论实际装备哪种主机，“船长”级驱护舰的问题都较少，然而装备往复式引擎的“殖民地”级问题多多。这无疑说明所谓“简单机械必然更可靠”这一观点的荒谬。

① 笔者本人并不相信涡轮机建造商已经满负荷运转。

“劳森”号（Lawson）为装备柴油机的“船长”级驱护舰之一（作者本人收藏）。

续航能力

北大西洋颇为辽阔。哈利法克斯（Halifax）与利物浦之间最直接的航线长2485海里。[①]船团通常将用14~19天时间完成约3000海里航程，但护航舰只在此期间的航行距离要高得多。它们不仅需要采用Z字反潜航线，追踪声呐信号，还不时需要高速航行。海上燃油补给作业直至1942年方才引入，且该作业过程不仅颇为缓慢，而且可靠性不佳。老式驱逐舰无法在不接受燃油补给的前提下穿越大西洋，而其他各级舰的续航能力也仅能满足需要。大航程护航舰只（主要由V级和W级驱逐舰改装而成）则通过拆除一个锅炉舱和略降低航速的手段增加其载油量。

表7-6 续航能力
（表格中的数据为额定值，服役期间的实际续航能力肯定低于此值，但足以用于比较。）

	舰级	标准版本		长距离版本	
		续航能力	载油量	续航能力	载油量
驱逐舰	V级和W级	2180海里/14节航速	450吨	2680海里/14节航速	450吨
	B级	2440海里/14节航速	390吨	—	—
	E级	3550海里/14节航速	480吨	—	—
	H级	4000海里/14节航速	329吨	—	—
轻护卫舰	“城”级	2000海里/14节航速	284吨	2780海里/14节航速	390吨
	“弗威”级（Fowey）	4000海里/14节航速	329吨	—	—
	“黑天鹅”级	4710海里/14节航速	425吨	—	—

① 即使考虑执行一些规避机动，船团航线通常也不会偏离大圆航线太多。

舰级		标准版本		长距离版本	
		续航能力	载油量	续航能力	载油量
护卫舰和炮舰	“花”级	3850海里/12节航速	233吨	装备WT锅炉后为5650海里	
	“城堡”级	7800海里/12节航速	480吨	6200海里/15节航速	
	“河流”级，装备三胀式蒸汽机	4630海里/14节航速	470吨	6600海里	
	“河流”级，装备涡轮机	4920海里/14节航速	470吨	7000海里	
	“湖泊”级	4670海里/14节航速	730吨	—	
	“船长”级，装备柴—电动力系统	4670海里/14节航速	197吨	—	
	“船长”级，装备涡轮—电力动力系统	3870海里/14节航速	335吨	—	

航速

潜艇在下潜状态下的航速仅3~4节，且在猎杀潜艇时护航舰只的最高航速并不重要，其原因之一是声呐正常工作的要求之一是载舰航速不超过15节。上浮状态的潜艇航速约为17节，这也决定了对护航舰只航速的最低要求。这也是“花”级炮舰未能实现的指标之一。真正需要高航速的场合是在船团后方进行长时间潜艇猎杀之后迅速赶上船团。海军参谋希望护航舰只能实现25节航速，但这一航速只有驱逐舰和装备涡轮机的“船长”级能实现。也是由于这一原因，通常护航编队中航速最高的舰只负责离队追杀声呐探测到的目标。

从舰艉投掷深水炸弹时，较小的转弯半径非常有利。得益于其较短的舰体长度，“花”级炮舰在这方面的表现尤为突出，装备双舵的“船长”级在这方面的表现远胜于英制护卫舰和驱逐舰，但“城”级驱逐舰的表现很糟糕。

表7-7 转向半径

	半径	航速
“花”级	136码（124.4米）	—
“河流”级和“湖泊”级	330~400码（301.8~365.8米）	12节
“船长”级，装备柴—电动力系统	280码（256.0米）	16节
“船长”级，装备涡轮—电力动力系统	359码（328.3米）	18节
英制驱逐舰	370码（338.3米）	10节
	404码（369.4米）	15节
	600码（548.6米）	30节
“城”级驱逐舰	770码（704.1米）	15节

“索马里兰”号（Somaliland）隶属美国建造（美国海事委员会，Maritime Comission）的“殖民地”级驱逐舰。该级舰与“河流”级设计的关系非常紧密，但造价要昂贵得多。其动力系统可靠性不佳（作者本人收藏）。

人员因素

执行北大西洋护航任务总是令人筋疲力尽，在冬季尤为如此。下值期间良好的休息和饮食有助于提高乘员战斗效率在今日虽是常识，但在第二次世界大战期间尚未被认识到，而英制舰船的生活条件也远未达到当时技术可以或希望达到的标准。此外，水兵的固有印象便是坚强，乃至沉迷于艰苦的条件。甚至有观点认为艰苦的条件有助于让官兵在当值期间保持清醒。还有观点认为在恶劣天气下，吊床比铺位更为舒适，尽管这一观点至少在军官身上并未得到验证：虽然大部分军官均分配有吊床,但他们并没有显示出放弃铺位的明显倾向。同时，皇家海军的传统伙食也很难实现营养均衡。

早期艏楼甲板较短的“花”级炮舰情况最为恶劣。该级舰在艏楼设有铺位，但此处舰体运动幅度最大，且前往舰桥或轮机舱必须通过开放式的井围甲板，在恶劣天气下这意味着必然被淋湿。更为糟糕的是，厨房位于舰体后部，因此食物必须经由开放甲板送往食堂。即使食物不在途中洒出容器,也会在途中变凉。随着舰上加装的设备越来越多，拥挤状况也有增无减。下文很好地总结了舰上的情况：[1]

这全然就是地狱。这是一艘短艏楼的炮舰，即使将热食从厨房送往艏楼也足以令人生畏。住舱甲板通常摇晃不止，对身体和脾气的消磨是我终生难忘的记忆。好在我们年轻而坚韧，在某种意义上，甚至以经受苦难为荣，并藐视这种苦难。没有人会就经受这种苦难与击败希特勒之间有何关系而操心。仅仅在第二天醒来时发现我们至少还浮在海上，并抱着抵达目标港口后能吃到水果布丁以及进行锅炉清理的希望，便足以维持战斗力。

通风条件大体而言不够理想，肺结核发病率居高不下与这一缺陷关系颇大。

① J B Lamb, The Corvette Navy(London 1979). 注意他实际描述的是一艘加拿大炮舰，其厨房位置比英制炮舰要靠前得多。

"凯瑟琳"号。与"阿尔及利亚"级相当的美制舰艇（世界船舶学会）。

在最初建成的56艘"花"级上，舰体侧面甚至没有装备衬里。自1940年起舰体侧面逐步喷涂石棉，这导致很多在造船厂工作的人员死亡。洗浴和厕所设施总体而言颇为简陋，且数量不足。

由于舰体稍大，因此护卫舰的情况稍好。该舰种的垂直加速度较低，因此晕船现象没有那么严重。此外其舰体前后部均设置有遮盖的通道，"花"级上的某些设计缺陷也在护卫舰上被修正。实际上，避免很多不必要的不适仅需设计人员在工作中稍微多想一些，并接受造价的稍许上涨。蒙塞拉特（Monserrat）曾就他指挥过的两艘舰只进行比较，这两艘分别隶属美制"殖民地"级和作为其设计基础的英制"河流"级[①]，美制驱护舰上设有洗衣间[②]，每间食堂均设有冰水、洗碗机、土豆削皮机，食堂采用自助餐厅形式。此外舰上隔热和通风性能良好，并设有内部通信系统。尽管如此其建造速度依然很快，且没人能将美国水兵评价为"软弱"。

在人员因素这一课题下，还应强调双方精英人员的重要性。护航方面的精英包括沃克(Walker)、格雷顿(Gretton)，在潜艇方面则以克雷茨科莫(Kretschmer)和普里恩（Prien）为代表。他们都拥有以一己之力改变统计数字的能力。然而，护航舰只指挥官可以活着并不断改善其猎杀技巧，还能将经验技巧传播下去，而潜艇艇长的战斗生涯较短。

一些杂项课题

舰桥。舰桥布局曾是——且依然是——一个颇为感情化的课题，但皇家海军上下一致坚持鼓吹开放式舰桥布局。考虑到30%~50%的接触皆由目视发现(这一比例至少直至1942年底依然不变)，这一观点显然正确。然而，疲劳会影响决策，这一影响的代价在当时并未被认识到。美国海军则偏爱封闭舰桥和炮室。

救生。逃生问题与居住性紧密相关。尽管护航舰只的损失率并未高到异乎寻常，但很多乘员发现在护航舰只的下层住舱甲板上颇难入睡，且尽可能选择

① N Monserrat, HM Frigate(London 1946).
② 1860年下水的"武士"号（Warrior）也设有洗衣间！

在接近上甲板的位置休息。足够的逃生通道这一事实本身即可极大地缓和乘员的情绪。尽管舰只下沉的过程可能颇为迅速，但如果乘员们知道逃生颇为容易，那么他们无疑将在岗位上坚持更久的时间。

第二次世界大战爆发前，设计人员并未就救生器械多花心思。舰载小艇显然无法被及时放下，且小艇和救生筏不能向暴露的幸存者提供任何保护。充气式救生衣在战争爆发前的试验中即表现出颇为危险，但仍在未经改动的情况下投产。海军人员的伤亡相当大部分发生在从舰艇上逃生后在水中挣扎的过程中。战争中频频需要执行拯救落水幸存者的工作，但战争爆发前对此几乎同样未加考虑。

它们有多好？

对各级护航舰只而言，指出其优缺点并不困难。然而，从中得出一般性结论要困难得多。两具“鱿鱼”式反潜迫击炮和相应声呐的组合堪称最为有效的反潜武器系统，并为“湖泊”级护卫舰赢得了潜艇杀手的美誉。[1]单具“鱿鱼”式反潜迫击炮或许是次佳的武器，可一旦操作人员熟悉“刺猬”式发射器并获得足够的实战经验，后者的表现便并不明显弱于单具“鱿鱼”式。

驱逐舰航速较快，且有能力在实施猎杀之后赶上船团。然而大部分驱逐舰

① 笔者于1951年初在未接受改装的潜艇“塔巴尔”号上服役。在演习中，该艇畏惧的唯一护航舰只便是“湖泊”级护卫舰。笔者此后转隶“莫尔湖”号，在该舰服役的经历使得笔者对其优越性更为确定不移。

由于一系列原因，“刺猬”式发射器在被引入现役之初并不受欢迎（参见本章文字内容），原因之一是偶发性爆炸。照片中“越轨”号（Escapade）的舰桥便因此事故被毁（世界船舶学会）。

续航能力不足，V 级和 W 级长距离护航舰虽然拆除了一具锅炉，但仍能实现 25 节航速。这批护航舰不仅续航能力较好，而且其居住空间更大。高航速和浅吃水深度的结合意味着驱逐舰非常容易发生砰击现象，而其较单薄的舰体结构又加剧了这一现象的影响。此外，驱逐舰往往较为潮湿，但本应为其设置较高的干舷高度。尽管其转弯半径较大，但在安装“刺猬”式发射器之后，这一缺点的影响便不那么明显。

较老的战前轻护卫舰性能大体令人满意。从“比腾”级到“黑天鹅”级均装有较强的防空火力，因此可在目标密集的比斯开湾海域活动。尽管其火控性能不佳，但其密集的火力本身便足以迫使大部分轰炸机无法完成瞄准。在相当程度上，这些轻护卫舰的成功率应归功于“约翰尼”·沃克（'Johnny' Walker）上校的天赋，且“黑天鹅”级的舰长任命有时被视为对出色军官的褒奖。

“花”级原设计为在沿岸海域执行任务，因此在执行远洋护航任务时缺陷多多。该级舰舰体长度较短，导致俯仰和起伏动作幅度颇为剧烈，这一缺点不仅导致晕船现象频频出现，而且可能影响官兵决策。此外，舰上官兵各方面居住条件均很差。该级舰舭龙骨面积偏小，导致其横摇幅度亦很可观，同时其航速过慢，无法跟上处于上浮状态的潜艇。然而，“花”级的造价非常低廉，因此可大量迅速建造。在声呐探测距离较短的时代，这一优点颇为重要。尽管廉价护航舰只的概念在 1939 年仍然成立，但“花”级仍难以被视为一款优秀的设计。与“城堡”级设计类似，甚至仅装备深水炸弹的舰只也是更为优越的选择。[①]正如古道尔所写：“从道义上说，不要在海军中尝试并强迫接受廉价舰只，正如温斯顿所言‘出行总要坐头等舱’。”

“河流”级最初被称为双推进器炮舰，与“花”级相比，该级舰不仅尺寸较大，而且航速稍快，但其声呐和深水炸弹装备与“花”级相同。两级舰此后均装备了“刺猬”式发射器。表 7-8 比较了“河流”级和“花”级在大西洋作战期间的成功猎杀次数，并参考了两级舰各自的可用数目。一旦某级舰中的一艘参与一次击沉潜艇的作战，即为该级舰计入一次成功猎杀。表中同一格中的两个数据，前者为“花”级，后者为“河流”级。

表7-8 猎杀潜艇战绩（“花”级/“河流”级）

年份	大西洋海域平均作战数量	猎杀数目	平均猎杀数目
1940年	18艘/0艘	1艘/0艘	5%/–
1941年	50艘/0艘	7艘/0艘	14%/–
1942年	74艘/8艘	6艘/1艘	8%/12%
1943年	65艘/17艘	16艘/7艘	25%/41%

① 笔者曾领导现代“城堡”近海巡逻舰设计。该级舰的舰体设计几乎全部可以在 1939 年采用，不过在当时可能以蒸汽机为动力。

年份	大西洋海域平均作战数量	猎杀数目	平均猎杀数目
1944年	47艘/20艘	2艘/5艘	4%/25%
1945年	31艘/19艘	1艘/1艘	3%/5%

在第二次世界大战期间负责护航舰只设计的沃森（作者本人收藏）。

上述数据清晰显示，较大也较快的“河流”级猎杀潜艇的效率高于“花”级，但前者的造价几乎是后者的两倍，并使用两台当时颇为珍贵的主机，而其猎杀效率并未达到后者的2倍。这就牵涉到一个更为基本的命题：大西洋之战中盟军的目标是确保货物安全抵达目的地，而击沉德国潜艇仅仅是达成这一目标的重要手段之一。就迫使潜艇保持下潜状态，直至船团脱离其攻击范围而言，数量更多的“花”级更为合适。[①]

与“花”级相比，“城堡”级的舰体长度稍长，这使得其远洋性能更好。其长艏楼设计亦使得全舰上大部分走道均有顶盖覆盖。即使仅装备1具，“鱿鱼”式反潜迫击炮仍是非常有效的武器。“殖民地”级则可被视为“河流”级的美国版，其居住标准和大多数美国舰只一样出色，但可靠性不高的主机限制了其表现。“船长”级造价颇为昂贵，但其先进的动力系统设计不仅可靠性高，而且操作方便。一旦最初的横摇问题被解决，该级舰便表现出良好的远洋性能，且其中装备涡轮机的舰只航速较高。

同期教训

第二次世界大战期间吸取的教训在被总结之后体现在对“1945年轻护卫舰”的需求之中：[②]

恶劣天气下仍能实现25节航速；
装备2具“鱿鱼”式反潜迫击炮,后改为“林波”式（马克10型反潜迫击炮）；
良好的转向半径；
2座双联装4.5英寸（约合114.3毫米）火炮；
便于建造。

在经历大量改动之后，依据上述要求建成的舰艇先后以“惠特比”级（Whitby）、“豹”级（Leopard）和“索尔兹伯里”级（Salisbury）的形式进入现役。三级舰均堪称出色的设计，其中“惠特比”级设计堪称优秀，而旁观者只能对

① 击杀数/在役舰只数量这一比例固然是一个颇有意义的统计指标，但也无需过于强调其意义。笔者在有关大西洋之战的论文中使用了这一指标，但更为准确的指标由柯林伍德（D J Collingwood）提出，参见'WWII Anti-submarine Vessels', Warship World 5/11 (1997), p14。
② D K Brown, 'The 1945 Sloops', Warship World 3/3 (1989), p15.

起草1945年需求的委员会表示赞同——唯一的缺点是这三级舰均难称易于建造。

回顾

推测在第二次世界大战爆发前应建造什么样的护航舰只这一命题颇为有趣。就沿海护航任务而言,“花”级被认为优于拖网渔船,但以“城堡”级(与现代“城堡”级近海巡逻舰类似的舰只则更为合适)为代表的稍大型舰只不仅更为有效,而且其造价仅稍稍上升。T级潜艇装备的维克斯式柴油引擎或可用于护航舰只,但这意味着加设生产设施。

由于法国沦陷一事出乎战前预计,因此就战时情况而言,对远海护航舰只的需求并不如其他需求紧急。尽管如此,更为明智的做法是设计并建造1~2艘原型舰只。该种舰只的战斗力应更为强大,可能装备涡轮动力系统,例如复用S级驱逐舰拆解后遗留下的动力系统。如此一艘排水量在1500~2000吨之间的舰只应能实现26~27节航速,并携带450吨燃油。20世纪30年代晚期,该种舰只的武装应与“河流”级相同,但若能为此后增加的武装预留较大的冗余则更为明智。该种舰只还应设有较长的艏楼和较高的干舷高度、双舵结构、较深的舭龙骨,且尽量加深其吃水深度。其外形或许可能类似于装备两座烟囱的“黑天鹅”级。然而,事后诸葛亮总是轻松,当时的海军参谋和设计师们已经在非常有限的资源限制下尽其所能,且法国沦陷前战争的进展似乎也说明了其战前规划的正确性。

译注

1.海战发生于1942年11月11日，科科斯群岛附近。“报国丸”号的右舷鱼雷发射管中弹，并导致爆炸和无法控制的大火，最终导致该舰殉爆。

2.皇家海军第二次世界大战官方战史认为，战争之初希特勒尚希望能和英法媾和，因此并未允许执行无限制潜艇战。然而，随着这一希望破灭，1940年春夏对潜艇作战的限制便实际逐渐取消。

第八章
其他舰种

MTB34号摩托鱼雷艇，由沃斯珀建造（作者本人收藏）。

除本书第一章至第七章已经描述过的主要舰种之外，第二次世界大战前后还设计、建造或改装了大量不同种类的舰船。本章即将对其中某些舰种进行择要描述，但笔者无意对每一种类都进行描述。

轻型岸防舰只[1]

第一次世界大战期间建造的116艘海岸摩托艇中，仅有2艘仍在海军中服役。[2]在1923年野心勃勃的造舰计划（参见本书引言部分）中，计划从1924年起在每年预算中均列入一艘试验性海岸摩托艇。尽管这一计划无疾而终，但从中可看出海军部仍对高速摩托艇保有兴趣。[3]至20世纪30年代中期，大量高速、尖舭摩托艇被用作舰载小艇。在两次世界大战之间时期，托尼克罗夫特公司为外国海军建造了不下40艘鱼雷快艇，其设计基础为55英尺（约合16.8米）的海岸摩托艇。1935年英国动力船舶公司（British Power Boat Company，BPB）的斯科特—佩因（Scott-Paine）提出了一款鱼雷快艇设计方案，该设计艇长60英尺（约合18.3米），实用航速约为33节。[4]该艇可携带2枚18英寸（约合457.2毫米）鱼雷，并由方艉发射。最初据此下达的订单包括6艘鱼雷艇，后增至18艘。[5]首艘该型艇于1936年加入现役。古道尔参与了该艇试航，并写道：

① D K Brown (ed), Design and Construction of British Warships 1939-45 (London, 1996) Vol2 Light Coastal Craft, p78. 该书的这一章节内容可视为本章的主要参考材料。该章节由霍尔特（W J Holt）撰写，后经其少量修改后，成为下述论文：'Coastal Force Design' Trans INA (1947), p186。本章将把前述章节原文简称为“设计和建造”，后一论文则将被简称为“霍尔特论文”。本章大部分数据均由赫德森（Geoffrey Hudson）提供，他不仅是笔者的总角之交，而且是海岸部队老兵协会（Coastal Forces of Veterans Association）的历史学家。

② 时至今日，仍有一艘在第一次世界大战期间建造的摩托汽艇留存下来并被用作船屋。70英尺（约合21.3米）长的CMB103号摩托艇原被设计来执行布设磁性水雷的任务，如今仍保存在查塔姆造船厂。类似的CMB104号则被改为船屋。两艇均在1942—1944年间再次服役。CMB4号则被保存在达克斯福德（Duxford）的帝国战争博物馆。

③ 1918年8月11日由6艘海岸摩托艇组成的一支小舰队遭遇德国水上飞机空袭，其中3艘被击沉，其余3艘则被驱赶入荷兰水域，后被扣押。以笔者观点，这一事件本应标志着将快速摩托艇用于海军任务的终结，至少对于昼间任务理应如此。

④ 在试航所用的轻排水量条件下，航速可达37节。

⑤ 以及MTB 100号，即原MM51号。

MGB65号，英国动力船舶公司较早设计的快艇之一（帝国战争博物馆，A7630）。

与审计长一同前往斯科特—佩因处。[1]他在摩托鱼雷艇上和我们相见，并带我们航行至南安普顿湾（Southampton Water）。小艇表现良好，且推测可通过水听器轻易侦测。我不认为这些小艇有很大的军事价值，但对其表现印象深刻……提议让海斯拉的海军部试验工厂提供帮助。[2]

第二次世界大战爆发时，除上述60英尺（约合18.3米）长摩托鱼雷艇及其反潜摩托艇（MASB）版变种之外，皇家海军中在役的快艇仅有2艘由沃斯珀公司（Vosper）建造的摩托鱼雷艇。这也导致当时仅有少数军官拥有指挥操作此类舰艇的经验，且其军衔普遍不高。[3]

1935—1936年间，作为一种独立尝试，沃斯泊公司建造了一艘稍大（长68英尺，约合20.7米）且航速高得多的快艇。该艇后来被海军部收购，并被命名为MTB102号。[4]31吨排水量下，该艇航速为35.5节，在试航时则取得了43.7节航速。古道尔对此写道：

搭乘沃斯珀公司的摩托鱼雷艇出海。海况非常平静。（约17吨排水量下）航速为43.9节。振动幅度（笔者怀疑他指艇体运动幅度）很小，与斯科特—佩因的设计表现相似，即幅度很小，周期较短。转向表现不错，但稍差于斯科特—佩因的设计。但除斯科特—佩因外，其他公司也可制造该种快艇。如果可以，我将全部押注在沃斯珀鱼雷快艇上。[5]

① 时任审计长的是对此类舰艇一直颇有兴趣的亨德森。参见霍尔特论文第205页，以及古道尔的相关评论——“在细节方面，我与他并未达到心有灵犀的程度。”
② 参见古道尔1937年4月26日的日记。后文将讨论这些舰艇的军事价值。
③ 阿加（A Agar）上校或许是当时唯一拥有快艇经验的高级军官。
④ MTB102号不仅被一直保存至1999年，而且仍不时出海航行。该艇由凯恩（Peter Du Cane）设计。敦刻尔克大撤退期间其艇长为德雷尔中校（Christopher Dreyer）。写作本书时，他仍希望能参加2000年该艇的60周年庆典。
⑤ 参见古道尔1937年5月31日的日记。

1938年初斯科特—佩因建造了一艘更大也更快的快艇，其实用航速为40.5节，试航航速则高达44.4节。[1]此后在怀特岛附近海域于4级海况下进行的耐波性比较试航中，斯科特—佩因建造的快艇表现得更为干燥，但沃斯泊公司的快艇被认为舰艇更为坚固。此外还有若干其他试验性快艇，例如怀特水翼船公司（White Hydrofoil）建造的MTB101号，但其表现堪称失败。如古道尔所言："我对其并不感兴趣……"[2]

引擎

早在设计之初，相关人员就已经意识到对任何正式摩托鱼雷艇建造计划而言，最主要的瓶颈就是可用的引擎。1938年2月举行的一次会议上就多种引擎进行了讨论。纳皮尔公司的"海狮"式（Napier Sea Lion）引擎固然可大量供应，且在60英尺（约合18.3米）快艇上表现良好，但鉴于其功率仅为500匹制动马力，因此只适合用于反潜摩托艇。对1000匹制动马力的引擎而言，皇家海军当时能获得的唯一产品来自意大利伊索塔弗拉西尼公司（Isotta Fraschini），1940年6月之后这一来源自然断绝。[3]梅林引擎的船用版则预计可在批准开始研究后6个月内投产。[4]与此类似，纳皮尔公司的"军刀"式（Sabre）引擎则预计可在2年内改装为功率为1700匹制动马力的船用引擎。然而，上述引擎均为汽油机，而海军最希望的是一款1000匹制动马力的轻量化柴油机，但该种引擎预计需要3年进行开发，且无法保证成功。海军此后未选用上述任何选项，因此12艘较短的摩托鱼雷艇装备了赫尔—斯科特公司（Hall-Scott）生产的900匹制动马力引擎，其航速为25节。受限于动力不足，这些快艇名声颇差，直至英国获得美国帕卡德公司（Packard）的产品为止。[5]共有4686台该公司引擎运抵英国，最初售价为2.15万美元，此外还向英国动力船舶公司收取10%的佣金。在这种非常难堪的局势下，英国为蒸汽炮艇设计了一款非常先进的蒸汽机。该款蒸汽机性能可靠，但非常脆弱，即使机枪子弹也足以导致其损毁，因此类似尝试未再被重复。[6]其动力系统和较轻的船体意味着其建造将与驱逐舰冲突，因此规划中的60艘蒸汽炮艇中仅有7艘建成。[7]

① 该快艇通常被称为PV70号。尽管该艇由塞尔曼（George Selman）设计，但在斯科特—佩因的坚持下改用了下凹的甲板线，这一改动此后成了其弱点之一。

② 参见古道尔1936年10月1日的日记。他认为水翼导致的阻力过大。

③ 曾有由沃斯珀公司以许可证生产的方式建造该种引擎的提案，但未就此深入。意大利方面的要价为每具引擎5250英镑，这一要价被认为过高。

④ 该种引擎的相关权利为斯科特—佩因独有，1938年10月该引擎曾搭载于PV70号上出海。

⑤ J Lambert and A Ross, Allied Coastal Forces of World War II (London 1993), Vol II, p180. 注意该引擎并非帕卡德公司以许可证生产的方式制造的梅林引擎。

⑥ G Moore, 'Steam Gunboats', Warship 1999. 另可参见古道尔1942年3月21日的日记："霍尔特回来了（指办公室）……蒸汽炮艇（SGB）船型不错［战后霍尔特将其用在了'福特'级（Ford）上］，该艇安装了1座锅炉和1座给水泵。在港口停泊期间，为避免在其庞大的锅炉内生成蒸汽的麻烦，通常使用拖船拖曳进行移动。"以及Cdr H A K Lay and Cdr L Baker, 'Steam Gunboat Machinery-A Light-weight Steam Plant', Trans INA (1949), p108。

⑦ 海军部档案中大致称共50艘蒸汽炮艇，但内阁明确批复许可建造60艘。

"灰鹅"号（Grey Goose）是由斯科特（Peter Scott）指挥的一艘蒸汽炮艇。第二次世界大战结束后该舰被用于试验燃气涡轮。至笔者写作本书时，该艇仍被保存下来并被作为船屋（作者本人收藏）。

与引擎问题类似，当时也没有合适的武器用于装备快艇。包括罗尔斯—罗伊斯公司制造的 2 磅炮（口径为 40 毫米）和一系列机枪在内，多种武器被安装上艇。此后安装的则大致是厄利孔防空炮、乒乓炮和 6 磅炮（口径约为 57 毫米）。4.5 英寸（约合 114.3）、8 英担（约合 406.4 千克）[1] 火炮问世太晚，未能赶上战争。

船型

与第二次世界大战期间建造的几乎所有短型快艇（长约 70 英尺，约合 21.3 米）类似，所有战争爆发前建造的快艇（除 101 号之外）均采用尖舭船型。对高速快艇而言，当航速 V 和艇体长度 L 存在关系 $V/\sqrt{L} > 3$［航速单位为节，艇体长度单位为英尺，例如对长 70 英尺（约合 21.3 米）的快艇而言，航速大于 25 节时不等式成立］时，这一船型的优势明显，但在低航速下其所受阻力颇为可观。战争爆发前，海军部（实为霍尔特）开发出了两种供艇体长度较长的快艇使用的船型，并于 1939 年 8 月至 11 月间在海斯拉对其进行测试。其中日后在费尔迈（Fairmile）D 型鱼雷快艇上使用的船型被霍尔特描述为：“……将驱逐舰式的舰艏嫁接至高速摩托艇的艇艉上，试图在顶浪高速航行时降低拍底，并使艇体前部尽量干燥。”另一船型则被坎伯和尼科尔森斯公司（Camper and Nicholsons）采用，为圆舭型船型，采用该船型的快艇编号从 501 号开始。从编号为 511 号的快艇开始，各艇加设了延伸至艇体后部的舰艇棱缘。①这种快艇被其乘员普遍认为比 D 型鱼雷快艇舒适。②501 号由霍尔特于 1938 年开始设计，最初作为一艘反潜快艇。③该艇原计划装备 1 门 3 英寸（约合 76.2 毫米）火炮、2 挺双联装 0.5 英寸（约合 12.7 毫米）机枪，以及 12 枚深水炸弹或 2 具鱼雷发射管。安装的引擎则经常变化。最初计划安装的是 4 具帕克斯曼公司（Paxman）生产的柴油机，每具功率为 1000 匹制动马力，如此该艇的航速可达 31 节。由于供应不足，因此后来一度改为安装 3 具该种引擎，如此航速将降为 27 节。之后又改用伊索塔弗拉西尼公司的产品，但在该艇被毁后，其替代艇——日后的 501 号摩托炮艇——完工时装备了 3 具帕卡德公司生产的引擎。④

高速快艇一个鲜为人知的特点是在高航速下会损失稳定性，其原理是受不同水线面和水压分布的影响。一艘长 110 英尺（约合 33.5 米）且在 30 节航速下稳定性颇佳的快艇，其定倾中心高度在 40 节航速下可能下降 2~3 英尺（约合 0.61~0.91 米），而在 50 节航速下，稳定性几乎完全由动力决定，且很可能颇佳。海军建造总监在提交的有关蒸汽炮艇的备忘录中提到了这一问题。上述稳定性的变化让人难以预测，且在第二次世界大战结束后仍令人头疼。

① 1941 年 3 月 14 日古道尔在日记中写道：“上周一 ML501 号快艇在闪电中沉没，对我而言此时颇为哀伤，它可被称为我的宠物。”此后类似快艇先后被重新分类为摩托炮艇和摩托鱼雷艇，但作为原型的 501 号一直被归类为摩托汽艇。

② D K Brown. 'Fast Warships and their Crews', Small craft Supplement, The Naval Architect No 6 (1984). 这一结论基于哈德逊收集的大量前海岸部队成员信件。

③ 舰船档案集 650。

④ 其中两具引擎来自 101 号摩托鱼雷艇，当时该艇已被认为设计失败。另一具则为 102 号摩托鱼雷艇的备件。

环境

在这些快艇上，噪声、振动和船体运动（如纵摆、起伏和横摇）的程度均很显著，且必然影响了其乘员的表现。[1]有关这些因素对体能的影响已经记录得颇为详尽，但其对判断的影响尚不详细。以笔者所见，判断力显然会遭受影响，且与战斗中犯下的某些错误不无关系。[2]

增重

D 型鱼雷快艇的原始设计排水量为 91 吨，在 4 具帕卡德引擎的推动下可实现 31 节航速。后期快艇上引入减速齿轮后，尽管排水量升至 98 吨，但航速反而升至 32.5 节。至第二次世界大战结束时，火力较强的鱼雷炮艇排水量已达 120 吨，航速则降至 29 节。在艇体长度较短的摩托鱼雷艇上也显示了类似趋势。1939 年至 1942 年间，摩托鱼雷艇的排水量从 41 吨上升至 45 吨，航速则持续由 40 节下降至 34.2 节。至 1944 年，在沃斯珀公司生产的快艇上，军用设备重量已经较 1938 年设计版增加了 70%。[3]显然，武器（包括雷达在内）的价值比航速更高。海军建造总监指出在蒸汽炮艇上加装鱼雷发射管将导致其航速降低 0.5 节，而多装 30 吨燃油不仅将导致航速降低 3 节，而且将导致舰体出现结构所受应力过高的危险。

上述增重进一步恶化了在螺旋桨与引擎特性之间进行匹配的问题。高功率汽油机只有在很窄的转速范围内才能实现满功率输出。若因特定扭矩而降低转速，则其输出功率将显著降低，并可能导致引擎损坏。在航速与艇体长度形成 $V/\sqrt{L}=1$ 关系时[2]或较高航速下，问题更加严重。在前一条件下阻力将突然升高，在后一条件下螺旋桨性能将受空蚀效应影响。1942 年海斯拉空蚀试验槽投入运行之后，这一问题得以缓解，但从未得到根治。[4]利用该装置试验之后，航速最高可提升 4 节。[5]这使设计人员得以在可控条件下观察空蚀的形成，并相应选择最合适的螺旋桨。

强度

推动一艘小艇在波浪间高速航行将导致其舰体结构承受较高的载荷，实战中亦因此出现了很多结构断裂的例子，尤其是在英国动力船舶公司建造的 70 英尺（约合 21.3 米）快艇和早期 D 型鱼雷快艇上。前者通过在霍尔特的帮助下重新设计为 71 英尺 6 英寸（约合 21.8 米）快艇后得以解决，而钢制加强结构在相当程度上解决了后者的问题。[6]另一方面，也有很多快艇在遭受严重战伤之后幸存的例子。

① 噪声和频率为 1 赫兹的振动之间的区分通常很随意。

② 在阅读了 Captain Peter Dickens, Night Action (London 1974) 之后，笔者对这一观点愈加坚定。在此后的通信中，狄更斯上校（Dickens）似乎已经打算接受笔者的观点，而与笔者通信的其他人几乎均不打算接受。笔者在有关高速舰艇的论文中部分引用了与上校的通信。

③ 霍尔特论文，discussion by Du Cane, p209。

④ 为建造该试验槽，古道尔曾进行了一番艰苦的斗争。

⑤ 霍尔特论文，discussion by Gawn, p206。

⑥ 犬儒主义的观点认为，鉴于加强结构将导致艇长提升航速，直至断裂再次发生，因此加强本身并不能解决问题。

MBT775号为一艘费尔迈D型摩托鱼雷艇，该型快艇又被称为狗快艇（Dog Boat）。该艇装备2门6磅炮（口径约为57毫米）、1门双联装厄利孔防空炮、2挺双联装0.5英寸（约合12.7毫米）机枪和4根鱼雷发射管（作者本人收藏）。

生产

第二次世界大战大部分时间内，艇体长度较短的鱼雷摩托艇主要由多家造船厂根据沃斯珀公司的71英尺（约合21.6米）设计建造，而艇体长度较短的炮艇则由英国动力船舶公司设计建造。[1]艇体长度较长的快艇则几乎全部是费尔迈公司设计的115英尺（约合35.1米）D型艇。第二次世界大战爆发时，由麦克林（Noel Macklin）领导的一个费尔迈公司下属组织提出了一个摩托汽艇设计方案，该方案中船肋由锯胶合板构成，这意味着该结构可由家具厂加工，并可迅速完成组装。若干按该设计建造的汽艇被划为A级摩托汽艇，其后继者B级摩托汽艇则由霍尔特完成大体设计，并移交费尔曼公司负责建造。D级摩托鱼雷艇按同一方式建造。[2]各种快艇的建造总数如下：[3]

蒸汽炮艇	7艘
短型摩托鱼雷艇	287艘
短型摩托炮艇	67艘（另有19艘反潜摩托快艇）
费尔迈D型摩托鱼雷艇	209艘 *
其他长型摩托鱼雷艇	43艘

* 另有19艘被皇家空军充作搜救船只。

此外，皇家海军还从美国接收63艘摩托鱼雷艇和41艘摩托炮艇（内含6艘反潜摩托艇），从加拿大接收11艘摩托鱼雷艇，以及征购两艘原隶属法国的短型鱼雷炮艇。还应注意第二次世界大战结束之前有两艘70英尺长（约合21.3米）的海岸摩托艇和26艘艇长较短的快艇再次加入现役。

① 与其长70英尺（约合21.3米）的独立尝试设计相比，日后英国动力船舶公司推出的长71英尺6英寸（约合21.8米）的快艇强度要高得多。霍尔特参与了后者的结构设计。

② 霍尔特是一个狂热的游艇爱好者，并喜欢乘坐他为海军设计的快艇出海。他从不晕船。

③ 下列数字（包括发射武器数字）是由哈德逊制备的一份非常详细的表格简化而来。部分快艇曾经历角色变换。另有一些虽然已经建成完工但并未服役。从这些数字中的确可看出造舰计划的成功。

ML100 号，隶属费尔迈 A 级摩托汽艇。费尔迈公司的造船系统在建造过程上体现了极大地优势（参见本书第十一章的照片），但 A 级摩托汽艇的船体并不非常成功（作者本人收藏）。

摩托汽艇

第二次世界大战爆发前，第一艘隶属费尔迈 A 级的摩托汽艇的建造工作刚刚开始。该级汽艇采用费尔迈公司的船体预制件系统，引入很多分包商参与建造，其中大多数为家具商。汽艇的横向船肋之间间隔较大，并由大块胶合板切割而成，其上开槽以便安装纵向船肋。上述部件及其他部件此后由游艇建造商组装完成。[①]A 级汽艇最终安装了 3 具赫尔—斯科特公司生产的引擎，每具功率为 600 匹制动马力，该配置下汽艇航速为 22 节（最高航速 25 节），但其中部分汽艇完工时仅装备 2 具该种引擎。其相对较高的航速使得它们适宜改装为布雷艇。该级汽艇共建造了 12 艘。

由于燃油储量有限，因此 110 英尺（约合 33.5 米）长的 A 级汽艇续航能力很不理想。同时，由于尖舭船型所受阻力较大，因此其远洋性能不佳。霍尔特曾设计一款更合适的圆舭船型，并在海斯拉进行了测试。霍尔特还提出了大体布置方案，并移交费尔迈公司，使得后者完成了其颇为成功的建造流程。采用新船型的汽艇即长 112 英尺（约合 34.1 米）的 B 级汽艇，其排水量为 67 吨。该级汽艇原计划装备 3 具赫尔—斯科特公司生产的引擎，但由于供应不足，最终决定仅装备 2 具，由此牺牲航速以换取建成更多的汽艇。B 级汽艇相当成功，仅在英国本土便建造了 388 艘，另有 266 艘由各英联邦国家建造（其中包括在加拿大皇家海军中服役的 80 艘）。[②]

霍尔特还设计过一款 72 英尺（约合 21.9 米）的较小型汽艇，用于执行港口防卫任务。该汽艇可由较小的造船厂利用传统造船技术建造。其排水量为 54 吨，航速约为 11~12 节。这些较小型的汽艇堪称霍尔特的最爱，他曾就其写道："航行时该型艇前部的重量、浮力、外形与纵摆、航速之间似乎构成了非比寻常的和谐，这使得它们在航行时能与海面形成一种韵律，并最充分地利用当地的常见天气。"该型汽艇中，300 艘在英国本土建造，70 艘在各英联邦国家建造[③]，

① 更详细的介绍可参见 British Warships, p80 以及 J Lambert and A Ross, Allied Coastal Forces of World War II, Vol I, p9。

② 有关霍尔特对于获得海军部海务大臣委员会批准一事的回忆，参见 D K Brown, A Century of Naval Construction, p173。另有 2 艘该级汽艇在澳大利亚陆军中服役。此外还有若干艘（约 20 艘）在美国陆军中服役。前后共约有 30 艘的建造被取消。

③ 其中约有 50 艘的建造被取消。

HDML1040号，负责轻型海岸舰艇设计的比尔·霍尔特曾声称港防摩托汽艇是他的最爱（作者本人收藏）。

另有74艘通过租借法案从美国获得。

第二次世界大战期间及此后若干年中，（比尔）霍尔特默默地主导了轻型海岸舰艇的设计。他和其兄（内维尔[①]）堪称游艇的狂热爱好者，并尝试将其对航海的经验用于设计适宜航海的快艇中。当皇家海军尝试建造一艘消磁科考船时，比尔·霍尔特甚至作为一名普通水手搭乘一艘芬兰商用帆船出航。

成功？

第二次世界大战期间，轻型海岸快艇部队声称共击沉574艘敌舰，其中包括49艘德国摩托鱼雷艇、26艘驱逐舰、M级扫雷艇、炮舰及更大型的舰只，以及2艘潜艇。该部队共发射了1328枚鱼雷，取得了355次确认或可能命中，命中率为26.7%，这一成绩优于其他任何舰种。该部队的直接损失为1艘蒸汽炮艇、144艘摩托鱼雷艇、39艘摩托炮艇、80艘摩托汽艇和54艘港防摩托汽艇。据信海岸守备舰队在1373次出击中共布设了7714枚水雷，其出击次数几乎是海军布雷舰（除飞机外）的两倍。执行上述任务时已知损失为60艘舰船、25艘辅助船只和14艘供应舰船。

支援上述快艇的工作包括建立一系列基地，用于执行训练、养护和作战任务，以及改装若干供应船只。有观点认为快艇的战果与为其耗费的人力物力并不相称。该部队人数的峰值为1944年的2.5万人（第二次世界大战爆发前仅约为300人）。另一方面，轴心国也需为对抗盟军的快艇投入相当可观的资源。

摩托扫雷艇及其他

由于德国方面大量布设磁性水雷的现实，1939年晚期海军部提出了设计一款木制扫雷艇的要求，设计要求其结构坚固，长约90英尺（约合27.4米），吃水深度不高于8英尺（约合2.44米）。霍尔特及其设计团队在历经若干次设计演化后，最终提出的一款尺寸颇大的摩托扫雷艇设计方案并获批。该方案艇长105

① 其兄设计了第一级战后护卫舰。

英尺（约合 32 米），吃水深度 12 英尺 6 英寸（约合 3.81 米）。包括引擎在内，其铁质材料的总重被控制在50~60吨之间，以图将其磁场特征控制在安全范围内。该型扫雷艇原计划仅装备针对磁性水雷的双 L 型扫雷具，但在首艇完工之后很快又加装了音响扫雷具。双 L 扫雷具的绞车由人力操作，而开展扫雷工作需要全体乘员参与。

在绝大多数方面该型扫雷艇的设计均堪称成功。霍尔特曾写到它们“……堪称非常出色的海船，且颇为干燥”，但其容易发生横摇。①该型扫雷艇的问题主要与建造重型构件的干燥木材短缺有关。使用湿材将导致其船型变形，并影响主轴的耦合。其主轴长度颇长，且任何木制船体都终会发生变形。②该型扫雷艇承担了沿海海域的绝大部分非触发水雷扫除工作。其平均建造时间为 9 个月，包括在加拿大和印度建造的部分在内，共建造了 278 艘摩托扫雷艇。

1941 年晚期，海军决定建造一级尺寸更大的扫雷艇，用于在更为开阔的水域执行扫雷任务，并更适合远洋航行。就此要求霍尔特设计了一款 126 艘英尺（约合 38.4 米）的扫雷艇，并配备音响扫雷具和磁性扫雷具。其中部分扫雷艇还装备了扫雷索。③其结构较此前的摩托扫雷艇更强，且没有出现耦合问题。霍尔特认为其远洋性能比前一级扫雷艇更好，并注意到该级艇非常干燥。该级摩托扫雷艇的平均建造时间则相应升至 14 个月，先后共建造了 85 艘。两级扫雷艇的航速都颇慢，自由航行航速仅 10 节，扫雷时航速仅为 8~9 节。

此外皇家海军中还有 150 艘美制摩托扫雷艇，其长度为 130 英尺（约合 39.6 米），其自由航行速度为 14.6 节，并装备扫雷索、磁性和音响扫雷具。与英制摩托扫雷艇相比，美制扫雷艇的装备堪称奢华，但其住舱甲板配有 3 层高大铺位，颇为拥挤。霍尔特声称在航行时其船体运动幅度颇大，但在加装舭龙骨后得以缓解。若干近海船只也被改装为扫雷艇，用于执行扫除磁性水雷的工作。

① 笔者曾搭乘一艘该级摩托扫雷艇在马耳他附近海域遭遇一次格雷大风[3]。根据这一经验，笔者对此观点表示赞同。该型摩托扫雷艇的舭龙骨看起来似乎很小。另可参见古道尔 1941 年 11 月 1 日的日记：“前往圣摩伦斯（St Monance，现拼为 St Monans）参观摩托扫雷艇。非常有趣的设计，看起来干得很好。”

② 详细解释参见 British Warships。

③ 霍尔特还先后负责了 4 级摩托渔船的设计草案。其中 15 艘 75 英尺（约合 22.9 米）长的渔船后被改装为扫雷艇，用于在河流和运河内执行扫雷作业。

MMS32 号，隶属早期 105 英尺（约合 32 米）长设计。对在开阔海域执行任务而言，其船体长度稍小，但非常适合在河口海域执行扫雷任务（维卡里收藏）。

这些扫雷艇利用非常大型的电磁极，在安全距离上引爆水雷。[1]甚至曾有建议利用消磁船“科研”号（Research）执行扫雷作业。[2]

早在其正式投入使用之前，海军部就对压感水雷的威胁有着非常清晰的认识。海斯拉的海军部试验工厂成功地辨识了主要舰种各级中大部分的压感特性，并从中得出了在不同水深下的最大安全航速。为扫除此种水雷海军部建造了两艘特制的扫雷船，即“塞勒斯”号（Cyrus）和“西布莉”号（Cybele，两船又被称为斯特灵船）。[3]两船本身无动力，排水量为4000吨，长361英尺（约合110米），宽65英尺（约合19.8米），吃水深度25英尺（约合7.62米）。按设计构思，两船将产生较强的压感特征，并能承受发生于其下方的爆炸。“塞勒斯”号于1943年建成，当一枚水雷在其船尾下方爆炸时遭到严重破坏。[4]该船随后暂时退出现役。“西布莉”号则于1944年1月建成，并在测试中彻底损毁。美国曾建造若干“蛋箱”（Egg Crate）船，其中若干被皇家海军采用。该型船细节不详，仅可知其排水量为3710吨，船体长331英尺（约合100.9米），宽64英尺（约合19.5米），型深21英尺（约合6.4米）。为实施拖曳，8艘“班格尔”级扫雷艇被改装为拖船，每2艘这种改装拖船可以6.25节航速拖曳一艘“蛋箱”船。此种扫雷方式扫除的走廊宽度很窄，且其表现难称成功——总共也仅声称扫除了1枚水雷！尽管斯特灵船和“蛋箱”船都不甚成功，但均可视为对扫除压感水雷的首个尝试。此后的种种构想也未表现得更为成功。[5]

登陆舰艇

战前的军事思维主要为静态战争所主导，其理论基础即为马奇诺防线和齐格菲防线的存在，因此似乎很少有对两栖登陆作战的预期。考虑到这一历史环境，相关舰艇研究的成就便足以令人惊讶。[6]早期登陆艇不仅航速慢、耐波性差，而且造价昂贵，但至1939年，一种用于搭载人员的出色设计原型［后演变为突击登陆艇（LCA）］已经问世，而机械化登陆艇（Landing Craft Mechanised, LCM）的原型正在建造中。[7]这两种登陆艇均由托尼克罗夫特公司的巴纳比（Ken Barnaby）设计，并在日后大量建造。突击登陆艇重约9吨——至第二次世界大战结束时，其重量已经上升至13.5吨——并可由常用的救生艇吊艇柱提升；机械化登陆艇虽然也可被提升，但鉴于包括1吨重的水箱在内，其全重高达36吨，因此实施这一作业需要特制的吊艇柱。至敦刻尔克大撤退时，该种机械化登陆艇是皇家海军中唯一可以装载坦克的登陆舰艇。[8]

尽管1937年曾考虑过设计坦克登陆艇（Tank Landing Craft），但并未就此准备设计方案。1940年6月丘吉尔开始要求设计一种岸到岸的坦克运输船。该运输船应能装载3辆当时预计的最大型的坦克（重40吧），以10节速度航行，

① 1940年1月9日古道尔在日记中写道：“‘博尔德’号（Borde，即第一艘磁性水雷扫雷艇）刚刚又引爆了4枚水雷，并带伤撤回。”
② 1939年12月7日古道尔在日记中写道：“审计长希望利用‘科研’号对付磁性水雷。使用这么可爱的船执行扫雷作业堪称一项战争罪行！”
③ 两艇详细情况不确定。参见 Elliott, Allied Minesweeping in World War 2 (Cambridge 1979), p88（照片）。另可参见古道尔1943年3月8日的日记：“审计长对斯特灵和MAC在丹尼公司的冲突表示非常担忧。”
④ 另一方面，古道尔曾在1942年9月19日的日记中写道：“斯特灵船在水雷爆炸中受损轻微，我的预测错了。”
⑤ 笔者曾在很多年后领导ERMISS项目，此项目堪称又一勇敢但失败的尝试。
⑥ L E H Maund, Assault from the Sea (London 1949).
⑦ 1939年4月24日古道尔在日记中写道：“正在研究弗莱明（Fleming）的登陆舰艇设计方案，对此并不感冒。”
⑧ R Baker, 'Notes on the Development of Landing Craft', Trans INA (London 1947).

并在 2 英尺 6 英寸（约合 0.76 米）水深将坦克卸载于坡度比为 1 ∶ 35 的海滩上。除上述要求外，设计师巴克还出于他自己的认识自行添加了一些其他要求。他当时认为船首门必将导致漏水，因此在船首门后加设了一个集水坑，用于收集小规模进水。即使是在整个车辆甲板被淹的情况下，侧舷墙也足以提供足够的浮力和稳定性，以保证登陆艇本身保持正直漂浮状态。[1]

各造船商共建造了 30 艘马克 I 型坦克登陆艇，并在 1940 年 11 月至 1941 年 4 月之间先后交付。尽管马克 I 型乍看之下颇为出色，但很快军方便认识到仅需将其宽度增加 2 英尺（约合 0.61 米），便可在其中容纳第二排坦克。由此产生了性能更佳的马克 II 型，该型登陆艇共建造了 73 艘。其中最初 16 艘由各造船商建造，其余则由结构件建造商建造，并从 1941 年 6 月起逐步交付。该坦克登陆艇的主机为纳皮尔“海狮”式引擎，推动 3 根主轴。后期产品则装备 2 或 3 具帕克斯曼公司生产的柴油引擎。其中一艘马克 II 型坦克登陆艇的长度被加长至 32 英尺（约合 9.75 米），并成了马克 III 型的原型设计。马克 III 型则共建造了 235 艘。[2]该型登陆艇装备帕克斯曼柴油引擎，并推动 2 根主轴。[3]此后在非常浅的海域实施登陆的要求导致了马克 IV 型坦克登陆艇的问世，该型登陆艇可装载总重 300 吨的坦克，此时其前后部吃水深度分别为 3 英尺 8 英寸（约合 1.12 米）和 4 英尺 2 英寸（约合 1.27 米）。按原始设计要求，该型登陆艇为消耗品，仅将执行跨英吉利海峡的单程运输任务，因此其结构很轻。[4]不过，在接受了一定加强之后，很多马克 IV 型登陆艇曾一直远航至远东。该型登陆艇共建造约 787 艘。

马克 V 型坦克登陆艇则在美国大量建造，其中 400 艘被租借给皇家海军。[5]该型登陆艇设计用于将坦克从大型登陆舰上转运至滩头，并根据巴纳比的设计草稿完成。第二次世界大战结束时，更大也更完善的马克 VIII 型刚刚建成。这些坦克登陆艇在实战中表现出很高的通用性，其中部分加装了 4.7 英寸（约合 120 毫米）火炮，成为火炮登陆艇（LCG，实际为浅水炮舰），或加装大量防空炮，成为防空登陆艇（LCF）。另有一些则加装了大量岸轰火箭［即火箭弹坦克登陆艇 LCT（R）］，或被改装为维修船［即维修坦克登陆艇 LCT（E）］或打捞船。至少 1 艘曾接受改装，用于运载火车引擎，甚至有流言称曾计划用该型登陆艇改装机动拘留所！步兵登陆艇（LCI）则是一种岸到岸人员运输船，可装载 200 名全副武装的士兵。该种登陆艇主要在美国建造，其中有近 200 艘在皇家海军中服役。其中部分后来被改装为指挥部或行政船只。

突击登陆艇对其乘员设有一定防护，可抵挡步枪火力。美国海军中与其类似的登陆艇被称为人员登陆艇（LCP），该型登陆艇不设防护，但航速较快。人员登陆艇由希金斯（Higgins）设计，在英美两国海军中均大量服役。[6]该型登陆艇还进而衍生出带艏门跳板的人员登陆艇［跳板人员登陆艇，简称 LCP（R）］，

① 巴克自己的解释全文可参见 D K Brown. 'Sir Rowland Baker RCNC' Warship 1995。

② I L Buxton, 'Landing Craft Tank, Mks 1 & 2', WARSHIPS 119(London 1994).

③ 1944 年帕克斯曼引擎供应不足，因此 71 艘由造船厂建造的该型登陆艇装备了斯特灵式海军部引擎。

④ 巴克曾说过，在顶浪航行时其钢制的坦克甲板将出现轻微起伏。

⑤ 另有 2 艘马克 VI 型改进型也被出借，供皇家海军进行试验。

⑥ 值得注意的是，几乎所有盟军登陆艇都由 3 人设计，即巴克、巴纳比和希金斯，其中巴克和希金斯的个性都非常鲜明（参见笔者有关巴克的论文）。

以及可运载一辆小型车辆的车辆登陆艇［LCV（P）］。这篇短小的记述自然无法囊括所有登陆舰艇种类——仅笔者个人的记录中就包括 36 种登陆舰艇，此外还有 8 种登陆驳船——也无法涵盖设计和建造过程中遭遇的种种问题。①

① A D Baker III (ed), Allied Landing Craft of World War II(London 1985); also J D Ladd, Assault from the Sea (Newton Abbott 1976).

② R Baker, 'Ships of the Invasion Fleet', Trans INA (London 1957).

登陆舰

登陆舰共可分为 3 种主要类型，其下又有多重衍生型。步兵登陆舰实际由商船改装而成，其中最大者［即格伦船（Glen）］可装载规模约 1000 人的部队、240 人的登陆艇乘员以及 300 名额定乘员。②但更多的是由跨海峡船只改装而成，可运载 6~8 艘登陆艇、多达 600 人的部队及登陆艇乘员。尽管看似颇为简单，但所有登陆舰都面临着装载沉重登陆艇后的强度和稳定性问题，且其吊艇柱位

以标准登陆艇为基础，曾衍生出很多一次性改装方案，其数量过多因此无法逐一描述。LCT582 号是一艘马克 IV 型坦克登陆艇，其上甲板由贝利公司生产的桥梁结构件构成（作者本人收藏）。

“格伦恩”号（Glenearn）为一艘大型步兵登陆舰（帝国战争博物馆，A25033 号）。

“布雷肯夏尔”号（Breconshire）供应船，为“格伦恩”号的姊妹舰。该船大致为参加“凯瑟琳”计划（Operation Catherine）[4]而改装（帝国战争博物馆，A6926）。

于船体高处。军方很快又意识到联合作战行动需要可容纳联合指挥部的船只，因此若干小型商船被改装执行这一任务。

皇家海军首批坦克登陆舰则由油轮改装而成，该型油轮建造吃水深度较浅，以便在马拉卡博湖（Lake Maracaibo）中航行。[①]尽管这一改装颇为成功，且曾参加多次登陆作战，但显然并不是正确的设计方案。[②]下一个坦克登陆舰设计方案则出自丘吉尔的要求，后者当时要求建造大型登陆舰船。为此展开的设计研究则被称为“温斯顿”。然而设计人员很快发现此路不通，并转而设计了一款较小型的坦克登陆舰——代号“万特斯”（Winettes）——并据此设计建造了3艘。该设计的要求很高——有观点认为要求实际过高——要求装载13辆“丘吉尔”坦克[5]、27辆车和193名人员，同时登陆舰自身乘员人数为169人。滩头吃水深度下航速为18节，深水水域则为16.5节。这一要求本身即否定了采用浅吃水深度的可能。由此，这三艘“拳师”级（Boxer）坦克登陆舰装备了巨大的艏门跳板，其长度高达140英尺（约合42.7米），处于收起状态时几乎占据了整个坦克甲板空间。在若干次发生在地中海海域的登陆战中，这些坦克登陆舰体现了宝贵的价值。

海军部原计划在美国再建造7艘“拳师”级登陆舰，且巴克曾奉命前往美国就其与其他设计进行讨论。[③]其中之一为大加简化的坦克登陆舰设计方案。这个出自巴克研究成果的设计最终在美国演化为2型坦克登陆舰［LST（2）］，后者堪称赢得战争的设计之一。该种登陆舰采用全焊接船体和动力强劲的轻量化柴油引擎，其前部抢滩吃水深度仅为3英尺（约合0.9米），并可在坡度比为1 ∶ 30的滩头完成抢滩。其运载量为18辆“丘吉尔”坦克、27辆卡车、8辆吉普车和177名士兵（登陆艇自身乘员为86人），航速为10节。尽管该种登陆舰曾被大量建造，但产量从未能满足需求。[④]若干次登陆战实施日期的选择，以及另外若干次登陆战被取消的原因，均与该种坦克登陆舰的可用数量有关。

2型坦克登陆舰持续的短缺导致了3型坦克登陆舰的问世，该型登陆舰分别在英国和加拿大建造。[⑤]由于军事财政处给出的报价高达55万英镑，因此其订单曾一度被内阁叫停。财政处在提出报价之前并没有和海军部协商，而后者的估计造价仅为42.5万英镑！[⑥]当时仅有三胀式蒸汽机可用作登陆舰的主机，而这些蒸汽机来自取消建造的护卫舰。这批3型坦克登陆舰大部分为铆接舰体，尽管其主机输出功率高于2型坦克登陆舰所使用的柴油机，但其航速较后者仅稍有提高——13节而非后者的10节。2型和3型坦克登陆舰都装有巴克设计的浮动船坞舱段，因此即使运输甲板进水，登陆舰亦可继续保持正直上浮状态。[⑦]少量坦克登陆舰则在改装后被用于承担其他任务，例如应急维修、指挥部驻舰以及战斗机引导任务。[⑧]英国方面还有更大也更快（航速14.5节）的坦克登陆舰设

① 由麦克默里（McMurray）、巴特利特（Bartlett）和米切尔（Mitchell）设计。

② B Macdermott, Ships without Names (London 1992).

③ 最初计划的7艘“拳师”级最终被更换为船坞登陆舰（LS Dock）。

④ 其中115艘被租借给皇家海军。

⑤ 对3型坦克登陆舰建造计划的反对声音颇为可观，其代表为运输大臣莱瑟斯爵士（Lord Leathers）。参见ADM 205/32。大臣则被相关人员驳斥称，无论是在英国还是加拿大，受该项建造计划影响的都是护航舰只建造计划而非商船建造计划。

⑥ 参见古道尔1943年12月16日和19日的日记。

⑦ 在一次试验中，一艘坦克登陆舰曾被有意进水。罗尔斯—罗伊斯公司生产的渡轮本应也设有相同结构。

⑧ 战斗机引导舰在上甲板布置压舱物，用于降低其稳定性——这一特点非常罕见。

LCT710 号被改装为火车渡轮（作者本人收藏）。

一艘火炮登陆艇（大型，作者本人收藏）。

“推进器”号（Thruster）为一艘马克Ⅰ型坦克登陆舰。照片中可见其冗长的艏门跳板占据了坦克甲板多少空间（作者本人收藏）。

LST3010 号是一艘由英国建造的 3 型坦克登陆舰。该型登陆舰装备的蒸汽机原为护卫舰/炮舰建造计划而订购（作者本人收藏）。

计方案，该方案使用涡轮机驱动两根主轴，但该方案似乎未被深入。

登陆海域需要大量小型登陆艇，因此需要特制的舰船对其实施运输。对此类舰船的首个尝试是对两艘火车渡轮进行改装，使其可通过设于船尾的滑槽放出登陆艇——这就是所谓的尾槽登陆舰（Landing Ship Stern Chute）。[①]这两艘登陆舰各可携带 13 艘机械化登陆艇。3 艘隶属皇家海军辅助舰队（RFA）的油轮则加装了大型运输起重机，用于将登陆艇从甲板放下海面，该种登陆舰则被称为起重台架登陆舰（Landing Ship Gantry），各可携带 15 艘登陆艇，并可在 35 分钟内将登陆艇全部放出。

最佳解决方案则是船坞登陆舰。这是一种可依靠自身动力推进的浮动船坞，可携带多达 36 艘机械化登陆艇，并以 16 节速度航行。[②]该登陆舰原始设计研究由巴克负责，并在美国订购。设计方案的演进在美国完成，建成后同时在英美两国海军中服役。船坞可在 1.5 小时内注水完毕，并在 2.5 小时内完成抽水，抽水速度为每分钟 1.84 万加仑（约合 83.6 立方米）。当然，这些登陆舰也被作为浮动船坞，承担对小型快艇的修理作业。

登陆艇与登陆舰的设计要求均有部分在一定程度上自相矛盾——例如结构简单、易于建造和维护、轻量化设计（为实现浅吃水深度）、可靠性高和适航性好。由于担忧螺旋桨在抢滩时会频繁受损，因此在两次世界大战之间时期建造的首艘登陆艇采用喷进式系统推进。当时的喷进式系统效率不高、航速较低，且颇为昂贵。相比起来，更换螺旋桨反而更为便宜。“拳师”级坦克登陆舰的航速要求较高，因此采用了蒸汽涡轮推进系统和吃水深度较深的舰体设计，这相应地导致其冗长的跳板占据了车辆甲板的可观空间。

上述舰艇的设计要求在海军参谋和设计师之间实现克制和相互理解。多年之后，笔者曾奉命设计物资输送舰（LSL），设计方案的排水量为 1.15 万吨，长 630 英尺（约合 192 米）。于是设计人员和海军参谋之间的下述对话也就在所难免——参谋们说：“这玩意儿压根儿就不是我们想要的！”笔者则回击道：“这就是你们要求的东西！”

1942 年海军参谋们曾要求设计一种小型浅水重炮舰，装备 2 门 6 英寸（约合 152.4 毫米）火炮，航速 15 节。结果他们被设计部门给出的代价吓了一跳——除 2.85 万英镑预计造价外，该型浅水重炮舰的建造还将影响护卫舰和登陆艇的建造计划。此后海军部和海军建造总监部门还考虑过种种其他方案，其中包括费尔迈公司提出的组合构造方案，直至最终由坦克登陆艇进行改装的计划被双方所接受。表 8–1 将最终成型的浅水炮舰[③]和各种火炮登陆艇进行了比较。[④]

① 巴克曾注意到对这些商用渡轮而言，一旦列车甲板进水就会出现倾覆的危险，因此建议在此后的渡轮上对侧面结构实施水密化处理！

② 其他载荷方案则包括：2 艘马克 3 型或马克 4 型坦克登陆艇、3 艘马克 5 型坦克登陆艇，以及 263 名陆军人员、36 名登陆艇乘员。

③ 由珀维斯（M K Purvis）设计。

④ 相关信息来自摩尔。

表8-1 1942年浅水重炮舰与火炮登陆艇的比较

	浅水重炮舰	3型火炮登陆艇（大型）	4型火炮登陆艇（大型）	火炮登陆艇（中型）
火炮	2门6英寸（152.4毫米）火炮	2门4.7英寸（120毫米）火炮	2门4.7英寸（120毫米）火炮	2门25磅（87.6毫米）火炮
航速（节）	15.5	10	10	11.75
排水量（吨）	1250	491	570	380
吃水深度	6英尺（1.83米）	6英尺（1.83米）	6英尺（1.83米）	5~6英尺（1.52~1.83米）

为获得高航速而需付出的代价颇引人注目，同样引人注目的是专门设计建造一种舰船的代价。读者需谨记一句古老的箴言：“‘最佳’堪称是‘足够好’的大敌。”[①]这些问题可从火炮登陆艇（中型）上窥见。该种设计原计划实现15节航速，并装备完善的注水系统，从而可在必要时实现坐沉，以发射其装备的陆军型火炮——25磅榴弹炮（口径约为87.6毫米）或17磅反坦克炮（口径约为76.2毫米）。

改装[②]

辅助巡洋舰

两次世界大战之间时期，皇家海军非常重视水面破袭舰的威胁。[③]1920年海军部决定应向50艘适合改装为辅助巡洋舰的商船船主支付一笔资金，以供后者对船体进行加固，以便安装火炮。1936年海军部就典型邮轮准备了详细的改造方案，所采用的蓝本为隶属半岛东方公司（P&O）的“迦太基”号（Carthage）。整个改造工作可分为3个阶段，分别将耗时3周、5周和10周。除51艘英国商船外，另有2艘澳大利亚商船和3艘加拿大商船被选中，并将相应地在英国本土和海外指定造船厂接受改造。每个造船厂均将以“迦太基”号的改造计划为指导，并对分配给其的商船实施改造。相关准备工作组织完善，实际改造工作

“西里西亚”号（Cilicia）为一艘典型的辅助巡洋舰，并接受了第三阶段的改装，其中包括加装机库、弹射器、雷达和现代化火炮（作者本人收藏）。

① 1943年2月20日古道尔在日记中写道：“关于装备6英寸（约合152.4毫米）炮的浅水重炮舰。审计长为其尺寸和造价而震惊。尽管他对敌方近海舰艇几乎无概念，但显然它们均仅装备火炮，续航能力低下且航速较低，而我们的浅水重炮舰航速为15节。”

② 本章节主要根据笔者的论文改写而成，即D K Brown, 'Armed Merchant Ships-A Historical Review', RINA Conference Merchant Ships to War(London 1987)。另可参见Dr R H Osborne, Conversion for War(World Ship Society 1993)。

③ 以笔者观点，实际上海军过于重视这一威胁——参见本书第十二章结论部分。

进展顺利。

改造工程的第一阶段是加装6或8门6英寸（约合152.4毫米）火炮和2门3英寸（约合76.2毫米）防空炮，对炮位附近结构进行相应的加强，并加设相应的弹药库。住舱设施不仅需容纳隶属商船队的轮机人员，而且需容纳230名海军人员。加装1500~3000吨压载。第二阶段则加装部分1英寸（约合25.4毫米）装甲。根据货源情况，9艘辅助巡洋舰还加装了现代化火炮和相应火控设施。少数辅助巡洋舰还装备了一具弹射器和起重机，以及1或2架水上飞机。此后为保持浮力和稳定性，空油桶被堆放在中间甲板受损水线位置附近。这一设计非常成功。尽管先后有15艘辅助巡洋舰沉没，但其中仅有1艘倾覆（详见本书第十章）。

至1942年初，辅助巡洋舰的角色已经过时，因此它们先后被用作运兵船或步兵登陆舰。作为辅助巡洋舰，“广州”号（Canton）一直服役至1944年4月，当时该舰的装备为：

9门安装在PVII*型炮架上的6英寸（约合152.4毫米）火炮，并配备火控指挥仪；

2座双联装4英寸（约合101.6毫米）防空炮；

2门40毫米防空炮和14门20毫米防空炮；

1架“翠鸟”式水上飞机，配备弹射器和起重机；

2具深水炸弹投掷器和3具雷达。

“粮食”号（Grain）是由海军部设计的一艘拖网渔船（作者本人收藏）。

一艘正拖曳着马克 I 型滑橇（由霍尔特设计）的漂网渔船，该船可能是“银峰”号（Silver Crest）。马克 I 型滑橇为一种早期磁性水雷扫雷具（作者本人收藏）。

拖网渔船

1930 年海军部对皇家海军反潜战能力进行了一次大规模审查，该次审查得出的弱点之一是沿海护航舰只不足。对此得到的相关结论是这一短缺可由改装拖网渔船的方式补足。1933 年“詹姆斯·路孚德”号（James Ludford）被作为反潜拖网渔船原型接受改装。[①]改装中该船加装了一具声呐、25 枚深水炸弹和 1 门 4 英寸（约合 101.6 毫米）火炮。在吸取了该船的改装经验后，若干其他拖网渔船也接受了改造。至 1939 年海军部共征购了 35 艘拖网渔船，并将其进行改装，以执行反潜或扫雷作业。

这些渔船和此后改装的拖网渔船有一共同弱点，即稳定性较差，且在大多数情况下完全没有稳定性相关信息。[②]史密斯船厂和一家业界著名的咨询公司奉命对渔船稳定性进行测量，而当地的战船建造主管则通过加装压载的方式确保抵港船况下（即燃油和物资均剩余 10%）渔船仍能保持 12 英寸（约合 0.31 米）的定倾中心高度。不必要的设备和物资一律被拆除，同时对因腐蚀变薄的结构——通常为货舱上方的木甲板进行修缮或更换。海军部还为拖网渔船设定了最小干舷高度，最大的渔船为 33 英寸（约合 0.84 米），最小的则为 27 英寸（约合 0.69 米）[漂网渔船为 24 英寸（约合 0.61 米）]。1942 年 3 月捕鲸船“谢拉”号（Shera）倾覆的罪魁祸首乃是恶劣天气导致的结冰，这一事件引起了海军设计总监的特别关注。该船也是整个第二次世界大战期间皇家海军因天气原因损失的唯一一艘舰船（除登陆艇之外）。这些拖网渔船的抗毁伤能力几乎为 0，不过海军部设计的拖网渔船在轮机舱和锅炉舱之间加设了一道舱壁，因此其安全性远高于民船。

整个改装计划的规模令人惊叹。先后共有 1706 艘拖网渔船、捕鲸船、漂网渔船和游艇接受改装并被用于海军军用。[③]其中数量最多的是扫雷拖网渔船（510 艘）和反潜拖网渔船（209 艘）。捕鲸船通常具有很好的远洋性能，且除在热带天气下通风不足外，通常不会出现其他问题。拖网渔船共扫除了 12.6 万颗水雷，但为此付出了高昂的代价；先后有 251 艘拖网渔船、107 艘漂网渔船和 34 艘游艇沉没。

① “詹姆斯·路孚德”号是第一次世界大战期间为海军部建造的一艘拖网渔船，但其一切特征均符合当时的民船标准。

② 直至 1949 年，最好的拖网渔船建造商之一的科克兰斯公司（Cochranes）用于测试稳定性的方式依然非常原始——将纸板船段在刀刃上进行平衡！

③ 参见 D K Brown (ed), Design and Construction of British Warships, 1939-45. (London 1996), Vol III，第 91 页上的表格。

舰队后勤船队

1936 年海军部组建了一个委员会，专门考察在远离岸基基地的海域维持舰队作战的问题。至 1939 年，为解决这一问题需要采取哪些措施已经基本明朗。然而，直至 1942 年日本发动侵略[6]为止，皇家海军在涉及的战场上一直拥有大量的海军基地，同时商船也有更为重要的用途。组建舰队后勤船队始于 1942 年初，当时海军部将 5 艘邮轮改装为供应船和维修船。组建太平洋舰队的计划始于 1943 年 9 月，并为所需船只开列了一张长长的清单。①然而，海军部很快便发现，为满足养活西欧新解放区的饿殍并对该地区进行补给的需要，大量商船被抽调执

① D K Brown (ed), The Design and Construction of British Warships 1939-45, Vol 3, p13.

潜艇供应舰“福思”号（Forth），摄于 1942 年 10 月。照片中可见 1 艘 T 级潜艇和 1 艘 1940 型 S 级潜艇在其舷侧停泊，其中内侧为 T 级。最外侧的潜艇不明，但可能是“图形”号(Graph，原德国 U-570 号潜艇）（作者本人收藏）。[7]

行向西欧的航运任务，更不用提维持英国本土所需的航运任务之需，因此可抽调至太平洋战场的商船数量很少。[①]

尽管此后在加拿大找到了相当数量的新船只，但其中很多船只只是勉强符合海军部预期的定位。舰队后勤船队应辖有7艘维修船、23艘养护船、3艘居住船、1艘海向守备船和1艘舰队娱乐船（参见本书附录20）。另有5艘原隶属舰队后勤船队的船舶则被取消。此外，舰队后勤船队还应包括大量油轮、物资运输船、拖轮、港口运输船只、医务船和浮动船坞。第二次世界大战期间及时建成服役的仅占其中少数。

1945年6月至8月期间，舰队后勤船队包括10艘维修与养护船只、22艘油轮、24艘物资运输船、4艘医务船、5艘拖轮、11艘杂类舰种和2座浮动船坞，此外还包括6艘护航航空母舰和37艘各类护航舰船。[②]下文的简短记述仅能提及影响舰队后勤船队的若干问题。

维修船只

第二次世界大战爆发前，皇家海军中仅有一艘舰队维修船，即“资源”号（Resource）。[③]1940年11月海军部征购了隶属冠达公司（Cunard）的邮轮“安东尼娅”号（Antonia），并将其改建为舰队维修船“韦兰”号（Wayland）。为容纳大型车间，必须切除原有A、D、F甲板的各一部分，并加装加强件进行补偿。这一改动导致在船体高处引入可观的额外重量，因此需增加压载。为此共加装了高达3000吨的永久性压载和1000吨的压载水，以保证该船即使在两个主水密舱进水的情况下仍能保持竖直的漂浮状态。该船共加装了4门单装高仰角4英寸（约合101.6毫米）火炮，其弹药库则以3英寸低碳钢实施防护。[④]

“安东尼娅”号的两艘姊妹轮“阿特菲克斯”号（Artifex）和“奥索尼娅”号（Ausonia）则在1941年接受了改装。两邮轮的改装设计方案与“安东尼娅”号不同，新设计方案试图增强其承担大规模维修的能力，因此按改装设计两邮轮又被称为基地维修船。不过此后基地设施被取消，因此它们仍被称为维修船。这些改动意味着其4英寸（约合101.6毫米）炮的装甲弹药库设计被取消。为容纳大型车间，更多的原有船体结构被拆除，且相应增加了加固件。此后“阿劳尼亚”号（Alaunia）和隶属半岛东方公司的邮轮“兰普拉”号（Ranpura）也根据类似设计方案接受了改装，从而构成了4艘工作能力很强的维修船。按海军部原计划，这些维修船与浮动船坞协同工作，并需要居住船为大量特种维修兵［Special Repair Rating，隶属造船厂（Dockyard）］以及在维修船上无处容身者提供住处。当时认为早期维修船，如“资源”号和“韦兰”号缺乏修理重型结构的能力，因此2艘PF（C）型货轮被改装为舰体维修船，并与维修船一道工作。[⑤]两货轮

① 1944年2月11日古道尔在日记中写道：“审计长提到了舰队后勤船队。我说除了舰体修理船只、舰载机养护船只和海岸部队车间船只外，其他船只的需求都很明确。我们必须等待坦克登陆舰的供应……”以及1945年5月3日的日记：“‘窗框湾’号（Mullion Cove）很糟糕……阅读取缔暴动法。”

② MoD (Navy), War with Japan (London 1995), Vol VI, p281.

③ 该船被戏称为“舰队绝望船‘懊悔’号”。

④ 1942年3月25日古道尔在日记中写道：“看到了‘安东尼娅’号。若要及时完成改建任务，船厂显然有大量工作要做。我依然确定这一供应舰政策（即供应舰+战舰+战时改装舰船）完全是个谬误。”

⑤ 即“窗框湾”号和“杜里斯克湾”号（Dullisk Cove）。

舰体维修船“窗框湾”号（作者本人收藏）。

当时仍处于建造之中，因此改装工作导致的问题很少。两货轮同样加装了压载物。以符合前述“两水密舱标准”。

护航舰只、登陆舰和登陆艇，以及岸防快艇的养护船只则均由在加拿大建造的“堡垒”型（Fort）货轮改建而成。[1]改装工作工程量很大，包括加装甲板和舱面舱室，但其难度并不是很高。根据服务的舰种不同，安装的设备亦彼此不同，且安装的设备数量很多。其中若干养护船只一直服役至第二次世界大战结束之后很久。

① 其他同型货轮则被改装为物资运输船，并保持了其原有的“堡垒”系列船名。

机群

对舰载机养护舰的第一个要求便是能够对包括机身部分的零件执行大规模检查、养护和维修工作。尽管海军建造总监为此准备了新设计方案，但由于其过于复杂，因此为迅速建成舰载机养护舰，两艘“巨人”级轻型舰队航空母舰分别被改装为“英仙座”号和“先锋”号。两艘航空母舰上一切飞行相关设备均被拆除，如此便得到了安装新设备并进行相应操作的空间。“先锋”号于第二次世界大战结束前不久加入太平洋舰队。待修舰载机经起重机由驳船吊上养护

维修船“阿劳尼亚”号（世界船舶学会收藏）。

舰，为执行这一作业还加装了一部起重机（参见本书第三章）。

1 艘 PF（C）型货轮被舾装为舰载机引擎维修船，另 1 艘则被舾装为零件维修船，负责修理如液压机和电力设备等装置。此外，还有一系列护航航空母舰被用作舰载机运输舰，负责将包装好的舰载机运送至前进基地，并在当地完成组装和检查。上述工序完成后，另一些护航航空母舰则负责将这些舰载机从前进基地送往作战海域。

油轮、物资运输船及其他

第二次世界大战爆发前，皇家海军完全依赖英联邦国家遍布全球各地的大量油库为舰队补给油料，因此并未考虑海上燃油补给的问题。海上燃油补给的最早尝试通过舰艉补给方式进行，该方式不仅补给速度缓慢，而且很不可靠。同时油轮的航速和泵油速度均很缓慢，战舰官兵也缺乏海上补给的经验。尽管在第二次世界大战期间皇家海军逐渐解决了上述所有问题，但战争期间皇家海军的技术水平一直落后于美国海军。1943 年海军部征购了哈兰德与沃尔夫造船厂（Harlandand Wolff）建造的 2 艘航速为 15 节的油轮，并成为“浪”级油轮的滥觞。该级油轮的问世也意味着油轮性能的极大跃进，但直至第二次世界大战结束时，仅有 4 艘该级油轮抵达太平洋战场。该级油轮的后部油槽上方设有一对吊架，使其具备了一定并舷输油能力。

1942—1943 年间海军部考虑建造可伴随两栖突击部队一同行动的高速油轮，这种油轮不仅将负责补给燃油，而且将负责供应其他物资和弹药。此后海军部又决定，对于如此珍贵的船只，应搭载战斗机进行自卫。然而当时没有人力资源完成如此复杂的设计工作，因此这一计划最终被放弃。[①]海军部此后收购了 2 艘在建的 17 节航速油轮，作为临时解决方案，其中“欧拉”号在战争末期已经前往太平洋战场服役。另一艘原德国油轮则被改建为“北界标”号（Northmark）[后更名为“布拉瓦约”号（Bulawayo）]，但该轮的改建工作直至 1945 年 12 月方告完成。第二次世界大战结束后，该轮被用于一系列燃油补给设备和流程试验。

① 笔者于 20 世纪 70 年代末承担过类似船只的设计工作，并对设计中将出现一系列问题这一观点深表赞同。

舰队娱乐船及浮动啤酒厂“门尼西修斯”号（作者本人收藏）。

淡水补给同样是一大问题，为解决这一问题，舰队后勤船队最终包括了海水蒸馏船。然而正如费舍尔（Fisher）将军[8]所言，海水蒸馏船的引入并未彻底解决问题。①海水蒸馏船为舰队后勤船队中唯一的燃煤船只，因此特将一艘煤船与其并舷停靠。然而煤船的锅炉漏水严重，因此煤船本身便几乎消耗了海水蒸馏船的全部产出！另一个问题是在该海水蒸馏船唯一一次前往作战海域后的返航途中，需要拖轮实施拖曳，而当时唯一的大型拖轮可靠性不佳。

此外，不应遗忘英国对舰队后勤船队理念的唯一独有贡献，即舰队娱乐船"门尼西修斯"号（Menestheus）。②该船设有可容纳350人的剧院、静室、1座大型海陆空三军协会设施（NAAFI）[9]、1间小礼拜堂和若干酒吧。其中酒吧自然需要啤酒厂供应饮料，因此船上还设有1座每周可生产250桶啤酒的啤酒厂。该船直至第二次世界大战结束时才赶到太平洋战场，但在此后成功运行了1年，直至为该地区英军部队设置的永久性娱乐设施建成为止。[10]

建立和运行舰队后勤船队自然遭遇了大量问题，但最终这些问题大多被克服，足以使一支英国特混舰队参加击败日本的最后战斗。为此应感谢加拿大承担的庞大养护船只和物资运输船改建计划，感谢美国海军在太平洋战场给予的协助，其幅度甚至远超此前承诺的水平。

① Vice-Admiral Sir D B Fisher,' The Fleet Train in the Pacific War', Trans INA (1953), p224.

② 第二艘舰队娱乐船"阿伽门农"号至战争结束时仍未建成。

其他种类

受篇幅限制，笔者在此无法对第二次世界大战期间建造或改装的所有船只种类逐一进行描述。这些舰种包括9艘由大型商船改装而成的布雷舰，它们以每次携带550枚水雷的速度完成了北部屏障（Northern Barrage）的构建。还包括浅水重炮舰、布栅船、打捞船、医务船、拖轮、假战列舰等等。

浅水重炮舰"罗伯茨"号（Roberts），该舰装备的2门15英寸（约合381毫米）主炮由"苏尔特元帅"号（Marshal Soult）上拆除。有关将炮塔从朴次茅斯运往格拉斯哥过程中遭遇的种种问题，可参见I L Buxton, Big Gun Monitors。[11]

译注

1.此处指火炮全重。

2.单位同前。

3.格雷大风为地中海中部及西部的一种强烈东北风。

4.“凯瑟琳”计划为皇家海军计划于1940年春在波罗的海海域实施的登陆计划，主要出自时任海军大臣的丘吉尔的构想。该计划意图切断德国与苏联、瑞典、芬兰、爱沙尼亚和拉脱维亚之间的海运交通，尤其是切断瑞典铁矿石运往德国的路线——瑞典向德国的铁矿石出口一直让英国颇为担忧，尽管英国可以封锁北海方向的运输路线，但一旦波罗的海海域港口解冻，皇家海军便对经由这一路线进行的铁矿石运输无计可施。该计划可视为1939年冬至1940年初英国试图阻止瑞典向德国出口铁矿石的一系列军事外交尝试的一部分。不过计划需动用大量海军兵力，并遭到了第一海务大臣庞德的反对。最终一度顽强推进该计划的丘吉尔于1940年1月20日亲自搁置了该计划。

5.重约40吨。

6.原文如此，实际上日本攻击英国在远东的殖民地始于1941年12月7日，几乎与奇袭珍珠港同时。

7.1941年8月27日，U-570号在上浮时先后两次遭到皇家空军269中队的“哈德逊”式轰炸机攻击。在第二次攻击中，“哈德逊”式赶在U-570号完全下潜前投下了深水炸弹，并在距离潜艇不到10米处爆炸，爆炸不仅导致潜艇几乎倒转，而且导致其失去所有电力，仪表损坏，出现漏水，并导致艇上空气污染。乘员误以为电池与海水混合生成氯气，并因此放弃了轮机舱。在此情况下其艇长遂决定投降。

8.费舍尔曾任英国太平洋舰队后勤船队总指挥。

9.全称为Navy, Army and Air Force Institute，是英国政府于1921年创建的组织，负责运营英国三军所需的后勤娱乐设施，并向现役军人及其家属出售商品。其运营的行业包括俱乐部、酒吧、车站、超市、洗衣房、饭店、咖啡馆及皇家海军舰船上的小卖部。

10.该船在战后英国太平洋舰队的一系列友好访问任务中亦扮演了重要角色。

11.该艘“罗伯茨”号为第二次世界大战期间新建的一艘浅水重炮舰，隶属“罗伯茨”级，1941年2月下水。“苏尔特元帅”号为第一次世界期间建造的一艘浅水重炮舰。其经过详见D K Brown, The Grand Fleet（即《大舰队》）一书第十章。

第九章
现代化改造、升级与拆解

整个19世纪甚至更早时期，对老旧舰只进行现代化改造都是一项常见作业，其内容包括更新武器和动力系统等。不过在20世纪，直至第一次世界大战结束时，列强海军几乎都没有进行现代化改造。导致这一现象的原因是“无畏”号（Dreadnought）战列舰问世所引发的革命性的影响。该舰的问世使得旧式战舰迅速过时，几乎没有进行现代化改造的价值。20世纪20年代和30年代初，现役战舰总体而言还颇为现代，因此似也没有将珍贵的海军资金中的相当部分用于对其实施现代化改造的必要。

上述情况在20世纪30年代中期发生了改变。第一次世界大战时期的战舰已经在防护和防空武器两方面显得过时，同时其过时的动力系统也日趋不堪重负，且效率低下。理想状况下，这些老旧舰只本应被新建舰只所取代，但对列强而言，新建舰只均不太实际。除条约体系限制（1936年前）和缺乏资金外，最为重要的原因是缺乏造舰能力。日本和意大利均投入大量资金对其老旧舰只进行重建，在一定程度上美国海军也进行了类似工作。而皇家海军也在计划展开类似的重建项目。

皇家海军的战列舰队中，“厌战”号、“伊丽莎白女王”号、“刚勇”号（Valiant）[1]和“声望”号（Renown）接受了全面的现代化改造[2]，而“马来亚”号（Malaya）[3]和“反击”号仅接受了有限的现代化改造[4]。很多C级巡洋舰和“德里”号（Delhi）[5]以及若干V级和W级驱逐舰则被改装为防空舰只。“肯特”级重巡洋舰接受了相当程度的升级，其中“伦敦”号接受的更新更为全面。很多老式舰船均大幅加强了各自的防空火力，其中部分甚至加装了装甲。而那些未能接受升级的舰船则在未来的战争中几乎无用武之地。本章将对进行了哪些升级、改造过程吸收了哪些资源，以及哪些改动的价值在第二次世界大战中得到证明进行阐述。

主力舰

1931年，海军部利用战列舰“印度皇帝”号和“马尔伯勒”号分别进行了炮弹和炸弹试验。鉴于试验结果暴露了老式舰只甲板防护的弱点，海军部遂采取行动就此进行改善。①1933年10月举行的一次海务大臣会议中，海军情报总

① 值得注意的是，“胡德”号的防护系统被视为第一次世界大战时期主力舰中最强者。[6]

监报告称美国海军已经支出1600万英镑资金用于对其战列舰实施现代化改造，日本则划拨了900万英镑，并可能追加资金，而此时英国仅就此花费了300万英镑资金。[①]海军部遂决定应在老式战列舰下次接受整修期间，对其弹药库和轮机舱部位追加甲板防护，唯一前提是参考各舰预期寿命是否值得进行此类改造。

“巴勒姆”号于1931年入坞接受大规模改装，此前海军部已经决定加强其甲板防护。该舰共在其原有1英寸（约合25.4毫米）甲板上加装500吨4英寸（约合101.6毫米）未硬化装甲板，其覆盖范围为弹药库及其前后各数英尺开外。日德兰大海战后加装的装甲板则被拆除。此次改装期间还加装了防雷突出部。该舰的防空火力也得到加强，并加装了2具马克I型防空控制系统、4门4英寸（约合101.6毫米）防空炮（1938年被4座双联装炮架取代）以及2座八联装乒乓炮。[②][7]此次改装工程耗资42.4万英镑，而此前“厌战”号的改造工作仅耗资19.5万英镑。[8]除加装装甲外，两次改装内容大致相同。“巴勒姆”号于1931年1月在朴次茅斯入坞，直至1934年1月改装工程方告完成。

“马来亚”号则从1934年10月起入坞接受改装，这一工程直至1936年12月方告结束。海军部原计划为该舰实施与“巴勒姆”号相同的改造，但1933年又决定对其轮机舱上方甲板加设2.5英寸（约合63.5毫米）未硬化装甲板，并加装横贯甲板的弹射器及机库，从而明显改变了该舰轮廓。[③]原有司令塔被较小也较轻的新指挥塔所取代，从而实现了220吨减重——这大致与加装的舰载机相关设备重量相当。海军部预计该舰的吃水深度将较“巴勒姆”号深5英寸（约合127毫米）。该舰装备了4座双联装4英寸（约合101.6毫米）防空炮。整个改装工程耗资97.6963万英镑。

1933年4月至1936年5月间，“反击”号在朴次茅斯接受了与“马来亚”

① 美国的改建成本很高，因此将其除以2甚至3之后方能与英国相应数字进行公允比较。

② 完整改装内容可参见Raven and Roberts, British Cruisers of WWII(London 1980)。

③ 当时认为锅炉舱内更为细密的分舱设计将使得防护的重要性下降。

“巴勒姆”号在1931年至1934年的大规模改装期间接受了有限的改装，其内容包括追加500吨甲板装甲。注意这张拍摄于1938年的照片中，该舰B炮塔上绘有蓝白红色条纹。这是西班牙内战期间的识别符（感谢约翰·罗伯茨提供）。

“马来亚”号，摄于1937年。该舰原计划接受与“巴勒姆”号相同的改造，但海军部此后决定加装横贯甲板的弹射器和机库，从而使其轮廓发生了可观的改变。

号类似的改造。1933年以前，该舰的弹药库和轮机舱的甲板防护由3块厚度均为1英寸（约合25.4毫米）的高强度钢叠加构成。新的防护设计较为复杂，但其主要特点如下。在弹药库上方位置，1块1英寸（约合25.4毫米）高强度钢板被拆除，改装3.75英寸（约合95.3毫米）未硬化钢板。在轮机舱上方位置，2块1英寸（约合25.4毫米）高强度钢板被拆除，改装2.5英寸（约合63.5毫米）未硬化钢板。该舰同样加装了横贯甲板的弹射器，8门4英寸（约合101.6毫米）防空炮和2座乒乓炮。改装工程耗资137.7748万英镑。①

“皇家橡树”号（Royal Oak）[9]从1934年6月起接受了为期2年的改装工作，其间该舰共加装了900吨装甲，其中弹药库和轮机舱上方分别加装了4英寸（约合101.6毫米）和2.5英寸（约合63.5毫米）未硬化装甲。加装的装甲均覆盖原有1英寸（约合25.4毫米）甲板钢板。该舰也加装了4座双联装4英寸（约合101.6毫米）防空炮和乒乓炮，并在其X炮塔上方加装了弹射器。其他4艘“皇权”级战列舰尽管加强了防空火力，但在第二次世界大战爆发前并未加装装甲。②[10]

重建“厌战”号

由于在改装过程中，不堪重负且效率低下的原有动力系统并未被更换，且改装后吃水深度增幅超过预期，因此对较老主力舰的现代化改造工作并不完全令海军部满意。海军部遂决定对“厌战”号进行更大幅度的改建工程。该舰于1934年3月至1937年3月间在朴次茅斯接受改造。在此过程中该舰换装了新式动力系统，新系统不仅重量较轻、占地面积较小，而且效率更高。由此实现的减重使得对主炮实施现代化改造、大幅度增强防护、安装横贯甲板的弹射器和机库，并加装4架舰载机成为可能。此外，该舰也加装了现代化的舰桥塔和上层建筑，并照常增强了其防空火力。③

① 1935年7月13日古道尔在日记中写道：“我曾就在‘反击’号上为实现11.5吨的减重而耗资650英镑加装铝制水手箱是否过于昂贵的问题询问海军建造总监，他回答‘是的’。”

② 1939年3月14日古道尔在日记中写道：“第一海务大臣召我讨论‘皇权’级的问题。我声称派其与现代化主力舰对战无疑是一种谋杀。他表示同意。”

③ 曾有建议在“铁公爵”号上对“厌战”号所采用的舰桥进行试验。参见古道尔1935年1月4日的日记。

“厌战”号，摄于1938年。1934—1937年间该舰接受了大规模现代化改造，并安装了新的动力系统（作者本人收藏）。

该舰原有15英寸（约合381毫米）炮塔被拆除并接受改造，使其主炮仰角增至30°，从而提高了主炮最大射程。在使用尖拱曲径比为4的老式炮弹时，主炮射程从2.34万码（约合2.14万米）增至2.9万码（约合2.65万米）。若使用尖拱曲径比为6的新炮弹，射程则可进一步增至3.22万码（约合2.94万米）。炮塔旋转部分重量从785吨增至815吨。舷侧原有6英寸（约合152.4毫米）炮廓炮中，前部炮组和最后1门均被拆除，从而使其艏楼宽度得以展宽，这有助于改善剩余炮组的潮湿程度。该舰加装了4座双联装4英寸（约合101.6毫米）防空炮和4座八联装乒乓炮。①

甲板装甲变动基本与“马来亚”号相当，唯一的区别是加装装甲的范围也覆盖了锅炉舱，由此加装装甲总重增至1104吨。6英寸（约合152.4毫米）炮廓炮组的防护则削减至2英寸（约合50.8毫米）[11]，这一改动又实现了445吨减重。拆除司令塔则实现了约230吨减重。

该舰原先装备的24座雅罗式大管径锅炉则被6座海军部三锅筒锅炉所取代，每座锅炉均安置在独立的锅炉舱中。原先装备的涡轮机直接驱动主轴，这一设计被帕森斯单级减速涡轮系统所取代。

原有3座轮机舱则被新设的一道纵向舱壁和一道横向舱壁分隔，构成4座轮机舱和4座齿轮舱。

① 1933年9月20日古道尔在日记中写道：“根据在‘百夫长’号上进行的炸弹试验结果，海军建造总监希望旧式战列舰上安装的所有M型乒乓炮均能向正前方射击。”

表9-1　“厌战”号的动力系统变化

	改造前	改造后
满功率下主机输出功率	7.5万匹轴马力	8万匹轴马力

	改造前	改造后
主轴转速	每分钟300转	每分钟300转
满功率下燃油消耗率	每小时每匹轴马力1.22磅（0.55千克）	每小时每匹轴马力0.75磅（0.34千克）
	每小时41吨	每小时26.8吨
10节航速下续航能力	8400海里	14300海里
燃油储量	3425吨	3735吨
轮机舱总重	1737吨	967吨
锅炉舱总重	1461吨	900吨
动力系统总重	3691吨	2300吨
排水量	35557吨	36096吨

注意现代化改造完成后该舰排水量并未违反条约规定；条约允许已有主力舰排水量增加3000吨，用于增强防护。

新装动力系统表现良好，且该舰在试航中实现了23.8节航速。不过，满舵条件下新舵机会出现卡死现象，这一故障颇令人烦恼。最终发现新舵机的设计输出扭矩与旧式舵机相同，但旧式舵机的实际输出扭矩远大于设计指标。此外，转向时舰体会出现明显的振动，这一问题的根源是外侧推进器的尾流对内侧推进器的碰撞。通过在转向时降低位于转向圈外侧的推进器转速，这一问题得以缓解，但未被根治。

“厌战”号的改造工程共耗资236.2万英镑。古道尔（1939年3月22日的日记）对此仍持批评态度（总结如下）:“‘厌战’号的防护依然远低于期望水平。锅炉舱位置仍未设置现代化的甲板防护系统……与现代化主力舰相比，其侧装甲带深度不足，难以抵御B型炸弹和非触发鱼雷。”

“伊丽莎白女王”号和“刚勇”号

“伊丽莎白女王”号和“刚勇”号按与“厌战”号类似的方式接受了改造。“刚勇”号于1937年3月1日在德文波特入坞，“伊丽莎白女王”号则于同年8月11日在朴次茅斯入坞。由于改装工程在浮动船坞中展开，因此“刚勇”号的改造引发了特别的问题。在将该舰的甲板拆除以便更换其动力系统之后，其舰体剩余强度非常有限，而浮动船坞又与重力船坞不同，较为柔韧。因此为保证改造工程顺利安全进行，施工人员不得不频繁检查船坞的挠度，并相应改变压载。[①][12] 两舰装备了高平两用副炮，其形式为双联装4.5英寸（约合114.3英寸）甲板间炮架。采用该种火炮自然引发了对其发射的56磅（约合25.4千克）炮弹是否能有效应付驱逐舰的担忧。

① 令人惊讶的是，负责监控浮动船坞以保证该舰改造工程顺利完成的军官，和对该舰在亭可马里接受整修时浮动船坞损毁一事负责的军官是同一人。

1939年11月完成现代化改造的“刚勇”号。注意该舰每舷侧均装备5座双联装4.5英寸（约合114.3毫米）炮架。与“英王乔治五世”级装备的5.25英寸（约合133.4毫米）火炮相比，这是一种更高效的防空武器（帝国战争博物馆，FL3963号）。

两舰装备了8座锅炉，分装于4间沿中线布置的锅炉舱中，锅炉舱两侧留下的巨大舷侧空间则用于安装辅机等设备。“刚勇”号于1939年11月首先完成改造，相比之下“伊丽莎白女王”号的改造工作进展颇慢。1940年晚期当朴次茅斯港遭受猛烈空袭时，该舰被拖至罗塞斯港继续进行改造工作，其改造工作直至1941年1月底方告完成。尽管笔者并未找到两舰的改造工程造价，但无疑应远高于“厌战”号，而稍低于“声望”号。

“声望”号

“声望”号于1936年9月在朴次茅斯入坞接受现代化改造，其改造方案与“刚勇”号类似，该工程于1939年9月2日完工。在1923—1926年间的改造工程中，该舰增加了甲板防护，因此新防护体系大体吸收了既有防护设计。该舰新设的4.5英寸（约合114.3毫米）弹药库上方设有由1英寸（约合25.4毫米）D质钢构成的舰体结构，其上再敷设4英寸（约合101.6毫米）未硬化装甲，其轮机舱上方则设有2英寸（约合50.8毫米）同种装甲。该舰新装的动力系统包括分装在4间锅炉舱中的8座海军部锅炉和4间齿轮舱，共实现了幅度为2800吨的减重。在平均作战排水量条件下，该舰在试航中跑出了30节航速，从而使得其成为皇家海军中最具价值的主力舰。该舰于1939年7月1日进行了倾斜试验，结果显示其重载排水量为3.608万吨，比预期排水量轻约2000吨。[①]

① 笔者确实怀疑倾斜试验结果是否正确。至1944年该舰的“增重”已达2315吨，其中仅有694吨可以找到出处。

“声望”号安装了新动力系统和由4.5英寸（约合114.3毫米）炮架构成的副炮炮组（帝国战争博物馆，A18655号）。

其他计划

“胡德”号原计划在“伊丽莎白女王”号之后接受现代化改造。①[13]1938 年 12 月其现代化改造工作的要点已经确定，即安装新动力系统，改装由 8 座双联装 5.25 英寸（约合 133.4 毫米）炮架构成的新副炮，加装 6 座八联装乒乓炮和一具横贯甲板的弹射器。原有司令塔和鱼雷发射管则将被拆除。②[14]

海军部曾考虑在 1940 年对“纳尔逊”号和“罗德尼”号进行改装，但并未决定最终改装方案。③当时认为最为紧迫的工作包括加深装甲带深度，并在下甲板前部加装装甲。当时希望在其 1937—1938 年整修工程期间完成上述工作，并将相应造价控制在 33 万英镑。然而造船厂无法完成上述工作。“纳尔逊”号的舰体前部加装了厚度为 2.75 英寸（约合 69.9 毫米）至 3 英寸（约合 76.2 毫米）的装甲。前后共提出过 3 个现代化改造方案。全部改造方案中，该级舰原有的 6 英寸（约合 152.4 毫米）副炮和 4.7 英寸（约合 120 毫米）防空炮均将被拆除，并被下述方案之一所取代：

① 1932 年 10 月 5 日古道尔在日记中写道：“‘胡德’号的防护。它的轮机舱在面对炸弹攻击时真是非常脆弱。”

② 该舰的现代化改造工作将会颇为困难。首先，“胡德”号的舰体结构早已过载，且很难将其应力水平降低。5.25 英寸（约合 133.4 毫米）火炮的提弹井又将穿越该舰的强力甲板，因此也是一个难以解决的问题。1939 年 3 月 3 日古道尔在日记中写道：“第一海务大臣谈到了‘胡德’号。据信日本已经在建造装备 12 英寸（约合 304.8 毫米）火炮的战列巡洋舰。我声称这也构成反对将‘胡德’号暂时退出现役的理由之一。”

③ 1938 年 10 月 24 日古道尔在日记中写道：“‘纳尔逊’号，安装新的动力系统，增加装甲、横贯舰体的弹射器。”

（a）8 座双联装 5.25 英寸（约合 133.4 毫米）炮架、2 座乒乓炮、设于 X 炮塔上方的弹射器；

（b）10 座双联装 4.5 英寸（约合 114.3 毫米）炮架、2 座乒乓炮，并在遮蔽甲板加装弹射器和机库；

（c）6 座双联装 5.25 英寸（约合 133.4 毫米）炮架、2 座乒乓炮、设于 X 炮塔上方的弹射器。

此外还有对“铁公爵”号进行整修和现代化改造的建议，甚至有从智利回购“拉托雷海军上将”号（Almirante Latorre，即第一次世界大战期间在皇家海军中服役的“加拿大”号）战列舰的提案！[15]

第二次世界大战结束时，造船厂宝贵的工作量中有相当可观的部分被用于整修旧式主力舰。古道尔对此颇为愤怒（见 1943 年 7 月 6 日的日记）：“对 C 级和 D 级巡洋舰进行了讨论——还需要对这些老家伙做啥？”次日日记：“对‘纳

“伦敦”号是“郡”级重巡洋舰中唯一接受全面现代化改造者——或许正是加装的重量导致该舰应力过大。这一现象又进而导致该舰甲板和舰底均发生漏水，上述问题颇耗费一段时间才得以解决（作者本人收藏）。

尔逊’号和‘罗德尼’号进行重新武装。”1945 年 3 月 13 日的日记：“皇家造船厂对一堆老废物，如‘声望’号进行了大量的工作。”1945 年 5 月 15 日的日记：“惊闻‘加迪夫’号（Cardiff）[16] 将前往斯蒂芬船厂接受维修，颇感震惊。”维修会议（1945 年 8 月 22 日的日记）：“‘声望’号和‘刚勇’号纯属垃圾。”

“凯瑟琳”计划

“凯瑟琳”计划乃是丘吉尔提出的一个作战计划，其内容为于 1940 年将一支舰队派往波罗的海。①计划包括加强参与该行动舰船的防空火力和甲板装甲，其中“皇权”级战列舰将接受幅度最大的改动。改装方案一再改动，但最终方案包括如下要点。各舰将加装巨大的防雷突出部，将其舰宽增至 140 英尺（约合 42.7 米）[17]，其吃水深度将相应降低 9 英尺（约合 2.74 米），从而可通过 26 英尺（约合 7.92 米）深的航道 [18]。防雷突出部代号为“胶套鞋”（Galoshes），由两部分组成，其中内层部分可在船坞中安装，外层部分则将在各舰处于漂浮状态下安装。在较深的水域，防雷突出部的部分空间将被注水，以使装甲带底部重新没入水下。加装防雷突出部后引入的额外浮力可使得在甲板上加装 4~5 英寸（约合 101.6~127 毫米）厚的装甲。原计划保留各舰的全部 8 门 15 英寸（约合 381 毫米）主炮，但后期方案中仅保留其中 4 门，并将其最大仰角增至 30°。改装后各舰轻载状态下航速预计将为 16 节，在“作战吃水深度”下则将为 13~14 节。即使是在“凯瑟琳”计划被取消之后，丘吉尔仍指示继续进行“皇权”级的改装设计工作，以期用其执行船团护航任务。但即使是这一设想也很快落空：海军部认识到各造船厂均无力承担相关改装工作。

是否值得?

根据各舰改造方案可得出价格表 9–2。

表9-2

	造价（万英镑）
包括加装防雷突出部在内的常规改装工程	20
“巴勒姆”号	40
“马来亚”号	100
“厌战”号	230
“声望”号	300
新建战列舰	约700

毫无疑问，各舰队总指挥官都会同意，就作战价值而言，接受全面现代化改造的主力舰要高得多。所有 4 艘按这一标准接受改造的主力舰在第二次世界

① D K Brown, 'Operation Catherine', Warship 40 (October1986), p232.

大战期间均表现得非常活跃，并在多次海战中扮演重要角色。然而，很难判断进行的改动是否对此有显著影响。战争期间，“厌战”号的战斗历程堪称新旧战列舰中最为活跃者。1940 年卡拉布里亚海战（Calabria）中，该舰在 2.6 万码（约合 2.38 万米）距离上命中意大利海军“凯撒”号战列舰[19]，这可被视为对增加其主炮仰角作用的证明，也导致坎宁安提出获得另一艘接受类似改造主力舰的要求。①战争期间“厌战”号曾两次被炸弹重创，其中第一次发生在克里特岛附近海域，一枚 250 千克半穿甲弹在该舰上甲板上的 6 英寸（约合 152.4 毫米）炮廓炮炮组内爆炸。[20]这一战例并未涉及其加强的甲板装甲。第二次则发生在萨莱诺附近海域，一枚 1362 千克重的 FX1400 型反舰制导滑翔炸弹击穿了该舰锅炉舱上方甲板[21]，然而对该种炸弹的攻击而言，任何厚度的装甲均无法实施有效防护。

① 2.6 万码（约合 2.38 万米）距离也是战列舰交火中取得命中的最远距离记录。坎宁安不久后便得到了“刚勇”号。

考察现代化改造对“声望”号在与“沙恩霍斯特”号和“格奈森瑙”号进行的英勇战斗中起到了什么作用无疑是个诱人的话题。[22]然而应注意到此战中“声望”号的开火距离为 1.9 万码（约合 1.74 万米），即使其炮塔未经现代化改造也足以胜任。另一方面，在面对日本鱼雷轰炸机时，“声望”号的表现可能要远强于“反击”号[23]。很可能新动力系统不仅更为可靠，而且更容易维持高航速，然而这一推测无法被证实。

巡洋舰——C级和D级防空巡洋舰

至 20 世纪 30 年代中期，第一次世界大战时期的老式巡洋舰对海军部而言已经是一种困扰。这些巡洋舰的防空火力几乎可以忽略不计，因此也无法将其用于北海或地中海战场，同时其较短的续航能力又意味着无法执行商道护航任务。雪上加霜的是，较差的稳定性又意味着对其实施改造颇为困难。最终海军部于 1934 年决定将这些巡洋舰改为全部配置防空炮。最早接受这一改造的是“考文垂”号（Coventry）和“麻鹬”号（Curlew），两舰于 1935—1936 年间入坞。

两舰的原有武器被 10 门安装在马克 III 型炮座上的单装马克 V 型 4 英寸

改造为防空巡洋舰的“麻鹬”号。改造工程造价低廉，且改造后这些巡洋舰很有用。然而还应考虑到，这些防空巡洋舰需要大量人员操作，而其武器仅稍强于 1 艘轻护卫舰。[24]

（约合 101.6 毫米）火炮和 2 座八联装乒乓炮所取代，并安装了 2 座马克 III 型防空控制系统。改造工程规划要求实现最低造价，因此即使是这些 4 英寸（约合 101.6 毫米）火炮也是由换装双联装 4 英寸（约合 101.6 毫米）火炮的各舰上拆下的。为改善稳定性，两舰加装了约 100 吨压载。①改造工作在很大程度上被视为成功，尽管第二次世界大战爆发后其武器被削减为 8 门 4 英寸（约合 101.6 毫米）火炮：实战显示位于上甲板中部的 2 门火炮不仅射界非常有限，而且其炮口风暴会干扰安装在遮蔽甲板上的其他火炮。②由于供应量稀少，因此安装在防空巡洋舰上的 1 座乒乓炮被拆除，转用于那些更需要配备该火炮的战舰上。

海军部决定在 1936 年 6 月至 1940 年 3 月间对剩余 11 艘 C 级和 D 级巡洋舰进行类似改造，但直至 1938 年才找到可以实施改造任务的机会。1938—1939 年间两艘巡洋舰接受了重新武装，另有两艘在 1939—1940 年间接受了改造。这 4 艘巡洋舰装备了 4 座双联装马克 XIX 型炮架、1 座四联装乒乓炮和 2 座马克 III 型防空控制系统。③此后几年未再对其他巡洋舰进行改造，直至 1942—1943 年间才对“科伦坡”号（Colombo）[25] 进行改造，此次改造中该舰安装了 3 座双联装 4 英寸（约合 101.6 毫米）炮座、2 门博福斯火炮（安装于“海斯梅尔”式炮座）和 14 门厄利孔防空炮。最后一艘接受改造的是“卡列登”号（Caledon）[26]，其内容与“科伦坡”号大致相同。1943 年海军部决定不再值得花费资金对剩余巡洋舰进行改造。改造工程造价低廉，且涉及的大部分设备供应都较为充裕。然而，改造后防空巡洋舰的战斗力仅稍强于 1 艘轻护卫舰，且前者不仅更为昂贵，而且需要更多的人力（约 440 人），更何况需要更多的养护工作量。

1936 年海军部决定 D 级巡洋舰应改装 4 座配备马克 III 型上甲板炮架的双联装 4.5 英寸（约合 114.3 毫米）火炮和 1 座四联装乒乓炮。1938 年海军部批准对最初 3 艘 D 级巡洋舰展开改造，并相应订购了火炮，但当时并无船厂可承担

① Raven & Roberts British Cruisers of WWII, pp212-21.
② G C Connell, Valiant Quartet(London 1979), p41.
③ 大多数人会认为这一配置优于最早接受改造的“考文垂”号和“麻鹬”号的配置。不过曾在“考文垂”号上服役的康奈尔（Connell）表达了异议。他认为单装炮意味着可同时攻击更多的目标，此外由于没有防盾结构，因此视野更好。

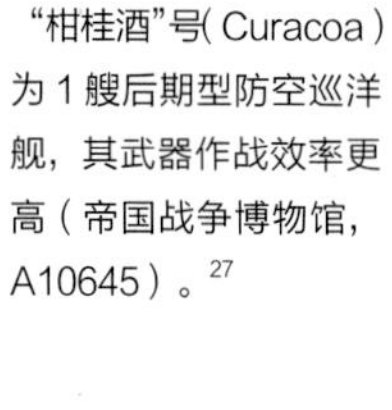
“柑桂酒”号（Curacoa）为 1 艘后期型防空巡洋舰，其武器作战效率更高（帝国战争博物馆，A10645）。[27]

改造工作。[1]此后皇家海军于1940年间收到了关于美制5英寸（约合127毫米）38倍径火炮性能的报告，报告对其性能的评价颇高，最终美方同意在“德里”号上安装5座单装5英寸（约合127毫米）38倍径火炮、2具马克37型指挥仪、2座四联装乒乓炮和8门厄利孔防空炮。此外美方还同意对该舰老化的舰体和动力系统进行整修。改造工作于1941年5月至12月在纽约展开。1942年2月进行的试航大获成功，使用备便弹药时火炮射速为每分钟25发，使用提弹机供弹时火炮射速为每分钟15发。英美双方原达成协议，对更多巡洋舰进行类似改造，但一旦美国自身卷入战争，5英寸（约合127毫米）38倍径火炮便更多地用于装备驱逐舰，而非对老旧巡洋舰进行改造（笔者已在本书第四章涉及有关“郡”级重巡洋舰的改造工作）。

V级和W级驱逐舰

第二次世界大战爆发时，皇家海军中尚有58艘V级和W级驱逐舰服役。[2]其中20艘已被划拨，即将按WAIR方案被改造为防空护航舰。[3][28]战争爆发时已有3艘按该方案完成改造，最终共有15艘完成改造，其中最后1艘的改造工作于1941年初完成。改造工作全部由皇家造船厂承担，堪称一项浩大的工程，通常每艘驱逐舰需耗费7~10个月。改造中原有上层建筑被拆除，原有武器全部被2座双联装4英寸（约合101.6毫米）防空炮、2座四联装0.5英寸（约合12.7毫米）机枪和一座搭载防空指挥仪的新舰桥所取代。这些驱逐舰几乎全部被用于承担东海岸船团航线护航任务，并被认为颇为成功。“华莱士”号(Wallace）驱逐领舰也接受了类似改造，但鉴于其舰体较大，因此还加装了1座四联装乒乓炮。

第二次世界大战期间，另有21艘两级驱逐舰被改装为大航程护航舰只。其中11艘的改装工作由皇家造船厂实施，其余则在民营造船厂中实施。各舰改造工程开始时间在1941年1月至1943年4月间，完成时间则在1941年6月至

① 其中2套4.5英寸（约合114.3毫米）火炮被安装在“锡拉”号和“卡律布狄斯”号巡洋舰上。

② 两级驱逐舰中，3艘在战斗中沉没，5艘被拆解，1艘搁浅后被拆解。

③ A Raven & J Roberts, 'V and W Class Destroyers', Man o' War 2(London 1979). 另可参见A Preston, V and W Class Destroyers 1917–1945(London 1971)。

接受防空改装的“浮华”号（Vanity），这一改装常常被简称为WAIR（作者本人收藏）。

1943年8月间，通常单舰改装工作约耗时5~6个月。接受改装的各舰上，前部锅炉被拆除，原锅炉舱下部被改造为油槽，其上部则被用于布置其他设备或住舱。完成改装后各舰航速降至24.5节，但12节航速下续航能力升至2930海里，从而可于不在中途接受燃油补给的前提下完成横跨大西洋的航程。各舰保留了B炮位和X炮位的火炮，其中一部分加装了用于发射1吨重深水炸弹的三联装鱼雷发射管以及“刺猬”式发射器，并配备150枚深水炸弹。在此基础上更加完善的设计工作始于1943年，但未被推进。[①]有迹象显示包括安装“鱿鱼”式反潜迫击炮在内的改装计划亦曾被设计部门考虑，但具体细节不存。驱逐领舰“布罗克”号（Broke）和“凯泊尔”号（Keppel）也接受了类似改装。

1941年“白厅”号（Whitehall）的A炮位安装了5门大型反潜迫击炮进行试验，这些迫击炮可向正前方发射深水炸弹。[②]此次试验似乎并不成功，很可能是因为潜水炸弹的外形使得其在空中飞行时弹道无法被预测。“韦斯特科特”号（Westcott）则于1941年中搭载“刺猬”式发射器进行了首次试验。海军建造总监部门还准备了将驱逐舰改造为快速补充舰的设计草案，该设计可携带711吨燃油和200枚深水炸弹，将装备2具阿特拉斯公司（Atlas）生产的1600匹制动

右：“白厅”号的A炮位安装了5门试验性反潜迫击炮。也被称为“五宽体处女”（帝国战争博物馆，A4671）。

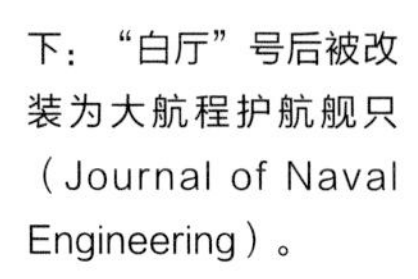

下：“白厅”号后被改装为大航程护航舰只（Journal of Naval Engineering）。

① D K Brown, 'V & W conversions, two that were not built', Warship Supplement 101 (Kendal 1990).

② 被非正式地称为“五宽体处女”（Five Wide Virgins）。

马力的柴油引擎，航速预计为15~17节，排水量为2031吨，吃水深度将较原始设计深12英寸（约合304.8毫米）。[1]

更老旧的S级和R级驱逐舰则装备了更多的深水炸弹，加装了防空炮等武器，但由于其舰体太小，因此无法接受任何大规模现代化改造。

拆解

在《华盛顿条约》签订之后第二次世界大战爆发之前，皇家海军拆解的舰船可总结如下（更老旧的舰只未列入表中）：

表9-3

舰种	舰级	拆解数量	备注
主力舰	“猎户座”级	2	
	“英王乔治五世”级	3	“百夫长”号在被拆除武装后以靶船身份继续服役
	“铁公爵”级	4	“铁公爵”号在接受了非武装化改造后以训练舰身份继续服役*
	“虎”级	1	
巡洋舰	“卡罗琳”级（Caroline）	5	
	“史诗女神”级（Calliope）	6	
	“半人马座”级（Centaur）[29]	2	
驱逐舰	M级晚期型	6	
	R级，海军部标准设计	33	
	R级，托尼克罗夫特公司特殊设计	4	
	R级改进型	8	
	S级，海军部标准设计	43	
	S级，托尼克罗夫特公司特殊设计	3	
	S级，雅罗公司特殊设计	6	
	驱逐领舰	3**	
	V级和W级	5	

* 甚至还有建议对其重新武装并进行现代化改造！
** 包括“布鲁斯”号（Bruce）在内，该舰在鱼雷磁性引信试验中被消耗。

往往有观点认为，很多甚至大部分被拆解舰只在未来的战争（第二次世界大战）中均具有宝贵的作战价值。然而现有证据并不支持这一论点。即使是“皇权”级也被视为拖累而非资产，至于更老旧的战列舰则只会更糟。[2]有人或许会考虑对“虎”号战列巡洋舰进行现代化改造（尽管根据条约规定，英国不得保留该舰），但对该舰的改造无疑将涉及安装新动力系统，且无疑对“胡德”号实施现代化改造更为重要。未经现代化改造的C级和D级巡洋舰已经毫无作战价

① D K Brown, 'V & W conversions, two that were not built'.（引用了霍普金斯的工作笔记，该笔记现存于国家海事博物馆。）
② 笔者本人非常赞同下述评论。1938年9月3日古道尔在日记中写道：“告知第一海务大臣我更倾向于看到‘暴怒’号和‘皇权’级在战争爆发前被拆解。”

值，因此并不值得保留更多这两级巡洋舰。对驱逐舰而言，较大的驱逐领舰以及V级和W级驱护舰较为有用，但可推测此类舰只中被拆解的少数当属船况最差者。从S级驱逐舰开始，更老旧的驱逐舰几乎没有任何价值。[1]如本书第七章所提，海军部曾认真考虑重新启用其中50艘总航程较低者的齿轮减速涡轮系统。

① P Grenon, Convoy Escort Commander (London 1964), p58; D A Rayner, Escort (London 1955), p131.

结论

考虑到资源不足以及条约对新建舰只的限制，对主力舰进行大规模现代化改造的价值很高。折中方案（如“马来亚”号所接受的改装方案）不仅造价高昂，而且用处有限。然而，总体而言应承认第二次世界大战爆发前并未拆解足够的舰船。

译注

1.隶属“伊丽莎白女王”级战列舰，1914年11月下水。
2.“厌战”号为其中最早接受现代化改造者，因此其改造内容与其他3舰有一定区别，例如副炮设置。
3.隶属“伊丽莎白女王”级，1915年3月下水。
4.隶属“伊丽莎白女王”级，1915年3月下水。
5.隶属D级巡洋舰，1918年8月下水。
6.“胡德”号实际未设装甲甲板。由于该舰中途改变设计后已经超重，因此仅能在部分要害区域对甲板进行加厚。
7.此处为原作者笔误，实为同作者所著的British Battleship of WW II。
8.此处指1924—1926年“厌战”号接受的改装工作。
9.隶属“皇权”级战列舰，1914年11月下水。
10.尽管“皇权”级的下水时间比“伊丽莎白女王”级更晚，但根据第一次世界大战后皇家海军根据条约规定进行的规划，该级舰将先于后者被新建战列舰替代。
11.原为6英寸，约合152.4毫米。
12.1944年8月8日，该舰在锡兰亭可马里进入浮动船坞接受整修时发生事故，导致舰体严重受损。
13.1931年3月“胡德”号刚刚完成一次为期近2年的大规模改装，但受限于该舰超重情况，此次改装对水平防护能力的加强较为有限。
14.日本列入1941年造舰计划中的3万吨级“超甲巡”装备305毫米主炮。
15.该舰原为第一次世界大战爆发前智利订购的战列舰，1913年11月下水。1914年战争爆发后英国政府于当年9月收购了该舰，后于1920年4月将其再次出售给智利。
16.“加迪夫”号隶属第一次世界大战期间的C级驱逐舰，1917年4月下水。海军部原计划于1938年6月将其改造为防空巡洋舰，但因其他改造项目延误而未能按时实施。1940年10月该舰被改造为炮术训练舰，并以此身份度过了第二次世界大战的剩余时间。1942-1943年间该舰加装了厄利孔防空炮和搜索雷达。
17.原始舰宽为75英尺，约合22.9米。
18.原始吃水深度为27.5英尺，约合8.38米。
19.海战爆发于1940年7月9日，英意双方舰队当时各自承担船团护航任务。由于“马来亚”号和“皇权”号航速过慢，因此坎宁安指挥“厌战”号单独赶上战斗。在发现“厌战”号落单后，意方指挥官指挥两艘战列舰上前与其交战，“厌战”号则以一敌二，同时向两艘敌舰开火，期间还遭到了意大利重巡洋舰的射击。双方战列舰交火7分钟后，意方首先达成近失，但“厌战”号立即还以颜色，命中“凯撒”号的艉甲板。最终双方各自撤退。
20.发生于1941年5月22日，德军入侵克里特岛期间。当时该舰正作为浮动防空炮台。
21.发生于1943年9月16日，萨莱诺登陆战期间。当时该舰正在为滩头的盟军提供火力支援，压制德军反击。
22.即1940年4月9日的卢福腾岛夜战。4月8日英方“萤火虫”号驱逐舰遭遇以“希佩尔海军上将”号为核心、正赶往纳尔维克的德军舰队，前者英勇战沉，沉没前未发回完整情报。为寻找“萤火虫”号，“声望”号率领若干驱逐舰出发，途中因恶劣天气驱逐舰逐一掉队。4月9日凌晨“声望”号遭遇“沙恩霍斯特”号和“格奈森瑙”号。由于天气限制，双方在较低的能见度条件下展开炮战。尽管“声望”号被命中2次，但炮弹均未爆炸。而“声望”号的炮弹则对“格奈森瑙”号造成了破坏。两艘德国战舰的炮塔电路均出现故障。最终德国方面误判英方实力，主动脱离战斗。
23.1941年12月10日中午，以“威尔士亲王”号战列舰和“反击”号战列巡洋舰为核心的Z舰队在马来亚以东海域遭到日本海军航空兵轰炸机的攻击，两舰均被击沉。
24.两舰均隶属C级巡洋舰，均于1917年7月下水。
25.隶属C级巡洋舰，1918年12月下水。
26.隶属C级巡洋舰，1916年11月下水。
27.“柑桂酒”号隶属C级巡洋舰，1917年5月下水。
28.WAIR具体是何缩写已经不详，推测为W级防空舰，即W-class anti-AIRcraft。
29.“卡罗琳”级、“史诗女神”级、“半人马座”级为C级巡洋舰不同批次。

第十章
战时损伤

1940年4月17日，“萨福克”号在斯塔万格（Stavanger）附近海域遭遇轰炸。尽管该舰在此次空袭中直接受损不重，但很难阻挡进水蔓延。这一战例后被拍摄为一部训练影片（作者本人收藏）。

对于任何导致舰只损坏或沉没的事件，海军建造总监部门均留有详细记录，且这些记录保存至今。[①]第二次世界大战结束后，相关部门迅速对这些档案的内容加以总结[②]，由此使得现在可以对许多课题进行有根据的统计分析。[③]海军部非常重视对舰船易损性的研究，且古道尔本人也频繁对幸存者进行访问。此外，美方的损伤报告也对英方开放，并为后者所研究。本章将考察战时损伤这一广泛话题下的一些重要课题，并对其中某些事件进行详细描述，从而在枯燥的统计数字基础上增加一些现实感。在相关课题下，笔者还将与其他列强的战舰进行一些比较（限于可用数据，主要为与美国战舰比较）。

中弹概率

在第二次世界大战初期，战舰中弹概率的确很高。表10-1显示了在战争前3年的每一年中，驱逐舰遭受损伤的数字几乎与在役数目相等。

表10-1　每年各舰种在役舰只受损比例（在役数目/沉没或受损数目）

舰种	1939—1940年	1940—1941年	1941—1942年	1942—1943年	1943—1944年	1944—1945年
主力舰	11/11	13/12	9/10	9/2	8/4	6/0
航空母舰	5/3	6/7	5/6	8/4	16/2	27/7
巡洋舰	44/20	46/53	42/45	35/14	36/22	29/9
驱逐舰	136/124	154/108	170/106	185/60	197/79	147/20
轻护卫舰等	55/24	135/43	253/32	340/31	450/57	494/41

注：任意一年中，在役舰只数量均可能发生可观的变动，因此这一数字仅为近似值。

① 笔者曾有幸在罗杰博士（Dr N A M Rodger）的帮助下，向英国公共档案馆（PRO）公布其中两大橱档案的内容。

② BR 1886（2），现存于英国公共档案馆。

③ 本章基于笔者和在海军历史科任职的J.D.布朗（J D Brown）联合撰写的一篇论文，该论文未公开发表，仅在私下传播。笔者感谢“另一位”大卫·布朗[1]同意笔者在本书上使用这些材料。注意原始记录数量并不与事件数目完全符合，一些不一致也引入本章内容。

遭受损伤的概率如此之高一事常常不为人所知，而在马岛战争期间统计数字也显示了类似趋势。当时参战的 23 艘护卫舰和驱逐舰中，共有 16 艘中弹（大部分未中弹者实际上在战争结束时才刚刚抵达战场）。

表 10–1 显示了中弹概率，表 10–2 则显示了不同武器及其破坏力的大致统计。

表10–2 造成舰只沉没或损伤的武器种类或类型（依次为击沉/重创/轻伤）

舰种	炮弹	炸弹	水雷	鱼雷	总计	击沉比例
主力舰	1/2/3	–/6/11	–/5/–	4/5/–	5/18/14	13.5%
航空母舰	1/–/–	1/10/7	–/1/–	5/3/–	7/14/7	25%
巡洋舰	3/9/22	10/42/45	1/8/2	13/24/–	27/83/69	15.1%
驱逐舰	13/40/74	44/81/118	18/35/4	52/15/2	127/171/198	25.6%
轻护卫舰等	2/2/10	16/28/33	17/39/10	50/19/2	85/88/53	37.6%
总计	—	—	—	—	251/374/341	26%

大部分结论都很明显。鱼雷通常不会造成轻伤，炮弹造成的损伤较为少见——炮弹命中率仅为 2%~3%，且通常后果并不严重。护航舰只沉没或损伤次数相对较少，这显示大西洋之战中德国的目标主要为商船，而后者的伤亡颇为恐怖。炸弹对小型舰只造成的破坏较为严重。243 次驱逐舰被炸弹击中的战例中，44 艘驱逐舰沉没。遗憾的是，相应炸弹的种类和分量很少被记录下来。

各种武器效果

图表 10–1 显示了第二次世界大战期间不同武器可用于攻击舰只的范围。不过，不同武器对舰只的破坏可分为如下几类：进水、起火、殉爆、结构失效、冲击波、碰撞（破片）、爆炸。

鱼雷

海军造船师总被教导称，为击沉一艘舰船，必须造成水进入舰体内部。通常而言，德国战舰或潜艇发射的鱼雷战斗部重 300 千克，足以在舰体上造成一个很大的破孔。众所周知，水下爆炸的效果差异很大，图表 10–2 显示了爆炸在不同距离上造成舱壁破裂的概率。外层舰底上的破孔长度通常为造成该破坏的爆炸距离的一半。可靠证据显示“皇家方舟”号的破孔长度约为 120 英尺。

1943 年 7 月 16 日，“不挠”号在地中海海域被一枚意大利空投鱼雷［装药大致相当于 700 磅（约合 317.5 千克）TNT 炸药］命中，这一战例颇值得注意。该舰中雷部位为其 4 英寸（约合 101.6 毫米）表面硬化装甲带的底部，该装甲带

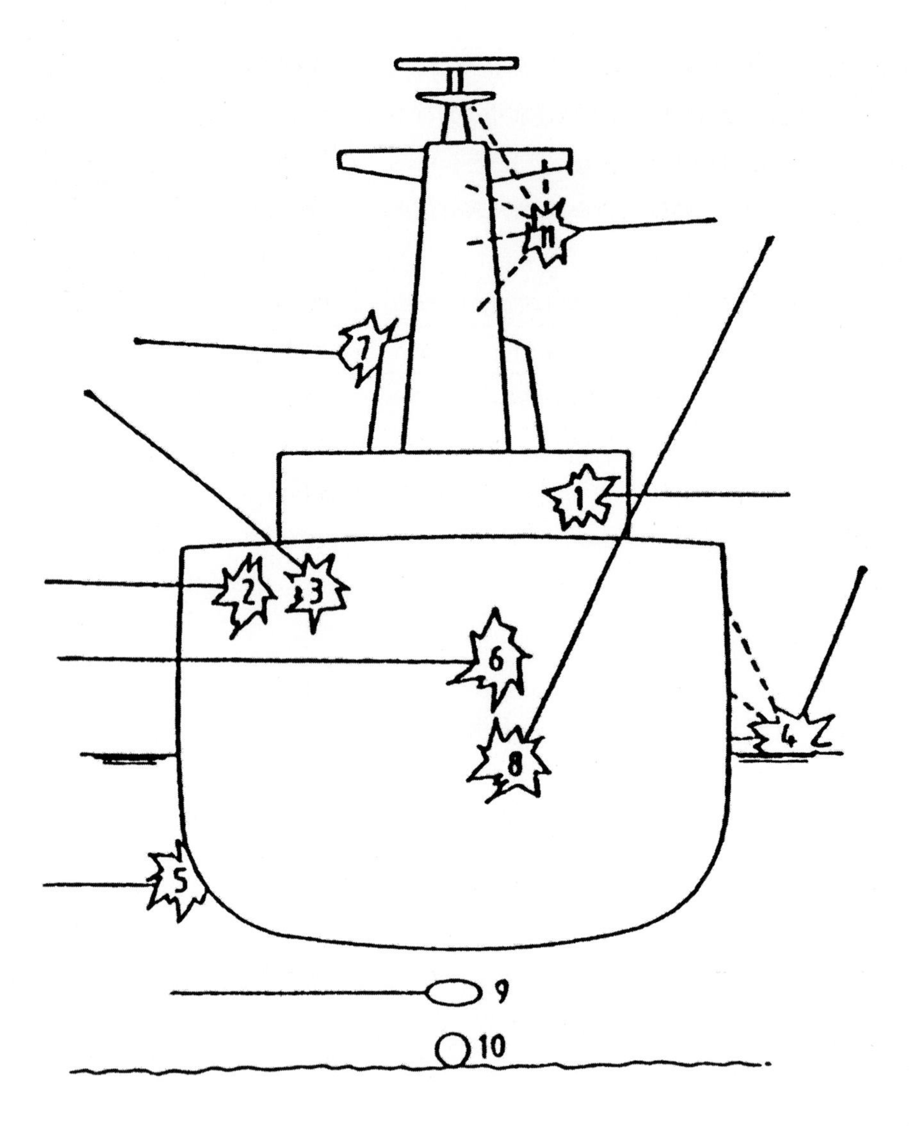

图表10-1：第二次世界大战武器和舰船与如今的比较。

低装药量，触发引信

1.火炮炮弹、高爆弹和穿甲弹

高装药量，触发引信

2.高爆弹

3.高爆炸弹

4.高爆炸弹、近失弹

5.触发鱼雷或水雷

中等装药量，触发引信

6.导弹、掠海导弹以及半穿甲弹炮弹

7.高飞行高度导弹

8.中型壳体炸弹

高装药量，非触发引信

9.磁性鱼雷

10.沉底水雷

11.近炸导弹

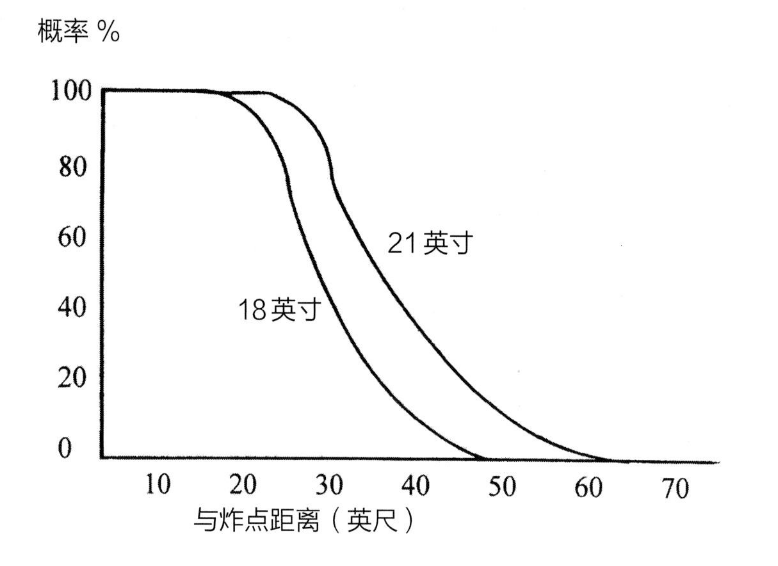

图表 10-2：鱼雷命中导致舱壁破裂的概率。本图表主要基于有限的战例总结，且相关战例中受损的主要是铆接舰体，因此仅可作为大致参考。

在爆炸引起的载荷下脆化。部分装甲破片脱落，并被气浪裹挟，击穿了该舰的防雷系统，飞入其左舷锅炉舱。该舰此后前往美国，维修工作耗时8个半月。

被单枚鱼雷命中的134艘舰船中，99艘沉没，另外35艘返回港口，其中17艘未接受修理（被计为全损）。较小型的舰只，如炮舰和护卫舰，幸存的概率很低，事实上34艘中雷的此类舰只中，仅有2艘返回港口。驱逐舰的表现稍好，48艘被单枚鱼雷命中的驱逐舰中有11艘幸存。若删去其中较小或较老旧者，则比率上升至39艘中雷驱逐舰中11艘幸存。然而，尽管其中10艘最终得到修复，但无一能在8个月内重返现役。15艘被2枚鱼雷命中的驱逐舰中，仅有2艘幸存。至于遭受3枚鱼雷命中的驱逐舰则毫不意外地全部沉没。护卫舰和轻护卫舰的表现更好，被鱼雷命中的此类舰只中有近半幸存（47艘中雷，22艘幸存），且沉没舰只中，有3艘是出于紧急的战术考量而实施了自沉。尽管22艘幸存舰只中有16艘未被修复，但这主要是因为其替代舰已经建成。

"威尔士亲王"号①被5枚日制空投鱼雷击沉，每枚战斗部重量为150千克。②该舰的防雷系统设计指标为抵挡1000磅（约合453.6千克）TNT炸药的攻击，并在"乔布74"号经受了全尺寸试验（参见本书引言部分）。对这一差异有很多不够完整的解释。③该舰所受的主要损害是由命中推进器主轴的鱼雷造成。在第一波攻击中，该舰左舷外侧主轴支架被鱼雷命中，导致该主轴弯曲，随后推进器如连枷般撕开了舰体该侧侧面，直达其B锅炉舱，后者在18分钟内即被淹没。在第二波攻击中，另一枚鱼雷命中了右舷主轴支架，并导致了类似的破坏，但由此导致的进水程度稍轻。此外，第一波攻击中还有一枚鱼雷命中该舰左舷，中雷点距离206号船肋很近。此次命中也可能是导致该舰辅机舱室进水的原因，但上述进水亦可能仍是由主轴受损导致。

① W H Garzke, Battleships(Annapolis 1980).

② 其成分为60%的TNT炸药、40%的六硝基二苯胺。九六式中型攻击机可携带1枚此种鱼雷，一式陆基攻击机则可能装载该型鱼雷的2型，其战斗部装药为205千克。[2]

③ D K Brown, 'A Note on the Torpedo Protection of the King George V and Job 74', Warship 1994.

1941年，"利物浦"号在地中海海域被鱼雷命中。出现破孔的汽油油槽引发了二次爆炸，导致该舰舰艏被炸飞（作者本人收藏）。[3]

在第二波攻击中，235号船肋处的防雷系统很好地经受了考验。109号船肋附近的空舱（右舷）此前便已经实施反向注水，因此无法——且的确未能——在中雷后阻止进水蔓延。由此看来很明显“乔布74”号进行的试验过高地估计了防雷系统的价值。最近的一系列测试结果无法说明该级舰的防雷系统是否可抵挡1000磅（约合453.6千克）炸药的攻击，但结果仍显示该系统本应轻易抵挡330磅（约合150千克）炸药的攻击。“乔布74”号的记录细节至今尚未公开。可能的原因是测试时对使用的炸药封闭程度不足。“威尔士亲王”号的弱点之一是其防护系统深度不足，因此其上方的甲板破裂后，进水便会蔓延。这一弱点在“前卫”号上得以修正。

为调查“威尔士亲王”号沉没的原因，英国政府组织了一个以巴克尼尔(Justice Bucknill)为首的调查委员会，调查于1942年3月12日展开，并于同年4月25日提交了报告。①古道尔认为这一调查试图将其本人充作“威尔士亲王”号沉没的替罪羊。他强烈反对调查团的受权调查范围，认为这一范围划定仅允许调查团对该舰沉没进行调查，而未包括在遭遇重创后能否幸存。②由于沃克尔（Wake Walker）海军上将[5]以爆炸专家的身份加入调查委员会，因此古道尔认为自己也理应以战舰专家的身份加入调查委员会。③他强烈地抱怨报告草稿中的事实错误，并在该草稿未经相应修正便散发时暴怒不已。④第二次世界大战结束很久之后，潜水员对“威尔士亲王”号的残骸进行了调查，结果发现该舰所受实际创伤与巴克尼尔委员会的推断大相径庭。⑤

① 巴克尼尔此前曾领导对“西蒂斯”号潜艇沉没原因的调查，此后又主持了对“沙恩霍斯特”号和“格奈森瑙”号逃脱[4]原因的调查。

② 古道尔文件，ADM 52793-4。根据他自己的要求，这些文档曾长期封存。文档中几乎不包含不曾见于别处的技术信息，但显示了古道尔对此遭遇的愤恨。

③ 参见古道尔1942年3月2日的日记。

④ 1942年8月19日古道尔撰写了一篇篇幅很长的日记，其中古道尔向海军审计长（即沃克尔中将）抱怨称巴克尼尔“完全是在羞辱我”。沃克尔则透露称调查委员会曾被询问是否可以更换海军建造总监。

⑤ 然而古道尔自己的观点也是错的。他曾认为该舰被7枚甚至8枚鱼雷命中（1942年1月30日的日记）。他于1942年3月31日和4月7次两次出庭作证。

“拉根”号护卫舰于1943年9月被1枚德制音响制导鱼雷命中。该舰依靠推进器返回港口，但其舰艉和主轴几乎被毁。尽管在照片中体现得并不明显，但此类鱼雷命中导致的冲荡效应通常将导致艀部甲板弯曲，并进而导致近乎无法修复（作者本人收藏）。

自导鱼雷的效果则可参见“拉根”号（Lagan）所受创伤照片，该舰于 1943 年 9 月 10 日在冰岛西南海域被德国 U-270 号潜艇所发射的德制自导鱼雷命中，这也是该种德制鱼雷的首个战果。①该舰中雷位置靠近推进器，其舰艉约 30 英尺（约合 9.1 米）部分被炸飞。其前方 30 英尺部分则被毁且向上突出。受冲荡效应影响，该舰上甲板出现两处严重隆起，其中一处恰位于主要破坏区前方，另一处位于艏部。该舰的船舵、舵机、推进器和艉推进轴以及所有的深水炸弹设备均被毁，且艉炮脱离炮架。该舰被拖曳回港，但未接受维修。

第二次世界大战爆发前，英德两国均成功测试了由目标船只磁场激活的鱼雷引信②，但双方早期型号的可靠性均很低，因此很快便退出现役。约自 1943 年底开始，双方均开发出了可靠的磁性引信，尽管可能更多的攻击仍由装备触发引信的鱼雷实施。一旦磁性引信可以正常工作，其破坏力就将比触发引信更大——对于发生在舰底的爆炸并无任何实际防护方式，同时冲荡效应也会导致较重破坏。

① 美制反潜自导鱼雷，即马克 24 型“水雷”或 FIDO 则于 1943 年 5 月 15 日获得了首个战果，其牺牲品为德国 U-266 号潜艇。尽管常有观点宣称德国首先发明了自导鱼雷，但事实并非如此。

② “加富尔”号（Cavour）和“杜里奥”号（Duilio）战列舰均被皇家海军装备磁性引信的鱼雷击沉；“利托里奥”号（Littorio）则被装备触发引信的鱼雷击沉。[6]

③ 在执行扫雷作业时 2 艘沉没，2 艘受损。

④ Warship Supplement 87 (World Ship Society, 1986).

⑤ 可能是德国潜艇布设的 TMB 型沉底水雷，战斗部重量在 420~560 千克之间，或可能是空投布设的 LMA 型沉底水雷，战斗部重量 300 千克。

水雷

扫雷舰艇无疑比其他舰种更暴露在水雷的威胁之下。112 起因触雷导致的损毁中，51 起发生在扫雷舰艇上，其中包括常常被用于执行扫雷作业的炮船。③尽管扫雷舰艇尺寸通常较小，但仍有 57% 维修完毕重返现役。沉底水雷导致的损伤最难修复，且触雷后仍保持漂浮的舰艇中，22.5% 未被修复。所有触雷驱逐舰中，仅有 45% 修复后重返现役，轻护卫舰的比例较高，为 55%。

“贝尔法斯特”号因触雷遭受的严重损伤震惊了海军。④该舰于 1939 年 11 月在福斯湾（Firth of Forth）触雷。⑤[7] 触雷导致 19 人伤亡，并发生骨折——大部分为腿部骨折，其原因是爆炸导致了剧烈的冲荡效应。直接损伤的严重程度并未超出预期，受损部分以右舷前部锅炉舱为中心，该处的外层舰体在 20 英尺（约合 6.10 米）长度范围内严重凹陷，但冲荡效应的影响远高于预期。舰艉方向

“迅速”号触雷（帝国战争博物馆，A534）。

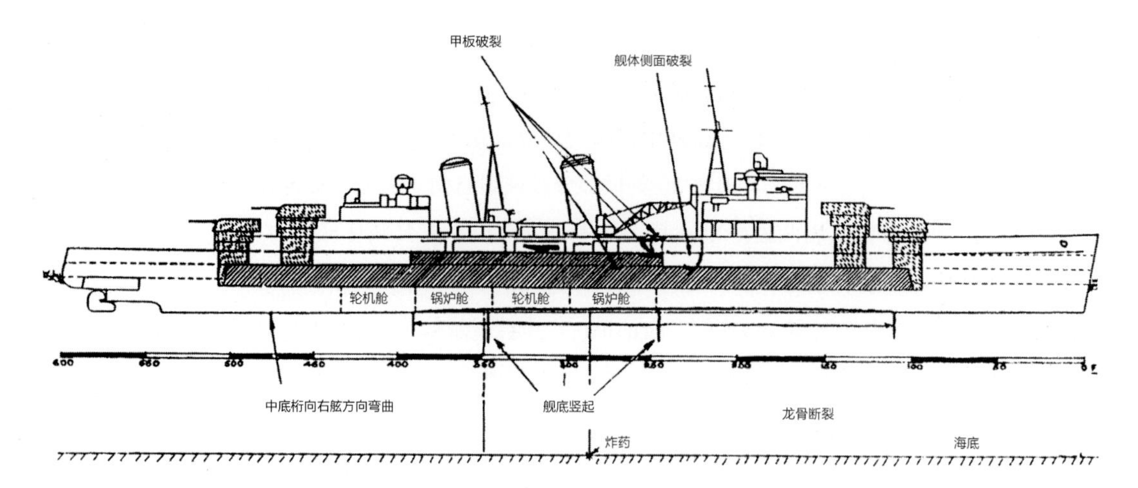

“贝尔法斯特”号曾被一枚磁性水雷重创，导致其舰体整体向上隆起4英尺6英寸（约合1.37米），并导致动力系统中很多铸铁底座破损，此外还导致很多水兵的腿骨骨折。

大量沉重部件被向上抛出，其力度之猛烈，甚至导致部件击中其上层甲板。[①]外层舰底在挤压作用下失效，平板龙骨断裂。该舰上甲板上出现严重扭曲，最深处达14英寸（约合355.6毫米），该甲板上若干钢板也发生破裂。总体而言，该舰向上隆起4英尺6英寸（约合1.37米）。这一结果应部分归罪于其结构设计错误，同一错误不仅导致“爱丁堡”号的问题，而且在一定程度上导致了“南安普顿”级巡洋舰的问题。[②]该级舰艏楼在舰体舯部中断，而装甲甲板和侧装甲带也在这一断点附近向下移了一层甲板高度。其余同型舰均接受了结构加强。[③]

该舰动力系统所受损伤更为严重。所有燃油泵的铸铁卸料管均被击碎，导致燃油喷溅而出，幸运的是并未导致起火。前部轮机舱内所有涡轮的托架均被毁，后部轮机舱内也有至少一座托架被毁。所有3具发电机均发生脱扣，导致该舰

① 鱼雷发射管被抛离其转盘机，这点颇值得注意。“爱丁堡”号被鱼雷命中时曾遭受剧烈冲荡效应，但其鱼雷发射管并未脱落。
② 1941年1月28日古道尔在日记中写道：“……这些‘南安普顿’级巡洋舰真是堆摇摇晃晃的产品。”
③ Warship Supplement 87 (World Ship Society 1986).

“贝尔法斯特”号入坞接受长期修理。

曾失去照明约10分钟（该舰仅配备12具提灯）。

“贝尔法斯特”号首先在罗塞斯接受了应急修复，随后被拖曳至德文波特。该舰于1940年6月抵达该港，并于1942年11月完成修理。虽然海军部曾利用“乔布74”号对冲击效应进行研究（参见本书引言），但这一较短的箱型浮箱舱段并未遭受冲击。尽管海军部立即采取措施试图降低冲击破坏的严重性，但显然无法在一夜之间更换所有的铸铁件。[①]皇家海军在触雷损伤这一方面的表现并不比其他列强差，反而得益于“贝尔法斯特”号的经验，海军部得以更迅速地认识到问题的严重程度——近5年后，袖珍潜艇布置的炸药爆炸，引发了冲击破坏导致“提尔皮茨”号失去动力。

① 古道尔在日记中曾屡次提及铸铁件的问题，如1940年12月16日：“与奥弗德探讨了铸铁问题。尽管他表现得非常理性，但总工程师早在若干年前便理应采取一些激烈的行动消除铸铁件在舰上的使用，而海军建造总监应不时提醒他注意这一点。”另如1941年5月5日的日记所载：“‘白尾海雕’号（Erne）上的动力系统中又出现了铸铁件。”

炸弹

直接命中

各舰种中，驱逐舰因被炸弹直接命中而所受损失最重。48艘曾被炸弹直接命中的驱逐舰中有28艘沉没。令人惊讶的是，至少乍看上去，大型且更先进型号的损失远高出上述比例：12艘被直接命中的该种驱逐舰中有9艘沉没，而在排水量1300~1600吨之间的稍小型驱逐舰中，虽有22艘被炸弹命中，但仅有10艘沉没。然而，现代化驱逐舰损失更高的原因很可能是它们在敌方实力更强的海域作战。尽管“狩猎”级和轻护卫舰也曾频繁遭遇空袭，但上述舰种一共仅被炸弹命中19次，其中6艘沉没（包括3艘自沉）。这些舰艇通常配备较强的防空火力。尽管它们实际击落的飞机数量有限，但有证据显示猛烈的防空火力可对实施精确轰炸瞄准形成遏阻效应。第二次世界大战爆发前的观点认为，对较小型舰只而言，高空水平轰炸并不是一个严重威胁。尽管实战证明这一观点正确，但所谓俯冲轰炸机不会投入使用的观点却是一个悲剧性的错误。本书附

“康沃尔”号（Cornwall）重巡洋舰于1942年4月5日被日本俯冲轰炸机击沉（帝国战争博物馆，HU1838）。[8]

录 13 中提及了“光辉”号航空母舰所遭受的轰炸，但应注意唯一一枚命中该舰装甲甲板的炸弹即击穿了该甲板，并在机库中爆炸。

近失弹

近失弹造成的各种损伤中，最常见的是破片造成的破坏。尽管破片通常无法对舰船造成损伤，但可能对暴露在外的乘员造成杀伤。由防护钢板构成的挡浪板在一定程度上可以缓解这种损伤，但为此需付出增加舰体高处重量的代价。大装药量的炸弹在距离舰体很近处的水下爆炸则可能导致舰体进水，在 110 次有记录的近失炸弹造成的损伤中，有 8 次舰艇因此沉没，其中 7 艘为驱逐舰。

炮弹

“堪培拉”号（Canberra）隶属“肯特”级巡洋舰[9]，该级舰在两次世界大战之间时期频频被嘲笑为“马口铁巡洋舰”[10]。当澳大利亚政府组织的调查委员会发现该舰被 25 枚 140 毫米或 127 毫米炮弹击沉后[11]，这一标签立刻显得名副其实。然而，最近出版的一本书得出了完全不同的结论。①该舰沉没时，该书的第一作者恰以军官候补生身份在该舰上服役。美国海军官方航迹图显示当时对该舰射击的乃是装备 203 毫米主炮的重巡洋舰，并取得了约 27 次命中，最终导致该舰沉没的则可能是 2 次鱼雷命中。②实际上，该舰经历了较长时间方才沉没。

因被炮弹命中而沉没的英国战舰中，最著名的当属“胡德”号战列巡洋舰的沉没。该舰于 1941 年被“俾斯麦”号战列舰击沉[12]。对该舰的沉没，英国先后组织了两次调查。首次调查因未能采访所有目击证人，且未能记录下证人的证词而广受批评（主要来自古道尔和其他一些人）。第二次调查由沃克尔少将（H J C Walker）主持，奥弗德也为调查委员会中的一员，当时他已经担任海军建造总监下属的损伤部门主管近 10 年。迄今为止，有关“胡德”号沉没最为可靠的分析可参见朱伦斯（Jurens）所撰写的论文。③在很大程度上，朱伦斯赞同第二次调查的结论，即该舰后部药库发生殉爆，且很可能此前 4 英寸（约合 101.6 毫米）弹药库已经殉爆④，该弹药库位于后部轮机舱之后。调查该舰沉没的具体原因的种种困难中，主要困难之一是目击者证词的矛盾。部分目击者声称观察到该舰主桅前方出现羽烟，而极少数目击者则认为羽烟出现在主桅后方。“威尔士亲王”号的舰长利奇（Leach）声称“俾斯麦”号最后一轮齐射中的 1 枚炮弹命中“胡德”号，而当时就站在他身边的副舰长则声称看到此轮齐射达成 2 次命中。⑤此外，“俾斯麦”号所发射的 380 毫米主炮炮弹飞入“胡德”号药库的途径并不唯一。⑥4 英寸（约合 101.6 毫米）弹药库最早爆炸，这可能正是导致大部分目击者观察到羽烟出现在主桅前方的原因。⑦

① B Loxton and C Coulthard-Clark, The Shame of Savo-Anatomy of a Naval Disaster (St Leonards NSW 1994).

② 笔者则认为上述鱼雷最有可能是由美国海军“巴格利”号（Bagley）驱逐舰发射，但这一观点无法被证实。

③ W J Jurens, 'The Loss of HMS Hood-a Re-examination', Warship International 2/87.

④ 一系列近期研究则显示，该 4 英寸（约合 101.6 毫米）药库发生殉爆的可能比 1941 年估计的要高得多（有关这一课题的一篇论文发表于 Warship International）。

⑤ 朱伦斯则估计对由 4 门主炮实施的 1 次齐射而言，获得 2 次命中的概率仅为 5%~9%。然而，1 比 20 的概率的确可能出现。

⑥ 古道尔曾写到“胡德”号与“俾斯麦”号之间的交战就如“庄严”号出现在日德兰战场一般！他对时间的比喻是正确的。[13]

⑦ 限于有限的线索，更确定的结论可能永远无法获得。即使对“胡德”号的残骸进行调查，也很难得出大规模爆炸始于哪里的结论。

古道尔和奥弗德均认为爆炸由鱼雷战斗部殉爆导致，考虑到奥弗德自1931年起便一直担任损伤部门主管，且其目睹的爆炸次数高于参与调查的其他任何人，因此这一观点必然经过了反复斟酌。[①]他的继任者于第二次世界大战结束后重新检视了搜集的证据，并接受了调查委员会的最终观点。最为糟糕的情况是两枚500磅（约合226.8千克）战斗部爆炸，这种爆炸便足以摧毁"胡德"号舯部强力甲板的相当部分。"胡德"号舰体所受应力水平本已很高，且当时海况较为恶劣，因此这种损伤便足以导致该舰立即折为两段。然而，从目击者报告的特征上看，爆炸更类似于发射药殉爆。早在第二次世界大战之前，奥弗德就曾就"胡德"号水上鱼雷发射管的潜在危险，向古道尔（时任助理总监）提出警告。因此笔者怀疑，在该舰殉爆之后，两人便直接回到了此前得出的结论。

常有观点认为"俾斯麦"号承受损伤的能力比皇家海军战舰更强，但具体检查该舰残骸[②]的结果并不支持这种观点。射向该舰的2871枚炮弹中，可能有300~400枚取得命中，但正如加茨克所指出的那样，后期的命中实际仅仅起到了移动残片的作用。皇家海军各舰于8时47分开火，至9时正，1枚炮弹（可能为14英寸炮弹，直径约合355.6毫米）在击穿了该舰的340毫米炮座装甲后爆炸，导致炮座背侧装甲板脱落，由此"俾斯麦"号的B炮塔便无法运转，而A炮塔此时可能已经无法运转。D炮塔和C炮塔则先后于9时21分和9时31分停止运转。此后该舰便无法再被称为一艘战斗舰艇——考虑到该舰在遭受"皇家方舟"号舰载机所投掷鱼雷的攻击后[14]便无法正常实施转向，且几乎无法移动，因此这一结论并非对其乘员奋斗的诋毁。

尽管装甲带大部分已经被各种撕裂痕所破坏，但仍可见若干处击穿痕迹。此外，还已知该舰甲板曾被击穿2次，可能均由16英寸（约合406.4毫米）炮弹取得。达成上述击穿的两枚炮弹中，一枚此后在左舷轮机舱爆炸，另一枚则在右舷锅炉舱中爆炸。第二次世界大战结束后利用从"提尔皮茨"号上拆除的装甲板进行的试验结果显示，其质量至少与英制装甲板相当。[③]"俾斯麦"号的整体布局仍是老式的，与"巴登"号类似，但对一场大部分时间内均为近距离交战的海

在与"俾斯麦"号的最后一次交火中，"胡德"号火箭发射器的备便弹药（照片中右位置）曾发生大火。致命的爆炸则发生在靠近稍后方的双联装4英寸（约合101.6毫米）火炮附近（作者本人收藏）。

① 奥弗德曾于1980年致信笔者称他认为鱼雷是殉爆发生的原因。1935年1月9日古道尔在日记中写道："审计长批准在'马来亚'号和'皇家橡树'号的上甲板布置鱼雷。然而我对在装甲以上部位布置鱼雷颇为担忧。'胡德'号和'反击'号也可能以该种方式携带鱼雷。"同年12月14日他又在日记中写道："海军建造总监在有关'胡德'号鱼雷发射管的文件上签字。在1940年接受大修前将其拆除（实际未拆除）。"

② W H Garzke, R O Dulin and D K Brown, 'The sinking of the Bismarck', Warship 1994. 该论文基于下述参考资料：W H Garzkc and R O Dulin, 'The Bismarck Encounter', Marine Technology, SNAME (Jersey City1993)。另可参见J Roberts, 'The final action', Warship (London 1983)。笔者1994年合著发表的论文可视为Roberts 1983年论文的续作，增加了当时还无法获得的一些信息。

③ 与英德两国生产的装甲相比，第二次世界大战期间的美制表面硬化装甲性能差约25%。

战而言，其防护系统的表现与预期水平相当——但并未表现出神奇的水平。沉没过程中该舰舰艉脱落，这可被视为“皇家方舟”号实施的舰载机攻击的结果。然而，这也是诸多德国战舰在遭受损伤后舰艉脱落的战例之一，这一现象的根源是结构的不连续性和较差的焊接质量。

舰体折断

在想象战舰沉没场景时，人们通常会想到倾覆、沉没或弹药库殉爆。事实上，对一艘未设装甲防护的舰只而言，其沉没时最常见的场景是舰体结构坍塌，即舰体折断。表 10–3 显示了不同武器的命中次数和其中舰体折断的次数，以及舰体折断事件发生的比例。

表10-3 舰体折断（折断次数/命中次数 比例）[15]

舰种	炸弹	水雷	鱼雷	合计
驱逐舰	14/243 6%	11/57 25%	25/69 36%	50/369 14%
轻护卫舰等①	2/77 3%	5/66 8%	10/71 14%	17/241 8%

表 10–3 所含信息可稍加具体化。表 10–4 显示了不同舰种舰体折断数目与沉没数目的比例。

表10-4

舰种	典型应力水平*	炸弹	水雷	鱼雷	合计
驱逐舰	6.0吨/平方英寸（91.14兆帕）	14/44 32%	11/18 61%	25/52 48%	50/114 44%
护卫舰	5.0吨/平方英寸（75.95兆帕）	0/0–	0/0–	4/10 40%	4/10 40%
轻护卫舰	3.0吨/平方英寸（45.57兆帕）	1/5 20%	0/1 –	2/8 25%	3/14 21%
扫雷艇	3.0吨/平方英寸（45.57兆帕）	1/6 17%	5/9 56%	4/11 36%	10/26 38%
合计		16/55 29%	16/28 57%	35/81 43%	67/167 41%

* 指上甲板舯垂状态下（即甲板承受挤压力）的典型设计应力水平。

不出意外的是，有迹象显示所受应力水平更高的舰只更容易发生舰体折断现象。最容易发生这一现象的当属驱逐舰。该舰种不仅所受应力水平颇高，而且往往其艏楼在舯部中断，从而导致该处应力水平急剧升高。此外，该舰种的舰体型深（龙骨至甲板的距离）较浅，这意味着与型深较深的舰只相比，驱逐舰单次中弹即可能导致更大比例的舰体桁被毁。相反例子则可参考舰体所受应力水平较低且型深较深的轻护卫舰。美国海军的经验也大体类似；30 艘因遭受水上攻击而沉没的驱逐舰中，6 艘舰体折断（37%）[16]；27 艘被水下武器击沉的

① 包括炮舰在内。该舰种的沉没通常极为迅速，导致无法确定其沉没的真正原因。

驱逐舰中，19 艘（70%）舰体折断。尽管采用纵向框架结构建造的现代化驱逐舰很少被击中，但如果“凯利”号（Kelly）采用横向框架结构，那么该舰很可能发生舰体断裂现象。

图表 10-3：动力系统布局。[17]

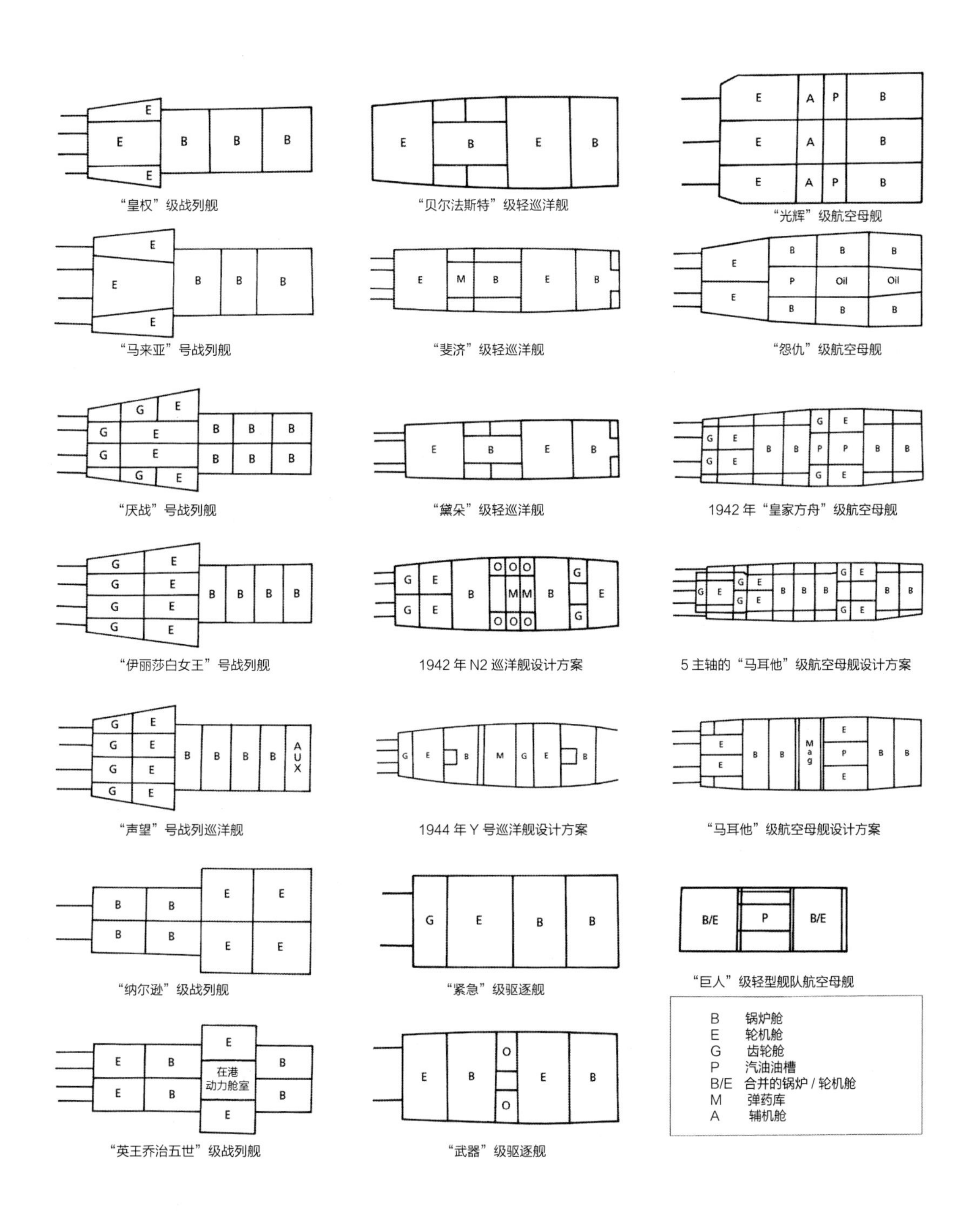

动力系统布局，单元化系统

动力系统的单元化设计意味着将驱动一条主轴线（对一艘装备 4 根主轴的战舰而言，每根主轴线包括 2 根主轴）的所有机构集中布置。对利用蒸汽驱动的舰船而言，每个“单元”通常包括 1 个锅炉舱和 1 个轮机舱，可能还有 1 个独立的齿轮舱。第二次世界大战期间，大部分舰船上均布置有 2 个单元，且可以在不同单元之间实现交错连接，即将任一锅炉舱与任一轮机舱耦合。设计中重要的一点是需要保证各单元的自治性不因共用辅助系统如润滑油管路而受影响。理想状况下，2 个单元之间还应设有另一个非动力系统舱室。

采用单元化设计的目的在于将任何武器单次命中导致的进水或损伤的影响最小化，同时尽可能保证舰只在中弹之后仍能保持一定的机动能力。上述目标并不完全等价，但均难以实现，且各自实现的代价一般颇为高昂。将动力系统分割在若干舱室中将导致舰体大小发生可观的增加，这主要是由于需在舱壁两侧均设计出入通道。此外，测试水密性及此后的矫正工作耗资亦相当可观，对以铆接工艺建造的舰船而言尤为如此——在这种舰船上漏水缝的出现完全是家常便饭。另外，轮机部门人数也将相应增加。

第二次世界大战期间，一枚典型鱼雷可在舰体上造成长约 35 英尺（约合 10.7 米）高约 15 英尺（约合 4.57 米）的破孔，并导致上述长度 2 倍范围内的舱壁丧失水密性。单枚鱼雷命中还可能导致至少 2 个舱室进水，甚至可能导致沿破孔长度方向排列的 3 个舱室进水。如果动力系统已实施单元化设计，那么确保不存在下述特征的通用系统便至关紧要——一旦该系统失效就可能导致 2 个单元均无法运转。[①]图表 10–3 显示了不同舰种不同舰龄的动力划分方式。

战列舰

对大部分第一次世界大战时期的英国战列舰而言，其动力系统舱室布局均可参考“皇权”级。“马来亚”号虽接受过现代化改造，但其动力系统舱室布局并未被改动。较大的舱室不仅可能导致大量进水，而且可能出现单次中弹即导致 3 座锅炉舱或 3 座轮机舱全部进水的现象。接受全面现代化改造的各舰上，得益于新动力系统结构更加紧凑的特点，动力系统布局得以达成更为细密的划分。尽管各舱室面积较小，但所有锅炉舱和所有轮机舱仍分别布置在一起，因此单次中弹仍可能导致战舰失去动力。在萨莱诺附近海域，“厌战”号的 6 个锅炉舱全部进水即属于这一情况。[②][18]

“纳尔逊”号和“罗德尼”号的情况与上述战列舰相当，但“英王乔治五世”级的设计则要优越得多。该舰上锅炉舱和轮机舱交错布置，使得单次中弹导致该舰失去全部动力的概率很低。若能在前部轮机舱和后部锅炉舱之间再加入一

① 曾有传说称早期的单元化动力系统设计中含有一套公用润滑油系统，但笔者无法确认此点。

② Sir Andrew Cunningham, Remarks in Trans INA (1949), p99.

个舱室隔离，则效果会更好。本章早先部分已经就“威尔士亲王”号的战例进行过讨论。

航空母舰

在航空母舰上设计动力系统尤为困难，这不仅是由于机库甲板下可用高度非常有限，且需在此有限高度内布置烟道走线，而且因为通常希望尽可能缩短舰岛和烟囱的总长度，导致很难对锅炉舱实施纵向分隔。1934 年“皇家方舟”号的设计与“光辉”级类似，但其锅炉舱与轮机舱之间仅有 1 个舱室相隔。装备 4 根主轴的“怨仇”号设计仅稍优于“光辉”级。大型美国航空母舰“埃塞克斯”级的布置为锅炉舱—锅炉舱—轮机舱—锅炉舱—锅炉舱—轮机舱，这一布置可以实现更强的防护，但其代价则是后部锅炉舱的烟道长度很长。

此后的英国航空母舰尺寸增大，且吸取了“皇家方舟”号沉没的教训。5 主轴的“马耳他”级设计方案尤其引人注目，不过得益于更为紧凑的动力系统设计，此后的 X 号设计方案可以实现更优化的设计。“巨人”级轻型舰队航空母舰则机智地采用了不同的解决思路。该级舰上锅炉舱与轮机舱合并，合并后每个舱室中包括 2 座锅炉和 1 具涡轮机，且两个合并后的舱室相隔很远。

巡洋舰

第一次世界大战期间设计的“奋进”号巡洋舰是皇家海军中第一艘采用分隔动力系统单元设计的巡洋舰。第一次世界大战后设计的巡洋舰中，早于“安菲翁”级者均未设有正确的单元化设计，但各舰仍可能实现交错连接。前部锅炉舱两座锅炉并列布置，从而占据了整个舰体宽度。后部锅炉舱中两座锅炉则前后分布，因此在其两侧构成了舷侧舱室。如本书第四章所提，这一设计导致了若干艘巡洋舰的倾覆，尤其是排水量较小的“黛朵”级。在两个 1944 年设计方案中，动力系统划分设计更加出色，但在较小的（8050 吨）N2 号设计方案上，纵向划分数量似引人担忧。

表 10–5 显示了典型巡洋舰的动力系统布局（前部舱室在左）。

表10–5

舰船	动力系统布局
“奋进”号	锅炉舱—锅炉舱—其他舱室—轮机舱—锅炉舱—其他舱室—轮机舱
“郡”级	锅炉舱—锅炉舱—其他舱室—轮机舱—其他舱室—轮机舱
“约克”级	锅炉舱—锅炉舱—轮机舱—轮机舱
“利安德”级	锅炉舱—锅炉舱—锅炉舱—轮机舱—其他舱室—轮机舱

舰船	动力系统布局
“安菲翁”级（以及此后各巡洋舰）	锅炉舱—轮机舱—锅炉舱—轮机舱

“安菲翁”级的布置方式此后被沿用在了第二次世界大战期间其他巡洋舰上。尽管这一布置方式大体合理，但仍存在重大缺陷，后文将详加讨论。全部损伤事件中，约有 17 次涉及单元化动力系统布局。其中 7 次相关舰只迅速倾覆，另外 10 次舰只仍保有一定动力，并自行返回港口。

驱逐舰

从“标枪”级起至“战役”级为止，所有皇家海军驱逐舰均装备 2 座锅炉，且分装于 2 间锅炉舱中，其后则是轮机舱，最后是齿轮舱。“武器”级和“大胆”级的布置方式则更为优越，从前向后依次是锅炉舱、轮机舱、油槽和第二个动力系统单元。然而这些驱逐舰建成时间过晚，未能赶上第二次世界大战，但参考美国海军的经验，单元化的动力系统设计可极大地提高驱逐舰的生存能力。

美国驱逐舰及其经验

美国海军引入单元化动力系统设计的时间与皇家海军相去不远，最早采用该种设计的是“底特律”级（Detroit）[19]，其后所有巡洋舰均采用了不同形式的单元化动力系统布局。一些典型布局方式如下：

表10-6[20]

舰船	动力系统布局
“底特律”号	锅炉舱—锅炉舱—轮机舱—锅炉舱—锅炉舱—轮机舱
“芝加哥”号（Chicago）	锅炉舱—锅炉舱—轮机舱—锅炉舱—锅炉舱—轮机舱
“亚特兰大”级（Atlanta）	锅炉舱—轮机舱—锅炉舱—轮机舱
“巴尔的摩”级（Baltimore）、“克利夫兰”级（Cleveland）	锅炉舱—锅炉舱—轮机舱—锅炉舱—锅炉舱—轮机舱
“德美因”级（Des Moines）	轮机/锅炉结合舱室—轮机/锅炉结合舱室—其他舱室—轮机/锅炉结合舱室—轮机/锅炉结合舱室

美国海军造船局的一档案对被鱼雷命中的舰只的情况进行了总结：

被鱼雷命中的舰只数目	31 艘
沉没舰只数目	7 艘
被命中动力系统的舰只数目	11 艘
失去动力的舰只数目	2 艘

这一表现相当不错，尤其考虑到美国海军面对的是威力巨大的日制鱼雷。

自 1937 年起，美国海军驱逐舰便采用了单元化动力系统（锅炉舱—轮机舱—锅炉舱—轮机舱），第二次世界大战期间有很多驱逐舰在一个动力系统单元无法运转之后仍坚持作战的战例，且往往能保持 18~20 节航速。[①]第二次世界大战期间所有皇家海军驱逐舰均未装备单元化设计的动力系统，该设计的引入还需等待“武器”级和“大胆”级的问世。

纵向分隔和舷侧舱室

对英国巡洋舰采用的锅炉舱—轮机舱—锅炉舱—轮机舱动力系统布局而言，主要的弱点存在于沿其后部锅炉舱两侧分布的舷侧舱室（参见本书第四章给出的草图）。单独一个舷侧舱室进水仅会导致幅度很小的侧倾，因此这一设计在当时被认为可以接受。然而，一旦鱼雷在这一区域爆炸，就会导致 3 个主水密舱和临近的舷侧舱室进水，这将极大地降低舰体稳定性，而由于异侧完好的舷侧舱室影响，舰体将出现幅度很大的侧倾，甚至可能导致倾覆。第二次世界大战期间共有 5 艘巡洋舰被鱼雷击中这一区域，此外“斯巴达”号被大型制导炸弹命中这一区域，上述 6 舰全部倾覆，且其中大部分倾覆过程发展得非常迅速。“克利奥帕特拉”号虽被鱼雷命中并发生大幅度侧倾，但最终幸存下来。该舰幸存的原因是虽然下达了反向注水这一标准作战命令，但未就侧倾超过一定程度后该如何处置下达进一步命令。[②]

纵向分隔仅在最大型的战舰上存在。[③]日制巡洋舰在其轮机舱和几乎所有锅炉舱中均设有中线舱壁，仅最前部锅炉舱内不设。因此在此区域受损的 12 艘巡洋舰中有 10 艘倾覆便并不令人感到意外。另一方面，在 1940 年 9 月 1 日“斐济”号被鱼雷命中这一战例中，尽管其前部锅炉舱进水，但仍可依靠其后部锅炉舱和轮机舱返回港口。

主轴损伤

时有观点认为加大动力系统舱室之间的间隔将增加舰船失去动力的可能性，其理由为由前部动力单元伸出的主轴过长，且可能受损。不过第二次世界大战期间的实战经验并不支持这一观点。在 56 次非触发爆炸中，尽管引发了冲荡效应，但仅有 15 次主轴受损。其中 5 次应归结于轴台断裂，这可能与采用铸铁件有关，另外 2 次则由于主轴支架断裂。仅在 8 个战例中有报告称主轴出现弯曲。在“佩恩”号（Penn）驱逐舰上曾对可动舱壁密封压盖进行尝试，这可能极大地降低了主轴受损概率（本章后文将对此加以讨论）。

① 据称正是“卡尼”号在前部动力单元进水的情况下仍抵达冰岛的战例，促使皇家海军接受引入单元化动力系统设计的必要。

② 如果笔者没有记错的话，这一极限值为 15°。在“欧尔亚拉斯”号上服役时，笔者曾尝试在这些纵向舱壁上加装爆破炸药。

③ 笔者个人则不建议在舰宽不超过 100 英尺（约合 30.5 米）的舰只上实施。

“神风”特攻机和制导武器

日本发起的自杀式轰炸机攻击颇值得一提，该种攻击方式可被视为制导导弹的先河。统计数据如下：

表10-7

出击次数	2314架次
消耗飞机架数	1228架
击沉	2艘护航航空母舰、13艘驱逐舰、20艘小型舰船
击伤	16艘舰队航空母舰、3艘轻型舰队航空母舰、17艘护航航空母舰、15艘战列舰、15艘巡洋舰、111艘驱逐舰、超过100艘小型舰船

在上述总计内，还包括“樱花”（盟军方面绰号为“八嘎”）弹的战果。这是一种专门设计制造并使用火箭助推的自杀式导弹，其航速可达每小时620英里（约合997.8千米），并配备4000磅（约合1814.4千克）战斗部，但其命中率似乎远低于平均值。

表10-8

消耗	60架
击沉	2艘驱逐舰，1艘扫雷艇
击伤	6艘

这种武器可能航速过快，超出了人力控制可实现的范围。

遭受自杀式攻击但仍幸存的各舰中，有若干战例颇值一提。例如“拉菲”号（Laffey）驱逐舰曾遭受22次攻击，其间被特攻机命中6次，此外还被炸弹命中4次，还遭受一次炸弹近失。舰上官兵中，31人阵亡，72人负伤，但其火炮仍依靠独立火控坚持作战，最终该舰被修复。[21] 至于皇家海军装备装甲机库的航空母舰的情况，笔者则将在本书附录13中单独讨论。

“肯特”级重巡洋舰“澳大利亚”号（Australia）对日本特攻机似乎有着特殊的吸引力。①该舰首先于1944年10月21日被命中，特攻机的燃油在该舰舰桥区域引发了一场大火。[22] 随后该舰又于1945年1月5日被命中，其防空炮受损，但该舰仍坚持战斗。次日该舰再次被命中，其防空炮受损，炮组成员伤亡。1月8日和9日该舰又先后被2架和1架特攻机命中，但仍能依靠自身动力缓慢地返回港口。[23] 该舰后来在6.5周内被修复。

还有少量制导炸弹命中的战例，“厌战”号、“斯巴达”号和“白尾海雕”号便名列受害者名单之中。“斯巴达”号于1944年1月29日在安齐奥附近海域被一枚HS293滑翔炸弹命中。[24] 中弹后该舰上甲板上出现一个大洞，其后部上层

① Naval Staff History 认为该舰的三座烟囱是吸引日本特攻机的主要原因！War with Japan, (HMSO 1995).

建筑和 Y 炮塔燃起大火。后部轮机舱（及 1 个舷侧舱室）以及后部弹药库在中弹 10 分钟内即出现进水。1 小时后舰长下令弃舰，不久之后该舰便倾覆沉没。①

辅助巡洋舰

如本书第九章[25]所论，海军部曾对如何改装邮轮颇费心思。改装后的邮轮应能在两个主水密舱进水后仍保持漂浮状态。对水下武器的防护包括加装 1500~3000 吨压载，以改善船只受损后的稳定性。中间甲板上尤其是水线位置附近则堆放了大量密封空油桶，以便保持浮力和稳定性（即水线面惯性矩）。实战经验表明，上述措施颇为有效，因此也在“巨人”级轻型舰队航空母舰上采用。在辅助巡洋舰中弹的战例中，“柴郡”号（Cheshire）曾有两个主货舱迅速进水，另有一个主货舱缓慢进水，但该舰仍能以缓慢航速航行，其后维修工作持续了 6 周时间。“帕特罗克洛斯”号（Patroclus）曾被 4 枚鱼雷命中，之后又被 2 枚炮弹击中。尽管此后又被 1 枚鱼雷命中，但 2 小时后该舰仍坚持漂浮，直至又被 2 枚鱼雷命中（共计 7 枚）为止。“萨洛普郡人”号（Salopian）则被 5 枚鱼雷命中，并在 6 个货舱中有 4 个进水的情况下仍保持漂浮状态，直至第六枚鱼雷导致其舰体折断。

沉没所耗时间

各舰沉没所耗时间之间的差异很大，但表 10–9 可给出中弹之后不同时间段内沉没的舰只数目。

表10–9 沉没所耗时间

舰种	0~10分钟	10~20分钟	20~30分钟	30~60分钟	大于60分钟
战列舰	2	1	—	—	2
航空母舰	2	2	—	1	2
巡洋舰	3	2	2	2	15
驱逐舰	28	12	4	14	37
护卫舰	3	—	1	1	2
轻护卫舰	2	1	—	1	4
炮舰	13	2	3	—	3
扫雷艇	8	1	1	2	5

可见上述数字大致符合所谓的“浴盆曲线”，即峰值出现在两端。从统计上

① D K Brown. 'Attack and Defence, Part 4', Warship 28(October 1983).

看，如果一艘舰船能挺过最初几分钟，便有相当概率维持 1 小时的漂浮时间。

维修时间

由于往往会利用维修的机会加装新设备，因此不同舰只维修工作所耗时间的差异更大。某些遭重创的舰只（如“贝尔法斯特”号）则曾一度被搁置在一边，直至其他一些工作结束。海军历史科保有非常详细的统计数字，表 10–10 即据此得出。其中数字为最常见的时间[1]（并根据不同受损方式），以月为单位：

表10-10 维修时间（月）

武器	现代化驱逐舰	护航驱逐舰、轻护卫舰、护卫舰	炮舰和扫雷艇
炮弹	3	1	3
鱼雷	8	8	无
炸弹	6	6	3
水雷	12	12	12
冲撞敌潜艇	2~3	2~3	2~3

起火

第二次世界大战期间，大规模起火的情况并不常见。[2]以驱逐舰为例，496 次损伤事件中，仅有 60 次报告起火。这 60 次中，24 次据称火势很大，另外 36 次则较小。其起因可分解如下：

炮弹	17 次
炸弹	25 次
水雷	5 次
鱼雷	13 次

20 次大规模起火中，16 次与燃油有关（另有 2 次小规模起火亦与燃油有关）。

从这一统计结果来看，起火的可能性似乎远低于日后马岛战争期间。对 1982 年火灾较高的发生率存在若干种可能的解释，其中包括 1982 年大量使用闪点温度较低的柴油燃料（尽管闪点温度差异并不显著）、更显著的人员因素以及某些战例中导弹燃料起火。

铆接工艺

大多数受损舰只均以铆接工艺建造。舰体结构扭曲将导致出现漏水缝，后

① 由笔者目视检视非常复杂的表格得出。
② 注意由其他原因导致沉没的舰只沉没时也可能伴有起火。

者可导致迅速大量进水。①漏水缝非常难以封闭。唯一的处理方式为嵌入软木楔，但在此过程中必须极为小心，否则很容易扩大空隙而非将其封闭。当时采用焊接工艺完成的结构通常较脆，且容易沿着焊接缝两侧、受焊接热量影响的区域发生失效。第二次世界大战结束后，得益于性能更好的钢材和更科学的焊接流程的问世，焊接工艺完成的结构性能远较以往优越。

损管

显然，在两次世界大战之间时期，战舰设计者和操作者对损管工作的重视程度都不足。直至“皇家方舟”号沉没之后[26]，海军部才建立了一所损管学校。在此之前，损管训练不仅相当有限，而且其部分内容亦不正确。各舰上不仅损管相关器材很少，而且其乘员也未就如何使用进行充分训练。这些器材包括柴油发电机②、轻便水泵、应急照明设施、电源引线和呼吸机。

有关损伤的记录中，仅有很少数将加固舱壁视为第一步任务。实际上，仅在很少几次损伤中出现舱壁破裂的情况，这倒并不出人意料。在建造时，舱壁就经受过水压测试，而测试用的水压通常高于实战中舱壁可能承受的水压。在第二次世界大战爆发前的损管训练中，加固舱壁被认为几乎是一种宗教仪式，然而这一观点并不正确。

在常见的低下损管水平表现中，少数例外之一是“凯利”号的战例，当时其舰长是蒙巴顿勋爵。早在J级驱逐舰设计阶段，蒙巴顿勋爵便频繁造访由科尔领导的设计部门。他曾描述战损可能的后果，以及可能采取的措施。③1940年5月，“凯利”号被鱼雷重创。④大量进水导致该舰初稳性完全丧失，且发生偏离破孔的负稳性侧倾——而非倾斜。⑤根据从科尔处了解的信息，蒙巴顿意识

① 这种缝隙漏水的现象正是导致“泰坦尼克”号沉没的罪魁祸首。

② 古道尔本人似乎对使用柴油发电机持反对态度，但并未明确说明原因。可能他认为相比其输出功率而言，柴油发电机体积巨大且重量沉重。

③ D K Brown, A Century of Naval Construction, p 192. 书中摘录了蒙巴顿伯爵从“凯利”号上寄出的一封信。

④ 若非科尔坚持采用纵向框架结构，则几乎可以肯定该舰将发生舰体折断现象。

⑤ 在此情况下，若试图为扶正侧倾而移动重物位置，则将导致致命后果。

下两图：“凯利”号。该舰曾被鱼雷命中，行将因丧失稳定性而倾覆。最终蒙巴顿下令抛弃位于舰体高处的重物，从而拯救了该舰。俯拍照片显示了该舰曾多么濒临沉没，而摄于船坞中的照片显示了该舰所受破坏的范围（作者本人收藏）。

“皇家方舟”号。几乎一切都出了错。这张照片尽管不够清晰，但却是这艘名舰的最后一张照片（作者本人收藏）。

到唯一的自救方式便是抛弃位于舰体高处的重物，且在此之前他就已经准备了一份抛弃物品清单，列其中首位的是鱼雷。科尔的结构设计和蒙巴顿的损管操作——以及一部分运气的帮助——最终拯救了“凯利”号。[①]

与此相反，“皇家方舟”号的损管作业表现就很糟糕。该舰在高速航行时被鱼雷命中，并发生明显侧倾。爆炸发生在该舰舰底弯曲部，恰位于其防护系统下方。整体而言，该舰受损颇重——此后该舰向另一侧倾斜时，一艘 115 英尺（约合 35.0 米）摩托汽艇的艇长报告称破孔甚至比他的汽艇更长。[②] 1 间锅炉舱和 1 间轮机舱当即被淹，随后中线舱室亦步其后尘。主配电室被淹后，其电网主环船干线上因爆炸振动而打开的断路器便无法如往常一样远程闭合，而其他设置又使得该舰受伤之初试图以手动方式将其关闭的努力失败。所有照明由此中断，且全舰仅配备 36 具以电池供电的提灯。此外，该舰未配备柴油发电机。

该舰发生侧倾后，水位上升至下层机库下方的排风井空间，从而限制了其他幸存锅炉舱的烟气排放。这一故障进而导致过热，并引发火灾，因此剩余的动力系统舱室也失去了动力输出。大部分乘员在该舰中雷后便离舰，其中甚至包括该舰的技术兵，而他们本可能恢复该舰的电力供应。

如本书第二章所提及的，对航速和动力的错误估计，导致该舰采用了 3 主轴设计布局。若仅设计装备 2 根主轴，则排风井设计难度将明显降低——即使是对一艘双层机库且舰体型深有限的战舰而言，布置排风井也颇为困难。应急电力系统的缺乏本就是一大弱点，而过于仓促展开的疏散工作又使得这一弱点的影响雪上加霜。尽管如此，该舰仍有获救的可能。此后很多年中，损管训练学校的标准示范材料之一便与此有关：当时若能及时向其余轮机舱和锅炉舱注水，便可将其扶正，从而可能将其拖曳至直布罗陀。

① 第二次世界大战后，在设计“部族”级护卫舰期间，笔者曾重新计算“凯利”号的损伤状况，作为对“部族”级分舱设计提案的检查方式之一。

② 几乎可以确定，此处的外层舰底采用铆接工艺组合。

第二次世界大战期间的弹药库殉爆事故[1]

通常认为，保存在黄铜弹药筒中的发射药很难爆炸，此外，以鱼雷和水雷为代表的水下武器往往也不会引发弹药库殉爆。尽管如此，从皇家海军[2]和美国海军的记录中[3]，仍能总结出很多发生在弹药库中的爆炸事件，且当时弹药库内储存的发射药均存放于容器之中。这些爆炸大多由鱼雷命中引发。

弹药库殉爆的机理

与非常迅速的燃烧现象不同，弹药爆炸需要舱室内温度和压强同时上升。炽热的破片、闪火或发生于弹药库以外位置的火灾造成的高温均可能引燃发射药，且一份发射药起火后，火势可蔓延至相邻发射药。若迅速采取行动，则可在压强累积引发爆炸前及时扑灭起火。这些行动包括启动药库喷雾系统、启动注水系统[4]或通过来袭武器在舰体上造成的破孔引发迅速进水，其中最后一项的效果最为理想。

若起火未能被迅速扑灭，则弹药库内的温度和压强均将累积，如此殉爆便几乎在所难免。经由排气板、舱门或舱口甚至破损的舰体结构进行的排气虽然可避免压强累积，但需要很大的排气面积才能获得明显的效果。发射药密集排放时，殉爆发生的概率最高。通常压强需要一定的时间才能累积到足够的程度，因此在有关殉爆的报告中几乎总会提及两次爆炸，其中第一次由敌方武器导致，几秒钟之后则是一个规模大得多的爆炸——这正是弹药库殉爆。

大规模起火将导致弹药库内温度上升，从而导致其中储存的高爆炮弹或炸弹爆炸，而由此造成的炽热破片又将引燃其他发射药。根据美国海军的鉴定，5英寸（约合127毫米）高射炮弹尤为危险。炮弹壳体较薄，且装填高爆炸药的弹药可能被破片直接引爆。

皇家海军经验

查战损记录，可将其中与弹药库有关的记录分类如下：

表10-11

弹药库内大规模爆炸	6次
大规模爆炸，可能与弹药库有关	19次
弹药库受损，但未爆炸	23次
其他战例，其中发生弹药库进水	25次

上述清单很可能并不完整，且存在颇多错误，但其详细程度已经足以从中

① 在1992年论文的基础上稍加改动。
② Damage to HM Ships. BR 1886(2) Public Record Office.
③ Summary of War Damage, USN Navships, and Striking Power of Airborne Weapons, OPNA V July1944.
④ 很难设计一种完善的系统，实现在药库内压强累积的同时完成对药库的进水作业。

右两图：“标枪”号被两枚鱼雷命中后，其舰艏和舰艉均脱落。当时其舰长为蒙巴顿勋爵。该舰后来被修复（作者本人收藏）。

得出某些概括性的结论。发射药的成分则很少被记录。

弹药库不仅可能爆炸，而且的确曾发生爆炸。表10–11中记录了25次弹药库可能或确定的爆炸，其中大多与整装弹药或与发射药一起储存于黄铜容器中的分装弹药有关。敌方武器在水线以上或以下位置达成的命中均可能引发爆炸。

表10-12 爆炸诱因

炮弹	炸弹	鱼雷	水雷
1	7	16	1

在至少有 1 份发射药起火燃烧，但最终幸而未沉的各舰中，起火最常见的诱因是炽热的破片。尽管无法确认，但破片很可能是导致弹药库殉爆的最主要原因。显然在大部分战例中，温度升高的速度都非常迅速，且除非中弹本身即导致舰体上出现一个大洞，否则无论注水或排气均无法及时实施。单份发射药起火或爆炸常常蔓延至临近发射药，但并非总是如此。

另一方面，弹药库殉爆的次数过少，难以进行有效的统计分析，但对不同年份发生的弹药库殉爆事件的统计仍有一定意义。

表10-13 皇家海军中各年弹药库事故次数

年份	发生殉爆	未发生殉爆
1939年	—	—
1940年	2	1
1941年	2	5
1942年	6	6
1943年	3	8
1944年	10	1
1945年	2	2

表 10-13 似乎显示第二次世界大战后期发生殉爆的概率更高。尽管不应过分解读这一结论，但可能缺乏经验的乘员对于弹药安全的态度更为疏忽。[①]

1936 年进行的若干试验显示了定装弹药的弱点。在第一次试验中，1 枚 4.7 英寸（约合 120 毫米）被帽尖端普通弹被射入若干发射药，但并未导致爆炸。而在用 1 枚装填舍立德炸药的 6 英寸（约合 152.4 毫米）被帽尖端普通弹射向存放于弹药架上的 98 枚炮弹时，在几秒钟的间隔之后便发生了巨大的爆炸，导致作为试验对象的弹药库彻底解体。在下一次试验中，1 枚 6 英寸（约合 152.4 毫米）炮弹被射向独立储存于弹药盒中的 94 枚炮弹，由此引发的大火在 48 分钟内摧毁了储存上述弹药的空间。根据试验结果推测，如果上述空间密闭，那么很可能发生爆炸。[②]

美国海军经验

美国海军则总结称，只有驱逐舰在被鱼雷命中后可能发生弹药库殉爆。该

① 某名军官仍记得曾接受如下教导："只要你牢记它很危险，柯达无烟药便很安全。"

② ADM 116/4352 quoted by Jurens WI 2/87.

舰种的弹药库未设任何防护措施。发生殉爆的概率被估计为50%。舰龄较老的“奥马哈”级（Omaha）轻巡洋舰[27]的弹药库同样未设任何防护措施，但考虑其弹药库布局以及弹药种类，美方认为发生殉爆的概率很低。护航航空母舰则非常脆弱。为实现更好的防护，各舰均减少了炸弹携带量。

在较小型的舰只如驱逐舰和巡洋舰上，炸弹命中后导致弹药库殉爆一事并非在所难免。这主要是因为此类损伤通常会导致舰体侧面或舰底进水，而这种进水不仅可能扑灭发射药起火，而且可能排出气体，防止压强积聚。然而此类舰艇仍配备容易被破片引燃的5英寸（约合127毫米）防空炮弹。对大型舰只如战列舰和舰队航空母舰而言，敌炮弹很难射入弹药库，但一旦敌弹药进入弹药库，便很难实施注水和排气，如此弹药库殉爆便几乎在所难免。

发射药①

皇家海军中最常见的发射药是SC型柯达无烟药（其成分为49.5%的硝化纤维、41.5%的硝化甘油和9%的中定剂②），但也可能有少数稳定性稍差的老式MD型柯达无烟药存在。第二次世界大战期间，无焰材料NF［其成分为55%的辉石（硝基胍）、21%的硝化甘油、7.5%的中定剂、0.3%的冰晶石］也被引入。

直至1944年中，美国海军仍仅使用硝化纤维作为发射药（含0.5%的二苯胺）。在经过一系列讨论之后，美国海军从加拿大进口了无焰材料N，即无焰材料NF的海军版本，并于1944年中开始下发。其他成分更为复杂的发射药则直

① J Campbell, Naval Weapons of World War II (London 1985).
② 对称二苯二乙基脲。

第二份1090磅（约合494.4千克）炸药在“猎户座”号轻巡洋舰下方爆炸的场景。该舰沿上甲板断为两截，裂缝甚至进一步沿舰体侧面向下延伸，这一现象说明铆接接头并不是总能阻止裂缝扩张（作者本人收藏）。[28]

至第二次世界大战结束后才投入服役。美国海军发射药似乎具有良好的安全记录，其原因或可归功于生产过程中更好的质量管控。尤伦斯曾提到美国所做的一次试验，显示其发射药安全性远高于皇家海军所使用的柯达无烟药。

正常情况下，弹药库内存有的物资蕴含着大量化学能，一旦爆炸便几乎可以确定无疑地摧毁任何载舰。然而，第二次世界大战期间似乎并未出现过任何因意外导致的爆炸，而这或可归功于更为谨慎的制造过程。尽管对于敌方攻击，可能无法保证弹药库万全，但保护大量弹药或保证弹药输送过程的安全仍有重要意义，尤其是在输送过程中弹药可能呈链状分布的情况下。

战后对舰试验

尽管海军部曾尽一切手段从战时损伤中吸取教训，但仍需考虑到战损发生时的条件不可控。造成损伤的武器大小常常未知，其具体炸点通常亦难以判断（尤其是非触发式武器），而对受损舰船进行维修以使其尽快返回现役的优先级往往也高于对损伤进行详细调查。①1945 年初海军部内部有提案建议在战争结束后，利用行将废弃的己方舰船和投降的敌方舰船进行一大批试验，这一提案得到了批准。

早在欧洲战场的战斗尚未结束之时，海军部就起草了一份使用约 40 艘舰艇进行试验的计划。1945 年 10 月，海军部建立了由海军副总参谋长领导的舰船试验委员会，隶属海军建造总监部门的一名职员担任委员会书记。这个指导性委员会通过其下辖的 8 个下属委员会展开工作，每个下属委员会专门负责一类试验。②试验的主要执行者为海军建造研究院（Naval Construction Research Establishment, NCRE）。在"皇家方舟"号和"威尔士亲王"号于 1941 年底先后沉没后，1942 年间曾出现过一系列设置水下爆炸试验场的提案。当时认为该试验场应远离南部沿海，但靠近造船厂或修船厂。古道尔则坚持应设立由其部门领导的结构研究院，且该研究院应由造船师负责运行，而其他人仅希望建立试验场，或希望一个纯粹的科研试验室。古道尔在其 1942 年 7 月 24 日的日记中清晰地表达了他对此问题的观点："我希望在朴次茅斯（后改为罗塞斯）建立专门的水下防护试验室，并由海军建造总监部门职员任主管，鱼雷与水雷总监（DTM）部门职员任副主管。该试验室不仅应负责构造除全尺寸外其他比例的舰体结构，而且应负责自行组装炸药，并应配备 1 艘废船体。该船体不仅可用于固定 1/3 比例模型，且可用于装载记录仪器。"在经历了长期辩论之后，古道尔的设想获得了批准，最终研究院③于 1943 年 6 月 10 日正式运营，其负责人为隶属皇家海军造船部的达德利·奥弗德（Dudley Offord）。④

这一系列试验的主要目的包括：

① 第二次世界大战期间，海军曾先后对"卡梅伦"号（Cameron）和"普罗透斯"号（Proteus）进行次数非常有限的冲击试验，后又曾使用"埋伏"号进行此类试验。其中大多数时候使用的是非破坏性的 50 磅（约合 22.7 千克）炸药，其目的是调查设备在使用不同支架时，各自实际承受的加速度。[29]

② 有关这一系列试验的详细情况可参见 Warship 41-44(1987). D K Brown, Post War Trials. 必要时笔者将以 Warship+ 数字的形式标注参考资料。

③ 该机构原名为海军部水下试验工厂（Admiralty Undex Works），但鉴于该名称可能导致不雅的解读，因此很快被更名。

④ 他自 1931 年起便一直担任损伤部门主管，因此对舰船损伤，尤其是因水下爆炸而导致的损伤拥有非常丰富的经验。

1. 考察由非触发式引信引发的水下爆炸对水面舰艇、潜艇及其设备造成的破坏；

2. 水上武器对水面舰艇的攻击效果；

3. 水面舰艇和潜艇的结构强度；

4. 弹药库安全性和排气手段。

至第二次世界大战结束时，未来经费将颇为有限的前景已经颇为清晰，而对废钢铁的迫切需求也意味着各舰只仅能参加非常短期的试验，且其中仅有极少数可被击沉。试验中“琴泰岬”号（Mull of Kintyre）担任指挥部驻舰，并可实施小规模的改装和维修任务，大部分水下爆炸试验都在斯翠芬湖（Loch Striven）进行。

表10-14 水下试验；巡洋舰和驱逐舰

舰名	时间	单份炸药重量*	炸药份数	备注
“翡翠”号巡洋舰	1947年	187磅（84.8千克）	12	
		1080磅（489.9千克）	21	
“猎户座”号轻巡洋舰		1080磅（489.9千克）	2	先使用非破坏性的187磅（约合84.8千克）炸药进行校准
“埋伏”号驱逐舰		187磅（84.8千克）	23	
“安东尼”号（Anthony）驱逐舰		1080磅（489.9千克）	8	
“杰维斯”号（Jervis）驱逐舰		187磅（84.8千克）	1	
“积极”号（Active）驱逐舰	1944—1949年	50磅（22.7千克）	9	
		1080磅（489.9千克）	2	
“灿烂”号（Brilliant）驱逐舰	1947年4月	1080磅（489.9千克）	1	
“亚马逊”号驱逐舰	1948年9月	187磅（84.8千克）	1	
“阿善提人”号（Ashanti）驱逐舰	1948年11月	6000磅（2721.6千克）	1	
		187磅（84.8千克）	2	
“开尔文”号（Kelvin）驱逐舰	1949年3月	187磅（84.8千克）	1	
“标枪”号驱逐舰	1949年4月	1080磅（489.9千克）	1	
“爱斯基摩人”号（Eskimo）驱逐舰	1949年5月	6000磅（2721.6千克）	1	
“金伯利”号驱逐舰（Kimberley）	1949年6月	187磅（84.8千克）	1	
“赛马”号（Racehorse）驱逐舰	1949年9月	1080磅（489.9千克）	2	
“绝品”号驱逐舰	1949年10月	1090磅（494.4千克）	1	原德国Z38号驱逐舰
Z30号驱逐舰	1948年	1090磅（494.4千克）	3	
“佩恩”号驱逐舰	1949—1950年	187磅（84.8千克）	2	

舰名	时间	单份炸药重量*	炸药份数	备注
“奥登纳德”号（Oudenarde）驱逐舰[30]	—	—	—	
原“日德兰”号（Jutland）驱逐舰	—	—	—	

*187 磅（约合 84.8 千克）炸药——1 枚“鱿鱼”式反潜迫击炮炮弹；1080 磅（约合 489.9 千克）炸药——马克 IXA 型水雷；50 磅（约合 22.7 千克）炸药——可能是装药量仅为正常状况一半的“鱿鱼”式反潜迫击炮炮弹。

“绝品”号驱逐舰（原德国 Z38 号驱逐舰）在遭受 1 枚 1090 磅（约合 494.4 千克）炸药爆炸攻击后断为两截。尽管利用焊接工艺建造的现代化舰船原有希望承受住这一攻击，但因该舰艏楼中断处细节设计较差，导致该处应力较高，因此该舰断为两截（作者本人收藏）。

试验中遭受 187 磅（约合 84.8 千克）炸药爆炸冲击的“杰维斯”号（作者本人收藏）。

两艘巡洋舰和“绝品”号驱逐舰均设有双层舰底，3舰均在舰底部分填充的情况下进行了一系列试验。然而，鉴于巡洋舰过于老旧，而“绝品”号在首次试验中即告舰体折断，因此从中所得有限。

很多次试验的目的是造成舰体破裂，但不造成目标舰船沉没。对给定朝向的炸药而言，破裂的可能取决于 $W/\sqrt{D}$ 的值，式中 W 为炸药重量，以磅为单位，D 为距离，以英尺为单位。损伤发生的首个信号通常是钢板在两船肋之间位置出现凹陷、舰体侧面出现剪切性皱褶、铆钉变形以及钢板在硬点出现撕裂现象。一旦出现此类迹象，灾难性的结构失效就将很快发生。[1]乍看之下，比较铆接工艺与焊接工艺、纵向框架结构与横向框架结构，抑或是英制与德制舰只，各组之间抵抗船壳破裂的能力差异并不明显。然而若对试验结果进行深入分析便会发现，原德国驱逐舰“绝品”号的糟糕表现应归罪于其糟糕的细节设计、不适合使用焊接工艺的钢板以及糟糕的焊接技术水平。有鉴于此，加德纳（E W Gardner）进行“惠特比”级的结构设计时便大致在“绝品”号的基础上，采用了较薄的钢板以及较密集的加强材布置。

① 早期的建议之一是在对现役舰只进行爆炸试验时，炸药与舰体之间的距离应至少比临界距离高60%。

发生在舰底下方的炸药爆炸通常会导致舰只发生幅度为若干英尺的冲荡。由该效应导致的常见结构失效模式如下：首先上甲板在应力较为集中的位置如艏楼中断处发生拉伸失效，紧接着舰底发生压缩失效。在此类试验中，以“佩恩”号为目标进行的试验尤为重要。试验前该舰的左舷主轴安装了两种不同的可动舱壁密封压盖，试验中187磅（约合84.8千克）爆雷用高性能炸药在其龙骨下方爆炸，导致其舰体折断。受冲击影响，其舰底内凹，上甲板向上隆起，同时舰体侧面出现剪切性皱褶。因遭受冲荡，该舰舰体曾发生最大幅度为10英寸（约合254毫米）的瞬时形变，并留下了幅度为3英寸（约合76.2毫米）的永久性变形。尽管遭此重创，左舷主轴仍可自由旋转。右舷主轴虽同样可旋转，但由于一座轴台破裂，因此旋转不甚自如。此外，爆炸中右舷主轴导致了舱壁破损，但左舷主轴所穿过的结构未遭破坏。

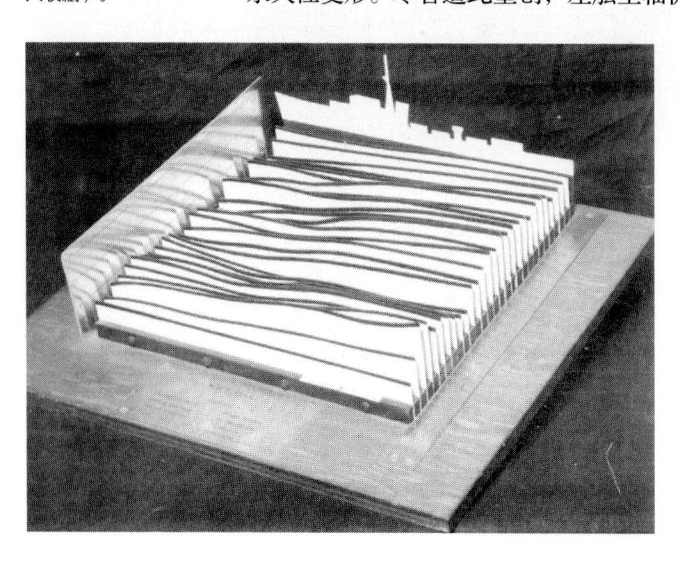
“佩恩”号——用以表现舰体因冲荡效应发生变形的模型，炸药187磅（约合84.8千克），各线型代表的时间间隔为0.15秒。无论内外方向，变形最大幅度为10英寸（约合254毫米），永久性变形幅度为内凹3英寸（约合76.2毫米）（作者本人收藏）。

舱壁失效现象时有发生。若注液舱两侧均为空舱，则三舱室之间舱壁出现破裂的最常见原因便是注液舱遭受振动。发生在舱壁与舰体接合处边界线的起皱或撕裂，与舱壁钢板本身发生的起皱或撕裂，则可能由船壳的变形导致。此外，当支撑在舱壁上的重物或穿过舱壁的大型管道如冷凝器排水管等结构冲击负荷时，舱壁亦有可能受损。

对摩托鱼雷艇进行的试验

海军部曾划拨 3 艘英国动力船舶公司建造的 71 英尺 6 英寸（约合 21.8 米）快艇①以及 3 艘费尔迈 D 型摩托鱼雷艇②用于试验，但其中 702 号艇在恶劣天气中沉没，且未被替换。以这些快艇为目标的试验于 1947 年 3 月至 12 月间在斯翠芬湖展开，试验中将 187 磅（约合 84.8 千克）炸药布置在不同深度和与目标的不同距离上引爆，每艘快艇经受 6~8 次爆炸考验。在 71 英尺 6 英寸（约合 21.8 米）的快艇上，当炸药布置于距离目标 41 英尺（约合 12.5 米）、20 英尺（约合 6.10 米）深度，或 60 英尺（约合 18.3 米）、5 英尺（约合 15.2 米）深度时，快艇即发生舰体破裂。在同一深度上，炸药分别布置在距离费尔迈 D 型摩托鱼雷艇 28 英尺（约合 8.53 米）和 53 英尺（约合 16.2 米）处时即可导致后者汽油油槽发生破裂。

① 454 号、472 号和 484 号。
② 702 号、745 号和 774 号。

对潜艇进行的试验

这一系列试验的目的与对水面舰艇进行的试验类似，但以潜艇为目标的试

一艘 X 级袖珍潜艇在试验中被毁（作者本人收藏）。

验中，潜艇下潜深度亦作为变量之一，这自然导致支撑及回收潜艇更为困难，试验导致潜艇严重受损的可能无疑进一步加剧了这种困难。最初 16 次试验中使用的是 9 艘袖珍潜艇，这些潜艇大致可被视为大型的 1 ∶ 3 模型。最初两次试验的目标是瓦利公司（Varley）建造的 X3 和 X4 号，两艇被悬挂在“巴富特”号（Barfoot）布栅船下接受试验，海军部希望通过两艇确立标准试验流程。首次正式试验于 1947 年 3 月在法恩湖（Loch Fyne）进行，其间 8 磅（约合 3.63 千克）炸弹被布置在 15~450 英尺（约合 4.57~137.2 米）的不同深度。参与试验的除 X3、X4 号两艇之外，还包括隶属 XT1–4 级的 3 艘袖珍潜艇，和 1 艘隶属 X5[①]组的袖珍潜艇。

下一系列试验则使用 XT5 级袖珍潜艇进行，炸药分量和起爆深度固定，但炸点分别位于潜艇上方、下方和后方。最后一系列试验则使用在固定深度引爆的 187 磅（约合 84.8 千克）炸药。从这一系列试验结果可确定一系列图表，其变量包括炸药分量、下潜深度、炸点距离平方根等。[②]

1947 年 10 月至 1949 年 10 月间，为决定不同分量炸药在不同深度下的致命距离，海军部共在试验中消耗了 11 艘潜艇。

表10-15 潜艇试验

艇名	深度	炸药分量	时间
“海狗”号（Seadog）	水面	100磅（45.4千克）	1947年10月
“西比尔”号（Sybil）	水面	100磅（45.4千克）	1947年12月
“西比尔”号（Sybil）	水面	187磅（84.8千克）	1948年2月
“海妖”号（Seanymph）	水面	620磅（281.2千克）	1948年3月
“权杖”号	325英尺（99米）	200磅（90.7千克）	1949年8月
“冥河”号	325英尺（99米）	200磅（90.7千克）	1949年8月
“火花”号（Spark）	325英尺（99米）	200磅（90.7千克）	1949年9月
“普罗透斯”号	—	187磅（84.8千克）	1947年
“乔布9号”*	—	187磅（84.8千克）	—
“乔布9号”	—	187磅（84.8千克）	—
“海盗船”号（Sea Rover）	75英尺（22.9米）	200磅（90.7千克）	1949年9月29日
“冲浪”号（Surf）	75英尺（22.9米）	200磅（90.7千克）	1949年10月5日
“结局”号（Upshot）	75英尺（22.9米）	200磅（90.7千克）	1949年10月
“鲜明”号（Vivid）	很浅深度	200磅（90.7千克）	1949年10月
“夏尔美”号（Shalimar）	75英尺（22.9米）	200磅（90.7千克）	1949年5月
“王牌”号（Ace）	6英尺（1.83米），水面	187磅（84.8千克）	1948年11月

① 该级潜艇被分为 3 段建造，然后连接组合而成。最初采用栓接工艺连接，结果发现结合处易出现漏水。最终采用焊接工艺完成连接。

② 关于参与试验潜艇的性能数据以及部分不够完整的鉴别方式，参见 Warship43。

艇名	深度	炸药分量	时间
“王牌”号	2英尺@110英尺（0.61米@33.5米）	187磅（84.8千克）	1949年11月
“王牌”号	6英尺@70英尺（1.83米@21.3米）	187磅（84.8千克）	—
“王牌”号[31]	1英尺@35英尺（0.3米@10.7米）	187磅（84.8千克）	—

* “乔布 9 号”可被视为 A 级潜艇的舯部舱段复制品，该舱段专为进行冲击试验建造。

最初一系列试验在斯翠芬湖进行，由于缺乏打捞船只，因此所有试验均在水面进行。此后试验则改在林尼湖（Loch Linnhe）进行，试验场水深 430 英尺（约合 131.1 米）。试验中动用了两艘提升能力均为 1200 磅（约合 544.3 千克）的打捞船 LC8 号和 LC9 号。两船之间被“桑葚”人工港的突码头前端所分隔，同时海军还动用两艘较小型的打捞船 LC23 号和 LC24 号，负责向 LC8 号和 LC9 号的提升机构提供额外蒸汽。试验中 4 座 9 英寸（约合 228.6 毫米）升降索套被布置在目标潜艇周围，其末端系有浮标以方便打捞作业。对大多数潜艇而言，打捞作业可在 1 周内完成，但“夏尔美”号的打捞工作历经 4 个月。“鲜明”号原

遭受 200 磅（约合 90.7 千克）炸药冲击后的“冥河”号（Stygian，作者本人收藏）。

某次试验之后的“冲浪”号（作者本人收藏）。

计划在 325 英尺（约合 99 米）深度接受试验，但其意外沉没至湖底。至该艇最终被打捞起来时，打捞船只已经离开现场，因此该艇此后在漂浮状态下接受试验，并再次沉没！

总结试验结果，可发现致命杀伤距离 D 可由公式 D=K.W/t 得出，这一结果并不出人意料。式中 W 为炸药重量，t 为潜艇外壳厚度，K 为与深度有关的系数，在作战深度下其值较水面高 30%。利用大型潜艇进行的试验结果与此前从袖珍潜艇上获得的结果相符。

空射武器试验

最初的空射武器试验在福斯湾以南的阿伯莱迪湾（Aberlady Bay）进行，试验中动用机载航炮对两艘袖珍潜艇进行射击。[①]试验结果显示，尽管潜艇是较难瞄准的目标，但航炮仍可取得命中，并可能取得致命性杀伤效果。与穿甲弹相比，高爆弹相对更为有效。

第二次世界大战期间，尽管很多舰船被炸弹击中，但炸弹的具体种类和重量，以及炸点的精确位置常常未知。海军部在米尔福德港（Milford haven）的安格尔湾（Angle Bay）进行了一系列试验，其间 500 磅（约合 226.8 千克）炸弹被布置在距离轻护卫舰和炮舰很近处，并被引爆。[②]在 1947 年 3 月进行的首次实验中，炸弹被引爆于“布里奇沃特”号（Bridgewater）轻护卫舰的密封盖舱内。结果显示，若爆炸发生在外海，则该舰的后端可能脱落，但其前端仍可保持漂浮状态。海军部试图估计临战状态下乘员的伤亡人数，在此次试验中估计将出现 10 人伤亡。下一次试验中，炸弹被引爆于“福克斯顿”号（Folkestone）轻护卫舰的前部锅

① 两艘潜艇残骸至今仍保留在当地沙滩上。
② 更详细的描述可参见 Warship 44。

经历爆炸试验后的“韦斯顿”号，试验中 1 枚 500 磅（约合 226.8 千克）炸弹在其轮机舱中爆炸。根据试验结果估计，该舰仍能保持漂浮状态，但其乘员将出现约 25 人的伤亡（作者本人收藏）。

炉舱。试验结果显示，该舰虽仍能保持漂浮状态，但将失去动力，此外伤亡人数估计为 30 人。第三次爆炸在“韦斯顿”号(Weston)轻护卫舰的轮机舱中进行，爆炸后该舰仍能保持漂浮状态，但失去动力，预计将出现 25 人的伤亡。这一系列试验中的最后一次在“拉·马洛”号（La Malouine）炮舰上进行，此次试验中炸弹在前部食堂内爆炸，结果显示遭此破坏的该舰仍有能力在良好天气下依靠自身动力返航，伤亡人数预计为 22 人。

下一系列试验于 1947 年 3 月开始在彭布罗克船坞（Pembroke Dock）附近的大菱鲆沙洲（Turbot Bank）进行。首次试验引爆了 1 枚安放在“凤仙花”号（Balsam）炮舰桅杆上的 500 磅（约合 226.8 千克）炸弹。根据结果估计该舰乘员将遭受 15 人左右的伤亡，但舰只本身不会出现危险。“拉·马洛”号则再次被用于试验，这一次其桅杆上安放了一枚 1000 磅（约合 453.6 千克）炸弹。尽管爆炸造成的破坏较轻，但该舰舰桥和厄利孔防空炮炮位上的人员均阵亡。4 月间在布里斯托尔海峡（Bristol Channel）中北滩 (North Middle Ground) 进行的试验中，另 1 枚 500 磅（约合 226.8 千克）炸弹被引爆于紧靠“凤仙花”号艏楼甲板上方处，爆炸导致该舰舰桥被吹飞，且可能伴有严重的伤亡情况，然而即使如此该舰仍可继续航行。由于此类试验中变量过多，因此除炸弹很危险外，很难得出任何一般性的结论。

1947 年 5 月海军部又以“霍金斯”号巡洋舰为靶船，组织了一系列轰炸试验。其中第一阶段试验的目的是测试炸弹外壳强度并检测引信是否正常工作，第二阶段试验则包括投掷装填惰性填充物和极少量炸药的炸弹，用以调查爆炸发生的具体位置，第三阶段试验原应为在指定区域引爆炸药，但鉴于对从该舰上拆解钢铁的迫切需要，这一阶段试验被迫取消。试验中使用的炸弹载机为“林肯”式（Lincoln）轰炸机[32]，飞行高度为 1.8 万英尺（约合 5.49 千米）。在 27 个飞行日中，这些轰炸机共投掷了 616 枚炸弹，取得 29 次命中——对上述飞行高度而言，这一精度已经颇为不俗。在最初一系列实验中，7 次命中由马克 VII 型和马克 XIV 型 500 磅（约合 226.8 千克）炸弹获得，其中 5 枚破裂。第二系列试验中共取得 15 次命中，其中 9 次引信正常工作（另有 2 次发生部分爆炸）。在最后一系列使用 1000 磅（约合 453.6 千克）炸弹进行的试验中，7 次命中中有 5 次引信正常工作。通过此次试验，海军部获得了很多损管方面的知识，并认识到装备轻便水泵和性能更好的焊灯的必要性，以及在黑暗的舰体内部找到通路的难度。

最为壮观的试验则是对“纳尔逊”号战列舰 6.25 英寸（约合 158.8 毫米）甲板的轰炸试验。1948 年 6 月至 9 月间进行的试验中，海军部动用了一个经验丰富的马克 III 型“梭鱼”式轰炸机中队，以 280 节航速和与水平面呈 55° 的俯冲角，向“纳尔逊”号投掷配备中型壳体的1000磅（约合453.6千克）炸弹和特制的马克IV型2000磅（约合907.2千克）炸弹。此次试验在福斯湾因奇基斯附近海域进行，岛上设有气象站，并布置了摄像机记录试验过程。在第一阶段试验中，飞行员在3000英尺（约合914.4米）高度投掷1000磅（约合453.6千克）炸弹作为练习。此时炸弹的着靶速度约为每秒600英尺（约合182.9米），弹道与垂线之间的夹角为25°。此后投弹高度提升至4000~5000英尺（约合1219.2~1524米），从而将炸弹的着靶速度提升至每秒700英尺（约合213.4米）。最初命中的2枚炸弹在撞击“纳尔逊”号厚重装甲时破裂。第三枚炸弹命中该舰上层建筑，并在一连击穿6层甲板后命中装甲，因此炸弹最终完好地停留在装甲甲板位置。

在第三阶段试验中，投弹高度进一步提高至8000英尺（约合2443.2米）。这一系列试验中2000磅（约合907.2千克）炸弹取得一次命中。当时炸弹击穿了3.75英寸（约合95.3毫米）甲板装甲，最终在该舰侧装甲带背面破裂。第四阶段试验中使用的炸弹仅装备非常少量的炸药，并配备时延为0.074秒的延时引信。投弹高度最初仍为8000英尺（约合2443.2米）。在39枚造价非常昂贵的炸弹失的后[①]，投弹高度下降至6000英尺（约合1828.8米）。首枚命中的炸弹命中“纳尔逊”号B炮塔炮座，在接触时爆炸并导致了较大的破坏。根据试验结果海军部认为装药量仍过大，因此这一阶段试验被放弃，转而继续执行第三阶段试验。在新的第三阶段试验期间，投弹高度进一步下降至5500英尺（约合1676.4米）。这一阶段共取得2次命中，其中第一次命中舰桥，然后击穿9层甲板，最终击中3.75英寸（约合95.3毫米）甲板装甲，后者发生凹陷，但未被击穿。在第二次命中中，炸弹直接击穿6.25英寸（约合158.8毫米）甲板，然后经由舰底飞出舰体。历次试验总计对大型、静止且无自卫手段的目标投掷了104枚炸弹，取得12次命中。

但另一方面，若所有炸弹均正常装填炸药，则“纳尔逊”号不仅将失去战斗力，而且此后不久便会沉没。1000磅（约合453.6千克）炸弹在投弹高度超过3000英尺（约合914.4米）时便容易出现破裂——而在1945年时，俯冲轰炸机在攻击一有自卫火力的目标时是否能下降到这一高度实施投弹则颇为可疑。至于马克IV型2000磅（约合907.2千克）穿甲炸弹则较为特殊。该型炸弹尖部为非常厚的特种钢锻件，不仅能击穿厚甲板，而且可能在炸弹爆炸后继续飞行，直至从舰底飞出。弹体侧面由非常坚韧的钢材制成，在爆炸时能产生面积很大的破片，足以撕裂爆炸点周围任一侧的舱壁，从而使经由炸弹尖部飞出舰底时造成的破孔涌入的海水得以蔓延开来。该种炸弹的设计时间较“纳尔逊”号晚20年，因此未能抵挡其攻击无损于“纳尔逊”级设计师对其防护设计的努力。然而，即

① 尽管有着各种缺点，但“梭鱼”式仍被认为是一款出色的俯冲轰炸机。仅在马克I型上有俯冲时其垂尾易脱落的弱点。

使是新式的“狮”级战列舰设计也几乎无法实现较“纳尔逊”级更好的防护水平。

结构试验

在最初一系列试验中，5 艘潜艇被一路下沉至其艇壳因水压而破裂的深度。[①]第一次试验使用的是一艘隶属 XT1–4 级的袖珍潜艇，该艇由“巴福特”号下放，直至其艇壳破裂为止。试验中该艇安装了 49 具应变仪，在艇壳于电池舱室位置破裂之前，其读数一直可以持续获得。此外，还可操纵该艇艉舵、水平舵和主轴运动，以保证上述设备在极端深度下仍可正常工作。此后海军部又利用由不同工艺建造的相对现代化的潜艇，进行了其他 3 次试验。其中：

“瓦尔涅”号（Varne）	部分采用焊接工艺建造
“坚忍”号	铆接艇壳，焊接船肋
“至高”号	全焊接工艺建造

最后一次试验则使用未完成的“阿卡特斯”号在直布罗陀湾进行。该艇首先被下沉至 100 英尺（约合 30.5 米）深度，以检查仪器是否正常工作，然后于 1950 年 6 月 19 日被下沉至 600 英尺（约合 182.9 米）深度。此后该艇被继续下沉，其步进为 50 英尺（约合 15.2 米）。至接近其预计破裂深度时则将步进缩小至 25 英尺（约合 7.62 米）。在最后一个深度上，仪器读数突然呈非线性变化，在此深度维持 5 分钟后，该艇发生了剧烈的破裂。其残骸被带回接近水面处，并由潜水员进行了检查。结果显示艇体后段已经脱落，其前端则自鱼雷舱后部舱壁位置起发生下垂，因而不但无法入坞，甚至无法实施冲滩。艇壳破裂始于船肋之间位置钢板的破裂，破裂发生后，海水在极大的压强下冲入艇体，而由此产生的气泡发生剧烈振荡，导致艇体被撕扯为两截。艇体内部一根由 T 型材构成的船肋在撕扯下发生松动，并被仪器线缆所缠绕。

这一系列试验显示，各艇艇壳发生破裂的深度均与预期深度相去不远，这一结果颇令人振奋。的确，尽管破裂通常始于细处，如鱼雷装填舱口部位，但有证据显示其后不久船肋间钢板便会发生破裂。对于耐压艇壳钢板强度这一问题，可采用下述“锅炉公式”作为指导：[②]

压强 =（压力 × 艇壳直径）/ 耐压艇壳钢板厚度

表 10–16 比较了根据上式计算的破裂深度和实际测试深度之间的差异。

① Warship 44.
② D K Brown, 'Submarine Pressure Hull Design and Diving Depth between the Wars', Warship International 3/87.

表10-16

舰船	公式计算深度	实际测量深度
ㄨT型袖珍潜艇	702英尺（214.0米）	565英尺（172.2米）
“瓦尔涅”号	860英尺（262.1米）	877英尺（267.3米）
“坚忍”号*	534英尺（162.8米）	527~537英尺（160.6~163.7米）
“至高”号	700英尺（213.4米）	647英尺（197.2米）
“阿卡特斯”号	860英尺（262.1米）	877英尺（267.3米）

*值得注意的是，在躲避攻击时，“顽固”号（Stubborn）曾罕见地下潜至540英尺深度。事后其起皱的艇壳钢板显示，该艇曾多么地接近艇壳破裂。

最后还对水面舰艇的强度进行过一次试验。当时弯矩及由此产生的应力通常仅针对平衡于海浪上的静止舰只进行计算，并假设海浪波长等于舰体长度，其高度则等于舰体长度的1/20。计算时仅考虑两种情况，即浪峰位于舰体舯部，以及浪峰位于舰艏和舰艉。这一计算方式仅具备比较意义，而应力水平是否能接受只能根据经验决定。尽管英制舰船上从未出现大型结构失效事故一事可佐证此种方法的安全性，但大量铆接缝漏水现象的出现又说明由这一方式得出的结果并不过分谨慎。

为对这一方式加以验证，未完工的驱逐舰“阿尔武埃拉”号在装载载荷的状况下停泊于船坞中作为实验对象，直至其结构损坏为止。①试验中该舰舯部两侧均接触支撑结构，同时船坞内水面不断下降，直至出现损坏。最终的失效始于该舰舰体侧面钢板的剪切屈曲。试验中该舰还安装了大量应变仪，其读数显示该舰的设计方式令人满意。

除上述试验外，海军部还曾进行其他一些试验，但其记录已无处可寻。例如“暴怒”号航空母舰曾被用于储存火箭弹和其他弹药的试验。此外海军部还进行过使用6英寸（约合152.4毫米）、4.5英寸（约合114.3毫米）、4英寸（约合101.6毫米）炮弹射击炮舰、坦克登陆艇和E型艇[33]的试验。海军部还利用岸防部队使用的20毫米、40毫米、6磅（口径约为57毫米）和4.5英寸（约合114.3毫米）火炮向分别代表E型艇、R型艇[34]、搭载防空炮的驳船以及东方型舢板的靶标进行射击试验，结果显示仅有4.5英寸（约合114.3毫米）火炮能实现有效的毁伤效果。

教训

从损伤分析和试验中得出的经验教训均被吸收进战后护卫舰设计之中，其代表如“豹”级和“惠特比”级。在某些方面如舱壁设计上，试验结果几乎无法显示出任何问题，因此需要海军建造研究院的研究工作，并辅以大比例试验

① D W Lang and W G Warren, 'Structural Strength Investigations on the Destroyer Albuera', TransINA (1952).

方能找到更为可靠的解决方案。这些试验的代价颇为低廉；参与试验的舰船现成，参与人员人数有限，且不负责其他紧急工作。然而这一系列试验的成功却鲜为人知。

译注

1.所谓的“另一位”大卫·布朗即J.D.布朗。

2.此处原作者指的分别是直径45厘米的九一式空投鱼雷1型和2型。

3.该舰在1941年10月14日执行护航任务的过程中被意大利鱼雷轰炸机所投掷的鱼雷命中。

4.指1942年2月11日至12日，两舰及“欧根亲王”号重巡洋舰在德国空军的一路掩护下，从法国布雷斯特军港出发，强行突破英吉利海峡返回德国。

5.当时为中将，并于当年4月在晋升中将后出任第三海务大臣兼审计长。在围歼“俾斯麦”号的战斗中，沃克尔指挥第1巡洋舰中队，在丹麦海峡前发现并报告了“俾斯麦”号的位置，之后又率领麾下的“萨福克”号和旗舰“诺福克”号以雷达继续追踪“俾斯麦”号，并命令“威尔士亲王”号撤退，直至5月25日晨失去目标，并参加了次日对“俾斯麦”号最后的战斗。尽管如此，他依然因在“胡德”号沉没后决定中止和对手的战斗而接受了军事法庭的调查。

6.“加富尔”号隶属“加富尔”级战列舰，1911年8月下水；“杜里奥”号隶属“多利亚”级战列舰，1913年4月下水；“利托里奥”号隶属“维内托”级战列舰。3舰均于1940年11月11日至12日夜间皇家海军空袭塔兰托之战中被鱼雷击沉。3舰此后均被打捞修复。德制磁性水雷感应纵向的磁场变化，英制磁性水雷则感知水平方向的磁场变化。

7.11月10日。

8.“康沃尔”号隶属“郡”级重巡洋舰，与“肯特”号为同一批，1926年3月下水。

9.1927年5月下水。

10.美国的第一批条约型重巡洋舰亦有此外号。

11.该舰于1942年8月9日在萨沃岛海战中被击沉。

12.1941年5月24日丹麦海峡之战中。

13.指“庄严”级前无畏舰，然而亦应考虑到“俾斯麦”号的技术水平也并未超出第一次世界大战水平很多。

14.5月25日。

15.（驱逐舰，水雷）这一单元格的比例似乎有误，应为19%；（轻护卫舰等，合计）这一单元格的总数有误，似应为214，如此则比例正确，但原文如此。

16.此比例似乎有误，但原文如此。

17.1942年N2号设计方案和1944年Y号设计方案均为第二次世界大战期间英国的轻巡洋舰设计方案，可视为“牛头怪”级和第二次世界大战之后的“虎”级两者之间的中间产物。可参见N Friedman British Cruisers: Two World Wars and After。

18.即1943年9月16日被德制反舰制导滑翔炸弹命中这一战例。

19.为“奥马哈”级轻巡洋舰的一个批次，其中“底特律”号于1920年11月下水。

20.“芝加哥”号隶属“北安普顿”级重巡洋舰，为美国海军第一代条约型重巡洋舰之一，1930年4月下水；“亚特兰大”级轻巡洋舰为条约体系下美国海军的小型化巡洋舰尝试之一，更多被用作防空巡洋舰或大型驱逐领舰，首舰于1941年9月下水；“克利夫兰”级轻巡洋舰为美国海军依照1930年《伦敦条约》要求设计的轻巡洋舰，首舰于1941年11月下水；“巴尔的摩”级重巡洋舰为条约体系失效后美国海军设计的第一级重巡洋舰，首舰于1942年7月下水；“德美因”级重巡洋舰为美国海军最后一级重巡洋舰，首舰于1946年9月下水。

21.该舰舷号DD-724，隶属“萨姆勒”级驱逐舰。冲绳战役期间，该舰隶属第58特混舰队。战役期间，1945年4月17日该舰奉命前出担任雷达警戒哨任务。除提供雷达预警外，该任务还负责引导己方机群回航，并目视检查是否有敌机尾随己方机群。

22.当时该舰隶属美国海军第7舰队参加莱特湾之战，当日该舰奉命炮轰预定登陆滩头。

23.该舰当时依然隶属美国海军第7舰队，负责在林加延湾登陆期间进行对岸炮轰。

24.安齐奥登陆战期间，该舰奉命在附近海域担任防空掩护任务。

25.笔误，为第八章。

26.1941年11月14日。

27.首舰于1920年12月下水。

28.首舰于1920年12月下水。

29.分别为美国转让的老式驱逐舰、P级潜艇和第一次世界大战结束后英国建造的试验性驱逐舰。

30.“奥登纳德”号和“日德兰”号均是舰体未完成的“战役”级驱逐舰。

31.“王牌”号的数据略令人费解，但原文如此。

32.阿芙罗“林肯”式远程重型轰炸机，首飞于1944年6月。

33.即德制鱼雷快艇。

34.即德制扫雷艇。

第十一章
生产与建造

本书虽然主要与英国舰船的设计有关，但设计自由度受可用资源限制，这些资源包括造船厂、船用引擎厂、武器与装甲制造商以及一些其他专门的供应商。有鉴于此，本章将对生产过程遇到的问题及相关成就进行简单描述。①

战前订单

早在第二次世界大战爆发前，海军部下达的订单便已经达到甚至超过了英国造船业及相关工业的生产能力上限。战争爆发时在建舰船总吨位（标准排水量）约为69万吨，包括：

9艘战列舰
6艘航空母舰
19艘巡洋舰
44艘驱逐舰
11艘快速布雷舰、轻护卫舰和扫雷艇
12艘潜艇

第二次世界大战爆发后，鉴于造船及相关工业工作负担过重的现实，海军部对上述造舰项目进行了削减，其中首先被搁置的是4艘“狮”级战列舰的建造，此后又于1940年初搁置了5艘巡洋舰的建造。

行业状况

两次世界大战之间的衰落时期，除约30家造船厂倒闭外，英国3家武器制造商中的2家以及很多引擎制造商也被迫停业。英国国内长度超过250英尺（约合76.2米）的船台数目从459座骤降至266座，其中仅134座可用于战舰建造。同时，各造船商几乎没有为新建造船厂进行投资。这些可见的衰减还远不是英国造船业面临的最严重的问题，后者的表现为技术工人的大量流失。20世纪30年代初几乎没有新学徒加入该行业，与此同时造船业的管理层不仅日益老龄化，而且也不再愿意承担任何风险。经济危机年代的财政紧缩导致海军与工业界的

① 本章内容在很大程度上基于Dr I L Buxton, Warship Building during the Second World War, The Centre for Business History in Scotland, Research Monograph No.2 (1998)。笔者非常感谢巴克斯顿博士允许笔者在此使用他的研究成果。其他材料还包括摩尔和皮尤的未刊发的论文。

1933年，在查塔姆造船厂建造中的“林仙”号轻巡洋舰。该级舰上焊接工艺的应用范围得到了较大的扩展，且查塔姆造船厂的焊接技术水平堪称当时的佼佼者（作者本人收藏）。

关系非常冷淡，并导致了非常异常的分工行为。[①]

乐观来看，即使遭遇了严重的不景气之后，英国仍保有60家造船厂，且每年建造的商船总吨位数几乎相当于其最大的两个竞争者，即德国和日本各自吨位数的两倍。自1937年起，海军的再武装计划又为造船业带来了满员雇佣率和显著的利润，不过造船厂从中赚取的利润几乎没有被用于更新工具的投资。[②]海军部不仅出资建立了新的装甲和武器生产厂，而且出资购买了若干重型起重机。

计划变更

随着战局的发展，对原有造船计划的改动不可避免，尽管有观点认为变更过多。例如古道尔曾写道："一直无法确定造舰计划一事着实令人心碎。每当我们试图严格遵守造舰计划，让造船厂保持忙碌生产，便会发现不得不再横插一脚，停止现有建造计划，转而让造船厂忙于建造其他舰只。"[③]

直至第二次世界大战结束前，海军部和造船厂一直承受着集中精力建造可快速建成舰只的压力，且这种压力主要来自丘吉尔。如1941年3月丘吉尔曾下达指令称，仅专注于建造可在1942年底之前建成的战舰（以及可在1941年底之前完工的商船）。此后，英国政府又断定对日战争将在1946年底之前结束。然而另一方面，海务大臣委员会从不相信战争将很快结束，因此对现代化战列舰短缺一事一直颇感忧虑。他们无疑坚信，战争结束时皇家海军仍应能保持强

① 学徒生涯期间，笔者曾被告知某个有关某种炮架的故事，该炮架上有3个圆形减重孔，其中2个直径较小的孔由钻床加工，而最大的一个由捻缝工利用相同的标准喷灯加工。实际上，最终所有孔的位置都是徒手画出，而任何尺寸的非圆形孔都由捻缝工负责加工！

② H B Peebles, Warship Building on the Clyde (Edinburgh 1987).

③ 见于古道尔1943年7月30日的日记。

大实力和平衡的构成。

虽然某些造船厂专门负责商船或战舰建造，但也有造船厂同时可承担这两类船只的建造任务，因此政府内曾就造船重点仍置于哪类船只进行反复辩论。最初，造船目标是将每年新建商船总吨位数保持在平时较高年份的水平。实际上，就从事商船和战舰的新建和维修工作的厂家数目而言，直至1944年为止其增长比率一直大体相同。新建船只和维修工作之间也存在类似的矛盾。

用工人数

表11-1 执行不同工作的用工人数（万人）

	1940年6月	1943年9月	1945年6月
海军舰船			
私营船厂，新建工作	6.24	8.93	7.39
维修和改建工作	4.15	4.41	3.88
造船厂	2.64	3.67	3.57
海军总计	13.03	17.01	14.84
商船			
民用船厂，新建工作	2.88	4.29	4.25
维修和改建工作	4.4	5.95	6.14
商船总计	7.28	10.24	10.39
新建工作合计	9.42	13.52	11.94
维修工作合计	10.89	13.73	13.29
总计	20.31	27.25	25.23

注：假设造船厂中3000人负责新建工作。船用主机行业人数未计入。

表11–1显示了参与建造和维修工作的约25万劳动力中，约60%从事海军建造工作，同时略低于50%从事新建工作。1944—1945年间，共有超过950家公司参与了造船及维修工作，其中超过一半公司的雇佣人数不超过100人。至1945年，规模最大的是哈兰和沃尔夫造船厂，1943年9月该公司不仅有16328名员工在造船厂工作，而且有8978名员工在船用主机厂工作。[①]女性雇员的人数峰值为1944年的2.75万人，约占全部劳动力的10%，其中作业岗和行政岗的比例大致对半。海军中服役和雇佣人数则几乎为第二次世界大战爆发前的6倍，其中男性75.6万人，女性6.5万人。1943年12月，工业部门从业总人数中，工作者与海军部相关者总人数为91.8万人，其中包括各种仪器设备的建造和仓储部门人数，但不包括粗钢制造部门人数。

第二次世界大战期间，从业人员中不同技术专长人数比例发生了较为明显

① 注意1933年在这两处工作的员工分别仅有630人和559人！

的变化。越来越多的工匠尤其是电工参与进造船与维修工作中。至1944年，共有1.2万名电工参与造船与维修工作，其中仅有1000名参加与商船有关的工作——尽管如此，战舰建造方面仍深感电工人数不足（参见本书第七章）。[①]据估计，从事战舰相关工作的工人中，非技术工种与技术工种的人数比约为10 ：18，而在从事商船相关工作的工人中则为10 ：13。这反映了战舰的日趋复杂化。这不仅包括新设备的引入，而且包括原有设备数量的增加，这类设备包括消磁设备、雷达、加热设备、通风设备、火控设备、通信设备以及空调设备。

在泰晤士河上的图赫兄弟公司（Tough Brothers）建造中的MGB601号摩托炮艇。在费尔迈公司提出的造船系统下，船肋由胶合板锯成，其上开有纵向槽。MGB601号于1941年5月开始铺设龙骨，次年1月建成，同年7月毁于火灾（作者本人收藏）。

1943—1944年间，27家负责建造战舰的造船厂中，焊工的人数几乎增加了80%。古道尔频频声称焊接工作的进展太慢，但在一定程度上，工作进展受限于焊接工作场地的条件，例如可用焊接设备数目、电力供应、起重机数量和工作能力、是否有合适的加工车间等，而对战时的英国而言，这一切资源都很稀缺。此后在预计建造时间时便专门为各种工作干扰留有冗余，而这类工作干扰可能由任何大规模改动导致。

在约翰·布朗公司建造中的“法达湖”号，该舰为“湖泊”级护卫舰的首舰（作者本人收藏）。

① 参见第七章中有关在护卫舰上安装电力设备的部分。

船用主机

尽管尚未发现船用主机产量的完整记录，但无疑英国在该设备方面获得了可观的成就，尽管该设备产量仍是制约新建舰船的主要因素之一。各主要舰种的建造取决于14家船用涡轮机生产商的产量，因此除少数例外之外，涡轮机仅用于输出功率不低于4000匹轴马力的场合。此外，齿轮切削行业可能是更为关键的瓶颈环节。[①]就产量最大的6家主机制造商而言，每家都生产了超过60套主机，且各自总输出功率均超过100万匹马力。[②]建造发电站机组的陆上涡轮机建造商也建造了若干套船用主机，其中包括帕森斯公司为护卫舰建造的10套主机。[③]

第二次世界大战爆发前，英国的柴油机制造业尚不够发达。柴油机仅用于英国商船，且发展缓慢，而铁路机车引擎几乎全部为燃煤蒸汽机。尽管如此，仍有7家公司负责建造潜艇用柴油机，另有3家可建造供登陆艇和摩托扫雷艇使用的小型柴油机。[④]本书第八章已对摩托鱼雷艇遭遇的动力问题进行了描述。从事船用主机制造业的工人人数从战前的5.8万人升至1943年6月的8.89万人（其中1.31万人为妇女），1945年6月稍许回落至8.05万人。

影响生产的诸问题

轰炸。据称因轰炸破坏导致的产量损失率仅为0.5%。[⑤]这一结论似乎不可靠，可能忽略了因轰炸导致的大量不眠之夜以及停电故障对生产的影响。随着战争的进程，大规模的倦怠现象逐渐出现。此外，丘吉尔向英国民众做出的胜利保证又使人产生了一种奇怪的心理效应：既然首相已经保证必将胜利，那又有何艰苦奋斗的需要？与此同时产生的另一种思潮则认为，既然战争的目的是为了赢取自由，那自然也包括保护为改善工作条件乃至保卫民主而罢工的权力。

罢工。罢工的次数很多，仅在1944年，便有不下100万个工作人日因罢工而损失。即使如此，古道尔日记中就访问各造船厂后所做的评论，仍更倾向于谴责糟糕的管理水平。工人的平均工资水平从1938年的每周3.5英镑升至战争结束时的近7英镑，而海军士官1939年和1946年的周收入分别为2.5英镑和3.5英镑，注意后者甚至没有罢工的权力。

钢材短缺。在英国所有工程工作中均出现钢材短缺现象，因此战舰建造不仅需与商船建造争夺钢材，甚至需要与坦克等军火的制造争夺钢材。

表11-2 英国战舰建造统计，1939—1945

表中每一条目下，上一行为建成数目（艘），下一行为标准排水量总吨位数（万吨）。

① 笔者认为此处似有蹊跷。第一次世界大战期间有很多工厂建造齿轮减速涡轮，在两次世界大战期间仅有极少数此类工厂关闭。可能的解释之一是早期使用的齿轮切削机器无法满足第二次世界大战时期的工艺标准。

② 依次为约翰·布朗公司、沃尔森德公司（Wallsend）、卡默尔莱尔德公司、费尔菲尔德公司（Fairfield）、霍桑—莱斯利公司（Hawthorne-Leslie）和维克斯公司（巴罗工厂）。

③ 这些公司显然拥有建造更多套的能力。

④ 大部分坦克登陆艇均装备帕克斯曼公司生产的柴油机，承建这些柴油机的工厂原计划制造供“内莉”（Nellie）式战壕挖掘机使用的柴油机。[1]截止1943年7月，该工厂已经建造1000台柴油机。

⑤ 巴克斯顿援引CAB 102/539档案。

	1939年	1940年	1941年	1942年	1943年	1944年	1945年	合计1	合计2
战列舰，航空母舰，巡洋舰	3	10	11	8	10	6	7	50	55
	2.96	12.69	16.15	11.04	8.49	8.83	8.43	63.6	68.59
驱逐舰	22	27	39	73	37	31	22	229	251
	3.86	3.13	5.06	9.95	6.16	5.37	4.19	33.73	33.72
护卫舰、轻护舰、炮舰	5	49	74	30	57	73	28	311	316
	0.42	4.88	7.54	3.5	7.31	8.82	3.29	35.64	36.38
潜艇	7	15	20	33	39	39	17	164	170
	0.81	1.2	1.41	2.4	2.77	2.9	1.5	12.33	12.99
布雷舰、扫雷舰艇、拖网渔船、布栅船等	20	47	92	95	79	39	28	380	400
	1.32	2.73	6.3	5.81	5.64	2.88	1.84	25.18	26.52
战舰合计	57	148	236	239	222	188	102	1134	1192
	9.37	24.63	36.46	32.7	30.37	28.8	19.87	170.48	182.2
摩托鱼雷艇、摩托炮艇、摩托扫雷艇等	14	121	395	403	337	234	103	1575	1607
	0.03	0.69	3.77	4.61	4.44	2.45	1.2	16.97	17.19
登陆舰艇	4	158	246	521	1462	1306	739	4324	4436
	0.01	0.46	1.95	6.06	15.12	15.27	13.89	50.76	52.86
快艇船只合计	18	279	641	924	1799	1540	842	5899	6043
	0.04	1.25	5.72	10.67	19.56	17.72	15.09	67.73	70.05
总计	75	427	877	1163	2021	1728	944	7033	7235
排水量总计	9.41	25.88	42.18	43.37	49.93	46.52	34.96	238.21	252.25

注：合计 1 为 1939 年 9 月至 1945 年 9 月之间的总数，合计 2 为 1939 年至 1945 年逐年统计总和。

与美国比较

第二次世界大战期间，美国造船厂在造船速度方面创造了一些令人难以置信的记录，但若就消耗工时或造价方面进行考察，则英国造船厂尽管遭受了上述种种问题，但其优势仍颇为明显。早期单艘美制驱护舰的建造工时数超过 100 万，在逐步获取相关经验后下降至 60 万 ~70 万。反观英制“河流”级护卫舰，仅需消耗 35 万 ~40 万工时。同时“河流”级的造价［包括海军部供应项目（Admiralty Supply Item, ASI）在内。这部分物资指大量采购并供应给造船厂的设备］约为 24 万英镑，而由美国海事委员会建造、与“河流”级非常相似的“殖民地”级护卫舰的造价高达 225 万美元（约合 57 万英镑）。[①]至于潜艇建造方面，据称美国工人每年每人平均建造吨位为 3.8 吨，而英国工人为每年 8.8 吨。

自由轮的平均造价为 178 万美元（约合 45 万英镑），而由英国建造、与之

① 参见本书第七章中对两级护卫舰装备的比较——但这一差异对两者造价的差异贡献有限。

类似的帝国轮造价仅约为 18 万英镑。美制自由轮的建造需消耗 50~65 万工时，而英制帝国轮仅消耗 35 万工时。

合同和造价

海军建造总监部门内，有关战舰建造的事宜由发包工程主管（Superintendent Contract Work, SCW）总管，此人负责通过大量监督队伍，对造舰工作进行监督。[①]建造合同由海军合同总监部门负责签订。自 1941 年起，各造船厂的利润率被控制在 6.5%~7.5% 之间，其计算基础为每级舰的实际平均造价，这一利润率不仅保证最好的造船厂可以获得较高利润，而且保证技术水平稍差的造船厂不至于退出承建工作。巴克斯顿还就战争期间的造舰总开支制备了如下表格：

表11-3

	造价（亿英镑）
由承包商建造舰船的舰体部分	2.949
动力系统	1.823
辅机	0.555
费尔迈公司设计的快艇	0.231
舰体和动力设备总计	5.558

在此数字之上还需考虑由海军部直接采购并向造船商提供的设备（即海军部供应项目）。当时价格乘以 30 便约为当今价格。

表11-4

	造价（亿英镑）
装甲	0.152
炮架及空气压缩机	1.006
火炮及火炮相关物资	0.439
电气及其他科学设备	2.010
海军部供应项目总计	3.607

采用稍许不同的计算方法，巴克斯顿还得出了战争期间各舰种的总造价统计。表 11–5 中的数字不包括海军部供应项目，亦不包含辅助船只——这一部分船只的数字是导致表 11–5 数字与表 11–3 数字之间差异的主要来源。若取整数计算，则第二次世界大战期间战舰建造的总造价约为 5 亿英镑。

① 第二次世界大战期间大部分时间内，担任发包工程主管的是隶属皇家海军造船部的汉纳福德。尽管古道尔亲自挑选他出任这一职位，但两人关系似乎并不融洽。

表11-5

舰种	造价（亿英镑）	比例
战列舰、航空母舰和巡洋舰	0.96	23%
驱逐舰	0.88	21%
护航舰只	0.53	13%
布雷/扫雷舰艇、拖网渔船、布栅船等	0.38	9%
主要舰种合计	3.02	73%
轻型沿海快艇等	0.51	12%
登陆舰艇	0.61	15%
总计	4.14	100%

表11-6 建造时间[1]

舰种	建造时间（个月）	工作量（个工作人月）
战列舰	54	46000
航空母舰	46	31115
“斐济”级轻巡洋舰	28	15017
“黛朵”级轻巡洋舰	28	8214
M级驱逐舰	28	4991
“狩猎”级驱逐舰	15	2944
炮舰	10	922
潜艇	20	2700

超额利润

1943年间，国库与审计部门对海军再武装期间战舰订单的利润率进行了审查，其结果令人震惊——30%甚至更高利润率[2]的例子竟然非常普遍。毫无疑问，“英王乔治五世”级战列舰（以及这一时期其他很多舰艇）的实际成本远低于其估计造价，而估计造价被作为订立固定价格合同的基础。[3]1943年国库与审计部门对此现象的解释如下：海军建造总监部门的造价估计员（通常被称为估价员）以国有造船厂的标准进行估价，而没有考虑私营造船厂更高的工作效率。相关官方历史也采纳了这一解释。[4]

皇家造船厂工作效率

较为确定的是，截至第一次世界大战之前，国有造船厂的工作效率一直都明显高于私营造船厂。这体现在建造同一级舰船时，皇家造船厂的建造速度要

① 参见ADM 1 11968。
② 利润率根据造船厂的合同价值计算，即排除海军部供应项目如武器等设备之后的价格。
③ 古道尔1943年初的日记中有若干处涉及此事。当年5月27日接受了询问之后，他于当日日记中写道：“在利润审计委员会就高额利润进行调查。气氛犹如审讯一般，国库与审计部门委员会扮演检察官，主席如法官，其他在场人士好似陪审团。总体而言，财政部法律顾问的表现宛如辩护律师。”
④ W Ashworth, Contracts and Finance (HMSO, London 1953).

在造船厂中等待下水的“可怕”号，该舰后更名为“悉尼”号。该舰也是由国有造船厂承建的唯一一艘航空母舰。当时使用的船台现已被列为二级历史建筑！（作者本人收藏）

快得多。尽管导致这一优势的原因较为复杂，但无疑包括下述因素：中高级管理人员较好的管理水平、更融洽的劳资关系，以及在相关机器上更高的资本投入。或许最为重要的是造船厂一直致力于降低造价。范例之一便是朴次茅斯造船厂很早便在造舰过程中引入在舰体内部使用电力照明的工作方式。此举极大地提高了生产率。另一范例则是该造船厂在建造“无畏”号战列舰时，率先使用了标准尺寸的钢板进行建造。①

很可能是受 20 世纪 20 年代和 30 年代造舰计划规模大幅削减的影响，国有造船厂在新建舰只时的工作效率较以往明显下降。海军部对这一现象似乎有所认识，当时一份有关“肯特”级重巡洋舰造价的文档中含有下表（表 11-7），其内容显示国有造船厂建造各舰的造价较高。②从该表数据可得出两个结论：首先，当时国有造船厂的工作效率已经落后；其次，海军部已经得知这一事实并容忍了这种落后。另一种可能是一些无法清晰归类的工作被统一录入新建舰只条目下，后者通常为长期项目。

表11-7 国有造船厂和私营造船厂的造价比较（万英镑）[2]

舰名	舰体造价	创办成本
“萨福克”号（Suffolk）	64.0	16.5
“贝里克”号	54.3	3.4
“坎伯兰”号	57.1	3.5
“澳大利亚”号	66.2	4.0
“什罗浦郡”号（Shropshire）	70.1	4.2
“苏塞克斯”号（Sussex）	70.4	4.2

① H E Deadman, 'On the Applications of Electricity in the Royal Dockyards and the Navy', Trans I Mech E (London 1892).

② E R Bate's papers，现收藏于国家海事博物馆。

单就“萨福克”号（以及“康沃尔”号）[3]的舰体估计造价来看，国有造船厂的估价尚在由私营造船厂建造的各舰估价范围内，但在“创办成本”一项上，国有造船厂的估价则大幅高于私营造船厂。注意该项费用指包括利润在内的间接费用。在贝特文档中的完整表格中，在各私营造船厂条目下还有一项6万英镑的费用，被计为“平衡国有造船厂较高利率的账目”。考虑上述数字基于1930年前后统计，因此海军部下达“英王乔治五世”级订单时国有造船厂的情况甚至可能进一步恶化。然而并无证据支持或否定上述猜测。

“英王乔治五世”级造价

几乎可以确定，考虑到“纳尔逊”号和“罗德尼”号是当时仅有且合理的战列舰参考对象，因此“英王乔治五世”级的造价估计便基于两舰的记录造价。[①]

表11–8给出了“英王乔治五世”号估计造价的具体分解，该数据此后似乎被作为订立合同的基础。该表摘自彭杰利的工作笔记，他当时任设计部门领导。他对估计造价的分解大致按照海军预算分项8的条目进行，但除去了造船厂费用条目，同时又列入海军预算分项9中的火炮和弹药条目。这一方式与“纳尔逊”级的分解方式相同。

表11–8 “英王乔治五世”号估计造价[②]

条目	开支（万英镑）
舰体和电力系统	205
主机和辅机	82.5
装甲	142.5
火炮[③]	55
炮架及空气压缩机	151.4
弹药	80.5
舰载机	3.4
“鱼雷和炸弹”	2.1
小艇	2
杂项	2.7
造船厂劳动开支和材料开支	2.5
总计	749.3

上述数据的若干项或许可与“纳尔逊”级进行比较。装甲的造价与重量有关。[④]在“纳尔逊”级上，装甲的总造价为143.1万英镑，重1.025万吨。由此，“英王乔治五世”号1.27万吨装甲的估计造价应约为12700×1431000÷10250，即

① 两舰详细的造价分解表可参见D K Brown, The Grand Fleet, pp182–3。

② H S Pengelly, Work book. 现存于国家海事博物馆。

③ 古道尔在1939年11月29日的日记中写道：“吞金巨兽。重新开始建造战列舰，炮架和火炮消耗了超过一半的资金。此事真令人沮丧。”次日又写道：“趴在INA论文（有关战舰造价）上睡着了，最终决定不将其发表。该论文将泄露炮架产量曲线，而我又担心冒犯维克斯公司。”

④ 就防护钢板而言，两级舰统计中就其在舰体和装甲这两项之间的划分标准或有区别。

177.3 万英镑，而非表 11–8 中的 142.5 万英镑。根据同一方式计算得出的“英王乔治五世”号舰体造价为 102.7 万英镑，仅约为彭杰利所给数据的一半。不过，还应注意到“英王乔治五世”号的舰体条目还包括电力系统设备，因此难以简单地按上述方式进行比较。然而，即使“英王乔治五世”号的数字存在错误，也难以解释同级其他各舰上的类似错误。[①]

私营造船厂的间接费用和利润

20 世纪 20 年代和 30 年代期间，尽管海军造舰工程颇为稀少，但私营造船厂的造舰利润率一直在提高。例如 1928—1933 年间，约翰·布朗公司承包了 A 级、B 级和 F 级驱逐舰各 2 艘的建造。表 11–9 反映了每舰的平均报价及其分解。

表11-9 约翰·布朗公司的驱逐舰造价（万英镑）[②]

舰级	时间	发票价格	材料费用	人工费用	间接费用和利润
A级	1928年	22.1	12.2	8.2	1.6
B级	1929年	21.9	12.3	6.9	2.7
F级	1933年	24.5	12.3	6.2	6

表 11–9 中的数据清晰显示，在造价一路下降的同时，海军部与造船商达成一致的合同发票价格却在一路攀升。造价下降的原因主要是人力成本下降，这可能归功于工作效率的提升（对约翰·布朗公司而言这很不现实）或工资的下降，后文将对后者加以讨论。注意当时海军部尚不知晓上述数字。

发包价格的提升则最可能得益于战舰建造商委员会（Warshipbuilders' Committee）的成功。该委员会创建于 1926 年 11 月，当时创建的意图是在海军部的协助下建立轮班制度，从而在各造船厂之间公平分享有限的造舰合同。这一轮班制度此后似乎演变为操纵报价的小圈子，其成员之间的协商以秘密方式进行。皮伯斯（Peebles）认为海军部其实对这个小圈子的存在心知肚明，其存在也是海军部于 1935 年放弃竞争投标方式的原因。

从 20 世纪 30 年代末期丹尼公司建造驱逐舰的数据中可看出此时报价和利润仍进一步上涨。

表11-10 丹尼公司驱逐舰造价（万英镑）

舰级	时间	发票价格	间接费用和利润
E级	1934年	24.7	2
H级	1936年	25.4	3.6

① 1943 年 2 月 19 日古道尔在日记中写道：“克雷文（Craven）前来拜访，我向他出示了我对过高利润率的描述，他对此表示同意，并补充了部分信息。据他所言，同级 5 舰中‘英王乔治五世’号的成本最低，‘威尔士亲王’号的利润大致为‘英王乔治五世’号的 3/4，‘约克公爵’号的利润率最低，大约仅为‘英王乔治五世’号的一半。我据此修改了描述。”

② H B Peebles, Warship Building on the Clyde, p131.

舰级	时间	发票价格	间接费用和利润
“部族”级	1938年	35.9	7.5
J级和K级	1939年	40.1	12.6

E级和H级驱逐舰大体相似，“部族”级虽然尺寸明显大于上述两级驱逐舰，但其设计风格大致相同。J级和K级驱逐舰为最初两级采用纵向框架结构设计的驱逐舰，因此可能所有造船厂都相应大幅提高了其投标价格，其借口自然是想象中采用新系统造舰时遭遇的困难。

根据皮伯斯的论文，克莱德河流域他所提及的所有造船厂均发现建造战舰乃是获得间接费用和利润的主要来源。例如费尔菲尔德公司29.9%的间接费用和利润来自建造“豪”号战列舰。皮伯斯还认为“造船厂管理费用的收取亦显示较强的选择性”，该费用大部分收取自战舰建造工作。当然，这一观点是否公正仍可商榷。毕竟，战舰建造工作较为精密，必然需要更多白领人士的投入（例如绘图员），同时可能需要使用一些建造商船时无须使用的设备。

“郡”级重巡洋舰（参见表11–7）或许是最后一批可在国有造船厂和私营造船厂之间实现真实的造价比价的舰只。海军部似乎并未意识到此后实际造舰成本的下降和各造船厂利润率的上升。造船厂的工资率尚待发掘，表11–11则给出了同一时期的英国平均工资水平。

表11-11 国家工资比率[①]

年份	工资		年份	工资	
	货币工资比率	实际工资比例		货币工资比率	实际工资比例
1927	101.5	95.8	1933	95.3	108.1
1928	100.1	95.2	1934	96.4	108.1
1929	100.4	96.7	1935	98.0	108.3
1930	100.0	100.0	1936	100.2	107.7
1931	98.2	105.1	1937	102.8	105.4
1932	96.3	105.7	1938	106.3	107.7

根据上述数据，低工资无法解释表11–9中劳动力成本的下降，但也应考虑到劳动力成本并不能完全代表造船厂的工资水平。[②]

个人意见

直至1960年前后，造价并不是值得设计人员过分担心的指标。在设计人员完成一系列设计研究方案之后，估价部门将对各方案逐一估价，供海务大臣委

① C Cook and J Stevenson, The Longman Handbook of British History (London 1983).

② 泰恩河（Tyne）流域诸造船厂中，以先令为单位计算，技术工种（如金属版工和管道工）各年每周工资水平如下：1928年56先令，1929年58先令，1930年60先令，1936年62先令，1937年64先令，1938年68先令，1939年70先令，1940年75先令。上述工资数额不包括奖金和加班费。1931年部分奖金的取消导致当年的工资收入下降。

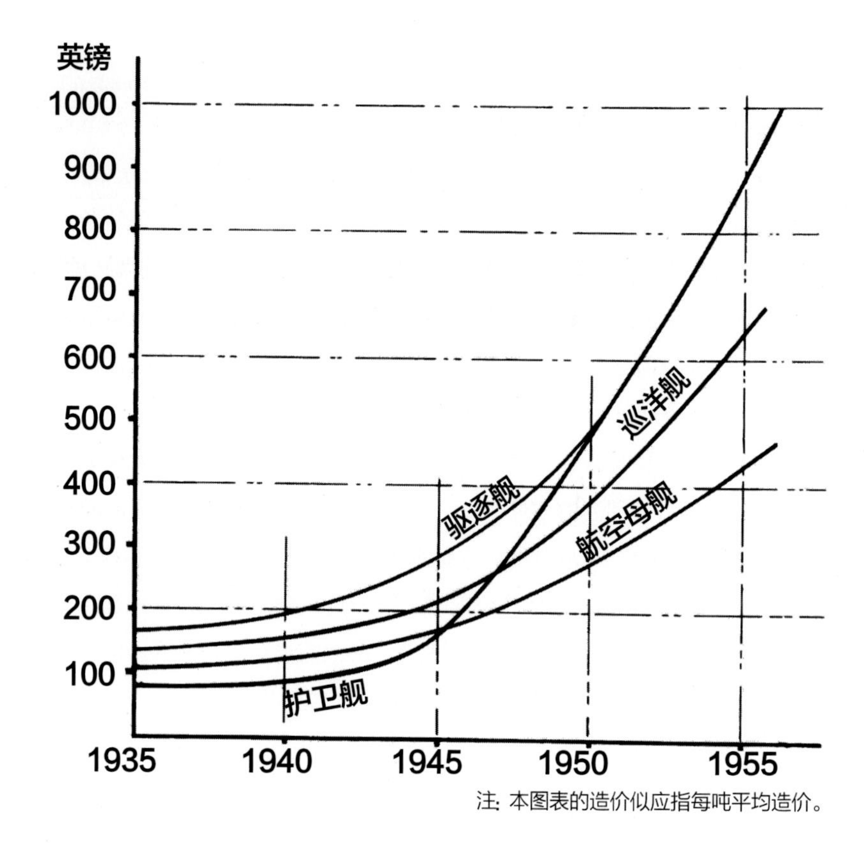

注：本图表的造价似应指每吨平均造价。

图表 11-1：该图表显示了第二次世界大战期间不同舰种的造价上升曲线。诚然造价上升在很大程度上受通货膨胀影响，但战舰本身愈加复杂对此亦有贡献。不过值得注意的是，尽管如图所示的趋势曲线颇有价值，但不应贸然将其用于预测。即使根据这一曲线预测造价提升，也不必然意味着投标价格升高乃是合理的行为——改进造舰流程恰恰应导致投标价格下降。

员会参考，后者则将决定能承受的造价水平。降低造价的需求一直为设计人员所谨记，有时一些非常琐碎的改动也会被以过于昂贵为理由否决。然而此类决定常常是在对总造价影响尚不明确时做出的。①

估价部门几乎完全由绘图员充任，他们利用手头可用的参考数据得出适用于不同重量组的经验法则，然后根据这些法则实施估价，注意这些经验法则几乎总以每吨造价为单位。这些估价人员往往过于执着于以往的经验法则，且大部分经验仅限于非常狭小的领域。负责该部门的总造船师往往也难称视野开阔。

估价部门得出的数据往往是自证式的。利用趋势曲线预测下一级战舰的投标价格当然较为容易。此外，估价数额似乎也并不特别保密，因此各造船商很可能不仅知道具体估价，而且知道其计算方式。因此在准备标书时，造船商便已经得知海军部预计和可以接受的报价范围。估价计算的基础便已不够牢靠，而在实际操作时又采用外推式逻辑，导致估价愈来愈脱离实际。

由于海军造舰计划有限，其他方面订单亦不足，因此对单个造船厂而言，总体利润率其实并不高。若对各公司账户进行详细审查，理应能发现某些订单较高的利润率——事实上，海军部或许有意纵容了这种高利润率，其出发点乃是认为让各造船商维持下去符合海军利益——这也是各国有造船厂内造舰工作几乎中止的原因。②

① 1935 年 7 月 13 日古道尔在日记中写道：“我曾就下列问题询问海军建造总监——在‘反击’号上为实现 11.5 吨的减重，而耗资 650 英镑加装铝制水手箱是否过于昂贵？——他回答‘是的’。”

② 1943 年 6 月 7 日古道尔在日记中写道：“秘书会议。与会者均认为我应参加下周三举行的会议。”同月 9 日日记中则记有：“在有关潜艇和‘英王乔治五世’级战列舰造价问题上遭遇密集攻击，意料之中。我想我在查找 1937—1940 年间实际造价上涨过程中犯了一个战术性的错误，并贸然说出我假设涨幅应为多少。我没有遭到驳斥，但情绪低落地离开。麻烦的是在潜艇上有个很糟糕的案例。”

间接费用和造价上升

时任海军部合同部门首席会计的卡拉默里（Karamelli）曾撰写一份档案，其中包括一些与超额利润有关的其他信息。这些信息中最引人注目的是各公司的创办成本数据（表 11-12）。[①]卡拉默里并不接受国库与审计部门的观点，即认为估价员对造价做出错误估计的主要原因是未能正确比较国有造船厂的造价，并相应提出了其他观点，尽管其观点并不全然令人信服。

表11-12 1937年和1941年创办成本比较

	舰体			动力系统		
	1937年成本	1941年成本	1941年成本与1937年比值	1937年成本	1941年成本	1941年成本与1937年比值
约翰·布朗公司	43.2	22.25	52%	39.6	36.5	92%
卡默尔莱尔德造船厂	46.6	32.25	69%	40.4	37.5	93%
丹尼公司	47.5	40	34%	60	65.5	109%
费尔菲尔德公司	75	30	40%	63.5	45	71%
哈兰德与沃尔夫造船厂	56	40	71%	62.5	33.5[4]	86%
霍桑—莱斯利公司	59	38.25	65%	102	54	53%
斯旺·亨特公司						
“海王星”厂	43.5	41.5	92%	50	56.5	113%
沃尔森德厂	45.8	34	74%	—	—	—
斯科茨公司	53	25	47%*	41	44*	107%
维克斯—沃克公司	58	32.5	56%	—	—	—
利斯戈公司（Lithgow）	40	15.5	39%	—	—	—

* 由于 1941 年的数据不详，因此此处为 1940 年的数据。

卡拉默里首先指出，从 1937 年至 1941 年间，各公司不仅创办成本本身差异很大，而且其间创办成本的变化比例亦存在明显差异。鉴于当时几乎没有正式的经营管理培训，因此各公司对创办成本——或间接费用——的组成的定义可能不同（绘图部门开支在某些造船厂似乎被列为直接人力开支，而在另一些造船厂则似乎被列入间接费用）。

在此之后卡拉默里又指出，就间接费用 14% 的典型降额而言，导致的成本下降幅度约为 7.5%，由此导致的利润上升明显低于利润率的实际增幅。随后他又指出钢材价格 7.5% 的跌幅对利润率有重大影响（皮尤则指出钢材价格的下跌仅会导致造舰成本下降 3.8%。笔者猜测卡拉默里实际意图如下：尽管钢材价格实际小幅下跌，但各造船商仍预计钢材价格将大幅上涨，因此对投标价格进行了相应增加）。卡拉默里还认为估价员接受各造船商以人力开支提高为理由提高

① ADM 229/28，1943 年 3 月 3 日。

上两图："大胆"级是第一级设计采用焊接工艺建造的驱逐舰（作者本人收藏）。

投标价格，尽管这一理由并未成为现实。

卡拉默里的部分观点可通过考察“狩猎”级驱逐舰的招标得以证明。贝赞特（时任该级舰设计团队领导）曾注意到海军部对该级舰舰体的估价为10万英镑，而平均投标价格却高达13.8万英镑。各投标商对此提出种种理由加以解释，其中大部分仅适用于“狩猎”级，但也包括“由于飞机制造业的规模扩张，自建造L级驱逐舰以来工资水平已经上涨”这样的理由。这一记录也意味着海军部与承包商讨论过己方估价，而这一信息对各造船商而言无疑极具价值，后者可据此确定对下一级战舰的投标价。①

卡拉默里提到的若干项小幅改动影响总额如下：

实际造价	100
间接费用估价误差	7
预期钢材价格上涨导致的补贴	4
预期工资上涨导致的补贴	5
预计利润率	7

据此计算投标价格约为123（应注意造船厂预期利润率可能更高），从而对比实际造价，利润约为23［利润率为（123–100）/100=23%］。若再考虑钢材价格和工资水平的下降，则实际造价将降至91，利润将提升至32［利润率相应变为（123–91）/91≈35%，这与审计得到的利润率大致相当］。

表11-13 一些代表性利润率数字

舰名	造船商	（招标）时间	利润率	舰种
“英王乔治五世”号	维克斯公司	1937年	41.6%	战列舰

① 参见本书第五章与“狩猎”级相关的内容。

舰名	造船商	（招标）时间	利润率	舰种
“可畏”号	哈兰德与沃尔夫造船厂	1937年	9.1%	航空母舰
“尼日利亚”号（Nigeria）[5]	维克斯公司	1939年	26.7%	巡洋舰
“菲比”号	费尔菲尔德公司	1937年	25.1%	—
“凯利”号	霍桑—莱斯利公司	1937年	31.0%	驱逐舰
“逃学者”号（Truant）	维克斯公司	1937年	86.6%	潜艇
“不败”号（Unbeaten）	维克斯公司	1939年	77.7%	—
“黑天鹅”号	雅罗公司	1937年	23.2%	轻护卫舰
“菲尼”号	约翰·布朗公司	1939年	34.1%	“狩猎”级驱逐舰
“班格尔”号	哈兰德与沃尔夫造船厂	1939年	15.0%	扫雷艇
“剑兰”号（Gladiolus）	史密斯船厂	1939年	40.8%	炮舰
“方丹戈舞”号（Fandango）	科克兰公司	1940年	25.7%	拖网渔船

结论

导致超额利润长期存在的主要原因之一是工程师通常不把控制实际造价视为其工作的一部分，且往往忽视这一方面。海军建造总监斯坦利·古道尔本人会对技术估计进行详细检查，但根据其日记内容判断，他几乎不会注意估价。几乎可以确定，各造船厂的工程师们也受类似思维影响，同时各公司对造价的内部估价不仅方式粗略，而且有欠准确（至少在第二次世界大战结束之后是如此）。

对造价缺乏兴趣导致了如下若干错误：

（1）未能注意到20世纪30年代期间，私营造船厂的舰船造价持续下降。实际上，仅需对各公司账户进行简单的检查，或由监督人员进行一些明智的观察即可发现这一现象。国有造船厂造舰价格的上升也助长了这一错误，而这一上升本身与其仅承担非常有限的造舰任务有关；

（2）未能正确使用趋势曲线。估价人员和设计人员可能注意到类似战舰（例如驱逐舰）的投标价格逐渐上升，因此下一次招标时更高的投标价格或被认为对估价的确认，而非产生怀疑的依据；

（3）未能意识到随着订单数目的增加，间接费用实际将会下降。

笔者本人并不同意审计长的结论，即估价错误源于估价员使用国有造船厂的造价作为估计私营造船厂造价的基础。实际上海军建造总监对此有所了解。

如上文所述，估价员完全可能将国有造船厂的造价上升趋势用于对私营造船厂造价的估计，但无疑他们不会直接使用国有造船厂的造价作为基础（如表 11-7 所示）。这并不是笔者对昔日所属部门的盲目辩解。实际上，他们真正的错误——即对造价缺乏兴趣——性质更为严重，尽管类似错误较为普遍。

1945年建造计划

随着预期战争结束时间的变化，以及将造船工业转用于商船建造的持续压力，1945 年建造计划曾频繁遭遇变更。下文所述的版本大致相当于 1945 年 1 月，海军部在预计对日战争将于 1946 年底结束的前提下，认为有必要实施的造舰计划。有必要指出太平洋战场上的战斗可能导致沉重的损失，且因此蒙受损失的主要为最为现代化的舰船。

取消建造的项目中，最为主要的是 3 艘驱逐舰、42 艘潜艇和 2 艘轻护卫舰。

“狮”号和“鲁莽”号战列舰将于 1952 年建成，同级另外 2 艘即“征服者”号和“朱庇特”号（Thunderer）的建造则将被暂停；

3 艘“皇家方舟”级航空母舰将继续建造，4 艘“马耳他”级航空母舰的建造则将被延期；

1 艘“虎”号（原被列入 1941 年造舰计划）和 5 艘重巡洋舰将以较慢速度建造，建成时间不晚于 1950 年；

16 艘“战役”级（1944 年造舰计划中被列为“大胆”级）、4 艘“武器”级（被列入 1943 年造舰计划）和 6 艘（1944 年造舰计划中被列为 G 级）驱逐舰于 1947—1949 年间建成；

潜艇方面，8 艘 A 级潜艇、1 艘改进型 A 级潜艇和 1 艘试验性潜艇以较慢速度建造；

此外建造计划还包括 5 艘调查船、4 艘新建护航舰只和 2 艘快速油轮。

译注

1.皇家海军于第二次世界大战初期开发的战壕挖掘机，其开发和建造得到了丘吉尔的大力推动。该机械未投入使用。

2.“萨福克”号由朴次茅斯造船厂建造，1926年2月下水；“贝里克”号由费尔菲尔德公司建造，1926年3月下水；“坎伯兰”号由维克斯—阿姆斯特朗公司建造，1926年3月下水；“澳大利亚”号由约翰·布朗公司建造，1927年3月下水；“什罗浦郡”号由威廉·比德莫尔造船厂建造，1928年7月下水；“苏塞克斯”号由霍桑—莱斯利公司建造，1928年2月下水。

3.德文波特造船厂建造，1926年3月下水。

4.该数据似乎有误，似应为53.5。

5.“尼日利亚”号隶属“斐济”级，1939年7月下水。

第十二章
何为好设计

我们了解，与科学家的目标一致，我们劳动的目标是利用现有的手段努力实现最好的效果。

——查塔姆海军造船委员会，1842 年[1]

无论是第二次世界大战之前、之中还是之后，几乎没有人质疑查塔姆委员会的上述论述适用于战舰设计。然而，任何特性都可以通过不同的角度进行阐述。在很多海军造船师看来，“好设计”往往被解读为以合理的代价或价格满足海军参谋需求。[2]对以自身生活和工作为荣的水兵而言，外形美观和居住性会被赋予更高的重要性。历史学者则将在战舰生涯末期回顾其服役期间的表现，然而这种类似于倒转望远镜的视角往往会对战舰生涯末期的使用方式赋予不恰当的重要性，而此时战舰不仅已经老化过时，而且其作战角色可能与其设计作战角色大相径庭。上述所有解读角度尽管都未必完善，但都具备一定的合理性，且代表了“如何评价设计”这一问题的不同侧面，进而构成了在尝试判断如何构建一支好舰队时的不同角度。

预测未来

战舰的服役生涯通常较长，且其设计早在被订购前很久即被构思。海军参谋和海军建造总监对未来战舰进行讨论，尽管此类讨论通常没有明确的出发点。真正的出发点则源于海军参谋们对未来将参与的战争形式的预测。在两次世界大战期间的大部分时间内，海军参谋们都着眼于一场新的“日德兰”式的海战，即英国航空母舰舰载机首先迟滞并降低敌战列舰队航速，然后皇家海军战列线的重炮巨舰登场将其歼灭。这一思路还导致在驱逐舰上强化鱼雷武装，并降低干舷高度（甚至在巡洋舰上也装备鱼雷）。海军部预计对商船航线的威胁主要来自水面破袭舰艇。海军参谋们不仅正确预计到 1939 年潜艇在中大西洋海域对航运的威胁较为有限，而且预计到高空水平轰炸对战舰的威胁不大。然而，尽管俯冲轰炸机难以构成严重威胁的观点出自皇家空军的建议，但这一观点显然是一大错误。[3]

对特定舰只而言，其设计需求的演变过程较为冗长。例如，通常认为“英

① Read, Chatfield and Creuze, Chatham Committee of Naval Architects, 1842. 另可参见 D K Brown, Before the Ironclad。
② 笔者则认为这一定义过于狭隘。
③ 1933 年对“百夫长”号战列舰进行的俯冲轰炸试验似乎的确向海军参谋和造船师们警告了这一攻击方式的威胁。尽管此后舰队大大增强了防空火力，但即使加强后舰队防空能力仍不足以应付未来的威胁。这一系列试验的结果很可能影响了有关采购“贼鸥”式俯冲轰炸机的决定。

王乔治五世”级的设计要求出自 1933 年的 1 篇海军参谋文档，由此产生的首批设计研究方案于 1934 年 4 月问世。然而，上述文档和设计方案在很大程度上均可追溯至更早进行的相关工作。认为设计需求和设计研究方案乃是相互独立且前后相继阶段的观点显然是错误的。正如罗兰・巴克爵士所述：“正如鸡的出现早于蛋一样，战舰的出现也早于海军参谋需求的提出。”[①]对新战列舰的设计研究导致了 1936 年 5 月的设计草案获批，进而导致了同年 7 月海军部下达两艘战列舰的订单，此后又导致了当年 10 月的最终设计方案获批，从而使得新战列舰的建造可在条约允许的最早时间即 1937 年 1 月 1 日开始。“英王乔治五世”级的建造耗时 4 年，预期服役时间跨度为 20 年，并在问世 27 年后被拆解。[②]尺寸较小的舰种其服役生涯虽然较短，但同样颇为可观。通过表 12-1，读者可对概念孕育的时间跨度有一定的概念。[③]

“安森”号战列舰，摄于 1942 年。尽管常常被低估，但考虑条约和英国造船业的限制，该级舰的设计仍堪称优良（作者本人收藏）。

表12-1

舰种	累计时间（年）		
	第一批设计研究方案	设计草案获批	首舰建成
战列舰	1	3	7
航空母舰	1	3.5	7.5
巡洋舰	1	2	5
驱逐舰	1	1.5	4.5

对大多数战舰而言，其较长的服役生涯意味着其不仅需在建成初期体现相当的通用性，而且应能在其老化之后适应新的作战角色，且可能需要多次适应角色转换。这不可避免地导致最初的暂时性设计需求往往野心过大，并进而导致由此得出的设计方案无法满足条约限制，或造价过高。[④]此后经过对设计方案和设计要求的反复迭代，最终将决定哪些特性可在现有限制下得到满足，而哪

① 两次世界大战期间阶段，海军参谋们和海军建造总监部门之间的关系非常密切。双方在同一建筑中办公，且这一时期很多讨论都以非正式面谈的方式进行（参见古道尔日记）。因此现存文档，例如舰船档案集，并不能完整展示这些讨论的全貌。

② 海军通常用“精子到蛆虫”来描述这一跨度，而非跨度较短的“从摇篮到坟墓”。

③ 设计团队的座右铭是“孕育概念比其实现更为有趣”。

④ 日本海军参谋们似乎坚持其所有要求均需被满足，这往往导致其设计方案不仅明显违背条约限制，而且常常在稳定性和强度方面出现问题。E Lacroix and L Wells, Japanese Cruisers of the Pacific War.

“肯特”号。在笔者看来，该级舰可被称为早期条约型巡洋舰中的最佳设计。这可从该级舰几乎没有接受战时改造加以证明（帝国战争博物馆，A12592）。

些特性又必须被牺牲。笔者希望再次引用巴克的观点：“……我们（海军建造总监部门）的工作不是赞同或反对海军参谋，而是控制他们——他们只能得到‘我们’所能提供的设计。”[1]

质量与数量之争

由于条约体系对总吨位加以限制，而紧缩预算又对海军可用资金加以限制，因此究竟是将有限的资源投入到少数“超级战舰”上，抑或是用于建造大量性能稍差的舰只，便成了这一时期贯穿始终的争议议题。[2]对此问题从不存在确定的解决方案。对战列舰而言，鉴于自 1937 年之后便不再存在总吨位限制，因此这一问题还不甚重要——海军造船师们只需在单舰 3.5 万吨排水量上限内尽力发挥即可。然而，20 世纪 30 年代初期设计巡洋舰时，这一问题的重要性就凸显出来。当时海军决定，最适合其自身需要的方案是建造“利安德”级/“安菲翁”级轻巡洋舰，并配以少量的“林仙”级巡洋舰，但作为对日本海军“最上”级巡洋舰的回应，皇家海军又不得不转而建造排水量较大但数量较少的“南安普顿”级。此外，“部族”级驱逐舰的问世也遵循了类似的逻辑，即皇家海军被迫建造排水量高于其理想值的驱逐舰。而 T 级潜艇可被视为相反趋势的典型：为实现足够的数量，该级潜艇被迫在性能上做出牺牲，尤其是在航速方面。

与此相关的一个话题则是最近才被提出的“可用性、可靠性、可维护性”。如本书前几章所述，英制战舰的可靠性体现在其很少发生瘫痪、舰体折断或倾覆等现象。然而，其可用性却不甚理想。以驱逐舰和护航舰艇为例，即使将清

① 私人信件（现存于国家海事博物馆），笔者曾在 Century of Naval Construction, p175 中加以引用。

② 一名苏联海军造船师曾将两个极端分别称为“超级战列舰悖论”，即建造 1 艘非凡的战列舰；以及“中式舢板悖论”，即建立一支由大量杂鱼组成的舰队。参见 L Y Khudyakov, Analytical Design of Ships(Leningrad 1980)。

战争初期的“纽卡斯尔”号（Newcastle）轻巡洋舰。尽管“南安普顿”级巡洋舰的排水量高于皇家海军的理想标准，但出于对抗日本“最上”级巡洋舰的需要，其建造仍有必要。虽然出现很多影响有限的结构问题，但该级舰设计大体而言仍可称成功（作者本人收藏）。

理锅炉以及进行整修等工作所需的时间排除在基础时间之外，其作战时间也仅为基础时间的 75%。尽管养护工作的难度不高，但其频率很高。当然，可以辩解称其表现已经强于大多数列强的同类舰艇，仅次于美国海军，而后者的表现要优越得多。皇家海军曾接受与技术水平更为先进的设计相比，"简单"的动力系统设计可靠性更高这一错误概念——美制"船长"级驱护舰可靠而简单的操作表现说明这一观念未必正确。

特殊问题摘要

对这一时期的舰艇而言，头疼的问题主要与本书引言中提到的种种限制有关。缺乏资金意味着订单数目下降，而这又进而意味着某些特种工业部门不愿单纯为满足海军所需而开发新设备。在紧张的财政压力下，海军参谋和造船师们都倾向于采用传统观念，而不愿意追求更为先进的解决方案。

动力系统。与美国海军所采用的动力系统相比，英制动力系统笨重、庞大，经常发生泄露，而最重要的差距体现在经济性方面，这一方面的差距又导致了较差的续航能力。尽管导致这一差距的主要原因是工业水平退化，但海军本应在这方面施加更多的压力（参见本书第五章）。

中口径火炮。尽管海军部已经意识到火炮及其炮架可能成为瓶颈环节，但皇家海军仍坚持安装了多种形式的 4 英寸（约合 101.6 毫米）火炮、4.5 英寸（约合 114.3 毫米）火炮、两种差异很大的 4.7 英寸（约合 120 毫米）火炮以及 5.25 英寸（约合 133.4 毫米）火炮，而这些火炮的作战角色在美国海军中统一由单装或双联装 5 英寸（约合 127 毫米）38 倍径火炮担当。

火控。尽管皇家海军的对舰火控系统性能与其他列强相当或更强，但防空炮火控性能弱于采用设视距仪系统的列强海军。皮尤认为，鉴于在采用近炸引信之前，防空火力的作用更多地体现在威吓而非直接命中敌机上，因此这一方面缺陷的重要性可能并不如预想的那么重要（参见本书附录 16）。

声呐。这方面的问题主要体现在对早期型号的性能过于自负，最严重的缺

"欧尔亚拉斯"号，笔者服役的第一艘舰只。尽管该级舰的设计理念非常出色，但 5.25 英寸（约合 133.4 毫米）火炮炮架的表现限制了其性能发挥。该炮架的缺陷包括供货较晚、可靠性不佳，且防空能力不足。此外，该级舰在遭到鱼雷攻击时过于容易倾覆（世界船舶学会收藏）。

“朱诺”号驱逐舰，摄于1940年。该级驱逐舰性能很好，外观优美。曾让古道尔颇为烦恼的厨房烟囱已经隐藏于该舰主烟囱内（维卡里收藏）。

陷是不能提供目标深度信息，以及对不同海水密度层的影响认识不足。加上缺乏前向射击武器，因此导致皇家海军的反潜作战能力大大低于预期。

舰船。未能使用焊接工艺建造舰船和潜艇一事已经引起了后世研究者的关注。显然，海军建造总监部门本身的确希望能尽快采用焊接工艺，但D质钢并不是实现可靠焊接的合适材料，同时海军又缺乏开发一种适合采用焊接工艺的高强度钢材所需的资源。对驱逐舰而言，采用纵向框架结构不仅能增强其结构强度，而且可降低其排水量。这一点已在第一次世界大战爆发前建造的“热情”号（Ardent）驱逐舰上得到证明。然而，该技术的引入遭到了造船商的强烈抵制。幸而最终海军部坚持采取强硬态度才推动这一技术的广泛应用。事实证明，采用纵向框架技术造舰并未遭遇严重问题。不幸的是，由于该技术引入过迟，因此最初“标枪”级采取了较为保守的结构设计以避免引入新技术时可能发生的风险。这一结构也被沿用在第二次世界大战期间建造的战时驱护舰上，尽管采用保守设计无法发挥纵向框架结构在减重上的全部潜在优势。

潜艇耐压艇壳。尽管英国潜艇耐压艇壳的结构设计水平的确落后于德国，但

“质量”号，摄于远东。为简化建造过程，“紧急”级驱逐舰采用了J级驱逐舰的舰体设计（作者本人收藏）。

对S级、T级和U级潜艇而言，未能采用更好设计的主要原因似乎更多的是运气不佳——在更好的设计方式问世之前，上述3级潜艇的设计方案就已经固定。此外，缺乏适合焊接的钢材也加重了耐压艇壳性能的问题（参见本书第六章）。

最高航速。痴迷于“日德兰”式海战的观念导致设计要求仅关注最高航速，这一点在驱逐舰上体现得最为明显。因此，舰体船型设计仅针对最高航速进行优化。这种思路不仅只能获得非常有限的收益，而且需在巡航航速下付出沉重的代价。

居住性。在大萧条期间，高失业率使得招募水兵颇为容易，同时海军部亦很少关注水兵在舰上生活的舒适性。平时在安排演练的时间和地点时也会回避极端气温和天气。最后，战时加装的各种设备往往在侵占乘员生活空间的同时增加乘员人数。基础住舱甲板布置通常是斯巴达式的，仅配备吊床、木制长凳和桌子，且往往不加装衬里，同时通风条件亦很糟糕，在炎热天气下通风不足，在寒冷天气下又会导致多风。食物则须由厨房运往食堂，且常常在途中冷却，有时甚至洒出容器。海军部当时并没有认识到，为保证官兵的出色表现，需提供良好的食宿条件。此外，由于救生设施不足，因此出现了一些本可避免的人员损失。救生衣设计糟糕，而救生筏也无法向托庇其中的幸存者提供任何遮挡。

耐波性。（参见本书附录19）很多级舰只的横摇现象非常严重。主动减摇鳍最早在“比腾”级轻护卫舰上引入，此后先后安装在“黑天鹅”级轻护卫舰、若干“狩猎”级和少数“战役”级驱逐舰上。该设备不仅造价昂贵，而且在降低横摇幅度方面的表现不尽如人意。[①]“船长”级驱护舰和若干“花”级炮舰则装备了面积较大的舭龙骨，这一设计明显增强了其作战能力。纵摆和起伏共同导致了较高的舰体纵向加速度，这一点在舰艏部分尤为明显。不幸的是，住舱甲板被布置在纵向加速度最为明显的位置，导致官兵很难入睡（甚至更糟的情况），同时在某几级战舰上，舰桥位置过于靠前，导致作战效率显著下降。演练必须包括在恶劣天气下进行的部分。

尽管上述批评颇为严厉，但仍应注意到大多数其他列强海军遭遇的问题更为严重。皇家海军战舰很少折为两段或倾覆，且其动力系统的可靠性远高于德

① 现代减摇鳍系统的控制系统性能远高于当时，且其工作效率也更高。不过，笔者仍对其价值表示怀疑，尽管设计师中持类似观点的仅占少数。

隶属1943年型“战役”级驱逐舰的“阿拉曼”号（Alamein）。注意布置于烟囱后方的第五门4.5英寸（约合114.3毫米）火炮（世界船舶学会收藏）。

制舰船。然而，美国海军战舰几乎在所有方面都更为出色，也许耐波性是唯一的例外。

好设计

显然这一部分内容是笔者的主观看法，其他人或中意于其他设计方案。对大型舰只设计而言，查特菲尔德需配备厚重装甲的观点起了主导作用。“英王乔治五世”级的设计虽难称出众，但依然很好。以笔者观点，增加武器削减装甲可进一步改善其战斗力。尽管海军部非常重视水下防护，并进行了全尺寸试验，但该级舰水下防护系统的表现似乎未达到设计预期。

单从技术角度出发，装甲机库航空母舰设计可视为一项伟大成就，但不设装甲的机库可容纳更多的战斗机，从而实现更强的防护能力。“皇家方舟”号航空母舰设计堪称一个好的开端，但其笨拙的升降机设计影响了其总体性能，若装备性能有所改善的升降机则更好。“肯特”级重巡洋舰可能代表了《华盛顿条约》签订后第一代条约型巡洋舰中的最高设计水平。“阿贾克斯”级 /“安菲翁”级轻巡洋舰堪称良好的小型巡洋舰，而对“南安普顿”级轻巡洋舰而言，若能避免过多的结构设计问题，则可称之为非常出色的大型巡洋舰设计。“黛朵”级巡洋舰的设计非常适合皇家海军的需要——如果其装备了更好的武器 [例如 10 门美制 5 英寸（约合 127 毫米）火炮，甚至 10 门英制 4.5 英寸（约合 114.3 毫米）火炮]。

较差的动力系统技术水平和火炮导致所有驱逐舰均无法满足最高评价标准，不过其中“紧急”级的设计较为出色。“黑天鹅”级轻护卫舰堪称出色的护航舰艇，但最为出色的护航舰艇依然是“湖泊”级护卫舰，后者不仅装备非常先进的武器系统，而且其舰体结构设计堪称聪明而简单。所有潜艇设计均堪称良好，但难称出色。就当时技术水平而言，A 级潜艇的建造方式非常先进。

舰队构成的平衡性

回顾看来，有关舰队平衡性的一个明显问题便是 1937 年时是否需要新建战列舰。包括英国的潜在对手在内，其他列强均于 1937 年开工建造新战列舰，同

“长尾鲨”号(Thrasher)，摄于 1943 年。T 级潜艇的建造受限于条约，同时其设计方案也在更好的耐压艇壳设计方法问世之前确定（作者本人收藏）。

时皇家空军亦表示无法保证在任何天气条件下均能击沉战列舰。可能在1945年海军对是否需要新建战列舰也会给出相同的答案，尽管此时战列舰挺过空袭的概率已经大幅降低。常常有观点声称战列舰消亡的主要原因是其易损性，但鉴于新的主力舰即航空母舰更加脆弱，因此这一观点并不正确。战列舰消亡的原因是其对敌杀伤能力非常有限。尽管如此，考虑到1936年的形势，当时做出建造战列舰的决定无疑在所难免。①尤其需注意的是，倘若在20世纪30年代晚期转向建造更多航空母舰，则意味着海军需要更多且性能更好的舰载机。但考虑到当时皇家空军的需求，这一要求无法满足。

① 第二次世界大战结束后，福布斯和罗斯基尔（Roskill）在彼此通信中均认为当初应建造航空母舰而非战列舰。

表12-2 战时造舰计划

舰种	1939年战时造舰计划	1940年造舰计划	1940年补充造舰计划	1941年造舰计划	1941年修订版造舰计划	1941年补充造舰计划	1942年造舰计划	1942年追加造舰计划	1943年造舰计划	1943年修正版造舰计划	1944年造舰计划
战列巡洋舰		1									
舰队巡洋舰			1				2			4	
轻型舰队航空母舰							4	12	8		
重巡洋舰			4								
6英寸（约合152.4毫米）炮巡洋舰	2[1]			3		3	6	（3）[10]			
5.25英寸（约合133.4毫米）炮巡洋舰	6										
浅水重炮舰		1		1							
快速布雷舰				2							
舰队驱逐舰							16		26		14
过渡型驱逐舰	16[2]	16	16	40			26		17		8
护航驱逐舰	36[3]	30									
轻护卫舰		18[4]		11			3				2
T级潜艇	7		9	17[7]			14				
S级潜艇	5[5]	6	14[6]	15			13		3		
U级潜艇	12	10	12	20			24		2		
A级潜艇									46[8]		
布雷艇			3	2	（5）						
土耳其驱逐舰[1]							4				
蒸汽炮艇			9[9]				10				
“河流”级护卫舰		27		29			12				
“湖泊”级护卫舰							6		105		
“花”级炮舰	60[11]	31		22			5				
“城堡”级炮舰							14		82		
坦克登陆艇				3[12]					80		36

[1] 随着 1939 年造舰计划获批，订单自 1940 年 3 月起下达。
[2] 另从巴西处征用了 6 艘在建该级驱逐舰。此外 1942 年前后又征用了 2 艘隶属土耳其的该级舰。
[3] 20 艘“狩猎”级驱逐舰的订单已于 1939 年下达，此处容易混淆。1939 年 9 月 4 日下达了 20 艘的订单，且全部列入 1939 年战时造舰计划。同年 12 月 20 日又下达了 16 艘订单（所属造舰计划不明）。1940 年 7 月至 8 月间又订购了 30 艘，列入 1940 年造舰计划。该造舰计划中列有 34 艘“狩猎”级驱逐舰，此外还有 6 艘以“黑天鹅”级轻护卫舰的名义订购。根据内阁档案，包括“黑天鹅”级在内，两级舰的总数为 80 艘。
[4]“黑天鹅”级。根据内阁档案记载，1940 年补充造舰计划和 1941 年造舰计划中各列入 14 艘，此外 1942 年和 1944 年造舰计划中又各列入 2 艘。1940 年 3 月 21 日版的 1939 年草案列入 10 艘“黑天鹅”级和 24 艘“狩猎”级，其后 6 艘“黑天鹅”级被更换为“狩猎”级（这些“黑天鹅”级获得工程编号）。数据出自皇家海军学院。
[5] S 级潜艇被列入 1939 年战时造舰计划，而非原定的 1939 年造舰计划。订单于 1940 年 1 月 23 日下达。
[6] S 级潜艇，1940 年 11 月 4 日海军部下达了 7 艘的订单，但后于 1941 年 1 月取消。
[7] 在 1941 年和 1942 年潜艇数量上，内阁档案和皇家海军学院的数字差异很大。本书采用后者数字。不过其作者并未计入 1941 年造舰计划调整的影响——仅注意到布雷潜艇 [“抹香鲸”级（Cachalot）] 的建造被取消。
[8] 内阁档案记载的数字为 38 艘 A 级、10 艘 U 级、4 艘 S 级，另有 4 艘 T 级的订单在被取消后改为 A 级重新订购。此后又追加订购了 6 艘 T 级潜艇。10 艘 U 级潜艇的建造后被取消。纳入 1944 年造舰计划的 20 艘 A 级潜艇则未下达订单。
[9] 原始造舰计划包括 50 艘蒸汽炮艇，1941 年则显示其数字大幅下降至 9 艘。
[10] 下达轻型舰队航空母舰订单时，3 艘巡洋舰的订单被取消。此外另有 1 艘巡洋舰的计划于 1942 年 11 月被删除。
[11] 引用皇家海军学院数字。
[12] 列入 1941 年造舰计划的是（1）型坦克登陆艇（“拳师”级），列入 1943 年和 1944 年造舰计划的是（3）型坦克登陆艇（1943 年 45 艘在英国建造，其他则在加拿大建造）。

第二次世界大战爆发时，皇家海军在建战舰包括 5 艘战列舰（另有 4 艘计划建造）和 6 艘航空母舰，两者之间的比例难称不合理。巡洋舰和驱逐舰则在所有合适的船台上建造。即使当时可获得更多的资金，船台、火炮和装甲板数量的不足也将导致造舰计划规模无法显著提升。

海军部曾认为现有轻护卫舰和旧式驱逐舰数量足以满足远洋护航任务之需。直至法国沦陷之前，这一判断似乎尚能成立。若法国不曾沦陷，则德国方面的造舰计划约可于 1940 年产出足够数量的潜艇，在大西洋中央海域构成威胁。海军部应提前完成廉价远洋护航舰艇的设计，并建造 2 艘作为原型。

改造工程并非总是值得进行，但鉴于资源有限以及对新建舰只的种种限制，20 世纪 30 年代晚期实施改造工程仍堪称合理。在所有改造工程中，4 艘接受完整现代化改造的主力舰和按 WAIR 方案改造的旧式驱逐舰价值最高。

跋

1945 年 8 月 15 日，古道尔写道：“日本投降了。与 1939 年 9 月 3 日的集会（在海军部海务大臣委员会会议室畅饮）出席者相比，我是唯一一个参加过两次集会的人。”

日落

在第二次世界大战期间的长期战斗中，皇家海军军旗一直日夜飘扬，从未降下。1945 年 9 月 2 日，继在东京湾举行的日本正式投降仪式之后，弗雷泽（Fraser）海军上将下令舰队恢复使用平时日程，并邀请英联邦各国在场各舰高级军官，以及下甲板 [2] 象征性代表登上“约克公爵”号战列舰 [3]，参加 6 年以来的首个落

从太平洋战场返回英国本土的“约克公爵”号。该舰的艉甲板就是文中所描述的落日礼的现场（作者本人收藏）。

日礼。

“约克公爵”号的前桅桅桁和主桅桅桁上飘扬着盟军和英联邦各国的国旗，舰队总指挥官[4]的将旗和皇家海军军旗则分别悬挂于桅顶和斜桁上。该舰艉炮塔上和后部上层建筑摩肩接踵，而远方美国海军战舰的甲板上也水泄不通——美国海军官兵也被告知将举行这一罕见的“英式”仪式。

弗雷泽上将现身于艉甲板时，舵手汇报称：“日落，先生！”同时汽笛鸣放立正信号。皇家海军陆战队的卫兵行举枪礼，同时乐队开始演奏《晚间颂声歌》和《日落》——后者仅有一名皇家海军陆战队的号手可以演奏。

6 年以来，皇家海军军旗终于首次降下。战争终于结束——即使是美国海军战舰上的庞大人群一时间也肃立行礼。

译注

1.指为土耳其建造的4艘I级驱逐舰，1942年建成。

2.即水兵。

3.为英国太平洋舰队旗舰。

4.即弗雷泽上将，时任英国太平洋舰队总指挥官。

附录

附录1：古道尔日记

根据其本人的意愿，斯坦利·古道尔爵士将其日记和一些私人文件保留于英国博物馆，该馆后来成为大英图书馆的一部分。这些文件包括：

ADM 52785	1932 年日记
ADM 52786	1933 年日记
ADM 52787	1934 年日记
ADM 52788	1935 年日记
ADM 52789	1936 年日记
ADM 52790	1937—1941 年日记 *
ADM 52791	1942—1946 年日记 *
ADM 52792	信件，主要与轰炸试验有关
ADM 52793~52795	巴克尼尔委员会档案，封存多年，现已公开，价值不大
ADM 52796	班福德（F O Bamford）文件，无价值

* 这部分日记中 5 年间的同一日，如 5 年间每年 6 月 5 日的日记，均写在同一页上。

日记中最有价值的特点是半年总结。每 6 个月，古道尔爵士便会设立未来 6 个月的个人目标，并回顾个人过去 6 个月的得失。①

古道尔每天都写日记，因此往往颇受情绪影响。若能在事后再三考虑，他的某些批评言论可能会不如日记中的那般尖锐。总体而言，笔者并不打算引用其日记中过于挑剔的段落，除非类似批评反复出现，或曾以其他方式证实。引用时笔者通常会删去被批评者的姓名。古道尔日记的字迹颇难辨认，且日记常常以笔记形式撰写，此外还常常使用古道尔独创的缩写词汇，因此笔者不得不对某些段落的含义进行猜测，并在引用时加上注解以澄清其含义。②若确切用词似乎颇为关键，则笔者在引用时将使用双引号标出。[1] 他常常在绘图桌上解决问题——日记几乎总是以“做出决定”一词结尾。另一常用短语则是“沉重（或非常沉重）的一天”。

① D K Brown, A Century of Naval Construction, pp178–80 中对日记中的半年总结进行了全文摘录。

② 例如工程师们习惯用希腊字母 η 代表“效率”，因此古道尔习惯用 in η 代表效率低。

斯坦利·弗农·古道尔爵士像。该画像由皇家海军造船部成员赠送古道尔，现悬挂于皇家海军造船学院总部（作者本人收藏）。

附录2：给海军建造总监的指示（1924年，有修改）

这些指示颇为冗长。笔者删除了其中有关内部行政管理的部分。

1. 海军建造总监应向海务大臣委员会负责，确保其部门以高效的表现完成其部门职责。

2. 海军建造总监不仅是海军部海务大臣委员会的首席技术顾问，而且对战舰设计以及其他隶属皇家海军的舰船设计握有最终决定权。此外，他还就所有舰船上一切与设计、稳定性、建造强度、舰体内重量、装甲（后又添加“及其他防护手段”这一文字）、舰载小艇、桅杆以及其他所有航海设备有关的事项向审计长负责，无论相关舰船是由国有造船厂建造还是按合同发包建造。

3. 海军建造总监应向审计长提交一切在舰船及其操控方面有重要影响的计划。任何设计的原始方案一旦经海务大臣委员会批准，则对其进行任何改动均须得到审计长的批准。若前述计划在任何层面影响了舰船质量，或导致对海务大臣委员会批准的设计方案的改动，则海军建造总监应在提交计划时明确说明改动的影响。

皇家海军造船部的4任领导：（从左向右）谢泼德、古道尔、利利克拉普和西姆斯。谢泼德为利利克拉普的继任者，而西姆斯后来出任首任舰船设计总师（DG Ships，4人均被册封为爵士）（作者本人收藏）。

4. 海军建造总监应与海军军械总监（Director of Naval Ordnance）一道负责火炮炮架，以及与此相关的机械布局，并在主要图纸以及相关规格说明上签字。所有涉及改动火炮、火炮炮架、鱼雷发射管等基型的提案，均应由海军军械总监和鱼雷与水雷总监转交海军建造总监，并在做出决定前获得后者的同意。（1927年又增加如下字句："在有关飞机弹射器方面，海军建造总监亦应以类似方式向总参谋长负责。"）

5. 除给国有造船厂总监指示条款 2 所示内容外，海军建造总监还需向海军部负责舰船确实按照批准的设计方案经济、迅速且正确地建造，并负责检查造舰相关材料和建造工艺水平。

6. 若舰船按照 1922 年《华盛顿海军条约》规定的标准排水量建造，则海军建造总监应向海军审计长报告任何可能出现超重的环节，并提出相应的必要预防措施；或是报告任何预计排水量可能高于实际排水量的环节，以供加装设计方案中出于重量考虑而被延后安装的设备。他还应准备一份清单，列出所有可能的设备添加，以供海务大臣委员会在舰船建造接近尾声时加以最终权衡。

7. 海军建造总监还应负责检查并调查，所有为满足舰队需要或计划改装为辅助巡洋舰等而建议收购的船只。并对其稳定性等性能进行相应的必要计算，并就改装或改造工作准备相应的计划和指示。

8. 在处理涉及有关潜水或潜水材料设计以及水下逃生设备的发明时，相关部门应咨询海军建造总监的意见。后者还应负责提供防毒气轻便风扇、排气管，并负责用于舰船通风系统的净化器和净化系统的设计与采用（1932 年增加）。

9. 在有必要对建成舰船进行大规模维修时，相关部门需咨询海军建造总监的意见，后者还应对待修舰船提出改装或增装的建议。

10. 海军建造总监应就舰船舰体、装甲等部分的造价进行估价（在国有造船厂内建造的舰船除外），注意该估价或将为财政方面所需材料。此外还应起草分期付款日程，并提交凭据以供完成支付流程所需。

11. 条款 11、12、13 于 1941 年追加。[①]海军建造总监应保证战舰的防护满足海军参谋需求，为此应与海军军械总监、鱼雷与水雷总监以及其他负责设计制造武器的部门领导合作，协调并保管所有测试数据，上述数据有助于体现不同种类武器对舰船的破坏效果。对于每种武器对舰船杀伤效果特性的咨询也将提交给海军建造总监，前述武器包括炮弹、炸弹、鱼雷、水雷、深水炸弹、机枪子弹和破片，海军建造总监亦应咨询各种武器相关部门领导的意见。

12. 海军建造总监应按要求承接相关试验工作，并提供与武器对舰船毁伤效果有关的试验数据。此外，在向海务大臣委员会提交建议之前，海军建造总监应咨询所有其他相关部门的意见。

① 这 3 项条款的增加或可被视为日后建立海军建造研究院的步骤之一。

13. 其他部门在进行相关试验之前，也须向海军建造总监索取有关武器对除舰船外其他目标，如人员或岸上设施等杀伤效果的数据。

14. 海军建造总监应负责设计靶标，以满足炮术部门总监（Director of Gunnery Division）所提出的需求。他应从稳定性、强度和耐波性方面，对所有现有战斗靶标的改装或加装方案进行考察并汇报，一如对待通常舰船一样。新靶标设计方案应提交给炮术部门总监，供后者表示赞同或提出意见。

15. 条款 15、16 于 1925 年追加。有关舰队航空兵所辖飞机尺寸和重量的限制条件，应向海军建造总监询问。此外，此类飞机的设计和主要指标也应提交海军建造总监，供后者从是否适合在现有或计划建造的皇家海军战舰上使用的角度加以评判。

16. 他应负责就舰队航空兵所辖飞机的设计和制造事宜，与空军部航空供应与研究部门（Department of the Air Member for Supply and Research）保持联系。上述事宜事关航空母舰及其他搭载飞机的舰船的建造和配备。

17. 追加内容，追加时间不明。海军建造总监应负责提供皇家海军舰船上的救火设备。执行这一职责时不应对下列方面带有偏见（下行缺失）。

18. 在 1922 年《华盛顿条约》法案下，一切有关许可证申请或批准相关范围的问题都应抄送海军建造总监。上述相关范围包括建造军用船舰，为将任何船只改为军用而进行的改装、武装或装备工程，后者包括对相关商船进行加强以便安装火炮。海军建造总监则应负责对所有相关船只或造船厂进行考察，以保证相关工作符合条约所规定的义务。

19. 在每艘新战舰开工和建成时，海军建造总监均应负责向海军部海务大臣委员会报告战舰的标准排水量、水线长度、标准排水量下的平均吃水深度。排水量应以吨和公吨为单位。上述数据将转交给相关列强。

20. 海军建造总监同时担任皇家海军造船部领导，并处理该部会员的一切任命，对国有造船厂职位的任命则应咨询国有造船厂总监的意见。

21. 位于海斯拉的海军部实验工厂应由海军部建造总监负责指导。

22. 海军建造总监及其代表应以高效的表现完成布置给其的任务，访问即将承接海军部任务的国有造船厂以及其他海军机构或私营机构。

23. 在必要时海军建造总监应就处理事宜咨询海军部其他相关部门领导，此类事宜包括对海军建造总监部门内职务的指派。此外，海军建造总监还应及时向相关部门通报与其有关事宜的一切信息，上述信息应限于相关部门应了解的范围。

24. 于 1933 年追加。在考虑有关材料的提案时，若该材料影响海军人员的利益或福利，则海军建造总监应先咨询人员服务总监（Director of Personal

Services）的意见，然后再将相关提案提交海务大臣委员会。

（条款 25~27 仅关于内部行政事宜，笔者将其删去。）

注：应注意本指示不应对海军建造总监的直接责任有任何变动，即保证舰船实现经海务大臣委员会批准的设计方案的设计目标，也不应更改海务大臣委员会就起草皇家海军舰船设计而规定的流程。描述应遵循的相应流程的会议纪要副本将作为指示附件下发。

根据各位海务大臣指示

奥斯温·默里

1924 年 9 月 24 日于海军部

附录3：海军建造总监部门工作流程

第二次世界大战期间以及此后一段时间内，审计长下辖大量小型部门，因此逐一征求所有部门意见无疑非常耗时。[1]尽管海军建造总监被冠以海军部海务大臣委员会的首席技术顾问的头衔，但这一头衔最多也仅具有名义权威。很多人曾尝试以某些快捷方式绕过官方流程的所谓“繁文缛节”，但其结果往往是灾难性的，这往往发生在某些关键部门未经咨询甚至未获知某处改动的情形下。通常需要在速度与稳妥之间实现某种妥协，因此经过有时甚至以电话方式进行的快速讨论，从而征得海务大臣委员会同意之后，官方文件方能迅速流转。[2]

海军参谋需求

战术与参谋作业总监通过征求一系列参谋部门的意见，总结出海军参谋们对设计需求的观点。[3]通常而言，参谋们之间较非正式的协商将产生一份宽泛的粗略需求，该文件通常被称为“需求概略”。海军建造总监将据此在很短的时间内（通常为 1 或 2 天）准备一份设计研究方案。若设计要求无法在有限的资源限制下完全满足，则海军建造总监将提交若干份备选方案供海军参谋选择。

经过一系列非正式讨论以及在新建舰船委员会（New Construction Committee）上进行的正式讨论之后，战术与参谋作业总监将起草海军参谋需求草案，供海军建造总监准备稍详细的设计研究方案。海军参谋需求草案将被散发给各参谋单位，并由后者进行必要的修改。经修改之后，海军参谋需求草案将演变为海军参谋一致需求案，并由负责武器的海军总参谋长助理提交海务大臣委员会批准。

海军参谋需求包括如下方面内容：

功能；

① 关于如何处理海军参谋需求的指示中列出了 16 个海军建造总监需咨询意见的部门，其中若干甚至不由审计长管辖。

② 海军部内设有独立的电话部门（人工交换），其效率颇为低下。据称老式的手旗系统可在 20 分钟内将消息传递至朴次茅斯，这一速度甚至比电话的速度更快。

③ 尽管需征求意见的部门数目高达 12 个，但很多部门仅在设计与其专业相关的舰船时才会引入，如设计与两栖登陆作战相关的舰船时。战术与参谋作业总监、作战计划总监（D of P）、国有造船厂总监（Director of Dockyards, D of D）和先进武器战术总监则参与所有舰船设计需求。

航速和续航能力；

武器和防护能力；

通航能力和机动能力；

雷达和声呐设备；

信号与通信设备；

任何专用设备，如舰载机；

居住性。

处理文字工作[①]

海军部为政府部门之一，与其他所有部门类似，其工作流程适用于为海军部长设置一名秘书的体系。同时，海军部也是海军的作战总部，且第一海务大臣又兼任海军总参谋长。[②]海军部的工作流程并不适合于英国国内最大规模技术行业的运作。甚至早在第一次世界大战期间，达因科特爵士[2]便抱怨称虽然海军部是英国国内最大的工程行业，但其董事会缺乏足够的工程师。审计长（第三海务大臣）虽然是技术部门的首脑，但通常由海军作战军官出任。海军部秘书（常务秘书）不仅负责保证海军部按正确流程运转，而且充任与财政部的正式联络桥梁。

所有寄往海军部的信件，其收件人均为“部秘书”，然后再发往相应的秘书司（与海军建造总监部门相关的文件发往P科室），各司将文档注册登记编号，然后将其计入摘要表，标出相关部门。在得到正式回复意见之后，海军建造总监将起草回复，并通过P科室将其发回给信件发起部门的“部秘书”。这一系统虽然颇为烦琐，但其运转速度可能非常迅速。20世纪50年代初期的通行规则是，如果不能在4个工作日内做出完整回复，那么将寄出一张印制的明信片，用于告知负责处理相关事件者的姓名和电话。每周六上午，部门书记员将提交各造船师一份文档清单，列入清单的文档均已在办公室内停留两周以上。

舰船档案集

舰船档案集是一本硬封面装订、附有存根页的档案，有关舰船的重要文件可粘贴在存根页上永久保留。大部分保存年限在30年以上的档案集都收藏于国家海事博物馆。对技术史学家而言，这些档案集作为原始资料可谓无价之宝。然而也应注意，档案集的质量参差不齐，其中部分档案甚至具有误导性，如虽然收录了某个较早做出的决定，但未收录之后的变动。大部分决定或变动仅经过口头讨论且未留下记录。[③]做出决定的理由则经常并不给出。在一个繁忙的部门内，保存档案的优先级很低，且向其中添加文档的工作通常被拖延至下一个

① 本节主要基于一份题为“海军建造总监部门工作流程”的文档撰写。笔者猜测这份供新入职人员使用的指导文档由罗兰·巴克撰写。该文档所描述的流程与现在区别很大，整体风格要非正式得多。以现代眼光来看，文档中有关办公礼仪的段落略显保守，但在撰写时可能被视为革命性的改变。笔者于1953年起开始在海军建造总监部门工作，当时的工作流程和第二次世界大战期间几乎无区别。

② 与陆军部或空军部相比，海军部更像是作战总部。

③ 例如，现存档案和图纸都未能明确“利安德”号是否配备球形艏。为该舰配备球形艏的意图很明确，但亦有迹象显示这一决定可能被逆转。

较清闲的时期——如果能找到这样的机会。此外，归档过程中刻意删除某些略显可疑的决定亦非罕见。因此，“真相，只谈真相，但常常并不是完整的真相”这一戏言对舰船档案集倒颇为实用。由于并未明确设计需进行到哪一阶段才足够明确，足以开设新的档案集，因此档案集中往往缺失早期资料（有时这些资料可在前一级舰的档案集最后部分发现）。[①]

工作笔记

海军建造总监部门向每名工作人员发放大页书写纸规格的工作笔记本，其封面上写有工作人员各自的工号。[②]所有计算录入该笔记本，且严禁更改笔记本上的数据。若发现一处错误或因其他理由需要进行更改，则改动均须以红墨水书写，其格式为在旧数据上打叉，然后在其旁边写上新数据。每天均须加入当天日期，且所有录入均需编纂索引。

从上级官员处收到的指示[③]和计算中所做出的任何假设均需记录。各设计部门领导应以每月一次的频率检查下属的工作笔记，以确保指示切实得到遵循，并在必要时向下级提出建议。如果上述所有规则均被执行，那么工作笔记当然是一种宝贵的原始资料。不幸的是，在一个繁忙的部门中，仅有少数人会把时间花在仔细撰写工作笔记上，而大多数工作笔记仅仅是一大堆数据，且往往无法由其联系到某一艘舰船（在工作笔记方面，日后出任海军建造总监的利利克拉普的表现几乎堪称完美，其工作笔记现保存于国家海事博物馆，研究价值极高）。经过筛选，部分工作笔记现保存于国家海事博物馆。

附录4：1922年《华盛顿条约》——主要条款

条约中影响皇家海军的主要条款内容如下。

1. 主力舰总吨位不得超过 52.5 万吨，这一限额与美国相同。日本的总吨位限额为 31.5 万吨（即 5 ： 5 ： 3 比例）。法国和意大利的限额则为各 17.5 万吨。

2. 皇家海军获准新建两艘主炮口径为 16 英寸（约合 406.4 毫米）的战列舰，以匹配美国和日本的类似舰只，除上述两艘战列舰外，10 年内任何国家都不得新建主力舰。在两艘新建战列舰完工前，英国可保留 4 艘旧战列舰。

3. 任何主力舰均须待舰龄达 20 年后方可被替换。

4. 不同舰种的排水量和火炮口径上限如下：

主力舰	3.5 万吨，16 英寸（406.4 毫米）
航空母舰	2.7 万吨，8 英寸（203.2 毫米）（列强各自可改建不超过 2 艘航空母舰，且单舰排水量不超过 3.3 万吨）

① 20 世纪 50 年代，笔者曾专门为 81 型护卫舰（即“部族”级）的档案集撰写其早期设计史。
② 笔者的工号很好记：999。
③ 在不同意上级指示时这一操作尤为重要。

巡洋舰　　　　1 万吨，8 英寸（203.2 毫米）

5. 现有主力舰可加装防护设施，但由此导致的排水量上升不得超过 3000 吨（对这一条款的不同解读将导致列强之间存在一定的敌意）。

6. 英日同盟解散。在太平洋相当可观的区域内，列强均不得新建或扩建现有船坞，且不得进行要塞化建设。

7. 此外还有一系列包含定性内容的条款。其中最为重要的是对标准排水量的定义——战舰全副武装，满载作战所需的一切物资，但不装载燃油、后备锅炉给水或其他液体。[①]对此定义仍留有大量不同解读的空间。特别突出的是，以很多战舰的弹药库容积计算，其所能携带的炮弹数目均高于其公开宣称的标准排水量下的备弹数目。

8. 条约有效期至 1936 年底，此后签约列强均拥有 2 年的通知期，在此期间条约依然有效。新建舰只的基本数据应及时提交给签署条约的其他列强。

附录5：1930年《伦敦条约》，4月22日签订

条约中影响皇家海军的主要条款内容如下。

1. 签约国不得在 1936 年以前开工建造新主力舰。皇家海军须拆解 3 艘战列舰和 1 艘战列巡洋舰，此外另 1 艘战列舰应在非武装化改装后充当训练舰［均为装备 13.5 英寸（约合 342.9 毫米）主炮的主力舰］。

2. 修改对航空母舰的定义。禁止建造排水量低于 1 万吨且火炮口径超过 6.1 英寸（约合 155 毫米）的航空母舰。

3. 禁止建造排水量超过 2000 吨，或装备口径超过 6.1 英寸（约合 155 毫米）火炮的潜艇（但列强各可保留 3 艘该种潜艇）。

4. 不受条约限制的舰艇包括：

（a）排水量不超过 600 吨的水面舰艇；

（b）排水量在 600~2000 吨之间，但不满足下列要求的舰艇：

（ⅰ）火炮口径超过 6.1 英寸（约合 155 毫米）；

（ⅱ）装备数量不少于 4 门且口径超过 3 英寸（约合 76.2 毫米）的火炮；

（ⅲ）发射鱼雷；

（ⅳ）航速超过 20 节。

（c）辅助舰只，且不装备装甲，不能供飞机着舰或运作超过 3 架飞机。[②]

下列条款则仅有英国、美国和日本签署。

① 皇家海军和美国海军均认为可据此条款隐藏其设于防雷系统中的注液舱。
② 看看“独角兽”号！

1. 巡洋舰共分为如下两类：

（a）火炮口径超过 6.1 英寸，约合 155 毫米（即重巡洋舰）；
（b）火炮口径不超过 6.1 英寸，约合 155 毫米（即轻巡洋舰）。

驱逐舰被定义为排水量不超过 1850 吨、火炮口径不超过 5.1 英寸（约合 130 毫米）的舰船。至 1936 年 12 月 31 日，三国下列舰种各自在役总吨位上限如下：

附录表1

	美国	英国	日本
重巡洋舰	18万吨	14.68万吨	10.84万吨
轻巡洋舰	14.3万吨	19.22万吨	10.045万吨
驱逐舰	15万吨	15万吨	10.55万吨
潜艇	5.27万吨	5.27万吨	5.27万吨

2. 驱逐舰总吨位中，排水量超过 1500 吨的驱逐舰总吨位不得超过限额的 16%。

3. 装备飞机着舰甲板的巡洋舰数目不得超过 25%。轻巡洋舰和驱逐舰总吨位可在不超过 10% 的幅度内进行互换。2 艘旧式英国重巡洋舰可于 1936 年处理掉。1936 年 12 月 31 日前，英国可建造总吨位不超过 9.1 万吨的巡洋舰。

条约有效期截至 1936 年 12 月 31 日。

附录6：1936年《伦敦条约》——概要

该条约未获英国国会批准。

除《华盛顿条约》任一签字国至 1937 年 4 月 1 日仍不同意下述限制的情况外，主力舰的排水量不得超过 3.5 万吨，火炮口径不得超过 14 英寸（约合 355.6 毫米）。若至 1937 年 4 月 1 日《华盛顿条约》签字国仍未能全部同意上述限制，则主力舰火炮口径上限可增至 16 英寸（约合 406.4 毫米）。主力舰排水量禁止低于 1.75 万吨，其主炮口径不得低于 10 英寸（约合 254 毫米）。*

航空母舰排水量不得高于 2.3 万吨，且不得装备口径超过 6.1 英寸（约合 155 毫米）的火炮。此外，口径不低于 5.25 英寸（约合 133.4 毫米）的火炮装备数量不得超过 10 门。

不得新建或收购排水量高于 8000 吨，或主炮口径超过 6.1 英寸（约合 155 毫米）的巡洋舰。*

潜艇排水量不得超过 2000 吨，火炮口径不得超过 5.1 英寸（约合 130 毫米）。

条约中并未提及驱逐舰，但似乎可归类为轻型水面舰艇。条约对此类舰艇的定义为排水量不超过 3000 吨，且火炮口径不超过 6.1 英寸（约合 155 毫米）。注意该条约不再对总吨位加以限制。

* 上述限制被海军部认为非常重要，该限制实际上禁止了“袖珍战列舰”的建造——该舰种当时仍是皇家海军的梦魇。

附录7：水下爆炸

爆炸发生时，爆炸药将在约 40 毫秒时间内化为一团炽热的气球，其压强可达数千兆帕。这一气球的突然形成将对其周围的水体产生猛烈冲击，由此形成的压缩激波将沿水体传播，其传播速度最初一度高于音速，但很快降至水中音速。上述冲击波不仅可能击碎附近的结构件，而且可能以稍小的压强传播很长距离。装填 300 磅（约合 136.1 千克）阿马托炸药的深水炸弹爆炸时，距离炸点 25 英尺（约合 7.62 米）处所承受的压强峰值约为每平方英寸 2 吨（约合 30.4 兆帕）。尽管用于测量这一效应的仪器的具体研发过程超出了本书范围，但须提及这一过程消耗了很多优秀科学家数年的艰苦努力。

深水炸弹爆炸时产生的气球将急剧扩张，其最大直径约为 22 英尺（约合 6.71 米）。当其扩张至最大直径时，其内部压强将远低于周围海水水压，因此气球将迅速破裂。在深水条件下，则会反复出现几轮气球扩张—收缩的过程。这一现象对沉底水雷尤为重要，该种水雷爆炸时产生的气球将上升，其第二次扩张过

水下爆炸。水雷爆炸时产生的水柱非常靠近一艘摩托扫雷艇。摄于第二次世界大战之后的试验中（作者本人收藏）。

程可能发生于距离目标舰艇很近的位置，且其破坏力可能远高于第一次扩张。

水下爆炸造成的可视后果可由冲击波和气球膨胀解释。当冲击波抵达水面时将造成穹顶形水花。就于 50 英尺（约合 15.24 米）深处爆炸的 500 磅（约合 226.8 千克）炸药而言，穹顶的高度约为 37 英尺（约合 11.28 米）。炸点位置超过一定深度后,发生爆炸时便不会导致穹顶形水花。对 300 磅（约合 136.1 千克）炸药而言，这一深度界线约为 140 英尺（约合 42.7 米）。当大量受气球膨胀影响而运动的水抵达水面时，则会生成一道水柱。

受水下爆炸影响，舰体结构可能遭遇如下伤害：被击碎，此前未曾遭遇弯折的结构件被折断，出现大幅度变形直至失效。不同爆炸的效果不尽相同，且其破坏效果各有突出之处。

附录8：反驱逐舰火炮

在 20 世纪 20 年代和 30 年代期间，海军部内部就战列舰应装备哪种口径的火炮以应对驱逐舰攻击，以及该种火炮是否应具备防空能力实现高平两用这两个问题，进行了大量争论。第二次世界大战期间，就小型巡洋舰的火炮也进行了类似的争论。在此期间还就驱逐舰应装备何种火炮以应对敌方同一舰种进行平行争论。

附录表2 中口径火炮

火炮	炮弹重量	射速	炮口初速	对空射击能力
6英寸（152.4毫米），马克XXIII型	112磅（50.8千克）	每分钟6发	每秒2758英尺（840.6米）	无
5.25英寸（133.4毫米），马克I型	80磅（36.3千克）	每分钟6~8发	每秒2672英尺（814.4米）	较差
4.7英寸（120毫米），马克XI型	62磅（28.1千克）	每分钟10发	每秒2538英尺（773.6米）	较差
4.7英寸（120毫米），马克IX型	50磅（22.7千克）	每分钟10发	每秒2650英尺（807.7米）	一定能力（在部分仰角可达55° 的炮架上）
4.5英寸（114.3毫米），马克I型	55磅（24.9千克）	每分钟12发①	每秒2449英尺（746.5米）	良好
4英寸（101.6毫米），马克XVI型	35磅（15.9千克）	每分钟12发	每秒2660英尺（810.8米）	良好
美制5英寸（127毫米），38倍径	55磅（24.9千克）	每分钟18发	每秒2600英尺（792.5米）	良好

对防空火力而言，由于较高的炮口初速可降低炮弹飞行时间，进而降低预测目标位置的难度，因此看似非常重要。然而，附录表 2 中各种火炮的炮口初速差异并不明显。而其中最为成功的火炮,即美制 5 英寸（约合 127 毫米）火炮，其炮口初速反而相对较低。

当安装在战列舰上时，此类中口径火炮在 1 万码（约合 9.14 千米）距离上命中驱逐舰的概率较低，而敌驱逐舰通常在 6000 码（约合 5.49 千米）距离上发

① 后期 C 级驱逐舰马克 IV 型 4.5 英寸（约合 114.3 毫米）火炮搭配马克 V 型 50 遥控电力炮架，可在开火第一分钟内实现每分钟 18 发的射速，直至备便弹药耗尽。

“流星”号（Meteor）装备配备马克XX型炮架的马克XI型4.7英寸（约合120毫米）火炮，这也是英国生产的众多中口径火炮型号中的一种。该炮过于沉重，其50°的最大仰角也使其不足以充当防空火炮（作者本人收藏）。

射鱼雷。如此，问题的实质便是能否在这一距离区间上将敌驱逐舰击沉，或至少使其失去动力。考虑到双方相对速度为30节，驱逐舰只需2分钟便可将双方距离拉近至上述区间之外。在其动力系统受到影响之前，驱逐舰可以承受相当严重的损伤，典型例子便是1940年4月，“萤火虫”号（Gloworm）在屡次被203毫米炮弹命中后，仍能成功冲撞德国“希佩尔海军上将”号重巡洋舰，然后方被击沉。[3]类似的，“昂斯洛”号驱逐舰也在北角附近海域被“希佩尔海军上将”号重巡洋舰发射的203毫米炮弹命中3次，但仍能继续作战。[4]在实施鱼雷攻击的过程中，直至转向发射鱼雷，驱逐舰几乎一直是舰艏对敌，因此中弹主要发生在艏楼区域。尽管该处中弹无疑可能导致人员伤亡，但对驱逐舰战斗力的影响很低。驱逐舰和巡洋舰之间的战斗则更有可能以舷侧对射的方式进行，在此方式下造成目标动力系统受损的概率更高。即使是分量最小的炮弹也能破坏蒸汽管道，从而导致目标舰只失去动力。

当时4英寸（约合101.6毫米）火炮配备的炮架并不非常适合低仰角射击，其主要原因是其炮耳高度设计。从实战来看，4.5英寸（约合114.3毫米）火炮［美制5英寸（约合127毫米）火炮更为理想］足以承担所有作战目的。对战列舰而言，鉴于将敌驱逐舰限制在其鱼雷射程之外的任务通常由己方驱逐舰遂行，因此无须装备特制的反驱逐舰火炮。①本书第四章已经简要介绍了巡洋舰主炮之争。选择5.25英寸（约合133.4毫米）的决定似乎颇有道理，而之后改用6英寸（约合152.4毫米）火炮的决定则是第一海务大臣（坎宁安）的个人倾向。

① 然而，类似论点可能亦可用于重型防空火炮，由此将得出战列舰不应装备任何口径在其主炮和博福斯防空炮之间的火炮。

附录9：船坞

对最后一代战列舰和最大尺寸的航空母舰而言，干船坞或浮动船坞的大小是对其排水量的一大限制。附录表 3 列出了当时皇家海军可用船坞的主要数据。注意表中长度、宽度和排水量仅针对“英王乔治五世”级型的战列舰而言，对“纳尔逊”级型的舰船而言，舰宽可增加约 4 英尺（约合 1.22 米），但排水量几乎不受改变。

附录表3

地点	长度	宽度	排水量
海军部重力船坞			
德文波特船坞	825英尺（251.5米）	116英尺（35.4米）	4.83万吨
德文波特船坞，1939年重建后	830英尺（253.0米）	124英尺（37.8米）	—
朴次茅斯C船闸和D船闸	860英尺（262.1米）	103英尺（31.4米）	4.47万吨
罗塞斯1号和3号船坞	854英尺（260.3米）	109英尺（33.2米）	4.52万吨
罗塞斯2号船坞	864英尺（263.3米）	109英尺（33.2米）	4.55万吨
直布罗陀1号船坞	875英尺（266.7米）	123英尺（37.5米）	5.02万吨
新加坡1号船坞	1006英尺（306.6米）	130英尺（39.6米）	6.58万吨
海军部浮动船坞			
马耳他	962英尺（293.2米）	140英尺（42.7米）	6.5万吨
新加坡	855英尺（260.6米）	130英尺（39.6米）	5万吨
其他			
利物浦格莱斯顿船坞	1050英尺（320.0米）	120英尺（36.6米）	6.1万吨
南安普顿7号船坞	1170英尺（356.6米）	130英尺（39.6米）	7.7万吨
南安普顿浮动船坞	960英尺（292.6米）	130英尺（39.6米）	5万吨
德班（Durban）	1157英尺（352.7米）	110英尺（33.5米）	4.82万吨（仅使用960英尺长度）
埃斯奎莫尔特（Esquimalt）	1138英尺（346.9米）	135英尺（41.1米）	7.25万吨
魁北克（Quebec）	1158英尺（353.0米）	120英尺（36.6米）	6.87万吨
新不列颠圣约翰（St John NB）	1140英尺（347.5米）	131英尺（39.9米）	7.15万吨
悉尼（1945年）	1096英尺（334.1米）	146英尺（44.5米）	—
开普敦（Cape Town）	1181英尺（360.0米）	146英尺（44.5米）	—

大部分海军部船坞入口均略呈锥形，因此其可容纳的最大舰船的舰宽可能稍小于其水线宽度。对某些船坞而言，通过在外缘加装沉箱的方式，可将船坞长度增加 30 英尺（约合 9.14 米）甚至更多。通过舰艏、舰艉悬垂的方式，浮动船坞可承载长度高于其自身的舰船。①

① 笔者感谢巴克斯顿提供上述数据。考虑到船坞数据的重要性，不同文献之间此类数据差异之大令人惊讶。

附录10：对岸炮轰

常常有观点认为，在第二次世界大战后半部分时间内，对岸炮轰不仅发挥了重要的作用，而且是战斗的重要组成部分，从而可得出建造战列舰的必要性。大部分作者在未对相应证据详加考察之前便接受了上述观点。常被援引的战例之一便是“阿贾克斯”号在1944年6月诺曼底登陆当天对朗格斯炮台（Longues battery）的成功压制。当时该舰在5时57分至6时20分期间发射了150枚6英寸（约合152.4毫米）炮弹［之后“亚尔古水手”号轻巡洋舰发射了29枚5.25英寸（约合133.4毫米）炮弹］。2门德国火炮被飞入炮眼的6英寸（约合152.4毫米）炮弹击毁。海军参谋史认为，鉴于炮台周围弹坑数量很少，因此这一成绩完全出于运气。[①]校射飞行员曾就D日炮轰留下非常生动的描述。他主张战列舰的炮弹落点通常偏出1英里（约合1.6千米）以上。[②]1945年5月4日“英王乔治五世”号和“豪”号对先岛群岛上的平良机场展开炮轰。[③][5]战列舰在2.5万码（约合22.9千米）距离上开火。然而，重型舰只离队展开炮轰却导致航空母舰群失去了火炮支援，因此在当天的空袭中损失惨重[6]。遗憾的是，目标机场在炮轰中受损轻微。[④]

在对日战争最后阶段，盟军舰队曾多次展开以日本工业区为主要目标的炮轰作战行动。总体而言，舰队方面最初声称炮轰导致的严重破坏并未得到战时照片详细判读工作或战后调查结果的支持。大型高爆炮弹造成的破坏通常不如一枚大型炸弹严重。例如，1枚16英寸（约合406.4毫米）高爆炮弹可对约1400平方英尺（约合130.1平方米）范围的钢结构建筑造成破坏，而1枚2000磅（约合907.2千克）炸弹对同型目标的杀伤范围高达8800平方英尺（约合817.5平方米）。前述炮弹可对约4900平方英尺（约合455.2平方米）范围内的机床造成破坏，而1枚1000磅（约合453.8千克）炸弹可对8500平方英

① Landings in Normandy, HMSO, London, 1994, Section 47。

② Cdr R M Crosley, They gave me a Seafire (Shrewsbury 1986), Chapter 16. 在此后出版的一本书中，克罗斯利对海军舰炮火力精度糟糕这一论点进行了进一步阐述，并将其归咎于陀螺仪效应。这导致大西洋两岸的研究人员展开了一场长期的通信论战。总体而言，陀螺仪效应并不被认为是精度较差的主因，而膛线磨损被认为更为可疑。Cdr R M Crosley, Up in Harm', Way (Shrewsbury 1986), Appendix 2.

③ Gray, Operation Pacific (London 1990), p218. 另可参见 J Winton, The Forgotten Fleet(London 1969), p 140。战斗中参战各舰发射了195枚14英寸（约合355.6毫米）炮弹、598枚6英寸（约合152.4毫米）炮弹和378枚5.28英寸（约合133.4毫米）炮弹。

④ 有观点认为用于护航炮轰舰队的战斗机本可充当战斗轰炸机攻击目标机场，并可实现比舰炮火力更大的破坏。

摄于豪拉基海湾（Havraki Gulf）的“豪”号，1945年（作者本人收藏）。

上："厌战"号，1944年摄于诺曼底海域。注意该舰的X炮塔因此前所受损伤而无法运作（帝国战争博物馆，A23916）。[7]

左：摄于诺曼底战场的"罗德尼"号（帝国战争博物馆，A23978）。

摄于诺曼底战场的"猎户座"号轻巡洋舰（帝国战争博物馆，A24201）。

尺（约合 789.7 平方米）范围内的同型目标进行杀伤。舰炮对岸轰击时，其射距通常为 2.3 万码（约合 21 千米），在此距离上命中率通常仅为 1%。分量较轻的炮弹其效果更差。战后调查结果显示，对岸炮轰对敌方士气的影响远强于轰炸——相反，此前观点则认为炮轰作战有助于保持己方参与攻击舰只上官兵的士气！

整个马岛战争期间，皇家海军共发射了 8500 枚 4.5 英寸（约合 114.3 毫米）炮弹，据称这对英方的最终胜利贡献良多。然而，一旦认识到在索姆河战役揭幕战期间双方每小时所发射的炮弹超过 1 万枚之后，对上述马岛战争期间的说法自然会有所怀疑。

附录11：海军上将雷金纳德·亨德森爵士，1934—1939年间任审计长

无论是在航空母舰少将任上，还是在审计长任上，亨德森上将都对皇家海军的战争准备做出了重大贡献。[①]上将于 1881 年 9 月 1 日出生，其家庭与海军渊源颇深。在“不列颠尼亚”号（Britannia）受训后，他于 1897 年加入“战神”号（Mars）前无畏舰[8]，这也是其服役的首艘舰船。作为炮术专业出身的军官，上将以“爱尔兰”号（Erin）战列舰[9]舰长身份指挥该舰参加日德兰大海战。1916 年，杰里科将其调任海军部反潜部门领导。在此任上他发现了海军部商船

① 亨德森将军去世后，前海军部副秘书（Vincent Baddeley）为国家人物传记词典（Dictionary of National Biography）撰写了一篇将军的词条。本附录即以该词条为背景。海军建造总监部门内部起草的若干草稿保留至今，构成了有关亨德森将军与海军建造总监之间互动的更为完整的描述（下文将其简称为国家人物传记词典词条草稿）。

作为航空母舰少将，亨德森利用“暴怒”号、“勇敢”号（照片中接近中心位置，注意该舰悬挂少将将旗）和“光荣”号开发了航空母舰战术（作者本人收藏）。

活动统计上的谬误，这一错误导致对每周入港和离港商船数量的估计大大超过实际数量，达 5000 艘。修正之后得出的数量在 120~140 艘之间，这意味着船团方式确实可行。[10]

1926 年至 1928 年间，亨德森出任“暴怒”号的舰长，晋升之后又出任首任航空母舰少将。利用其麾下的 3 艘航空母舰，他逐渐开发了皇家海军的航空母舰特混编队战术。在此任上他鼓励麾下飞行员研究并开发了俯冲轰炸战术，这亦导致海军部采购“贼鸥”式轻型轰炸机。正是该机种日后完成了世界上首个以俯冲轰炸方式击沉大型战舰的记录。在这两个职务上的经历使他认识到，海上战争的形式正在发生改变。

1934 年 4 月，已是中将军衔的亨德森出任海军审计长。值得注意的是他要求在“英王乔治五世”级的设计上以牺牲装甲的代价加强火力，但这一要求被查特菲尔德否决。①然而，装甲机库航空母舰在很大程度上可被视为亨德森的独创。上将与负责航空母舰设计的海军建造总监助理福布斯紧密合作，在没有提出任何正式设计需求的情况下完成了“光辉”级航空母舰的设计。上将还坚持“独角兽”号应具备正常航空母舰的绝大多数特征。上将提前认识到装甲板产量不足可能限制再武装计划的执行，并大幅扩张了英国装甲板产量，同时又领导了对维特科维采（Vitcovice）的访问，后者导致英国从捷克斯洛伐克大量进口装甲（约 1.1 万吨）。

亨德森对新构思抱有极高的热情，例子之一便是摩托鱼雷艇的构想。②他还于 1937 年向内阁建议为海军士官设立独立住舱。③作为审计长，亨德森自 1935 年起便支持和鼓励了对雷达的研究工作，当年他曾指示海军信号学校（Signal School）就此展开工作。④1939 年 1 月，亨德森升任海军上将，并获颁巴思大十字勋章。然而健康状况的恶化迫使其于当年 3 月辞去审计长一职，并于同年 5 月 2 日去世。

附录12：船舶强度

自 19 世纪初开始，造船师已经对海水支撑船体的原理，以及这种支撑对船体结构施加的载荷有了一定了解。⑤1866 年，兰金以合理的理论基础得出对船舶强度的阐述，其后爱德华・里德和其助手威廉・怀特开发出一套实用的设计方法。⑥设计人员意识到，对船舶而言，当海浪波长，即相邻两波峰之间距离与船体长度相等时，船舶结构所受负载最大。在这一波长下，需就两种情况加以考察：其一是波峰位于船体两端，波谷位于船舯，被称为“舯垂”；另一种情况是波峰位于船舯，船体两端则位于波谷，即“舯拱”。在本书所考察的时期内，这一方式一直被造船师们所采用，尽管某些细节被加以优化。⑦

① 参见本书第一章所引用的古道尔 1936 年 3 月 13 日的日记。另参见桑顿（Santon）、福布斯和彭杰利所撰写的国家人物传记词典词条草稿。

② 古道尔在与继任审计长弗雷泽会面时，向后者表示他只在两个问题上不同意亨德森的意见，即斯科特—佩因[11]的设计，和在东海岸设立船坞。1939 年 3 月 1 日。

③ 见于古道尔 1937 年 1 月 18 日的日记。

④ D Howse, Radar at Sea(Basingstokc 1993). 值得一提的是在巴德利撰写词条时，雷达仍处于保密阶段，因此他未在词条中谈及此事。

⑤ 笔者在 Warrior to Dreadnought 一书第二章和附录 6 中，对船舶结构理论的早期发展进行过更详细的描述。本附录第一部分重复了 Warrior to Dreadnought 一书中的部分内容，但其后部分描述了本书所描写的时代内在相关课题上的新成就。

⑥ W J M Rankine, Shipbuilding, Theoretical and Practical (London1866) and E J Reed, 'On the unequal distribution of weight and support in ships and its effects in still water, waves and exceptional positions', Phil Trans Royal Society (London 1871).

⑦ 与现代所采用的计算方法差异很大。参见 Dr D W Chalmers, The Design of Ships' Structures (MoD London 1993)。

载荷

即使是在静水中，船体纵向不同位置的舱段重量也不一定与其所受浮力相等。因此对任一舱段而言，重力与浮力的矢量和必然导致该舱段结构在垂直方向上受力，上述矢量和被称为“剪切力”。在海浪中，重力与浮力之间的差别将大幅扩大，因此作用于船体侧面钢板的剪切力也将扩大。

计算船舶强度的第一步是计算沿船体纵向的重量分布。船舶被划分为若干舱段（战舰通常被分为 20 个舱段），需分别计算每个舱段的重量。英国所采用的舰船设计方式通常通过调整可移动重量——例如燃料、物资等——来达成最恶劣的情况，例如在舯垂状况下船体两端不存在可移动重量，而在舯拱状态下舯部不存在可移动重量。船体此后在波长与其自身长度相同、高度为船体长度 1/20 的波浪上平衡，即重力和浮力作用线位于同一垂线。[1]在没有计算机的时代，这一计算过程颇为烦琐，且须在就舯拱状况进行计算后再对舯垂状况进行计算。

设计人员由此得到每个舱段所受载荷（重力与浮力的矢量和），并按照在船体纵向上的位置将其绘出。沿舰体长度将载荷进行加和（即积分），可得到剪切力曲线。再对剪切力进行积分可得到弯矩（Bending Moment，简记为 M），从而可进一步得出甲板和龙骨所受应力（参见 Warrior to Dreadnought 第 32 页）。

结构和应力

在承受上述载荷时，船体可被视为空腹式箱形梁，其中甲板和龙骨构成梁的上下缘，船体侧面则构成腹板。梁的有效力可通过其截面惯性矩衡量。惯性矩可通过将构成纵向强度的各部分面积乘以该截面与中性轴（即船体沿其屈曲的轴线）的距离的平方得到。[2]这一计算方式存在两个主要问题，其一是船体沿其弯曲的中性轴位置未知。这一问题相对容易解决，首先假设其位于某一合理位置，并据此计算其面积矩，再根据计算结构对中性轴位置进行微调。

第二个问题则较难解决，这便是的定义哪些物体对纵向强度有贡献。舱口之间的短梁无法构成有效强度。铆钉孔则会降低钢板强度，因此在进行强度计算时，通常会将承拉面的面积减去 1/7。[3]对铆接接头而言，若其承受载荷很高，则以最大化其强度为目的而进行的设计将非常复杂。木甲板对强度亦有贡献，通常将其等价为截面积为其 1/16 的钢材。

装甲的贡献则非常复杂。在计算压缩力时应将厚重的侧装甲纳入考虑，受压缩条件下装甲的对接板将被挤在一处，但在计算张力时无须考虑——此时接头处将张开。较薄的装甲板则可构成完整的强度。甲板装甲则通常会在被布

① 自比莱（Bile）以“狼”号（Wolf）鱼雷艇为对象进行研究之后，浪高设为波长 1/20 便成为海军部的标准化设定。如今所有舰船一律使用 8 米浪高（Warrior to Dreadnought，第十一章）。理论上陡度对浪高的限制为波长的 1/7。

② 对惯性矩更为详细的解释可参见 D K Brown, The Grand Fleet, Appendix 5。

③ 根据比莱以“狼”号（Wolf）鱼雷艇为对象进行的研究，这一修正并不必要，但为保持一致性，这一修正仍被保留。

置时便使得能有效地构成强度。在“英王乔治五世”级的设计过程中，曾考察过其装甲甲板以上部位结构全毁条件下该级舰的强度。在此状况下，该舰被预计能承受高度为其舰体长度 1/40 的海浪冲击。[①]

下列公式为结构设计的各个分支所采用。该公式显示了弯矩 M、惯性矩 I 和距离中性轴 y 处的应力 p 之间的关系：

$$p= (M \cdot y)/I$$

根据这一简单公式得出的计算结果仅近似于实际航行期间船舶所受载荷。较现代的研究结果显示，尽管该公式的引入很早，但通过对发生在正常工作条件下的少数结构破裂案例进行分析，可见该公式结果的近似程度很高。尤为重要的是，既然波长很长，而浪高相当于波长 1/20 的波浪又很少见，因此实际操作中习惯在舰体较长的舰船上接受较高的应力水平。例如“胡德”号战列巡洋舰的应力水平如下：舯拱条件下甲板为每平方英寸 9.8 吨（约合 148.9 兆帕），龙骨处为每平方英寸 9.05 吨（约合 137.5 兆帕）[舯垂条件下为每平方英寸 5 吨（约合 76.0 兆帕）]。[②]上述计算成功与否取决于和与之类似，且在服役期间表现令人满意的舰船的比较，例如与表现良好的前一级驱逐舰的比较，若该级驱逐舰的计算应力水平为每平方英寸 8 吨（约合 121.5 兆帕），则下一级也可按类似的应力水平进行射击。即使由此计算失败，其体现形式也通常为铆钉断裂，且通常不会导致灾难性的后果。第二次世界大战期间的驱逐舰承受应力水平过高，其艏楼甲板上单排铆钉连接经常出现漏水，导致前部住舱甲板的生活条件颇为恶劣。尽管如此，更危险的漏水发生在锅炉给水槽。[③]部分其他列强海军接受的应力水平要高得多。例如法国“穆加多尔”号级驱逐舰承受的应力水平在每平方英寸 9.0~10.3 吨之间（约合 136.7~156.5 兆帕）。由此，1940 年 12 月小型法国驱逐舰“骚动”号在达特茅斯附近海域仅遭遇疾风便断为两截一事，便不那么令人惊讶了。

若仅对梁的一侧（甲板或龙骨）进行加强，则中性轴位置将向被加强侧移动，从而导致另一侧所受应力水平提高。本书第四章对“伦敦”号问题进行的讨论即为这一原理的体现。对由多个部分组合而成的结构而言，其强度取决于各部分所受应力，如海浪打上艏楼甲板时会影响上层建筑前侧强度。

屈曲

在被挤压时，即使附有加强件，平板仍可能发生屈曲，并进而导致彻底破裂。设计师们早已知道这是结构失效的模式之一，但直至引入计算机之前，无法对其进行精确计算。当时最好的办法如下：考虑一根作为纵梁，并附有一根作为支柱的条状钢板。[④]虽然这一计算方式同样仅可供比较，但在第二次世界大战

① 并非不合理！若海浪比这一情况更汹涌，则命中很难达成。

② 该舰被击沉时海浪颇为汹涌，因此较高的弯曲应力对其断为两截可能亦有贡献。

③ 1940 年 3 月 1 日古道尔在日记中写道：“根据我的计算，对战争期间其所承受的艰巨任务而言，驱逐舰实在太脆弱了。”

④ 假设钢板的宽度为其厚度的 25 倍，且加强件两侧均可有效实现加强作用。对附有平行加强件的平钢板而言，有证据显示当加强件之间的距离大于钢板厚度的 80 倍时，所有钢板均可有效承受屈曲。因此，间隔为 2 个厚度 25 倍的假设较为保守。

上两图：“阿尔武埃拉”号驱逐舰被置于干船坞中持续承受载荷，直至其结构失效。最终的断裂发轫于舰体侧面的剪切性起皱（在近距离照片中清晰可见，作者本人收藏）。

期间，英制战舰在正常服役条件下从未发生过压屈失效。尽管仅此，在爆炸载荷下，屈曲仍是一个严重问题。上述较为简单的设计过程很可能在谨慎使用时会导致结构重于实际所需。进行比较固然困难，但可能对尺寸大致相同的舰只而言，第二次世界大战期间使用铆接工艺构建的舰体结构其重量几乎是采用焊接工艺构建的现代舰船的两倍。

船体侧面的钢板也可能在所受剪切力最大处发生屈曲，这一位置大致为舰艇全长的 1/4 或 3/4 处。尽管发生这一现象后会进行调查，但在正常工作条件下似乎没有导致麻烦的证据。很多在试验中被充作目标的舰船均在试验后出现剪切屈曲（参见本书第十章）。其中特别突出的是以未完工的“战役”级驱逐舰“阿尔武埃拉”号进行的试验。在第二次世界大战结束后进行的试验中，该舰被置于干船坞中持续承受载荷，直到其结构失效为止。该舰即因剪切屈曲而失效。

锐角、应力集中和连续性

1913 年英格利斯（Inglis）曾宣读一篇论文，文中以数学方式论证应力在锐角处将显著增加。在同一会议上，科克尔教授（Coker）利用光学应变方法也得出了类似的结论。[1]两篇论文的重要性很快就被认识到，其核心论点于同年在被总结之后纳入格林威治皇家海军学院的造船师课程讲义。然而，负责绘制结构设计详图的绘图员似乎对避免锐角一事并不熟悉，而对绘图的检查又往往不能发现此类错误。古道尔曾写道："……纵梁上的方角通风孔快把我逼疯了。"[2]应力集中现象并不会延伸至较远位置，若产生裂缝，则一旦应力水平下降，裂缝便会中止。然而，当时使用的钢材在低温下会变脆（有时甚至在温度并不是很低时即变脆），这一特性在当时并不为人所知，而受此影响裂缝将迅速扩张，直至贯穿整块钢板。这种裂缝几乎总会在铆接接头处中止。[3]

在艏楼中断处也会发生类似的应力集中。若这一中断的位置发生在舯部附近，如发生在大多数驱逐舰和巡洋舰上的那样，便可能出现局部开裂现象。由于装甲甲板下降一层的位置同样接近于艏楼断点，在舰体结构上造成了严重的不连续性，因此"城"级巡洋舰的问题尤为严重。古道尔曾写道："这些'南安普顿'级巡洋舰真是堆摇摇晃晃的产品。"[4]在遭受水下爆炸后，艏楼中断处发生断裂的现象比比皆是，如"贝尔法斯特"号的战例（参见本书第十章）。[5]第二次世界大战前海军部进行的水下爆炸试验通常使用较短的舱段作为目标，如"乔布 74"号。这些试验未能显示遭受该种攻击时全舰将发生剧烈的扭曲，并可能进而导致严重的屈曲失效，尤其是在结构不连续部位，如艏楼中断处。[6]

在较长的上层建筑末端也可能发生类似的问题。上层建筑也可被视为较长的盒式结构，该结构承受舰体弯曲的影响。因此上层建筑末端也容易从甲板处发生撕裂。这一问题通常可以通过确保上层建筑末端位于主横向舱壁之上的方式解决。此外，还可将上层建筑分割为若干段较短的部分，并通过伸缩缝相连。分割处上方可覆有溅密的封盖。伸缩缝底面的应力水平可能很高（参见本书第二章对装备伸缩缝的开放式机库航空母舰的讨论）。

在本篇简短附录中，笔者删去了对支柱、火炮支撑结构、船舵、主轴支撑和其他很多部件的强度计算。桅杆、指挥仪等设备通常直接由主舱壁支撑（有时使用经过加强的轻舱壁进行支撑）。舱壁在设计时即以承受一定水压为目标，其具体标准取决于设计时就舰船损伤状况而假设的水线位置。某些舱壁甚至会依照上述水线位置接受测试。

尽管可以认为应更加注重结构设计，但也需认识到在引入计算机之前，很多结构问题无法得到解决。正常服役状态下英制舰船上出现的断裂固然令人苦恼，但皇家海军舰只从未如其他某些列强海军那样发生大规模结构失效事故。与结构设计有关的问题之一是海军平时演练仅在通常天气，不会在天气非常恶劣的时间和海域进行。笔者曾长期呼吁应建立一个专门的试验中队，专门长期执行高速航行，甚至在恶劣天气下航行，以观察哪里出现断裂迹象。

① C E Inglis, 'Stresses in a plate due to the presence of cracks and sharp corners' and Prof E G Coker and W A Scoble. 'The distribution of stress due to a rivet in a plate' Trans INA(1913).

② 古道尔 1941 年 3 月 12 日的日记。

③ 因此原因，在通往俄国北部的航线上，采用铆接工艺建造的英制护航航空母舰比采用焊接工艺建造的美制护航航空母舰更受欢迎。

④ 见于古道尔 1941 年 1 月 28 日的日记，以及 1940 年 3 月 15 日的日记："利利克拉普谈及'爱丁堡'号。他认为装甲甲板终点是导致问题的根源。我则认为舷顶列板上该死的角才是罪魁祸首。" 1940 年 3 月 29 日古道尔在日记中写道："终于找到'爱丁堡'号的问题。装甲带前部的应力水平高于计算结果，其原因是计算时将其下层甲板装甲纳入计算，而实际上不应如此操作。我估计我们在外层舰底也会发现问题。"同年 7 月 20 日还在日记中写道："'曼彻斯特'号糟糕的设计水平引起麻烦了。"

⑤ Warship Supplement 87 (World Ship Society 1986).

⑥ 英国并不是唯一一个犯下这一错误的国家。德国驱逐舰"绝品"号（原 Z38 号）也在艏楼中断处发生结构失效现象，当时该舰承受的冲击水平本在其设计能力之内。

附录13：皇家海军装甲机库航空母舰所受损伤

附录表4

舰名	时间	描述
“光辉”号	1941年1月10日	8枚250千克炸弹分别命中右舷2号乒乓炮、飞行甲板前部、后部升降机、击穿装甲、升降机、左舷1号乒乓炮、右舷附近近失、后部升降机
	1941年1月16日	2枚250千克炸弹，分别命中飞行甲板后部，在左舷侧近失
	1945年4月6日	神风特攻机擦过舰岛，炸弹在水下爆炸，造成严重损伤
“可畏”号	1941年6月25日	2枚1000磅炸弹（a）。对水下部分造成严重损伤。飞行甲板装甲破片击穿若干层甲板，飞入动力系统舱室
	1945年5月4日和9日	2架神风特攻机命中飞行甲板。第一架命中79号中线船肋左侧9英尺（约合2.74米）处。飞行甲板在24英尺×20英尺（约合7.32米×6.10米）范围内下限，并出现边长2英尺（约合0.61米）的正方形破孔。深梁结构屈曲。3块破片击穿机库甲板，其中一块击穿锅炉舱，飞抵双层舰底位置（b）。第二架命中94号中线船肋左侧。飞行甲板下陷4.5英寸（约合114.3毫米），横梁扭曲幅度3英寸（约合76.2毫米）。停放的舰载机燃起大火（c）
“胜利”号	1942年8月12日	小型炸弹在飞行甲板上破裂
	1945年5月9日	被3架神风特攻机命中，但仍可继续作战。第一架从右向左俯冲，命中舰岛正横位置飞行甲板。炸弹在海中爆炸，未造成破坏（d）。第二架在飞行甲板30号船肋位置爆炸，炸点位于升降机与B号4.5英寸（约合114.3毫米）炮塔之间，3英寸（约合76.2毫米）和1.5英寸（约合38.1毫米）钢板结合处，其下方为纵向舱壁。飞行甲板下陷 3英寸（约合76.2毫米）且被击穿。破孔面积为25平方英尺（约合2.32平方米），下陷范围为144平方英尺（约合13.4平方米）。纵向舱壁屈曲，一具加速器损坏。发生小规模起火（e）。第三架命中135号中线船肋左侧，未造成损伤（f）
“不挠”号	1942年8月12日	被550千克半穿甲弹命中2次，另遭受3次近失。飞行甲板中弹位置恰位于装甲覆盖范围之前和之后。1枚近失弹造成较重损伤
	1943年7月11日	被鱼雷命中，装甲带破片飞入轮机舱
	1945年5月4日	1架神风特攻机命中舰岛正横位置，未造成严重破坏
“不倦”号	1945年4月1日	被神风特攻机命中舰岛右舷侧。飞行甲板在15平方英尺（约合1.39平方米）范围内出现锯齿状形变，其最大幅度为2英寸（约合50.8毫米）。甲板未被击穿。发生短暂但较凶猛的起火（g）。飞行甲板在30分钟内修复，舰岛修复工程耗时约1个月

注：（a）可能为 550 千克炸弹，笔者直接引用了正式报告数据。
（b）作战能力未受任何影响。
（c）即使是未敷设装甲的飞行甲板可能也不会被击穿。
（d）同 (c)。
（e）甲板装甲体现了宝贵的价值。在继续作战的同时展开临时维修，2 天后重新加入战斗。
（f）同（c）。
（g）同（c）。

被德国俯冲轰炸机攻击后的“光辉”号的升降机井（作者本人收藏）。

在英国太平洋舰队提交的一份日期为 1945 年 5 月的报告中，对装甲飞行甲板的评价如下：“若没有这些装甲甲板的保护，则第 57 特混舰队[12]至少将在 2 个月内无法（以 4 艘航空母舰的规模）作战。”

附录14：战时巡洋舰建造

为保持完整性，所有“黛朵”级

和“斐济”级巡洋舰及其变种均被列入附录表 5。[13]

附录表5

“黛朵”级	
1936年	“黛朵”号、“水仙”号、“菲比”号、“欧尔亚拉斯”号、“天狼星”号（Sirius）
1937年	“圣文德”号、“赫耳弥俄涅”号
1938年	“卡律布狄斯”号、“锡拉”号、“克利奥帕特拉”号
1939年战时建造计划	“亚尔古水手”号，以及另外5艘“黛朵”级改进型或“司战女神”级（Bellona），即“司战女神”号、“黑王子”号（Black Prince）、“王冠”号（Diadem）、“保皇党人”号（Royalist）、“斯巴达”号
“斐济”级	
原始设计	
1937年	“斐济”号、“尼日利亚”号、“肯尼亚”号（Kenya）、“毛里求斯”号（Mauritius）、“特立尼达”号
1938年	“牙买加”号（Jamaica）、“冈比亚”号（Gambia）
1939年	“百慕大”号，另有2艘计划在国有造船厂建造，但未命名且被取消建造
“乌干达”级［舰宽62英尺（约合18.9米），装备9门6英寸（约合152.4毫米）火炮］	
1938年	“乌干达”号、“锡兰”号（Ceylon）
1939年	“纽芬兰”号（Newfoundland）
“敏捷“级［原为“牛头怪”级，舰宽63英尺（约合19.2米），装备9门6英寸（约合152.4毫米）火炮］	
1941年	“敏捷”号、“安大略”号（Ontario，原“牛头怪”号）、“柏勒罗丰”号［更名为“虎”号*，舰宽64英尺（约合19.5米）］
“虎”级［舰宽64英尺（约合19.5米），装备9门6英寸（约合152.4毫米）火炮。*第二次世界大战结束后建成，设计方案大幅度更改，装备4门6英寸（约合152.4毫米）火炮］	
1941年补充造舰计划	“壮丽”号、“防守”号（Defence，更名为“狮”号*）、“虎”号（更名为“柏勒罗丰”号，改按“海王星”号设计建造，后被取消建造）
1942年	“布莱克”号（Blake）*、“霍克”号（Hawke，1945年取消建造），另有4艘于1942年被取消建造

附录15：D质钢

1922年引入的一种新型强力钢被称为“D质钢”。①由于该种钢材可实现减重，因此在签订限制战舰排水量的《华盛顿条约》之后被视为拥有很高的价值。不过，几乎可以确定早在列强开始讨论《华盛顿条约》内容前，该种钢材的研究工作就已经开始。其变种D1型钢材也被引入。

就焊接工艺要求而言，D质钢的碳含量过高。第二次世界大战期间，焊接研究院（Institute of Welding）在D质钢的基础上开发了含碳量较低的变种，即DW型钢。该型钢材可实现可靠的焊接连接，但其强度稍弱。此外还开发出了一种用于建造潜艇耐压艇壳的S型钢材。

附录表6给出了该型钢与其他钢材性能的比较，某些定义的解释如下。

极限抗拉强度（Ultimate Tensile Strength, UTS）：测试样品单位面积在被拉

① 本附录主要根据Sir S V Goodall, 'Some Recent Technical Developments in Naval Construction', Trans NECI (1944) 改写而成。

断前能承受的最大载荷（单位为吨 / 平方英寸）。

延伸率：拉断发生前，样品长度的增长率。

弹性极限测试：D 质钢或 D1 型钢样品所受拉力从每平方英寸 4 吨（约合 60.8 兆帕）升至 17 吨（约合 258.2 兆帕）然后再降至 4 吨（约合 60.8 兆帕），在此循环之后其永久性拉伸形变应不超过每 8 英寸（约合 203.2 毫米）0.0004 英寸（约合 0.1 毫米）。DW 型钢的测试要求类似，但最大拉力有所下降。对厚度不超过 1 英寸（约合 25.4 毫米）的该型钢板材而言，最大拉力为每平方英寸 16 吨（约合 243.0 兆帕），更厚的该型钢板材在此项试验中所受最大拉力则降为每平方英寸 15 吨（约合 227.9 兆帕）。S 型钢要求更严，在此项试验中其承受的最大拉力为每平方英寸 17 吨（约合 258.2 兆帕），但要求不发生永久性拉伸形变。

弯曲试验：对一条宽 1.5 英寸（约合 38.1 毫米）的 D 质钢（DW 型钢和 S 型钢要求相同）进行对折弯曲，使其内侧曲线直径为钢材厚度的 1.5 倍。D1 型钢的测试样品宽度要求为 3 英寸（约合 76.2 毫米），这一要求要严格得多。

附录表6

	低碳钢	D质钢	D1型钢	D型钢	S型钢
极限抗拉强度	每平方英寸26~32吨（394.9~486.1兆帕）	每平方英寸37~44吨（561.3~668.4兆帕）	每平方英寸37~44吨（561.3~668.4兆帕）	每平方英寸35~41吨(531.7~622.8兆帕)*	每平方英寸30~34吨(455.7~516.5兆帕)
延伸率	20%	17%	17%	17%	20%**

* 若测试板材样品厚度超过 1 英寸（约合 25.4 毫米），则要求为每平方英寸 33~39 吨（约合 501.3~592.4 兆帕）。

** 若测试板材样品厚度不足 0.25 英寸（约合 6.35 毫米），则延伸率标准为 18%。

评论

通过使用 D 质钢实现的减重幅度并不明显。对“狩猎”级驱逐舰的舰体而言，若全部采用低碳钢建造，则舰体重量约为 475 吨，采用 D 质钢仅可实现 13 吨的减重。根据第二次世界大战爆发前使用的一道公式，舰体重量应与工作应力的 –0.175 次幂成正比。通过在低碳钢上采用焊接工艺，可实现的减重幅度将远高于采用 D 型钢建造。在潜艇上采用 S 型钢的优势则明显得多，如采用该型钢之后可将下潜深度增加 50 英尺（约合 15.2 米）。

铝材

20 世纪 30 年代曾大量使用铝制部件以实现减重——如通风管道、阀门、舷窗、储物柜和其他很多部件。1940 年政府决定几乎所有铝材均应用于制造飞机。据估计对一艘巡洋舰而言，上述决定将导致其排水量上升 100 吨，相当于一座安装于驱逐舰上的双联装 4.7 英寸（约合 120 毫米）炮架。

附录16：两次世界大战之间的防空作战[1]

来自空中的威胁与日俱增，这种威胁最初来自飞艇，然后来自飞机。对这种威胁的认知体现在防空火炮早在第一次世界大战爆发前就已经安装上舰，且在那场战争期间防空炮的数量和口径均发生了可观的增加。这些火炮依赖目视瞄准射击，且战后分析显示每击落1架飞机需射击约3000~4000发炮弹。尽管第一次世界大战期间无大型舰只因空袭沉没，但随着轰炸机及其配备武器尺寸的迅速增大，其潜在威胁亦日趋明显。

第一次世界大战结束后，从空中攻击舰船的课题逐渐成为舆论争议——且常常是错误百出的热点。鼓吹空军威力的一派总是鼓吹在战争结束时问世的更新也更大的轰炸机的攻击面前，战列舰不堪一击。1921年7月21日美国轰炸机在试验中击沉老式德国战列舰“东弗里斯兰”号（Ostfriesland）[14]一事，尽管试验本身颇为拙劣，但其影响颇为深远。[2]有观点声称即使是最先进的战列舰也可能被少数廉价的飞机击沉。然而，通过这一试验和英国自己进行的一系列试验，更为正确的结论则是即使目标舰船静止且无防护火力，命中舰船亦颇为困难。

皇家海军曾进行相当多次调查和全尺寸试验，以澄清第一次世界大战期间获得的经验教训，并试图解决发现的问题。[3]防空作战可分为主动防御和被动防

① 本篇附录在很大程度上基于皮尤的研究成果和手稿，笔者对此深表谢意。

② 参见R D Layman, 'The Day the Admirals Wept', Warship 1995(London 1995), R S Egan et al, 'SMS Ostfriesland', Warship International 2/75。齐默尔曼（G T Zimmerman）所撰写的部分并未明确指出试验中取得的命中次数。试验首日投掷的23枚（或33枚）炸弹中共有9枚命中，其中仅有2枚爆炸。当日仅造成轻微损伤。次日投掷的6枚1000磅（约合453.6千克）炸弹中有3枚命中，其后投掷的6枚2000磅（约合907.2千克）炸弹中则有2枚近失。

③ 参见本书引言部分。

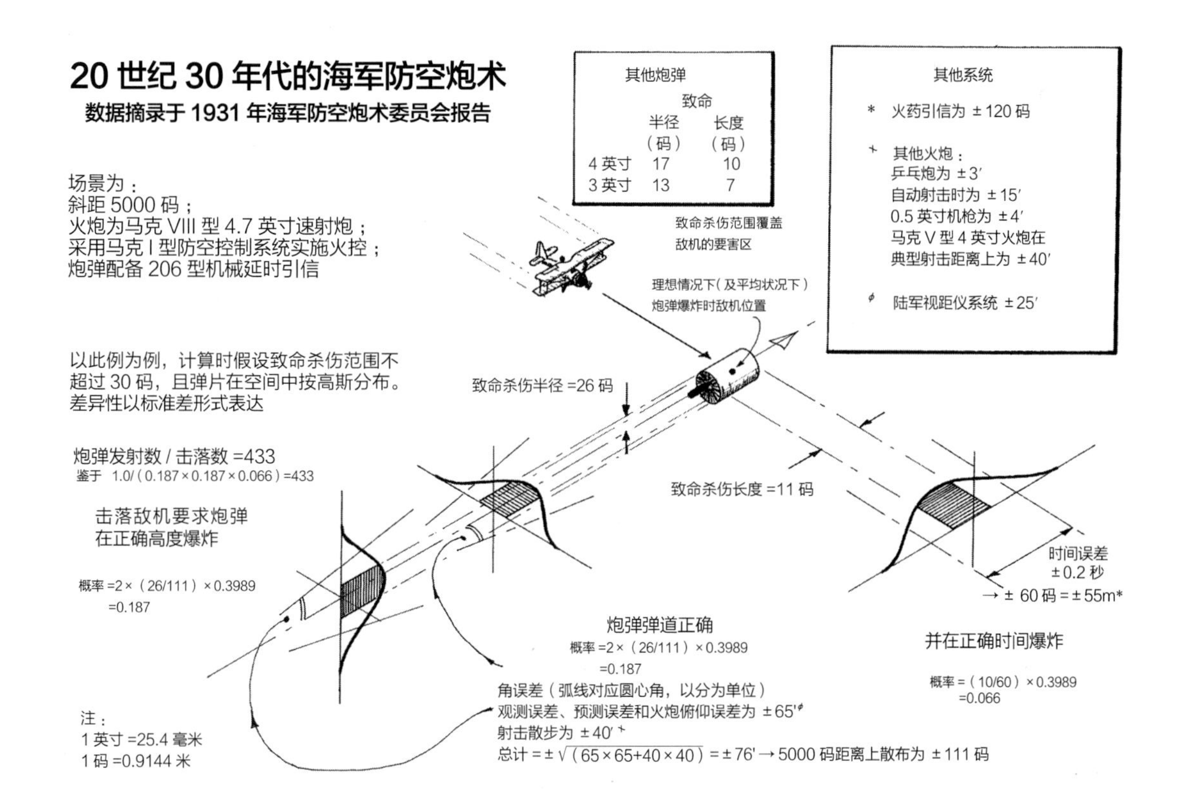

防空射击作战（由威廉·皮尤绘制）。

御，前者指击落或驱走敌机的能力，后者则指战舰本身能承受敌机造成的损失的能力。在针对被动防御能力进行的早期试验中，海军利用单机或机群对老式过时舰船实施攻击。攻击方在较高高度采用直线航线水平飞行，这也是当时各国航空兵通用的作战条令。

20 世纪 20 年代期间，海军很快意识到即使目标舰只静止且无防护，任何一种炸弹单枚命中大型舰只的概率依然很低。例如 1924 年以“君王”号为目标进行的试验中，轰炸机编队在 8000 英尺（约合 2.74 千米）高度飞行。机队首先使用教练炸弹确定风速风向以及其他修正参数，然后在同一高度投掷了 57 枚炸弹，共取得 11 次命中。此后的试验则分两步进行。首先，海军使用榴弹炮将炸弹射向模拟甲板防护体系的靶标，并记录击穿情况。其后，炸弹被置于试验目标舰上的合理位置，并通过电击发引爆。从这一系列试验中得到的经验仅仅是从相当高度上投掷的重型炸弹可能对战列舰造成严重破坏。[1]然而，当时的轰炸机单机仅能携带少数重型炸弹，因此命中快速机动中的舰船的概率很低，尤其考虑到轰炸机瞄准手在实战中将受到防空火力的干扰。当时认为命中驱逐舰的概率几乎可忽略不计。为保证以一定概率实现对尺寸较大舰船的严重破坏，轰炸机必须组成密集机群在较高高度以直线水平飞行，且机群各机同时投弹。实践证明，高空水平编队轰炸对舰攻击效果较差的预测符合现实。例如皇家海军在地中海海域的作战便几乎不受意大利皇家空军（Regia Aeronautica）训练有素的水平轰炸机影响。

主动防空作战则专注于应付这种高空水平轰炸。注意在所有早期“条约型”巡洋舰中，“郡”级重巡洋舰的防空火力最强。甚至海军部曾希望该级舰装备的 8 英寸（约合 203.2 毫米）主炮也具有一定对空射击能力。此外，如多管乒乓炮能及时生产，该级舰也将具备早期“条约型”巡洋舰中最强的近距离防空火力。重要的是，读者应认识到一个系统的整体效率取决于其中最薄弱的一环。对一防空作战“系统”而言，其包括如下部分：

探测。直至雷达在第二次世界大战爆发前在两艘战舰上引入，目视观察是唯一的探测手段。经验显示，在平均天气条件下，单架飞机的目视发现距离约为 1.2~1.6 万码（约合 11.0~14.6 千米），机群则约为 2 万码（约合 18.3 千米）。空中侦察或外围警戒因可提前发现时间而非常有益于防空作战［对 20 世纪 30 年代中期航速约为 120 节（每小时 222 千米左右）的飞机而言，这一探测距离意味着预警时间约为 4~5 分钟］。

火控。估计火炮俯仰和回旋角度，以确保炮弹在飞行 5~50 秒后能正确遭遇敌机。

① 事后回顾，上述结论似乎不仅在 20 世纪 20 年代成立，而且在 20 世纪 30 年代大部分时间内成立。

火炮。火炮应能迅速实施回旋和俯仰动作，并在所有仰角下均能保持高射速。

引信。炮弹应在距离敌机足够近处爆炸，以保证实现致命杀伤，或至少使敌机投掷的炸弹未能正确瞄准。

1921年最薄弱的环节被认定为引信（这一认识正确），其次则是火控子系统。近炸引信于第二次世界大战期间被引入之后，火控便成为最薄弱的环节。由于其载舰很可能在航行时发生纵摆、横摇、起伏、横移、纵荡、偏航等动作，而舰体本身又可能在大浪中出现若干英寸的弯曲，同时日晒热量可能导致上甲板出现类似幅度的变形，影响指挥仪与火炮之间的校准，因此实施火控非常困难。此外，任何实用系统均需假设敌机在炮弹飞行时间内仍以恒定速度直线飞行，但实际上在此期间敌机可能在三维方向上改变航向和航速。[①]

即使是与现实相比颇为简化的场景，进行火控解算也颇为苛刻。假设敌机在1.5万码（约合13.7千米）距离上被发现，且航速为100节（约合每小时183千米），则在被发现5分钟后敌机就将临空。测量敌机的高度、距离和航向的仪器与炮战所需的类似，但其光学元件不仅可在水平方向上旋转，而且可变换俯仰角度。敌机的航向和航速初始值以猜测方式输入，之后通过连续测量迭代优化，这一过程将使用机械式计算器进行计算。瞄具和指挥仪稳定化对完成解算非常有利。最初的尝试是使用陀螺仪［维维安（Vivien），1921年］在全舰范围实施稳定，但这一尝试并不成功。此后对减摇鳍（“比腾”级，参见本书第七章和附录19）的尝试虽然一度希望很大，但也难称完全成功。20世纪20年代设于特丁顿（Teddington）的海军部研究试验室（Admiralty Research Laboratory, ARL）曾就稳定瞄具展开大量工作，但当时控制理论、伺服机构和陀螺仪设备还均不成熟，因此并未能解决稳定瞄具的问题。20世纪30年代德国方面也曾就稳定瞄具进行研究，由此发明的指挥仪系统在正常工作时表现良好，但其可靠性较差，且重量较重，不适于安装在小型舰只上。

一旦在我舰和敌机之间建立完全稳定化的瞄准线，则可通过敌机的角速度迅速计算出其空速和航向。这一被称为视距法的测算方式最初于20世纪20年代由英国陆军首先采用，此后美国海军亦以此原理成功开发出舰用指挥仪，即马克37型指挥仪。该设备堪称第二次世界大战期间性能最好的指挥仪。

开发一套武器系统约需10年，因此皇家海军投入第二次世界大战时，使用的是约1930年规划的系统。事实上，1931年海军防空炮术委员会曾就防空作战进行大规模审查。委员会中皇家空军的代表是一名军衔很低的中队领队，这似乎显示皇家空军并不重视防空作战，或早有否认代表观点的意图。当时包括皇家空军在内，多国航空兵均认为航空兵应为一独立军种，且可以通过实施战略

① 无论对哪种解算方式而言，都面临未知数过多而输入数据过少的问题。

轰炸赢得战争。尽管1931年皇家空军已经了解俯冲轰炸机的潜力，但其官方意见仍表示除非是专门为实施这一攻击方式而设计的飞机，否则其他机型进行这种攻击不仅非常困难，而且颇为危险，而专门实施俯冲轰炸的轰炸机又几乎无法被用于其他用途，因此俯冲轰炸机被大规模部署的可能性很低。

俯冲轰炸方式于1924年由美国海军应海军陆战队要求开发，后者当时希望以此种方式支援登陆作战。最初通过由战斗机挂载炸弹的形式实现，但仅能使用小型炸弹。皇家海军则意识到，为己方轰炸机提供护航的战斗机，也可利用航空机炮和炸弹以较缓的俯冲实施对舰攻击，尽管这一攻击方式的命中率可能较高，但鉴于使用的炸弹仅重20磅（约合9.07千克），因此造成的破坏可能相当有限。美国海军则认为该种攻击方式可以杀伤目标舰船上防空炮炮组乘员，从而使得己方高空水平轰炸机更容易执行轰炸任务。然而，美国海军很快便意识到，俯冲轰炸的精度远高于高空水平轰炸，因此1930年前后可携带500磅（约合226.8千克）炸弹的俯冲轰炸机已经在美国海军中服役。该种炸弹足以击沉无装甲防护的舰只，即使是拥有最好防护能力的舰只也可能被这种炸弹重创。不久之后，德国空军发展出一套新的作战条令。根据该条令，空军不再作为独立军种作战，而作为德国陆军的飞行炮兵，支援陆军作战。为此德国空军采购了大量作战效率大幅提高的俯冲轰炸机，并很快意识到其在对舰攻击方面的潜力。

在地中海海域，皇家海军在演练中将战斗机用于执行俯冲轰炸任务。亨德森少将[①]当时负责指挥航空母舰。他极力要求建造专门的俯冲轰炸机。这一要求最终在1937年以布莱克本“贼鸥”式轰炸机的形式实现（设计要求于1934年提出），该机型亦可被称为战斗机——在未来的第二次世界大战中，英国方面的第一架德国飞机击落战绩便由该机型获得！“贼鸥”式轰炸机可携带500磅（约合226.8千克）炸弹，且在以较陡角度实施俯冲时仍能实现精确操控。[②]该机型也是历史上首个取得大型战舰击沉战果的俯冲轰炸机，1940年该机型在挪威卑尔根港击沉了“柯尼斯堡”号轻巡洋舰。皇家空军对俯冲轰炸机的重视还体现在越来越多的多管乒乓炮被安装上舰。

1931年委员会还曾提出若干对驱逐舰设计有相当影响的专门建议，其中最突出的一点是“……驱逐舰当然可以以同样的方式协助舰队防空，但鉴于其通常不会成为高空水平轰炸或鱼雷攻击的目标，因此其远射程火炮无须实现大仰角”。这一论点的实质是，驱逐舰无需向攻击其自身的敌机进行射击，但可向前往攻击己方主力舰途中、从驱逐舰附近飞过的敌机进行射击。根据这一假设，考虑敌机被发现时高度为5000英尺（约合1524米）且距离为15000码（约合4572米），则相对水平面的仰角仅为18°。委员会还认识到高平两用火炮的装填问题，并建议“未来的驱逐舰不应装备高平两用武器”，不过该委员会建议炮

① 少将的名字几乎出现在当时所有技术进步的过程中。

② Major R T Partridge, Operation Skua (Yeovilton 1983).

架的最大仰角应为 40° 。

委员会还认为“总体而言，改善舰队远距离防空水平的优先级应高于提高近距离防空水平。这是因为前者可有效提高舰队整体的防御能力，而近距离防御手段一般而言仅能提高载舰自身的防御能力，且对高空轰炸机无能为力”。该委员会坚信远距离防空炮应能打散敌方机群队形，而单机在高空实施轰炸取得命中的概率非常低。在其报告中，委员会用附录表 7 体现了不同火炮的预计命中率。

附录表7 单发命中率

距离	马克V型4英寸（101.6毫米）火炮	马克VIII型4.7英寸（120毫米）火炮
2500码（2286米）	0.76%	—
3500码（3200米）	0.36%	0.74%
4500码（4114.8米）	0.27%	0.44%
5500码（5029.2米）	0.15%	0.28%
6500码（5943.6米）	0.14%	0.21%
7500码（6858米）	0.13%	0.30%

上述数据大致意味着，假设单架敌机在 6500 英尺（约合 1.98 千米）高度，以 110 节（约合每小时 203.7 千米）速度逼近我舰，则我舰将其击落的概率在 4%~7% 之间。尽管这一比例看似不够引人注目，但若使用 4 门火炮同时对规模为 18 架的敌机群进行射击，则至少击落 1 架的概率超过 99%，从而可有效打乱敌机机群的投弹。对规模较小的机群而言，采用同一方式射击取得击落的概率当然降低，但相对成功实施轰炸的概率而言仍足够高。同时，委员会建议上述 4 门防空炮应可向任何方向射击。

尽管随着飞机性能的提高，防空作战的缺陷将逐渐扩大，但皇家海军长期没有意识到这一点。这可能是因为舰队航空兵所使用的飞机性能平庸。首个警示出现于 1937 年由“虎蛾”式（Tiger Moth）双翼机改装的“蜂后”式（Queen Bee）遥控靶机[15]导致。在某次演练中，1 架该型靶机曾以 85 节航速（约合每小时 157.4 千米），在整个地中海舰队上空以直线航线水平飞行了约 1 个小时！即使是在第二次世界大战之初，“皇家方舟”号依然在遭遇敌机时将其搭载的战斗机停放在机库内，以使其舰载防空炮可以自由射击（考虑到该舰的舰载战斗机为“贼鸥”式，且其作为战斗机的性能不佳，因此不让其升空作战倒的确可能是明智的选择）。

第二次世界大战初期，皇家海军的防空能力无疑落后于美国海军、德国和日本，然而这一差距在实战中的重要性不应被过度解读。第二次世界大战爆发恰逢各国主力战机由木制、帆布蒙皮的双翼机转向全金属硬壳式单翼机，后者的出现大大地提高了飞机的性能，使得是当时最好的防空系统也难以命中。这一情况直至近炸引信的引入才得到改观。1941 年 2 月时，即使对安装于固定底座、配备视距仪火控系统的岸基防空炮而言，击落 1 架敌机平均也需消耗约 3000 发炮弹。尽管皇家海军防空能力薄弱的主要原因常常被归结于“被动”的态度，且因此饱受批评，但事实却似乎恰恰相反。皇家海军最先尝试了性能良好的近距离防空武器，即多管乒乓炮，但该武器的制造因财政部罕见的阻挠态度而被拖延。不幸的是，至 1939 年这一武器的性能已经过时。与此类似，1931 年防空作战委员会的成立又显稍早。若在两年之后成立，则该委员会或许可认识到俯冲轰炸机带来的威胁，以及舰队防空体系应对这一攻击方式时存在的弱点（在“黛朵”级巡洋舰和“狩猎”级驱逐舰上尤为明显）。在历史上，由一系列单独看都堪称正确或至少有道理的决定，最终得出错误的总体解决方案的事例并不鲜见，对此现象更准确地描述或是最终决定的解决方案被证明是对一个错误问题的解答。而皇家海军防空能力的缺陷可被视为此类现象之一。事实上，针对 1931 年时皇家空军所想定的对舰攻击方式，皇家海军的防空系统实现了很好的反制。然而，面对德国空军的俯冲轰炸机，上述系统却显得无能为力。

附录17：美国海军驱逐舰动力系统

直至 20 世纪 30 年代初期，美国海军驱逐舰所采用的动力系统仍与皇家海军类似。鉴于当时美国主要造船厂均按帕森斯公司设计以许可证生产的方式建造涡轮机，因此这一结果并不出人意料。第一次世界大战结束后美国设计的第一级驱逐舰“法拉格特”级的额定蒸汽压强为每平方英寸 400 磅（约合 2.76 兆帕），温度为 650 华氏度（过热幅度为 200 华氏度，即蒸汽温度约合 343 摄氏度，过热幅度约合 111 摄氏度）。该级舰还首次采用了交流主电源。由于当时各造船商仅建造少量动力单元，因此无法投资于研究和开发，只能完全依赖帕森斯公司的技术，而后者又常被形容为极端保守。美国海军担心帕森斯公司将新的美国设计方案泄露给英国海军部，由此 1935 年美国海军工程局领导罗宾逊（S M Robinson）少将诉诸反间谍法（Espionage Act），终止了美国海军与帕森斯公司的交易。[①]

至 1935 年，以通用电气公司（General Electric）、西屋电气公司（Westinghouse）和艾里逊—查莫斯公司（Allison-Chalmers）为代表的美国发电站建造商已经在蒸汽机组的设计上取得了长足的进步。上述进步可被视为一系列进步的整合，其中包括性能改善的锅炉、可控过加热器、管道、涡轮和齿轮等诸方面。鲍恩

① Vice-Admiral H G Bowen, Ships, Machinery and Mossbacks(Princeton 1934).

（Bowen）曾指出帕森斯涡轮系统不仅体积庞大，运转速度较低，而且涡轮叶片数量很多，导致其不适于在高压蒸汽条件下运转。相反，发电站机组不仅结构紧凑，运转迅速，而且涡轮叶片数量较少，因此适于在高温和高压蒸汽条件下运转。

最初6艘"马汉"级驱逐舰由巴斯钢铁公司（Bath Iron Works）、联合造船公司（United Shipyards）和美国钢铁公司（US Steel）三家承建，每家建造2艘。美国海军要求各舰及其动力系统应完全相同。鉴于上述三家公司均无动力系统设计能力，因此海军同意由吉布斯·考克斯公司（Gibbs & Cox）负责动力系统设计。尽管当时该公司几乎没有战舰设计经验，但此前已经完成了很多用于商船的先进蒸汽机组设计，并吸取了发电站蒸汽机组的技术进步。由此"马汉"级的动力系统较此前获得了显著进步。该系统额定蒸汽压强为每平方英寸400磅（约合2.76兆帕），温度为700华氏度（约合371.1摄氏度），并配备双重减速齿轮，不过动力系统舱室颇为拥挤。这一拥挤设计产生了不幸的后果。罗斯福总统援引国家工业复兴法（National Industrial Recovery Act）拨款约2.81亿美元用于增强海军实力（非常正确），在此刺激下美国海军共建造了26艘"马汉"级驱逐舰，而这些驱逐舰拥挤的动力舱室空间设计却使得其颇为先进的动力系统声名狼藉。"马汉"级驱逐舰的涡轮转速大致为早先涡轮机的两倍，通过双重减速齿轮完成减速。

之后的"萨默斯"级驱逐舰亦在动力系统设计水平上实现了很大进步。该级舰的动力系统引入可控过加热器和汽包锅炉，这意味着可使用开放式生火舱，这不仅大大便于日常操作，而且在遭到毒气攻击时更为安全。锅炉的设计额定蒸汽压强为每平方英寸600磅（约合4.14兆帕），温度为850° 华氏度（约合454.4摄氏度）。为验证其性能，一座锅炉被安装在设于岸上的锅炉舱中，并以40%的过载运行。此外，一整套"贝纳姆"级（Benham）驱逐舰的动力系统被设于陆上试验环境，并接受全面测试。该系统的涡轮机内叶片数量远少于老式的帕森斯式涡轮机设计，其转子长度较后者也短25%，且由整块锻件加工而成，而非如后者那样组装而成。西屋电气公司曾在研发方面投入大量资金，其若干骨干员工在对转子和涡轮扇叶振动问题的研究上取得了长足的进展，而这一振动问题曾在很多早期涡轮机上导致故障（可能"冥河"号驱逐舰的问题即由此导致）。值得注意的是，尽管相关研究成果刊登于美国机械工程师协会（American Society of Mechanical Engineers）的期刊上，但似乎并未被其他公司利用。西屋公司还大量使用X射线探伤手段对锻件和铸件进行检查，将先进合金钢引入制造，并开发了性能大幅改善的管道接头，该接头可防止在英制舰船上频繁出现的蒸汽猛烈泄漏事故。[1]

[1] Vice-Admiral Sir L Le Bailley, The Man around the Engine(Emsworth 1990).

在1937年11月“萨默斯”号的试航中，尽管为安全起见，该舰最初仅以730华氏度（约合387.8摄氏度）蒸汽温度运行，但其结果已足够令人惊讶。与“波特”级驱逐舰相比，该舰的燃油消耗降低20%，续航能力的增幅亦接近20%。同时，尽管“萨默斯”级的动力系统输出功率更高，但其重量较“波特尔”级轻约10%。在相同输出功率下，新动力系统的重量较以往轻约130吨，相当于3座双联装5英寸（约合127毫米）炮架的重量。比较“贝纳姆”级与“格瑞德利”级的动力系统，前者的油耗低23%，重量轻12%。蒸汽温度上升至850华氏度（约合454.4摄氏度）后，燃油经济性和输出功率可相应进一步提高6%和10%，相当于最高航速可提高1节。“萨默斯”级装备的涡轮共包括1.473万片叶片，而“波特尔”级高达9.875万片。①两者的转子长度相比，前者短约25%~33%，这使得前者的转子可以更好地承受温度的剧烈变化。尽管采用这一系列改动，“萨默斯”级装备的先进蒸汽机组各部分的安全系数都高于旧式蒸汽机组。在此有必要再次强调，新动力系统的性能改善并非单纯源于高温高压锅炉，而是体现在高度集成的系统设计上，其中包括双重减速齿轮、汽包锅炉、可控过加热器、节热器和脱氧器等部件。

完整的改进于1938年春起逐步实施，其过程被统称为“批次改装”，分为若干阶段进行。其中蒸汽温度的全面提高于第四阶段引入，以DD429号（以及其他4艘可赶上改装、建造时间稍早的驱逐舰）[16]为首。其他类型的动力系统也接受了类似改装，并获得了相当的收益。在某次比较中曾发现，在低速航行条件下，“英王乔治五世”号的燃油消耗率较“华盛顿”号战列舰高39%，且在高航速下后者在燃油经济性方面仍拥有巨大优势。鉴于“华盛顿”号的燃油储量更高，因此在巡航航速下其续航能力几乎是“英王乔治五世”号的2倍，而在最高航速下续航能力的优势仍有20%。此外，“华盛顿”号动力系统的养护工作量也要少得多。

鲍恩少将对上述改进引入过程的生动描述显示此过程曾遭遇既得利益团体和保守势力何等的阻挠，以及国内政治因素对这一过程造成何等的干扰——他曾一度因设计续航能力超出海军参谋需求，而被有关部门以忽视这一要求为罪名进行调查！美制动力系统的成功应归功于军方高层对从传统船用主机工业以外的领域吸取新技术，并充分利用其优势的坚定决心；也应归功于设计团队成功设计出高度集成化的蒸汽机组。该机组中不仅每一部件均利用了其他领域实现的改善，而且整体满足运转条件，使得整个系统实现的性能改善超过了各部分性能改善之和。美国海军还做出了明智——但大胆——的决定，即在一整级驱逐舰上采用新动力系统，而非如“冥河”号的例子那样，仅仅建造一艘原型舰。

① 上述数据出自鲍恩。数据看起来颇大，可能为两主轴总数，并包括巡航涡轮在内。

附录18：潜艇稳定性及其他

完全处于上浮状态时，潜艇稳定性的特点和其他所有水面舰艇类似，且可通过相同参数，即定倾中心高度（GM）和扶正力臂（GZ）曲线进行衡量（例如，可参见笔者所著 Design and Construction of British Warships, 1939–45 的引言部分）。尽管潜艇外形与其他水面舰艇相比差异很大，但通常并不需为保证此时潜艇稳定性仍能通过上述参数全面表达进行太多特别操作，且液体在潜艇内大量水柜之间移动的可能也被考虑在内（参见本书第六章中对 A 级潜艇的讨论）。

然而当潜艇处于下潜状态时，情况便大为不同。定倾中心高度的概念通常用于近似地表述水面舰艇倾斜时其水下部分外形的改动。鉴于潜艇下潜时完全处于水下，因此其外形显然不会发生改变。如此便不存在定倾中心高度，且浮力作用力的作用点即浮心（B）位置不再变动。尽管这一特性可在很多方面简化问题，但其后果并不显而易见。阿基米德定律，即重力 = 浮力，此时拥有了新的意义。鉴于浮力可通过排开水的体积乘以水体密度得到，因此一旦水体密度发生改变，就须对潜艇重量进行调整，使其与新浮力水平相等。

从“奥丁”级开始，海军部决定潜艇应能在一定比重范围内的水体内下潜。这一范围通常为 1~1.03。对“奥丁”级而言，由不同水体密度导致的浮力变化约为 53 吨（约合 51.9 千牛），而这一变化只能通过改变内部压载物重量进行补偿。第二次世界大战期间加装设备导致的增重使得内部压载物重量的范围发生了改变，从而可下潜水体比重范围首先缩小为 1.005~1.03，然后变为 1.01~1.03，最后降为 1.015~1.03。此外，随着巡逻过程中燃油、物资、鱼雷和其他消耗品和消耗，压载物重量也需进行相应调整。对给定密度的水体而言，只有唯一排水量可使潜艇保持平衡浮动状态。

潜艇设计时同时设有压载水和固体压载物，其重量可自行调整以补偿整体重量变化。固体压载物仅可在接受整修时调整，因此通常用于对艇载设备进行大规模改动时实施补偿。鉴于固体压载物通常位于艇体较低处，而加装的设备又往往位于艇体高处，因此加重任何重量均将导致潜艇重心位置升高，从而降低浮心与重心距离。

潜艇不仅需在建成时检查其浮力和稳定性，且每服役一段时间后也会接受类似检查，其方式通常为所谓的“调整和倾斜试验”。试验中当潜艇处于上浮状态时对其压载水进行调整，使其以某一吃水深度漂浮。在此状态下一旦其外侧压载水柜注满海水，潜艇就可在水下实现平衡浮动状态。在下潜前则将进行常规的倾斜试验。在倾斜试验中，通过移动重量已知的重物人为导致侧倾，并对侧倾幅度进行测量，进而得出定倾中心高度。此项试验完成后，潜艇小心地下潜，并在下潜状态下调整压载水，直至其实现平衡浮动状态。之后再在此状态下移动重量已知的重物计算其稳定性，即浮心和重心之间的距离。在大多数情况下，此类试验均会导致对固体压载物的调整，然后再提交稳定性状况报告。

附录表8 若干定倾中心高度与浮心和重心之间距离值[1]

舰船	设计指标		实际测量	
	定倾中心高度	浮心和重心之间距离	定倾中心高度	浮心和重心之间距离
“奥伯龙”号	—	—	14.75英寸（374.7毫米）	8.1英寸（205.7毫米）
“彩虹”号	11.42英寸（290.1毫米）	10.2英寸（259.1毫米）	7.05英寸（179.1毫米）	8.1英寸（205.7毫米）
“泰晤士河”号	18.72英寸（475.5毫米）	10.5英寸（266.7毫米）	9.83英寸（249.7毫米）	5.0英寸（127毫米）
“剑鱼”号	16.45英寸（417.8毫米）	17.1英寸（434.3毫米）	6.31英寸（160.3毫米）	6.9英寸（175.3毫米）
“鲨鱼”号	21.2英寸（538.5毫米）	19.3英寸（490.2毫米）	9.0英寸（228.6毫米）	9.1英寸（231.1毫米）
“鼠海豚”号	14.17英寸（359.9毫米）	10.4英寸（264.2毫米）	10.56英寸（268.2毫米）	9.5英寸（241.3毫米）

实际令人头疼的问题在于出水这一动作。出水时大量海水困于潜艇围壳中，且只能缓慢排出。压载水柜中的海水量不定，且其变化非常迅速。在没有计算机的年代，对这一瞬态条件根本无从计算，设计师只能凭经验尽力进行估算。大多数潜艇在此状态下均非常脆弱，某些级潜艇表现极差——例如S级的风评便颇为恶劣。

附录19：耐波性

在很大程度上，战舰的作战能力取决于其耐波性，这一点在第二次世界大战期间的护航舰只上体现得最为明显，尽管当时并未透彻认识。北大西洋辽阔，寒冷，浪高（有时非常高），强腐蚀性且波浪击打力度很大。在恶劣天气下，舰船战斗效率将迅速下滑，其主因便是其乘员精力和体力的迅速下降。同时，舰船在恶劣天气下也可能遭受损伤。声呐导流罩和舰载小艇均很易损，某些驱逐舰还在风浪中出现烟囱倒塌甚至舰桥前面板内凹的现象。[2]大浪还可能严重降低舰载雷达的工作效率。由于潜艇通常在逆风、逆流条件下实施水面攻击，因此护航舰艇上瞭望哨的工作环境非常恶劣。在很大的风浪下，潜艇很难将下潜深度保持在潜望镜深度。

海浪涌上“小米草”号（Eyebright）的甲板。海况可能为5~6级，浪高约13英尺（约合3.96米）。对在大西洋长期作战这一要求而言，“花”级炮舰的舰体长度太短（作者本人收藏）。

附录表9给出了海况通用标准下的相应环境数据。注意海况与风力并不直接相关［海况（Sea State, SS）与

① A N Harrison, The Development of HM Submarines(BR 3043:Bath 1979).

② 由于大量摩托艇被海浪冲走，因此S级驱逐舰上甚至把摩托艇换成了捕鲸艇。

用于测量风速的蒲福数（Beaufort Number）并不相同]。表中风速和浪高的关系非常粗略，仅对稳定海况和长风区条件成立。以百分比表达的每年出现概率则为北大西洋海域内一整年的平均值——这意味着在冬季或较北纬度下情况会更为严重。①

附录表9

海况	平均浪高	平均风速	北大西洋海域出现概率	周期	大致波长
0~1	0.2 英尺（0.06米）	3节	0.7%	—	—
2	1.0 英尺（0.3米）	8.5节	6.8%	7.5秒	90 英尺（27.4米）
3	3.0 英尺（0.91米）	13.5节	23.7%	7.5秒	90 英尺（27.4米）
4	6.3 英尺（19.2米）	19节	27.8%	8.8秒	123 英尺（37.5米）
5	10.8 英尺（3.29米）	24.5节	20.6%	9.7秒	148 英尺（45.1米）
6	16.7 英尺（5.09米）	37.5节	13.2%	12.4秒	238 英尺（72.5米）
7	25 英尺（7.62米）	51.5节	6.1%	15.0秒	350 英尺（106.7米）
8	38.3 英尺（11.7米）	59.5节	1.1%	16.4秒	424 英尺（129.2米）
9	46.7 英尺（14.2米）	63节	0.05%	20秒	615 英尺（187.5米）

第二次世界大战期间，关于晕船发生的原因还未被全面认识到，但时人已经知道其主要原因是纵摆和舰体起伏造成的纵向加速度。虽未确定，但很可能纵向加速度也是导致未发生呕吐人员判断力衰退的主要原因。②顶浪航行时，纵摆和舰体起伏的幅度主要由长度决定。舰体较长的舰只运动幅度较小。纵向加速度还取决于人员在舰体纵向方向上的位置——舰艏和舰艉位置纵摆的幅度明显较大。通常可通过将舰桥、作战室等重要舱室的位置布置在靠近舰舯部位的方式降低纵向运动的影响。晕船还取决于运动发生的频率，其中频率在0.15~0.3赫兹之间的运动影响最为明显。

附录表10 英制驱逐舰——A炮位和舰桥位置

舰级	舰体长度	位置与舰艏距离占舰体长度比例	
		舰桥	A炮位
M级	267英尺（81.4米）	23%	18%
V级	320英尺（97.5米）	29%	15%
“部族”级	364.7英尺（111.2米）	34%	17%
J级	348英尺（106.1米）	29%	14%
L级	354英尺（107.9米）	32%	16%

① 更为全面的表格可参见 D K Brown, 'Atlantic Escorts 1939-1945', S Howarth and D Law The Battle of the Atlantic(London 1994), p452。

② “恶心”（Nausea）这一单词源于希腊语中“船”这个词汇并非偶然。

附录表 10 中的数据解释了对于不同级驱逐舰表现的主流印象。V 级和 W 级驱逐舰的舰桥位置较更早驱逐舰明显靠后，因此不仅在该位置感受到的运动幅度较小，且更为干燥。“部族”级的舰桥位置更加靠后，从而使得其舰长倾向于以更高航速进行航行，这也在一定程度上导致该级舰遭受砰击损伤的情况更为显著。值得注意的是尽管在加拿大皇家海军中服役的“部族”级舰体得到加强，但仍遭受类似损伤，其主要原因便是这些“部族”级的航速更高（古道尔，1943 年 4 月 8 日的日记）。美国海军“萨默斯”级驱逐舰的舰桥与舰艏距离仅占舰体长度 13%，导致其拥有“远洋性能不佳”的恶名。应注意第二次世界大战期间大部分护航舰只上船员住舱均位于舰体前部，这也恰恰是运动幅度最大的区域。

在大浪下，即使是现代化的电力驱动炮架，其表现也将显著下降。

运动对船员战斗力的影响取决于适应性和舰船大小。附录表 11 中的数据基于“利安德”级护卫舰的经验，注意该级舰舰体长度为 360 英尺（约合 109.7 米），远高于第二次世界大战时期的护航舰艇。

附录表11

海况	战斗力下降幅度（“利安德”级）	浪高
0~4	0	—
5	10%	8英尺（2.44米）
6	30%	12.5英尺（3.81米）
7级以上	95%	20英尺（6.10米）

在进行一系列近似之后，上述数据或可用于推测第二次世界大战期间护航舰艇的相应数据。首先，假设战斗力下降幅度与纵向加速度成正比。通过附录表 11 中不同海况的发生概率可得出不同浪高的出现概率。将此概率与战斗力下降幅度相乘，可得出一年内因天气原因导致的战斗力下降可等价于多少个战斗日。[①]

附录表12

舰级	年损失日
“花”级炮舰	28日
“城堡”级炮舰	21日
“河流”级和老式驱逐舰	15日
“利安德”级护卫舰	9日

参考此前几级舰艇上对运动幅度的经验，“城堡”级近海巡逻舰在设计时即被要求其每年平均运动幅度应与此前几级舰艇上可接受的幅度相当。[②]考虑

① 完整计算过程可参见 D K Brown, 'Atlantic Escorts 1939-1945'（感谢劳埃德博士）。

② 用于平均计算的参数是“主观运动幅度”。参见 D K Brown and P D Marshall, 'Small Warships in the RN and the Fishery Protection Task', RINA Warship Symposium (London 1978), p47。

到设计要求可能提高，因此在设计过程中留有冗余，从而导致选择 75 米长度作为舰长。[①]毫不意外地，同一仿真结果显示"花"级舰体长度过短，这一结论与当时很多主观记录相符。[②]

严重的纵摆可能导致舰艏冒出水面，如此当其再次快速入水时，就会承受很大的冲击力。这一现象被称为砰击，该现象不仅可能对声呐导流罩造成破坏，而且可能损伤舰体。[③]尽管这一现象颇为复杂，但根据新近舰船数据可得出在不同吃水深度下砰击损伤尚可容忍的最高航速，整理后的数据可参见附录表 13。大致而言，对炮舰、护卫舰和轻护卫舰而言，6 级海况条件下其可实现的航速很少会导致砰击现象。出人意料的是,很多记录认为"花"级的远洋性能非常出色，笔者只能认为这是指砰击现象很少出现。

附录表13 6级海况下砰击可造成严重后果的航速[17]

吃水深度	航速
8英尺（2.44米）	10节
9英尺（2.74米）	12节
10英尺（3.05米）	14节
12英尺（3.66米）	18节

驱逐舰的舰体长度较长，且航速要快得多，因此当海况不低于 5 级时便容易出现砰击现象。一旦发生砰击，其应力水平较高的舰体将发生抖动，此现象让舰长和船员均颇感担忧。受此影响铆钉将发生松动，尤其以单排铆钉结合的接缝处为多，从而导致令人头疼的漏水问题。[④]纵摆将造成富含气泡的水体快速流过声呐导流罩，因此同样可能影响声呐工作。

水兵们常说："一手干活，一手抓牢船只。"最近的研究显示，执行人力作业任务，如装填深水炸弹时，决定工作能力的主要因素是横摇运动导致的惯性加速度。横摇是一种非常复杂的运动模式,同时受海浪幅度和其撞击舰体频率(取决于舰船的航向和航速）的影响，此外定倾中心高度和舭龙骨等设施实现的抗摇能力亦对其有影响。虽然为保证舰船不在极端海况下倾覆，应实现足够的定倾中心高度，但亦不应将定倾中心高度定得过高，以免导致过快的横摇，并进而导致较高的加速度。尽管早在 1860 年威廉·傅汝德就已经确定了横摇的基础理论，但直至计算机引入设计工作之前，这一理论尚无法直接使用。第二次世界大战爆发前，海军部曾进行大量有关横摇的试验工作，但仍有很多现象无法解释，甚至无法量化。

稳性过大的舰船虽然仅会出现较小幅度的横摇，但与定倾中心高度稍低的

① 若单纯根据历史数据，则笔者将选择 80 米作为舰长。新的"城堡"级近海巡逻舰在服役期间广受好评。参见 D K Brown, 'Service experience with the Castle Class', The Naval Architect(September 1983), ppE255–E257。

② Monserrat, The Cruel Sea (London 1954). 该书可能是迄今为止对"花"级上生活场景最出色的描写。

③ 砰击不仅可能造成钢板或连接缝开裂等局部损伤，而且可能增加舰体所受弯曲载荷。后者的影响可显示为过早出现疲劳断裂。

④ N G Holt and F E Clemitson, 'Notes on the Behaviour of HM Ships during the War', Trans INA(London 1949).

1939 年间进行横摇试验中的“努比亚人”号（Nubian）驱逐舰。试验中乘员在该舰后部烟囱两端的平台来回跑动。此次试验给出了有关舭龙骨效率和模型试验准确性的宝贵数据。半个世纪后笔者重新分析了当时的数据，并用其检查了利用现代计算机计算得出的估算结果——结果显示人力获胜（作者本人收藏）。

舰船相比，前者横摇速度可能快得多，从而导致较大的惯性加速度，进而导致难以正常工作。某些旧式驱逐舰的稳定性很差，因此需严格控制位于其舰体高处的重量，并加装若干压舱物。[①]另一方面，“船长”级驱护舰稳性过大，使得人员在该级舰上工作颇为危险，因此该级舰不得不一度退出现役以加装更大的舭龙骨，并增加舰体高处重量。“达克沃斯”号（Duckworth）的档案集曾收录了其舰长的如下记载：

……由于本报告在航行时写就，因此很难不提及该舰在开阔海域航行时令人恶心的舰体运动……这种运动受幅度过高且不受控制的横摇影响，而这一缺点几乎掩盖了该级舰可能具有的一切优点。

为降低横摇幅度，舭龙骨深度从 18 英寸（约合 457.2 毫米）增至 24 英寸（约合 609.6 毫米），并向后延长。此外该级舰携带的深水炸弹数量从 100 枚增至 160 枚。为尽可能增加极惯性矩，重量均被布置在远离横摇运动轴线的位置。两艘舰同样使用柴油机一同出海进行对比试验，其中一艘经过上述改装，另一艘保持原貌，其结果如下：

附录表14

舰名	特性	两侧横摇角度	横摇周期
“库克”号（Cooke）	未经改装	56°	8秒
“肯普索恩”号(Kempthorne)	经过改装	40°	7.5秒

“花”级炮舰同样受严重横摇问题困扰。“它们甚至会在湿草上摇摆。”［语出蒙塞拉特（Monserrat）。］更为一般地，沃森（A W Waston）曾给出如下数据：

① D K Brown, 'Stability of RN Destroyers during World War II', Warship Technology 4/89.

附录表15 “花”级炮舰

	“石南花”号（Heather）	“鼠尾草”号（Salvia）
风力	7~8级	4级
海况	5级	3级
海浪	3级	2级
左右横摇幅度	17°	16°
横摇周期	4.8~8.4秒	6.6~8.4秒
定倾中心高度	2.6英尺（0.79米）	2.4英尺（0.73米）

鉴于该级舰的自然横摇周期大致为10~10.25秒，因此沃森所指的周期应当为受迫横摇，即遭遇海浪冲击的周期。“花”级炮舰之后安装了较大的舭龙骨。大多数皇家海军驱逐舰均装备18英寸（约合457.2毫米）舭龙骨（大致相当于单块钢板可制造的最大尺寸），不过L级和在加拿大皇家海军中服役的“部族”级装备24英寸（约合609.6毫米）舭龙骨。其他国家使用的舭龙骨尺寸大致相同，但荷兰海军的“艾萨克·斯维尔斯”级装备的舭龙骨为36英寸（约合914.4毫米）。

按现代标准衡量，第二次世界大战时期大部分舰只装备的舭龙骨尺寸均偏小。当时似乎存在一种倾向，认为舰船总在横摇，而水手又非常坚韧——同时海军造船师又深知较大尺寸的舭龙骨不仅需具有很高的强度，而且可能导致航速降低。

“比腾”级轻护卫舰装备丹尼·布朗公司设计的主动减摇鳍，试图以此减轻横摇。类似的稳定器亦安装在“黑天鹅”级上。某次针对是否装备减摇鳍进行的试验结果显示该装备可能非常有效。古道尔曾一度对减摇鳍抱有极大希望。①

这些试验可能是在厂方专家在场的情况下进行的，他们可对减摇鳍的控制设置进行调整，以优化其表现。然而，在实际服役期间减摇鳍的表现并不理想。尽管若干“狩猎”级和“战役”级驱逐舰装备了减摇鳍，但大部分同级舰上，相应舱室均被用于额外装载燃油。

附录表16 海况

海况	装备稳定器		未装备稳定器	
	横摇幅度	横摇速度	横摇幅度	横摇速度
轻浪，波长200英尺（61.0米），浪高10英尺（3.05米），舰体正横方向	2.3°	0.35° /秒	10°	1.53° /秒
碎浪，海浪方向极其多变，波长150英尺（45.7米），浪高10英尺（3.05米），舰体正横方向	2.6°	0.74° /秒	9.3°	2.02° /秒
小浪，海浪方向多变，从浪航行	2.3°	0.09° /秒	6.5°	0.7° /秒
巨浪，海浪方向多变，风力9级	8.2°	0.95° /秒	19°	2.75° /秒

① 1937年2月4日古道尔在日记中写道：“向审计长报告了丹尼·布朗公司设计的减摇鳍，海军军械总监亦在场。两人都表现得很有兴趣。”同年3月6日：“伍拉德（Woollard）返回。他给我留下的印象是‘比滕’级装备的减摇装置不会失败。”次年6月1日：“告知（澳大利亚联络官）稳定器的成功。我认为他们建造未加装稳定器的轻护卫舰无疑是在浪费金钱。”

对开放式炮架或“刺猬”式发射器而言，海水涌上舰体前端造成的潮湿不仅可能造成上述炮位的工作条件非常恶劣，而且可能危及武器操作。对开放式舰桥而言，这种潮湿将导致人员极度疲劳。足够的干舷高度是保证舰船干燥的主要因素。第二次世界大战末期，曾根据收到的大量抱怨总结出一条用于干舷高度设定的经验法则即干舷高度应为舰体长度（英尺为单位）平方根的 1.1 倍。干舷高度高于这一准则的舰船几乎很少遭受抱怨。舰艏外飘、舰体棱缘和挡浪板设计均有利于改善舰只潮湿程度。除“伯明翰”号轻巡洋舰外，所有两次世界大战之间时期建造的英国巡洋舰均设有舰体棱缘。[①]

附录表17 皇家海军驱逐舰干舷高度

舰级	舰体长度	干舷高度	舰体长度（英尺单位）平方根的1.1倍
M级	270英尺（82.3米）	17英尺（5.18米）	16.4英尺（5.0米）
V级和W级	300英尺（91.4米）	18.8英尺（5.73米）	17.3英尺（5.27米）
I级	320英尺（97.5米）	16.8英尺（5.12米）	17.9英尺（5.46米）
“部族”级	364.7英尺（111.2米）	18.2英尺（5.55米）	19.1英尺（5.82米）
J级	348英尺（106.1米）	19.7英尺（6.0米）	18.6英尺（5.67米）

“部族”级是唯一一级干舷高度低于上述经验法则者，毫无疑问，该级舰普遍被反应为较为潮湿。

两次世界大战之间时期，对某些有关耐波性的问题显然已经有所认识。这体现在演练通常在不会遭遇恶劣天气的时间和海域进行。若确实遭遇恶劣天气，则演练通常会推迟。[②]

附录20：舰队后勤船队

为组建后勤舰队实际建造或改建的各类船只数量如下：

附录表18

舰队维修船	3艘
重型修理船	2艘
特别维修兵［隶属造船厂，Special Repair Rating (Dockyard)］住宿船	2艘
舰体维修船	2艘
舰载机养护船	2艘
舰载机引擎维修船	1艘
舰载机部件维修船	2艘

① 舰体棱缘的价值备受争议，有时甚至颇为激烈。笔者本人的观点可显示在“城堡”级近海巡逻舰的设计上，而笔者为该级舰设计的舰体棱缘幅度可能过大。尽管巡洋舰几乎都设有舰体棱缘，但其他舰种很少采用这种设计。这显示了各舰种设计部门所享有的独立性。

② Roskill I p534.

护航舰艇养护船	5艘（另1艘被取消建造）
坦克登陆舰养护船	3艘
登陆艇养护船	4艘
摩托艇养护船	2艘（另1艘被取消建造）
海岸舰艇养护船	1艘
武器养护船	1艘（另1艘被取消建造）
扫雷艇养护船	2艘
对海防御船	1艘
舰队娱乐船	1艘（另1艘被取消建造）
休假潜艇乘员住宿船	1艘
总计	35艘

除此之外，舰队后勤船队还包括油轮、物资运输轮、拖船、港口运输船、医务船和浮动船坞。第二次世界大战期间，仅有相对少数此类船只完成建造并加入现役。

太平洋战场

1945 年 7 月至 8 月间，舰队后勤船队共包括：1 艘驱逐舰维修船、2 艘维修船、3 艘养护船、1 艘布栅船、14 艘油轮、4 艘淡水船、4 艘小型油轮、3 艘武器物资运输船、10 艘武器物资发放船、1 艘海军物资发放船、4 艘粮食发放船、5 艘海军物资运输船、5 艘住宿船、1 艘消磁船、2 艘打捞船、1 艘海水蒸馏船、4 艘医务船、5 艘拖轮、1 艘煤船、2 艘浮动船坞、1 艘舰载机养护船、1 艘舰载机部件维修船、1 艘舰载机维修船、1 艘舰载机物资发放船、6 艘护航航空母舰、1 艘驱逐舰供应船以及 37 艘护航舰只。

译注

1.为符合中文习惯，译者将其改为单引号。

2.即当时的海军建造总监。

3.“萤火虫”号的冲撞是否有意为之仍无法确定，但冲撞时该舰显然仍有动力。

4.此处指1942年12月31日的巴伦支海海战，当时英方正在对一支驶往苏联的船队进行护航，而德方的目的则是截击。受限于极夜的能见度，战斗较为混乱，最终船队安全抵达苏联。

5.当日另有5艘巡洋舰参与了炮轰作战。

6.当日航空母舰损伤情况可参见本书附录13，另可参见British Pacific Fleet一书第八章。该书中译版书名为《英国太平洋舰队》。

7.1943年9月该舰在萨莱诺被重创之后，损伤未被完全修复。

8.隶属“庄严”级前无畏舰，1896年3月下水。

9.原为土耳其订购的战列舰，1913年9月下水，次年7月31日英国将其收购。

10.此错误与统计口径有关。尽管每周商船活动量确为5000艘次左右，但其中大部分为沿岸航线航程。单就执行远洋航线的商船而言，每周入港数字确只有120~140艘。

11.有关斯科特—佩因一事可参见本书第八章。

12.英国太平洋舰队与美国海军第5舰队一同作战时的番号。

13.原文未给出*的注解，怀疑为此后曾更名舰只。

14.隶属“赫尔戈兰”级，1909年9月下水，为德国建造的第二级无畏型战列舰。

15.哈维兰“虎蛾”式双翼教练机，1931年10月首飞。

16.“利弗莫尔”号。

17.注意同一条件下具体数值变化幅度可能很明显。

主要参考书目

尽管本书的主要参考书目已列入如下，但笔者亦援引了很多与某些特定问题有关的参考资料。对于这些参考资料，请读者参见正文脚注部分。

英国公共档案馆文献

笔者应特别对乔治·摩尔的研究工作致谢。他不仅对海军部文献（ADM 系列档案）进行了研究，而且对内阁文献（CAB 系列档案）进行了研究。尽管海军部文献已被此前的作者们在作品中广泛援引，但对内阁文件的使用却并未达到类似水平。

英国舰船档案集

这部分档案收录于国家海事博物馆［伍尔维奇分部（Woolwich Annex）］。对舰船设计发展史这一课题而言，这些档案堪称无价瑰宝。然而，正如本书附录 3 所述，尽管其中记录的可能是“真相，唯有真相”，但可能并非“全部真相”。此外该类资料还包括手写工作笔记，尤其是利利克拉普有关巡洋舰设计的工作笔记。

古道尔日记

收藏于英国博物馆（参见本书附录 1）。日记代表了从高层视角发表的观点，这种视角非常罕见。

英国公开出版物

Transactions of the Institution of Naval Architects (Trans INA)(London). 尤其是其中下列论文：

C E Inglis, 'Stresses in a Plate due to the Presence of Cracks and Sharp Corners' (1913);

C E Sherwin, 'Electric Welding in Cruiser Construction' (1936);

S V Goodall, 'Uncontrolled Weapons and Warships of Limited Displacement' (1937);

S V Goodall, 'HMS Ark Royal' (1939);

A P Cole, 'Destroyer Turning Circles' (1938);

A Nicholls, 'The All–welded Hull Construction of HMS Seagull' (1939);

A J Sims, 'The Habitability of Naval Ships under Wartime Conditions' (1945);

J Lenaghan, 'Merchant Aircraft Carriers' (1947);

N G Holt and F E Clemitson, 'Notes on the Behaviour of H M Ships during the War' (1949);

R Baker, 'Ships of the Invasion Fleet' (1947);

D B Fisher, 'The Fleet Train in the Pacific War' (1953);

H B Chapman, 'The Development of the Aircraft Carrier' (1960).

注：除上述论文外，1947 年该学报还刊登了很多重要论文，其中大部分基于 Design and Construction of British Warships 不同章节内容。

A D Baker III (ed), Allied Landing Craft of World War II(London 1985).

Le Bailley, Vice–Admiral Sir Louis, The Man around the Engine (Emsworth 1990).

该书不仅是一本自传，而且是有关轮机军官生活的重要记录。此外该书作者还撰写了 From Fisher to the Falklands (London 1991)。该书可视为一名海军轮机军官的一般性回顾。

H G Bowen, Ships Machinery and Mossbacks (Princeton 1934).

D K Brown，其作品中本书引用的包括：

A Century of Naval Construction (London 1983).

该书记录了皇家海军造船部历史。

Design and Construction of British Warships (London 1995).

该书最初作为第二次世界大战期间海军建造总监部门官方史起草。各章节均由相应部门撰写，因此其质量参差不齐。尽管曾在不同场合下经过反复检查，但仍存在错误。

The Grand Fleet: Warship Design and Development 1906–1922 (London 1999).

本书的前一卷。

'Naval Rearmament, 1930–41: the Royal Navy' in J Rohwer (ed), The Naval Arms Race (Stuttgart 1991).

'Stability of RN Destroyers during World War II', Warship Technology 10 (1989).

对稳定性问题更为专业性的总结。

'Ship Assisted Landing and Take Off', Flight Deck (Yeovilton 1986).

该文对弹射器、阻拦索等设施的记述非常详细。(该文部分内容整理改写后发表于 Warship 49。)

'The Cruiser' in R Gardiner (ed), Eclipse of the Big Gun (London 1992).

'Armed Merchant Ships–A historical review', RINA Conference Merchant Ships to War (London 1987).

'Attack And Defence', Warship 42–44.

– – – 与 P D Marshall 合著, 'Small Warships in the RN and the Fishery Protection Task' RINA Warship Symposium (London 1978)。

J D Brown, Aircraft Carriers (A WWII Fact File).

一本有关航空母舰各种设备，如升降机大小、航空汽油油槽等设施的非常详细的参考书。该书中的数字并不经常被引用。

R A Burt, British Battleships of World War I (London 1986).

该书对有关防护的试验记录非常出色。

I L Buxton, Warship Building and Repair during the Second World War (Glasgow 1997).

对两次世界大战期间的造船工业表现的详细调查。

以及同一作者所著 'Landing Craft Tank Mks 1 & 2', Warships 119 (London 1994)。

H C Bywater, The Great Pacific War (London 1925).

有关 1931 年在太平洋爆发的战争的虚构小说。该书的背景资料大部分出于皇家海军酒吧的各种流言蜚语，其中对毒气战、柴油机等方面的描写颇值得一看。

C R Calhoun, Typhoon, the other Enemy (Annapolis 1981).

该书作者为台风幸存者之一。

J Campbell, Naval Weapons of World War II (London 1985).

本书中关于武器的数据一直引用该书资料。

D W Chalmers, The Design of Ships' Structures (MoD London 1993).

E Chatfield, Admiral of the Fleet, Lord, It Might Happen Again (London 1947).

查特菲尔德海军元帅自传第二卷，涵盖其任海军审计长和第一海务大臣任期。

G C Connell, Valiant Quartet (London 1979).

R M Crosley, They gave me a Seafire (Shrewsbury 1994) and Up in Harm's Way. (Shrewsbury 1986)

非常有趣的记录，其观点也颇为鲜明。

A B Cunningham, Viscount, A Sailor's Odyssey (London 1951).

个人观点。

P Dickens, Night Action (London 1974) .

由战绩最高的摩托鱼雷艇艇长之一撰写，其描写堪称令人激动不已。

P Elliott, Allied Minesweeping in World War 2 (Cambridge 1979).

非常珍贵的一本参考书，其细节描述和绘图独一无二。

J English, Amazon to Ivanhoe (Kendal 1993).

B H Franklin, The Buckley–Class Destroyer Escorts (London 1999) .

对于该级舰和所辖各舰历史非常出色的记录——作者甚至找出了该级舰每一艘的照片。

N Friedman, British Carrier Aviation (London 1988); US Destroyers (Annapolis 1982); and Carrier Air Power (London 1981).

W H Garzke& R O Dulin, Battleships–Allied Battleships in World War II (Annapolis 1980).

技术方面非常详细而准确的记录。

以及同作者的 'The Sinking of the Bismarck', Warship 1994。

G A H Gordon, British Sea Power and Procurement Between the Wars (Basingstoke 1988).

与佩登作品的涵盖范围大致相同,但从海军部角度出发。两书大部分观点一致。

P Gretton, Convoy Escort Commander (London 1964) .

一本关于反潜战争的有趣记录。笔者曾发表有关皇家海军驱逐舰稳定性的论文，其灵感来源之一即该书。

W Hackmann, Seek and Strike (London 1984).
一本关于反潜武器和探测器的完整而有价值的研究。

S Howarth and D Law (eds), The Battle of the Atlantic 1939–1945 (London 1994) .
该论文集中所有论文均于 1993 年在默西塞德郡（Merseyside）举行的大西洋之战 50 周年纪念会上宣读。价值宝贵的参考资料。

A Hague, Sloops 1926–1946 (Kendal 1993).
背景简介以及各舰历史。

A N Harrison, The Development of HM Submarines from Holland No 1 to Porpoise (London 1986).
该书包含各类技术细节。

D Henry, 'British Submarine Policy 1918–1939' in B Ranft (ed), Technical Change and British Naval Policy 1860–1939 (Sevenoaks 1977).
一篇出色而富有启发性的论文。

W J Jurens, 'The Loss of HMS Hood–a re–examination', Warship International 2/87.

E Lacroix and L Wells, Japanese Cruisers of the Pacific War (London 1997).

J D Ladd, Assault from the Sea (Newton Abbott 1966).

J H Lamb, The Corvette Navy (London 1979).

J Lambert and A Ross, Allied Coastal Forces of World War II Vols I &II (London 1990–3).

J R P Lansdown, With the Carriers in Korea (Worcester 1992).
一本关于皇家海军舰队航空兵的详细记录。

R D Layman, The Hybrid Warship (London 1991).

一本关于融合航空母舰与火炮舰艇的很多尝试记录（尽管此类尝试通常并不成功）。

D J Lyon, 'The British Tribals' in A Preston (ed), Super Destroyers (London 1978).

对此类舰只的一次独创而有趣的解读尝试。

K McBride, 'Eight Six inch guns in Pairs. The Leander and Sydney class Cruisers', Warship 1997–98.

B Macdermott, Ships without Names (London 1992).

一本关于坦克登陆舰的详细记录。

L E H Maund, Assault from the Sea (London 1949).

有关早期联合作战行动的内容尤为出色。

MoD (N), War with Japan (London 1995).

N Monserrat, HM Frigate (London 1946).

书中对英制“河流”级护卫舰以及由其衍生出的美制“殖民地”级护卫舰进行了比较，颇值得注意。另可参见 The Cruel Sea (London 1954). 该书虽为虚构，但堪称有关小型舰只出海作战时的情况的最佳描述。

G C Peden, British Rearmament and the Treasury 1932 –41(Edinburgh 1979).

该书提供了从财政部角度对英国三军再武装项目的看法，价值很高。

H B Peebles, Warship Building on the Clyde (Edinburgh1987).

该书对战舰建造的经济背景进行了详尽分析。

A Preston, V & W Class Destroyers 1917–1945 (London1971).

P Pugh, The Cost of Seapower (London 1986).

该书对维持海军的费用进行的分析堪称出色。这一角度新颖且颇有价值。

A Raven & J Roberts, British Battleships of World War II(London 1976) 和 British Cruisers of World War II(London 1980)。

两书堪称有关英国战列舰和巡洋舰的决定性作品。

以及两人合著的 V & W Class Destroyers. Man o'War 2 (London 1979)。

D A Rayner, Convoy Escort Commander (London 1964).

一位战功卓著的舰长的私人记录。

S Roskill, Naval Policy between the Wars, Vols I &II(London 1976).

海军部政策决定的战略和行政背景。

J D Scott, Vickers–A History (London 1962).

书中包含一些有关装甲的非常有用的资料。

J P M Showell, U–Boat Command and the Battle of the Atlantic (London 1989).

以德国视角对大西洋之战的战略进行的描述。

I A Sturton, 'HMS Surrey and Northumberland', Warship International 3/1977.

J Winton, Air Power at Sea (London 1987).

一般性战史。

其他价值重大的期刊：Warships (原名 Warship Supplement, World Ship Society), Warship (Conway，按季和年出版), Warship International, Warship World. 一些关键性论文已经列入本书目，其他一些有关某些专门课题的论文则见于本书脚注。

大卫 · 霍布斯
（David Hobbes）著

The British Pacific Fleet: The Royal Navy's Most Powerful Strike Force

英国太平洋舰队

○在英国皇家海军服役 33 年、舰队空军博物馆馆长笔下真实、细腻的英国太平洋舰队。

○作者大卫 · 霍布斯在英国皇家海军服役了 33 年，并担任舰队空军博物馆馆长，后来成为一名海军航空记者和作家。

1944 年 8 月，英国太平洋舰队尚不存在，而 6 个月后，它已强大到能对日本发动空袭。二战结束前，它已成为皇家海军历史上不容忽视的力量，并作为专业化的队伍与美国海军一同作战。一个在反法西斯战争后接近枯竭的国家，竟能够实现这般的壮举，其创造力、外交手腕和坚持精神都发挥了重要作用。本书描述了英国太平洋舰队的诞生、扩张以及对战后世界的影响。

布鲁斯 · 泰勒
（Bruce Taylor）著

The Battlecruiser HMS Hood: An Illustrated Biography, 1916–1941

英国皇家海军战列巡洋舰“胡德”号图传：1916—1941

○ 250 幅历史照片，20 幅 3D 结构绘图，另附巨幅双面海报。

○ 详实操作及结构资料，从外到内剖析“胡德”全貌。它是舰船历史的丰碑，但既有辉煌，亦有不堪。深度揭示舰上生活和舰员状况，还原真实历史。

这本大开本图册讲述了所有关于“胡德”号的故事——从搭建龙骨到被“俾斯麦”号摧毁，为读者提供进一步探索和欣赏她的机会，并以数据形式勾勒出船舶外部和内部的形象。推荐给海战爱好者、模型爱好者和历史学研究者。

保罗 · S. 达尔
（Paul S. Dull）著

A Battle History of the Imperial Japanese Navy, 1941-1945

日本帝国海军战争史：1941—1945 年

○一部由真军人——美退役海军军官保罗 · 达尔写就的太平洋战争史。

○资料来源日本官修战史和微缩胶卷档案，更加客观准确地还原战争经过。

本书从 1941 年 12 月日本联合舰队偷袭珍珠港开始，以时间顺序详细记叙了太平洋战争中的历次重大海战，如珊瑚海海战、中途岛海战、瓜岛战役等。本书的写作基于美日双方的一手资料，如日本官修战史《战史丛书》，以及美国海军历史部收集的日本海军档案缩微胶卷，辅以各参战海军编制表图、海战示意图进行深入解读，既有完整的战事进程脉络和重大战役再现，也反映出各参战海军的胜败兴衰、战术变化，以及不同将领各自的战争思想和指挥艺术。

尼克拉斯 · 泽特林
（Niklas Zetterling）著

Bismarck: The Final Days of Germany's Greatest Battleship

德国战列舰“俾斯麦”号覆灭记

○以新鲜的视角审视二战德国强大战列舰的诞生与毁灭……非常好的读物。——《战略学刊》

○战列舰“俾斯麦”号的沉没是二战中富有戏剧性的事件之一……这是一份详细的记述。——战争博物馆

本书从二战期间德国海军的巡洋作战入手，讲述了德国海军战略，“俾斯麦”号的建造、服役、训练、出征过程，并详细描述了“俾斯麦”号躲避英国海军搜索，在丹麦海峡击沉“胡德”号，多次遭受英国海军追击和袭击，在外海被击沉的经过。

约翰 · B. 伦德斯特罗姆
（John B.Lundstrom）著

Black Shoe Carrier Admiral:Frank Jack Fletcher At Coral Sea, Midway & Guadalcanal

航母舰队司令：弗兰克 · 杰克 · 弗莱彻、美国海军与太平洋战争

○战争史三十年潜心力作，争议人物弗莱彻的平反书。
○还原太平洋战场“珊瑚海”、“中途岛”、“瓜达尔卡纳尔岛”三次大规模海战全过程，梳理太平洋战争前期美国海军领导层的内幕。
○作者约翰 · B. 伦德斯特罗姆自 1967 年起在密尔沃基公共博物馆担任历史名誉馆长。

本书是美国太平洋战争史研究专家约翰 · B. 伦德斯特罗姆经三十年潜心研究后的力作，为读者细致而生动地展现出太平洋战争前期战场的腥风血雨，且以大量翔实的资料和精到的分析为弗莱彻这个在美国饱受争议的历史人物平了反。同时细致梳理了太平洋战争前期美国海军高层的内幕，三次大规模海战的全过程，一些知名将帅的功过得失，以及美国海军在二战中的航母运用。

马丁 · 米德尔布鲁克
（Martin Middlebrook）著

Argentine Fight for the Falklands

马岛战争：阿根廷为福克兰群岛而战

○从阿根廷军队的视角，生动记录了被誉为“现代各国海军发展启示录”的马岛战争全程。
○作者马丁 · 米德尔布鲁克是少数几位获准采访曾参与马岛行动的阿根廷人员的英国历史学家。
○对阿根廷军队的作战组织方式、指挥层所制订的作战规划和反击行动提出了全新的见解。

本书从阿根廷视角出发，介绍了阿根廷从作出占领马岛的决策到战败的一系列有趣又惊险的事件。其内容集中在福克兰地区的重要军事活动，比如“贝尔格拉诺将军”号巡洋舰被英国核潜艇“征服者”号击沉、阿根廷“超军旗”攻击机击沉英舰“谢菲尔德”号。一方是满怀热情希望“收复”马岛的阿根廷军，另一方是军事实力和作战经验处于碾压优势的英国军队，运气对双方都起了作用，但这场博弈毫无悬念地以阿根廷的惨败落下了帷幕。

米凯莱 · 科森蒂诺（Michele Cosentino）、鲁杰洛 · 斯坦格里尼（Ruggero Stanglini）著

British and German Battlecruisers: Their Development and Operations

英国和德国战列巡洋舰：技术发展与作战运用

○全景展示战列巡洋舰技术发展黄金时期的两面旗帜——英国战列巡洋舰和德国战列巡洋舰，在发展、设计、建造、维护、实战等方面的细节。
○对战列巡洋舰这种独特类型的舰种进行整体的分析、评估与描述。

本书是一本关于英国和德国战列巡洋舰的“全景式”著作，它囊括了历史、政治、战略、经济、工业生产以及技术与实战使用等多个角度和层面，并将之整合，对战列巡洋舰这种独特类型的舰种进行整体的分析、评估与描述，明晰其发展脉络、技术特点与作战使用情况，既面面俱到又详略有度。同时附以俄国、日本、美国、法国和奥匈帝国等国的战列巡洋舰的发展情况，展示了战列巡洋舰这一舰种的发展情况与其重要性。

除了翔实的文字内容以外，书中还有附有大量相关资料照片，以及英德两国海军所有级别战列巡洋舰的大比例侧视与俯视图与为数不少的海战示意图等。

诺曼·弗里德曼 著（Norman Friedman）A. D. 贝克三世绘图（A. D.BAKER III）

British Destroyers: From Earliest Days to the Second World War

英国驱逐舰：从起步到第二次世界大战

○海军战略家诺曼 · 弗里德曼与海军插画家 A.D. 贝克三世联合打造
○解读早期驱逐舰的开山之作，追寻英国驱逐舰的壮丽航程
○ 200 余张高清历史照片、近百幅舰艇线图，动人细节纤毫毕现

诺曼 · 弗里德曼的《英国驱逐舰：从起步到第二次世界大战》把早期水面作战舰艇的发展讲得清晰透彻，尽管头绪繁多、事件纷繁复杂，作者还是能深入浅出、言简意赅，不仅深得专业人士的青睐，就是普通的爱好者也能比较轻松地领会。本书不仅可读性强，而且深具启发性，它有助于了解水面舰艇是如何演进成现在这个样子的，也让我们更深刻地理解了为战而生的舰艇应该如何设计。总之，这本书值得认真研读。

——澳大利亚海军学会

Maritime Operations in the Russo - Japanese War, 1904-1905

日俄海战 1904—1905（共两卷）

○战略学家科贝特参考多方提供的丰富资料，对参战舰队进行了全新的审视，并着重研究了海上作战涉及的联合作战问题。
○以时间为主轴，深刻分析了战争各环节的相互作用，内容翔实。
○译者根据本书参考的主要原始资料《极密·明治三十七八年海战史》以及现代的俄方资料，补齐了本书再版时未能纳入的地图和态势图。

朱利安·S. 科贝（Julian S.Corbett）著

朱利安·S. 科贝特爵士，20 世纪初伟大的海军历史学家之一，他的作品被海军历史学界奉为经典。然而，在他的著作中，有一本却从来没有面世的机会，这就是《日俄海战 1904—1905》。1914 年 1 月，英国海军部作战参谋部的情报局（the Intelligence Division of the Admiralty War Staff）发行了该书的第一卷（仅 6 本），其中包含了来自日本官方报告的机密信息。1915 年 10 月，海军部作战参谋部又出版了第二卷，其总印量则慷慨地超过了 400 册。虽然被归为机密，但在役的海军高级军官却可以阅览该书。然而其原始版本只有几套幸存，直到今天，公众都难以接触这部著作。学习科贝特海权理论不仅可以促使我们了解强大海权国家的战略思维，而且可以辨清海权理论的基本主题，使中国的海权理论研究有可借鉴的学术基础。虽然英国的海上霸权已经被美国取而代之，但美国海权从很多方面继承和发展了科贝特的海权思想。如果我们检视一下今天的美国海权和海军战略，可以看到科贝特理论依然具有生命力，仍然是分析美国海权的有用工具和方法。

大卫·K. 布朗
（David K.Brown）著

Warship Design and Development

英国皇家海军战舰设计发展史（共五卷）

○英国皇家海军建造兵团的副总建造师大卫·K. 布朗所著，囊括了大量原始资料及矢量设计图。
○大卫·K. 布朗是一位杰出的海军舰船建造师，发表了大量军舰设计方面的文章，为英国皇家海军舰艇的设计、发展倾注了毕生心血。

这套《英国皇家海军战舰设计发展史》有五卷，分别是《铁甲舰之前，战舰设计与演变，1815—1860 年》《从"勇士"级到"无畏"级，战舰设计与演变，1860—1905 年》《大舰队，战舰设计与演变，1906—1922 年》《从"纳尔逊"级到"前卫"级，战舰设计与演变，1923—1945 年》《重建皇家海军，战舰设计，1945 年后》。该系列从 1815 年的风帆战舰说起，囊括了皇家海军历史上有代表性的舰船设计，并附有大量数据图表和设计图纸，是研究舰船发展史不可错过的经典。

亚瑟·雅各布·马德尔
（Arthur J. Marder）、
巴里·高夫（Barry Gough）著

From the Dreadnought to Scapa Flow

英国皇家海军：从无畏舰到斯卡帕湾（共五卷）

○现在已没有人如此优雅地书写历史，这非常令人遗憾，因为是马德尔在记录人类文明方面的天赋使他有能力完成如此宏大的主题。——巴里·高夫
○他书写的海军史具有独特的魅力。他具有把握资源的能力，又兼以简洁地运用文字的天赋……他已无需赞美，也无需苛求。——A. J. P. 泰勒

这套《英国皇家海军：从无畏舰到斯卡帕湾》有五卷，分别是《通往战争之路，1904—1914》《战争年代，战争爆发到日德兰海战，1914—1916》《日德兰及其之后，1916.5—12》《1917，危机的一年》《胜利与胜利之后：1918—1919》。它们从费希尔及其主导的海军改制入手，介绍了 1904 年至 1919 年费舍尔时代英国海军建设、改革、作战的历史，及其相关的政治、经济和国际背景。

大卫 · 霍布斯
（David Hobbes）著

The British Carrier Strike Fleet: After 1945

决不，决不，决不放弃：英国航母折腾史：1945 年以后

○英国舰队航空兵博物馆馆长代表作，入选华盛顿陆军 & 海军俱乐部月度书单
○有设计细节、有技术数据、有作战经历，讲述战后英国航母“屡败屡战”的发展之路
○揭开英国海军的“黑历史”，爆料人仰马翻的部门大乱斗和糟点满满的决策大犯浑

英国海军中校大卫·霍布斯写了一本超过 600 页的大部头作品，其中包含了重要的技术细节、作战行动和参考资料，这是现代海军领域的杰作。霍布斯推翻了 1945 年以来很多关于航母的神话，他没给出所有问题的答案，一些内容还会引起巨大的争议，但本书提出了一系列的专业观点，并且论述得有理有据。此外，本书还是海军专业人员和国防采购人士的必修书。

H.P. 威尔莫特
（H. P. Willmott）著

The Battle of Leyte Gulf：The Last Fleet Action

莱特湾海战：史上最大规模海战，最后的巨舰对决

○原英国桑赫斯特军事学院主任讲师 H.P. 威尔莫特扛鼎之作
○荣获美国军事历史学会 2006 年度“杰出图书”奖
○复盘巨舰大炮的绝唱、航母对决的终曲、日本帝国海军的垂死一搏

为了叙事方便，以往关于莱特湾海战的著作，通常将萨马岛海战和恩加诺角海战这两场发生在同一个白天的战斗，作为两个相对独立的事件分开叙述，这不利于总览莱特湾海战的全局。本书摒弃了这种“取巧”的叙事线索，以时间顺序来回顾发生在 1944 年 10 月 25 日的战斗，揭示了莱特湾海战各个分战场之间牵一发而动全身的紧密联系，提供了一种前所罕见的全局视角。

除了具有宏大的格局之外，本书还不遗余力地从个人视角出发挖掘对战争的新知。作者对美日双方主要参战将领的性格特点、行为动机和心理活动进行了细致的分析和刻画。刚愎自用、骄傲自大的哈尔西，言过其实、热衷炒作的麦克阿瑟，生无可恋、从容赴死的西村祥治，谨小慎微、畏首畏尾的栗田健男，一个个生动鲜活的形象跃然纸上、呼之欲出，为这段已经定格成档案资料的历史平添了不少烟火气。

查尔斯 · A. 洛克伍德
（Charles A. Lockwood）著

Sink 'em All: Submarine Warfare in the Pacific

击沉一切：太平洋舰队潜艇部队司令对日作战回忆录

○太平洋舰队潜艇部队司令亲笔书写太平洋潜艇战中这支“沉默的舰队”经历的种种惊心动魄
○作为部队指挥官，他了解艇长和艇员，也掌握着丰富的原始资料，记叙充满了亲切感和真实感
○他用生动的文字将我们带入了狭窄的起居室和控制室，并将艰苦冲突中的主要角色展现在读者面前

本书完整且详尽地描述了太平洋战争和潜艇战的故事。从“独狼战术”到与水面舰队的大规模联合行动，这支“沉默的舰队”战绩斐然。作者洛克伍德在书中讲述了很多潜艇指挥官在执行运输补给、人员搜救、侦察敌占岛屿、秘密渗透等任务过程中的真人真事，这些故事来自海上巡逻期间，或是艇长们自己的起居室。大量生动的细节为书中的文字加上了真实的注脚，字里行间流露出的人性和善意也令人畅快、愉悦。除此之外，作者还详细描述了当时新一代潜艇的缺陷、在作战中遭受的挫折及鱼雷的改进过程。

约翰 · 基根
（John Keegan）著

Battle At Sea: From Man-Of-War To Submarine

海战论：影响战争方式的战略经典

○跟随史学巨匠令人眼花缭乱的驾驭技巧，直面战争核心
○特拉法加、日德兰、中途岛、大西洋……海上战争如何层层进化

当代军事史学家约翰 · 基根作品。从海盗劫掠到海陆空立体协同作战，约翰 · 基根除了将海战的由来娓娓道出外，还集中描写了四场关键的海上冲突：特拉法加、日德兰、中途岛和大西洋之战。他带我们进入这些战斗的核心，并且梳理了从木质战舰的海上对决到潜艇的水下角逐期间长达数个世纪的战争历史。不过，作者在文中没有谈及太过具体的战争细节，而是将更多的精力放在了讲述指挥官的抉择、战时的判断、战争思维，以及战术、部署和新武器带来的改变等问题上，强调了它们为战争演变带来的影响，呈现出一个层次丰富的海洋战争世界。